Salomon

Lehrbuch der Geflügelanatomie

Lehrbuch der Geflügelanatomie

Von Franz-Viktor Salomon

Unter Mitarbeit von

H. Černý, Ilse Frosch, U. Gille, Gerda Gutte,
G. Michel, K. Richter und J. Seeger

Mit 180 Abbildungen und 10 Tabellen

Gustav Fischer Verlag Jena · Stuttgart · 1993

Anschrift des federführenden Autors
Prof. Dr. med. vet. habil. Franz-Viktor Salomon
Veterinär-Anatomisches Institut der Universität Leipzig,
Semmelweisstr. 4, O-7010 Leipzig

Die Deutsche Bibliothek — CIP-Einheitsaufnahme

Lehrbuch der Geflügelanatomie : mit 10 Tabellen / von Franz-Viktor Salomon. Unter Mitarb. von H. Černý ... — Jena ; Stuttgart : G. Fischer, 1993
 ISBN 3-334-60403-9
NE: Salomon, Franz-Viktor

© Gustav Fischer Verlag Jena, 1993
Villengang 2, O-6900 Jena
Das Werk einschließlich aller seiner Teile ist urheberrechtlich geschützt. Jede Verwertung außerhalb der engen Grenzen des Urheberrechtsgesetzes ist ohne Zustimmung des Verlages unzulässig und strafbar. Das gilt insbesondere für Vervielfältigungen, Übersetzungen, Mikroverfilmungen und die Einspeicherung und Verarbeitung in elektronischen Systemen.
Lektor: Dr. Dr. Roland Itterheim
Gesamtherstellung: Druckhaus „Thomas Müntzer" GmbH, O-5820 Bad Langensalza/Thüringen
Printed in Germany

ISBN 3-334-60403-9

Autorenverzeichnis

Prof. Dr. med. vet. habil. Franz-Viktor Salomon
Veterinär-Anatomisches Institut der Universität Leipzig

Prof. MVDr. Dr. Sc. Hugo Černý
Anatomisches Institut der Tierärztlichen Hochschule Brünn, Tschechische Republik

Dr. rer. nat. Ilse Frosch
Zentralstelle für Produktentoxikologie, Graupa

Dr. med. vet. Uwe Gille
Veterinär-Anatomisches Institut der Universität Leipzig

Dr. rer. nat. Gerda Gutte
Veterinär-Anatomisches Institut der Universität Leipzig

Prof. Dr. med. vet. habil. Günther Michel
Veterinär-Anatomisches Institut der Universität Leipzig

Dr. rer. nat. Klaus Richter
Fachbereich Biowissenschaften der Universität Leipzig

Dr. med. vet. Johannes Seeger
Paul-Flechsig-Institut für Hirnforschung der Universität Leipzig

Alle gezeichneten Abbildungen wurden von der Grafikerin Elke F. Graichen, Leipzig, angefertigt.

Vorwort

Das „**Lehrbuch der Geflügelanatomie**" knüpft thematisch an das im Leipziger Veterinär-Anatomischen Institut entstandene und seit 1966 in vier Auflagen erschienene „Kompendium der Geflügelanatomie" von E. Schwarze und L. Schröder an. Alle vor 1979 geschriebenen Bücher zum Thema litten unter dem Handicap einer fehlenden verbindlichen Nomenklatur. Daraus ergaben sich zwangsläufig erhebliche Schwierigkeiten bei der Zuordnung der unterschiedlichen Synonyma. Besonders in den Teilgebieten mit hoher terminologischer Dichte, dem Skelett- und dem Skelettmuskel-, dem Blutgefäß- und dem Nervensystem, hat dies zu häufigen Verwechslungen geführt. Vorliegendes Lehrbuch bezieht sich strikt auf die NOMINA ANATOMICA AVIUM (Baumel et al. [Eds.], 1979). Als Hilfestellung zur Orientierung in älterer Literatur wurden oftmals ein oder mehrere Synonyma des verbindlichen Terminus mit angegeben.

Mit der Aufnahme der Kapitel 10. (Teratologische Untersuchungen an Vögeln) und 17. (Wachstum) ist beabsichtigt, den aus Tiermedizinern, Biologen, Landwirten und experimentell tätigen Medizinern bestehenden Adressatenkreis zu erweitern.

Alle 150 gezeichneten Abbildungen wurden durch Frau Elke Graichen mit von uns dankbar aufgenommenem Einfühlungsvermögen ins Detail angefertigt. Die Fotos sind Originalaufnahmen.

Meinen Mitautoren danke ich ganz herzlich für eine völlig problemfreie, vertrauensvolle Zusammenarbeit. Im Namen aller Autoren danke ich sehr unseren Sekretärinnen Frau Ruth Hopf und Frau Rita Nitschke für ihre Mühe beim Schreiben der meisten Kapitelmanuskripte. Für das Korrekturlesen habe ich meinen Mitarbeitern Frau Dr. Angelika Gericke, Herrn Diplom-Veterinärmediziner Uwe Peschel, Herrn Diplom-Veterinärmediziner Olaf Kuntze und Herrn Diplom-Veterinärmediziner Olaf Rieck zu danken. Dem Gustav Fischer Verlag und speziell Herrn Dr. Dr. R. Itterheim danke ich für sein Vertrauen in das Projekt und sein jederzeit spürbares förderndes Interesse an seinem Fortgang.

Leipzig, Februar 1993   Franz-Viktor Salomon

Inhaltsverzeichnis

1.	**Evolution und Klassifikation der Vögel** (Richter)	13
2.	**Allgemeines Bauprinzip und äußere Anatomie der Vögel** (Salomon)	19
3.	**Bewegungsapparat** (Salomon)	27
3.1.	*Passiver Bewegungsapparat, Skelettsystem*	27
3.1.1.	Skelett des Kopfes	30
3.1.2.	Skelett des Halses und des Rumpfes	40
3.1.2.1.	Wirbelsäule	40
3.1.2.2.	Rippen	46
3.1.2.3.	Brustbein	46
3.1.3.	Knochen des Schultergürtels	49
3.1.4.	Knochen des Flügels	51
3.1.5.	Knochen des Beckengürtels	55
3.1.6.	Knochen der Beckengliedmaße	58
3.2.	*Verbindungen der Knochen*	63
3.2.1.	Verbindungen der Knochen des Kopfes	64
3.2.2.	Verbindungen der Wirbelsäule und der Rippen	67
3.2.3.	Verbindungen der Knochen des Schultergürtels	69
3.2.4.	Verbindungen der Knochen des Flügels	70
3.2.5.	Verbindungen der Knochen des Beckengürtels	72
3.2.6.	Verbindungen der Knochen der Beckengliedmaße	72
3.3.	*Aktiver Bewegungsapparat, Skelettmuskelsystem*	77
3.3.1.	Subkutane Muskeln	79
3.3.2.	Muskeln des Kopfes	81
3.3.2.1.	Muskeln des Augapfels und der Augenlider	81
3.3.2.2.	Muskeln des Unterkiefers	82
3.3.3.	Muskeln des Zungenbeines	85
3.3.4.	Trachealmuskeln	87
3.3.5.	Muskeln des Kehlkopfes	88
3.3.6.	Muskeln des Halses	88
3.3.7.	Muskeln des Rumpfes	92
3.3.8.	Muskeln des Schwanzes	96

3.3.9.	Muskeln der Schultergliedmaße	99
3.3.9.1.	Muskeln, die an der Scapula inserieren	99
3.3.9.2.	Muskeln, die am Humerus inserieren	99
3.3.9.3.	Muskeln, die an den Ossa antebrachii inserieren	104
3.3.9.4.	Muskeln, die an den Ossa manus inserieren	105
3.3.10.	Muskeln der Beckengliedmaße	108
3.3.10.1.	Muskeln des Beckens und des Oberschenkels	108
3.3.10.2.	Muskeln am Unterschenkel	117
3.3.10.3.	Muskeln am Hintermittelfuß	125
4.	**Körperhöhle** (Salomon)	127
5.	**Verdauungssystem** (Černý)	131
5.1.	*Mundhöhle*	133
5.2.	*Schlundkopf*	141
5.3.	*Speiseröhre*	143
5.4.	*Magen*	145
5.5.	*Darm*	149
5.6.	*Bauchspeicheldrüse*	156
5.7.	*Leber*	159
6.	**Atmungssystem** (Salomon)	173
6.1.	*Nasenhöhlen*	173
6.2.	*Kehlkopf*	177
6.3.	*Luftröhre*	178
6.4.	*Stimmkopf*	179
6.5.	*Lunge*	181
6.6.	*Luftsäcke*	186
6.7.	*Äußere Atmung*	189
7.	**Harnorgane** (Salomon)	191
7.1.	*Niere*	191
7.2.	*Harnleiter*	195
8.	**Geschlechtssystem** (Michel)	197
8.1	*Männliches Geschlechtssystem*	197
8.1.1.	Hoden	197
8.1.2.	Nebenhoden	204
8.1.2.	Samenleiter	204
8.1.4.	Begattungsorgan	205
8.2	*Kloake*	207
8.3.	*Weibliches Geschlechtssystem*	210
8.3.1.	Eierstock	211
8.3.2.	Eileiter	217
9.	**Embryonalentwicklung** (Michel)	227
9.1.	*Entwicklung und Bau der Spermien*	227
9.2.	*Entwicklung und Bau der Eizellen und Eibildung*	231
9.3.	*Bau des Eies*	233

9.4.	*Befruchtung*	237
9.5.	*Blastogenese und Organogenese*	238
9.6.	*Eihüllen des Vogels*	243
9.7.	*Zeitlicher Ablauf der Embryonalentwicklung*	246

10. Teratologische Untersuchungen an Vögeln (Frosch) 253

10.1.	*Methodische Aspekte*	253
10.1.1.	Tiermaterial	253
10.1.2.	Inkubationsbedingungen	254
10.1.3.	Anzahl der Eier, Dosierungswahl, Applikationslösung	254
10.1.4.	Applikationsmethoden	255
10.1.5.	Behandlungs- und Auswertungszeitpunkt	256
10.2.	*Applikationsarten und Untersuchungsbefunde (Beispiele)*	257
10.2.1.	Direkte Methoden	257
10.2.1.1.	Röntgenstrahlen	257
10.2.1.2.	Mikrochirurgie	258
10.2.1.3.	Methoden der Chemoteratogenese	259
10.2.2.	Indirekte Methoden (Tauchen, Bedampfen)	261
10.2.3.	Kombinierte Methoden	261
10.2.4.	In-vitro-Methoden	261
10.2.4.1.	Embryokulturen	261
10.2.4.2.	Zell- und Organkulturen	262
10.3.	*Extrapolation von Untersuchungsergebnissen*	263

11. Kreislaufsystem (Salomon) 265

11.1.	*Herz*	265
11.2.	*Arterien*	271
11.3.	*Venen*	290
11.4.	*Blut*	300
11.5.	*Lymphgefäßsystem (Michel)*	302
11.5.1.	Lymphgefäße	302
11.5.2.	Lymphknoten	304
11.5.3.	Lymphherzen	305

12. Abwehrsystem (Michel) 307

13. Endokrines System (Gutte) 315

13.1.	*Glandula pituitaria*	318
13.1.1.	Neurohypophysis	319
13.1.2.	Adenohypophysis	321
13.2.	*Glandula pinealis*	322
13.3.	*Glandula thyroidea*	324
13.4.	*Glandula parathyroidea*	327
13.5.	*Glandula ultimobranchialis*	329
13.6.	*Glandula adrenalis*	330
13.7.	*Paraganglion caroticum*	332

14. Nervensystem (Seeger) 335

14.1. Rückenmark 335

14.1.1. Meningen 335
14.1.2. Makroskopische Anatomie des Rückenmarks 336
14.2.3. Mikroskopische Anatomie des Rückenmarks 337

14.2. Gehirn 339

14.2.1. Lage und makroskopische Gestalt 339
14.2.2. Hirnhäute 342
14.2.3. Verlängertes Mark 343
14.2.4. Hinterhirn 344
14.2.4.1. Brücke 344
14.2.4.2. Kleinhirn 344
14.2.5. Mittelhirn 348
14.2.6. Zwischenhirn 349
14.2.7. Endhirn 351
14.2.8. Gefäßversorgung von Rückenmark und Gehirn 353

14.3. Peripheres Nervensystem 354

14.3.1. Somatischer Anteil, Hirnnerven 354
14.3.2. Rückenmarksnerven 359
14.3.2.1. Halsnerven 361
14.3.2.2. Brustnerven 364
14.3.2.3. Synsakralnerven 364
14.3.2.4. Schwanznerven 368
14.3.3. Viszeraler Anteil des peripheren Nervensystems 368
14.3.3.1. Kraniosakraler Abschnitt 368
14.3.3.2. Thorakolumbaler Abschnitt 370

15. Sinnesorgane (Seeger) 373

15.1. Auge (Sehorgan) 373

15.1.1. Äußere Augenhaut 375
15.1.2. Mittlere Augenhaut 377
15.1.3. Innere Augenhaut 379
15.1.4. Linse 383
15.1.5. Glaskörper 383
15.1.6. Nebenorgane des Auges 383

15.2. Gleichgewichts- und Gehörorgan 385

15.2.1. Äußeres Ohr 385
15.2.2. Mittelohr 386
15.2.3. Innenohr 388
15.2.3.1. Häutige und knöcherne Bogengänge 388
15.2.3.2. Schnecke 389
15.2.3.3. Gehörgang 391
15.2.3.4. Gleichgewichtsorgan 391

15.3. Geruchsorgan 392
15.4. Geschmacksorgan 393
15.5. Akzessorische Sinnesorgane 393

15.5.1.	Organe der Oberflächensensibilität	393
15.5.2.	Organe der Tiefensensibilität	394

16. Äußere Haut und ihre Anhangsgebilde (Salomon) — 395

16.1.	*Äußere Haut*	395
16.2.	*Anhangsgebilde der Haut*	397
16.3.	*Horngebilde der Haut*	399
16.4.	*Hautdrüsen*	400
16.5.	*Federn*	401

17. Wachstum (Salomon, Gille) — 413

Literatur — 422

Sachregister — 454

1. Evolution und Klassifikation der Vögel

Heute eine der weltweit erfolg- und artenreichsten Wirbeltiergruppen, sind die Vögel (Aves) zugleich ihre stammesgeschichtlich jüngste Großgruppe.

Die ältesten *Fossilien* stammen aus dem Oberen Jura und sind damit fast 150 Millionen Jahre alt. Der erste überhaupt bekannt gewordene Fund, der Abdruck einer Feder, stammt aus dem Jahre 1860, das erste Skelett stammt aus dem Jahre 1861, einige wenige weitere folgten. Insgesamt bleibt jedoch festzustellen, daß Fossilfunde von Vögeln — auch aus späteren Epochen — immer sehr selten sind. Insgesamt wurden etwa 800 ausgestorbene Arten beschrieben.

Der erste Fund eines *Urvogels* im Solnhofener lithographischen Schiefer in der südlichen Fränkischen Alb (auch die weiteren Urvogelfunde stammen von dort) galt als zoologische Sensation, meinte man doch zunächst, damit das „missing link" zwischen Vögeln und Kriechtieren gefunden zu haben.

Heute steht unzweifelhaft fest, daß *Archaeopteryx* zu den Vögeln gehört. Alle seine Reptilien-Merkmale, z. B. bezahnte Kiefer, Wirbelform, einfache Rippen und Bauchrippen, flaches Sternum, langer Schwanz, freie Mittelhandknochen und Krallen an drei Fingern, sind ursprüngliche (plesiomorphe) Merkmale, die erhalten geblieben sind, während wesentliche abgeleitete (apomorphe) Merkmale der Vögel (zum Gabelbein verwachsene Schlüsselbeine, Tarsometatarsus, opponierte Großzehe, nach hinten gerichtetes Schambein und vor allem der Besitz von Federn) schon vorhanden sind.

Unklar und auch niemals sicher zu beweisen (höchstens zu widerlegen) ist, ob *Archaeopteryx* in die unmittelbare Vorfahrenreihe der Vögel oder zu einem erloschenen Seitenzweig gehört. Evolutionsbiologisch ist dies auch ohne Belang. Zweifelsfrei steht fest, daß er mit den rezenten Vögeln näher verwandt ist als mit irgendeiner anderen Gruppe.

Nahezu unumstritten sind heute Vorstellungen über die Stammesgeschichte der großen Gruppen der Amnioten unter Einbeziehung der Vögel (vgl. Abb. 1). Damit gehen die Vögel gemeinsam mit der Mehrzahl der Kriechtiere noch auf eine gemeinsame Stammart zurück, als die Säugetiere schon längst abgespalten waren. Die Kriechtiere (Reptilia) stellen eine sogenannte *paraphyletische Gruppe* dar, die nicht auf eine nur ihnen gemeinsame Stammart zurückzuführen ist. Im Sinne der modernen phylogenetischen Systematik wäre die Klasse Reptilia danach aufzulösen. Nach der frühen Abspaltung von Schildkröten und Säugern kam es zu einer erneuten Aufspaltung in die Zweige der

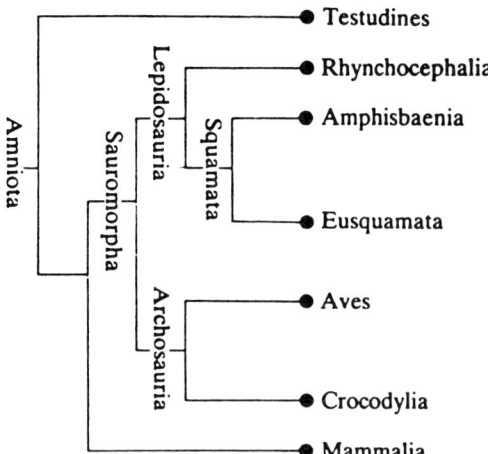

Abb. 1. Phylogenetische Beziehungen der rezenten Amniota.

Lepidosauria und Archosauria. Obwohl wir uns im wesentlichen bei unserer Betrachtung nur auf rezente Gruppen konzentrieren, soll an dieser Stelle erwähnt werden, daß zu den Archosauriern auch die fossilen Dinosaurier und die Flugsaurier (Pterosauria) gehören.

Eine Vorstellung von den unmittelbaren Vorfahren der Vögel vermitteln die Funde kleiner Dinosaurier, etwa die Gattung *Compsognathus*. Die Entwicklung zum Vogel muß sich zweifellos schon weit vor *Archaeopteryx* angedeutet haben, zumal dieser ja schon viele der komplizierten abgeleiteten Vogelmerkmale vollständig ausgebildet hat. Erwähnung verdienen in diesem Zusammenhang vor allem die Federn, deren Ableitung von der Reptilienschuppe trotz mehrerer brauchbarer Modelle noch immer nicht restlos geklärt ist. Wahrscheinlich scheint, daß die Vorfahren der Vögel arborikol lebten, ebenso gilt als relativ gesichert, daß zuerst die Federn als Modifikation der Reptilienschuppen erschienen und erst später die Flügelstruktur ausgebildet wurde.

Unter den rezenten Wirbeltieren sind unstritig die Krokodile (Crocodylia) die nächsten Verwandten der Vögel, so ungewöhnlich dies zunächst erscheint. Wesentliche *Synapomorphien* (gemeinsame abgeleitete Merkmale) sind beispielsweise die vollständig getrennten Herzkammern, vierzehige Hinterfüße und das Diaphragma pulmonare.

Üblicherweise werden die Vögel — wohl eher pragmatisch als phylogenetisch gut begründet — in die Unterklassen der fossilen Altvögel (Archaeornithes) und der „echten" Vögel (Neornithes) gegliedert. Zu letzteren gehören etwa 8700 Arten. Damit sind die Vögel nach den Knochenfischen die zweitartenreichste Gruppe der Wirbeltiere.

Relative Einheitlichkeit in Verbindung mit außerordentlichem „Erfolg" und damit Artenreichtum auf der einen und zahlreiche, z. T. höchst komplizierte Konvergenzen auf der anderen Seite haben dazu geführt, daß die weitere Kladogenese der Vögel noch immer nicht hinreichend aufgeklärt ist bzw. äußerst kontrovers diskutiert wird. Beispiele für derartige Parallelbildungen sind Schwalben und Mauersegler, wobei letztere nahe mit den phänotypisch stark abweichenden Kolibris verwandt sind, während die diesen ähnelnden Nektarvögel nähere Beziehungen zu den Schwalben besitzen, oder die äußerlich ähnlichen, aus ganz unterschiedlichen Linien hervorgegangenen Kraniche und

Reiher. Neueste Untersuchungen auf der Basis des Vergleiches von Vögeln und ihren Parasiten, z. B. Federlingen (Mallophaga), bzw. die Anwendung immunologischer und molekularbiologisch-genetischer Methoden haben hier erfolgversprechende Ansätze geliefert. Unabhängig von fehlender Klarheit über phylogenetische Beziehungen kann die Monophylie zahlreicher Vogelgruppen als gesichert gelten. Für unsere Zwecke sind diese Fragen ohnehin von verhältnismäßig geringer Bedeutung.

Herkömmliche Vogelsysteme unterscheiden zumeist ca. 26 verschiedene Ordnungen. Während als Heimtiere Vertreter einer relativ großen Zahl von Ordnungen mehr oder weniger regelmäßig in Käfigen oder Volieren anzutreffen sind, haben nur Arten aus drei Ordnungen wirtschaftliche Bedeutung als Haustiere erlangt. Bemerkenswerterweise fehlt dabei die mit Abstand artenreichste Ordnung der Sperlingsvögel (Passeriformes). Neben den Taubenartigen (Columbiformes) sind es vor allem Arten der Gänse- (Anseriformes) und Hühnervögel (Galliformes), die in größerem Umfang bewirtschaftet werden.

- **Ordnung Gänsevögel (Anseriformes)**

Die mit Ausnahme der Antarktis alle Erdteile besiedelnde Ordnung ist als monophyletische Gruppe u. a. durch durchgängige Nasenlöcher, langen Winkelfortsatz am Unterkiefer und ein hinten mit zwei Einbuchtungen oder Fenstern versehenes Sternum (nicht bei allen fossilen Formen) gekennzeichnet. Gänsevögel sind fossil bereits vor dem Eozän (mehr als 55 Mill. Jahre) nachgewiesen. Charakteristisch sind 10–11 Handschwingen, 12–24 Schwanzfedern, reichlich Dunen und ungefleckte Eier. Die Jungen sind Nestflüchter.

Es werden zwei Familien unterschieden, von denen die ursprünglichen Wehrvögel (Anhimidae) mit wenigen Arten auf Südamerika beschränkt sind. Alle domestizierten Arten gehören zur u. a. durch Schwimmhäute zwischen den Vorderzehen, harte Hornkuppe an der Schnabelspitze, spezifische zusätzliche Nervenendkörperchen (Grandrysche Körperchen) und aufrichtbaren, langen, aus der Kloake ausstülpbaren Penis gekennzeichneten Familien der Entenvögel (Anatidae).

Die beiden wichtigen Unterfamilien der Gänseverwandten (Anserinae) und Entenverwandten (Anatinae) sind u. a. durch die bei letzteren großen Scuta am Lauf und unter den Zehen zu unterscheiden.

Zu den Gänsen (Anserini) gehören 4 Gattungen mit etwa 20 Arten, u. a. auch die Schwäne. Zwei Arten haben Bedeutung als Stammformen für Hausgeflügel erlangt:

a) **Graugans** *(Anser anser)* als Stammform der Hausgans *(„Anser domesticus")*, von der bereits die Römer über weiße Rassen bei den Germanen berichteten, und

b) **Schwanengans** *(Anser cygnoides)* als Stammform der auch in Europa verbreiteten, aber besonders in Amerika wirtschaftlich wichtigen „Höckergans".

Beide Arten sind bedingt miteinander fruchtbar, die Steinbacher Kampfgänse gehen auf derartige Bastarde zurück.

Innerhalb der Entenverwandten, zu denen auch die „Halbgänse", wie die bekannte Brandgans *(Tadorna tadorna)*, gehören, wird zwischen Schwimmenten (Anatini) und Tauchenten (Aythyini) unterschieden. Stammform der Hausente ist die zu den Schwimmenten gehörende **Stockente** *(Anas platyrhynchos)*. Die heute zum großen Teil gehaltenen weißen Rassen gehen auf sogenannte Pekingenten aus amerikanischen Zuchtrichtungen zurück.

In der ländlichen Geflügelhaltung hat heute eine aus Südamerika stammende Tauchente die europäische Hausente vielfach verdrängt (z. T. sog. „Flugente"). Lange vor der Entdeckung Amerikas wurde dort die **Moschusente** *(Cairina moschata)* domestiziert und später von den Spaniern nach Europa gebracht. Mischlinge beider Arten sind unfruchtbar.

- **Ordnung Hühnervögel (Galliformes)**

Die ca. 270 Arten in knapp 100 Gattungen umfassende Ordnung gehört ebenfalls zu den „alten" Vogelordnungen. Fossil ist sie mindestens seit dem Eozän (50—60 Mill. Jahre) bekannt. Charakteristisch sind u. a. 10 Handschwingen, die meist deutlichen Afterschäfte der Federn, das Fehlen von Puderdunen und die Beschränkung der Dunen auf Raine.

Mit Ausnahme des zu den Schopfhühnern (Opisthocorni) gehörenden Hoatzins zählen alle Arten zu den eigentlichen Hühnervögeln (Galli), alle hier zu behandelnden Arten zur Familie der Fasanenartigen (Phasianidae), deren Hinterzehe im Gegensatz zu Hokkos (Cracidae) und Großfußhühnern (Megapodiidae) höher als die anderen angesetzt ist, z. T. tragen sie Sporen. Von den insgesamt neun Unterfamilien müssen hier fünf aufgeführt werden:

— *Unterfamilie Feldhühner (Perdicinae)*

Neben den Rebhühnern (Perdicini) gehören hierzu die Wachteln (Coturnicini). Die japanische Unterart der **Wachtel** *(Coturnix coturnix japonica)* ist heute als Haustier weit verbreitet. Ihre Domestikation ist zumindest bis 1595 belegt.

In Amerika hat die zu den Zahnwachteln gehörende **Virginiawachtel** *(Colinus virginianus)* ähnliche Bedeutung erlangt. Es existieren mehrere Farbschläge.

— *Unterfamilie Truthühner (Meleagridinae)*

Das **Truthuhn** *(Meleagris gallopavo)*, ursprünglich weit in Nordamerika verbreitet, ist mit bis zu 18 kg der schwerste Hühnervogel überhaupt. Es werden sieben Unterarten unterschieden, die Hausform stammt von der im Süden des mexikanischen Hochlandes lebenden Nominatform ab und wurde schon von frühen indianischen Kulturen domestiziert. Die Hausform zeigt deutliche Degenerationen an Hirn, Nebennieren und Hypophyse.

— *Unterfamilie Pfauen (Pavoninae)*

Heute fast ausschließlich als Ziervogel gehalten, kam der **Blaue Pfau** *(Pavo cristatus)* schon vor mehr als 4000 Jahren aus Indien ins Zweistromland und ans Mittelmeer und könnte damit der älteste Ziervogel überhaupt sein.

— *Unterfamilie Perlhühner (Numidinae)*

Perlhühner sind nahe mit den Pfauen verwandt, sechs Arten leben in Afrika. Stammform des Hausperlhuhnes ist das **Helmperlhuhn** *(Numida meleagris)*. Die heutige Hausform geht auf die von den Portugiesen nach Europa und Amerika gebrachte westafrikanische Unterart *N. m. galeata* zurück. In der Antike gehaltene Perlhühner dürften von marokkanischen *(N. m. abyi)* bzw. ostafrikanischen *(N. m. meleagris)* Unterarten abgestammt haben.

— *Unterfamilie Fasanen (Phasianinae)*

Zu dieser mit etwa 30 Arten in Asien beheimateten Unterfamilie gehört die Stammart des wohl bekanntesten und am weitesten verbreiteten Hausgeflügels: das zu den Kammhühnern gehörende **Bankivahuhn** *(Gallus gallus)* als Stammform des Haushuhns

(Gallus domesticus). Bemerkenswerterweise besitzen Wildhennen weder Kamm noch Kehllappen, und auch bei den Hähnen tritt eine starke jahreszeitliche Schwankung in deren Ausbildung auf. Bereits im 14. und 15 Jh. v. Chr. wurden Haushühner von Indien nach China exportiert, für Griechenland sind sie mindestens aus dem 5. Jh. v. Chr. nachgewiesen.

Ebenfalls in diese Unterfamilie gehört der **Jagdfasan** *(Phasianus colchicus)*, der, ursprünglich in mehreren Unterarten in Asien vorkommend, heute in fast ganz Europa und vielen anderen Teilen der Erde vorkommt und neben seiner jagdlichen Bedeutung in großer Zahl gezüchtet wird. Die heutige „europäische Form" ist eine Mischung verschiedener Unterarten.

- **Ordnung Taubenvögel (Columbiformes)**

Die etwa 300 Arten sind u. a. durch eine Wachshaut am Schnabelgrund und eine Verjüngung in dessen Mitte gekennzeichnet. Der große Kropf besteht aus zwei seitlichen Taschen, die Mauser findet fast immer unabhängig von der Brutzeit statt (Unterschied zu fast allen anderen Vögeln). Bemerkenswert ist das Saugtrinken.

Neben den echten Tauben werden zu dieser Ordnung manchmal auch Flughühner (Pteroclididae) und die vom Menschen ausgerotteten Dronten (Raphidae) gestellt, doch ist deren Stellung stark umstritten.

Etliche Arten der Tauben haben „von sich aus die Nähe des Menschen gesucht", so z. B. die eurasischen Türkentauben oder die amerikanischen Inkatäubchen. Zwei Arten haben Bedeutung als Haustiere erlangt:

— Die **Felsentaube** *(Columba livia)* ist die Stammform der vielgestaltigen Haustaube *(Columba livia domestica)*. Die verwilderte „Stadttaube" (ihre Abstammung ist nicht endgültig geklärt und wird teilweise kontrovers diskutiert!) ist zu einem erheblichen hygienischen (Psittakose, Salmonellosen, Taubenzecken) und ökonomischen Problem in vielen europäischen Städten geworden.

— Die **Lachtaube** *(Streptopelia risoria)* kommt in der Natur überhaupt nicht (mehr?) vor. Sie ist mindestens seit der Römerzeit domestiziert und u. a. aufgrund ihrer extrem leichten Halt- und Züchtbarkeit zu einem verbreiteten Versuchs- und Haustier geworden. Sie stammt vermutlich von der Nordafrikanischen Lachtaube *(S. roseogrisea)* oder/und von der Türkentaube *(S. decaocta)* ab.

Die **systematische Stellung** der wichtigen Hausgeflügelarten verdeutlicht die folgende Übersicht:
Klasse Vögel (Aves)
  Ordnung Gänsevögel (Anseriformes)
    Familie Entenvögel (Anatidae)
      Unterfamilie Gänseverwandte (Anserinae)
        Graugans *(Anser anser)* — Hausgans
        Schwanengans *(Anser cygnoides)* — Höckergans
      Unterfamilie Entenverwandte (Anatinae)
        Stockente *(Anas platyrhynchos)* — Hausente
        Moschusente *(Cairina moschata)* — „Flugente"
  Ordnung Hühnervögel (Galliformes)
    Familie Fasanenartige (Phasianidae)
      Unterfamilie Feldhühner (Perdicinae)
        Japanwachtel *(Coturnix coturnix japonica)*
        Virginiawachtel *(Colinus virginianus)*

Unterfamilie Truthühner (Meleagridinae)
　　Truthuhn *(Meleagris gallopavo)* — Haustruthuhn
Unterfamilie Pfauen (Pavoninae)
　　Blauer Pfau *(Pavo cristatus)*
Unterfamilie Perlhühner (Numidinae)
　　Helmperlhuhn *(Numida meleagris)*
Unterfamilie Fasanen (Phasianinae)
　　Bankivahuhn *(Gallus gallus)* — Haushuhn
　　Jagdfasan *(Phasianus colchicus)*
Ordnung Taubenvögel (Columbiformes)
　Familie Tauben (Columbidae)
　　　Felsentaube *(Columba livia)* — Haustaube
　　　Lachtaube *(Streptopelia risoria)*

2. Allgemeines Bauprinzip und äußere Anatomie der Vögel

Das Bauprinzip der Vögel entspricht allgemein dem der Wirbeltiere, d. h., es gelten auch für sie die Merkmale **Polarität, bilaterale Symmetrie** und **Metamerie**. Das Flugvermögen der Vögel hat allerdings eine Reihe von baulichen Besonderheiten zur Voraussetzung. Diese betreffen besonders die Schultergliedmaße, welche vom Lauforgan zum Flügel umgewandelt wurde, und den Schwanz, der eine deutliche Umformung zum Steuerorgan erkennen läßt.

Weitere Besonderheiten, die zur Verminderung des spezifischen Gewichtes des Vogelkörpers als Vorbedingung für das Fliegen beitragen, sind im wesentlichen folgende:

— leichtes Skelett durch Lufthaltigkeit vieler Knochen,
— zentrale Anordnung der schweren Organe und leichterer Bau der peripheren Organe, z. B. durch fehlende Zähne und Kaumuskeln sowie Übernahme von deren Funktion durch den Muskelmagen,
— verringertes spezifisches Gewicht durch vergrößertes Körpervolumen infolge Ausbildung des Federkleides,
— Ausbildung von Luftsäcken als luftgefüllte Anhänge des Atmungsapparates,
— fehlende Harnblase,
— meist nur einseitige Entwicklung der weiblichen Geschlechtsorgane,
— kein männliches Begattungsorgan bei den meisten Geflügelarten,
— extrauterine Entwicklung der Embryos infolge Fortpflanzung durch Eier.

Die Funktion des Greifwerkzeuges ist von der Vordergliedmaße auf den Schnabel übergegangen. Die Hintergliedmaße dient, je nach Spezies, dem Laufen, Springen, Schwimmen und Greifen.

Der Körper des Vogels läßt sich analog zum Säugetier in 6 Hauptteile: Kopf, Hals, Rumpf, Schwanz, Schultergliedmaßen (Flügel) und Beckengliedmaßen einteilen (Abb. 3).

Am **Kopf,** *Caput,* fällt zunächst der Schnabel, *Rostrum,* mit seiner an die Art der Nahrungsaufnahme angepaßten Gestalt auf. Zum Schnabel gehören die Ober- und Unterkieferknochen sowie deren Hornscheiden. Der Oberschnabel wird als *Rostrum maxillare,* der Unterschnabel als *Rostrum mandibulare* bezeichnet. Die Hornscheiden tragen auch die Bezeichnung maxillare und mandibulare *Rhamphoteca* oder *Rhinotheca* und *Gnathotheca.*

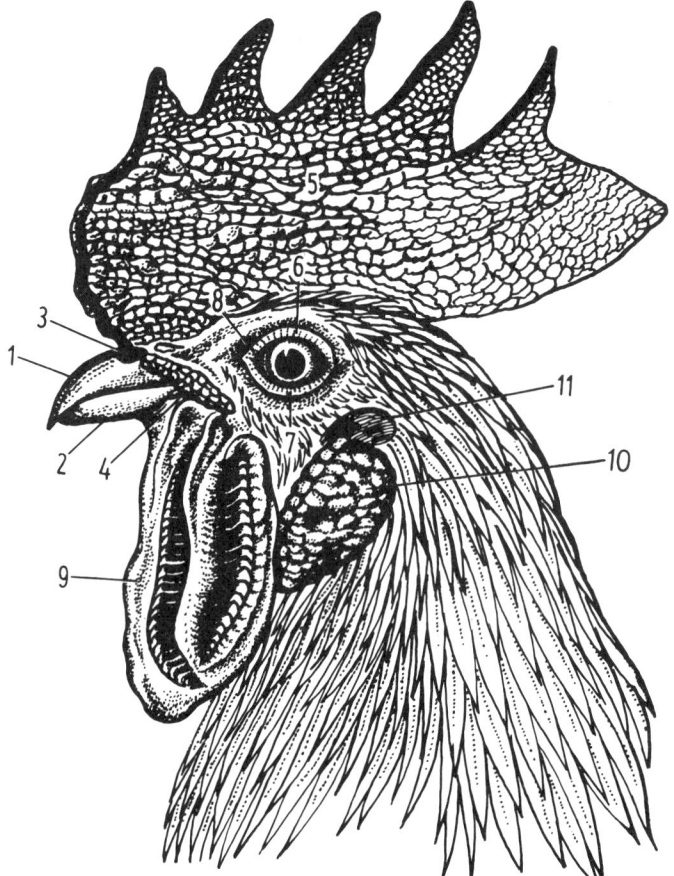

Abb. 2. Kopf des Hahnes.

1 Rostrum maxillare
2 Rostrum mandibulare
3 Naris
4 Rictus
5 Crista carnosa
6 Palpebra dorsalis
7 Palpebra ventralis
8 Membrana nictitans
9 Palea
10 Lobus auricularis
11 Eingang zum Meatus acusticus externus, von Federn bedeckt

Die bootskielförmige ventrale Kontur der Gnathotheca wird *Gonys* genannt. Kaudal schließt sich an die mandibulare Hornscheide die *Regio interramalis*, ein dreieckiger Bezirk zwischen den zwei Mandibulaästen, an. Die dorsale Mittelkante der Rhinotheca heißt wegen ihrer Ähnlichkeit mit einem Dachfirst **Firste** oder *Culmen*.

Die rechten und linken Ränder der maxillaren und mandibularen Rhamphotheca sind die schneidenden Schnabelränder, *Tomium maxillare* und *Tomium mandibulare*. Die Mundspalte, *Apertura oris*, reicht vom Mundwinkel, *Angulus oris*, der einen Seite über die Schnabelspitze bis zum Mundwinkel der anderen Seite. Als *Rictus* wird eine dreieckige Hautregion kaudal der Mundwinkel bezeichnet, die bei manchen Vogelarten brillant gefärbt ist. Schnabelränder und Ricti sind Analoga der Zähne und Lippen der Säugetiere. Am Grund des Oberschnabels liegen die paarigen Nasenlöcher, *Nares* (Abb. 2).

Im weiteren sind am Kopf eine Reihe von Regionen (Abb. 3) zu bezeichnen, deren Grenzen nicht ganz exakt definiert sind. Dorsal schließen sich an den Schnabel die *Regio frontalis*, die *Corona* und das *Occiput* an. Die *Regio orbitalis* ist eine schmale, die Augen umgebende Zone, welche das dorsale und ventrale Augenlid, *Palpebra dorsalis et ventralis*, einschließt. Eine Ohrmuschel fehlt den Vögeln. Die *Regio auricularis* umgibt den äußeren Gehörgang, welcher an seiner Öffnung von einer mit kleinen Federn besetzten Ringfalte umgeben wird. Beim Huhn liegt ventral davon ein fleischiger Ohrlappen, *Lobus auricularis*. Die schmale längliche Region zwischen Auge und Rhinotheca wird als *Lorum* bezeichnet.

Das Kinn, *Mentum*, ist der etwas unscharf definierte, rostrale Abschnitt der Unterfläche des Kopfes zwischen dem kaudalen Ende der Regio interramalis und dem kranialen Ende der Unterwangengegend, *Regio submalaris* s. *gularis*. Die Wangengegend, *Regio malaris*, schließt sich kaudal an die Mundwinkel an.

Als Hautderivate sind neben dem Ohrlappen und den Hornscheiden des Schnabels der bei beiden Geschlechtern des Haushuhnes vorhandene Kamm, *Crista carnosa*, und die Kehllappen, *Paleae*, zu erwähnen. Ein beim Truthuhn vorkommender Stirnzapfen, *Processus frontalis*, hat histologisch eine andere Struktur als der Kamm des Huhnes. Das Perlhuhn trägt an Stelle eines Kammes eine als **Horn** bezeichnete Bildung.

Der **Hals**, *Collum*, des Vogels weist eine von der Lebensweise der Art abhängige Länge auf, ist aber in jedem Falle lang genug, daß der Schnabel bis zur Bürzeldrüse (s. Kap. 16.4) reicht. Die Anzahl der Halswirbel schwankt bei Vögeln zwischen 11 und 25, unter den Hausvögeln hat die Taube mit mindestens 12 die wenigsten, die Gans mit höchstens 18 die meisten. Generell haben Vögel mit langen Beinen auch einen langen Hals, um mit dem Schnabel den Boden erreichen zu können. Der Hals der Schwimmvögel ist allgemein von mittlerer Länge, wobei der Schwan mit seinem sehr langen Hals eine Ausnahme darstellt. Charakteristisch ist die S-förmige Biegung des Vogelhalses.

Als Folge der Spezialisierung der Vordergliedmaßen auf das Fliegen ist die Übernahme verschiedener „Manipulationen", wie Brutpflege und Nestbau, durch den Schnabel anzusehen. Die dazu erforderliche Flexibilität und Beweglichkeit hat der Hals des Vogels in hohem Maße.

Besonders bei Arten mit langem Hals ist es möglich, diesen in eine *Pars cranialis*, eine *Pars intermedia* und eine *Pars caudalis* einzuteilen. Zur Pars cranialis zählt der dorsale Nacken, *Nucha*. Eine Hautfalte, *Palear*, liegt ventromedian in der Regio submalaris und am Hals bei Truthühnern und Zwerghühnern sowie Afrikanischen Gänsen.

Zu erwähnen ist schließlich der sogenannte Bart des männlichen Truthuhnes, *Barba cervicalis*, eine komplexe epidermale Struktur ventral in der Pars caudalis, deren schwarze Filamente von einer Papille entspringen und nach ihrer histologischen Struktur weder Haare noch Federn sind.

Bei den Geflügelarten mit einem Kropf wird eine ventral an der Halsbasis gelegene Kropfregion, *Regio ingluvialis*, abgegrenzt. *Patagium cervicale* wird eine dreieckige Hautfalte zwischen seitlicher Halsbasis und kranialem Schulterrand genannt.

Als **Rumpf**, *Truncus*, wird der ganze zwischen Hals und Schwanz gelegene Körper bezeichnet. Er wird gegliedert in Brust, *Thorax*, Bauch, *Abdomen*, und Becken, *Pelvis*. Der Thorax wird durch Brustwirbel, Rippen und Brustbein gestützt. Bauch und Becken sind nicht eindeutig gegeneinander abzugrenzen, da bei fast allen Vogelarten, außer den schweren, flügellosen Straußen und Rheas, das knöcherne Becken ventral offen ist. Am dorsalen Teil des Rumpfes, *Dorsum trunci*, werden 8 Regionen abgegrenzt (s. Abb. 3).

22 2. *Allgemeines Bauprinzip und äußere Anatomie der Vögel*

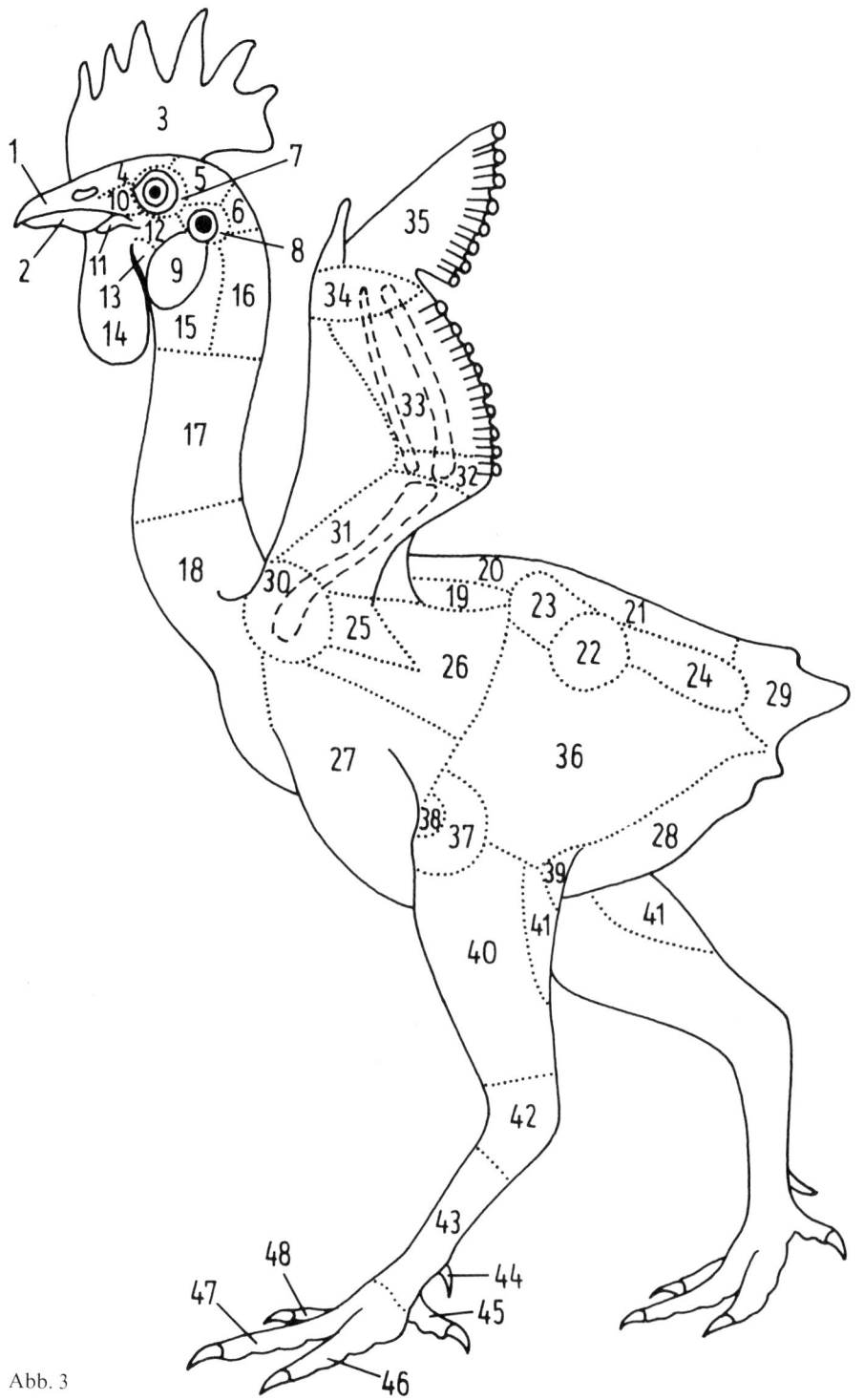

Abb. 3

Die *Regio scapularis* wird nach dem Schulterblatt benannt. Die Schulter wird als *Omus* bezeichnet und zwischen den Schulterblättern ist die *Regio interscapularis* gelegen. Kaudal folgt auf diese die *Regio synsacralis*, deren knöcherne Grundlage, das *Synsacrum*, ein Verschmelzungsprodukt aus dem bzw. den letzten Brust-, den Lenden- und den Kreuzwirbeln sowie einem Teil der Schwanzwirbel ist. Der kaudale Abschnitt der Regio synsacralis, die Schwanzwurzel, wird auch *Pyga* genannt. Die Hüfte, *Coxa*, wird kranial von der *Regio ilii preacetabularis* und kaudal von der *Regio ilii postacetabularis* begrenzt.

Als Seitenteil des Rumpfes, *Latus trunci*, lassen sich die Achsel, *Axilla*, die Brust, *Pectus*, eine Rippenregion, *Regio costalis*, und eine Bauchregion, *Regio abdominalis*, abgrenzen. Eine zwischen kranialer Oberschenkelpartie und Rumpf verkehrende Hautfalte wird als *Plica inguinalis* oder *Inguen* bezeichnet.

Der ventrale Teil des Rumpfes, *Ventrum trunci*, umfaßt die Ventralabschnitte der Brust und der Bauchregion. In der Medianlinie erhebt sich der Brustbeinkamm, *Carina*, und kaudal ist die Kloakenöffnung, *Ventus*, gelegen.

Der **Schwanz**, *Cauda*, der Vögel ist, abgesehen von den Federn, relativ kurz. Seine knöcherne Grundlage sind die auf das Synsacrum folgenden, untereinander gelenkig verbundenen Schwanzwirbel und das *Pygostyl*, eine Knochenplatte, die durch Verschmelzung mehrerer Einzelwirbel entstanden ist. Die Steuerfedern des Schwanzes, *Retrices*, sind immer paarig angelegt und bei der großen Mehrzahl der Vögel in einer Anzahl von zwölf (6 Paare) vorhanden. Bei einigen Spezies sind bis zu 32 Paare Steuerfedern ausgebildet.

Die **Schultergliedmaße,** *Membrum thoracicum*, ist zum Flügel, *Ala*, umgebildet. Von proximal nach distal sind an ihr die Abschnitte Schulter, *Omus*, Achsel, *Axilla*, Oberarm, *Brachium*, Ellbogen, *Cubitus*, Unterarm, *Antebrachium*, und Hand, *Manus*, abgrenzbar. Die Hand besteht aus Handwurzel, *Carpus*, Mittelhand, *Metacarpus*, und Fingern, *Digiti*.

Ausdruck der Anpassung an das Fliegen sind weitgehende Reduzierungen und Verschmelzungen, besonders der Gliedmaßenspitze (s. Kap. 3.1.4.).

◀

Abb. 3. Körperabschnitte und -regionen des Huhnes (in Anlehnung an Komárek, 1986).

1 Rostrum maxillare	17 Pars intermedia colli	33 Antebrachium
2 Rostrum mandibulare	18 Pars caudalis colli	34 Carpus
3 Crista carnosa	19 Regio scapularis	35 Metacarpus et Digiti
4 Regio frontalis	20 Regio interscapularis	36 Femur
5 Corona	21 Regio synsacralis	37 Genu
6 Occiput	22 Coxa	38 Regio patellaris
7 Regio orbitalis	23 Regio ilii preacetabularis	39 Regio poplitea
8 Regio auricularis	24 Regio ilii postacetabularis	40 Crus
9 Lobus auricularis	25 Axilla	41 Sura
10 Lorum	26 Regio costalis	42 Regio tarsalis
11 Rictus	27 Pectus	43 Tarsometatarsus
12 Regio malaris	28 Regio abdominalis	44 Calcar metatarsale
13 Regio submalaris	29 Cauda	45 Digitus pedis I
14 Palea	30 Omus	46 Digitus pedis IV
15 Pars cranialis colli	31 Brachium	47 Digitus pedis III
16 Nucha	32 Cubitus	48 Digitus pedis II

An der Ausbildung der Vorderextremität des Vogels zum Flügel ist neben den Federn maßgeblich die **Flughaut**, *Patagium*, beteiligt. Dabei handelt es sich um eine Hautduplikatur, an der mehrere Abschnitte zu unterscheiden sind. Das *Propatagium* ist die dreieckige Hautfalte zwischen Schulter und Karpalgelenk am Vorderrand des Flügels. Zwischen Rumpf und Oberarm am Hinterrand des Flügels erstreckt sich das *Metapatagium*, welches sich in das bis zur Hand reichende *Postpatagium* fortsetzt. Die Hautfalte, welche zwei Finger, Digitus alularis und Digitus major, miteinander verbindet, ist das *Patagium alulare*.

Die **Befiederung** der Schultergliedmaße des Vogels ist eine wesentliche Voraussetzung für das Fliegen. Die Flügelfedern lassen sich einteilen in Schwungfedern, *Remiges*, und Deckfedern, *Tectrices*. Die Schwungfedern gliedern sich in primäre an der Hand und sekundäre an der Ulna ansetzende (s. Kap. 16.5.).

Die **Beckengliedmaße**, *Membrum pelvicum*, ist über das Hüftgelenk mit dem Rumpf verbunden. Sie gliedert sich von proximal nach distal in die Abschnitte Hüfte, *Coxa*, Oberschenkel, *Femur*, Knie, *Genu*, Unterschenkel, *Crus*, und Fuß, *Pes*.

Am Knie sind eine Kniescheibengegend, *Regio patellaris*, und eine Kniekehlgegend, *Regio poplitea*, zu unterscheiden. Zum Unterschenkel gehört die Wade, *Sura*.

Proximal am Fuß ist die Tarsalregion, *Regio tarsalis*, gelegen, deren Skelettgrundlage das **Intertarsalgelenk** ist. Separate Tarsalknochen fehlen dem erwachsenen Hausgeflügel. Sie sind mit ihrer proximalen Reihe mit der Tibia zum *Tibiotarsus* und ihrer distalen Reihe mit dem Metatarsus zum *Tarsometatarsus* verschmolzen. Am distalen Drittel des Tarsometatarsus sitzt bei männlichen Hühnervögeln ein kräftiger, nach medial gerichteter **Sporn**, *Calcar metatarsale*. Der Tarsometatarsus wird auch als **Laufbein** oder **Lauf** bezeichnet und seine Länge bestimmt maßgeblich die Länge des vom Federkleid nicht bedeckten, frei sichtbaren Abschnittes der Gliedmaße. Oberschenkel, Knie und proximaler Abschnitt des Unterschenkels sind bei den Vögeln vollständig unter den Federn der Flanke und des Bauches verborgen.

Die typische und zugleich maximale Anzahl der **Zehen** am Vogelfuß beträgt vier. Einige Spezies verschiedener Ordnungen, z. B. Rheas, der Emu, einige Watvögel, tauchende Sturmvögel, Alke, einige Spechte, haben nur drei Zehen, wobei im allgemeinen die 1. Zehe fehlt. Den Eisvögeln fehlt die 2. Zehe. Diese **funktionelle Tridaktylie** tritt also bei Laufvögeln, Watvögeln, Klettervögeln und solchen Vögeln auf, die ihre Schultergliedmaße zum Schwimmen unter Wasser benutzen. Der Strauß besitzt als einzige Spezies nur zwei Zehen, ihm fehlen die 1. und die 2. Zehe.

Die Hausvögel haben generell vier Zehen (Abb. 4). Die 1. Zehe, *Digitus pedis* I oder *Hallux*, weist nach kaudomedial, die 2.–4. Zehe, *Digiti pedis* II–IV, weisen nach vorn und sind auseinandergespreizt. Die Anzahl der Zehenglieder, *Phalanges*, entspricht der Ordnungsnummer der Zehe plus 1 und beträgt somit an der 1. Zehe 2, an der 2. Zehe 3, an der 3. Zehe 4 und an der 4. Zehe 5. Das letzte Glied jeder Zehe ist krallenförmig und trägt eine Hornscheide, *Unguis digiti pedis*.

Plantar an den Zehen befinden sich **Zehenballen**, *Pulvini digitales*, deren Anzahl der Ordnungsnummer der Zehe entspricht. Die Felder zwischen diesen Zehenballen werden als *Areae interpulvinares* bezeichnet. Ein weiterer Ballen liegt plantar zwischen distalem Ende des Metatarsus und der Basis der 2.–4. Zehe. Er wird Metatarsalballen, *Pulvinus metatarsalis*, genannt. Zwischen diesem und der 1. Zehe liegt eine Falte, die *Plica metatarsalis*.

Zwischen 2. und 3. sowie 3. und 4. Zehe verkehren Hautduplikaturen, die als *Tela interdigitalis intermedia et lateralis* bezeichnet werden. Nur die Pelicaniformes besitzen

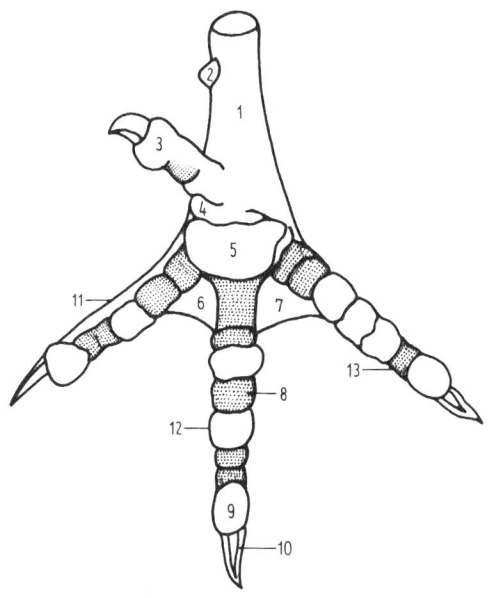

Abb. 4. Rechter Fuß des Huhnes, plantare Ansicht (nach Lucas, 1979).

1 Tarsometatarsus	6 Tela interdigitalis intermedia	10 Unguis digiti
2 Calcar metatarsale		11 Digitus pedis II
3 Digitus pedis I (Hallux)	7 Tela interdigitalis lateralis	12 Digitus pedis III
4 Plica metatarsalis	8 Area interpulvinaris	13 Digitus pedis IV
5 Pulvinus metatarsalis	9 Pulvinus digitalis	

auch eine Tela interdigitalis medialis zwischen 1. und 2. Zehe. Diese Hautduplikaturen sind am Schwimmfuß von Ente und Gans die **Schwimmhäute,** am Scharrfuß der Hühnervögel die kleineren **Spannhäute.**

Funktionell lassen sich die Füße der Vögel in drei Hauptformen: die **Greiffüße,** die **Lauf-** oder **Watfüße** und die **Schwimmfüße** gliedern, jedoch gibt es die vielfältigsten Zwischenformen.

3. Bewegungsapparat

Die Organe des Bewegungsapparates verleihen dem Körper Stabilität und spezifische Gestalt. Sie dienen der Beweglichkeit der Körperabschnitte und ermöglichen somit auch die Fortbewegung. Die Leistungen des Bewegungsapparates werden in engem Zusammenwirken seines passiven und aktiven Anteiles erbracht. Der passive Bewegungsapparat ist das **Skelettsystem,** der aktive Bewegungsapparat das **Skelettmuskelsystem.** Die bewegliche Verbindung der meisten Knochen untereinander ist Voraussetzung für die Beweglichkeit des Individuums.

3.1. Passiver Bewegungsapparat, Skelettsystem

Am Skelett der Vögel (Abb. 5) sind prinzipiell die gleichen Knochen wie am Skelett der Säugetiere zu unterscheiden. Aus der funktionellen Anpassung an das Fliegen und der Verwandtschaft zu den Reptilien resultieren aber eine Reihe von **Besonderheiten des Vogelskeletts:**

— Wachstum und Verknöcherung sind, bezogen auf die Lebensdauer, wesentlich früher abgeschlossen als beim Säuger.
— Die langen Röhrenknochen weisen in ihrer Osteogenese weder Epiphysenknochenkerne noch Epiphysenfugenscheiben auf (Ausnahmen sind die Extremitates proximalis et distalis des Tibiotarsus und die Extremitas proximalis des Tarsometatarsus). Die Verknöcherung des gesamten Knochens erfolgt von der Diaphyse aus.
— Von der im Vergleich zum Säuger weitgehenden Verknöcherung des Vogelskeletts sind lediglich die Gelenkknorpel, die Zwischenwirbelscheiben und die Menisken ausgenommen.
— Die Lufthaltigkeit (**Pneumatizität**) des Vogelskeletts erstreckt sich auf alle Knochen, außer den Knochen der Schultergliedmaße distal des Humerus und den Knochen

3. *Bewegungsapparat*

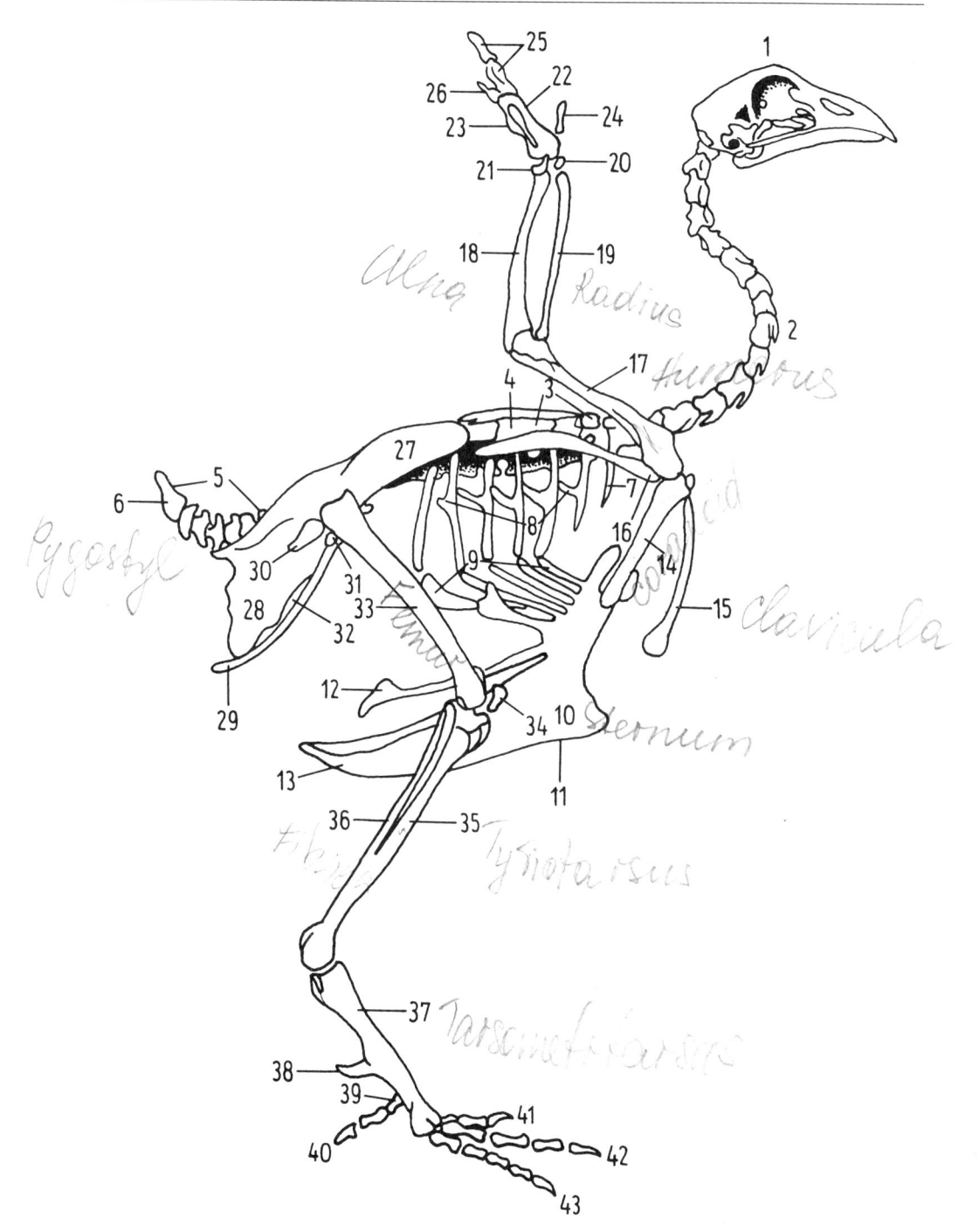

Abb. 5

der Beckengliedmaße distal des Beckens. Bei guten Fliegern ist diese Pneumatizität ausgeprägter als bei Laufvögeln. Bei ganz jungen Vögeln sind die späteren Lufträume noch mit rotem Knochenmark gefüllt. Die Ventilation der Hohlräume in den Kopfknochen erfolgt von den Nasenhöhlen und den Tubae auditivae, in den übrigen Knochen von den Luftsäcken der Lungen aus. Die Luftsäcke setzen sich über Foramina pneumatica in die Hohlräume der Knochen fort.

— Die Knochen der Vögel sind wegen ihres hohen Gehaltes an anorganischer Substanz sehr hart und spröde. Bei Knochenbrüchen besteht eine ausgeprägte Neigung zur Splitterbildung (als Hundefutter sind Geflügelknochen ungeeignet!).

— Das relative Gewicht des Geflügelskeletts ist geringer als das der Säugetiere. Die Masse des Skeletts einer ausgewachsenen Gans beträgt z. B. 13,4%, die eines gleich schweren erwachsenen Affen 16,8% der Körpermasse.

Weitere Unterschiede des Vogelskeletts gegenüber dem Säugerskelett, wie ein einfacher Kondylus des Os occipitale, ein beweglicher Oberschnabel, ein stets vollständig ausgebildeter Schultergürtel, die Anpassung der Schultergliedmaßenknochen an das Fliegen, die Processus uncinati an den Rippen, die Verknöcherung der Sternalteile der Rippen sowie die Verschmelzung von Lenden- und Kreuzwirbeln untereinander und mit dem Becken, werden in den jeweiligen Kapiteln näher erläutert.

Die histologische Struktur der Vogelknochen ähnelt im wesentlichen derjenigen der Säugetiere. Strukturell lassen sich drei Typen, **kompakte, spongiöse** und **medulläre Knochen** unterscheiden. Aus kompaktem Knochen bestehen die Diaphysen der langen Knochen. Spongiöser Knochen kann an verschiedenen Stellen des Skeletts, z. B. zentral in den Schädelknochen und in den Epiphysen der langen Knochen vorkommen. Medulläre Knochen sind spezialisierte Formen, die als Calciumdepot bei Legehennen dienen. Während der aktiven Eibildung ist die Henne nicht in der Lage, genügend Calcium durch intestinale Absorption zu gewinnen und mobilisiert zusätzlich Calcium durch osteoklastische Resorption des medullären Knochens. Dieser entwickelt sich in bestimmten Knochen der Junghennen als Folge synergistischer Funktionen von Androgenen und erhöhtem Östrogenspiegel zum Legebeginn. Medullärer Knochen kann sich in gut

◀

Abb. 5. Skelett des Huhnes (männlich).

1 Cranium	16 Scapula	29 Pubis
2 Vertebrae cervicales	17 Humerus	30 Foramen ischiadicum
3 Vertebrae thoracicae	18 Ulna	31 Foramen acetabuli
4 Notarium	19 Radius	32 Fenestra ischiopubica
5 Vertebrae caudales	20 Os carpi radiale	33 Femur
6 Pygostylus	21 Os carpi ulnare	34 Patella
7 Erste Rippe	22 Os metacarpale majus	35 Tibiotarsus
8 Processus uncinati	23 Os metacarpale minus	36 Fibula
9 Costae sternales	24 Phalanx digiti alulae	37 Tarsometatarsus
10 Sternum	25 Phalanx proximalis et Phalanx distalis digiti majoris	38 Processus calcaris
11 Carina sterni		39 Os metatarsale I
12 Trabecula lateralis sterni		40 Ossa digitorum pedis I
13 Trabecula mediana sterni	26 Phalanx digiti minoris	41 Ossa digitorum pedis II
14 Coracoideum	27 Ilium	42 Ossa digitorum pedis III
15 Clavicula	28 Ischium	43 Ossa digitorum pedis IV

mit Blut versorgten Knochen, z. B. den langen Knochen, mit Ausnahme des pneumatisierten Humerus, in den Beckengürtelknochen und in den Rippen entwickeln.

Die Ossifikation der langen Knochen im Verlaufe ihrer Entwicklung beginnt in der Diaphysenmitte und dehnt sich nach proximal und distal durch das Wachstum von Ossifikationszonen (Metaphysen) in die knorpeligen Epiphysen aus. Anders als bei den Säugern verknöchern die Epiphysen mehrheitlich nicht enchondral von separaten Ossifikationszentren, sondern durch Ausdehnung von den metaphysealen Zonen.

3.1.1. Skelett des Kopfes

Am Schädel des Vogels (Abb. 6–9) sind der **Hirnschädel**, *Cranium*, und der **Gesichtsschädel**, *Facies*, zu unterscheiden. Der Hirnschädel wird auch *Neurocranium*, der Gesichtsschädel auch *Splanchnocranium* genannt. Die Einzelknochen des Schädels, deren Verknöcherung sehr frühzeitig und von Verknöcherungspunkten ausgehend erfolgt, verschmelzen sehr bald und vollständig miteinander. Nur beim sehr jungen Vogel sind noch Nähte zwischen einzelnen Kopfknochen erkennbar. Zugleich kommt es zu einer weitgehenden Pneumatisation fast aller Kopfknochen. Infolge einer tendenziellen Volumenkonstanz des Vogelgehirnes ist der Hirnschädel bei kleinen Vögeln relativ groß und bei großen Vögeln relativ klein. Die Hauptwachstumsphase der Kopfknochen des Vogels liegt pränatal, so daß Vögel vor dem Wachstumsabschluß einen relativ größeren Kopf haben als danach (s. auch Kap. 17.).

Der **Hirnschädel** besteht im einzelnen aus folgenden Knochen:

Os basioccipitale	Ossa otica
Os exoccipitale	Os parietale
Os supraoccipitale	Os frontale
Os orbitosphenoidale	Os mesethmoidale
Os basisphenoidale	Os ectethmoidale
Os parasphenoidale	Os prefronale
Os squamosum	

Das *Os basioccipitale*, das paarige *Os exoccipitale* und das *Os supraoccipitale* verschmelzen frühzeitig zu einem einheitlichen Knochen. Sie umschließen das *For. magnum*. Das **Os basioccipitale** ist neben den Ossa exoccipitatia hauptsächlich an der Bildung des auffallend kleinen, halbkugelförmigen *Condylus occipitalis* beteiligt, unterhalb dessen eine Fossa *subcondylaris* gelegen ist. An jedem **Os exoccipitale** ist eine *Facies externa* von einer *Facies cerebralis* zu unterscheiden. Als *Ala tympanica* wird der lateral gerichtete Teil des Os exoccipitale bezeichnet, der die Begrenzung der Paukenhöhle bilden hilft. Ventrolateral in der Nähe des Foramen magnum münden beiderseits die *Canales nervi hypoglossi* und in je einer lateral davon gelegenen *Fossa parabasalis* s. *jugularis* befinden sich ein *For. nervi vagi*, ein *For. nervi glossopharyngealis*, ein *Ostium canalis carotici* und ein *Ostium canalis ophthalmici externi*. Am Ostium canalis carotici beginnt der *Canalis caroticus*, welcher in der Sella turcica endet. Am **Os supraoccipitale** sind eine *Facies nuchalis* und eine *Facies cerebellaris* zu unterscheiden. Bei Ente und Gans befindet sich jederseits dorsolateral des Foramen magnum eine Fontanelle,

3. Bewegungsapparat

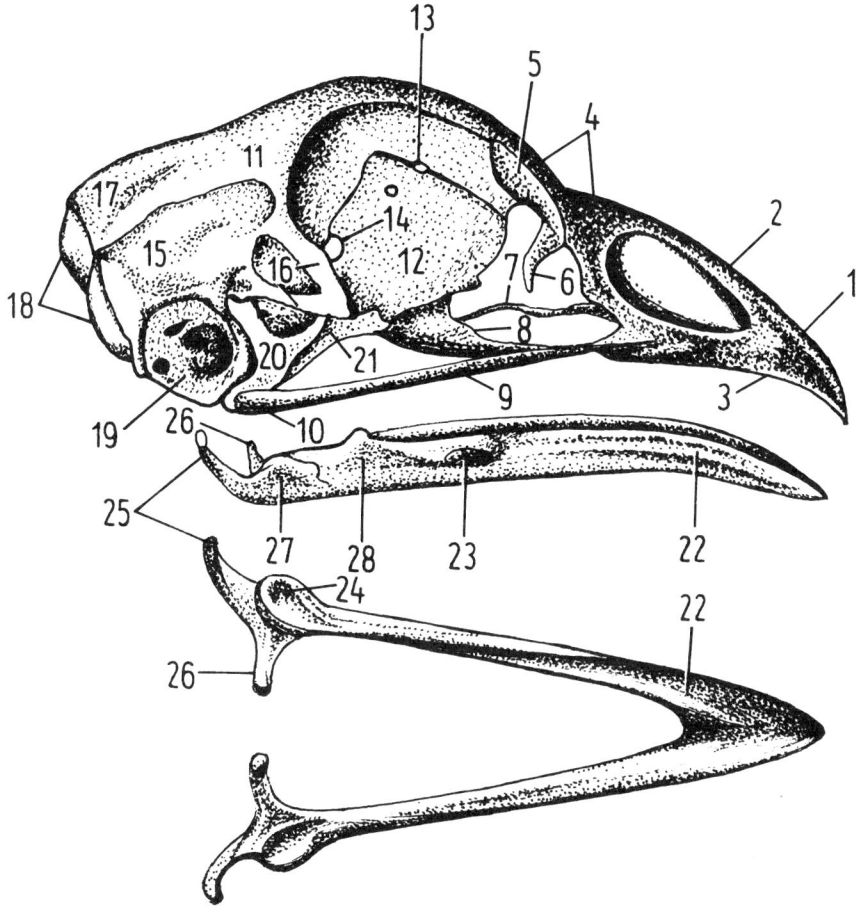

Abb. 6. Schädel des Huhnes, Seitenansicht. Darunter Mandibula, Dorsalansicht.

1 Os premaxillare
2 Processus frontalis ossis premaxillaris
3 Processus maxillaris ossis premaxillaris
4 Os nasale
5 Processus supraorbitalis ossis prefrontalis
6 Processus orbitalis ossis prefrontalis
7 Vomer
8 Os palatinum
9 Os jugale
10 Os quadratojugale
11 Os frontale
12 Septum interorbitale
13 Foramen n. olfactorii
14 Foramen opticum
15 Os squamosum
16 Processus postorbitalis
17 Os parietale
18 Os occipitale
19 Cavitas tympanica
20 Quadratum
21 Os pterygoideum
22 Os dentale
23 Zona elastica intramandibularis proximalis
24 Fossa articularis quadratica
25 Processus retroarticularis
26 Processus mandibulae medialis
27 Os articulare
28 Os supraangulare

Fonticulus occipitalis. Bei der Taube deutet eine mediane Konvexität, *Prominentia cerebellaris*, des Os supraoccipitale und des Os parietale die darunter liegende Kontur des Cerebellums an. Ein medianer Kamm bzw. eine Linie, *Crista s. Linea nuchalis sagittalis*, dorsal des Foramen magnum, dienen dem Ansatz von Faszien. Am dorsalen

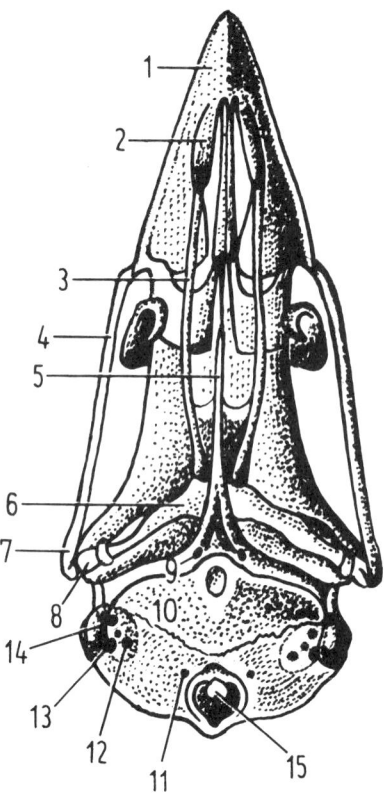

Abb. 7. Schädel des Huhnes, Basalansicht.

1 Os premaxillare
2 Processus palatinus ossis premaxillaris
3 Os palatinum
4 Os jugale
5 Vomer
6 Os pterygoideum
7 Os quadratojugale
8 Quadratum
9 Tuba pharyngotympanica
10 Os parasphenoidale
11 Canalis nervi hypoglossi
12 Foramen nervi vagi
13 Ostium canalis ophthalmici externi
14 Ostium canalis carotici
15 Condylus occipitalis

Ende der Crista nuchalis sagittalis verläuft rechtwinkelig zu dieser die *Crista* s. *Linea nuchalis transversa*, die auch als *Crista temporalis* s. *occipitalis* bezeichnet wird.

Os orbitosphenoidale, *Os basisphenoidale* und *Os parasphenoidale* bilden den größten Teil der Hirnschädelbasis (Abb. 7–9). Das **Os orbitosphenoidale** formt den ventralen Abschnitt der kaudalen Orbitawand und erstreckt sich vom Septum interorbitale bis zur Fossa temporalis. An ihm sind 4 Flächen, die *Facies orbitalis*, die *Facies temporalis*, die *Facies ventralis* und die *Facies tecti mesencephali* erkennbar. In der Facies orbitalis ist das *For. nervi maxillomandibularis* gelegen. Bei manchen Vögeln gibt es getrennte Foramina für den N. maxillaris und den N. mandibularis. Weiterhin finden sich hier die *Incisura nervi optici*, das *For. nervi abducentis*, das *For. nervi oculomotorii*, das *For. nervi trochlearis* und das *For. nervi ophthalmici*. Die Facies tecti mesencephali weist einen ins Foramen nervi trochlearis mündenden *Sulcus trochlearis*, eine *Fossa ganglii trigemini* und den Zugang zum Canalis maxillomandibularis auf.

Das Os orbitosphenoidale bildet bei geringer Beteiligung des Os squamosum den Hauptteil des *Proc. postorbitalis*, welcher den kaudoventralen Orbitarand darstellt.

Das **Os basisphenoidale** weist an seiner Facies cerebralis die *Sella turcica* mit der *Fossa hypophysialis* auf. Der *Canalis caroticus* durchbohrt das Os basisphenoidale von der Sella turcia zur Fossa parabasalis. Paramedian hinter dem *Dorsum sellae*, am *For. nervi abducentis* ist der Zugang zum *Canalis nervi abducentis* gelegen. Das *For. ophthalmicum internum* liegt beiderseits rostrolateral in der Fossa hypophysialis und stellt die Verbindung zur Orbita her.

Das **Os parasphenoidale** ist basal als *Rostrum sphenoidale s. parasphenoidale sichtbar*, welches bei den Anseriformes beiderseits einen *Proc. basipterygoideus* zur Artikulation mit dem Os pterygoideum trägt. An seiner Basis wird das Rostrum von den *Tubae pharyngotympanicae s. auditivae* durchbohrt. Eine *Lamina basiparasphenoidalis s. basitemporalis* dient dem Ansatz der ventralen Halsmuskulatur an der Schädelbasis. Gegen die Fossa parabasalis stellt bei den Aseriformes eine *Crista fossae parabasalis* die Grenze dar. Ein *Tuberculum basilare* in Gestalt einer medianen Erhebung bei der Gans bzw. einer bilateralen Anschwellung bei der Taube findet sich auf der *Lamina basiparasphenoidalis*.

Als *Ala tympanica* wird neben dem gleichnamigen Abschnitt des Os exoccipitale der Teil des Os parasphenoidale bezeichnet, der die Paukenhöhle ventral begrenzt.

Das **Os squamosum s. temporale** ist an der Bildung der seitlichen Schädelhöhlenbegrenzung beteiligt (Abb. 6 und 8). An ihm werden eine *Facies externa* und eine *Facies cerebralis* unterschieden. Eine *Facies articularis quadratica* dient der gelenkigen Verbindung mit dem Quadratum.

An der Bildung des *Proc. postorbitalis* des Os orbitosphenoidale ist das Os squamosum geringfügig beteiligt. Beim Huhn ist überdies ein *Proc. zygomaticus* ausgebildet, dessen oral gerichtetes Ende sich mit dem des Processus postorbitalis vereinigt. Ein kleiner *Proc. suprameaticus s. quadratus* lateral an der Facies articularis quadratica weist nach rostroventral.

Das Os squamosum bildet im wesentlichen auch die *Fossa temporalis*, welche durch die Crista temporalis und den Processus postorbitalis begrenzt wird und sich auch auf benachbarte Knochen erstrecken kann.

Zu den **Ossa otica** zählen das *Os prooticum*, das *Os opisthoticum* und das *Os epioticum*, welche postnatal miteinander verschmelzen und die weit in die Schädelhöhe vorspringende Ohrkapsel darstellen. Diese wiederum verschmilzt mit den angrenzenden Os squamosum, Os exoccipitale, Os basisphenoidale und Os parasphenoidale. Im Inneren dieses Komplexes ist das **knöcherne Labyrinth** des inneren Ohres gelegen. Eine kleine knöcherne Säule des Os prooticum, die *Pila prootica*, trägt eine *Facies articularis quadratica* zur gelenkigen Verbindung mit dem Processus oticus des Quadratum. Die laterale Vertiefung der Ohrkapselknochen wird in zwei Abschnitte gegliedert. Der rostrodorsale Abschnitt wird wegen des dort plazierten Trommelfells als *Cavitas tympanica*, der kaudoventrale Abschnitt als *Meatus acusticus externus* bezeichnet. Eine besondere Vertiefung in der Cavitas tympanica, der *Recessus antevestibularis*, dient der Aufnahme des basalen Endes des Gehörknöchelchens. In den Recessus antevestibularis öffnen sich die *Fenestra vestibularis* und die *Fenestra cochlearis*.

Das **Os parietale** schiebt sich beiderseits als schmale Knochenplatte zwischen Os supraoccipitale und Os frontale ein und bildet den kaudodorsalen Abschnitt des Hirnschädels (Abb. 6 und 8). An ihm sind eine *Facies externa* und eine *Facies interna* zu unterscheiden.

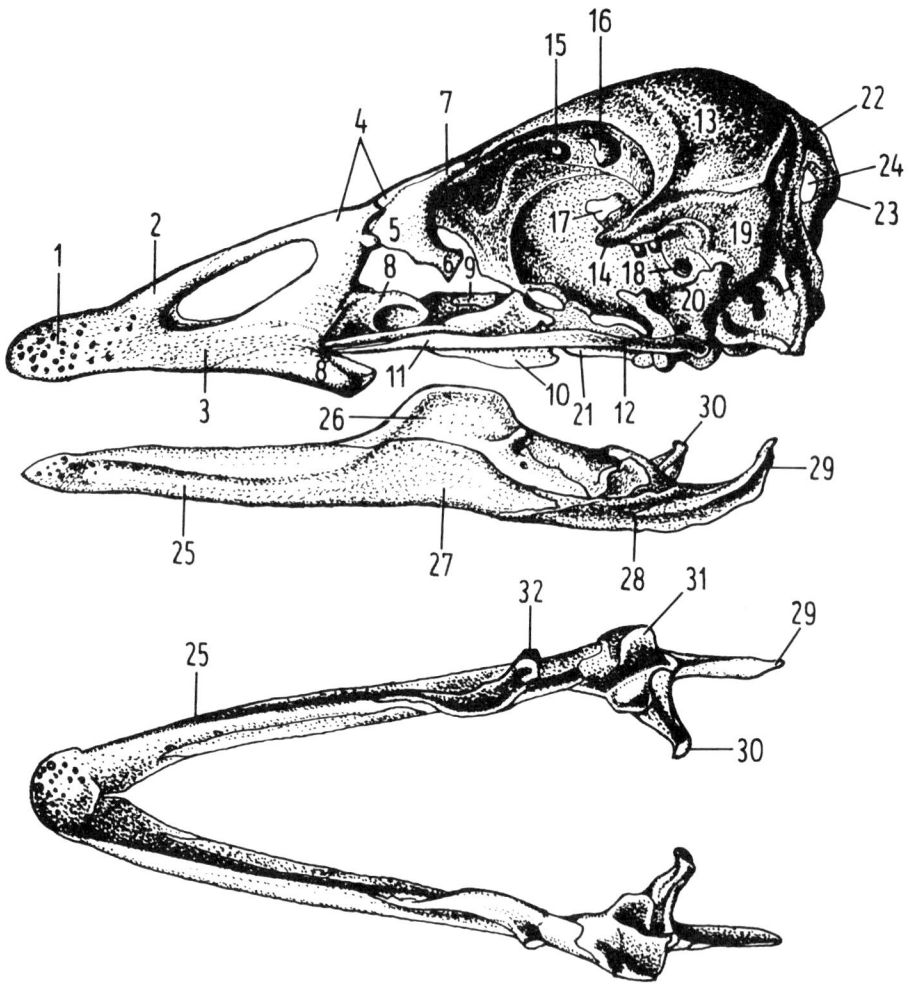

Abb. 8. Schädel der Gans, Seitenansicht. Darunter Mandibula, Dorsalansicht (nach Schummer, 1977).

1 Os premaxillare
2 Processus frontalis ossis premaxillaris
3 Processus maxillaris ossis premaxillaris
4 Os nasale
5 Os prefrontale
6 Processus orbitalis
7 Processus supraorbitalis
8 Os maxillare
9 Vomer
10 Os palatinum
11 Os jugale
12 Os quadratojugale
13 Os frontale
14 Processus postorbitalis
15 Foramen n. olfactorii
16 Fonticuli orbitales
17 Foramen opticum
18 Foramen n. maxillo-mandibularis
19 Os squamosum
20 Quadratum
21 Os pterygoideum
22 Os parietale
23 Os occipitale
24 Fonticulus occipitalis
25 Os dentale
26 Os supraangulare
27 Os angulare
28 Os articulare
29 Processus retroarticularis
30 Processus mandibulae medialis
31 Fossa articularis quadratica
32 Processus mandibulae lateralis

Das **Os frontale** ist relativ groß, grenzt median an das der anderen Seite und bildet den Hauptteil des Schädeldaches (Abb. 6 und 8). Es besitzt eine *Facies dorsalis* und eine *Facies cerebralis*. Bei der Taube sind beiderseits je ein *For. orbitonasale mediale et laterale* zwischen der orbitaseitigen Fläche des Os frontale und dem dorsalen Abschnitt des Os ectethmoidale plaziert. Ersteres dient dem Durchtritt des N. olfactorius und des medialen Astes des N. ophthalmicus, letzteres führt den lateralen Ast des N. ophthalmicus und den Ausführungsgang der Glandula nasalis. Der N. olfactorius verläuft vor dem Eintritt in das Foramen orbitonasale mediale in einer Knochenrinne, *Sulcus olfactorius*. Dorsolateral bildet das Os frontale den *Margo supraorbitalis*. Die Ossa frontalia des Perlhuhnes tragen einen gemeinsamen kaudodorsal gerichteten Knochenfortsatz als Grundlage des sogenannten Hornes. Bei der Gans weist die Regio frontalis eine flache longitudinale Vertiefung auf, die als *Depressio frontalis* bezeichnet wird.

Das **Siebbein** wird durch die großen Augen des Vogels von der Hirnkapsel abgedrängt und besteht aus zwei Knochen. Das **Os mesethmoidale** ist eine vertikal angeordnete Knochenplatte, die oral in die Nasenscheidewand übergeht und sich aboral an der Bildung des *Septum interorbitale* beteiligt. Als *Lamina dorsalis* wird eine horizontale Platte im rostrodorsalen Abschnitt des Os mesethmoidale bezeichnet, welche sich mit den rostroventralen Abschnitten der Ossa frontalia verbindet. Zwischen kaudalem Rand des Septum interorbitale und kaudaler Orbitawand befindet sich das *For. opticum*, welches zur Schädelhöhle hin eine einfache, in die Augenhöhlen hinein eine doppelte Öffnung aufweist. Im Septum interorbitale auftretende Löcher werden als *Fonticuli orbitales* s. *Forr. obturata orbitalia* bezeichnet. Sie sind durch fibröse Membranen verschlossen.

Das **Os ectethmoidale** s. **lateroethmoidale** trennt die Orbita von der Nasenhöhle. Dementsprechend besitzt es eine *Facies orbitalis* und eine *Facies nasalis*.

Das **Os prefrontale** s. **lacrimale** verschmilzt mit dem Os frontale und ist über eine *Facies articularis frontonasalis* mit dem Os nasale verbunden. Es ist an der oralen Orbitaumrandung beteiligt und enthält den Anfangsabschnitt des Tränennasenganges, *Ductus nasolacrimalis*. Bei Gans und Ente ist das Os prefrontale besonders groß und besitzt einen aboral gerichteten, plattenförmigen Fortsatz, *Proc. orbitalis*, der sich mit dem Processus postorbitalis des Os squamosum an der Bildung eines unvollständigen Orbitalringes beteiligt. Nach kaudodorsal weist bei Gans und Ente ein *Processus supraorbitalis*.

Die Knochen des Hirnschädels umschließen die **Schädelhöhle**, *Cavitas cranialis*. Diese wird vom Schädeldach, *Calvaria*, bedeckt, welches aus einer Außenplatte, *Lamina externa*, einer Innenplatte, *Lamina interna*, sowie einer dazwischenliegenden Schicht spongiösen Knochens besteht.

Die Schädelhöhlenbasis läßt sich in drei Gruben, *Fossa cranii rostralis, media et caudalis*, gliedern. Den größten Teil des rostralen Schädelhöhlenabschnittes nehmen die Großhirnhemisphären ein.

In der Fossa cranii rostralis ist eine *Fossa bulbi olfactorii* zur Aufnahme der Riechkolben gelegen. Das *For. ethmoidale* führt von der Schädelhöhle in die Orbita. Die Fossa cranii media s. mesencephalica, welche von der rostralen Grube durch eine *Crista tentorialis* abgesetzt ist, beherbergt das Diencephalon und das Chiasma opticum medial sowie beiderseits das Tectum mesencephali. Letzteres ist eingesenkt in eine eigene *Fossa tecti mesencephali*. Eine *Fossa ganglii trigemini* nimmt das Ganglion trigeminale auf. In der Fossa cranii caudalis ist das verlängerte Mark gelegen. Dorsal trennt eine *Crista marginalis* die Fossa cerebellaris für das Kleinhirn von dem Teil des Schädelgewölbes, welches die Großhirnhemisphären bedeckt.

Zum **Gesichtsschädel** zählen die Knochen des Unterkiefers, *Ossa mandibulae* (Abb. 6 und 8), sowie die Knochen des Oberkiefers und des Gaumens, *Ossa maxillae et palatini*.

Der **Unterkiefer,** *Mandibula*, entsteht durch Verschmelzung der folgenden sechs Knochen:

- Os dentale
- Os articulare
- Os prearticulare
- Os supraangulare
- Os angulare
- Os spleniale

Das **Os dentale** ist der unpaare apikale Teil, der den verschmolzenen Partes incisivae der Mandibula der Haussäugetiere entspricht. Als *Pars symphysialis* wird der Abschnitt bezeichnet, der das rostrale Ende des Unterkieferastes, *Ramus mandibulae*, darstellt und sich mit dem kontralateralen Ramus in der *Sutura intermandibularis* verbindet. Diese Verbindung der beiden Unterkieferäste heißt auch *Symphysis mandibularis*.

Von den übrigen fünf paarigen Unterkieferknochen ist das **Os articulare** mit seiner *Fossa articularis quadratica* an der Bildung des Kiefergelenkes beteiligt. An der Innenseite des aboralen Unterkieferastendes befindet sich ein *Proc. mandibulae medialis*, der zum **Os prearticulare** gehört. Lateral neben diesem Fortsatz liegt ein bei Ente und Gans besonders großes *For. pneumaticum*. Das oral vom Os articulare gelegene **Os supraangulare** trägt bei Ente und Gans einen kräftigen *Proc. mandibulae lateralis*. Das **Os angulare** bildet mit seinem halswärts gerichteten, nach dorsal gekrümmten *Proc. retroarticularis* den aboralen Abschluß des Unterkieferastes. Das **Os spleniale** komplettiert den Unterkiefer, indem es die Verbindung zwischen Os dentale und den aboralen Unterkieferknochen herstellt.

Der Ramus mandibulae kann unabhängig von seinen Einzelknochen in drei Abschnitte gegliedert werden. Der rostrale Abschnitt ist die *Pars symphysialis*, deren Länge durch die Symphysis mandibularis bestimmt ist. Die *Pars intermedia* reicht kaudal bis zu einer *Zona elastica intramandibularis proximalis*, die bei der Taube durch eine *Fenestra mandibulae rostralis* markiert ist. Der dritte Abschnitt, die *Pars caudalis*, reicht von dieser elastischen Zone bis zum halsseitigen Ende des Processus retroarticularis.

An jedem Unterkieferast sind eine *Facies medialis* und eine *Facies lateralis* zu unterscheiden. Die Facies lateralis der Anseriformes trägt zahlreiche, als *Foveae corpusculorum nervosorum* bezeichnete, kleine Gruben zur Aufnahme von dem Tastsinn dienenden Nervenendapparaten. Als *Angulus mandibulae* wird bei der Taube der höchste Punkt des dorsalen Randes des Ramus mandibulae bezeichnet, auf den in kaudaler Richtung eine Abwinkelung nach ventral folgt. Ein am dorsalen Rand der Pars caudalis gelegener Fortsatz, der *Proc. coronoideus*, dient dem Ansatz des M. adductor mandibulae externus. Bei den Anseriformes ist dieser Fortsatz lateral angeordnet. An der Innenseite der Pars caudalis des Ramus mandibulae ist die besonders bei Gänsen deutliche *Fossa aditus canalis mandibulae* gelegen. Der Boden dieser Fossa kann sehr dünn, bisweilen gefenstert sein. Der hier beginnende *Canalis mandibulae* führt den Ramus intermandibularis des N. mandibularis. Bei den Anseriformes liegt kaudal zwischen Processus retroarticularis und Processus medialis eine tiefe, als *Recessus conicalis* bezeichnete Grube. Bei einigen anderen Spezies, wie beim Huhn, befindet sich etwa an dieser Stelle eine flache, als *Fossa caudalis* bezeichnete Vertiefung.

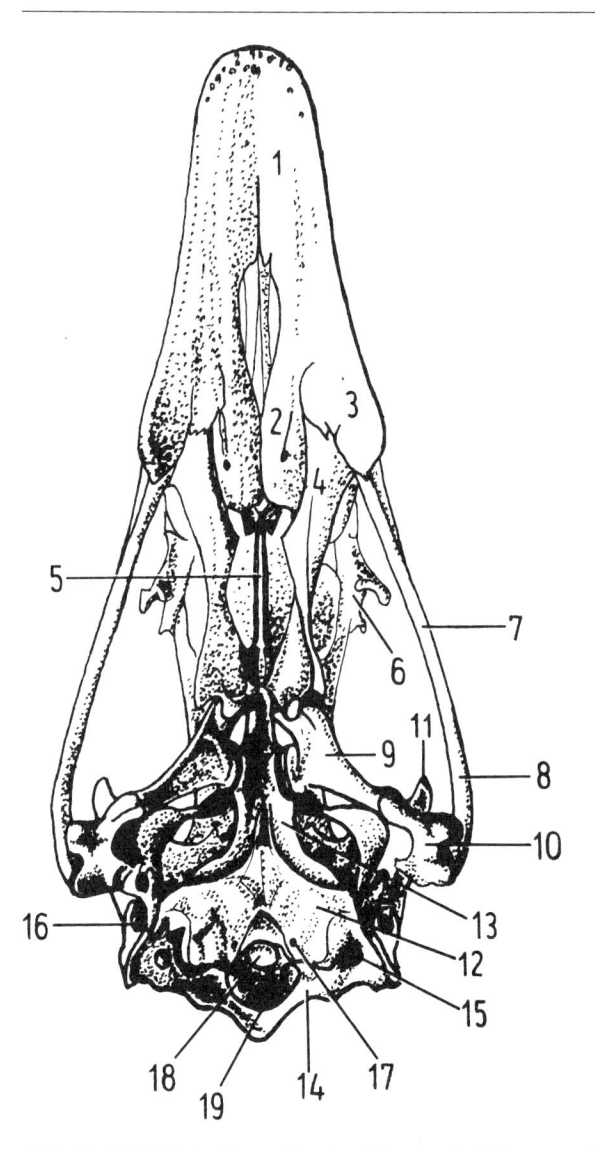

Abb. 9. Schädel der Gans, Basalansicht (nach Schummer, 1978).

1 Os premaxillare
2 Processus palatinus ossis premaxillaris
3 Os maxillare
4 Os palatinum
5 Vomer
6 Os prefrontale
7 Os jugale
8 Os quadratojugale
9 Os pterygoideum
10 Quadratum
11 Processus postorbitalis
12 Os basisphenoidale
13 Os parasphenoidale
14 Os occipitale
15 Fossa parabasalis
16 Porus acusticus externus
17 Canalis nervi hypoglossi
18 Condylus occipitalis
18 Foramen magnum

Die **Knochen des Oberkiefers und des Gaumens**, *Ossa maxillae* et *palatini* (Abb. 6 – 9) sind folgende:

- Os nasale
- Os premaxillare
- Os maxillare
- Os palatinum
- Vomer
- Os pterygoideum
- Os jugale
- Os quadratojugale
- Quadratum

Das **Os nasale** bildet als paariger Knochen einen Teil der dorsolateralen Begrenzung der Nasenhöhle und beteiligt sich an der Bildung der knöchernen Grundlage des Oberschnabels. Über einen *Proc. frontalis* wird die Verbindung zum Os frontale hergestellt. Diese ist als biegsame Schuppennaht ausgebildet und stellt die sogenannte **Beugungslinie** dar, welche die Voraussetzung für die Beweglichkeit des Oberschnabels ist. Ein *Proc. maxillaris* s. *postnarialis* bildet die aborale und z. T. ventrale, ein *Processus premaxillaris* s. *dorsonarialis* die dorsale Begrenzung der Nasenlöcher.

Das **Os premaxillare** ist ein ursprünglich paariger, aber schon vor dem Schlüpfen verschmelzender Knochen. Es bildet den größten Teil der knöchernen Grundlage des Oberschnabels und besitzt eine ausgeprägt speziestypische Gestalt. Jederseits sind drei Fortsätze vorhanden. Die *Procc. frontales* verschmelzen median weitgehend miteinander, reichen bis zu den Ossa frontalia und sind mit diesen über eine biegsame Knochenlamelle beweglich verbunden. Die *Procc. palatini* beider Seiten bilden den knöchernen Gaumen und vereinigen sich aboral mit den Ossa palatini. Die *Processus maxillares* verbinden sich mit dem Os maxillare und liefern mit diesem zusammen die knöcherne Grundlage des scharfen Schnabelrandes, *Crista tomialis*. Im apikalen Bereich des Os premaxillare sind, ähnlich wie am Os dentale der Mandibula, zahlreiche *Foveae corpusculorum nervosorum* zur Aufnahme von Nervenendkörperchen ausgebildet. Ein paariger *Canalis neurovascularis* führt den Endast des N. ophthalmicus sowie Blutgefäße von der rostralen Wand der Nasenhöhle zur Spitze des Os premaxillare. Über *Forr. neurovascularia* verlassen die Nervenendäste und Gefäße den Kanal in Richtung Mundhöhle.

Das **Os maxillare** oder die **Maxilla** stellt als kleiner einzelner Knochen beiderseits einen Teil des Oberkiefers des Geflügels dar. Als allgemeiner Terminus bezieht sich „Maxilla" zugleich auf den Gesamtkomplex aller den Oberkiefer bildenden Elemente. Über einen *Proc. nasalis* verwächst das Os maxillare mit dem Nasenbein und über einen *Proc. premaxillaris* mit dem Os premaxillare. Mit dem Jochbein ist das Os maxillare über einen *Proc. jugalis* bei Huhn und Taube verwachsen, bei Ente und Gans gelenkig verbunden. Über einen *Proc. palatinus* s. *maxillopalatinus* besteht zwischen dem Os maxillare und dem Os palatinum eine bei Huhn und Taube knöcherne, bei den Anseriformes gelenkige Verbindung.

Das **Os palatinum s. pterygopalatinum** ist bei Huhn und Taube ein stabförmiger, bei Ente und Gans ein plattenförmiger Knochen. Beide Ossa palatini verlaufen mit größerem Abstand zueinander, begrenzen den **Choanenspalt** und tragen zur Bildung des **knöchernen Gaumens** bei. Über einen *Proc. premaxillaris* wird oral die Verbindung zum Oberkieferbein und über einen *Proc. pterygoideus* aboral die Verbindung zum Flügelbein hergestellt. Der gelenkigen Verbindung mit dem Keilbein dient eine *Facies articularis sphenoidalis*.

Der **Vomer** ist bei Huhn, Taube und Truthuhn rudimentär. Bei Ente und Gans stellt er eine unpaare dünne senkrechte Knochenplatte dar, welche den Choanenspalt teilt und die Nasenscheidewand trägt. Oral ist er mit den Ossa maxillaria verwachsen und aboral mit dem Keilbein über seine *Facies articularis sphenoidalis* gelenkig verbunden.

Das **Os pterygoideum** liegt als relativ kräftiger Knochenstab beiderseits zwischen den Gaumenbeinen und dem Keilbein. Mit beiden ist es gelenkig über seine *Facies articularis palatina* und *Facies articularis sphenoidalis* verbunden. Bei den Anseriformes gibt es eine *Facies articularis basipterygoidea* zur Artikulation mit dem Processus basipterygoideus des Rostrum sphenoidale. Eine auf dem *Proc. quadraticus* gelegene *Facies articularis quadratica* dient der Gelenkverbindung mit dem Quadratum.

Das **Os jugale** und das **Os quadratojugale** stellen einen durch Verschmelzung beider Knochen entstandenen Stab dar, dessen orales Ende (Os jugale) mit der Maxilla und dessen aborales Ende (Os quadratojugale) mit dem Quadratum gelenkig verbunden sind. Das aborale Ende ist zum *Condylus quadraticus* verdickt. Die aus dem Processus jugalis des Os maxillare, dem Os jugale und dem Os quadratojugale bestehende Knochenbrücke wird auch als *Arcus jugalis* s. *zygomaticus* bezeichnet.

Das **Quadratum** ist ein unregelmäßig etwa vierkantig geformter Knochen, über den der Unterkiefer mit dem Os squamosum verbunden ist. Das *Corpus quadrati* weist drei

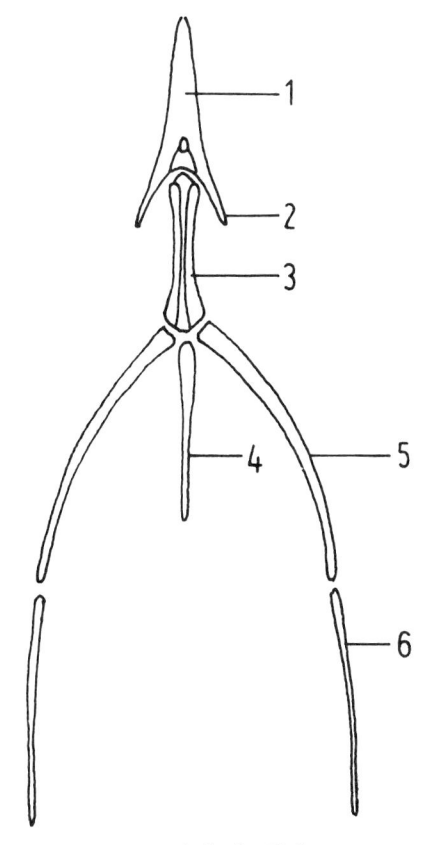

Abb. 10. Zungenbein des Huhnes.

1 Os entoglossum
2 Cornu
3 Os basibranchiale rostrale
4 Os basibranchiale caudale
5 Os ceratobranchiale
6 Os epibranchiale

Fortsätze auf. Ein *Processus oticus quadrati* dient der gelenkigen Verbindung mit den Ossa otica. Durch einen *Proc. mandibularis quadrati* wird die Gelenkverbindung zur Mandibula und medial zum Os pterygoideum hergestellt. Der *Proc. orbitalis quadrati* s. *pterygoideus* ist ein augenhöhlenwärts gerichteter Muskelfortsatz.

Beide Ossa quadrata haben im **Kiefer-Gaumen-Apparat** des Geflügels eine wichtige Funktion. Bei Bewegung der Ossa quadrata, vornehmlich durch Muskelzug am Processus orbitalis, wird der Oberschnabel aufwärts und der Unterschnabel gleichzeitig abwärts bewegt. Dabei wird durch Kranialdrehung der ventralen Abschnitte des Quadratum ein Schub auf die aus Os jugale und Os quadratojugale einerseits sowie Os pterygoideum und Os palatinum andererseits bestehenden Knochenstege ausgeübt. Dieser Schub wirkt auf die Maxilla, welche sich in der als Drehachse wirkenden Beugungslinie am Grunde des Oberschnabels bewegen und damit aufwärts geführt werden kann. Durch synchrone Abwärtsbewegung des Unterschnabels wird eine auffallend weite Öffnung des Vogelschnabels möglich.

Das **Zungenbein**, *Apparatus hyobranchialis* s. *hyoideus* (Abb. 10), geht aus Kiemenbogenelementen hervor und gehört zum Viszeralskelett. Zungenspitzenwärts zeigt das unpaarige dreieckige *Os entoglossum* s. *paraglossum*. Von seinem kaudalen Ende weisen zwei Hörner, *Cornua*, nach kaudolateral. Nach kaudal schließt an das Os entoglossum ein gelenkig mit diesem verbundenes *Os basibranchiale rostrale* s. *Basihyoideum* an, welches im unbeweglichen Teil der Zunge liegt. Das Basihyoideum ist bei Huhn und Taube stäbchenförmig, bei Ente und Gans plattenförmig. Kaudal artikuliert es mit dem *Os basibranchiale caudale* s. *Urohyoideum* und dem paarigen *Os ceratobranchiale*. Das rostrale und das kaudale Os branchiale sind bei jungen Vögeln separate Knochen, die bei adulten Tieren miteinander verschmelzen. An jedes Os ceratobranchiale schließt sich ein kaudal gerichtetes, mit diesem knorpelig verbundenes *Os epibranchiale* an. Beide Knochen stellen zusammen die **Zungenbeinäste** dar, die sich dem Hirnschädel seitlich anlegen.

3.1.2. Skelett des Halses und des Rumpfes

Zum Rumpfskelett gehören die Wirbelsäule, *Columna vertebralis*, mit Ausnahme der Halswirbel, die Rippen, *Costae*, und das Brustbein, *Sternum*. Zwischen dem Rumpfskelett und dem knöchernen Becken bestehen beim Geflügel enge funktionelle Beziehungen, da das Becken mit dem Synsacrum, einem Verschmelzungsprodukt von Lenden- und Kreuzwirbeln sowie einem oder mehreren Brust- und einem Teil der Schwanzwirbel knöchern verbunden ist.

3.1.2.1. Wirbelsäule

Die Wirbelsäule, *Columna vertebralis*, besteht aus einem Halsabschnitt, einem weitgehend untereinander verschmolzenen Brust-, Lenden-, Kreuzabschnitt und einem Schwanzabschnitt (Abb. 5 und 11–13). Die Starrheit des verschmolzenen Rumpfteiles

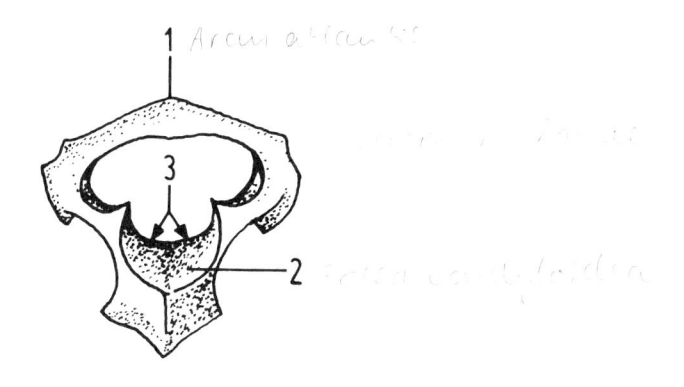

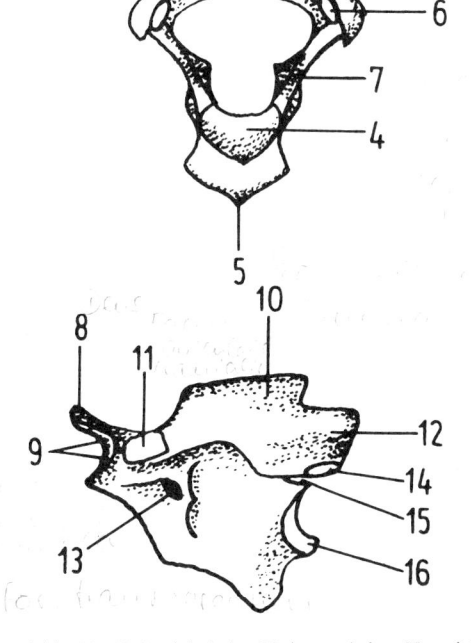

Abb. 11. Halswirbel des Huhnes. Atlas, Kranialansicht (oben), Atlas, Kaudalansicht (Mitte), Axis, Seitenansicht (unten).

1 Arcus atlantis
2 Fossa condyloidea
3 Incisura fossae
4 Corpus atlantis mit Facies articularis axialis
5 Processus ventralis
6 Processus articularis caudalis
7 Incisura arcus caudalis
8 Dens
9 Facies articularis atlantica
10 Lamina dorsalis
11 Processus articularis cranialis
12 Processus articularis caudalis
13 Foramen transversarium
14 Facies articularis
15 Incisura arcus caudalis
16 Facies articularis caudalis

der Wirbelsäule beim Vogel wird gegenüber dem Säuger durch die höhere Anzahl der Halswirbel und eine größere Beweglichkeit der Halswirbelsäule kompensiert.

Die Halswirbelsäule ist S-förmig gekrümmt und weist speziesabhängig eine unterschiedliche Anzahl von Halswirbeln, *Vertebrae cervicales*, auf. Auch innerhalb einer Spezies gibt es Schwankungen, so daß beim Huhn 13–14, bei der Ente 14–15, bei der Gans 17–18, bei der Pute 13–16 und bei der Taube 12–13 Halswirbel gefunden werden können.

Der **erste Halswirbel**, *Atlas*, ist klein und von ringförmiger Gestalt (Abb. 11). An ihm sind ein Körper, *Corpus atlantis* und ein Bogen, *Arcus atlantis*, zu unterscheiden. Am Corpus dient die *Fossa condyloidea* der Artikulation mit dem Condylus occipitalis. Oberhalb der Fossa condyloidea liegt ein zentrales Loch, *For. fossae*, oder ein dorsaler Einschnitt, *Incisura fossae*. Eine dorsale muldenförmige *Facies articularis dentalis* ermöglicht die Artikulation mit dem Zahn des Axis. Die *Facies articularis axialis* stellt die Gelenkverbindungen mit dem Corpus axis her. Ventromedian am Corpus atlantis ist ein kleiner *Proc. ventralis* ausgebildet.

Am Arcus atlantis dient beiderseits der *Proc. articularis caudalis* der Verbindung mit den kranialen Gelenkfortsätzen des 2. Halswirbels. Die kaudal an der Basis des Arcus atlantis gelegene *Incisura arcus caudalis* begrenzt mit dem Axis das *For. intervertebrale* für den zweiten Spinalnerven. Ein *For. transversarium* kommt am Altlas regelmäßig nur bei Ente und Gans vor.

Der **zweite Halswirbel**, *Axis*, besteht aus dem *Corpus axis* und dem *Arcus axis* (Abb. 11). Kranial am Corpus liegt die *Facies articularis atlantica* zur Verbindung mit dem Corpus atlantis. Dorsal dieser Gelenkfläche weist der Zahn, *Dens*, nach kranial. Der Zahn trägt ventral eine *Facies articularis atlantica*. Ventral am Wirbelkörper ist ein großer, seitlich abgeplatteter *Proc. ventralis*, auch *Hypapophysis* genannt, gelegen.

Der Arcus axis besteht aus einer *Lamina dorsalis* und einer *Lamina lateralis*. Die Lamina dorsalis trägt einen unpaaren *Proc. dorsalis* s. *spinosus* und beiderseits einen *Proc. articularis cranialis*, auch *Zygapophysis cranialis* genannt, dessen Gelenkfläche sich mit der des Processus articularis caudalis des Atlas verbindet. Ein ebenfalls paariger *Proc. articularis caudalis* s. *Zygapophysis caudalis* hat mit seiner Facies articularis Kontakt mit den kranialen Zygapophysen des 3. Halswirbels. Eine rudimentäre Rippe in Gestalt eines *Proc. costalis* trägt, sofern voll ausgebildet, zur Komplettierung des *For. transversarium* bei.

Die *Lamina lateralis arcus* weist kranial und kaudal einen Einschnitt, die *Incisura arcus cranialis* und die *Incisura arcus caudalis*, auf. Diese Einschnitte bilden mit denen der benachbarten Wirbel die *Forr. intervertebralia* zum Durchtritt der Spinalnerven.

Die dreifache Verbindung zwischen Atlas und Axis über den Zahn und die beiden Zygapophysen schränkt die Beweglichkeit des zweiten Kopfgelenkes erheblich ein.

Die auf den Axis **folgenden Halswirbel** weisen einen einander weitgehend ähnlichen Aufbau auf. Sie bestehen jeweils aus dem Wirbelkörper, *Corpus vertebrae*, mit einer kranialen und einer kaudalen Gelenkfläche, *Facies articularis cranialis* und *caudalis*, und dem Wirbelbogen, *Arcus vertebrae*. Die kraniale Gelenkfläche der Wirbelkörper ist in der Querrichtung konkav und dorsoventral konvex, die kaudale Gelenkfläche weist entgegengesetzte Krümmungen auf. Ventral an den Wirbelkörpern befinden sich die paarigen oder zu einem einheitlichen Knochenkamm verwachsenen *Cristae ventrales* oder **Hypapophysen.** Kranial an der Seitenfläche der Wirbelkörper entspringt beiderseits der kaudal gerichtete *Proc. costalis*. Kranioventral an den Wirbelkörpern, von der

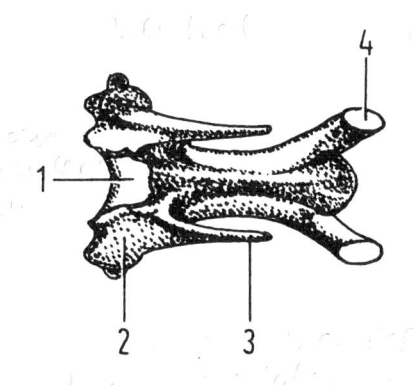

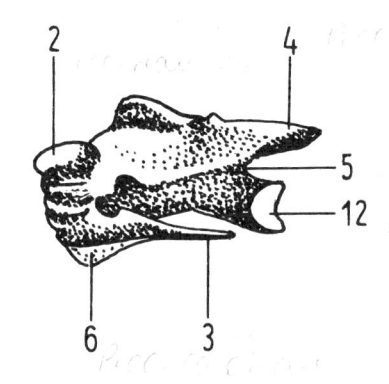

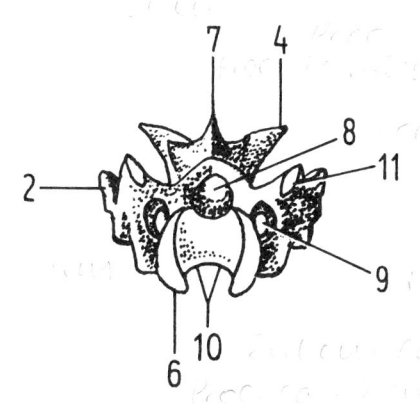

Abb. 12. Sechster Halswirbel des Huhnes. Ventralansicht (oben), links Seitenansicht (Mitte), Kranialansicht (unten).

1 Facies articularis cranialis
2 Processus transversus
3 Processus costalis
4 Processus articularis caudalis
5 Incisura arcus caudalis
6 Processus caroticus
7 Processus dorsalis
8 Foramen vertebrale
9 Foramen transversarium
10 Sulcus caroticus
11 Processus articularis cranialis

Halsmitte abwärts, liegt beiderseits ein *Proc. caroticus* s. *hemalis* s. *Catapophysis*. Diese ventral gerichteten Fortsätze begrenzen den *Sulcus caroticus*.

Am Arcus vertebrae liegt kraniolateral ein paariger Querfortsatz, *Proc. transversus* s. *Diapophysis*, der an seiner Basis vom *For. transversarium* durchbohrt wird. Die aneinandergereihten Foramina bilden gemeinsam einen knöchernen Kanal für die A. und V. vertebralis. Der Artikulation der aufeinander folgenden Halswirbel dient je ein paariger *Proc. articularis* s. *Zygapophysis cranialis* und *caudalis*. Die kaudale Zygapophyse trägt einen *Proc. dorsalis*, welcher dem Ansatz der Mm. ascendentes dient. Die Lamina dorsalis arcus weist ebenfalls einen *Proc. dorsalis* s. *spinosus*, die paarige Lamina lateralis arcus je eine *Incisura arcus cranialis* und *caudalis* auf. Letztere Einschnitte begrenzen die von den Spinalnerven passierten *Forr. intervertebralia*.

In seiner Gesamtheit umschließt der Arcus vertebrae dorsal und seitlich das Wirbelloch, *For. vertebrale*. Die aneinandergereihten Wirbellöcher der Halswirbel bilden den Halsabschnitt des Wirbelkanales, *Canalis vertebralis*.

Die Wirbel des Brust-, Lenden- und Kreuzabschnittes der Wirbelsäule sind die *Vertebrae thoracicae*. Als erster Brustwirbel ist der Wirbel definiert, der ein komplettes Rippenpaar, bestehend aus vertebralem und sternalem Anteil, trägt. Dieses Rippenpaar artikuliert direkt mit dem Sternum. Die letzten Wirbel des Halses, welche frei bewegliche Rippen tragen, werden als *Vertebrae cervicodorsales* bezeichnet und stellen eine Übergangsform zwischen den typischen Hals- und den Brustwirbeln dar. Am kaudalen Ende des Brustabschnittes können ein oder mehrere Wirbel in das Synsacrum einbezogen sein. Es ist nicht mit Sicherheit möglich, die Grenze zwischen letztem Thorakal- und erstem Lumbalwirbel zu bestimmen. Aus diesem Grunde schwanken auch die Angaben zur Anzahl der Wirbel im Brustabschnitt der Wirbelsäule.

Bei Huhn, Pute und Taube sind der 2.–5. Brustwirbel zu einem Knochenstab, *Notarium* s. *Os dorsale*, verwachsen (Abb. 5). Dieser Knochenstab wird etwa vier Monate nach dem Schlupf durch Ossifikation umliegender Sehnen und Bänder gebildet und hat eine stabilisierende Wirkung bei Krafteinwirkungen auf den Brustkorb beim Fliegen. Kaudal ist das Notarium über ein (Huhn und Pute) oder mehrere freie Wirbel mit dem Synsacrum verbunden. Die Dornfortsätze am Notarium sind zur *Crista dorsalis* verwachsen. An der Ventralseite der miteinander verschmolzenen Wirbelkörper liegt eine, besonders bei Ente und Gans kräftige *Crista ventralis*, welche dem besonders bei Unterwasserarbeit des Halses wirksamen M. longus colli ventralis zum Ansatz dient. Zwischen den verschmolzenen Querfortsätzen des Notariums bleiben *Forr. intertransversaria* frei. Der Canalis vertebralis dieses Wirbelsäulenabschnittes wird auch *Canalis notarii* genannt.

Das *Synsacrum* s. *Os pelvicum* ist ein starres Gebilde, welches aus einem oder mehreren Wirbeln des Brustabschnittes, den Wirbeln des Lenden- und Kreuzabschnittes sowie einigen Schwanzwirbeln besteht, die miteinander verschmolzen sind (Abb. 13). Die Anzahl der Wirbel schwankt tierartlich und beträgt beim Huhn 15 bis 16. Die Fusion der Wirbel beginnt hier etwa mit 7 Wochen und schreitet von kranial nach kaudal fort. Das Synsacrum bildet die dorsale Wand des knöchernen Beckens. Es ist knöchern mit dem Ilium verbunden, wodurch ein stabiles Gerüst für die Lagerung des Rumpfes auf den Beckengliedmaßen entsteht.

Am Synsacrum werden ein kraniales und ein kaudales Ende, *Extremitas cranialis* und *caudalis synsacri* unterschieden, die beiderseits durch einen *Margo lateralis* miteinander verbunden werden. Die Facies lateralis trägt *Procc. costales*, welche zur knöchernen

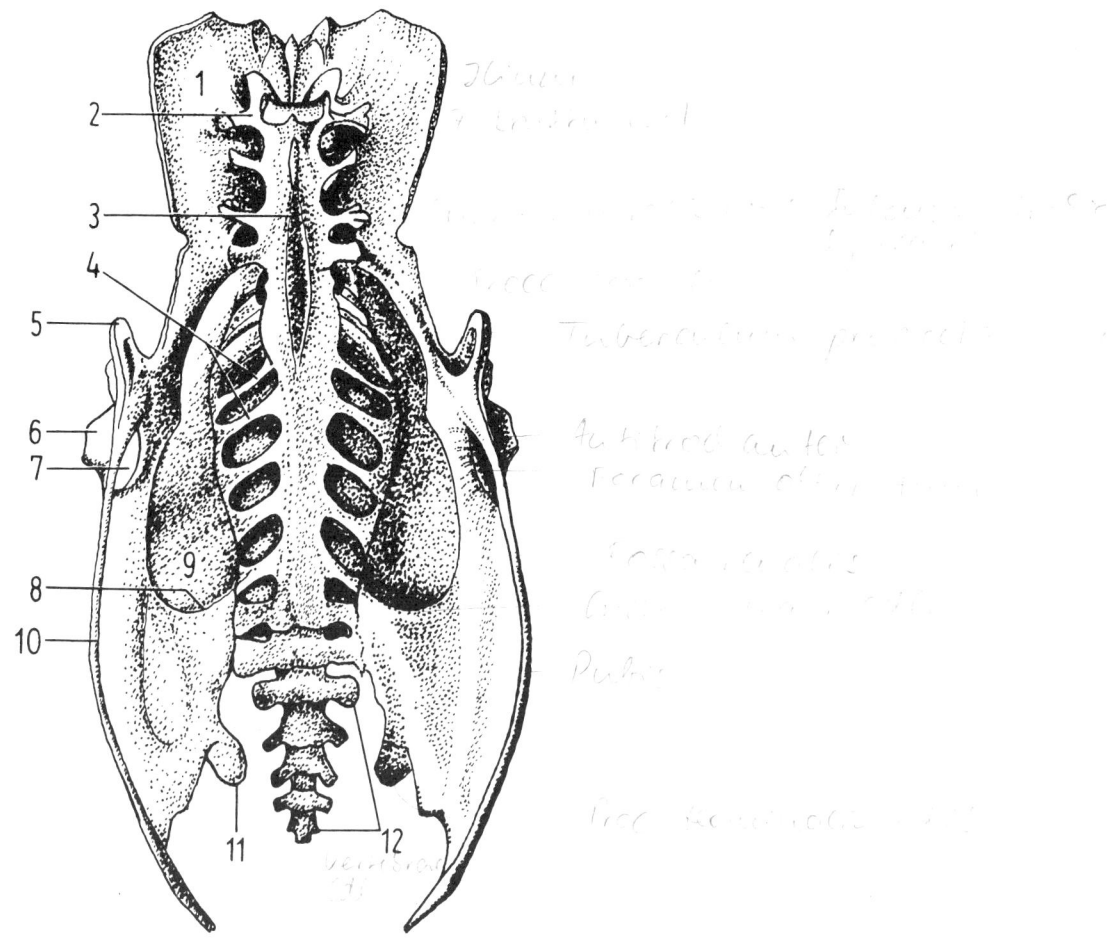

Abb. 13. Synsacrum und Os coxae des Huhnes, Ventralansicht.

1 Ilium
2 7. Brustwirbel
3 Crista ventralis mit Sulcus ventralis synsacri
4 Processus costales
5 Tuberculum preacetabulare
6 Antitrochanter
7 Foramen obturatum
8 Crista iliaca caudalis
9 Fossa renalis
10 Pubis
11 Processus terminalis ilii
12 Vertebrae caudales

Verbindung mit dem Darmbein beitragen. Beiderseits sind fast über die gesamte Länge des Synsacrums doppelte *Forr. intervertebralia* zum separaten Durchtritt der dorsalen und der ventralen Wurzeln der synsakralen Spinalnerven vorhanden. Die *Facies ventralis s. abdominalis* weist eine *Crista ventralis* (Hypapophysis) auf, die einen *Sulcus ventralis synsacri* trägt. An der *Facies dorsalis* ist eine *Crista dorsalis* als Verschmelzungsprodukt der Dornfortsätze der kranialen Synsakralwirbel ausgebildet. Die *Procc. transversi* der Facies dorsalis sind zu einer durchgehenden Knochenplatte verbunden, welche sich an der knöchernen Verbindung mit den Darmbeinen beteiligt. Die vorhandenen *Forr. intertransversaria* dienen dem Durchtritt von Nerven und Gefäßen. Der im Synsacrum gelegene Abschnitt des Wirbelkanals ist der *Canalis synsacri*.

Die **Schwanzwirbel**, *Vertebrae caudales*, sind untereinander gelenkig verbunden. Bei den Hausvögeln sind 5 freie Schwanzwirbel mit kräftigen, bei Huhn und Pute zweihöckerigen, *Procc. dorsales* sowie gut ausgebildeten *Procc. transversi* vorhanden. Den Abschluß der Schwanzwirbelsäule bildet ein Verschmelzungsprodukt aus 5–6 Einzelwirbeln, welches als *Pygostylus* s. *Urostylus* s. *Coccyx* bezeichnet wird. Es ist ein pflugscharähnlich geformter Knochen, der besonders groß bei den lange Schmuckfedern tragenden Tieren, z. B. männlichen Puten, Pfauen und Fasanen, ist. Am Pygostyl werden ein *Margo cranialis*, ein *Margo caudalis* und ein *Margo dorsalis* unterschieden, welche die *Lamina pygostyli* umgrenzen. Die *Basis pygostyli* trägt kranial eine *Facies articularis cranialis* zur Verbindung mit dem letzten freien Schwanzwirbel und wird von einem *Canalis vascularis* durchbohrt. Der Wirbelkanal endet als *Canalis pygostyli* in der *Apex pygostyli*.

3.1.2.2. Rippen

Die Rippen, *Costae*, sind in asternale und sternale zu unterscheiden. Huhn, Taube und Pute haben 7, Ente und Gans 9 Rippenpaare (Abb. 5). Die 1. und 2., oft auch die 3. und in vielen Fällen die letzte Rippe sind asternale Rippen, die frei in der Muskulatur enden. Die sternalen Rippen bestehen je aus zwei Abschnitten, einer *Costa vertebralis* und einer *Costa sternalis*. Letztere entspricht dem Rippenknorpel der Haussäugetiere. Die *Extremitas proximalis* der Costa vertebralis trägt ein *Capitulum costae*, dessen *Facies articularis vertebralis* der Artikulation mit dem Wirbelkörper dient, und ein *Tuberculum costae* zur gelenkigen Verbindung mit dem Wirbelquerfortsatz. Das *Capitulum costae* ist gegen den Rippenkörper, *Corpus costae*, durch einen Hals, *Collum costae*, abgesetzt. Lateral vom Tuberculum costae biegt die Rippe im Rippenwinkel, *Angulus costae*, nach ventral um. Am Rippenkörper werden ein kranialer und ein kaudaler Rand, *Margo cranialis* und *Margo caudalis*, unterschieden. Vom kaudalen Rand entspringen kaudodorsal gerichtete Hakenfortsätze, *Procc. uncinati*, die sich der lateralen Fläche der folgenden Rippe anlegen. Die erste Rippe besitzt keinen Processus uncinatus, der 2. sowie den 2 bis 3 letzten Rippen kann er, tierartlich unterschiedlich, ebenfalls fehlen. Die *Extremitas distalis* der Costa vertebralis ist knorpelig mit der Costa sternalis verbunden. Diese artikuliert mit dem Sternum über eine *Facies articularis sternalis*.

3.1.2.3. Brustbein

Das Brustbein, *Sternum*, schließt als große, dorsal konkave Knochenplatte die Leibeshöhle von ventral ab (Abb. 5 und 14–16). Die konvexe Außenfläche trägt median einen starken, schiffskielähnlichen Knochenkamm, *Carina* s. *Crista sterni*. Die Knochenplatte, *Corpus* s. *Tabula sterni*, trägt am kranialen Ende beiderseits einen *Proc. craniolateralis* s. *sternocoracoideus* s. *precostalis*, der beim Huhn besonders lang ist. Nach kaudolateral weisen bei Huhn, Pute und Taube *Trabeculae laterales* s. *Procc. thoracici* sowie bei allen Hausgeflügelarten *Trabeculae intermediae* s. *Procc. caudolaterales*. Der mittlere, kaudal gerichtete und ventral den flacher werdenden Kaudalabschnitt der

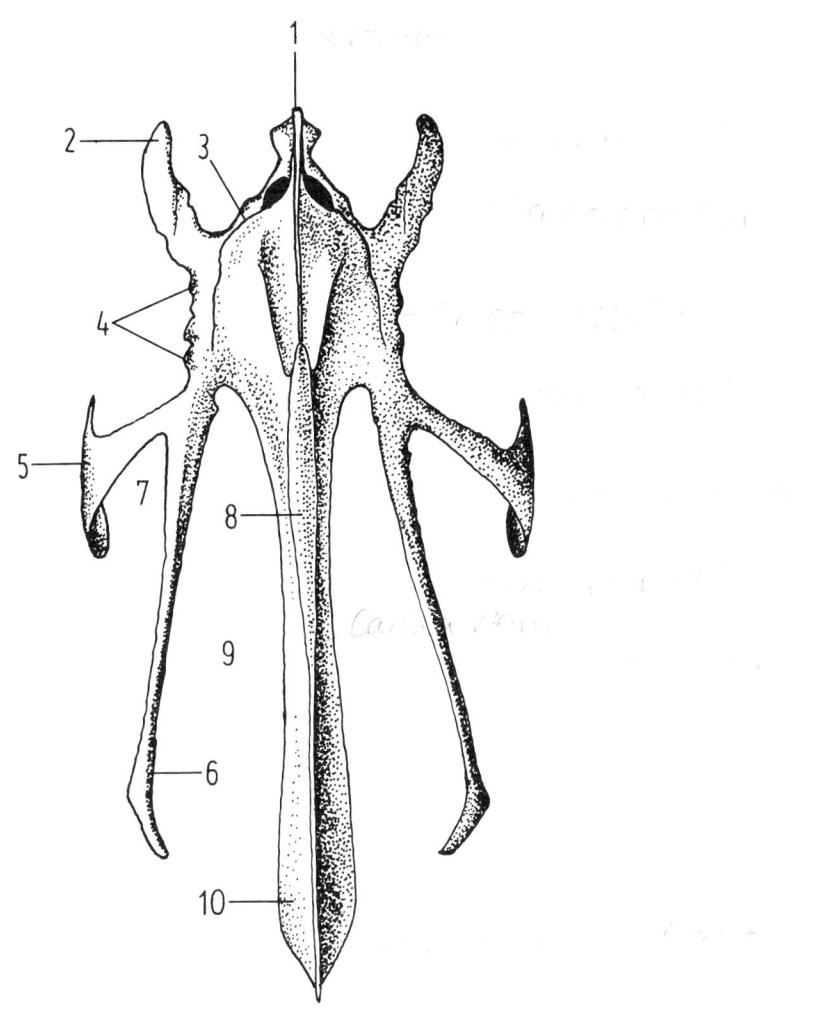

Abb. 14. Brustbein des Huhnes, Ventralansicht.

1 Rostrum	4 Processus costales	7 Incisura lateralis
2 Processus craniolateralis	5 Trabecula lateralis	8 Carina sterni
3 Pila coracoidea	6 Trabecula intermedia	9 Incisura medialis
		10 Trabecula mediana

Carina tragende Fortsatz wird als *Trabecula mediana* bezeichnet. Der zwischen Trabecula mediana und Trabecula intermedia gelegene Einschnitt ist die *Incisura medialis*. Bei der Taube und oft auch bei der Gans ist dieser Einschnitt zur *Fenestra medialis* geschlossen. Der Einschnitt zwischen Trabecula lateralis und Trabecula intermedia bei Huhn, Pute und Taube wird als *Incisura lateralis* bezeichnet. Die Einschnitte bzw. Fenster sind immer durch fibröse Membranenn *Membranae incisurarum* s. *fenestrarum sterni*, verschlossen. Die Außenfläche des Sternums trägt wegen der sich hier anheftenden Muskulatur auch die Bezeichnung *Facies muscularis sterni*. Die Außenfläche des Corpus sterni und die lateralen Seiten der Carina lassen *Lineae intermusculares* erkennen, an

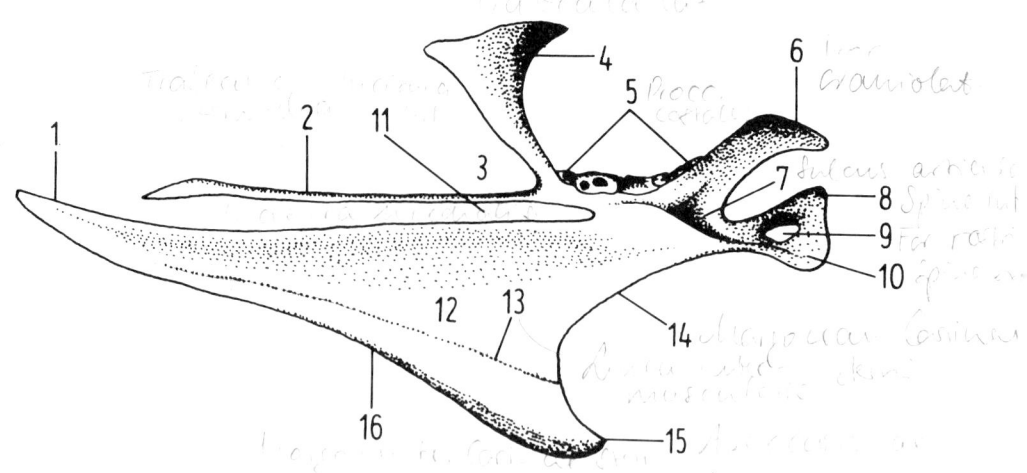

Abb. 15. Brustbein des Huhnes, rechte Seitenansicht.

1 Trabecula mediana
2 Trabecula intermedia
3 Incisura lateralis
4 Trabecula lateralis
5 Processus costales
6 Processus craniolateralis
7 Sulcus articularis coracoideus
8 Spina interna
9 Foramen rostri
10 Spina externa
11 Incisura medialis
12 Carina sterni
13 Linea intermuscularis
14 Margo cranialis carinae sterni
15 Apex carinae
16 Margo ventralis carinae sterni

denen die Faszien des M. supracoracoideus ansetzen. An der dorsalen Fläche des Corpus sterni, der *Facies visceralis sterni*, werden eine kraniale *Pars cardiaca* und eine kaudale *Pars hepatica* unterschieden. Median, hinter dem Kranialrand des Corpus sterni, liegt in der Facies visceralis ein größeres *For. pneumaticum*. Dazu kommen viele kleinere Luftlöcher, *Pori pneumatici*. Ein *Sulcus medianus sterni* teilt die Brustbeininnenfläche in zwei Hälften. Am lateralen Rand des Corpus sterni liegen die *Procc. costales*, deren Gelenkflächen der Verbindung mit den Costae sternales dienen. Während der kaudale Rand der sternalen Knochenplatte die stärksten artspezifischen Variationen aufweist, ist der kraniale Rand generell durch zwei querverlaufende Knochensäulen, *Pilae coracoideae*, geprägt. Diese verstärken beiderseits den *Sulcus articularis coracoideus*, welcher der gelenkigen Verbindung zwischen Brustbein und Rabenbein dient. Zwei Gelenkklippen, das *Labrum dorsale* und das *Labrum ventrale*, begrenzen den *Sulcus articularis*. Der Kranialrand des Sternums wird median durch das *Rostrum* s. *Manubrium sterni* überragt. Dieser besteht aus zwei vom Labrum dorsale und Labrum ventrale abgehenden Fortsätzen, der *Spina interna* und der *Spina externa*. Diese bleiben bei der Taube getrennt und gehen bei Huhn und Pute eine Verbindung als median gestellte kleine Knochenplatte ein. Dabei entsteht zwischen beiden Fortsätzen ein *For. rostri*. Bei Ente und Gans ist nur der ventrale Fortsatz vorhanden.

An der schon erwähnten *Carina sterni* werden ein *Margo cranialis* und ein *Margo ventralis* unterschieden. Beide gehen in der *Apex carinae* ineinander über und umgrenzen mit dem Corpus sterni sowie der Trabecula mediana beiderseits die etwa dreieckige *Facies lateralis carinae*. Am kranialen Rand sind paramedian verlaufende *Pilae carinae* zu erkennen, die nach dorsal in *Cristae laterales* auslaufen. Zwischen den Cristae laterales liegt eine Furche, *Sulcus carinae*, welche durch eine *Crista mediana* geteilt wird.

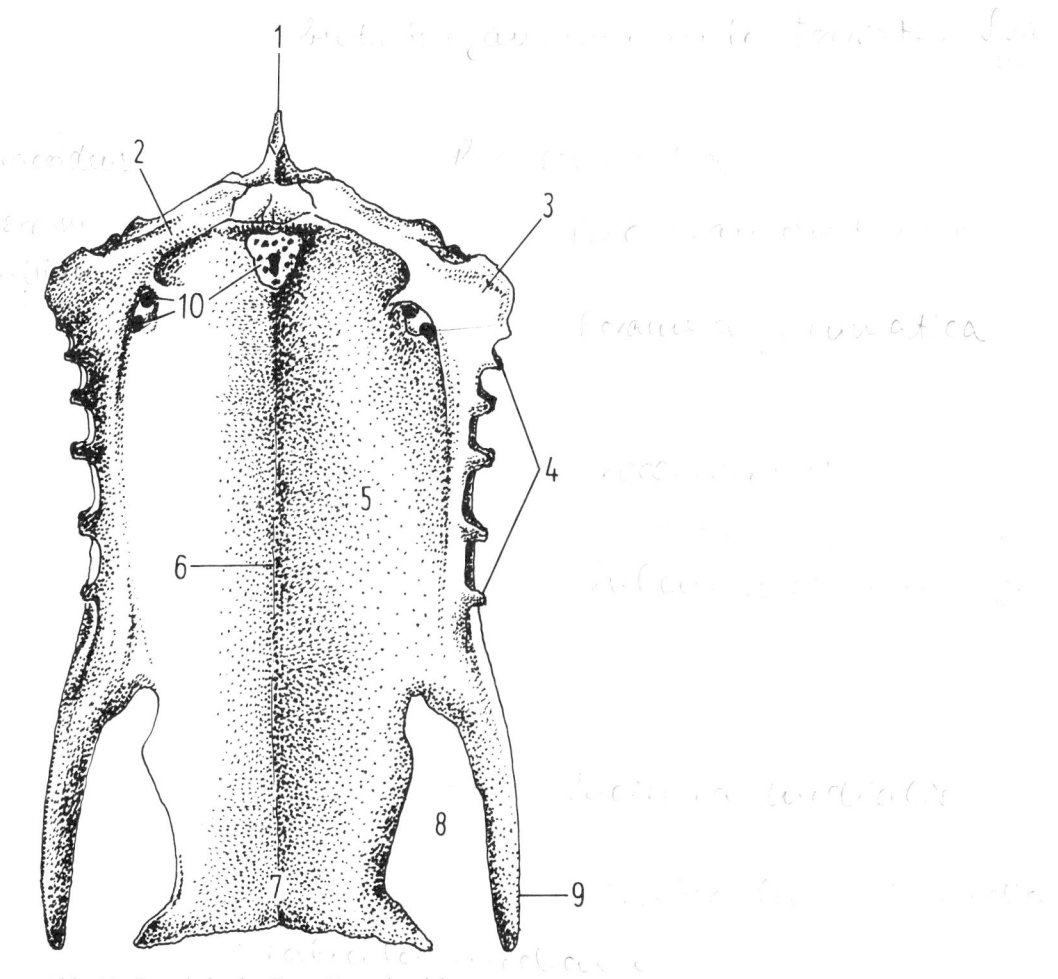

Abb. 16. Brustbein der Ente, Dorsalansicht.

1 Rostrum	4 Processus costales	7 Trabecula mediana
2 Pila coracoidea	5 Tabula sterni	8 Incisura medialis
3 Processus craniolateralis	6 Sulcus medianus sterni	9 Trabecula intermedia
		10 Foramina pneumatica

3.1.3. Knochen des Schultergürtels

Der Schultergürtel ist bei den Vögeln vollständig ausgebildet. Er stellt die Verbindung zwischen dem Rumpf und den zu Flügeln geformten Schultergliedmaßen her. Die Knochen des Schultergürtels, *Ossa cinguli membri thoracici*, sind das Schulterblatt, *Scapula*, das Rabenbein, *Coracoideum*, und das Schlüsselbein, *Clavicula*.

50   3. Bewegungsapparat

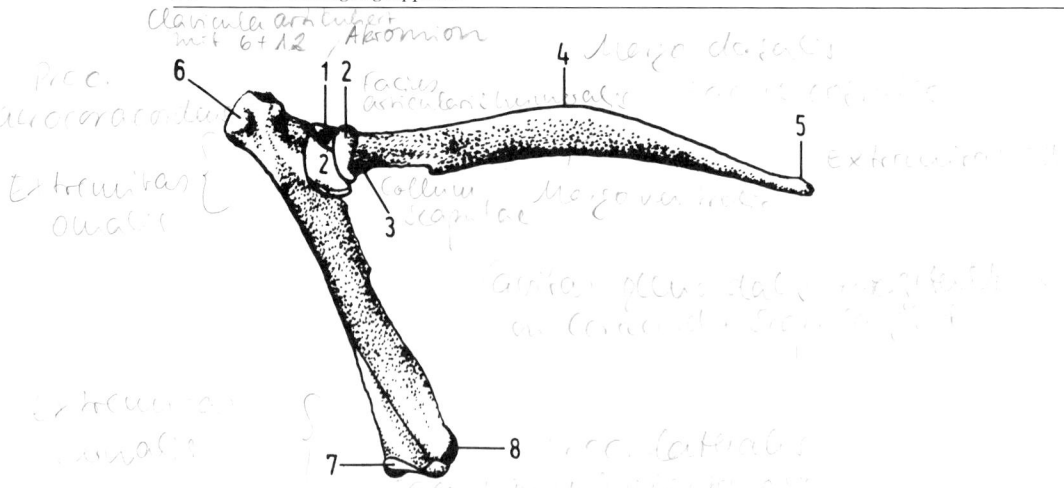

Abb. 17. Scapula und Coracoideum des Huhnes, linke Lateralansicht.

1 Acromion	4 Margo dorsalis	7 Facies articularis sternalis
2 Facies articularis humeralis	5 Extremitas caudalis	8 Processus lateralis
3 Collum scapulae	6 Processus acrocoracoideus	

Das **Schulterblatt,** *Scapula,* ist ein langer, säbelförmig gekrümmter, platter Knochen (Abb. 17). Es liegt parallel zur Wirbelsäule dem Thorax an und ist durch Bänder befestigt. Sein Kaudalende, *Extremitas caudalis scapulae,* erreicht fast das Darmbein. Am Schulterblatt weist die *Facies lateralis* nach dorsolateral, die *Facies costalis* nach ventromedial. Der scharfe *Margo dorsalis* s. *vertebralis* ist konvex, der *Margo ventralis* konkav gekrümmt. Das *Corpus scapulae* weist im kranialen Abschnitt einen dreieckigen bis rundlichen Querschnitt auf, kaudal ist es klingenförmig abgeplattet. Die *Extremitas cranialis scapulae* ist durch einen Hals, *Collum scapulae,* gegen den Schulterblattkörper abgesetzt. Ein kranialer Fortsatz, das *Acromion,* verbindet sich über eine *Facies articularis clavicularis* mit dem Schlüsselbein. Die nach kraniolateral weisende *Facies articularis humeralis* dient als skapulärer Anteil der *Cavitas glenoidalis* der gelenkigen Verbindung mit dem Humerus. Mit dem Coracoid ist das Schulterblatt über ein nach kranioventral gerichtetes *Tuberculum coracoideum* verbunden.

Das **Rabenbein,** *Coracoideum,* ist der stärkste Knochen des Schultergürtels (Abb. 17). Das brustbeinseitige Ende, *Extremitas sternalis coracoidei,* verbindet sich über seine *Facies articularis sternalis* mit dem Kranialrand des Sternums. Medial dieser Gelenkfläche ist ein *Angulus medialis* ausgebildet, der an das Rostrum sterni angrenzt. Kaudolateral weist ein *Proc. lateralis* s. *sternocoracoideus.* Vom brustbeinseitigen Ende steigt das Rabenbein nach kraniodorsal und lateral zum Schultergelenkende, *Extremitas omalis coracoidei,* auf. Die nach kaudolateral gerichtete *Facies articularis humeralis* stößt an die gleichnamige Gelenkfläche des Schulterblattes und bildet mit dieser die zweigeteilte *Cavitas glenoidalis* des Schultergelenkes. Dieses wird vom *Proc. acrocoracoideus* kraniodorsal überragt. Der kraniomediale Abschnitt dieses Fortsatzes verbindet sich über eine *Facies articularis clavicularis* mit dem Schlüsselbein. Medial am Schultergelenkende des Rabenbeines liegen unterhalb des Akromions eine kugelförmige bis ellipsoide Konkavität, *Cotyla scapularis,* zur Aufnahme des Tuberculum coracoideum des Schulterblattes und ein *Proc. procoracoideus.* Am beide Enden des Rabenbeins verbindenden *Corpus* *coracoidei* werden eine *Facies dorsalis* und eine *Facies ventralis* sowie ein *Margo medialis* und ein *Margo lateralis* unterschieden. Etwa in der Mitte des Margo medialis befindet sich ein *For.* bzw. eine *Incisura n. supracoracoidei*. Bei den Hühnervögeln und der Taube hat das Mittelstück des Rabenbeines einen rundlichen, beim Wassergeflügel einen mehr platten Querschnitt.

Das **Schlüsselbein**, *Clavicula*, ist ein stabförmiger, kranial konvex gebogener Knochen, der mit dem der anderen Seite in der *Extremitas sternalis* verwächst und somit das **Gabelbein**, *Furcula*, bildet (Abb. 5). Das proximale Ende der Schlüsselbeine, *Extremitas omalis claviculae* s. *Epicleideum*, artikuliert mit dem Acromion und dem Processus acrocoracoideus des Rabenbeines. Das Mittelstück wird als *Scapus* s. *Corpus claviculae* bezeichnet. Nach der Vereinigung der distalen Gabeläste folgt bei den meisten Vogelarten ein als *Apophysis furculae* s. *Hypocleideum* bezeichneter Anhang. Dieser hat beim Huhn die Gestalt einer sagittal stehenden Knochenplatte, bei der Taube ist er ein kleiner Fortsatz. Beim Perlhuhn enthält er eine Trachealschlinge. Bei Ente, Gans und Pute ist kein Hypocleideum ausgebildet. Die bei Huhn und Taube dünnen Gabeläste der Furcula vereinigen sich ventral in einem Spitzbogen, die kräftigen Gabeläste von Ente, Gans und Pute stellen einen Rundbogen dar. Die zur Furcula vereinigten Schlüsselbeine haben eine **Spannfederfunktion** zur Aufrechterhaltung des Abstandes der Schultergelenke während des Flügelschlages. Bei den Papageien sind die Schlüsselbeine reduziert und nicht zur Furcula verschmolzen. Den Laufvögeln können die Schlüsselbeine völlig fehlen.

Die medial des Schultergelenkes aneinander grenzenden drei Knochen des Schultergürtels lassen zwischen sich eine Öffnung, den *Canalis triosseus* s. *supracoracoideus* frei, der dem Durchtritt der Sehne des M. supracoracoideus dient.

3.1.4. Knochen des Flügels

Die Knochen des Flügels, *Ossa alae* s. *membri thoracici*, sind durch Umwandlungen in Gestalt weitgehender Reduktionen und Verschmelzungen, besonders im Bereich der Gliedmaßenspitzen, an das Fliegen angepaßt. Sie umfassen das Oberarmbein, *Humerus*, die Unterarmknochen, *Ossa antebrachii*, und die Knochen der Hand, *Ossa manus*, bestehend aus den Handwurzelknochen, *Ossa carpi*, dem aus der Verschmelzung von distalen Ossa carpi und Mittelhandknochen gebildeten *Carpometacarpus* und den Fingerknochen, *Ossa digitorum manus*.

Das **Oberarmbein**, *Humerus*, ist ein starker, pneumatisierter Röhrenknochen (Abb. 18). Er liegt bei angelegtem Flügel etwa horizontal der seitlichen Brustwand an. Nach kaudal reicht er bei Huhn, Ente, Pute und Taube bis zum Kranialrand des Darmbeines, bei der Gans bis zum Hüftgelenk. An seinem schultergelenkseitigen Ende, der *Extremitas proximalis humeri*, dient das ovoide, mit seiner Längsachse etwa senkrecht stehende *Caput humeri* s. *articulare humeri* der gelenkigen Verbindung mit dem Schulterblatt und dem Rabenbein. Dorsolateral vom Caput humeri ist das *Tuberculum dorsale* s. *minus* gelegen, welches in eine Knochenleiste, *Crista pectoralis* s. *tuberculi dorsalis*, übergeht. Gültige Synonyma für diese Leiste, die etwa in ihrer Mitte einen *Angulus cristae* ausbildet, sind *Crista tuberculi minoris* und *Crista deltoidea*. Ventromedial erhebt sich ein *Tuberculum ventrale* s. *majus* s. *mediale*, welches vom Caput humeri durch eine tiefe *Incisura capitis* s. *collaris* getrennt ist und sich nach distal in eine kräftige *Crista bicipitalis*

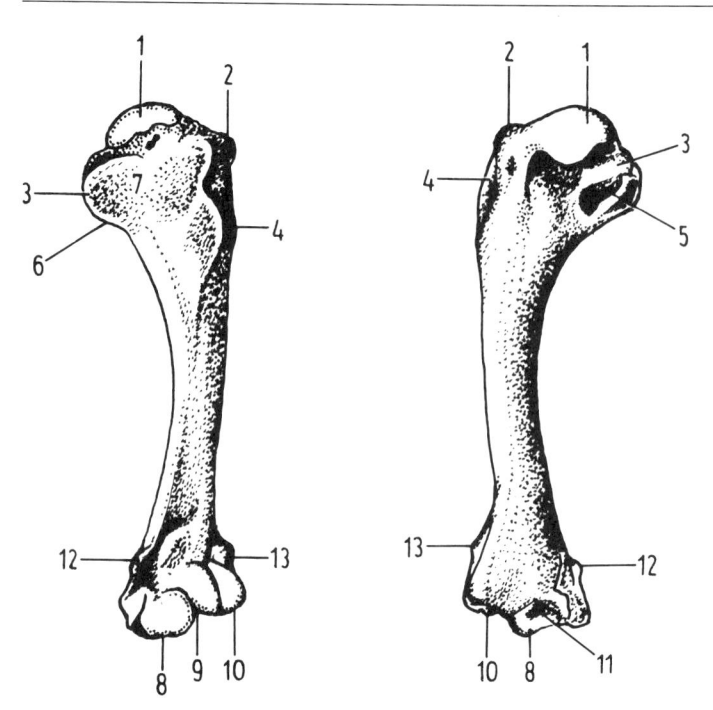

Abb. 18. Linker Humerus des Huhnes, Ansicht von kranial (links) und von kaudal (rechts).

1 Caput humeri	4 Crista pectoralis	9 Incisura intercondylaris
2 Tuberculum dorsale s. minus	5 Fossa pneumotricipitalis	10 Condylus dorsalis
	6 Crista bicipitalis	11 Fossa olecrani
3 Tuberculum ventrale s. majus	7 Intumescentia	12 Epicondylus ventralis
	8 Condylus ventralis	13 Epicondylus dorsalis

s. *tuberculi ventralis* fortsetzt. Distal des Tuberculum ventrale liegt eine tiefe Grube, die *Fossa pneumotricipitalis* s. *pneumatica*. Diese Grube wird begrenzt durch ein *Crus dorsale* und ein *Crus ventrale fossae*, die zum Tuberculum ventrale hin konvergieren. In der Tiefe der Grube liegt ein in den Humerus führendes *For. pneumaticum*, welches u. a. bei den Tauchenten fehlt. Die kraniale Ansicht der Crista bicipitalis stellt sich als Verdickung, *Intumescentia*, dar, die rückwärtig durch die *Fossa pneumotricipitalis* ausgehöhlt ist.

Am *Corpus humeri* werden ein dorsaler und ein ventraler Rand, *Margo dorsalis* und *ventralis*, unterschieden. Die bei angelegtem Flügel nach lateral zeigende Fläche ist die *Facies cranialis*, die nach medial gerichtete die *Facies caudalis*.

An der *Extremitas distalis humeri* gibt es zwei Gelenkfortsätze, den *Condylus dorsalis* s. *radialis* s. *lateralis*, der mit Radius und Ulna artikuliert und den *Condylus ventralis* s. *ulnaris* s. *medialis* der nur mit der Ulna Verbindung hat. Beide sind durch eine *Incisura intercondylaris* s. *Vallis intercondylica* voneinander getrennt. Diese setzt sich in eine medial gerichtete *Fossa m. brachialis* fort. Die Kondylen werden von einem etwas schwächeren *Epicondylus dorsalis* und einem stärkeren *Epicondylus ventralis* flankiert. Ersterer wird auch als *Ectepicondylus*, letzterer auch als *Entepicondylus* bezeichnet. Distal des Epicondylus ventralis befindet sich ein *Proc. flexorius*, der dem M. flexor carpi ulnaris als Ursprung dient. Ein *Tuberculum supracondylare ventrale* über dem Condylus ventralis auf der Kranialseite des Humerus dient dem Ursprung des Lig. collaterale ventrale.

Die *Fossa olecrani* liegt als flache Grube dorsal des Epicondylus ventralis.

Die kräftige **Elle**, *Ulna*, und die schwächere **Speiche**, *Radius*, sind die Knochen des Unterarmes (Abb. 5). Die beiden Unterarmknochen liegen bei angelegtem Flügel parallel zum Humerus. Bei der Taube sind beide Unterarmknochen etwas länger als der Humerus, bei den anderen Hausgeflügelarten ist der Humerus etwas länger als die Unterarmknochen.

Am proximalen Ende der **Elle**, *Extremitas proximalis ulnae*, liegt, dem Radiuskopf zugewandt, ein *Proc. cotylaris dorsalis*. Dieser birgt die *Cotyla dorsalis s. Apophysis glenoidalis externa s. Facies glenoidalis*, welche mit dem Condylus dorsalis humeri artikuliert.

Zum *Olecranon s. Proc. coronoideus ulnaris* hin ist der Processus cotylaris dorsalis durch eine flache *Impressio m. scapulotricipitalis* abgesetzt. Am distalen Rand der Cotyla dorsalis ist die *Incisura radialis*, eine konkave Gelenkfläche für das Caput radii, gelegen. Unterhalb dieser befindet sich das *Tuberculum bicipitale* und ventrodistal an dieses schließt sich eine flache *Depressio m. brachialis* an. Die *Cotyla ventralis* zur Artikulation mit dem Condylus ventralis humeri ist größer als die Cotyla dorsalis und an der Basis des Olecranon gelegen. Beide Gelenkflächen sind durch eine flache *Crista intercondylaris* gegeneinander abgegrenzt. Ventral an der Cotyla ventralis befindet sich ein Bandhöcker, *Tuberculum lig. collateralis ventralis*. Zwischen Olecranon und diesem Bandhöcker verläuft ein flacher *Sulcus tendineus* in dem die Ursprungssehne des M. flexor carpi ulnaris gleitet.

Das *Corpus ulnae*, dessen Querschnitt etwa die Gestalt eines spitzwinkeligen Dreiecks hat, ist bei Huhn und Taube deutlich, bei der Pute weniger, bei Ente und Gans nur andeutungsweise ventralkonvex gebogen. Der spitze Winkel des Ulnaquerschnittes weist bei angelegtem Flügel nach ventral.

Am Ulnaschaft werden drei Ränder, ein *Margo interosseus s. cranialis*, ein *Margo dorsalis* und ein *Margo caudalis* unterschieden. Zwischen diesen liegen drei Flächen, eine *Facies cranialis*, eine subkutane *Facies caudodorsalis* und eine *Facies caudoventralis*. An der Facies caudodorsalis, nahe dem Margo caudalis ist eine Reihe von kleinen Erhebungen, die Schwungfederpapillen, *Papillae remigiales caudales*, zu erkennen.

Das distale Ende der Elle, *Extremitas distalis ulnae*, weist eine Gelenkwalze, *Trochlea carpalis*, auf. Diese besteht aus zwei Kondylen, einem *Condylus dorsalis s. externus s. caudalis* und einem *Condylus ventralis s. internus s. cranialis*. Beide artikulieren mit dem Os carpi radiale, während zum Os carpi ulnare nur der Condylus dorsalis Verbindung hat. Der Condylus ventralis ist zum Os carpi radiale hin mit einer Gelenkklippe, *Labrum condyli*, versehen. Proximal davon erhebt sich ein kleiner Höcker, das *Tuberculum carpale*.

Ein *Sulcus intercondylaris* trennt die Gelenkknorren der Trochlea voneinander. Dorsal zwischen Condylus dorsalis und ventralis ist eine Furche zur Anlagerung des distalen Radiusendes, *Sulcus radialis s. Depressio radialis distalis*, gelegen. In dieser Vertiefung gleitet der Radius bei Beugung und Streckung des Ellbogen- und Handwurzelgelenkes.

Die *Extremitas proximalis* des **Radius** weist ein *Caput radii* mit einer *Cotyla humeralis* zur Artikulation mit dem Condylus dorsalis humeri auf. Eine *Facies articularis ulnaris* stellt die Verbindung zur Incisura radialis der Ulna her. In proximaler Verlängerung des Margo ventralis des Radiusschaftes, *Corpus radii*, trägt das Caput ein *Tuberculum bicipitale*. Die zwei anderen Ränder des Corpus radii sind der *Margo dorsalis* und der *Margo interosseus s. caudalis*. An der *Extremitas distalis* radii hat eine *Facies articularis radiocarpalis* Verbindung zum Os carpi radiale und eine *Facies articularis ulnaris* zum

Sulcus radialis des distalen Ulnaendes. Ventral der Facies articularis ist ein Bandhöcker, *Tuberculum aponeurosis*, gelegen, welcher der Anheftung der Aponeurosis ventralis dient. Dorsolateral verläuft auf dem distalen Radiusende eine Sehnenrinne, *Sulcus tendineus*, für die Streckenmuskeln der Flügelspitze.

Die **Handwurzelknochen**, *Ossa carpi*, umfassen bei den Vögeln infolge von Verschmelzungsvorgängen nur zwei Einzelknochen, das *Os carpi radiale* s. *Os scapholunare* und das *Os carpi ulnare* s. *Os cuneiforme* (Abb. 5). Beide entstehen aus Teilen der proximalen Reihe der fetalen *Ossa carpi proximalia*. Die fetalen *Ossa carpi centralia* und *distalia* verschmelzen untereinander und mit den proximalen Enden der Metakarpalknochen zum *Carpometacarpus*. Am Os carpi radiale gibt es drei Gelenkflächen, die *Facies articularis radialis, ulnaris* und *metacarpalis*. Das Os carpi ulnare artikuliert über die *Facies articularis ulnaris* mit der Ulna und über die *Facies articularis metacarpalis* mit dem Carpometacarpus. Mit einer tiefen *Incisura metacarpalis* lagert sich das Os carpi ulnare proximal an das Os metacarpale minus an.

Der **Carpometacarpus** besteht aus drei, zu einem Stück zusammengewachsenen Metakarpalknochen, dem *Os metacarpale alulare* s. *Metacarpus pollicis* s. *Proc. metacarpalis pollicis*, dem *Os metacarpale majus* und dem *Os metacarpale minus*. An der *Extremitas proximalis carpometacarpi* ist eine Gelenkrolle, *Trochlea carpalis*, ausgebildet, die zur Artikulation mit den Handwurzelknochen eine *Facies articularis ulnocarpalis* und eine *Facies articularis radiocarpalis* hat. Das **Os metacarpale alulare** stellt nur einen aus dem Proximalende des Os metacarpale majus hervorragenden Fortsatz dar. An ihm wird ein proximokranial gerichteter *Proc. extensorius* und ein nach distal weisender *Proc. alularis* unterschieden. Letzterer besitzt eine *Facies articularis alularis* für die Phalanx des 1. Fingers. Am kranialen und kaudalen Ende der Gelenkflächen der *Trochlea carpalis* gibt es zwei *Foveae carpales*. Die *Fovea carpalis cranialis* nimmt das Os carpi radiale in Streckstellung des Karpometakarpalgelenkes auf. In die *Fovea carpalis caudalis* schiebt sich das distale Ende des Os carpi ulnare bei Beugestellung des Gelenkes. Beiderseits an der Trochlea carpalis ist je eine kleine Grube, die *Fossa supratrochlearis* und die *Fossa infratrochlearis*, ausgebildet. Ein distal der Trochlea an der ventralen Seite gelegener *Proc. pisiformis* dient der Anheftung der ventralen Karpometakarpalbänder. Das *Corpus carpometacarpi* wird durch das stärkere *Os metacarpale majus* und das dünnere *Os metacarpale minus* dargestellt. Der größere Metakarpalknochen gibt im proximalen Drittel einen *Proc. intermetacarpalis* ab, welcher dem M. extensor metacarpi ulnaris als Ansatz dient und über das *Spatium intermetacarpale* hinweg bis an das Os metacarpale minus heranzieht. Dorsal zieht längs über das Os metacarpale majus ein *Sulcus tendineus*. In der *Extremitas distalis carpometacarpi* sind die beiden langen Metakarpalknochen durch die *Synostosis metacarpalis distalis* miteinander verbunden. Dorsal auf dieser Synostose befindet sich ein *Sulcus interosseus* für die Sehnen der Mm. interossei. Nach distal weisen zwei Gelenkflächen für die Phalangen der Finger, die *Facies articularis digitalis major* und *minor*.

Die **Fingerknochen**, *Ossa digitorum manus*, bestehen gewöhnlich am *Digitus alularis* aus einer Phalanx, *Phalanx digiti alulare*, am *Digitus major* aus zwei Phalangen, *Phalanx proximalis* und *Phalanx distalis digiti majoris*, und am *Digitus minor* wieder aus einer Phalanx, *Phalanx digiti minoris*. Bei einigen Spezies, so bei Huhn, Ente, Gans und Pute, gibt es eine zweite, sehr kleine aluläre Phalanx. Der Digitus alularis bildet die Grundlage des **Eckfittichs**, *Alula*. Dieser wird beim Fliegen aufgestellt und verhindert, ähnlich den Landeklappen eines Flugzeuges, ein Überziehen bei niedrigen Fluggeschwindigkeiten. An der Phalanx proximalis digiti majoris liegt proximal eine *Facies articularis metacarpalis* und distal eine *Facies articularis phalangealis*. Die Gestalt dieser Phalanx ähnelt der einer Messerklinge mit sehr kräftigem Rücken. Dorsal ist ihr Vorderrand durch eine Knochenstrebe, die *Pila cranialis*, verstärkt. Kaudal schließt sich an diese eine flache Grube, die *Fossa dorsalis*, an. Die Ventralfläche weist eine *Fossa ventralis* auf.

3.1.5. Knochen des Beckengürtels

Die Knochen des Beckengürtels, *Ossa cinguli membri pelvici* (Abb. 5, 13 und 19), sind fest mit der Wirbelsäule verbunden und dienen der Aufhängung der Körperlast zwischen den Beckengliedmaßen. Sie erstrecken sich dachartig über einen großen Teil der Leibeshöhle und bieten breite Muskelansatzflächen. Das **Becken,** *Pelvis*, wird von den beiden Hüftbeinen, *Ossa coxae*, gebildet. Jedes Hüftbein setzt sich zusammen aus dem Darmbein, *Ilium*, dem Sitzbein, *Ischium* und dem Schambein, *Pubis*. Die drei Knochen sind beim adulten Tier zum Teil miteinander verschmolzen. Generell ist das Ilium auch mit dem Synsacrum verschmolzen. Das Hausgeflügel hat, wie fast alle Vögel, einen ventral inkompletten Beckengürtel, das heißt, das Becken ist ventral offen, eine Beckensymphyse fehlt. Dadurch wird die Passage der großen, leicht zerbrechlichen Eier durch den Beckenkanal erleichtert. Die schweren, flügellosen Strauße und Rheas sind eine Ausnahme. Sie haben einen ventral geschlossenen Beckengürtel mit einer Symphyse im Bereich des Schambeines oder des Sitzbeines.

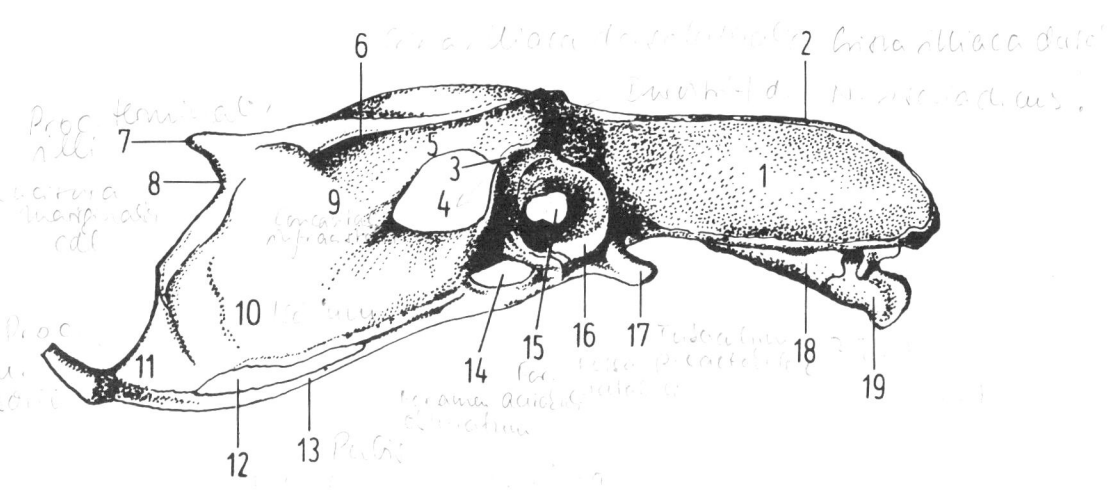

Abb. 19. Becken des Huhnes, rechte Seitenansicht.

1 Ilium, Ala preacetabularis
2 Crista iliaca dorsalis
3 Antitrochanter
4 Foramen ilioischiadicum
5 Ilium, Ala postacetabularis
6 Crista iliaca dorsolateralis
7 Processus terminalis ilii
8 Incisura marginis caudalis
9 Concavitas infracristalis
10 Ischium
11 Processus terminalis ischii
12 Fenestra ischiopubica
13 Pubis
14 Foramen obturatum
15 Foramen acetabuli
16 Fossa acetabuli
17 Tuberculum preacetabulare
18 7. Brustwirbel
19 6. Brustwirbel

Das **Hüftbein** (Abb. 19) als Ganzes ist an der Ausbildung der Hüftgelenkspfanne, *Acetabulum*, beteiligt. Es wird bei Gans und Taube von allen drei Einzelknochen, bei Huhn, Ente und Pute nur vom Darmbein und vom Sitzbein geformt. Die *Fossa acetabuli* hat über ein *For. acetabuli* Verbindung ins Innere des Beckens. Dieses Loch ist durch eine *Membrana acetabuli* verschlossen. Kaudoventral des Acetabulums befindet sich das von Schambein und Sitzbein umgrenzte ovale *For. obturatum*, durch das die Sehne des M. obturatorius medialis zieht. An der medialen Seite des Sitzbeinflügels liegt eine breite, flache Grube, *Sulcus m. obturatorii*, die von diesem Muskel ausgefüllt wird. Der kaudal des Foramen obturatum gelegene lange Spalt zwischen Schambein und Sitzbein ist die von einer Membran verschlossene *Fenestra ischiopubica*, die auch als Pars caudalis des Foramen obturatum angesehen werden kann.

Kaudal der Hüftgelenkspfanne befindet sich das *For. ilioischiadicum*, welches kaudodorsal durch das Ilium, kranioventral durch das Ischium begrenzt wird und dem Durchtritt des N. ischiadicus dient.

Bei lateraler Ansicht ist am kaudalen Rand des Os coxae eine Kerbe, die *Incisura marginis caudalis*, erkennbar, welche die synostotische Verbindung zwischen Ilium und Ischium markiert. Beim Huhn trägt der kaudale Rand einen *Proc. marginis caudalis*. Ilium und Ischium formen gemeinsam einen kaudodorsal des Acetabulums gelegenen, mit Knorpel überzogenen kräftigen Knochenfortsatz, den *Antitrochanter*. Dieser artikuliert über seine *Facies articularis femoralis* mit der Facies articularis antitrochanterica des Femurs, wodurch die schwachen Adduktorenmuskeln des Vogels entlastet werden.

Durch Verschmelzung der Crista dorsalis des Synsacrum mit beiden *Cristae iliacae dorsales* entsteht median eine *Crista iliosynsacralis*. Kaudal von dieser liegt beiderseits zwischen der Crista dorsalis und den Cristae iliacae dorsales eine Furche, der *Sulcus iliosynsacralis*. Die Verschmelzung der Crista dorsalis mit den Cristae iliacae läßt beiderseits der verschmolzenen Dornfortsätze der synsakralen Wirbel einen *Canalis iliosynsacralis s. iliosacralis s. ilioneuralis* entstehen. Die ventrale Wand wird durch die Querfortsätze der synsakralen Wirbel gebildet, die dorsale Wand ist die ventrale Oberfläche der Ala preacetabularis ilii. Der Canalis und der Sulcus iliosynsacralis enthalten epaxiale Muskulatur.

Die leicht konkave laterale Fläche kaudal des Foramen ilioischiadicum ist die *Concavitas infracristalis*. Sie wird zum größten Teil durch die *Lamina ischiadica* des Iliums gebildet und durch die überhängende *Crista iliaca dorsolateralis* betont. Eine den ventralen Beckenrand verstärkende Knochensäule, die *Pila ilioischiadica*, reicht von der kranialen Grenze der Fossa renalis bis zum Processus terminalis ischii. Der kraniale Teil dieser Säule bildet die *Crista iliaca obliqua*. Überdies trägt sie zur Bildung der ventralen Wand des Acetabulums und zur Begrenzung des Foramen ilioischiadicum bei. An der Innenfläche der Hüftbeine sind deutliche Vertiefungen im Darmbein zur Aufnahme der Nieren, *Fossae renales*, erkennbar (Abb. 13). Jede Fossa renalis besteht aus einer *Pars ischiadica* und einer *Pars pudenda*. Die kleinere kraniale Pars ischiadica enthält den kranialen Abschnitt der Niere und den Plexus ischiadicus, die größere kaudale Pars pudenda den kaudalen Abschnitt der Niere und den Plexus pudendus. Der kaudale Abschnitt der Fossa renalis stülpt sich in Richtung Processus terminalis ilii zum *Recessus iliacus* aus. Dieser ist besonders tief bei Huhn und Pute und beherbergt hier einen Teil des M. obturatorius medialis. Aus dorsaler oder ventraler Ansicht ist am Kaudalende des Beckens beiderseits ein halbmondförmiger oder rechteckiger Spalt, die *Incisura caudalis pelvis*, zu erkennen. Diese wird lateral vom kaudomedialen Rand des Iliums und medial durch die Querfortsätze der basalen Schwanzwirbel begrenzt.

Das **Darmbein**, *Ilium*, als Einzelknochen gliedert sich in einen Körper, *Corpus ilii*, welcher den Abschnitt kranial und dorsal des Acetabulums umfaßt, einen präazetabularen Abschnitt, *Ala s. Pars preacetabularis ilii* und einen postazetabularen Teil *Ala s. Pars postacetabularis ilii* (Abb. 13 und 19). Eine kräftige, schräg verlaufende Knochensäule, die *Crista iliaca obliqua*, bildet den kranialen Abschnitt der ventrolateralen Grenze der Fossa renalis. Die Säule erstreckt sich über die Ventralfläche der Ala preacetabularis und die ventrale Wand des Acetabulums. Ein bei der Taube gut, bei den anderen Hausgeflügelarten schwach entwickelter Knochenkamm, die *Crista iliaca intermedia*, verläuft in Höhe des kaudalen Randes des Foramen acetabuli quer durch die Fossa renalis. Medial artikuliert dieser Knochenkamm mit den Enden von Querfortsätzen des Synsacrum. Kranioventral des Acetabulums erhebt sich ein knöcherner Wulst oder Höcker, das *Tuberculum preacetabulare*. Bei Huhn und Pute ist an dieser Stelle ein kranial gerichteter Fortsatz ausgebildet, der besser als *Proc. preacetabularis s. pectinealis* zu bezeichnen ist. Der durch die Nieren bedeckte Teil des Corpus ilii zählt zu der im wesentlichen von der Ala postacetabularis gebildeten *Facies renalis ilii*.

An der Ala preacetabularis ilii werden drei Ränder, der *Margo cranialis*, der *Margo lateralis* und der *Margo medialis s. vertebralis* unterschieden. Die *Facies dorsalis* ist als flache Grube, *Fossa iliaca dorsalis*, ausgebildet, welche dorsomedial von einer Knochenleiste, der *Crista s. Linea iliaca dorsalis*, begrenzt wird. Die *Facies ventralis* artikuliert mit den Querfortsätzen der kranialen synsakralen Wirbel und wird somit zur *Facies costalis*.

Die Ala postacetabularis ilii weist vier Ränder, einen *Margo lateralis*, einen *Margo medialis s. vertebralis*, einen *Margo caudalis* und einen *Margo foraminis ilioischiadici* auf. Der laterale Rand ist markiert durch eine *Crista iliaca dorsolateralis*, deren kaudale Fortsetzung der Processus dorsolateralis ist. Die *Facies lateralis* des Iliums ist die oben erwähnte *Concavitas infracristalis*. Auf der *Facies dorsalis* befindet sich an der Basis des *Proc. terminalis ilii*, dem kaudalen Ende des Darmbeines, eine flache Grube, die *Fossa iliocaudalis*. In dieser Grube entspringen die äußeren Schwanzmuskeln. An der *Facies ventralis* des postazetabularen Iliumabschnittes verläuft in kaudomedialer Fortsetzung des Ventralrandes des Foramen ilioischiadicum die gebogene *Crista iliaca caudalis*. Dorsal von dieser stülpt sich der *Recessus iliacus* nach kaudal. Der vertikal stehende Abschnitt des postazetabularen Iliums kaudal des Foramen ilioischiadicum, die *Lamina ischiadica*, verschmilzt mit der Ala ischii.

Das **Sitzbein**, *Ischium*, besteht aus einem Körper, *Corpus ischii*, und einem Flügel, *Ala ischii*. Der Körper ist mit seinem *Margo foraminis ilioischiadici* dem Foramen ilioischiadicum zugewandt. Zum Foramen obturatum zeigt der *Margo obturatorius*. Mit dem *Processus antitrochantericus* beteiligt sich der Sitzbeinkörper durch Vereinigung mit dem gleichnamigen Fortsatz des Hüftbeines an der Bildung des Antitrochanters. Am kaudalen Rand des Foramen obturatum entläßt das Corpus ischii einen nach ventral gerichteten Fortsatz, den *Proc. obturatorius s. ventralis*. An der Ala ischii sind eine *Facies lateralis*, eine *Facies medialis* und ein *Margo ventralis* zu unterscheiden. Entlang des ventralen Randes erstreckt sich die vom kranialen Rand der Fossa renalis herkommende *Pila ilioischiadica*, die entlang der Ala ischii eine ventrale Knochenleiste, die *Crista pilae ilioischiadicae*, ausbildet. Kaudal endet der Sitzbeinflügel mit dem *Processus terminalis ischii s. Angulus ischiadicus*.

Das **Schambein**, *Pubis*, wird in den Körper, *Corpus pubis*, den Schaft, *Scapus pubis*, und die Spitze, *Apex pubis*, gegliedert (Abb. 19). Das Schambein verläuft bei den meisten Vögeln direkt parallel des ventralen Sitzbeinflügelrandes. Beide sind voneinander kranial durch das *Foramen obturatum* und kaudal durch die *Fenestra ischiopubica* getrennt.

3.1.6. Knochen der Beckengliedmaße

Die Knochen der Beckengliedmaße, *Ossa membri pelvici*, weisen, im Vergleich zu den Haussäugetieren, durch Verschmelzungsvorgänge bedingte Besonderheiten an den Unterschenkel- und Mittelfußknochen auf. Sie umfassen das Oberschenkelbein, *Femur* s. *Os femoris*, die Kniescheibe, *Patella*, den durch Verschmelzung von Tibia und proximalen Ossa tarsi entstandenen *Tibiotarsus*, das Wadenbein, *Fibula*, und die Knochen des Fußes, *Ossa pedis*. Zu den Fußknochen zählen der *Tarsometatarsus*, der durch Verschmelzung der Ossa metatarsalia II – IV untereinander und mit den distalen Ossa tarsi entsteht, das *Os metatarsale I* s. *hallucis* und die Knochen der Zehen, *Ossa digitorum pedis*.

Das **Oberschenkelbein**, *Femur*, ist ein kräftiger Röhrenknochen (Abb. 20). Er wird gegliedert in ein proximales Ende, *Extremitas proximalis femoris*, einen Körper, *Corpus femoris*, und ein distales Ende, *Extremitas distalis femoris*. Das proximale Ende hat ein *Caput femoris*, dessen Gelenkfläche, *Facies articularis acetabularis*, mit der Hüftgelenkspfanne artikuliert. Der Kopf weist eine Bandgrube, *Fovea lig. capitis*, auf. Der kurze, fast rechtwinklig nach medial gerichtete Oberschenkelhals, *Collum femoris*, trägt eine

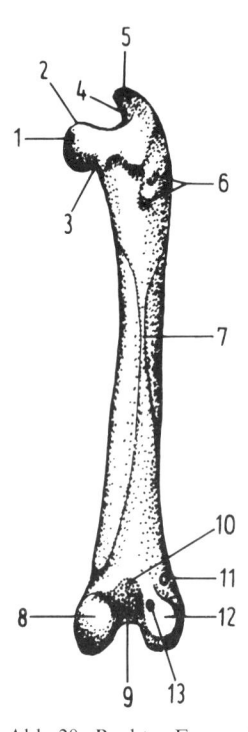

Abb. 20. Rechter Femur des Huhnes, Kaudalansicht.

1 Fovea lig. capitis
2 Caput femoris
3 Collum femoris
4 Fossa trochanteris
5 Trochanter femoris
6 Impressiones obturatoriae
7 Linea intermuscularis caudalis
8 Condylus medialis
9 Impressio lig. cruciati cranialis
10 Fossa poplitea
11 Impressio ansae m. iliofibularis
12 Condylus lateralis
13 Impressio lig. cruciati caudalis

Gelenkfläche zur Verbindung mit dem Antitrochanter, die *Facies articularis antitrochanterica*. Der gut ausgebildete Rollhügel, *Trochanter femoris s. major*, besitzt eine Knochenleiste, *Crista trochanteris*, und medial eine Grube, *Fossa trochanteris*. Lateral am Trochanter femoris markieren *Impressiones iliotrochantericae* Ansatzstellen von Muskeln und Bändern. Kaudodistal liegen *Impressiones obturatoriae* zum Ansatz der Mm. obturatorii.

Das *Corpus femoris* ist leicht kranial konvex gekrümmt, sein Querschnitt ist etwa zylindrisch. Am Corpus werden eine *Facies cranialis*, eine *Facies caudalis*, eine *Facies medialis* und eine *Facies lateralis* unterschieden. Die kraniale und die kaudale Seite tragen je eine knöcherne Linie, *Linea intermuscularis cranialis* bzw. *caudalis*.

Die *Extremitas distalis femoris* weist kranial eine breite Furche, den *Sulcus patellaris*, auf, über deren *Facies articularis patellaris* die gelenkige Verbindung mit der Kniescheibe erfolgt. Eine der Kniekehle zugewandte Grube ist die *Fossa poplitea*. Medial und lateral des Sulcus patellaris liegen die Gelenkhöcker, *Condylus medialis* und *Condylus lateralis*, welche durch einen *Sulcus intercondylaris* voneinander getrennt werden. Im Sulcus entspringt das kraniale Kreuzband des Kniegelenkes in der *Impressio lig. cruciati cranialis*. Der Condylus lateralis hat distal eine Vertiefung für die Ursprungssehne des M. tibialis cranialis, die *Fovea tendinis m. tibialis cranialis*. Kaudoproximal am Condylus lateralis befindet sich eine *Impressio lig. cruciati caudalis* für den Ursprung des kaudalen Kreuzbandes. Ein Knochenkamm, die *Crista tibiofibularis*, trennt am Condylus lateralis die Gelenkflächen zur Artikulation mit der Tibia und der Fibula. Die Crista bildet die mediale Wand der *Trochlea fibularis*, welche mit dem Caput fibulae artikuliert. Die proximal der Kondylen gelegenen *Epicondylus lateralis* und *Epicondylus medialis* weisen je eine Bandgrube, *Impressio lig. collateralis lateralis* und *medialis*, auf. Kaudal zieht vom Condylus medialis eine *Crista supracondylaris medialis* und vom Condylus lateralis eine *Crista supracondylaris lateralis* nach proximal. Distal dieser Cristae ist je ein kleiner Höcker, das *Tuberculum m. gastrocnemialis medialis* bzw. *lateralis*, gelegen. Unweit distal des lateralen Höckers liegt als kleine, deutliche Vertiefung die *Impressio ansae m. iliofibularis*.

Die **Kniescheibe**, *Patella*, ist das Sesambein der Mm. femorotibiales und gleitet im Sulcus patellaris. Bei den Wasservögeln ist sie gewöhnlich recht groß. Kranial hat die Kniescheibe eine Längsfurche, den *Sulcus m. ambientis*.

Der **Tibiotarsus** (Abb. 21) ist ein kräftiger Röhrenknochen, dessen Länge die des Femurs bei Ente und Gans um etwa das Doppelte, bei Huhn, Pute und Taube um etwa das 1,5fache übertrifft. An ihm werden eine *Extremitas proximalis s. Caput tibiae*, ein *Corpus* und eine *Extremitas distalis tibiotarsi* unterschieden. An der Extremitas proximalis sind zwei Gelenkflächen, *Facies articularis medialis* und *lateralis*, ausgebildet. Diese Gelenkflächen sind nicht muldenförmig ausgehöhlt, so daß es zum Ausgleich der Inkongruenz zwischen ihnen und den Kondylen des Femurs intraartikulärer **Menisken** bedarf. Die Facies articularis lateralis zeigt nach laterodorsal und artikuliert mit der Medialseite des Condylus lateralis femoris. Die laterale Gelenkfläche ist wesentlich kleiner als die mediale, mit dem Condylus medialis artikulierende. Beide Gelenkflächen sind voneinander durch die *Area interarticularis* getrennt. Als *Crista patellaris* wird ein quer verlaufender Knochenkamm kraniolateral am proximalen Tibiaende bezeichnet. Er verbindet die sich auf das kraniale Ende des Corpus tibiotarsi hinabziehenden *Crista cnemialis s. tibialis cranialis* und *lateralis*. Die Crista cnemialis cranialis wird auch als *Crista cnemialis interna s. medialis* bezeichnet. Die Medialfläche der Crista cnemialis

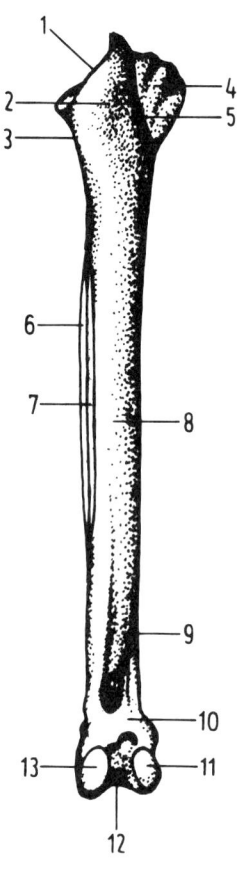

Abb. 21. Rechter Tibiotarsus des Huhnes, Kranialansicht.

1 Crista patellaris	6 Fibula	10 Pons supratendineus
2 Sulcus intercristalis	7 Foramen interosseum	11 Condylus medialis
3 Crista cnemialis lateralis	distale	12 Incisura intercondylaris
4 Facies gastrocnemialis	8 Facies cranialis	13 Condylus lateralis
5 Crista cnemialis cranialis	9 Sulcus extensorius	

cranialis und die sich kaudal anschließende mediale Seite der Extremitas proximalis tibiotarsi wird als *Facies gastrocnemialis* bezeichnet. Sie dient dem Ursprung des M. gastrocnemius medialis. Kaudomedial und distal der Facies articularis medialis des Tibiakopfes ist eine Bandgrube, die *Impressio lig. collateralis medialis*. Die breite Furche zwischen kranialer und lateraler Crista cnemialis, der *Sulcus intercristalis* s. *intercnemialis*, dient dem M. extensor digitorum longus als Ursprung. Zwischen der lateralen Crista cnemialis und der Facies articularis lateralis liegt als deutlicher Einschnitt für das Caput femorale des M. tibialis cranialis die *Incisura tibialis*. Auf der plantaren Seite des proximalen Tibiotarsusendes liegt zwischen der Facies articularis lateralis und der Fibula die *Fossa flexoria*, in welcher der M. flexor digitorum longus entspringt.

Das *Corpus tibiotarsi* hat in den proximalen zwei Dritteln einen annähernd dreieckigen Querschnitt. Daher werden an ihm eine *Facies cranialis*, eine *Facies medialis* und eine, eigentlich nach kaudolateral weisende *Facies caudalis* unterschieden. Diese Flächen werden von drei Rändern, dem kraniomedialen *Margo cranialis*, dem kraniolateralen *Margo lateralis* s. *fibularis* und dem *Margo caudalis* begrenzt. Der Margo lateralis weist in seinem proximalen Drittel einen Knochenkamm, die *Crista fibularis*, auf, welche der Fibula anliegt. Zwischen Tibiotarsus und Fibula gibt es proximal und distal dieser Crista zwei Öffnungen, das *For. interosseum proximale* und *distale*, welche der Passage von Nerven und Blutgefäßen dienen. An der kranialen Fläche des Tibiotarsus zieht eine *Linea extensoria* als Verlängerung der Crista cnemialis cranialis nach distal und geht über in den medialen Rand des *Sulcus extensorius*. Diese Furche wird dicht proximal der Gelenkwalze von einem kräftigen Knochensteg, dem *Pons supratendineus*, überbrückt, wodurch ein *Canalis extensorius* für die Sehnen der Zehenstreckmuskeln entsteht.

Die *Extremitas distalis tibiotarsi* hat zwei Gelenkknorren, den *Condylus medialis* und den *Condylus lateralis*, deren Gelenkflächen mit dem Tarsometatarsus artikulieren. Am proximalen Ende des Condylus lateralis nahe des Epicondylus lateralis ist ein kleiner Bandhöcker, die *Tuberositas retinaculi m. fibularis*, vorhanden. Das hier entspringende Halteband fixiert die Sehne des M. fibularis brevis im distal der Tuberositas gelegenen Sulcus m. fibularis. Plantar am distalen Tibiotarsusende liegt ein *Sulcus cartilaginis tibialis*, welcher die Gelenkfläche für die Cartilago tibialis bildet. Die **Cartilago tibialis** ist ein Formstück aus Faserknorpel, welches dem Kaudalabschnitt der knorpeligen Gelenkwalze, *Trochlea cartilaginis tibialis*, aufliegt. Der Sulcus cartilaginis wird durch zwei Kämme, *Cristae sulci*, begrenzt, welche in die Kondylenränder übergehen. *Epicondylus medialis* und *Epicondylus lateralis* begrenzen mit der jeweiligen Crista sulci beiderseits eine flache Grube, die *Depressio epicondylaris medialis* und *lateralis*. Dorsal sind beide Kondylen durch eine deutliche *Incisura intercondylaris* voneinander getrennt. In der *Area intercondylaris* ist eine *Impressio lig. intercondylaris* für den Ansatz eines intrakapsulären Bandes erkennbar.

Das **Wadenbein,** *Fibula*, besteht aus einem kräftigen *Caput fibulae* und einem dünnen, spitz auslaufenden *Corpus fibulae*. Zwei Gelenkflächen am Fibulakopf, die *Facies articularis femoralis* und die *Facies articularis tibialis*, dienen der Verbindung mit dem Condylus lateralis femoris bzw. der Extremitas proximalis tibiotarsi. Lateral am Caput fibulae ist der Bandhöcker, *Tuberositas lig. collateralis lateralis*, für das laterale Kollateralband des Kniegelenkes gelegen und kaudomedial ist das Caput zur *Fovea m. poplitei* ausgehöhlt.

Das *Corpus fibulae* verbindet sich über eine *Crista articularis tibialis* mit der Crista fibularis. Zwischen proximalem und mittlerem Drittel der Fibula weist das *Tuberculum m. iliofibularis* nach lateral. Das spitz auslaufende Ende des Corpus ist die *Spina fibulae*, welche ligamentös am Tibiotarsus befestigt ist.

Die **Fußwurzelknochen,** *Ossa tarsi*, sind bei adulten Tieren nicht mehr als separate Knochen vorhanden. Die proximale Reihe der Tarsalknochen, das *Os tarsi tritibiale* und das *Os tarsi fibulare*, wird im Verlaufe der Entwicklung in das distale Tibiaende einbezogen. Die übrigen Tarsalknochen, die *Ossa tarsi centralia*, das *Os tarsi intermedium* und die *Ossa tarsi distalia*, verschmelzen mit den Metatarsalknochen II–IV zum *Tarsometatarsus*.

Von den **Mittelfußknochen,** *Ossa metatarsalia*, ist nur das *Os metatarsale I* s. *hallucis* als kleiner Knochen selbständig. Es ist distal durch Bänder über einen *Proc. tarsometatarsalis* am Tarsometatarsus befestigt. Seine *Trochlea metatarsi I* dient zur Artikulation mit der Basis der proximalen Phalanx der 1. Zehe.

Der *Tarsometatarsus* (Abb. 5) wird auch als **Laufbein** bezeichnet. Seine Länge bestimmt maßgeblich die Länge der frei sichtbaren Gliedmaße und damit die „Bodenfreiheit" des Vogels.

Unter den Hausvögeln ist er beim Truthuhn relativ am längsten und bei der Ente am kürzesten. Bei den meisten Vogelarten ist der Tarsometatarsus kürzer als der Tibiotarsus, bei den langbeinigen Arten, z. B. den Watvögeln, sind beide etwa gleich lang. Am Tarsometatarsus werden 3 Abschnitte, die *Extremitas proximalis*, das *Corpus* und die *Extremitas distalis*, unterschieden. Die Extremitas proximalis hat zwei pfannenförmig ausgehöhlte Gelenkflächen, die *Cotyla medialis* und die *Cotyla lateralis*, zur Artikulation mit den Kondylen des Tarsometatarsus. Die Gelenkflächen werden durch eine *Eminentia intercondylaris* getrennt, an der das intrakapsuläre Lig. intercondylare tibiometatarsale entspringt. Plantar der Eminentia liegt eine als *Area intercondylaris* bezeichnete Region, die flach ausgehöhlt ist und bis zum Hypotarsus reicht. Plantar der Cotyla lateralis, in der Area intercondylaris, befindet sich eine Querfurche, der *Sulcus ligamentosus*. Am lateralen Rand der Cotyla lateralis erhebt sich als kleiner, seitlich gerichteter Höcker die *Tuberositas m. fibularis s. peronei brevis*. Dorsal dieses Höckers verläuft die flache Eindellung durch das laterale Kollateralband, *Impressio lig. collateralis lateralis*. Plantar der Tuberositas zieht der *Sulcus m. fibularis s. peronei longi* nach distal.

Plantar an der Extremitas proximalis des Tarsometatarsus befindet sich ein aus Tarsalelementen gebildeter Fortsatz, der *Hypotarsus s. Calcaneus*. Dieser besteht aus in Längsrichtung angeordneten Leisten, *Cristae hypotarsi*, welche Längsrinnen, *Sulci hypotarsi*, begrenzen. Darüber hinaus wird der Hypotarsus von ein oder zwei Längsrinnen, *Canales hypotarsi*, durchbohrt. Diese Furchen und Kanäle führen die Beugesehnen der Zehen. Vom Hypotarsus zieht die *Crista plantaris mediana* als knöcherner Stützpfeiler plantar am Tarsometatarsusschaft nach distal. Beiderseits des Hypotarsus liegt zwischen diesem und der Extremitas proximalis tarsometatarsi je eine Grube, die *Fossa parahypotarsalis medialis* und *lateralis*.

Auf der Dorsalfläche des Tarsometatarsus unmittelbar distal der Kotylen liegt eine deutliche Aushöhlung, die *Fossa infracotylaris dorsalis*. In dieser befinden sich zwei *Forr. vascularia proximalia* zum Durchtritt der Aa. tarsales plantares auf die plantare Fläche des Fußes. Distal dieser Öffnungen liegt die *Tuberositas m. tibialis cranialis*.

Am *Corpus tarsometatarsi* werden vier Flächen unterschieden. Die *Facies subcutanea medialis* und *lateralis* sind nur von Haut bedeckt, während zwischen *Facies dorsalis* sowie *plantaris* und Haut die Zehenstrecker und Zehenbeuger bzw. ihre Sehnenbündel liegen. Die Dorsalfläche des Corpus ist durch einen flachen *Sulcus extensorius* ausgehöhlt, welcher durch Streckmuskeln der Zehen ausgefüllt wird. Distal am Corpus tarsometatarsi befindet sich medioplantar die *Fossa metatarsi I* zur Befestigung des Os metatarsale I. Im distalen Drittel des Tarsometatarsus entspringt bei den männlichen Vertretern einiger Hühnervogelarten ein *Proc. calcaris*, der den knöchernen Kern für den **Sporn** darstellt (Abb. 5).

Die *Extremitas distalis tarsometatarsi* trägt drei Gelenkwalzen für die 2.–4. Zehe, die *Trochlea metatarsi II, III* und *IV*. Die Gelenkwalzen haben beiderseits Bandgruben, *Foveae ligg. collateralium*. Dorsal zwischen den Gelenkwalzen der 3. und 4. Zehe befindet sich ein *For. vasculare distale*, welches den Tarsometatarsus dorsoplantar durchbohrt. Im distalen Rand dieser Bohrung beginnt der in der *Incisura intertrochlearis lateralis* endende *Canalis interosseus tendineus*. Durch diesen Kanal läuft die Sehne des M. extensor brevis digiti IV. Die Gelenkwalzen der 2. und 3. Zehe werden durch die *Incisura intertrochlearis medialis* getrennt. Plantar befindet sich proximal der Gelenkwalzen eine deutliche Grube, die *Fossa supratrochlearis plantaris*.

Die **Zehenknochen**, *Ossa digitorum pedis*, umfassen an der 1. Zehe 2, an der 2. Zehe 3, an der 3. Zehe 4 und an der 4. Zehe 5 Glieder. Demzufolge hat jede Zehe eine *Phalanx proximalis* und eine *Phalanx distalis*. Die Anzahl der *Phalanges intermediae* erhöht sich von der 2. zur 4. Zehe von 1 auf 3. An den proximalen und intermediären Phalangen werden eine *Basis*, ein *Corpus* und ein *Capitulum phalangis* unterschieden. Die Basis trägt eine Gelenkpfanne, *Cotyla articularis*, zur gelenkigen Verbindung mit der Trochlea metatarsi bei den proximalen bzw. mit dem Capitulum phalangis des proximal gelegenen Zehengliedes bei den intermediären Phalangen. Am Corpus phalangis werden eine *Facies dorsalis* und eine *Facies plantaris* unterschieden. Das Capitulum phalangis hat eine Gelenkwalze, *Trochlea articularis*, zur Verbindung mit dem folgenden Zehenglied. Die distale Phalanx wird auch als *Phalanx ungularis* bezeichnet. Sie ist krallenförmig und trägt eine starke Hornscheide. Die distale Phalanx gliedert sich in eine *Basis phalangis* mit der *Cotyla articularis* und das spitz auslaufende Ende, *Apex phalangis*.

3.2. Verbindungen der Knochen

Die Verbindungen der Knochen untereinander, *Juncturae ossium*, können beweglich oder weniger bis nicht beweglich sein. Die wenig bis nicht beweglichen Verbindungen gliedern sich in die *Juncturae fibrosae* und die *Juncturae cartilagineae*.

Zu den **Juncturae fibrosae** zählen die Bandhaft, *Syndesmosis*, die Knochennaht, *Sutura*, und die Einkeilung, *Gomphosis*. Bei der **Bandhaft** ist Bindegewebe das die Knochen verbindende Material. Die **Knochennaht** verbindet hauptsächlich benachbarte Schädelknochen untereinander, wobei zwischen den Nahträndern ein schmaler Bindegewebssaum liegt. Nach Beendigung des Wachstums verschwindet der Saum und es kommt zu einer knöchernen Verschmelzung der Nahtränder. In Abhängigkeit von der Gestaltung der Nahtränder werden folgende **Nahtformen** unterschieden:

die **Zahnnaht**, *Sutura serrata*, mit ineinandergreifenden Zähnchen an den Knochenrändern,

die **Schuppennaht**, *Sutura squamosa*, mit dachziegelartig übereinandergeschobenen Knochenschuppen,

die **Blattnaht**, *Sutura foliata*, mit senkrecht zur Knochenoberfläche ineinandergreifenden Knochenblättchen,

die **falsche Naht**, *Sutura plana*, mit glatten Nahträndern.

Die **Einkeilung**, bei den Säugetieren als Verankerung der Zähne in den Alveolen auftretend, kommt bei den Vögeln als Verbindung einiger Schädelknochen vor.

Die **Juncturae cartilagineae** sind als **Knorpelhaft**, *Synchondrosis*, oder als **Fuge**, *Symphysis*, ausgebildet. Bei der Knorpelhaft besteht das Bindematerial aus hyalinem, bei der Fuge aus Faserknorpel oder derbem Bindegewebe.

Bei der Verknöcherung des Bindematerials verwandeln sich die Junctura fibrosa und die Junctura cartilaginea in eine *Synostosis*.

Die beweglichen Knochenverbindungen sind die **Gelenke,** *Juncturae synoviales* oder *Articulationes*. Wie bei den Säugetieren bestehen die Gelenke der Vögel aus folgenden Einzelteilen:

Aus den mit Gelenkknorpel, *Cartilago articularis*, überzogenen **Gelenkenden,** aus der von einer Gelenkkapsel, *Capsula articularis*, umschlossenen **Gelenkhöhle,** *Cavum articulare*, sowie aus **Gelenkbändern,** *Ligamenta articularia*. Die Gelenkkapsel ist zweischichtig aufgebaut. Außen liegt eine derbe *Membrana fibrosa*, innen eine, die **Gelenkschmiere,** *Synovia*, absondernde *Membrana synovialis*. Zum Ausgleich von Inkongruenzen benachbarter Gelenkenden gibt es bei einigen Gelenken Zwischenscheiben aus Faserknorpel. Sofern diese die Gelenkenden vollständig trennen, werden sie *Disci articulares* genannt. Unvollständig trennende Zwischenscheiben heißen *Menisci articulares*. Beteiligen sich an der Bildung eines Gelenkes nur zwei Knochen, handelt es sich um ein **einfaches Gelenk,** *Articulatio simplex*.

Ein **zusammengesetztes Gelenk,** *Articulatio composita*, wird von mehr als zwei Knochen gebildet und von einer einheitlichen Gelenkkapsel umschlossen.

Die Gestalt der Gelenkenden ermöglicht eine Einteilung in folgende **Gelenktypen:**

Das **ebene Gelenk,** *Art. plana*, hat ebene Gelenkenden, die sich gegeneinander verschieben können.

Das **Kugelgelenk,** *Art. spheroidea*, hat einen Gelenkkopf in Gestalt eines Kugelsegmentes und eine hohlkugelförmige Gelenkpfanne. Es ist nach allen Richtungen beweglich.

Das **Ellipsoidgelenk,** *Art. ellipsoidea*, hat ellipsenförmige Gelenkflächen und ist um zwei orthogonal zueinander stehende Achsen, die lange und die kurze Ellipsenachse, beweglich.

Das **Walzengelenk,** *Art. condylaris*, hat ein Gelenkende in Gestalt einer quergestellten Walze, das mit dem anderen halbzylinderförmigen artikuliert. An Stelle der Walze können auch zwei voneinander getrennte Kondylen vorhanden sein. Die Bewegung um die Walzenachse erfolgt als Wechsel zwischen Streckung und Beugung **(Wechselgelenk).**

Das **Sattelgelenk,** *Art. sellaris*, hat ein Gelenkende in Form der Sitzfläche eines Pferdesattels, dem sich das andere Gelenkende kongruent anpaßt. Es ist um zwei Achsen beweglich.

Das **Rad- oder Zapfengelenk,** *Art. trochoidea*, weist einen feststehenden Gelenkzapfen auf, um den das bewegliche Gelenkende rotiert.

3.2.1. Verbindungen der Knochen des Kopfes

Der Vogelschädel ist durch eine frühzeitige knöcherne Verschmelzung seiner einzelnen Elemente charakterisiert. Die Nähte und Synchondrosen des Hirn- und Gesichtsschädels sind beim adulten Individium weitestgehend in Synostosen umgewandelt.

Die Gelenke des Schädels gliedern sich in die *Articulationes maxillares* und die *Articulationes mandibulares*, deren Ausbildung erhebliche tierartliche Unterschiede aufweist.

Die **Articulationes maxillares** sind im einzelnen folgende Gelenke:
- Die *Art. jugoprefrontalis* ist beim Hausgeflügel als direkte Knochenverbindung nicht vorhanden. Ein *Lig. jugoprefrontale* verbindet bei den Anseriformes den Arcus jugalis mit dem ventralen Abschnitt des Os prefrontale.
- Die *Art. rostrovomeralis* ist die gelenkige Verbindung zwischen dem bei Ente und Gans gut ausgebildeten Vomer und dem Os parasphenoidale. Zwischen Vomer und Os mesethmoidale verkehrt bei den Anseriformes ein Band, das *Lig. mesethmovomerale*.
- Die *Art. quadrato-quadratojugalis* besteht zwischen dem aboralen Ende des Os jugale (Os quadratojugale) und der lateralen Seite des Quadratum. Bei Gans und Ente wird das Gelenk durch ein kräftiges *Lig. interosseum* stabilisiert.
- Die *Art. quadrato-squamoso-otica* weist tierartliche Unterschiede auf. Sofern zwei getrennte Gelenkhöhlen vorhanden sind, gibt es eine *Art. quadrato-squamosa* und eine *Art. quadratootica* zwischen den zwei Kondylen des Proc. oticus sowie dem Os squamosum und den Ossa otica (Taube). Die anderen Hausgeflügelarten haben eine einheitliche Gelenkkapsel.
- Die *Art. quadratopterygoidea* zwischen Proc. mandibularis des Quadratum und Proc. quadraticus des Os pterygoideum wird ebenfalls von einer Gelenkkapsel umschlossen.
- Die *Art. pterygorostralis* wird vom Proc. basipterygoideus des Os parasphenoidale und der Facies articularis sphenoidalis des Os pterygoideum gebildet.
- Die *Art. pterygopalatina (Art. intrapterygoidea)* ist eine bei vielen neugeborenen Vögeln vorhandene und früh verknöchernde Naht zwischen einem *Os antepterygoideum* und dem kaudalen Teil des Os palatinum. Demzufolge wird das ehemalige *Os postpterygoideum* zum definitiven Os pterygoideum.
- Die *Art. rostropalatina* verbindet das Os palatinum über seine Facies articularis sphenoidalis mit dem Os parasphenoidale. Die Gelenkverbindung wird von einer Kapsel umschlossen.

An der Verbindung der Oberschädelknochen untereinander beteiligen sich weitere Bänder. Ein Lig. *mesethmopalatinum* s. *orbitale* verkehrt zwischen der vertikalen Knochenplatte des Os mesethmoidale und dem Os palatinum. Das *Lig. suborbitale* s. *suboculare* erstreckt sich vom ventralen Rand des Os prefrontale zum Proc. postorbitalis. Der verdickte bindegewebige Rand der Orbita, der sich am Margo supraorbitalis, am Os prefrontale, am Arcus jugalis und am Lig. suborbitale anheftet, wird als *Membrana circumorbitalis* bezeichnet. Als dünne Fortsetzung der Membrana circumorbitalis bildet ein *Septum orbitale* die bindegewebige Grundlage der Augenlider. Die Fossa temporalis wird von einer *Membrana temporalis* überzogen, die den darunter liegenden Muskeln zum Teil als Ursprung dient.

Die **Articulationes mandibulares** sind folgende drei Gelenke:

- Die *Art. mandibulosphenoidalis* wird durch die Auflagerung des Proc. mandibularis medialis auf das Os parasphenoidale gebildet und von einem *Lig. mandibulosphenoidale* stabilisiert. Die Pars intermedia und die Pars caudalis des Ramus mandibulae werden durch ein *Lig. intramandibulare* verbunden, das der Zona elastica intramandibularis proximalis entspricht.
- Die *Art. quadratomandibularis* ist die von einer *Capsula articularis* umschlossene Verbindung zwischen Quadratum und Os articulare des Unterkiefers. Bei Ente und Gans ist von kaudal ein keilförmiger *Meniscus articularis* in das Gelenk eingeschoben.

An der Stabilisierung des Gelenkes sind eine Reihe von tierartlich unterschiedlich ausgebildeten Bändern beteiligt. Ein kurzes *Lig. jugomandibulare laterale* verbindet das kaudolaterale Ende des Arcus jugalis mit dem Processus lateralis der Mandibula. Vom Processus orbitalis des Os prefrontale zieht ein weiteres Band, das *Lig. prefrontomandibulare*, zum Processus mandibulae lateralis. Ein *Lig. postorbitale* zieht von der Spitze des Processus postorbitalis des Os orbitosphenoidale lateral über das Kaudalende des Arcus jugalis und setzt ventral des Processus lateralis an der Mandibula an. Es unterstützt die Art. quadrato-quadratojugalis und spielt eine wichtige Rolle bei der Bewegung des Oberschnabels. Zwischen Processus zygomaticus des Os squamosum und Processus coronoideus der Mandibula verkehrt ein *Lig. zygomaticomandibulare*. Ein *Lig. quadratomandibulare* zwischen Processus orbitalis quadrati und Basis des Processus medialis der Mandibula ist bei den meisten Sperlingsvögeln vorhanden. Als *Lig. occipitomandibulare* zieht ein ligamentöses Blatt vom kaudalen Rand des Processus mandibulae medialis zur Ala tympanica des Os exoccipitale. Die Oberfläche dieses Bandes dient zugleich als Ursprung für den M. depressor mandibulae. Ein *Lig. jugomandibulare mediale* verbindet den qudratojugalen Abschnitt des Arcus jugalis mit dem kaudalen Mandibulaende.

— Die *Art. ectethmomandibularis* ist die auf die Familie der Meliphagidae beschränkte Verbindung zwischen Dorsalrand der Mandibula und ventraler Spitze des Os ectethmoidale.

Am Gesichtsschädel der Vögel gibt es neben den Gelenkverbindungen spezielle flexible Zonen, *Zonae elasticae ossium faciei*. Diese synostotischen oder syndesmotischen kinetischen Zonen oder „Pseudoarthrosen" sind für die **Schnabelbewegung** von Bedeutung. Zwischen dem Neurocranium und den Oberkieferknochen befindet sich die *Zona elastica s. Gynglimus craniofacialis s. frontonasalis*. Diese wird von den flexiblen Abschnitten des Processus premaxillaris vom Os nasale und des Processus frontalis vom Os premaxillare nahe ihrer Verbindung mit dem rostralen Ende des Os frontale und der Lamina dorsalis des Os mesethmoidale gebildet. Bei großen Papageien kann an dieser Stelle eine Junctura synovialis ausgebildet sein. Die Zona elastica craniofacialis erlaubt die für das Heben und Senken des Oberschnabels nötige Bewegung.

Durch rostrale Verschiebung der elastischen Zone aus dem kraniofazialen Grenzbereich kann es bei einigen Arten zur Ausbildung folgender *Zonae elasticae maxillares* kommen:

— Zona elastica premaxillonasalis proximalis
— Zona elastica premaxillonasalis distalis
— Zona elastica premaxillomaxillaris
— Zona elastica nasalis dorsalis
— Zona elastica nasalis ventralis
— Zona elastica arcus jugalis
— Zona elastica palatina.

Einige Spezies haben in jedem Unterkieferast zwei Biegungszonen, *Zonae elasticae mandibulares*, welche eine Erweiterung der interramalen Distanz ermöglichen. Eine *Zona distalis* ist nahe der Symphysis mandibularis, eine *Zona proximalis* an der Verbindung von mittlerem und kaudalem Drittel des Ramus mandibulae gelegen.

Die Verbindungen der Elemente des Zungenbeines, *Juncturae apparatus hyobranchialis*, sind folgende:

Eine *Sutura interentoglossalis* verbindet die beim Huhn noch deutlich erkennbaren paarigen Anlagen des Os entoglossum. Mit dem sich kaudal anschließenden Os basibranchiale ist das Os entoglossum über eine *Art. entoglosso-basibranchialis* verbunden. Diese ist, besonders deutlich bei Taube und Gans, als Sattelgelenk ausgebildet und durch ein *Lig. collaterale ventrale* verstärkt. Das rostrale und das kaudale Os basibranchiale sind knorpelig in einer *Synchondrosis intrabasibranchialis* aneinandergeheftet. Das paarige Os ceratobranchiale ist mit dem Os basibranchiale über je eine *Art. ceratobasibranchialis* verbunden. Die jeweils zwei Abschnitte der Zungenbeinäste, das Os ceratobranchiale und das Os epibranchiale, sind knorpelig in einer *Synchondrosis intracornualis* zusammengefügt.

3.2.2. Verbindungen der Wirbelsäule und der Rippen

Die Wirbelknochen der Vögel sind größtenteils unbeweglich miteinander verbunden, wodurch dem Rumpf die für das Fliegen notwendige Starre verliehen wird. Bewegliche Verbindungen gibt es zwischen den Hals-, den freien Brust- und den freien Schwanzwirbeln. Generell wird bei den *Articulationes intervertebrales* die *Art. intercorporea* und die *Art. zygapophysalis* unterschieden.

Die **Art. intercorporea** ist die Verbindung zwischen den aneinandergrenzenden Wirbelkörpern. Diese ist im Hals- und im kranialen Brustbereich als Junctura synovialis, manchmal mit intraartikulären Menisken, ausgebildet. Im kaudalen Brust- und im synsakralen Bereich sind die Verbindungen synostotisch. Zwischen den Körpern der freien Schwanzwirbel finden sich Symphysen. Mit wenigen Ausnahmen besitzen die Vögel **heterocoele Wirbel**, das heißt, die interkorporalen Gelenkflächen bilden Sattelgelenke aus. Ausnahmen sind z. B. die **opisthocoelen Brustwirbel** der Pinguine und einiger Papageien mit kaudal konkaven Gelenkflächen. Das Gelenk wird von einer *Capsula articularis* umschlossen, deren laterale Abschnitte zu je einem *Lig. collaterale* verstärkt sind. Die Gelenke zwischen den Halswirbelkörpern besitzen intraartikuläre Menisken. Der *Meniscus intervertebralis* heftet sich mit seiner Peripherie immer an der Gelenkkapsel an. Gegen sein Zentrum hin wird er dünner und weist eine Öffnung, *Fenestra centralis*, auf. In der Thorakalregion der Ente sind Menisken vorhanden, die an den Rändern der benachbarten Wirbelkörper und an der Gelenkkapsel befestigt sind. Bei Huhn und Taube ist anstelle eines Meniscus intervertebralis ein *Anulus fibrosus*, bestehend aus einem verdickten Bindegewebsring, ausgebildet. Zwischen den Körpern der freien Schwanzwirbel befindet sich je ein *Discus intervertebralis*. Da diesen Gelenken eine Synovialhöhle fehlt, sind sie als Symphysen zu klassifizieren. Die gelenkige Verbindung der Wirbelkörper wird durch eine Reihe von Bändern stabilisiert:

— Das *Lig. interspinosum* verbindet die aufeinanderfolgenden Dornfortsätze.
— Das *Lig. elasticum interlaminare* ist ein unpaares schmales Bündel, welches die Laminae dorsales der aufeinanderfolgenden Wirbelbögen verbindet.
— Das *Lig. elasticum obliquum* zieht vom Processus transversus des folgenden zur Seitenfläche des Corpus vertebrae vom vorangehenden Wirbel.

- Das *Lig. elasticum transversum* ist zwischen Processus spinosus des folgenden und Processus articularis des vorangehenden Wirbels ausgespannt.
- Die *Membrana interlaminaris* überspannt mit transversalem Faserverlauf den Raum zwischen den Laminae dorsales zweier aufeinanderfolgender Wirbel.

Die **Art. zygapophysalis** ist die gelenkige Verbindung zweier aufeinanderfolgender Wirbel über den Processus articularis cranialis des folgenden und den Processus articularis caudalis des vorangehenden Wirbels. Das Gelenk ist mit einer *Capsula articularis* versehen. Bei den Tauben kann ein dünner *Meniscus articularis* ausgebildet sein.

Eine spezielle Ausbildung haben die Gelenke zwischen Hirnschädel, erstem und zweitem Halswirbel. Die *Art. atlantooccipitalis* entsteht durch Aufnahme des kleinen Condylus occipitalis in die Fossa condyloidea des Atlas. Bei einigen Spezies ist der Boden der Fossa durch ein Foramen zum Durchtritt des *Lig. apicis dentis* durchbohrt. Die Gelenkhöhle wird von zwei Membranen, der *Membrana atlantooccipitalis dorsalis* und *ventralis* verschlossen.

Die Verbindung zwischen erstem und zweitem Halswirbel wird über maximal drei *Articulationes atlantoaxiales* realisiert. Bei einigen Spezies sind zwei separate synoviale Verbindungen, eine zwischen Dens und Corpus atlantis (*Art. atlantodentalis*), eine zweite zwischen Corpus atlantis und Corpus axis (*Art. intercorporea*) vorhanden. Bei den meisten Arten kommt dazu die paarige *Art. zygapophysalis* als Verbindung der Wirbelbögen von Atlas und Axis, die durch eine *Membrana atlantoaxialis* komplettiert wird. Weiterhin verkehren zwischen Atlas und Axis zwei Bänder. Ein *Lig. medianum atlantoaxiale* erstreckt sich ventral von der Wurzel des Dens zum Dorsalteil des Corpus atlantis. Ein *Lig. collaterale atlantoaxiale* zieht als starkes paariges Band von der Wurzel des Dens zur Fossa condyloidea des Atlas.

Mit Ausnahme des Atlas tragen die meisten Halswirbel kaudal gerichtete Processus costales, die synostotisch mit dem Wirbelkörper und dem Processus transversus verbunden sind (*Synostosis costotransversaria*). An den rumpfnahen Halswirbeln gibt es bei den meisten Vögeln eine unterschiedliche Anzahl kurzer, frei beweglicher Halsrippen, die sich durch eine *Art. costotransversaria* mit dem jeweiligen Halswirbel verbinden.

Die Verbindungen der Brustwirbel untereinander sind charakterisiert durch die Ausbildung des Notariums, eines Knochenstabes, der durch Verschmelzung der mittleren Brustwirbel entsteht. Die *Articulationes notarii* wandeln sich somit in den ersten Monaten nach dem Schlupf zu Synostosen (*Synostosis intercorporea, intertransversaria et interspinalis*). Die Cristae ventrales der Wirbelkörper sind durch ein *Lig. interstitiale ventrale* verbunden, welches bei adulten Tieren teilweise verknöchert sein kann. Die Gelenke zwischen Notarium und ersten synsakralen Wirbeln sind beweglich.

Die zum Synsacrum zusammengeschmolzenen Wirbel sind gegeneinander völlig unbeweglich. Die *Articulationes synsacri* wandeln sich, wie beim Notarium, in Synostosen. Die lateralen Enden der synsakralen Wirbelquerfortsätze sind mit dem medialen Rand des Acetabulums und der Pars postacetabularis ilii durch eine Naht, *Sutura iliosynsacralis*, verbunden. Diese Naht wird durch *Ligamenta iliosynsacralia* stabilisiert.

Die freien Schwanzwirbel sind untereinander durch *Articulationes caudae* verbunden. Ein *Lig. intertransversarium* verbindet die Querfortsätze der Schwanzwirbel. Das durch Verschmelzung der letzten Schwanzwirbel entstandene Pygostyl artikuliert mit dem letzten freien Schwanzwirbel in der *Art. vertebropygostyloidea*.

Die Rippen sind durch ein Capitulum costae mit dem Corpus vertebrae in einer *Synchondrosis capitis costae* verbunden. Durch Verdickung des Perichondriums wird ventrokranial ein *Lig. collaterale* gebildet. Zwischen Tuberculum costae und Wirbelquerfortsatz ist eine mit Gelenkkapsel ausgestattete *Art. costotransversaria* vorhanden. Zwischen vertebralem und sternalem Anteil jeder Rippe ist eine *Synchondrosis intercostalis* ausgebildet. Die Processus uncinati sind mit dem vertebralen Teil der Rippe in einer *Sutura costouncinata* oder synostotisch verbunden. Im Winkel zwischen oberem Rand des Processus uncinatus und Kaudalrand der benachbarten Rippe verkehrt ein *Lig. triangulare*. Die Verbindung zwischen sternalen Rippen und Brustbein erfolgt über mit Gelenkkapseln versehene *Articulationes sternocostales*.

3.2.3. Verbindungen der Knochen des Schultergürtels

Die Apophysis furculae ist der Spitze der Carina sterni benachbart und mit dieser ligamentös in der *Syndesmosis sternoclavicularis* verbunden. Die knöcherne Verbindung der sternalen Schlüsselbeinenden ist die *Synostis interclavicularis*. Als *Membrana sternocoracoclavicularis* werden Faserzüge zwischen innerem Rand der Clavicula, medioventralem Rand des Coracoideums und rostralem Rand des Sternums dorsal der Carina bezeichnet. Diese Membran ist lokal zu speziellen Bändern verdickt, die zwischen den Knochen des Schultergürtels und dem Brustbein verkehren. Aus der ventralen Fusion der paarigen Membrana sternocoracoclavicularis erhebt sich eine mediane bilaminare *Membrana cristoclavicularis* s. *Lamina mediana* der *Membrana sternocoracoclavicularis*. Diese verbindet das ventrale Furculaende mit dem Apex und dem Margo cranialis carinae. An dieser Membran entspringen beiderseits der M. supracoracoideus und der M. pectoralis.

Zwischen Ventralende des Coracoideums und Sulcus articularis coracoideus des Sternums ist die als Scharniergelenk wirkende *Art. sternocoracoidea* ausgebildet. Bei den meisten Vogelarten berühren die ventralen Rabenbeinenden einander in einer *Art. intercoracoidea*. Die Verbindung zwischen Sternum und Coracoideum wird durch *Ligg. collateralia sternocoracoidea* stabilisiert. Bei den Hühnervögeln erstreckt sich ein *Lig. sternocoracoideum laterale* vom kranialen Rand des Processus craniolateralis sterni zum lateralen Rand des Processus lateralis des sternalen Coracoideumendes.

Rabenbein und Schulterblatt sind im wesentlichen durch ein faserknorpeliges *Lig. interosseum coracoscapulare* s. *Symphysis coracoscapularis* verbunden. Dieses Band formt die Cavitas glenoidalis und ihren erhöhten Rand, das *Labrum cavitatis glenoidalis*. Damit ist die Cavitas glenoidalis elastisch und paßt sich in ihrer Gestalt der Bewegung des Caput humeri an. Am Labrum cavitatis werden zwei Anteile, ein *Labrum coracoideum* und ein *Labrum articulare*, unterschieden. Die Symphysis coracoscapularis wird durch weitere, tierartlich unterschiedlich ausgebildete Bänder stabilisiert.

Das Schlüsselbein verbindet sich durch seine Extremitas omalis mit dem Processus acrocoracoideus des Rabenbeines in der *Syndesmosis acrocoracoclavicularis*. Durch ein oberflächliches und ein tiefes *Lig. acrocoracoclaviculare* wird die Verbindung stabilisiert. Bei der Taube gibt es zwischen dem gut ausgebildeten Processus procoracoideus des Rabenbeines und dem Schlüsselbein eine *Syndesmosis procoracoclavicularis*.

Zwischen dem dorsalen Ende des Schlüsselbeines und dem Acromion der Scapula ist eine *Syndesmosis acromioclavicularis* ausgebildet. Ist der Abstand zwischen den Knochenenden länger, verkehrt zwischen ihnen ein *Lig. acromioclaviculare*. Bei den Anseriformes gibt es zusätzlich ein *Lig. scapuloclaviculare dorsale*.

3.2.4. Verbindungen der Knochen des Flügels

Die Gestaltung des **Schultergelenks,** *Art. humeralis* s. *coraco-scapulo-humeralis*, ist im Kap. 3.2.3. (Symphysis coracoscapularis) besprochen. Die Gelenkflächen von Schulterblatt und Rabenbein haben häufig die Form von Kugel- oder Ellipsoidgelenken, wobei das Rabenbein die konkave, das Schulterblatt die konvexe Gelenkfläche trägt. Die Verbindung der Knochen erfolgt durch Faserknorpel. Im dorsalen Abschnitt der Gelenkkapsel des Schultergelenkes ist eine Knorpel- oder Knochenmasse, *Fibrocartilago humerocapsularis* s. *Os humeroscapulare*, ausgebildet. An der lateralen Kontur des Schultergelenks ist ein von der Gelenkkapsel völlig getrenntes Kollateralband, das *Lig. acrocoracohumerale*, vorhanden. In offener Verbindung mit der Schultergelenkhöhle steht eine *Bursa acrocoracoidea*. Rabenbein und Humerus sind durch ein *Lig. coracohumerale dorsale* verbunden, welches nicht bei allen Vögeln vorhanden ist. Zwischen Schulterblatt und Humerus verkehren vier Bänder, *Lig. scapulohumerale dorsale, caudale, laterale et transversum*. Als intrakapsuläre Strukturen sind im Schultergelenk zwei *Plicae synoviales* und zwei *Ligamenta intracapsularia* zu erwähnen.

Das **Ellbogengelenk,** *Junctura cubiti*, ist ein zusammengesetztes Gelenk, bestehend aus der *Art. humeroulnaris*, der *Art. humeroradialis* und der *Art. radioulnaris proximalis*, das von einer einheitlichen Gelenkkapsel umschlossen wird. Es wird durch zwei Kollateralbänder stabilisiert. Das *Lig. collaterale ventrale* verbindet als gut entwickelter dreieckiger Strang das Tuberculum supracondylare ventrale des Humerus mit dem Tuberculum lig. collateralis ventralis an der Cotyla ventralis der Ulna. Das in seiner Ausbildung variablere *Lig. collaterale dorsale* entspringt nahe dem Epicondylus dorsalis humeri und setzt am Margo caudalis der Ulna, nahe der Papillae remigiales caudales an. Der kräftige kraniale Abschnitt der Capsula articularis des Ellbogengelenkes wird als *Lig. cubiti craniale* bezeichnet. Dieses Band besteht bei Huhn und Taube zum Teil aus elastischem Gewebe und unterstützt bei voller Streckung die Flexion des Ellbogengelenkes zu Beginn der Beugephase.

Im Ellbogengelenk ist zwischen Radius und Ulna ein *Meniscus radioulnaris* plaziert, dessen dünner, tief gelegener Abschnitt einen direkten Kontakt des Condylus dorsalis humeri mit der Ulna verhindert. Der dicke dorsale Rand des Meniscus ist nicht mit der Capsula articularis verwachsen. Dorsal am Ellbogengelenk sind Radius und Ulna durch ein *Lig. transversum radioulnare* verbunden. Ventral am Ellbogengelenk entspringt an der Ulna ein starkes, schlingenförmiges Band, *Trochlea humeroulnaris*, welches die Ursprungssehne des M. flexor carpi ulnaris umschließt. Ein Teil der Trochlea verschmilzt als *Pars tendinea* mit der Sehne, ein anderer fächert sich auf als *Pars pennata* und zieht an die Federbälge der Schwungfedern am Ellbogen. Ein intrakapsuläres *Lig. tricipitale* erstreckt sich vom Ventralrand der Sehne des M. scapulotriceps zum Ventralrand des Sulcus m. humerotricipitis am distalen Humerusende.

Die **Verbindungen der Handwurzel- und der Handknochen,** *Articulationes carpi et manus*, sind geprägt durch die weitgehenden Verschmelzungs- und Reduktionsvorgänge in den apikalen Gliedmaßenabschnitten (s. Kap. 3.1.4.). Vom distalen Ende des Radius breitet sich, ventral über die Ossa carpi verlaufend, eine *Aponeurosis ventralis* aus, die als dichtes fibröses Blatt zu den Karpalknochen, den Metakarpalknochen und den Flugfedern zieht. Das distale Segment dieser Aponeurose erstreckt sich von der Ventralfläche des Os carpi ulnare fächerförmig entlang des Kaudalrandes vom Os metacarpale minus und sendet Abzweigungen, *Digitationes remigiales*, zu den Follikeln der Handschwingen. Dieses Segment wird als *Aponeurosis ulnocarporemigialis* bezeichnet. Die Verbindung der distalen Enden von Radius und Ulna ist als *Syndesmosis radioulnaris distalis* mit einem *Lig. interosseum radioulnare* realisiert. In der *Art. ulnocarpalis* sind das Os carpi ulnare und die Ulna gelenkig verbunden. Das Gelenk wird durch folgende Bänder stabilisiert:

— Lig. ulno-ulnocarpale proximale
— Lig. ulno-ulnocarpale distale
— Lig. ulno-radiocarpale ventrale
— Lig. interosseum ulno-radiocarpale
— Lig. ulno-metacarpale ventrale.

In der *Art. radiocarpalis* sind das distale Radiusende und das Os carpi radiale miteinander verbunden.

Zur Stabilisierung tragen die folgenden Bänder bei:

— Lig. radio-radiocarpale craniale
— Lig. radio-radiocarpale ventrale
— Lig. radio-radiocarpale dorsale.

Os carpi ulnare und Os carpi radiale sind miteinander durch einen *Meniscus intercarpalis* s. *Lig. carpi internum* verbunden. Dieser Meniskus repräsentiert das embryonale Os carpale tertium und ist am Carpometacarpus durch ein Ligamentum menisco-metacarpale befestigt.

Die *Articulationes carpo-carpometacarpales* werden von der jeweiligen Facies articularis metacarpalis des Os carpi radiale und des Os carpi ulnare sowie der Facies articularis ulnocarpalis und radiocarpalis des Carpometacarpus gebildet und von folgenden Bändern stabilisiert:

— Lig. radiocarpo-metacarpale craniale
— Lig. radiocarpo-metacarpale dorsale
— Lig. radiocarpo-metacarpale ventrale
— Lig. ulnocarpo-metacarpale ventrale
— Lig. ulnocarpo-metacarpale dorsale.

Os metacarpale majus und minus sind proximal in der *Synostosis intermetacarpalis proximalis* und distal in der *Synostosis intermetacarpalis distalis* verschmolzen.

Die Fingerknochen sind über drei Gelenke mit dem Carpometacarpus verbunden. Die *Art. metacarpophalangealis alulae* ist die Verbindung zwischen Processus alularis der Extremitas proximalis carpometacarpi und dem Digitus alularis. Ein *Lig. obliquum alulae* reicht vom Processus extensorius des Carpometacarpus zur ventralen Basis der alularen Phalanx. Dazu kommt ein weiteres Band, das *Lig. collaterale caudale*. Der Digitus major ist über die Facies articularis metacarpalis seiner Phalanx proximalis in der *Art. metacarpophalangealis digiti majoris* mit der Facies articularis digitalis major des Carpometacarpus verbunden. Es sind an diesem Gelenk zwei Kollateralbänder, *Lig. collaterale ventrale et caudale*, vorhanden, von denen letzteres dem Huhn fehlt. Bei Huhn und Taube kommt dazu ein *Lig. obliquum intraarticulare*, welches offenbar einer Einschränkung von Rotationsbewegungen um die Längsachse des Digitus major dient, die durch Bewegung der Flügel verursacht werden. In der Gelenkhöhle befindet sich eine, als *Meniscus articularis* bezeichnete, locker organisierte fibröse Fettstruktur.

Die Phalanx digiti minoris artikuliert mit dem Carpometacarpus in der *Art. metacarpophalangealis digiti minoris*, die zwei Kollateralbänder, *Lig. collaterale ventrale et dorsale*, hat. Alle Articulationes metacarpophalangeales besitzen voll ausgebildete Gelenkkapseln.

Die Phalanx digiti minoris ist im übrigen fast über ihre gesamte Länge durch ein *Lig. interosseum* mit der Phalanx proximalis des Digitus major verwachsen. Der kleine Finger folgt deshalb der Bewegung des großen. Zwischen proximaler und distaler Phalanx des Digitus major ist die *Art. interphalangealis digiti majoris* gelegen, die mit einem ventralen und einem kranialen Kollateralband ausgestattet ist und einen *Meniscus articularis* besitzt. Bei Huhn und Taube kommt dazu ein *Lig. collaterale caudale* als lokale Verstärkung der Gelenkkapsel.

3.2.5. Verbindungen der Knochen des Beckengürtels

Das Os coxae entsteht aus der Verschmelzung von Ilium, Ischium und Pubis. Das kaudale Ende des Ischiums, der Processus terminalis ischii, ist in einer *Sutura ischiopubica* mit dem Dorsalrand des Pubisschaftes verbunden. Die Fenestra ischiopubica ist durch eine *Membrana ischiopubica* verschlossen. Vom Processus obturatorius des Sitzbeines zieht ein *Lig. ischiopubicum* zum Schambein und bildet den kaudalen Rand des Foramen obturatum. Kaudal des Foramen ilioischiadicum sind Darmbein und Sitzbein in der *Synchondrosis ilioischiadica* miteinander verbunden. Das Foramen ilioischiadicum ist von der *Membrana ilioischiadica* verschlossen, die im kranialen Bereich Durchtritt für Nerven und Blutgefäße gewährt. Ventral des Acetabulums besteht eine Verbindung von Darmbein und Schambein, die *Synchondrosis iliopubica*. Das Foramen acetabuli ist durch eine *Membrana acetabuli* verschlossen, an der sich das Lig. capitis femoris anheftet.

3.2.6. Verbindungen der Knochen der Beckengliedmaße

Das **Hüftgelenk,** *Art. coxae*, umfaßt innerhalb einer Gelenkhöhle zwei getrennte Gelenke. Zum ersten artikuliert die Facies articularis acetabularis des Femurkopfes mit der Hüftgelenkspfanne, zum zweiten trägt das Collum femoris eine Gelenkfläche zur Verbindung mit dem Antitrochanter des Os coxae. Der Rand des Acetabulums ist durch eine Pfannenlippe, *Labrum acetabulare*, erhöht. Von der Fovea ligamenti capitis zieht das *Lig. capitis femoris* zur Membrana acetabuli. Überdies verkehren zwischen dem Femur und den Beckenknochen drei weitere Bänder. Im kranialen Gelenkbereich sind dies das *Lig. iliofemorale* und das *Lig. pubofemorale*. Ein *Lig. ischiofemorale* entspringt

3. Bewegungsapparat   73

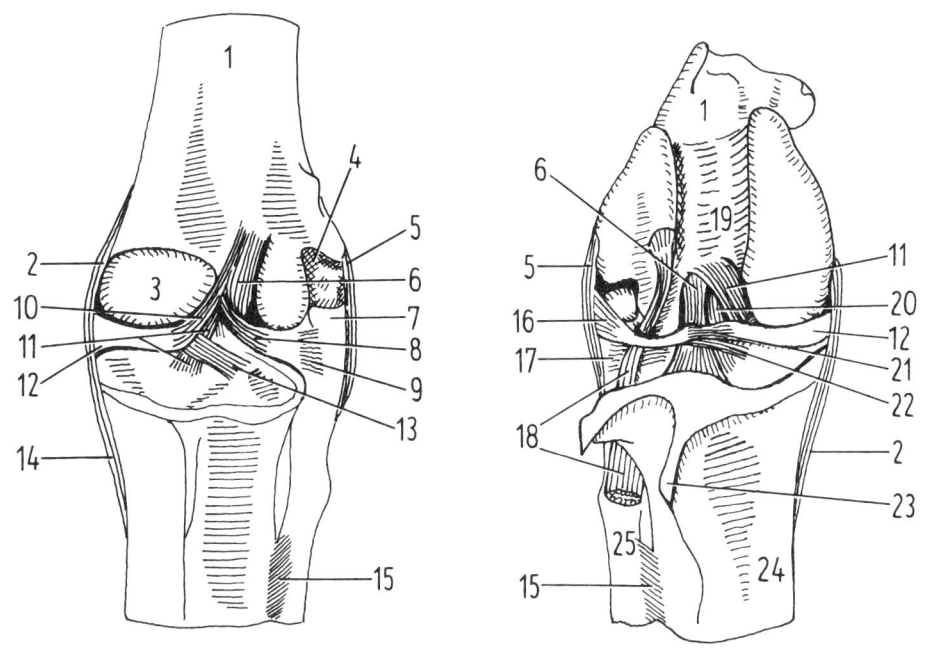

Abb. 22. Kniegelenke der Taube, rechte Gliedmaße, Plantaransicht (links) und Dorsalansicht (rechts) (nach Baumel, 1979).

1 Femur
2 Ligamentum collaterale mediale
3 Condylus medialis
4 Trochlea fibularis
5 Ligamentum collaterale laterale
6 Ligamentum cruciatum craniale
7 Caput fibulae
8 Ligamentum menisco-femorale des lateralen Meniskus
9 Ligamentum menisco-fibulare caudale
10 Ligamentum menisco-femorale des medialen Meniskus
11 Ligamentum cruciatum caudale
12 Meniscus medialis
13 Ligamentum menisco-tibiale caudale
14 Ligamentum collaterale mediale
15 Ligamentum interosseum tibiofibulare
16 Ligamentum menisco-collaterale
17 Ligamentum tibiofibulare craniale
18 M. tibialis cranialis
19 Sulcus patellaris
20 tibiale Befestigung des Meniscus medialis
21 Ligamentum transversum genus
22 Ligamentum menisco-tibiale craniale
23 Crista cnemialis cranialis
24 Tibia
25 Fibula

am kranialen Rand des Foramen ilioischiadicum sowie am Labrum acetabulare des Antitrochanters und setzt an der Crista trochanteris an.

Das **Kniegelenk**, *Junctura genus* (Abb. 22), wird von vier Einzelgelenken gebildet, deren Gelenkhöhlen miteinander kommunizieren. Das **Kniegelenk** besteht aus der *Art. femorotibialis* als Verbindung von Condylus medialis et lateralis des Femurs mit den Gelenkflächen des Caput tibiae und der *Art. femorofibularis* zwischen Trochlea fibularis am Condylus lateralis femoris und Fibulakopf. Im **Kniescheibengelenk**, *Art. femoropatellaris*, artikuliert die Facies articularis patellaris des distalen Femurendes mit der Patella. Schienbein und Wadenbein sind proximal in der *Art. tibiofibularis* miteinander verbunden. Das Gelenk besitzt zwei intraartikuläre Bänder, *Lig. tibiofibulare craniale et caudale*. Die Sehnen der Mm. femorotibiales zieht als *Lig. patellae* vom distalen Rand der Patella zur Crista patellaris des Tibiotarsus. Die seitliche Befestigung der Kniescheibe erfolgt über Bindegewebsfaserzüge, die als *Retinacula patellae* bezeichnet werden.

Die Inkongruenz der Gelenkflächen des Kniekehlgelenkes wird durch zwei **Menisken,** *Meniscus medialis et lateralis*, ausgeglichen.

Am **Meniscus medialis** werden ein Cornu craniale und ein Cornu caudale unterschieden. Seine Befestigung an der Tibia und am Femur erfolgt über ein *Lig. meniscotibiale caudale* und ein *Lig. meniscofemorale*. Ein *Lig. transversum genus* verbindet beide Menisken kranial miteinander. Der längliche **Meniscus lateralis** ist zwischen Condylus lateralis femoris und Tibiotarsus sowie teilweise das Caput fibulare eingeschoben. Kranial ist eine Einkerbung für die über den Mensicus hinweglaufende Ursprungssehne des M. tibialis cranialis vorhanden. Der Meniscus lateralis ist durch vier Bänder befestigt. Zum Schienbein zieht das *Lig. meniscotibiale craniale*, zum Wadenbein das *Lig. meniscofibulare caudale*. Ein *Lig. meniscocollaterale* verbindet den kranialen Meniskusrand mit der kranialen Kontur des Ligamentum collaterale laterale und ein *Lig. meniscofemorale* zieht auf der Beugeseite des Kniegelenkes zum Condylus medialis femoris.

Zentral im Kniegelenk verlaufen die zwei gekreuzten Bänder, *Lig. cruciatum craniale et caudale*. Sie verkehren zwischen den axialen Seitenflächen der Kondylen des Femurs und dem Caput tibiae. Im übrigen sind der Condylus medialis femoris mit der Extremitas proximalis tibiae durch das *Lig. collaterale mediale* und der Condylus lateralis femoris mit dem Caput fibulae durch das *Lig. collaterale laterale* verbunden.

Die Verbindung zwischen Tibiotarsus und Fibula ist als *Syndesmosis tibiofibularis* ausgebildet. Zwischen beiden Knochen verkehren ein *Lig. obliquum tibiofibulare* und ein *Lig. interosseum tibiofibulare*. Die Verbindung der Unterschenkelknochen wird durch zwei Öffnungen, das *Foramen interosseum proximale* und das *Foramen introsseum distale*, unterbrochen, welche von Nerven und Gefäßen passiert werden. Als sehnige Haut spannt sich die *Membrana interossea cruris* zwischen Tibiotarsus- und Fibulaschaft aus.

Am distalen Tibiotarsusende liegt ein Faserknorpelstück, die *Cartilago tibialis* s. *Sustentaculum*, dem Kaudalabschnitt der Trochlea cartilaginis tibialis unter Bildung der *Art. cartilago-tibiotarsalis* auf. Die Sehnen des M. gastrocnemius und der oberflächlichen Zehenbeuger ziehen über den Knorpel hinweg, während die Sehnen der tiefen Zehenbeuger durch Kanäle in der Cartilago tibialis gleiten. Bei einigen Spezies verknöchert der mediodistale Winkel des Sustentaculum zum *Os sesamoideum intertarsale* und ist mit diesem durch ein *Lig. cartilago-sesamoideum* verbunden. Überdies ist das Os sesamoideum intertarsale an der Cotyla medialis des Tarsometatarsus durch ein *Lig. metatarso-sesamoideum* angeheftet. Vom distalen Ende der Cartilago tibialis zieht das *Lig. cartilago-metatarsale* zum Sulcus ligamentosus der Cotyla lateralis des Tarsometatarsus. Als Teil der Gelenkkapsel der Articulatio cartilago-tibiotarsalis verbinden zwei transversal verlaufende Bänder, *Retinaculum mediale et laterale*, den medialen bzw. lateralen Rand der Cartilago tibialis mit den Epikondylen des Tibiotarsus. Ein *Retinaculum flexorum* umfaßt in einem Bogen die Sehnen, welche über die Kaudalfläche der Cartilago tibialis ziehen und heftet sich an deren medialem und lateralem Rand an.

Das **Gelenk zwischen Tibiotarsus und Tarsometatarsus** entspricht wegen der Verschmelzung der Ossa tarsi nicht dem Tarsalgelenk der Säugetiere, der *Art. tarsocruralis*. Es wird demzufolge als *Art. intertarsalis* s. *tibiotarso-tarsometatarsalis* bezeichnet (Abb. 23). Das Gelenk ist mit zwei Menisken ausgestattet, von denen nur der *Meniscus lateralis*

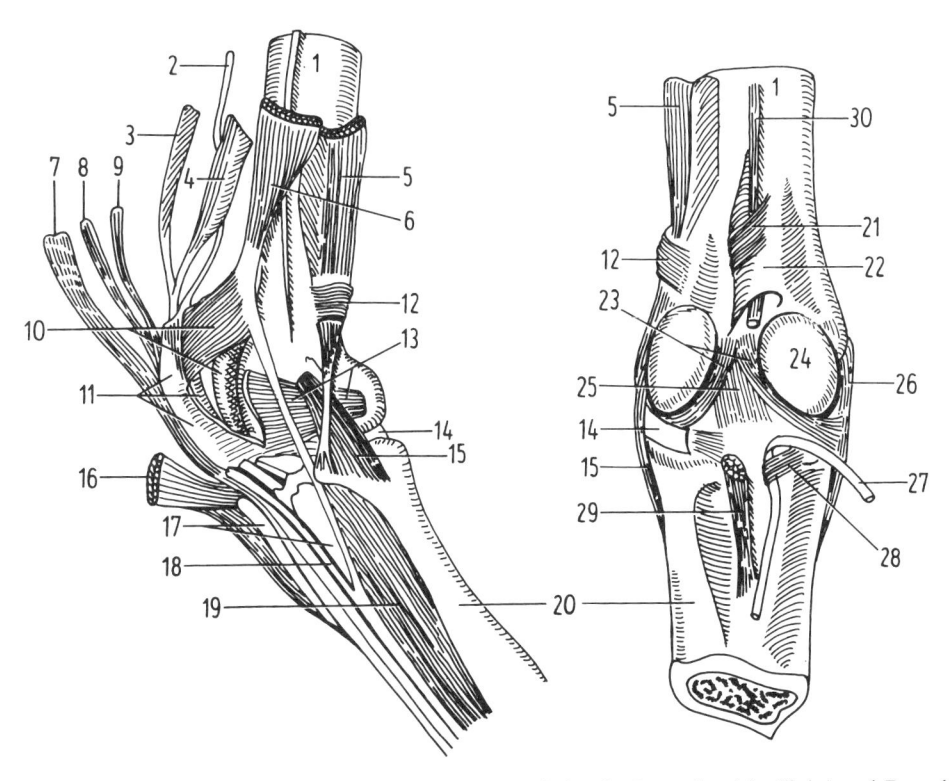

Abb. 23. Articulatio intertarsalis der Taube, rechte Gliedmaße, Lateralansicht (links) und Dorsalansicht (rechts) (nach Baumel, 1979).

1 Tibiotarsus
2 M. plantaris
3 M. flexor digitorum longus
4 M. flexor hallucis longus
5 M. fibularis brevis
6 M. fibularis longus
7 Mm. flexor perforatus digiti III, IV et perforans et perforatus digiti III
8 M. flexor perforans et perforatus digiti II
9 M. flexor perforatus digiti II
10 Sehnenabspaltung des M. fibularis longus an die Cartilago tibialis und Sulcus cartilaginis tibialis
11 Cartilago tibialis
12 Retinaculum m. fibularis
13 Retinaculum laterale
14 Meniscus lateralis
15 Ligamentum collaterale laterale
16 M. gastrocnemius
17 Cristae hypotarsi
18 M. flexor perforatus digiti III
19 M. abductor digiti IV
20 Tarsometatarsus
21 Retinaculum extensorium tibiotarsi
22 Pons supratendineus
23 Ligamentum meniscotibiale
24 Condylus medialis
25 Ligamentum intercondylare metatarsale
26 Ligamentum collaterale mediale
27 M. extensor digitorum longus
28 Retinaculum extensorium tarsometatarsi
29 M. tibialis cranialis
30 M. extensor digitorum longus

gut entwickelt ist. Der *Meniscus medialis* fehlt oder ist bei Huhn, Taube und Pute schwach ausgebildet. Zwei gut entwickelte Menisken besitzen die Papageien, bei den Flamingos fehlen sie ganz. Sofern vorhanden, sind an beiden Menisken ein *Cornu craniale* und ein *Cornu caudale* zu unterscheiden. Bei der Taube und beim Huhn verbindet ein *Lig. meniscosesamoideum* das Cornu caudale des lateralen Meniskus mit dem Os sesamoideum intertarsale. Ein Kreuzband, *Lig. meniscotibiale*, zieht von der Incisura intercondylaris des Tibiotarsus, proximokranial der Anheftung des Ligamentum intercondylare tibiometatarsale, unter Aufspaltung in zwei Schenkel, *Crus mediale et laterale*, zu den kranialen Meniskusenden. Intrakapsulär zieht ein in sich gedrehtes *Lig. intercondylare tibiometatarsale* von der Eminenta intercondylaris des Tarsometatarsus zur Impressio lig. intercondylaris in der Area intercondylaris der Extremitas distalis tibiotarsi. Zwischen den Kondylen am distalen Tibiotarsusende spannt sich ein *Lig. intercondylare transversum* aus. Die Gelenkenden der Articulatio intertarsalis sind durch zwei Seitenbänder, *Lig. collaterale mediale et laterale*, verbunden.

Der Tarsometatarsus entsteht durch Verschmelzung der Metatarsalknochen II–IV in der *Synostosis intermetatarsalis* und mit den distalen Ossa tarsi in der *Synostosis tarsometatarsalis*. Das Os metatarsale I ist in der *Syndesmosis intermetatarsalis hallucis* am Corpus tarsometatarsi befestigt. Zwischen der Gelenkfläche proximal am ersten Metatarsalknochen und der Fossa metatarsi I verkehrt ein *Lig. interosseum*. Vom distalen Ende des Os metatarsale I zieht ein *Lig. elasticum metatarsi I* mediodistal an den Tarsometatarsus nahe der Trochlea metatarsi II. Dieses elastische Band erlaubt das Abspreizen des ersten Metatarsalknochens und unterstützt seine Rückführung in die Ausgangsposition. Ein weiteres Band, das *Lig. transversum metatarsale*, verbindet bei Huhn, Truthuhn und Taube das distale Ende des Os metatarsale I und die proximale Phalanx der ersten Zehe mit der lateralen Seite der Trochlea metatarsi IV. Es wirkt als Halteband für die Beugesehnen plantar am Tarsometatarsus und begrenzt mit diesem den *Canalis flexorius plantaris*.

Die Extremitas distalis tarsometatarsi ist über die *Articulationes metatarsophalangeales* mit den proximalen Phalangen der 2.–4. Zehe verbunden. Die Gelenke werden plantar von einer Aponeurosis plantaris bedeckt, die jeweils an der Basis der proximalen Phalangen, am Ligamentum transversum metatarsale und am lateralen Rand des Os metatarsale I befestigt ist. Ein *Corpus adiposum plantare profundum* unter der Aponeurose stellt ein Polster für die tiefer gelegenen Sehnen und Gelenke dar. Jedes Metatarsophalangealgelenk hat eine *Capsula articularis* und *Ligg. collateralia*. Die plantare Wand der Gelenke wird durch faserknorpelige Ligamenta plantaria s. subarticularia gebildet. Diese sind an der Basis der proximalen Phalangen sowie den Kollateralbändern befestigt und weisen plantar tiefe Furchen auf, in denen die Beugesehnen durch *Vaginae fibrosae* gehalten werden. Zwei weitere Bänder, ein *Lig. obliquum hallucis* und ein *Lig. rectum hallucis*, ziehen plantar von der Basis der proximalen Phalanx der ersten Zehe nach distal an die Basis der proximalen Phalanx der zweiten Zehe. Sie verhindern eine Hyperextension der ersten Zehe.

Die *Articulationes interphalangeales* haben jeweils eine Gelenkkapsel, Kollateralbänder sowie *Ligg. plantaria*. Letztere verhalten sich wie die gleichnamigen Bänder an den Metakarpophalangealgelenken.

Über die bisher genannten hinaus gibt es folgende zusätzliche Bänder an der Beckengliedmaße:

- Das *Lig. inguinale* ist ein bei größeren Vögeln deutliches Band, welches sich vom kranioventralen Rand des Acetabulums zum Margo lateralis der Ala preacetabularis ilii erstreckt. Das Band bildet die ventrale Begrenzung einer Öffnung für den N. femoralis sowie für Blutgefäße.

- Die *Membrana iliocaudalis* verbindet als fibröses Blatt die Querfortsätze der freien Schwanzwirbel mit dem Processus dorsolateralis der Ala postacetabularis ilii sowie dem Kaudalrand des Os coxae.
- Die *Ansa musculi iliofibularis* s. *bicipitalis* bildet kaudal am Knie eine fibröse Trochlea für die Sehne des M. iliofibularis.
- Das *Retinaculum musculi fibularis* (s. Abb. 23) ist ein Halteband für die Sehne des M. fibularis brevis seitlich am Condylus lateralis tibiotarsi.
- Das *Retinaculum extensorium tibiotarsi* s. *transversum* bildet einen fibrösen Bogen auf der Kranialfläche des distalen Tibiotarsusendes unmittelbar proximal des Pons supratendineus. Es gewährt den Sehnen des M. tibialis cranialis und des M. extensor digitorum longus Durchtritt.
- Das *Retinaculum extensorium tarsometatarsi* ist das Halteband für die Sehne des M. extensor digitorum longus. Es ist dorsal auf der Extremitas proximalis des Tarsometatarsus gelegen.

3.3. Aktiver Bewegungsapparat, Skelettmuskelsystem

Die unterschiedlichen Bauprinzipien von Säugetieren und Vögeln schließen eine homologe Nomenklatur für deren Skelettmuskeln weitgehend aus. Die Beschreibung der einzelnen Muskeln folgt strikt den Nomina Anatomica Avium (1979). Zusätzlich werden die wichtigsten Synonyma der Muskelnamen angegeben, um eine Orientierung in älterer Literatur zur Geflügelanatomie zu erleichtern. Im übrigen gibt es im Aufbau der Skelettmuskeln von Säugern und Vögeln keine wesentlichen Unterschiede.

Die histochemischen und biochemischen Eigenschaften der Muskelfasern zeigen allerdings innerhalb der Klasse der Vögel deutliche Beziehungen zur Muskelfunktion. Prinzipiell sind zwei Typen von Muskeln, die roten (z. B. die Beinmuskeln des Huhnes) und die weißen (z. B. die Brustmuskeln des Huhnes), zu unterscheiden. Die Farbe der Muskeln ist abhängig vom Myoglobingehalt der Fasern und nicht durch die stärkere Blutversorgung der roten Muskeln bedingt. In der Regel sind die einzelnen Muskeln nicht aus einem Fasertyp aufgebaut, sondern enthalten einen für den Muskel typischen prozentualen Anteil **roter** und **weißer Fasern.** Die roten und weißen Fasern können durch einen dritten Fasertyp, die **intermediären Fasern,** ergänzt werden, die in Faserdicke, Struktur und Eigenschaften eine Mittelstellung einnehmen.

Im M. pectoralis des Huhnes kommen alle drei Fasertypen vor. Der Anteil roter Fasern ist mit etwa 10% gering, die weißen Fasern dominieren mit fast 70% Anteil. Die größten Faserdurchmesser haben die weißen mit etwa 75 µm, die geringsten die roten Fasern mit etwa 60 µm. Im Brustmuskel der Taube sind nur zwei Fasertypen vorhanden, von denen die roten den größeren Anteil haben. Die Fasertypenkomposition im Muskel steht im Zusammenhang mit den funktionellen Anforderungen. Die roten Fasern haben eine geringe Kontraktionsgeschwindigkeit (slow fibres) und sind an Ausdauerleistungen angepaßt. Als primäre Energiequelle verfügen sie über einen erheblichen Vorrat an Fett, und ihre Enzymsysteme sind auf den Fettmetabolismus orientiert. Die weißen Fasern hingegen sind schnell kontrahierend (fast fibres) mit hoher Kontrak-

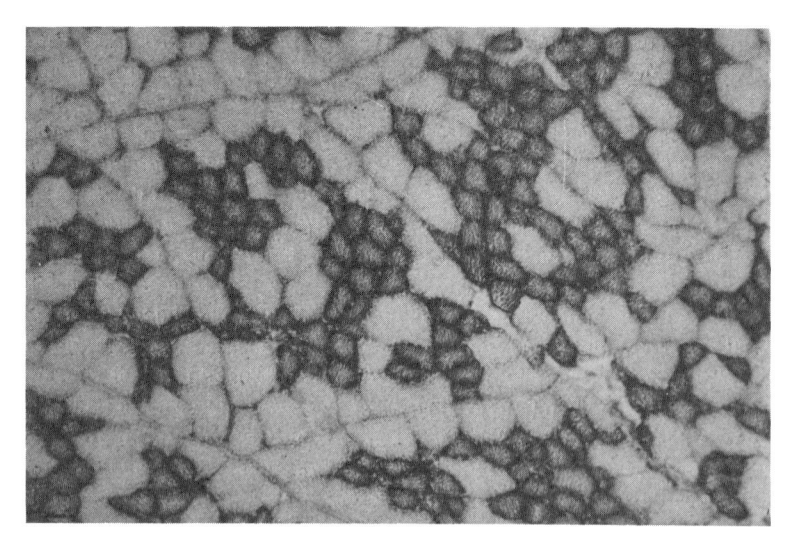

Abb. 24. M. pectoralis der Wildente, NADH-Tetrazoliumreduktase in Kombination mit Myosin-ATPase nach saurer Präinkubation (pH 4,1). Vergr. etwa 160fach. Fast-twitch-glycolytic- (hell) und fast-twitch-oxidative-fibres (dunkel) (Mikrofoto: Chefarzt Dr. med. habil. J. B. Ziegan, Leipzig).

tionskraft und schneller Ermüdbarkeit. Ihre Energiequelle ist gespeichertes Glykogen, und die Enzymsysteme sind auf die Glykolyse ausgerichtet.

In den Flügelmuskeln des Huhnes sind mit Ausnahme des M. biceps brachii und der Pars cranialis des M. latissimus dorsi, denen der intermediäre Typ fehlt, alle drei Faserfraktionen vertreten.

Eine Klassifikation der Muskelfasern in fast-twitch- und slow-twitch-fibres korrespondiert nicht mit der biochemischen und histochemischen Einteilung in rote, intermediäre und weiße Fasern. Die fast-twitch-Fraktion umfaßt zwei Gruppen von Muskelfasern, die **fast-twitch-glycolytic-** und die **fast-twitch-oxidative-fibres** (Abb. 24), die sich im Rahmen von metabolischen Differenzierungsvorgängen ineinander umwandeln können.

Die quantitative Verteilung der Muskulatur am Körper ist anders als beim Säugetier insofern, als besonders bei guten Fliegern die Brust- und Armmuskeln den Hauptanteil der Muskulatur ausmachen. Gut entwickelt sind weiterhin die Hals-, Becken- und Oberschenkelmuskeln, die zur Aufrechterhaltung des Gleichgewichtes und zum Laufen dienen. Eine ihrer Funktion entsprechende gute Entwicklung haben auch die Schwanzmuskeln für die großen Steuerfedern erfahren. Dagegen sind die Muskeln um Brust- und Lendenwirbelsäule infolge deren Starrheit nur spärlich ausgebildet.

Die Muskelbäuche der Gliedmaßenmuskeln sind im Sinne der Schwerpunktverlagerung in Richtung Körpermitte weit proximal verlagert. Die dadurch entstehenden langen Ansatzsehnen zeigen die Tendenz zu frühzeitiger Verknöcherung.

Die Muskeln der Brust- und Bauchwand dienen der Atmung. Ein Zwerchfell ist bei den Vögeln nicht ausgebildet. Ein- und Ausatmung vollziehen sich als Folge von Rippenbewegungen im kaudalen Brustkorbbereich sowie durch Heben und Senken des Brustbeines im Sternokorakoidalgelenk.

3.3.1. Subkutane Muskeln

Bei den subkutanen Muskeln, *Mm. subcutanei*, handelt es sich um dünne Blätter oder schmale Bänder aus quergestreifter Muskulatur, die zwischen Lamina elastica der Haut und der Tela subcutanea plaziert sind. Sie werden oft fälschlich als „Hautmuskeln" bezeichnet, obwohl sie entweder am Skelett entspringen oder Abkömmlinge somatischer Muskulatur sind. Die subkutanen Muskeln haben keine direkte Verbindung zu den wirklichen Hautmuskeln, welche aus glatter Muskulatur bestehen. Im einzelnen zählen dazu folgende Muskeln:

— Der *M. constricter colli* s. *sphinctor colli* s. *cutaneus colli transversus* (Abb. 25) ist ein dünnes Muskelblatt mit transversalem Faserverlauf. Er liegt ventral in der kranialen Hälfte des Halses, umfaßt diesen zu zwei Dritteln und ist eng an die Haut geheftet. Eine *Pars intermandibularis* s. *M. mylohyoideus posterior* des Muskels erstreckt sich kaudal zwischen die Unterkieferäste. Sie entspringt beiderseits lateral am Processus retroarticularis, verbindet sich ventromedian in einer Raphe und ist besonders bei Huhn und Pute gut entwickelt.
Innervation: In der Hauptsache Ramus cervicalis des N. facialis.
Funktion: Aufrichten der Federn.

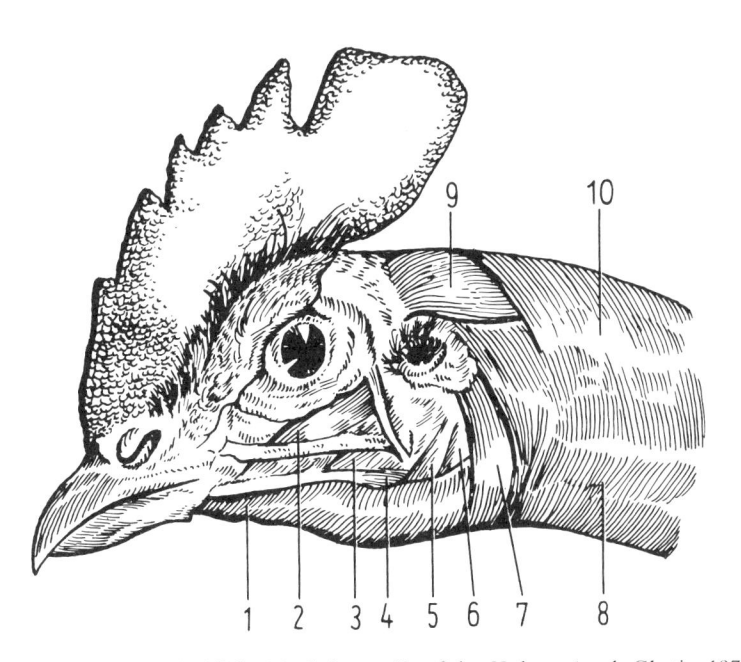

Abb. 25. Oberflächliche Muskeln am Kopf des Huhnes (nach Ghetie, 1976).

1 M. intermandibularis ventralis
2 M. adductor mandibulae externus
3 M. pseudotemporalis profundus
4 M. genioglossus
5 M. serpihyoideus
6 M. stylohyoideus
7 Pars intermandibularis von 8
8 M. constrictor colli
9 M. cucullaris capitis
10 Fascia superficialis

- Der *M. cucullaris capitis* s. *cutaneus colli lateralis* (Abb. 25) verläuft mit longitudinal angeordneten Fasern dorsal am Hals. Er liegt zwischen M. constrictor colli und M. cucullaris cervicis. Er entspringt seitlich am Os squamosum. Seinen Ansatz findet er mit drei Teilen. Die Pars interscapularis zieht in die interskapuläre Federflur, die Pars propatagialis in die Oberarmfederflur und die Pars clavicularis an das Schlüsselbein sowie die Haut im Schulter- und Brustbereich. Bei den Spezies mit ausgeprägtem Kropf trägt die Pars clavicularis zu dessen schlingenförmiger Gestalt bei, indem sie ihn mit zwei Muskelblättern einhüllt.
  Innervation: N. accessorius via Ramus externus des N. vagus.
  Funktion: Aufrichten der Federn durch Faltung der Haut in den entsprechenden Federfluren.
- Der *M. cucullaris cervicis* besteht aus zwei Teilen. Die Pars nuchalis wird durch drei bis sieben schräg über die Seitenflächen des Halses ziehende Muskelbänder dargestellt, die sich ventromedian mit denen der anderen Seite treffen. Die Pars clavicularis entspringt am Schlüsselbein und zieht in die interskapuläre Federflur.
  Innervation und Funktion s. M. cucullaris capitis.
- Der *M. latissimus dorsi* ist mit zwei Anteilen an den subkutanen Muskeln beteiligt. Die *Pars interscapularis* entspringt an der Crista dorsalis des Notariums und vereinigt sich mit dem gleichnamigen Anteil des M. cucullaris capitis, und die *Pars metapatagialis* (Abb. 31) zieht, kaudal der Pars interscapularis entspringend, mit einer langen Sehne in die Flughaut.
  Innervation: N. m. latissimus dorsi.
  Funktion: Aufrichten der Federn, Spannen der Flughaut.
- Der *M. serratus superficialis* ist mit seiner *Pars metapatagialis* (Abb. 32) unter den subkutanen Muskeln vertreten. Sie entspringt an der Außenfläche der sternalen Rippen und zieht in die Flughaut.
  Innervation: N. m. serratus superficialis.
  Funktion: Spannen der Flughaut.
- Der *M. pectoralis* hat drei subkutane Muskelanteile (Abb. 32). Im kraniolateralen Brustbereich liegt die *Pars subcutanea thoracica*, im kaudolateralen die *Pars subcutanea abdominalis*. Die *Pars propatagialis* hat fleischige und/oder sehnige Verbindung zum M. tensor propatagialis.
  Innervation: N. pectoralis.
  Funktion: Spannen der Haut der Brustgegend, Spannen der Flughaut.
- Der *M. biceps brachii* besitzt ebenfalls eine *Pars propatagialis*, die Verbindung zum Spanner der Flughaut hat.
  Innervation: N. bicipitalis.
  Funktion: Spanner der Flughaut.
- Der *M. expansor secundariorum* ist ein glatter Muskel. Er liegt unter dem subhumeralen Federrain und zieht in die Haut der kaudohumeralen und humeralen Federfluren. Es ist der einzige subkutane Muskel, welcher direkt an den Federfollikeln, und zwar der ersten zwei bis drei Armschwingen, ansetzt.
  Innervation: Umstritten (N. anconealis o. N. pectoralis o. N. axillaris).
  Funktion: Bewegen der ersten zwei bis sechs Armschwingen.

3.3.2. Muskeln des Kopfes

3.3.2.1. Muskeln des Augapfels und der Augenlider

Der Augapfel der Vögel ist weniger beweglich als der der Haussäugetiere, doch wird dieses Defizit durch die weitaus größere Beweglichkeit des Halses ausgeglichen.

— Die **geraden Augenmuskeln,** *M. rectus dorsalis, ventralis, medialis et lateralis,* entspringen in der Umgebung des Foramen opticum und inserieren jenseits des Bulbusäquators an der Sklera.
  Innervation: M. rectus lateralis vom N. abducens, die drei anderen vom N. oculomotorius.
  Funktion: Bewegung des Bulbus oculi um seine horizontale und vertikale Achse.
— Die **schiefen Augenmuskeln** sind der M. obliquus dorsalis und der M. obliquus ventralis.
  Der *M. obliquus dorsalis* entspringt rostrodorsal am Septum interorbitale, verläuft dorsotemporal und heftet sich mit einer breiten Sehne unter dem M. rectus dorsalis am Bulbus an. Eine Trochlea unter der Endsehne dieses Muskels ist bei Vögeln nicht vorhanden.
  Innervation: N. trochlearis
  Funktion: Einwärtsdrehen des Augapfels um die Polachse.
  Der *M. obliquus ventralis* entspringt ebenfalls am Septum interorbitale und inseriert temporoventral am Bulbus.
  Innervation: N. oculomotorius.
  Funktion: Auswärtsdrehen des Augapfels um die Polachse.
— Der *M. quadratus membranae nictitantis* entspringt dorsotemporal am Bulbus. Seine Sehne bildet eine Schleife, *Vagina fibrosa tendinis,* zur Passage der Sehne des *M. pyramidalis membranae nictitantis.* Diese bildet über dem Sehnerv einen *Arcus tendineus nervi optici.* Der *M. pyramidalis* entspringt ventral am Augapfel und strahlt in die Nickhaut ein.
  Innervation: M. quadratus vom N. abducens, M. pyramidalis vom N. oculomotorius.
  Funktion: Bewegen des 3. Augenlides.
— Der *M. levator palpebrae dorsalis* entspringt am Dorsalrand der Orbita und tritt in das obere Augenlid ein.
  Innervation: Ramus dorsalis des N. oculomotorius.
  Funktion: Heben des oberen Augenlides.
— Der *M. depressor palpebrae ventralis* zieht vom Ventralrand der Orbita in das untere Augenlid.
  Innervation: Wahrscheinlich von einem Ast des N. maxillaris, ev. N. mandibularis.
  Funktion: Niederziehen des unteren Augenlides.
— Der *M. tensor periorbitae* entspringt am Septum interorbitale und setzt laterokaudal an der Periorbita an. Er bildet gemeinsam mit dem M. depressor palpebrae ventralis eine Muskelschlaufe, die den Augapfel stützt. Überdies grenzen beide Muskeln den Inhalt der Orbita von der Kiefermuskulatur ab.
  Innervation: Wie M. depressor palpebrae ventralis.
  Funktion: Spannen der Periorbita.

— Der *M. orbicularis palpebrarum* wird durch parallel zum freien Rand der Augenlider verlaufende Muskelfasern dargestellt. Da es sich um glatte Muskelfasern handelt, ist er der Hautmuskulatur zuzurechnen.
Innervation: N. facialis.
Funktion: Schließen der Augenlider.

3.3.2.2. Muskeln des Unterkiefers

Als Muskeln des Unterkiefers werden die für das Öffnen und Schließen des Schnabels wirksamen Muskeln bezeichnet. Mit Ausnahme des vom *N. facialis* versorgten M. depressor mandibulae werden alle vom *N. mandibularis* innerviert. Im einzelnen zählen dazu:

— Der *M. adductor mandibulae externus* s. *masseter superficialis, medius et profundus* (Abb. 26 und 27) besteht aus drei Teilen, *Pars rostralis, Pars ventralis, Pars caudalis.*

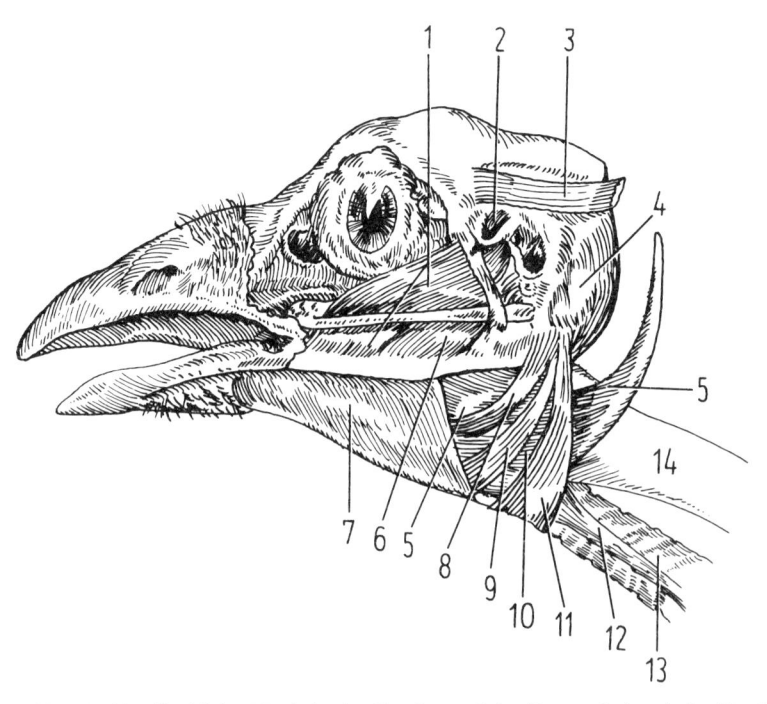

Abb. 26. Oberflächliche Muskeln des Kopfes und des Zungenbeines beim Truthuhn (nach Ghetie, 1976).

1 M. adductor mandibulae externus
2 M. pseudotemporalis superficialis
3 M. cucullaris capitis
4 M. depressor mandibulae
5 M. branchiomandibularis
6 M. pseudotemporalis profundus
7 M. intermandibularis ventralis
8 M. serpihyoideus
9 M. stylohyoideus
10 M. ceratoglossus
11 M. constrictor colli, Pars intermandibularis
12 M. sternotrachealis
13 Trachea
14 Esophagus

3. Bewegungsapparat 83

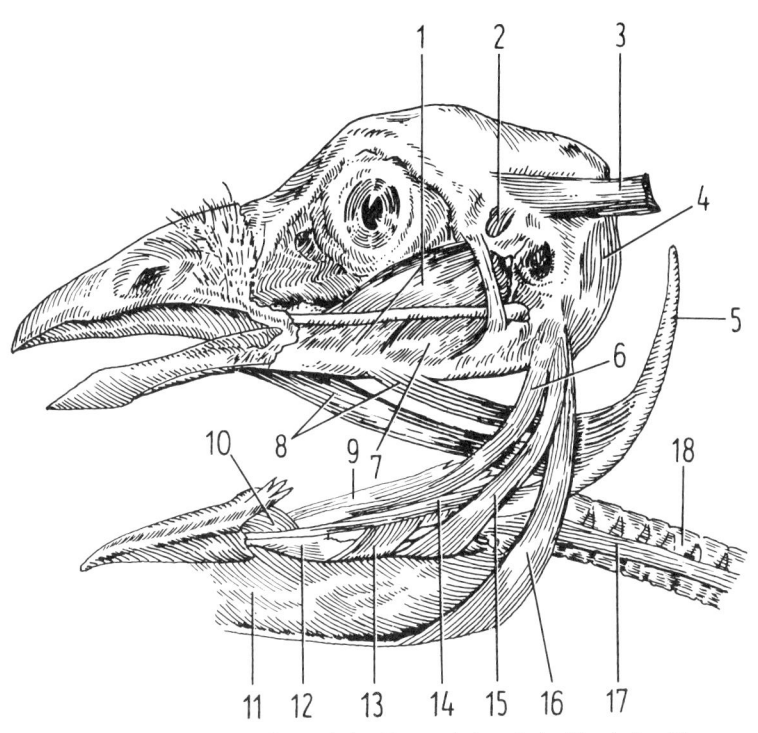

Abb. 27. Muskeln des Kopfes und des Zungenbeines beim Truthuhn, Zunge und Zungenbein nach ventral verlagert (nach Ghetie, 1976).

1 M. adductor mandibulae externus
2 M. pseudotemporalis superficialis
3 M. cucullaris capitis
4 M. depressor mandibulae
5 Os epibranchiale
6 M. serpihyoideus
7 M. pseudotemporalis profundus
8 M. branchiomandibularis
9 M. cricohyoideus
10 M. hypoglossus obliquus
11 M. intermandibularis ventralis
12 M. hypoglossus rostralis
13 M. interceratobranchialis
14 M. ceratoglossus
15 M. stylohyoideus
16 M. constrictor colli, Pars intermandibularis
17 M. sternotrachealis
18 Trachea

Sie entspringen am Processus zygomaticus, in der Schläfengrube und am Processus oticus. Ihren Ansatz haben sie am Dorsalrand des Unterkiefers bzw. am Os supraangulare.
Funktion: Adduktion des Unterkiefers.

- Der *M. pseudotemporalis superficialis*, s. *adductor mandibulae medius* s. *temporalis* (Abb. 26 und 27) entspringt in der Schläfengrube sowie der Facies orbitalis des Os orbitosphenoidale und inseriert dorsomedial am Os supraangulare. Bei einigen Spezies ist er vom rostralen Teil des M. adductor mandibulae externus durch den N. maxillaris und Äste des N. mandibularis getrennt.
Funktion: Adduktion des Unterkiefers.

- Der *M. pseudotemporalis profundus* s. *quadratomandibularis* (Abb. 26–28) zieht vom Processus orbitalis quadrati ebenfalls zum Os supraangulare.
Funktion: Schließen des Schnabels durch Heben des Unterkiefers und Senken des Oberkiefers.

6*

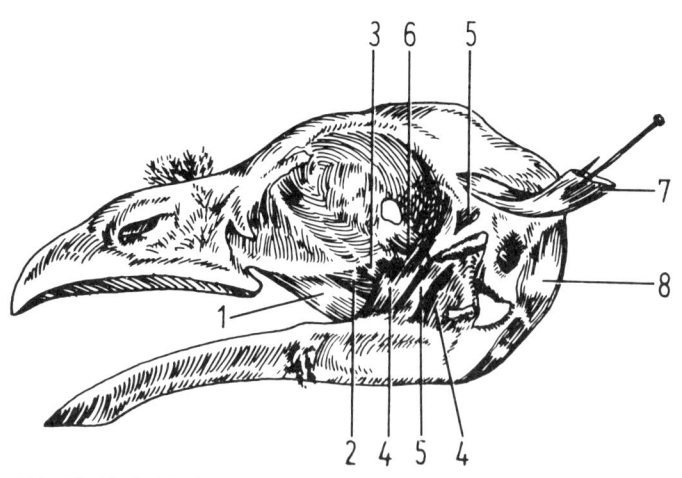

Abb. 28. Tiefe Muskeln am Kopf des Truthuhnes (nach Ghetie, 1976).

1 M. pterygoideus ventralis lateralis	4 M. pseudotemporalis profundus	6 M. protractor pterygoidei et quadrati
2 M. pterygoideus ventralis medialis	5 M. pseudotemporalis superficialis	7 M. cucullaris capitis
3 M. pterygoideus dorsalis		8 M. depressor mandibulae

— Der *M. adductor mandibulae caudalis* s. *posterior* ist eng mit dem kranial angrenzenden M. pseudotemporalis profundus verbunden. Er entspringt am Corpus quadrati und inseriert lateral am Os supraangulare.
Funktion: Wie M. pseudotemporalis profundus.

— Der *M. pterygoideus* s. *M. adductor mandibulae internus* (Abb. 28) ist ein Muskelkomplex, bestehend aus einer ventralen und einer dorsalen Portion, die beide je einen lateralen und einen medialen Anteil haben. Die ventrale Portion liegt kranial der dorsalen. Die *Mm. pterygoidei ventrales* entspringen am Os palatinum, ziehen nach kaudoventral und inserieren am Processus mandibulae medialis.
Die *Mm. pterygoidei dorsales* entspringen am Os pterygoideum und ziehen zur Medialfläche des Os supraangulare sowie zur Basis des Processus mandibulae medialis.
Funktion: Wie M. pseudotemporalis profundus.

— Der *M. protractor pterygoidei et quadrati* s. *craniopterygoquadratus* s. *sphenopterygoquadratus* (Abb. 28) entspringt am Septum interorbitale unterhalb des Foramen opticum und inseriert mit seinem kranialen Teil am Kaudalende des Os pterygoideum sowie mit seinem kaudalen Teil medial am Processus orbitalis et Corpus quadrati.
Funktion: Heben des Oberkiefers.

— Der *M. depressor mandibulae* s. *occipitomandibularis* s. *digastricus* (Abb. 26–28) besteht beim Huhn aus zwei Anteilen. Die laterale Portion entspringt an der Facies externa des Os exoccipitale, verläuft kranioventral um den Kaudalrand des Meatus acusticus externus und inseriert medial am Processus retroarticularis sowie am Ventralrand des Os angulare. Die mediale Portion zieht vom Os basioccipitale an den Kaudalrand des Processus mandibulae medialis.
Für die Taube und die Ente werden 3 Anteile des Muskels beschrieben, von denen bei der Ente einer wiederum in drei Portionen gegliedert ist.
Funktion: Niederziehen des Unterkiefers.

3.3.3. Muskeln des Zungenbeines

Die Muskeln des Zungenbeines (Abb. 29), oft auch als „Zungenmuskeln" bezeichnet, können in zwei Gruppen gegliedert werden. Als **intrinsische Zungenmuskeln** werden jene bezeichnet, die ihren Ursprung und Ansatz am Zungenbein haben. Dazu zählen:

— M. hypoglossus rostralis
— M. hypoglossus obliquus
— M. ceratoglossus
— M. interceratobranchialis.

Die anderen werden als **extrinsische Zungenmuskeln** bezeichnet, die meist an der Mandibula entspringen. Dazu gehören:

— M. intermandibularis ventralis
— M. intermandibularis dorsalis
— M. stylohyoideus
— M. serpihyoideus
— M. branchiomandibularis
— M. genioglossus.

Im einzelnen verhalten sich die Zungenmuskeln folgendermaßen:

— Der *M. hypoglossus rostralis* s. *ceratoglossus anterior* s. *depressor glossus* s. *hyoglossus anterior* s. *hyoglossus medialis* (Abb. 27 und 29) ist der kleinste Zungenmuskel. Er entspringt ventral am Os basibranchiale (Huhn) bzw. Os entoglossum (Ente) und inseriert am rostralen Ende des Os entoglossum (Huhn) bzw. in der Zungenspitze (Ente).
  Innervation: N. hypoglossus.
  Funktion: Herabziehen der Zunge.

— Der *M. hypoglossus obliquus* s. *basientoglossus* s. *depressor glossus* s. *hyoglossus lateralis* (Abb. 27 und 29) entspringt ventrolateral am Os basibranchiale rostrale und inseriert am Cornu des Os entoglossum.
  Innervation: N. hypoglossus.
  Funktion: Heben der gesenkten Zungenspitze.

— Der *M. ceratoglossus* s. *ceratoentoglossus* s. *ceratoglossus posterior* (Abb. 26, 27 und 29) hat seinen Ursprung am Os ceratobranchiale und setzt mit einer kräftigen Sehne, die den M. hypoglossus obliquus lateral kreuzt, am Os entoglossum an.
  Innervation: N. hypoglossus.
  Funktion: Bei bilateraler Wirkung Rückwärtsziehen, bei einseitiger Kontraktion Seitwärtsziehen der Zunge.

— Der *M. interceratobranchialis* s. *ceratohyoideus* s. *interceratoideus* (Abb. 29) bildet mit dem Muskel der anderen Seite eine dreieckige Platte zwischen den Ossa ceratobranchialia und deckt das Os basibranchiale caudale ventral ab.
  Innervation: Ramus intermandibularis des N. mandibularis.
  Funktion: Er zieht die Zungenbeinäste gegeneinander, hebt und stützt den Larynx, Synergist beim Vorstrecken der Zunge.

— Der *M. intermandibularis ventralis* s. *mylohyoideus (anterior)* s. *intermandibularis, pars rostralis* (Abb. 25—27) liegt als dünnes Muskelblatt zwischen den Unterkieferästen unmittelbar unter der Haut. Seine Fasern verlaufen im rostralen Bereich

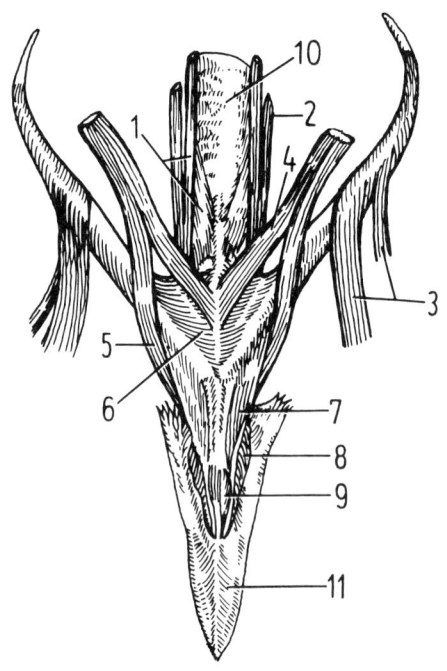

Abb. 29. Zungen- und Zungenbeinmuskeln des Truthuhnes (nach Ghetie, 1976).

1 M. trachealis lateralis	5 M. stylohyoideus	9 M. hypoglossus rostralis
2 M. sternotrachealis	6 M. interceratobranchialis	10 Trachea
3 M. branchiomandibularis	7 M. ceratoglossus	11 Zunge
4 M. serpihyoideus	8 M. hypoglossus obliquus	

transversal, im kaudalen Bereich von der medianen Raphe nach kaudolateral. Kaudal grenzt er an die Pars intermandibularis des M. constrictor colli.
Innervation: N. mandibularis.
Funktion: Drückt die Zunge gegen das Gaumendach.

— Der *M. intermandibularis dorsalis* s. *hyomandibularis transversus* s. *suspensor hyoideus* liegt dem M. intermandibularis ventralis in dessen kaudalem Drittel auf. Er entspringt medial am Os supraangulare und inseriert an einer medianen Raphe, die sich dem rostralen Abschnitt des Os basibranchiale caudale anschmiegt. Möglich ist auch ein Ansatz an diesem Knochen.
Innervation: N. mandibularis.
Funktion: Drückt die Zunge gegen das Gaumendach.

— Der *M. stylohyoideus* s. *articulohyoideus* s. *gularis anterior* s. *hyomandibularis lateralis* (Abb. 25—27 und 29) entspringt am Processus retroarticularis der Mandibula, kranial vom M. serpihyoideus, mit dem er eng verbunden ist, und inseriert dorsolateral am Os basibranchiale rostrale.
Innervation: N. hyomandibularis des N. facialis.
Funktion: Hauptrückzieher der Zunge.

— Der *M. serpihyoideus* s. *digastricus* s. *gularis posterior* s. *hyomandibularis medialis* (Abb. 25—27 und 29) entspringt lateral am Processus retroarticularis der Mandibula und inseriert in einer medianen Raphe ventral des Os basibranchiale caudale. Das

Präfix „serpi" leitet sich ab vom lateinischen Verb „serpo", d. h. „kriechen" und beschreibt das Hineinziehen des Muskels zwischen die Mm. intermandibulares, interceratobranchialis et ceratoglossus.

Innervation: N. hyomandibularis des N. facialis.

Funktion: Zurückziehen der Zunge als Synergist des M. stylohyoideus, Heben des Larynx und des hinteren Mundhöhlenbodens.

— Der *M. branchiomandibularis* s. *ceratomandibularis* s. *geniohyoideus* s. *mandibularis epibranchialis* (Abb. 26, 27 und 29) entspringt als kräftigster Muskel des Zungenbeinapparates beim Huhn mit zwei Köpfen, der vordere medial am Os dentale, dorsal des M. intermandibularis ventralis, der hintere am Ventralrand des Os angulare. Die vordere Muskelportion zieht an den Zungenbeinast, den sie in der kaudalen Hälfte des Os ceratobranchiale und der kranialen Hälfte des Os epibranchiale vollständig umfaßt. Die hintere Portion zieht an die Dorsalseite des Os epibranchiale und vereinigt sich dort mit der vorderen Portion. In Höhe des Os ceratobranchiale wird der Muskel lateral von den Mm. stylohyoideus et serpihyoideus gekreuzt.
Bei der Ente entspringt der M. branchiomandibularis einheitlich am Processus coronoideus, läßt sich in seinem Verlauf aber in drei Teile trennen.

Innervation: N. glossopharyngeus.

Funktion: Vorziehen des Zungenbeines und damit Vorstrecken der Zunge.

— Der *M. genioglossus* s. *basiglossus* (Abb. 25) entspringt als sehr dünner Muskel an der Pars symphysialis der Mandibula, zieht ventral über das Os entoglossum hinweg und endet in der Faszie ventral am Zungenkörper.

Innervation: N. hypoglossus.

Funktion: Vorziehen der Zunge.

3.3.4. Trachealmuskeln

Unter der Bezeichnung *Musculi tracheales* wird eine oberflächlich ventral am Hals gelegene Muskelgruppe zusammengefaßt, die ihren Ansatz im wesentlichen an Sternum, Schlüsselbein, Trachea, Larynx und Zungenbein hat. Lokal kann es zu Verschmelzungen mit dem M. cricohyoideus, den Mm. laryngeales oder Mm. syringeales und gelegentlich mit einigen Zungenbeinmuskeln kommen. Die gesamte Muskelgruppe soll vom *N. hypoglossocervicalis* innerviert werden. Im einzelnen können in dieser noch nicht eindeutig beschriebenen Gruppe folgende Muskeln vertreten sein:

— Der *M. sternohyoideus* entspringt am Processus craniolateralis des Sternums und endet am Larynx sowie den kranialen Trachealringen.
— Der *M. sternotrachealis* (Abb. 26, 27, 29 und 60) entspringt am Processus craniolateralis, dem Coracoideum und den sternalen Rippen. Er setzt an der Cartilago cricoidea, der Trachea und an der Syrinx an.
— Der *M. cleidohyoideus* s. *cleidotrachealis* entspringt an der Clavicula und zieht an die Cartilago cricoidea, die kraniale Trachealringe und das Zungenbein.
— Der *M. trachealis lateralis* s. *tracheolateralis* (Abb. 29) entspringt an den kaudalen Trachealringen und endet an der Cartilago cricoidea. Der gleiche Name wird mitunter für einen Syrinxmuskel verwendet.

3.3.5. Muskeln des Kehlkopfes

Zu den Kehlkopfmuskeln, Mm. laryngeales, zählen der M. dilator glottidis, der M. constrictor glottidis und der M. cricohyoideus.

— Der *M. dilator glottidis* s. *laryngeus superficialis* s. *thyreoarytenoideus* s. *cricoarytenoideus lateralis* entspringt an der Ringknorpelplatte und inseriert am dorsolateralen Rand des Aryknorpels.
  Innervation: N. laryngopharyngealis.
  Funktion: Erweiterung der Glottis.
— Der *M. constrictor glottidis* s. *laryngeus profundus* s. *cricoarytenoideus medialis* liegt medial des Erweiterers, entspringt ebenfalls an der Ringknorpelplatte und inseriert am Ventralrand des Aryknorpels.
  Innervation: N. laryngopharyngealis.
  Funktion: Verengung der Glottis.
— Der *M. cricohyoideus* s. *basibranchialis laryngeus* s. *laryngohyoideus* s. *hyolaryngicus* entspringt ventral am Ringknorpel und zieht an das Os basibranchiale rostrale. Die bisweilen verwendete Bezeichnung „M. thyrohyoideus" ist nicht akzeptabel, da sie das Fehlen eines Schildknorpels beim Vogel außer Betracht läßt. Gleiches gilt für den Terminus M. thyreoarytenoideus zur Benennung des Glottiserweiterers.
  Innervation: N. laryngopharyngealis.
  Funktion: Annäherung von Zungengrund und Kehlkopf.

3.3.6. Muskeln des Halses

Die Halsmuskeln der Vögel sind außerordentlich kompliziert gegliedert. Ihre Anordnung steht in Beziehung zu drei funktionellen Segmenten des Halses. Das erste Segment reicht bis zum 5. Halswirbel und ermöglicht seine starke Ventralflexion. Die Dorsalbiegung ist nur bis zur Geradstreckung des Halsabschnittes möglich. Der zweite Halsabschnitt reicht vom 6. bis 11. Halswirbel und ist zu starker Dorsalflexion fähig. Der dritte, vom 12. Halswirbel abwärts reichende Abschnitt ermöglicht besonders die Ventralflexion sowie in beträchtlichem Ausmaß die Seitwärtsbeugung.

Die Innervation der Halsmuskeln erfolgt durch thorakale Spinalnerven für folgende Muskeln:
— Mm. iliocostalis et longissimus dorsi
— M. longus colli dorsalis, pars thoracica.

Alle übrigen Muskeln werden durch zervikale Spinalnerven versorgt. Die Muskeln des Halses sind im einzelnen folgende:

— Der *M. biventer cervicis* (Abb. 30) entspringt in Höhe des 2. Brustwirbels aus dem M. longus colli dorsalis und inseriert am Os occipitale. Er besitzt einen kaudalen und einen kranialen Muskelbauch, die durch eine Zwischensehne verbunden sind.
  Innervation: Rami dorsales der Nn. cervicales.
  Funktion: Strecken der Kopfgelenke und der Halswirbelsäule.
— Der *M. complexus* (Abb. 30) entspringt an den Gelenkfortsätzen des 3.–5. Halswirbels und setzt am Os supraoccipitale an.
  Innervation: Rami dorsales des 2. und 3. Halsnerven.
  Funktion: Strecken der Kopfgelenke und der Halswirbelsäule.

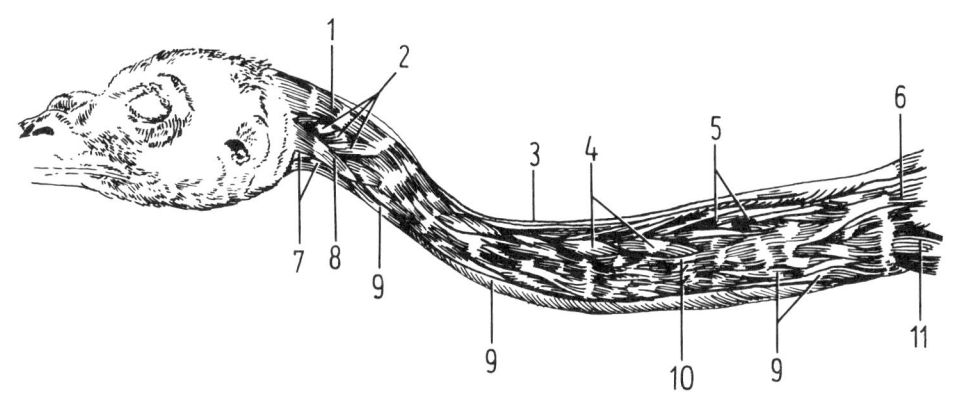

Abb. 30. Muskulatur am Hals des Truthuhnes (nach Ghetie, 1976).

1 M. complexus	5 M. longus colli dorsalis	9 M. longus colli ventralis
2 M. rectus capitis dorsalis	6 M. thoracicus ascendens	10 Mm. intertransversarii
3 M. biventer cervicis	7 M. rectus capitis ventralis	11 M. scalenus
4 M. cervicalis ascendens	8 M. rectus capitis lateralis	

— Der *M. splenius capitis* s. *obliquus capitis cranialis* s. *M. rectus capitis dorsalis major* entspringt am Dornfortsatz des Axis und dorsolateral am Atlas, er inseriert fächerförmig am Os supraoccipitale.
  Innervation: Rami dorsales der ersten Halsnerven.
  Funktion: Strecken des ersten und Drehen des zweiten Kopfgelenkes.

— Der *M. rectus capitis dorsalis* s. *rectus capitis superior* (Abb. 30) zieht vom Processus articularis cranialis des 5., der Lateralfläche des 4. und 3. Halswirbels, vom Processus articularis caudalis axis sowie vom Atlas unter Vereinigung zu einer kräftigen Sehne zur Lamina basiparasphenoidalis.
  Innervation: Rami dorsales der Nn. cervicales.
  Funktion: Beugen der Kopfgelenke.

— Der *M. rectus capitis lateralis* (Abb. 30) entspringt aponeurotisch ventral am 5.—2. Halswirbel und endet am Os exoccipitale.
  Innervation: Rami ventrales der ersten Halsnerven.
  Funktion: Strecken des ersten Kopfgelenkes, Seitwärtsdrehen des Kopfes, Strekken des ersten Abschnittes der Halswirbelsäule.

— Der *M. rectus capitis ventralis* (Abb. 30) wird durch die A. carotis in zwei Teile zerlegt. Seine *Pars lateralis* entspringt an der Facies ventralis des 5. und 6. Halswirbels und inseriert an der Lamina basiparasphenoidalis. Seine *Pars medialis* zieht von den Körpern des 4.—1. Halswirbels zum gleichen Ansatzort.
  Innervation: Rami ventrales der Nn. cervicales.
  Funktion: Beugen und Seitwärtsdrehen der Kopfgelenke und des ersten Abschnittes der Halswirbelsäule.

— Die *Mm. iliocostalis et longissimus dorsi*
  Während es sich bei den Haussäugetieren um deutlich voneinander abgegrenzte Muskeln handelt, verschmelzen beide bei den Vögeln zu einem gemeinsamen Strang, der beim Huhn sanduhrförmig ausgebildet ist. Der Muskel entspringt am Margo cranialis der Ala preacetabularis ilii, verläuft entlang der Crista lateralis des

Notariums und endet am Processus transversus des ersten Brustwirbels, wo er in die *Mm. ascendentes* übergeht.

Innervation: Rami dorsales der Nn. thoracici, lumbales et sacrales.

Funktion: Strecken und Feststellen der Brustwirbelsäule.

— Der *M. cervicalis ascendens* s. *Mm. obliquotransversales* (Abb. 30) besteht aus zahlreichen schmalen Portionen, die mit tierartlichen Variationen an den Processus articulares des 15.–6. Halswirbels entspringen. Beim Huhn teilt sich jede Portion in zwei Äste, wobei der laterale Ast jeweils am Processus dorsalis des in kranialer Richtung drittnächsten Wirbels inseriert. Der mediale Ast überspringt jeweils zwei Wirbel und inseriert seitlich des lateralen Astes.

Die kranialste Insertion erfolgt am Processus articularis caudalis des 3. Halswirbels.

Bei der Ente ist der Muskel noch weitaus stärker gegliedert.

Innervation: Rami dorsales der Nn. cervicales.

Funktion: Dorsal- und Lateralbeugung des zweiten Abschnittes, Strecken und Seitwärtsbiegen des ersten und dritten Abschnittes der Halswirbelsäule.

— Der *M. thoracicus ascendens* (Abb. 30) ist, wie auch der M. cervicalis ascendens, ein Abkömmling des Iliocostalis-Longissimus-Systems. Er stellt die kaudale Fortsetzung des M. cervicalis ascendens dar und entspringt in Bündeln vom 3.–1. Brustwirbel. Die Bündel finden jeweils separat ihren Ansatz an den Dornfortsätzen des 2. Brust- bis 11. Halswirbels.

Innervation: Rami dorsales der Nn. cervicales et thoracici.

Funktion: wie M. cervicalis ascendens.

— Der *M. longus colli dorsalis* (Abb. 30) besteht aus mindestens vier separaten Muskeln, die auf unterschiedliche Weise miteinander und mit anderen Halsmuskeln, speziell dem M. cervicalis ascendens und den Mm. intertransversarii, in Verbindung stehen.

— Der *M. longus colli dorsalis, pars cranialis* s. *pars anterior* s. *M. splenius colli* stellt die kraniale Fortsetzung der Pars caudalis dar. Seine Muskelstreifen entspringen mit tierartlichen Variationen an den Processus dorsales der 3. bis 9. Halswirbel und setzen an der Endsehne der Pars caudalis an.

— Der *M. longus colli dorsalis, pars caudalis,* s. *pars posterior* s. *M. spinalis cervicis* entspringt mit einer flächigen Sehne an der Lateralfläche der Processus dorsales des 1.–4. Brustwirbels. In Höhe des 9./10. Halswirbels geht aus der Sehne der Muskelstamm hervor, der in die lateral am Axis inserierende Endsehne ausläuft.

— Der *M. longus colli dorsalis, pars profunda,* s. *Mm. dorsales pygmaei* s. *M. profundus colli posticus* stellt einen Komplex von vier schmalen Strängen zwischen 11. und 6. Halswirbel dar. Dabei hat jeder Strang seinen Ursprung am Processus dorsalis und inseriert kranial am gleichen Fortsatz des übernächsten Wirbels.

Die Bündel verlaufen kraniolateral und liegen damit dachziegelartig hintereinander.

— Der *M. longus colli dorsalis, pars thoracica* s. *M. spinalis thoracis* füllt den Raum zwischen Crista dorsalis und Crista lateralis des Notariums aus. Kranial schließt sich die Ursprungssehne der Pars caudalis an. Seitlich wird er von den Mm. thoracicus ascendens und iliocostalis et longissimus dorsi flankiert. Dorsal wird der Muskel von einem aus mehreren Sehnenstreifen bestehenden Sehnenspiegel bedeckt, deren kaudalster an der Crista iliosynsacralis entspringt. Seinen Ansatz findet der Muskel an der Crista lateralis des Notariums und mit kraniolateralem Verlauf bis zum 2. Brustwirbel.

Innervation: Rami dorsales der Nn. cervicales et thoracici.

Funktion: Heben, Strecken, Seitwärtsbiegen der Halswirbelsäule.

— Die *Mm. intercristales* s. *interspinales* liegen seitlich der Processus dorsales und verbinden die Processus articulares caudales zweier aufeinanderfolgender Wirbel. Im kranialen Halsbereich verkehren sie zwischen den Dornfortsätzen. Das kranialste Muskelpaar verbindet den Processus dorsalis des Axis mit dem Arcus atlantis. Das kaudalste Paar verkehrt zwischen erstem Brust- und letztem Halswirbel.
Innervation: Rami dorsales der Nn. cervicales.
Funktion: Strecken und Seitwärtsbiegen der Halswirbelsäule.

— Die *Mm. intertransversarii* s. *M. colli lateralis* (Abb. 30) sind stark gegliederte Muskeln zwischen den Processus transversi benachbarter Wirbel. Sie bilden ein Muskelband zwischen Axis und letztem Halswirbel, welches zwischen 6. und 9. Halswirbel am kräftigsten ausgebildet ist.
Innervation: Rami dorsales der Nn. cervicales.
Funktion: Seitwärtsbiegen des Halses.

— Die *Mm. inclusi* sind von den Mm. intertransversarii bedeckt. Sie sind in eine dorsale und eine ventrale Portion getrennt, die von der Dorsal- bzw. Ventralfläche der Processus transversi entspringen und lateral an Wirbelbogen und -körper inserieren.
Innervation: Rami dorsales der Nn. cervicales.
Funktion: Dorsale Portion als Rotatoren und Seitwärtsbieger, ventrale Portion als Beuger der Halswirbelsäule.

— Der *M. longus colli ventralis* (Abb. 30) liegt als großer Muskel an der Ventralseite der gesamten Halswirbelsäule. Bis zu ihrer Trennung im Bereich des 5.–7. Halswirbels verlaufen die beiderseitigen Bäuche direkt nebeneinander und bedecken die Aa. carotides. Der Muskel entspringt tierartlich unterschiedlich an den Processus ventrales des 3.–5. Brustwirbels. Der an der Halswirbelsäule liegende Anteil entspringt selbständig an den Processus ventrales der ersten drei Brustwirbel. Seine Muskelbäuche setzen an den Facies ventrales der Halswirbel an. Aus dem Muskelkomplex isolieren sich Sehnen, die zu den Processus costales des 11. bis 6. Halswirbels ziehen; muskulöse Zacken reichen bis zum 3. Halswirbel.
Innervation: Rami ventrales der Nn. cervicales et thoracici.
Funktion: Beugen der Halswirbelsäule.

— Der *M. flexor colli lateralis* s. *brevis* besteht aus mehreren Muskelbündeln, die lateral am 5.–2. Halswirbel entspringen und ventral am Atlas inserieren. Der kraniale Abschnitt des Muskels wird vom M. rectus capitis dorsalis bedeckt.
Innervation: Rami ventrales der Nn. cervicales.
Funktion: Beugen des vorderen Abschnittes der Halswirbelsäule.

— Der *M. flexor colli medialis* s. *profundus* erscheint als kraniale Fortsetzung des M. longus colli ventralis. Er ist aus flachen Muskelbändern zusammengesetzt, die tierartlich unterschiedlich, lateral am 3.–8. Halswirbel entspringen. Die kaudalen Muskelbündel inserieren am Processus costalis des 3. oder 4. Halswirbels, die kranialen ziehen zum Processus ventralis axis.
Innervation: Rami ventrales der Nn. cervicales.
Funktion: Beugen des vorderen Abschnittes der Halswirbelsäule.

3.3.7. Muskeln des Rumpfes

Als Muskeln des Rumpfes, *Musculi trunci*, werden die Muskeln der Brust- und der Bauchwand bezeichnet. Dazu gehören folgende:

— Die *Mm. levatores costarum* entspringen von den Processus transversi der 2.—5. (Huhn) bzw. 2.—7. (Ente) Brustwirbel und ziehen mit kaudoventralem Faserverlauf an die Extremitas proximalis der 3.—6. (Ente 3.—9.) Rippe.
  Innervation: Rami dorsales der Nn. thoracici.
  Funktion: Ziehen der Rippen nach kranial, Inspiration.

— Der *M. scalenus* (Abb. 33) besteht aus zwei Portionen, von denen die *Pars cranialis* am Processus transversus des 13. Halswirbels entspringt und am kranialen Rand der ersten asternalen Rippe endet. Die *Pars caudalis* zieht vom Processus transversus des 1. Brustwirbels lateral an die proximale Hälfte der ersten und den Processus uncinatus der zweiten Rippe.
  Innervation: Pars cranialis durch die Rami ventrales der letzten Nn. cervicales; Pars caudalis durch die Rami ventrales des letzten N. cervicalis und der ersten Nn. thoracici.
  Funktion: Inspiration.

— Die *Mm. intercostales externi* verlaufen von den Kaudalrändern und den Processus uncinati der 2.—6. (Huhn) bzw. 2.—9. (Ente) Rippe nach kaudoventral zu den Kranialrändern der jeweils folgenden Rippe. Dazu kommen *Mm. intercostales superficiales* (Abb. 33), die nur an den Processus uncinati entspringen.
  Innervation: Nn. intercostales.
  Funktion: Mm. intercostales externi des 6. Interkostalraumes für Exspiration und des 2.—4. Interkostalraumes für Inspiration.

— Die *Mm. intercostales interni* entspringen an den Kranialrändern der 3.—7. Rippe, werden ventral der Mm. intercostales externi sichtbar und ziehen mit kranioventralem Faserverlauf an die Kaudalränder der vorhergehenden Rippen.
  Innervation: Nn. intercostales.
  Funktion: Mm. intercostales interni des 3.—6. Interkostalraumes für Exspiration und des 2. Interkostalraumes für Inspiration.

— Der *M. costosternalis* s. *subcostalis* s. *triangularis sterni* s. *transversus thoracis* besitzt eine Pars major und eine Pars minor.
  Die *Pars major* überspannt die Interkostalräume distal der Synchondrosis intercostalis sowie den Raum zwischen Processus craniolateralis sterni und sternalem Teil der 3. Rippe. Die *Pars minor* ist ein schmales Muskelband zwischen Dorsalrand des Processus craniolateralis und Medialfläche der 1. Rippe.
  Innervation: Pars major durch Nn. intercostales 1—5; Pars minor durch Nn. intercostales 1 und 2.
  Funktion: Pars major für Inspiration, Pars minor für Exspiration.

— Der *M. costoseptalis* s. *costopulmonaris* besteht aus feinen Muskelfasern, die medial an den Synchondroses intercostales der, mit tierartlichen Unterschieden, 3.—6. Rippe entspringen und in das Septum horizontale an der Ventralfläche der Lunge ziehen.
  Innervation: Nn. intercostales 3—5.
  Funktion: Exspiration.

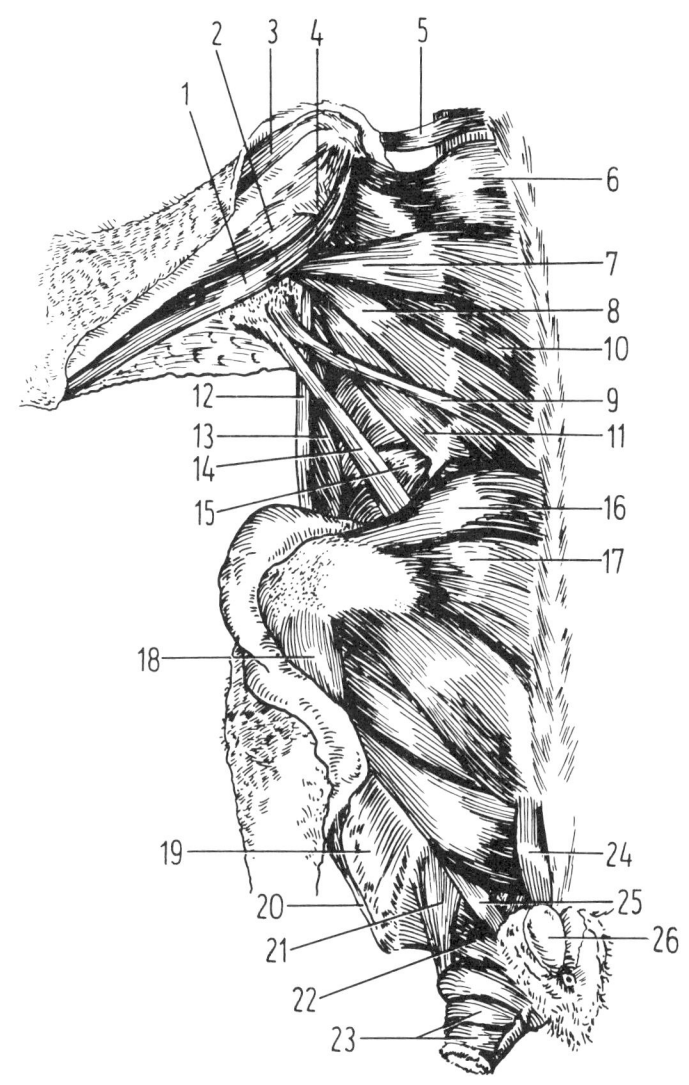

Abb. 31. Oberflächliche Muskeln der Ente, Dorsalansicht (nach Ghetie, 1976).

1 M. scapulotriceps
2 M. deltoideus major
3 M. tensor propatagialis
4 Sehnenbrücke zwischen M. deltoideus major und M. scapulotriceps
5 Pars clavicularis des M. cucullaris cervicis
6 M. rhomboideus superficialis
7 M. latissimus dorsi, Pars cranialis
8 M. latissimus dorsi, Pars caudalis
9 M. latissimus dorsi, Pars metapatagialis
10 M. rhomboideus profundus
11 M. scapulohumeralis caudalis
12 Pars subcutanea thoracica des M. pectoralis
13 M. pectoralis
14 Pars metapatagialis des M. serratus superficialis
15 M. serratus superficialis, Pars caudalis
16 M. iliotibialis cranialis
17 M. iliotibialis lateralis präazetabulärer Anteil
18 M. gastrocnemius
19 M. obliquus externus abdominis
20 Pars subcutanea abdominalis des M. pectoralis
21 M. transversus cloacae
22 M. pubocaudalis externus
23 M. sphincter cloacae
24 M. levator caudae
25 M. caudofemoralis
26 Glandula uropygialis

94 3. Bewegungsapparat

Abb. 32. Oberflächliche Rumpfmuskeln des Truthuhnes, linke Seitenansicht (nach Ghetie, 1976).

1 M. pectoralis, Pars thoracica superficialis
2 M. obliquus externus abdominis
3 M. obliquus internus abdominis
4 M. pectoralis, Pars propatagialis
5 M. pectoralis, Pars subcutanea abdominalis
6 M. tensor propatagialis, Pars brevis
7 M. tensor propatagialis, Pars longa
8 M. serratus superficialis, Pars metapatagialis
9 M. biceps brachii, Caput coracoideum
10 M. humerotriceps
11 M. expansor secundariorum
12 M. scapulotriceps
13 M. latissimus dorsi, Pars cranialis
14 M. scapulohumeralis caudalis
15 M. latissimus dorsi, Pars caudalis
16 M. rhomboideus profundus
17 M. serratus superficialis, Pars caudalis
18 M. levator caudae
19 M. lateralis caudae
20 M. depressor caudae
21 M. bulbi retricium
22 M. pubocaudalis internus
23 M. pubocaudalis externus
24 M. levator cloacae
25 M. sphincter cloacae

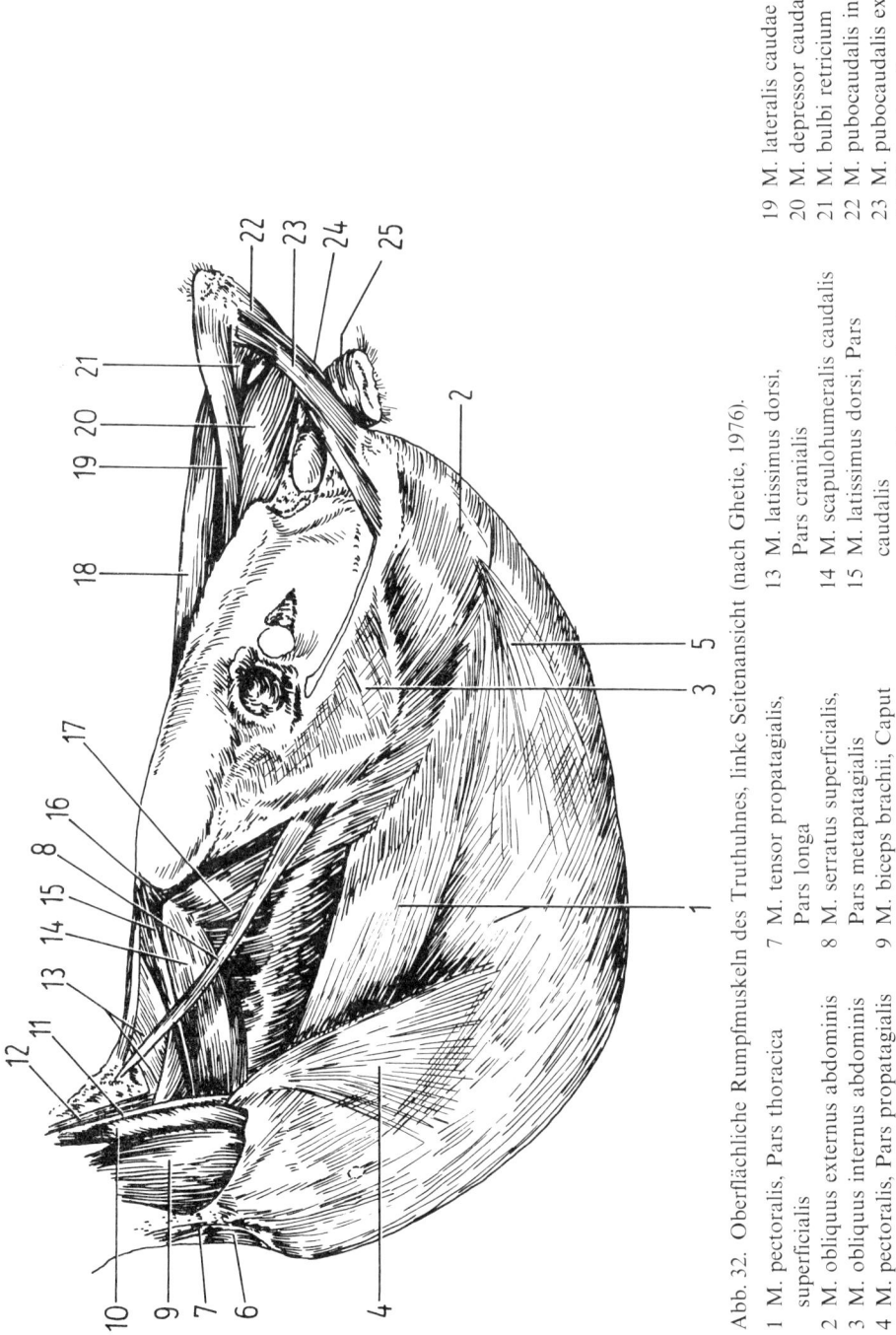

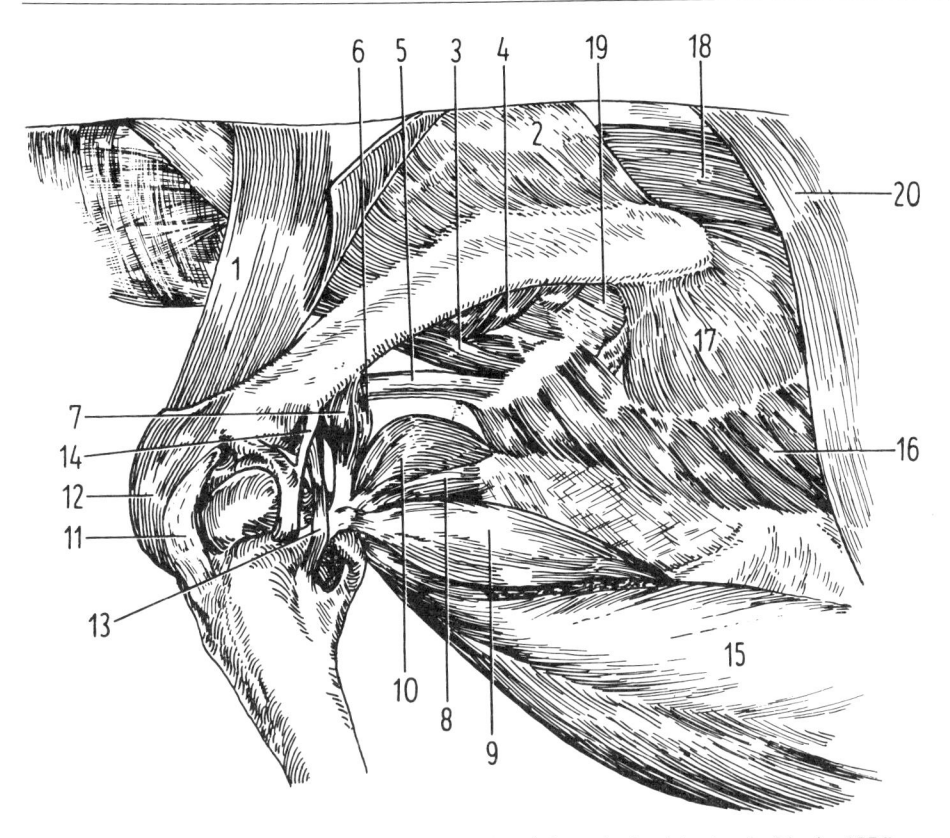

Abb. 33. Thoraxmuskeln des Truthuhnes, linke kaudolaterale Ansicht (nach Ghetie, 1976).

1 M. rhomboideus superficialis
2 M. rhomboideus profundus
3 M. scalenus
4 M. serratus profundus
5 M. serratus superficialis
6 M. subscapularis, Caput mediale
7 M. subscapularis, Caput laterale
8 M. sternocoracoideus
9 M. coracobrachialis caudalis, äußerer Anteil
10 M. coracobrachialis caudalis, innerer Anteil
11 Tendo m. pectoralis
12 M. coracobrachialis cranialis
13 M. scapulohumeralis cranialis
14 Lig. scapulohumerale caudale
15 M. pectoralis, Pars thoracica profunda
16 M. obliquus externus abdominis
17 M. serratus superficialis, Pars caudalis
18 Mm. iliocostalis et longissimus dorsi
19 Mm. intercostales superficiales
20 M. iliotibialis cranialis

– Der *M. sternocoracoideus* (Abb. 33) ist ein kräftiger, stark gefiederter Muskel, der medial am Processus craniolateralis sterni entspringt und am Coracoideum inseriert.
Innervation: Nn. intercostales
Funktion: Fixation der Articulatio sternocoracoidea.
– Der *M. rectus abdominis* entspringt an der Trabecula intermedia des Sternums und am sternalen Teil der letzten Rippe. Er setzt mit einer breiten Aponeurose am Ventralrand des kaudalen Drittels des Os pubis an. Seine Faserrichtung ist leicht kaudodorsal. Bedeckt wird der Muskel vom M. obliquus externus abdominis, mit dem er im aponeurotischen Bereich weitgehend verschmilzt. Median heftet er sich

mit dem der anderen Seite zusammen. Eine Rektusscheide ist beim Vogel nicht ausgebildet.
Innervation: Nn. intercostales 5 und 6; Rami ventrales der Nn. lumbales 1 und 2.
Funktion: Exspiration, Bauchpresse.

— Der *M. obliquus externus abdominis* (Abb. 31–34) hat seinen Ursprung mit 4–6 Muskelzacken kaudal an den Processus uncinati der Rippen und aponeurotisch am Ventralrand von Os ilium und Os pubis. Seine Fasern verlaufen kaudoventral und finden ihren Ansatz in einer Aponeurose, welche die Incisura lateralis et medialis sterni überspannt und an der Trabecula mediana inseriert. Die Mittelnaht des Bauches verbindet die Muskeln beider Seiten.
Innervation: Nn. intercostales 2–6; Rami ventrales der Nn. lumbales 1–3.
Funktion: Exspiration, Bauchpresse.

— Der *M. obliquus internus abdominis* (Abb. 32) zieht von den Ventralrändern des Os ilium und der kranialen zwei Drittel des Os pubis mit kranioventralem Faserverlauf an den Kaudalrand der letzten Rippe.
Innervation: N. intercostalis 6, Rami ventrales der Nn. lumbales 1 und 2.
Funktion: Exspiration, Bauchpresse.

— Der *M. transversus abdominis* entspringt muskulös am Os pubis, am präazetäbularen Teil des Os ilium und medial an der 5.–7. Rippe. Die transversal verlaufenden Fasern vereinigen sich mit denen der anderen Seite über eine Aponeurose, die sich am Sternum anheftet. Der kraniale Teil des Muskels wird vom M. obliquus internus abdominis, der kaudale Teil vom M. rectus abdominis bedeckt.
Innervation: Nn. intercostales 5 und 6; Rami ventrales der Nn. lumbales 1 und 2.
Funktion: Exspiration, Bauchpresse.

3.3.8. Muskeln des Schwanzes

Die Muskeln des Schwanzes, *Mm. caudae* (Abb. 34), können nach ihrer Funktion in zwei Gruppen eingeteilt werden:

1. Eine Ventralflexion und ein Seitwärtsziehen des Schwanzes bewirken:
    — M. depressor caudae
    — M. pubocaudalis internus
    — M. pubocaudalis externus.
2. Eine Dorsalflexion bewirken:
    — M. levator caudae
    — M. lateralis caudae (hebt zugleich die Steuerfedern).

Den Muskeln des Schwanzes werden bisweilen die Kloakenmuskeln, *Mm. levator cloacae et dilator cloacae* sowie *Mm. transversus cloacae et sphincter cloacae*, zugerechnet. Zu dieser Muskelgruppe gehören weiterhin die *Mm. bulbi rectricium et adductor rectricium*.

Im einzelnen verhalten sich die Muskeln folgendermaßen:

— Der *M. depressor caudae* entspringt an der Extremitas caudalis synsacri und der Facies ventralis sämtlicher Schwanzwirbel und inseriert an der Facies ventralis der Basis pygostyli.
Innervation: Plexus pudendus und Plexus caudalis.

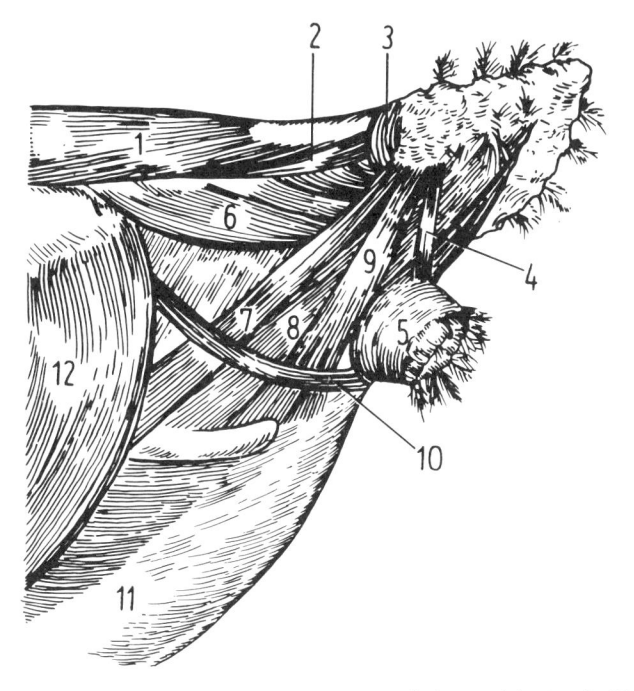

Abb. 34. Schwanzmuskeln des Huhnes, linke Ansicht (nach Ghetie, 1976).

1 M. levator caudae	5 M. sphincter cloacae	9 M. pubocaudalis externus
2 M. lateralis caudae	6 M. depressor caudae	10 M. transversus cloacae
3 M. bulbi rectricium	7 M. caudofemoralis	11 M. obliquus externus
4 M. levator cloacae	8 M. pubocaudalis internus	abdominis
		12 M. flexor cruris medialis

— Der *M. pubocaudalis internus* hat seinen Ursprung am Kaudalrand des Os ischii und medial am Apex pubis. Er ist medial und kranial vom M. pubocaudalis externus gelegen. Sein Faserverlauf ist kaudodorsal, die Insertion erfolgt an der Facies ventralis der Basis pygostyli.
Innervation: Plexus pudendus.

— Der *M. pubocaudalis externus* s. *depressor retricum* entspringt dorsolateral am Kaudalende des Apex pubis und inseriert am Federbalg der lateralen Steuerfeder beim Huhn bzw. der drei lateralen Steuerfedern bei der Ente.
Innervation: Plexus pudendus.

— Der *M. levator caudae* besteht aus zwei Teilen. Die vordere Portion entspringt tierartlich unterschiedlich an der Ala postacetabularis ilii (Huhn) bzw. der Facies dorsalis des Synsacrum (Ente und Taube). Sie inseriert an den Processus dorsales sämtlicher Schwanzwirbel mit Sehnenstreifen sowie muskulös an den lateralen Steuerfedern. Die hintere Portion zieht vom Margo caudalis des Os ilium und von den Dorsalflächen der Processus transversi der Schwanzwirbel zum Margo dorsalis des Pygostyls.
Innervation: Rami dorsales der Nn. caudales.

— Der *M. lateralis caudae* s. *levator retricum* entspringt am Margo caudalis des Os ilium und an den Processus transversi der ersten zwei Schwanzwirbel. Er inseriert

an der lateralen Steuerfeder. Ein zweiter Ursprungskopf kommt von den Querfortsätzen des 3.–4. Schwanzwirbels.
Innervation: Plexus pudendus.

- Der *M. levator cloacae* s. *retractor phalli* entspringt am Balg der 1. (Huhn) bzw. 3. (Ente) Steuerfeder, zieht nach ventromedial zum M. sphincter cloacae, unter dem er verschwindet, um in der Kloakenlippe zu enden. Durch Verschmelzen mit dem Muskel der anderen Seite wird eine ventrale Schlinge um die Kloakenöffnung gebildet.
Innervation: Plexus pudendus.

- Der *M. dilator cloacae* entspringt als schmaler, unter dem M. pubocaudalis internus gelegener Muskel am Os ischii, tritt unter den M. levator cloacae und zieht von lateral in die Kloakenlippe.
Innervation: Plexus pudendus.
Funktion: Gemeinsam mit dem M. levator cloacae für Dilatation der Kloake vor der Kopulation, für Eiablage und Defäkation.

- Der *M. transversus cloacae* entspringt beim Huhn aponeurotisch von den Processus transversi des 1. und 2. Schwanzwirbels sowie vom Margo caudalis des Os ilium. Er verläuft zunächst mit dem Kaudalrand des M. flexor cruris medialis verbunden, überquert die Mm. pubocaudales internus et externus und zieht lateroventral an die Kloake. Dort verschmilzt er teilweise mit dem M. sphincter cloacae.
Bei der Ente ist der Ursprung am Kaudalrand des Os ischii und am Dorsalrand des Apex pubis vom M. caudofemoralis bedeckt.
Innervation: Plexus pudendus.

- Der *M. sphincter cloacae* besteht aus zwei Portionen. Die innere kraniale Portion entspringt am Apex pubis und zieht seitlich an die Kloake. Nach dorsal bildet sie eine kräftige, nach ventral eine dünne Schleife um die Kloake. Die kaudale Portion umgibt die Kloake als kräftiger Muskelring.
Innervation: Plexus pudendus.
Funktion: Gemeinsam mit dem M. transversus cloacae Zusammenpressen der Kloake bei Defäkation und Eiablage.

- Der *M. bulbi rectricium* ist bei Huhn und Taube vorhanden. Er zieht als schmales Muskelband von der Lateralfläche der Basis pygostyli zu den Processus transversi der kaudalen Schwanzwirbel und umfaßt die Bälge der lateralen Steuerfedern von dorsal und ventral.
Innervation: Plexus caudalis.
Funktion: Einheitliche Bewegung der Steuerfedern (Heben, Senken, Seitwärtsrichten).

- Der *M. adductor rectricium* zieht als sehr schmaler Muskelstreifen vom Apex pygostyli zu den Ventralflächen der Federspulen der Rectrices.
Innervation: Plexus pudendus.
Funktion: Zusammenziehen der Steuerfedern.

An der Bewegung des Schwanzes ist zusätzlich der *M. caudofemoralis* beteiligt, der bei der Muskulatur der Beckengliedmaße beschrieben ist.

3.3.9. Muskeln der Schultergliedmaße

3.3.9.1. Muskeln, die an der Scapula inserieren

- Der *M. rhomboideus superficialis* (Abb. 31 und 33) wird bisweilen falsch als „M. trapezius" bezeichnet. Er entspringt an den Dornfortsätzen der letzten Hals- und der ersten Brustwirbel, verläuft nach kranioventral und inseriert dorsomedial an der Extremitas cranialis der Scapula. Bei der Ente zieht eine *Pars clavicularis* an das Schlüsselbein.
  Innervation: N. m. rhomboideus superficialis des Plexus brachialis accessorius.
  Funktion: Fixation der Scapula.
- Der *M. rhomboideus profundus* (Abb. 31–33) wird, exklusive seines kaudalen Anteiles beim Huhn bzw. seines kranialen Anteiles bei der Ente, vom M. rhomboideus superficialis bedeckt. Er entspringt an den Dornfortsätzen der ersten Brustwirbel und inseriert dorsomedial an der kaudalen Skapulahälfte.
  Innervation: N. m. rhomboideus profundus des Plexus brachialis accessorius.
  Funktion: Im Stand Anheben der Scapula, im Flug kaudoventraler Zug an der Wirbelsäule.
- Der *M. serratus superficialis* (Abb. 31–33) besteht aus einer Pars cranialis und einer Pars caudalis. Die *Pars cranialis* entspringt distal an den ersten Rippen, zieht nach kraniodorsal und inseriert ventral am kranialen Drittel der Scapula, wobei der Ursprung des M. subscapularis in zwei Teile getrennt wird. Die *Pars caudalis* entspringt distal an den Costae vertebrales, zieht ebenfalls nach kraniodorsal und setzt fleischig am Margo ventralis des kaudalen Skapulaviertels an.
  Innervation: N. m. serratus superficialis.
  Funktion: Im Stand Ventroflexion und Adduktion der Scapula, im Flug Atemhilfsmuskel durch Heben der Rippen.
- Der *M. serratus profundus* (Abb. 33) entspringt mit mehreren Zacken an den ersten Brustrippen, beim Huhn auch am Querfortsatz des letzten Halswirbels, zieht nach kaudodorsal und inseriert an der Facies costalis der Scapula.
  Innervation: N. m. serratus profundus.
  Funktion: s. M. serratus superficialis.

3.3.9.2. Muskeln, die am Humerus inserieren

- Der *M. deltoideus minor* (Abb. 35) besteht aus zwei Köpfen, dem Caput ventrale s. *M. supracoracoideus* und dem Caput dorsale. Das kräftigere *Caput ventrale* entspringt an der Facies muscularis sterni, ventromedial am Coracoideum sowie an der Membrana sternoclavicularis. Sein Muskelbauch schmiegt sich an den M. coracobrachialis cranialis an. Seine lange Endsehne inseriert nach medialer Kreuzung des Korakoids an der Crista pectoralis des Humerus.
  Das *Caput dorsale* entspringt am Acromion und am schulterseitigen Ende des Korakoids. Es inseriert gemeinsam mit dem Caput ventrale an der Crista pectoralis. Bei der Taube ist nur das Caput dorsale ausgebildet.

3. Bewegungsapparat

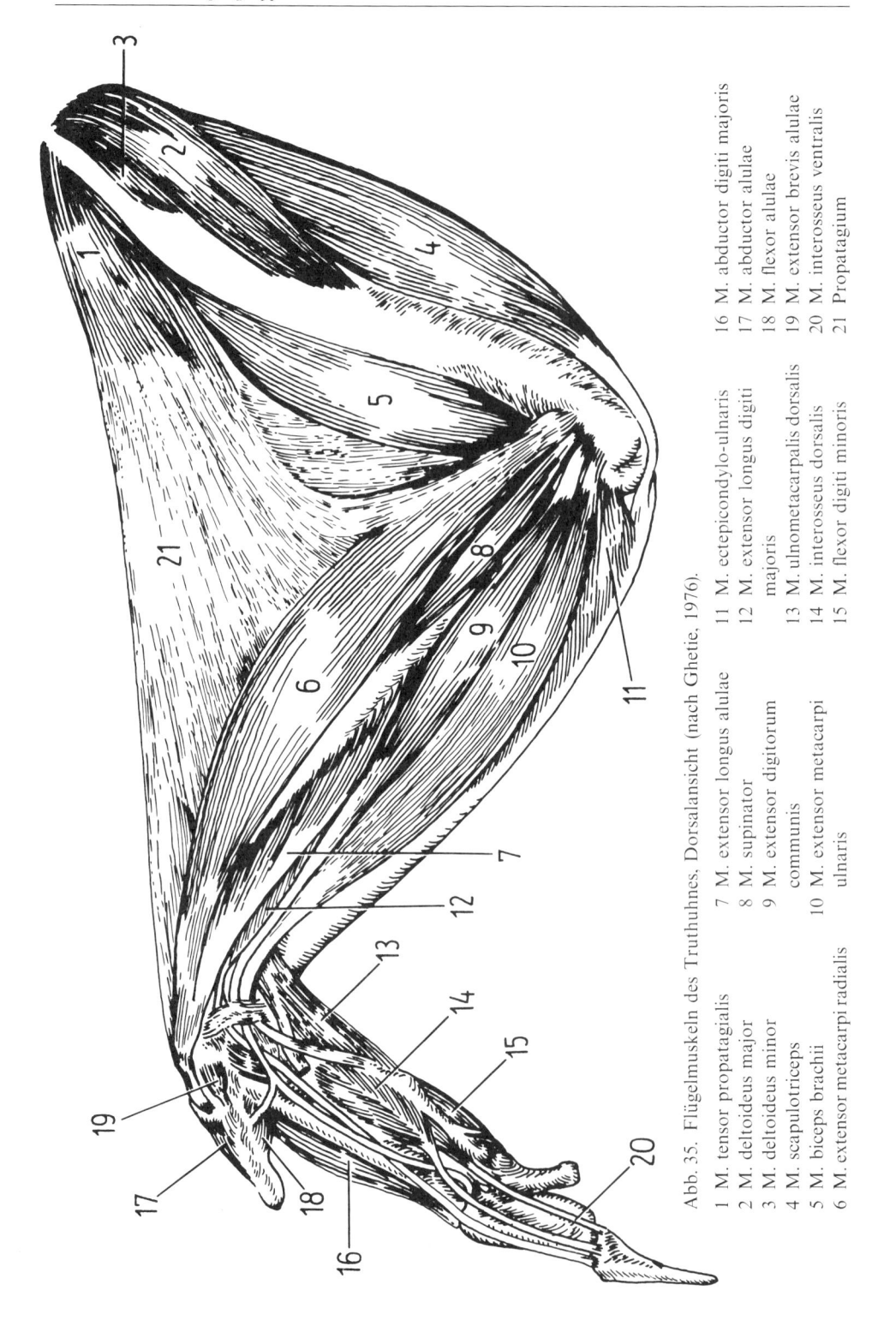

Abb. 35. Flügelmuskeln des Truthuhnes, Dorsalansicht (nach Ghetie, 1976).

1 M. tensor propatagialis
2 M. deltoideus major
3 M. deltoideus minor
4 M. scapulotriceps
5 M. biceps brachii
6 M. extensor metacarpi radialis
7 M. extensor longus alulae
8 M. supinator
9 M. extensor digitorum communis
10 M. extensor metacarpi ulnaris
11 M. ectepicondylo-ulnaris
12 M. extensor longus digiti majoris
13 M. ulnometacarpalis dorsalis
14 M. interosseus dorsalis
15 M. flexor digiti minoris
16 M. abductor digiti majoris
17 M. abductor alulae
18 M. flexor alulae
19 M. extensor brevis alulae
20 M. interosseus ventralis
21 Propatagium

Innervation: N. axillaris.
Funktion: Caput ventrale für Pronation und Beugung des Schultergelenkes, Caput dorsale für Heben des Oberarmes.
— Der *M. supracoracoideus* liegt unter dem M. pectoralis. Er entspringt an der Facies lateralis carinae. Seine Endsehne zieht durch den Canalis triosseus zum kraniodorsalen Rand des Humerus.
Innervation: N. supracoracoideus.
Funktion: Supination und Anheben des Oberarmes nach dorsal.
— Der *M. deltoideus major* (Abb. 31 und 35) entspringt an der Extremitas cranialis der Scapula, der Extremitas omalis der Clavicula und beim Huhn zusätzlich am Acromion. Er zieht über das Schultergelenk zum kraniodorsalen Rand des Humerus und inseriert aponeurotisch an der Crista pectoralis. Der Muskelbauch weist eine Sehnenbrücke zum M. triceps brachii, pars scapularis, auf.
Innervation: N. axillaris.
Funktion: Heben und Supination des Oberarmes.
— Der *M. scapulohumeralis cranialis* (Abb. 33) entspricht dem M. teres minor der Säugetiere. Er entspringt am kranialen Skapulaende, zieht zum kaudoventralen Rand des Humerus und setzt beim Huhn etwas distal, bei der Ente dorsal des Foramen pneumaticum muskulös an.
Innervation: N. subscapularis.
Funktion: Heben und Zurückziehen des Oberarmes.
— Der *M. scapulohumeralis caudalis* (Abb. 31 und 32) ist wesentlich größer als der M. scapulohumeralis cranialis. Er entspringt am Dorsalrand der Scapula und zieht mit konvergierendem Faserverlauf zu seinem Ansatz kaudal am Humerus in Höhe des Foramen pneumaticum. Der Muskel entspricht dem M. teres major der Säugetiere.
Innervation: N. subscapularis.
Funktion: Heben des Oberarmes, Rückführung des Flügels, Pronation.
— Der *M. coracobrachialis cranialis* (Abb. 33) entspringt am Dorsalrand der Extremitas omalis coracoidei und inseriert nahe dem Tuberculum dorsale humeri. Der Muskel ist von einem derben Sehnenblatt umhüllt. Bei der Ente hat er einen zusätzlichen aponeurotischen Ursprung am Margo dorsalis scapulae.
Innervation: N. medianoulnaris.
Funktion: Vorziehen des Oberarmes.
— Der *M. coracobrachialis caudalis* (Abb. 33 und 36) entspringt lateral am Korakoid und am kraniodorsalen Rand des Sternums. Er ist von einem dünnen Sehnenblatt bedeckt. Die Insertion erfolgt am Tuberculum ventrale humeri. Beim Truthuhn ist ein äußerer und ein medial am Korakoid entspringender innerer Anteil beschrieben.
Innervation: Ast des N. pectoralis.
Funktion: Zurückziehen und Auswärtsdrehen des Oberarmes.
— Der *M. subscapularis* (Abb. 33) hat zwei deutlich getrennte Köpfe, ein *Caput mediale* s. *Pars interna* und ein *Caput laterale* s. *Pars externa*. Beide Teile werden durch die Endsehne der Pars cranialis des M. serratus superficialis getrennt. Das *Caput mediale* entspringt am Margo ventralis der Scapula. Seine Endsehne vereinigt sich mit denen des Caput laterale und des M. subcoracoideus, um am Tuberculum ventrale humeri, etwas distal der Endsehne des M. coracobrachialis caudalis, zu inserieren.

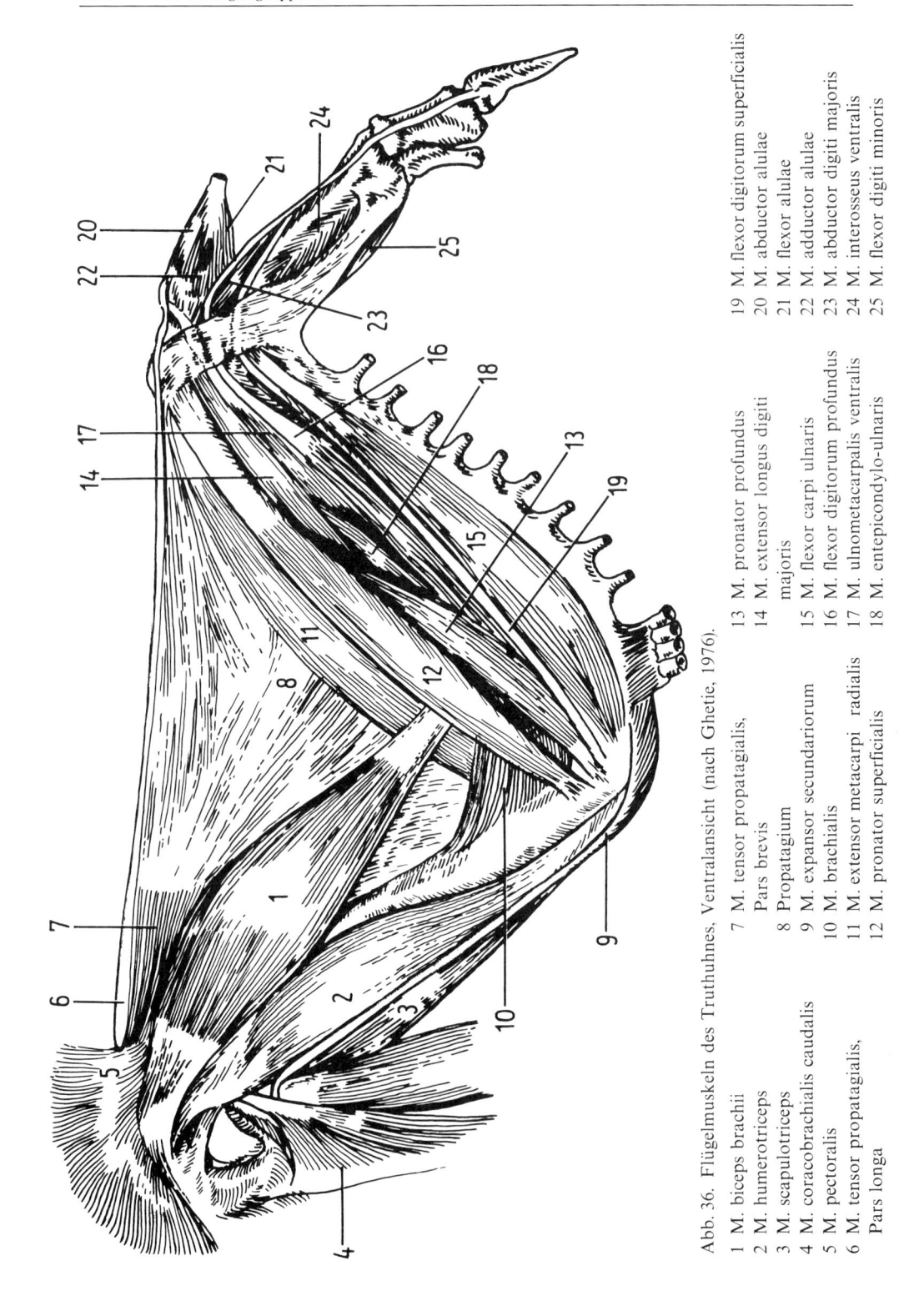

Abb. 36. Flügelmuskeln des Truthuhnes, Ventralansicht (nach Ghetie, 1976).

1 M. biceps brachii
2 M. humerotriceps
3 M. scapulotriceps
4 M. coracobrachialis caudalis
5 M. pectoralis
6 M. tensor propatagialis, Pars longa
7 M. tensor propatagialis, Pars brevis
8 Propatagium
9 M. expansor secundariorum
10 M. brachialis
11 M. extensor metacarpi radialis
12 M. pronator superficialis
13 M. pronator profundus
14 M. extensor longus digiti majoris
15 M. flexor carpi ulnaris
16 M. flexor digitorum profundus
17 M. ulnometacarpalis ventralis
18 M. entepicondylo-ulnaris
19 M. flexor digitorum superficialis
20 M. abductor alulae
21 M. flexor alulae
22 M. adductor alulae
23 M. abductor digiti majoris
24 M. interosseus ventralis
25 M. flexor digiti minoris

Das *Caput laterale* entspringt ebenfalls am Margo ventralis der Scapula.
Innervation: N. subscapularis.
Funktion: Einwärtsdrehen des Oberarmes, Niederziehen des Flügels.

— Der *M. subcoracoideus* besitzt zwei Köpfe. Ein *Caput ventrale* entspringt breitflächig am Margo lateralis des Korakoids, ein sehr kleines *Caput dorsale* an der Extremitas omalis claviculae und der Extremitas cranialis scapulae. Die Fasern verlaufen nach kraniodorsal zum Humerus. Die Insertion erfolgt gemeinsam mit dem M. subscapularis am Tuberculum ventrale humeri.
Innervation: N. subcoracoscapularis.
Funktion: Adduktion des Oberarmes.

— Der *M. latissimus dorsi* (Abb. 31 und 32) stellt in Gestalt von zwei flachen Portionen die Verbindung zwischen Wirbelsäule und Humerus her. Eine *Pars cranialis* entspringt an den Processus spinosi der ersten drei Brustwirbel. Sie endet kaudodorsal am proximalen Drittel des Humerus und trennt die Pars scapularis von der Pars humeralis des M. triceps brachii.

Eine *Pars caudalis* entspringt an den Processus spinosi der letzten Brustwirbel, beim Huhn auch am Ilium. Die Endsehne vereinigt sich beim Huhn mit der des kranialen Muskelanteiles, bei der Ente inseriert sie separat, nachdem sie zuvor Verbindung mit der Sehnenbrücke zwischen Pars scapularis des M. triceps brachii, Humerus und M. deltoideus major aufgenommen hat.

Aus der Pars caudalis wird eine *Pars metapatagialis* in die hintere Flughaut entlassen, die sich dort mit einer gleichnamigen Abspaltung des M. serratus superficialis vereinigt. Der Taube fehlt eine Pars caudalis.
Innervation: N. m. latissimus dorsi.
Funktion: Adduktion und Supination des Oberarmes.

— Der *M. pectoralis* (Abb. 32, 33 und 36) ist der Muskel mit der größten Masse. Er besteht beim Huhn und beim Truthuhn aus vier Anteilen, einer *Pars thoracica superficialis*, einer *Pars thoracica profunda* sowie aus zwei Hautästen, der *Pars subcutanea abdominalis* und der *Pars propatagialis*.

Die *Pars thoracica superficialis* erscheint durch eine Membrana intermuscularis doppelt gefiedert. Ihre dorsalen Muskelfasern ziehen von kaudodorsal nach kranioventral, die ventralen Muskelfasern dagegen von kaudoventral nach kraniodorsal. Der etwa dreieckig geformte Muskel entspringt am Margo ventralis carinae, der Membrana sternocoracoclavicularis und der Extremitas sternalis claviculae. Er inseriert breitflächig an der Crista pectoralis humeri.

Die *Pars thoracica profunda* liegt, bedeckt von der Pars superficialis, der Facies lateralis carinae auf und zieht nach kraniodorsal in den oberflächlichen Muskelanteil hinein.

Die *Pars propatagialis* entspringt kraniolateral aus der Pars thoracica superficialis und nimmt Verbindung mit dem M. tensor propatagialis auf.

Die *Pars subcutanea abdominalis* zieht vom lateralen Sehnenspiegel der Pars thoracica in die Haut der seitlichen Brustwand.

Bei Ente, Gans und Taube ist die Pars thoracica ungeteilt und doppelt gefiedert. Bei der Taube inseriert sie zusätzlich mit einer kurzen Sehnenplatte am Tuberculum ventrale des Humerus.
Innervation: Nn. pectorales.
Funktion: Niederziehen des Flügels, Pronation.

3.3.9.3. Muskeln, die an den Ossa antebrachii inserieren

— Der *M. triceps brachii* (Abb. 31, 32, 35 und 36) ist geteilt in einen *M. scapulotriceps* und einen *M. humerotriceps*.

Der *M. humerotriceps* s. *Pars humeralis* wird durch den Ansatz des M. scapulohumeralis cranialis in einen dorsalen und einen ventralen Kopf geteilt. Letzterer wird durch die Endsehne des M. scapulohumeralis caudalis nochmals in einen dorsalen und einen ventralen Anteil getrennt. Der Ursprung des zweigeteilten Caput ventrale erfolgt beim Huhn am Tuberculum ventrale humeri. Kurz nach dem Ursprung vereinigen sich beide Köpfe. Bei der Ente entspringt der ventrale Teil des Caput ventrale am Tuberculum ventrale humeri, der dorsale Teil am Crus ventrale fossae pneumotricipitalis humeri. Auch bei der Ente erfolgt kurz nach dem Ursprung die Vereinigung beider Köpfe.

Der dorsale Kopf des M. humerotriceps entspringt beim Huhn etwas ventral vom Tuberculum dorsale humeri, bei der Ente proximodorsal der Fossa pneumotricipitalis. Alle Anteile des M. humerotriceps inserieren mit einer gemeinsamen kräftigen Endsehne am Olecranon.

Der *M. scapulotriceps* s. *Pars scapularis* entspringt beim Huhn lateral am Collum scapulae. Vom knochennahen Sehnenspiegel zieht eine Sehnenbrücke zum Humerus. Seinen Ansatz findet der Muskel am Margo caudalis ulnae, distal vom Olecranon.

Bei der Ente hat der Muskel zwei skapuläre Köpfe. Ein Kopf entspringt dorsolateral an der Scapula, der zweite an der Extremitas omalis claviculae und am Margo dorsalis der Extremitas cranialis scapulae. Vom knochenseitigen Sehnenspiegel zieht eine dünne Sehnenplatte zum Lig. coracohumerale dorsale, und etwas distal des kranialen skapulären Ursprunges zieht eine Sehnenbrücke zum Humerus, die eine Verbindung zum M. deltoideus major herstellt. Die Endsehne inseriert dorsal an der Ulna, etwas distal des Olecranon.

Innervation: N. m. humerotricipitis, N. m. scapulotricipitis.

Funktion: Strecken des Ellbogengelenkes.

— Der *M. biceps brachii* (Abb. 35 und 36) hat bei Huhn, Truthuhn und Taube zwei sehnig-muskulöse Köpfe. Das längere *Caput coracoideum* entspringt proximal am Coracoideum, das kürzere, kranial gelegene *Caput humerale* an der Facies bicipitalis humeri. Der Muskel bedeckt die kraniodorsale Fläche des Humerus und zieht über das Ellbogengelenk zum Radius und zur Ulna. Die Endsehne ist kräftig und zweigeteilt, der kürzere Anteil spaltet sich, außer bei der Taube, nochmals auf. Der längere Anteil der Endsehne setzt am kranioventralen Rand der Extremitas proximalis ulnae an. Der kürzere Anteil der Endsehne inseriert mit einem Ast am Margo interosseus des proximalen Radiusendes, mit einem weiteren am Margo interosseus des proximalen Ulnaendes.

Proximal gibt der Muskel eine *Pars propatagialis* ab, die in die Flughaut zieht.

Bei der Ente entspringt das Caput humerale nur aponeurotisch. Der kürzere Anteil der Endsehne spaltet sich nicht auf und inseriert am Margo cranialis ulnae. Der längere Anteil hingegen inseriert mit zwei Ästen am Margo caudalis radii sowie am Margo cranialis ulnae.

Innervation: N. bicipitalis.

Funktion: Beugen des Ellbogengelenkes.

- Der *M. brachialis* (Abb. 36) liegt im kranialen Winkel zwischen distalem Humerus- und proximalem Ulnaende. Auf dem Ellbogengelenk ist er sehnig angeheftet. Beim Huhn zeigt er im Vergleich zu den umliegenden Muskeln eine auffallende Rotfärbung. Sein Ursprung liegt in der Fossa musculi brachialis, sein Ansatz am Margo interosseus des proximalen Ulnaendes.
  Innervation: N. medianus.
  Funktion: Beugen des Ellbogengelenkes.
- Der *M. ectepicondylo-ulnaris* s. *anconeus* (Abb. 35) entspringt am Epicondylus dorsalis humeri und inseriert am Margo dorsalis ulnae.
  Innervation: N. radialis.
  Funktion: Beugen des Ellbogengelenkes, Supination des Unterarmes.
- Der *M. supinator* (Abb. 35) entspringt am Epicondylus dorsalis humeri und inseriert fleischig an der Dorsalfläche der proximalen Radiushälfte. Er wird kraniodorsal größtenteils vom M. extensor metacarpi radialis bedeckt. Seine ventrale Partie verbindet sich mit dem M. pronator superficialis.
  Innervation: N. radialis.
  Funktion: Beugen des Ellbogengelenkes, Supination des Unterarmes.
- Der *M. pronator profundus* s. *longus* (Abb. 36) entspringt am Epicondylus ventralis humeri und endet fleischig am Margo ventralis des mittleren Radiusdrittels, bedeckt vom M. pronator superficialis.
  Innervation: N. medianus.
  Funktion: Pronation des Unterarmes.
- Der *M. pronator superficialis* s. *brevis* (Abb. 36) entspringt dicht proximal des Epicondylus ventralis humeri und endet bei Huhn und Truthuhn am mittleren, bei der Gans am proximalen und bei der Taube am distalen Drittel des Margo ventralis radii.
  Innervation: N. medianus.
  Funktion: Pronation des Unterarmes.
- Der *M. entepicondylo-ulnaris* s. *anconeus medialis* (Abb. 36) entspringt am Epicondylus ventralis humeri, gemeinsam mit dem M. pronator profundus. Er inseriert an der Ventralfläche der Ulna. Bei der Taube existiert dieser Muskel nicht.
  Innervation: N. ulnaris.
  Funktion: Beugen des Ellbogengelenkes.

3.3.9.4. Muskeln, die an den Ossa manus inserieren

- Der *M. tensor propatagialis* (Abb. 35 und 36) entspringt beim Huhn an der Extremitas omalis claviculae. Er zieht in das Propatagium, wo er in seinen sehnigen Anteil übergeht. Dieser spaltet sich in einen Tendo longus und einen Tendo brevis. Der den beiden Sehnen zugehörige Muskelanteil wird als *Pars longa* bzw. *Pars brevis* bezeichnet. Der elastische *Tendo longus* inseriert am Processus extensorius des Os metacarpale alulare und bildet somit die kraniale Verspannung der vorderen Flughaut. Der *Tendo brevis* inseriert am M. extensor metacarpi radialis und an der Unterarmfaszie.

Bei der Ente hat der Muskel drei Köpfe. Der erste entspringt sehnig an der Extremitas cranialis der Scapula, der zweite muskulös medial am Acromion scapulae und der dritte muskulös medial an der Extremitas omalis claviculae.

Bei der Taube entspringt der Muskel am Acromion scapulae sowie medial an der Extremitas omalis claviculae. Der sehnige Endteil des Muskels weist keine tierartlichen Unterschiede auf.

Innervation: Nn. propatagialis dorsalis et ventralis.

Funktion: Spannen der Flughaut.

— Der *M. extensor metacarpi radialis* s. *extensor carpi radialis* (Abb. 35 und 36) hat seinen Ursprung bei Huhn und Truthuhn am Epicondylus dorsalis humeri, bei der Taube dicht oberhalb der Extremitas distalis humeri am Margo ventralis. Bei Ente und Gans besitzt der Muskel zwei Köpfe, ein *Caput dorsale* und ein *Caput ventrale*, die gemeinsam am Margo ventralis der Extremitas distalis humeri entspringen. Die gemeinsame Endsehne inseriert kranial am Os metacarpale alulare, gemeinsam mit der des M. extensor longus alulae.

Innervation: N. radialis.

Funktion: Beugen des Ellbogengelenkes, Strecken des Karpalgelenkes.

— Der *M. extensor digitorum communis* (Abb. 35) entspringt distal vom M. supinator am Epicondylus dorsalis humeri. Im distalen Unterarmdrittel geht der Muskelbauch in die Endsehne über, welche durch eine als **Metakarpalbinde** bezeichnete Faszie in ihrer Lage gehalten wird. Die Sehne spaltet sich in Höhe des Os metacarpale alulare in eine nach kranial abbiegende kurze und eine nach distal über das Os metacarpale majus ziehende lange Endsehne. Der kurze Sehnenschenkel inseriert am Os metacarpale alulare, der lange unterkreuzt die Endsehne des M. extensor longus digiti majoris. In Höhe der Articulatio metacarpophalangealis digiti majoris wendet sich die lange Sehne fast rechtwinkelig nach kranial, unterkreuzt dabei abermals die Endsehne des M. extensor longus digiti majoris und inseriert proximal an der Phalanx proximalis digiti majoris.

Innervation: N. radialis.

Funktion: Strecken des ersten und zweiten Fingers.

— Der *M. extensor longus alulae* s. *abductor pollicis longus* (Abb. 35) entspringt mit zwei Köpfen. Ein *Caput caudale* kommt vom Margo interosseus ulnae, ein *Caput craniale* vom Margo interosseus des Radius. Die gemeinsame Endsehne inseriert am Os metacarpale alulare, kaudal der Sehne des M. extensor metacarpi radialis.

Innervation: N. radialis.

Funktion: Strecken des Handwurzelgelenkes.

— Der *M. extensor longus digiti majoris* s. *extensor indicis longus* (Abb. 35 und 36) hat mit Ausnahme der Taube zwei Köpfe. Die *Pars proximalis* entspringt distal am Margo interosseus radii, die *Pars caudalis* am Os carpi ulnare. Die Taube hat nur die Pars proximalis. Die gemeinsame Endsehne zieht über das erste und zweite Gelenk des zweiten Fingers. Auf dem Os metacarpale majus wird die Endsehne des M. extensor digitorum communis zunächst ventral und dann dorsal gekreuzt. Die Insertion erfolgt proximal an der Phalanx distalis digiti majoris.

Innervation: N. radialis.

Funktion: Strecken des zweiten Fingers.

— Der *M. extensor metacarpi ulnaris* (Abb. 35) liegt zwischen M. extensor digitorum communis und M. ectepicondylo-ulnaris. Er entspringt am Epicondylus dorsalis

humeri und geht im distalen Drittel des Unterarmes in seine Endsehne über, die durch die **Metakarpalbinde** fixiert wird. Der Ansatz erfolgt proximal am Os metacarpale majus.
Innervation: N. radialis.
Funktion: Strecken des Handwurzelgelenkes.

- Der *M. flexor carpi ulnaris* (Abb. 36) ist mit dem M. flexor digitorum superficials von einem gemeinsamen Sehnenblatt bedeckt. Er ist in eine Pars cranialis und eine Pars caudalis geteilt. Die Fasern der *Pars cranialis* sind proximodistal orientiert, während die Fasern der am hinteren Rand gelegenen *Pars caudalis* in die Bälge der Schwungfedern des Unterarmes ziehen. Der Ursprung des Muskels liegt am Epicondylus ventralis humeri, der Ansatz am Os carpi ulnare.
Innervation: N. ulnaris.
Funktion: Beugen des Handwurzelgelenkes, Anlegen der Schwungfedern.

- Der *M. flexor digitorum superficialis* (Abb. 36) liegt kranial des M. flexor carpi ulnaris. Er entspringt in der Mitte des Unterarmes aus dem *Ligamentum humerocarpale*, einem kräftigen, zwischen Epicondylus ventralis humeri und Os carpi ulnare verkehrenden Band. Seinen Ansatz findet der Muskel an der Phalanx proximalis digiti majoris.
Innervation: N. medianus.
Funktion: Beugen des Handwurzelgelenkes und des Digitus major.

- Der *M. ulnometacarpalis dorsalis* (Abb. 35) entspringt dorsal auf der Extremitas distalis ulnae. Der Muskel teilt sich in eine dorsale und eine ventrale Portion, die dorsal bzw. kaudal am Os carpale minus inserieren. Bei Ente und Taube besitzt er einen zweiten, am Os carpi ulnare entspringenden Kopf.
Innervation: N. radialis.
Funktion: Beugen des Handwurzelgelenkes.

- Der *M. flexor digitorum profundus* (Abb. 36) entspringt am Corpus ulnae zwischen dem Ansatz des M. brachialis und dem Ursprung des M. ulnometacarpalis ventralis. Die Endsehne liegt mit der des M. flexor digitorum superficialis in einer gemeinsamen Sehnenscheide und inseriert an der Phalanx distalis digiti majoris.
Innervation: N. medianus.
Funktion: Beugen der Flügelspitze.

- Der *M. ulnometacarpalis ventralis* (Abb. 36) entspringt distal des Ursprunges des M. flexor digitorum profundus an der Facies caudoventralis ulnae. Seine kräftige Endsehne zieht über das Os carpi radiale, schlägt sich um dessen kranialen Rand und inseriert am Os metacarpale alulare. Bei der Taube ist der Muskel zweiköpfig.
Innervation: N. medianus.
Funktion: Beugen und Pronation der Flügelspitze.

- Der *M. abductor alulae* s. *pollicis* (Abb. 35 und 36) bildet die kraniale Kontur des Daumenrudimentes. Er entspringt am Os metacarpale alulare und endet an der Phalanx digiti alulae.
Innervation: N. medianus.
Funktion: Abduktion des Daumens.

- Der *M. flexor alulae* s. *pollicis* (Abb. 35 und 36) entspringt ventral am Os metacarpale alulare und inseriert ventral an der Phalanx digiti alulae.
Innervation: N. medianus.
Funktion: Beugen des Daumens.

- Der *M. adductor alulae* s. *pollicis* (Abb. 36) bildet die kaudale Kontur des ersten Fingers. Er entspringt proximal am Os metacarpale majus und endet distal an der Phalanx digiti alulae.
  Innervation: N. radialis.
  Funktion: Adduktion des Daumens.
- Der *M. extensor brevis alulae* s. *extensor pollicis brevis* (Abb. 35) liegt dorsal. Er entspringt am Os metacarpale alulare, dicht neben dem Ansatz des M. extensor metacarpi radialis und inseriert an der Phalanx digiti alulae.
  Innervation: N. radialis.
  Funktion: Strecken des Daumens.
- Der *M. abductor digiti majoris* s. *indicis* (Abb. 35 und 36) entspringt mit zwei Köpfen dorsal und ventral an der Extremitas proximalis carpometacarpi. Den Muskelbauch überkreuzen die Endsehnen der Mm. flexor digitorum profundus et superficialis. Die Insertion erfolgt gemeinsam ventral an der Phalanx proximalis digiti majoris.
  Innervation: N. medianus.
  Funktion: Abduktion des zweiten und dritten Fingers.
- Der *M. interosseus dorsalis* (Abb. 35) liegt dorsal im Spatium intermetacarpale. Er ist doppelt gefiedert. Sein muskulöser Teil ist mit dem Os metacarpale majus und minus verwachsen. Die Endsehne inseriert an der Phalanx distalis digiti majoris.
  Innervation: N. radialis.
  Funktion: Strecken des zweiten Fingers.
- Der *M. interosseus ventralis* (Abb. 35 und 36) liegt ventral im Spatium intermetacarpale und ist doppelt gefiedert. Mit dem Os metacarpale majus und minus ist er ebenfalls verwachsen. Kurz vor der Extremitas distalis carpometacarpi zieht der muskulöse Teil auf die dorsale Seite und geht in die Endsehne über, die an der Phalanx distalis digiti majoris inseriert.
  Innervation: N. ulnaris.
  Funktion: Beugen des zweiten Fingers.
- Der *M. flexor digiti minoris* (Abb. 35 und 36) bildet die kaudale Kontur der Flügelspitze mit. Er entspringt kaudal am Os metacarpale minus und inseriert an der Phalanx digiti minoris.
  Innervation: N. ulnaris.
  Funktion: Beugen des dritten Fingers.

3.3.10. Muskeln der Beckengliedmaße

3.3.10.1. Muskeln des Beckens und des Oberschenkels

- Der *M. iliotibialis cranialis* s. *sartorius* (Abb. 37–39) bildet die kraniale Begrenzung des Oberschenkels. Mit dem kaudal angrenzenden M. iliotibialis lateralis ist er in seiner proximalen Hälfte fest verwachsen. Er entspringt lateral am kraniodorsalen Rand des Os ilium, bei der Taube zusätzlich an den präsynsakralen Wirbeln. Die Insertion erfolgt, bedeckt von der Pars medialis des M. gastrocnemius, kraniomedial am **Kniescheibenband,** an dessen Bildung er sich somit beteiligt.

Innervation: N. cutaneus femoris lateralis.
Funktion: Vorführen der Beckengliedmaße, Beugen des Hüft- und Strecken des Kniegelenkes.

— Der *M. iliotibialis lateralis* (Abb. 37 und 38) bildet den Hauptteil der lateralen Oberschenkelkontur. Er läßt sich in einen prä- und einen postazetabulären Anteil gliedern. Der **präazetabuläre Anteil** ist an seiner Außenfläche zum Teil von der Ursprungsaponeurose, an der Innenfläche zu zwei Dritteln von der Endaponeurose überzogen. Er entspringt am Dorsalrand des präazetabulären Os ilium und mündet mit kaudodistalem Faserverlauf in die Endaponeurose ein. Der **postazetabuläre Anteil** entspringt vorwiegend fleischig an der Crista iliaca dorsolateralis. Seine Muskelfasern münden mit kraniodistalem Verlauf in die Endaponeurose, die kraniolateral am Ligamentum patellae ansetzt. Bei der Ente ist der Muskel im Verhältnis zur Größe des Oberschenkels kleiner als beim Huhn und dreigeteilt in eine *Pars cranialis*, eine *Pars media* und eine *Pars caudalis*.
Innervation: N. femoralis und Ast des Plexus sacralis.
Funktion: Pars preacetabularis für Strecken des Knie- und Beugen des Hüftgelenkes, Außenrotation des Oberschenkels; Pars postacetabularis für Strecken des Hüftgelenkes und Abduktion des Oberschenkels.

— Der *M. iliofibularis* s. *biceps femoris* (Abb. 37 und 38) ist proximal größtenteils vom M. iliotibialis lateralis bedeckt und faserig mit diesem verbunden. Er entspringt an den kranialen zwei Dritteln der Crista iliaca dorsolateralis. Seine Fasern konvergieren in einer kräftigen Endsehne, welche durch die *Ansa m. iliofibularis* in der Kniebeuge fixiert wird (Abb. 38) und am Tuberculum m. iliofibularis der Fibula ansetzt. Die Ansa m. iliofibularis ist eine aus drei Schenkeln bestehende Schlaufe, von denen zwei am Os femoris und einer an der Fibula ansetzen. Der größere, proximale Femurschenkel setzt an der Impressio ansae m. iliofibularis, der distale leicht unterhalb der Basis des Condylus lateralis an. Die beiden Schenkel bilden eine Schlaufe, die als Gleitlager für die Endsehne des M. iliofibularis dient. Am Scheitel der Schlaufe entspringt der dritte Schenkel, der zum Kranialrand des Fibulaschaftes zieht.
Innervation: N. ischiadicus.
Funktion: Beugen des Kniegelenkes.

— Der *M. ambiens* s. *pectineus* (Abb. 39 und 40) liegt medial am Oberschenkel. Er grenzt kranial an den M. femorotibialis medius und kaudal an den M. femorotibialis internus. Der Muskel ist schmal und spindelförmig, bei der Ente kräftiger entwickelt. Er entspringt am Tuberculum preacetabulare s. Processus pectinealis des Os ilium. Seine lange dünne Sehne zieht nach kraniodistal, läuft in einer Rinne über die Patella und zieht unter dem Ansatz des M. iliotibialis cranialis und der Pars medialis des M. gastrocnemius hindurch nach lateral. Dort mündet sie in die Ursprungsaponeurose der Fibulaköpfe der Mm. flexores perforati digiti II, III et IV. Bei der Ente hat der Muskel einen zusätzlichen Kopf, der am Ventralrand des Os pubis entspringt.
Innervation: N. femoralis.
Funktion: Strecken des Kniegelenkes in der Endphase der Streckung, unterstützende Wirkung auf die Zehenbeuger.

— Die **Mm. iliotrochanterici** (Abb. 39–41) umfassen drei separate Muskeln. Eine Homologie mit den Säugetieren ist bei ihnen umstritten. Der *M. iliotrochantericus caudalis* würde dem M. gluteus profundus, der *M. iliotrochantericus cranialis* dem M. iliacus der Säuger entsprechen.
Als dritter Vertreter dieser Gruppe kommt der *M. iliotrochantericus medius* hinzu.

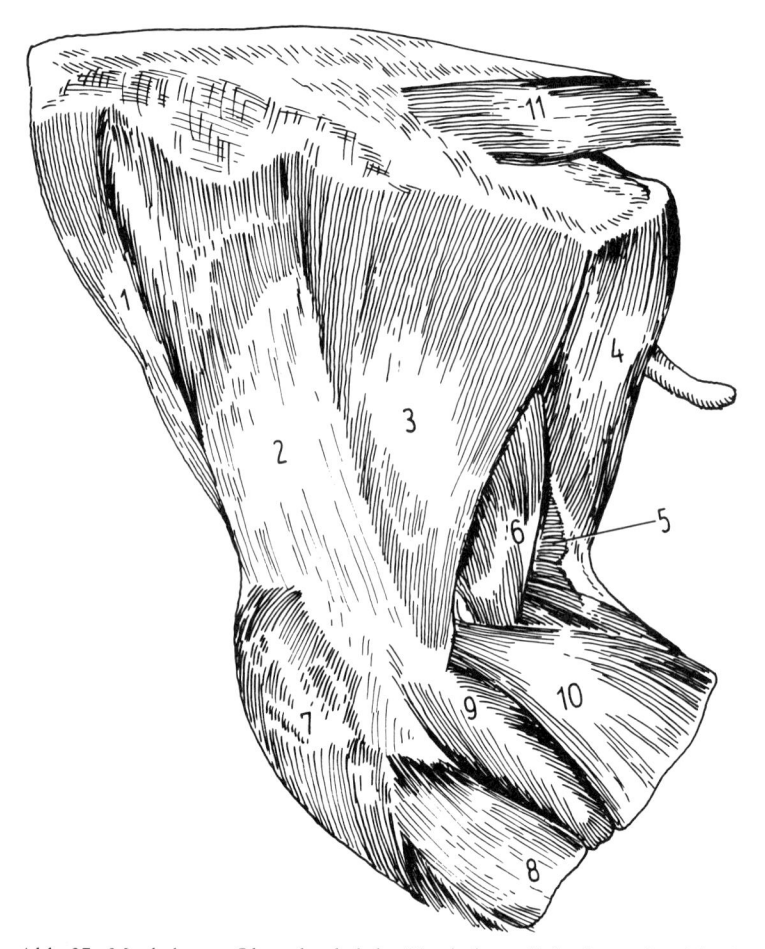

Abb. 37. Muskeln am Oberschenkel des Truthuhnes, linke Lateralansicht (nach Ghetie, 1976).

1	M. iliotibialis cranialis
2, 3	M. iliotibialis lateralis, prä- und postazetabulärer Anteil
4	M. flexor cruris lateralis, Pars pelvica
5	M. flexor cruris lateralis, Pars accessoria
6	M. iliofibularis
7	M. gastrocnemius, Pars medialis
8	M. fibularis longus
9	M. flexor perforans et perforatus digiti II et III
10	M. gastrocnemius, Pars lateralis
11	M. levator caudae

- Der *M. iliotrochantericus caudalis* (Abb. 41) ist der größte dieser Muskelgruppe. Er liegt und entspringt lateral auf der Ala preacetabularis ilii. Lateral wird er von einer Faszie überzogen. Die Endsehne inseriert kraniolateral am Trochanter femoris.
  Innervation: N. coxalis cranialis.
  Funktion: Innenrotation des Oberschenkels, Beugen des Hüftgelenkes.
- Der *M. iliotrochantericus cranialis* (Abb. 39–41) liegt als schmaler, länglicher Muskel ventral des M. iliotrochantericus caudalis. Er entspringt am kranioventralen Rand des Os ilium und inseriert distal der Sehne des M. iliotrochantericus caudalis kraniolateral am Femurschaft.

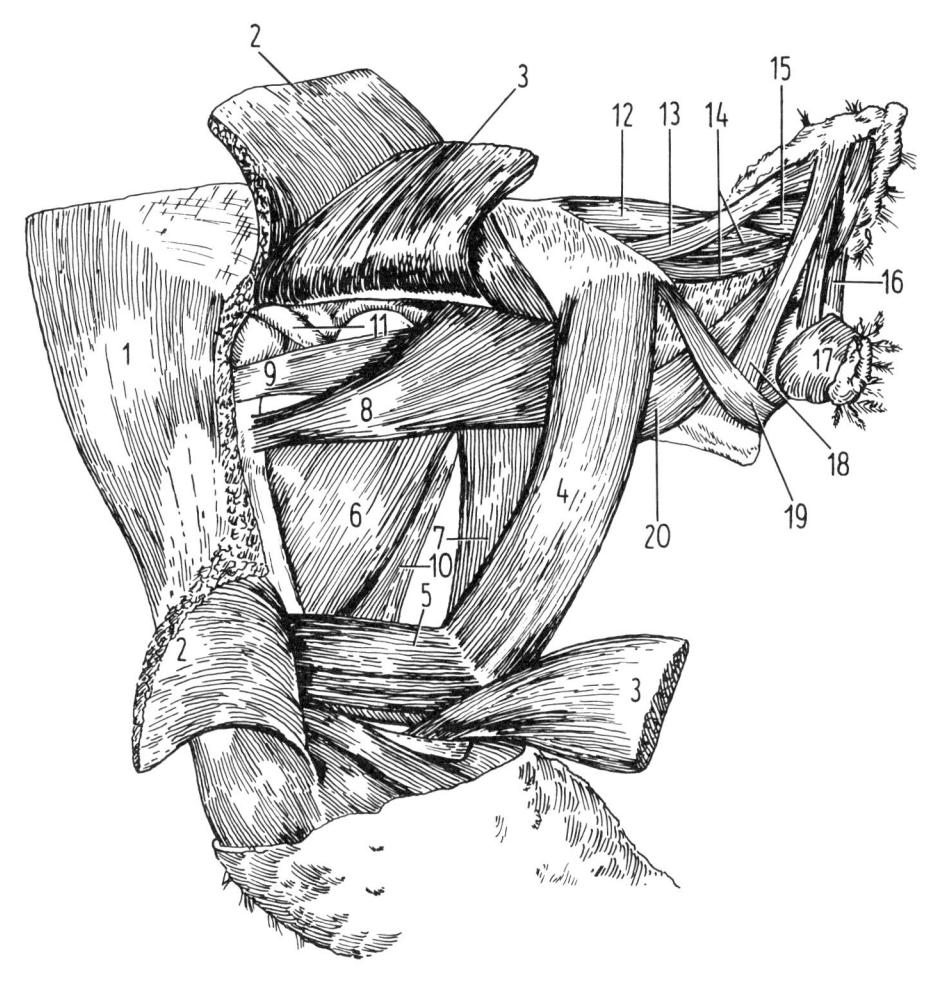

Abb. 38. Tiefe Oberschenkelmuskeln des Truthuhnes, linke Lateralansicht (nach Ghetie, 1976).

1 M. iliotibialis cranialis	8 M. caudoiliofemoralis, Pars iliofemoralis	14 M. depressor caudae
2 M. iliotibialis lateralis		15 M. bulbi rectricium
3 M. iliofibularis	9 M. ischiofemoralis	16 M. levator cloacae
4, 5 M. flexor cruris lateralis, Pars pelvica et Pars accessoria	10 M. puboischiofemoralis, Pars medialis	17 M. sphincter cloacae
	11 Sehne des M. obturatorius medialis	18 M. pubocaudalis externus
6 M. puboischiofemoralis, Pars lateralis	12 M. levator caudae	19 M. transversus cloacae
		20 M. caudoiliofemoralis, Pars caudofemoralis
7 M. flexor cruris medialis	13 M. lateralis caudae	

Innervation: N. coxalis cranialis.
Funktion: Innenrotation des Oberschenkels.

— Der *M. iliotrochantericus medius* (Abb. 39–40) ist der schwächste Muskel der Gruppe. Er ist zwischen M. iliotrochantericus cranialis und Acetabulum gelegen. Der Ursprung erfolgt am Ventralrand des Os ilium, der Ansatz kraniolateral am Os femoris, z. T. überdeckt von der Endsehne des M. iliotrochantericus caudalis.

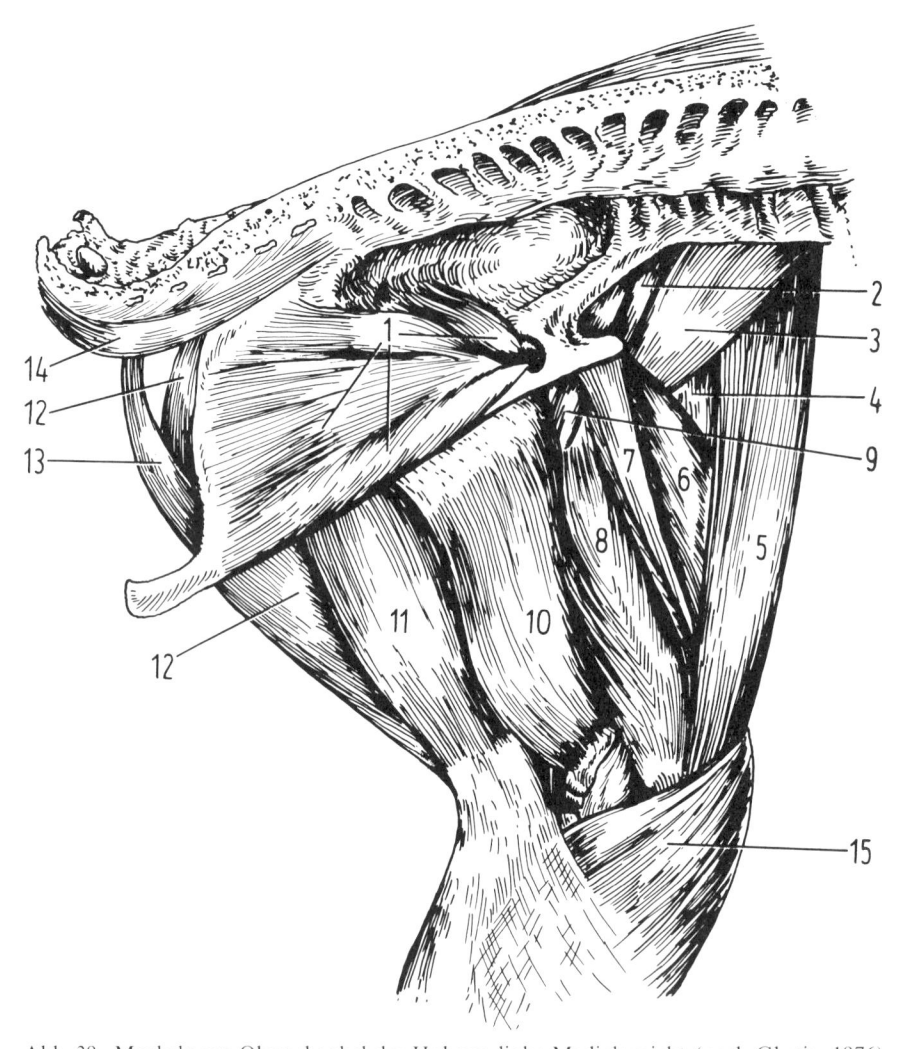

Abb. 39. Muskeln am Oberschenkel des Huhnes, linke Medialansicht (nach Ghetie, 1976).

1 M. obturatorius medialis
2 M. iliotrochantericus medius
3 M. iliotrochantericus cranialis
4 M. femorotibialis externus
5 M. iliotibialis cranialis
6 M. femorotibialis medius
7 M. ambiens
8 M. femorotibialis internus
9 M. iliofemoralis internus
10 M. puboischiofemoralis, Pars medialis
11 M. flexor cruris medialis
12 M. flexor cruris lateralis, Pars pelvica
13 M. caudoiliofemoralis, Pars caudofemoralis
14 M. depressor caudae
15 M. gastrocnemius, Pars medialis

Innervation: N. coxalis cranialis.
Funktion: Innenrotation des Oberschenkels.

— Der *M. iliofemoralis externus* s. *gluteus medius et minimus* s. *piriformis* (Abb. 41) zieht als dreieckiger Muskel lateral über das Hüftgelenk. Er entspringt dorsal des Acetabulum am Os ilium und inseriert distal des Trochanter femoris vor dem Ansatz

3. Bewegungsapparat   113

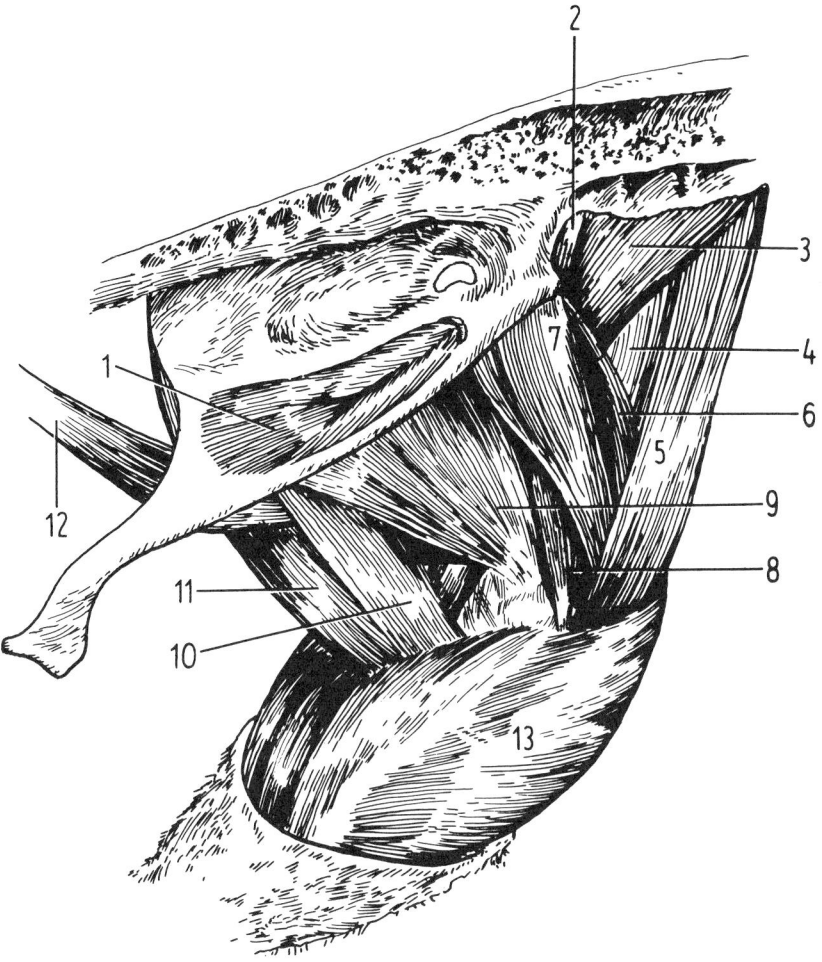

Abb. 40. Muskeln am Oberschenkel der Ente, linke Medialansicht (nach Ghetie, 1976).

1 M. obturatorius medialis
2 M. iliofemoralis internus
3 Mm. iliotrochantericus medius et cranialis
4 M. femorotibialis externus
5 M. iliotibialis cranialis
6 M. femorotibialis medius
7 M. ambiens
8 M. femorotibialis internus
9 M. puboischiofemoralis, Pars medialis
10 M. flexor cruris medialis
11 M. flexor cruris lateralis, Pars pelvica
12 M. caudoiliofemoralis, Pars caudofemoralis
13 M. gastrocnemius, Pars medialis

des M. ischiofemoralis am Os femoris. Der Taube fehlt dieser Muskel, bei der Ente ist er vergleichsweise groß.

Innervation: Muskeläste des N. ischiadicus.

Funktion: Abduktion des Oberschenkels, Strecken und Beugen des Hüftgelenkes in Abhängigkeit von dessen Stellung.

— Der *M. iliofemoralis internus* s. *iliacus* (Abb. 39 und 40) ist ein schmaler, präazetabulär und medial des M. iliotrochantericus medius gelegener Muskel. Er entspringt am Ventralrand des Os ilium und inseriert kaudomedial unterhalb des Collum femoris, distal der Endsehne des M. obturatorius medialis.

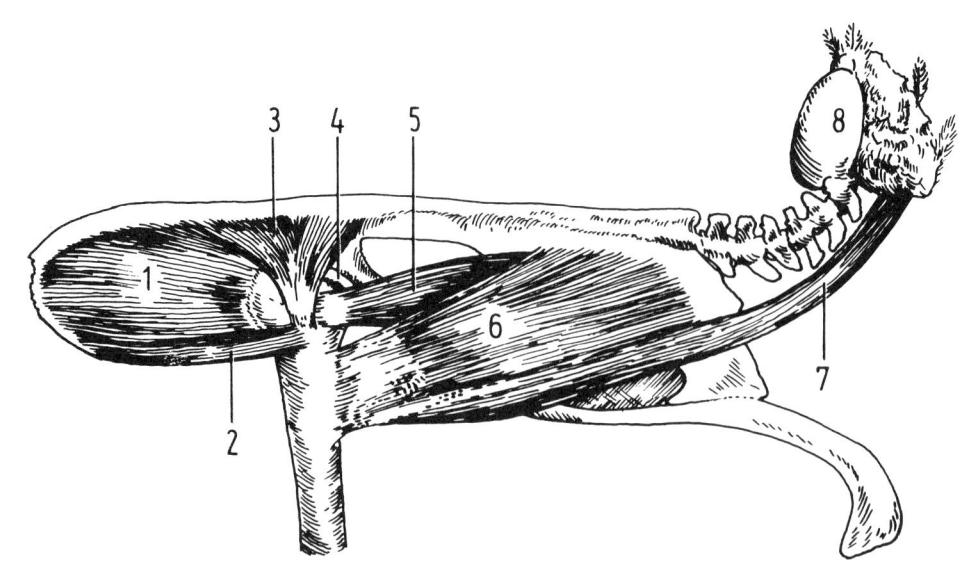

Abb. 41. Tiefe Muskeln der Beckenregion der Gans, linke Seitenansicht (nach Ghetie, 1976).

1 M. iliotrochantericus caudalis	3 M. iliofemoralis externus	6, 7 M. caudoiliofemoralis, Pars iliofemoralis et Pars caudofemoralis
2 M. iliotrochantericus cranialis	4 Sehne des M. obturatorius medialis	
	5 M. ischiofemoralis	8 Glandula uropygialis

Innervation: N. cutaneus femoralis medialis.
Funktion: Außenrotation des Oberschenkels, Beugen des Hüftgelenkes.

— Die **Mm. femorotibiales** (Abb. 39 und 40) umfassen eine Gruppe von drei sich um das Oberschenkelbein gruppierenden Muskeln, die dem M. quadriceps femoris der Haussäugetiere entsprechen.

— Der *M. femorotibialis externus* (Abb. 40) besteht aus zwei Köpfen, einem proximalen und einem distalen. Das *Caput proximale* ist zweigeteilt und liegt kranial und lateral am Femurschaft. Mit seinem kranialen Anteil entspringt es fleischig von der Ursprungsaponeurose des M. femorotibialis medius, mit seinem lateralen Anteil lateral am Femurschaft. Die Endaponeurose ist an der Bildung des *Lig. patellae* beteiligt. Fleischig endet der proximale Kopf auch an der Kniescheibe. Das kleinere *Caput distale* entspringt an den zwei distalen Dritteln des Femurschaftes kaudolateral und lateral. Es ist medial des proximalen Kopfes gelegen. Seine Endsehne vereinigt sich mit der des proximalen Kopfes und bildet die tiefe laterale Schicht des *Lig. patellae*.

Innervation: N. femoralis.
Funktion: Strecken des Kniegelenkes.

— Der *M. femorotibialis medius* (Abb. 39 und 40) entspringt am Trochanter femoris und kranial sowie kraniomedial an nahezu der gesamten Länge des Femurschaftes. Mit dem M. femorotibialis externus ist er mit Ausnahme des proximalen Abschnittes, in dem beide Muskeln durch den M. iliotrochantericus getrennt werden, fest verwachsen. Die Endsehne beteiligt sich an der Bildung des *Lig. patellae*, an der Kniescheibe setzt der Muskel bei Huhn und Taube auch fleischig an.

Innervation: N. femoralis.
Funktion: Strecken des Kniegelenkes.

- Der *M. femorotibialis internus* (Abb. 39 und 40) liegt medial am Oberschenkel zwischen M. femorotibialis medius und M. puboischiofemoralis. Kraniodorsal wird er teilweise vom M. ambiens bedeckt. Der Ursprung liegt medial am Femurschaft, der Ansatz an der Crista cnemialis cranialis des Tibiotarsus zwischen Ligamentum collaterale mediale und Endsehne des M. iliotibialis cranialis.
Innervation: N. femoralis.
Funktion: Strecken des Kniegelenkes.

- Der *M. flexor cruris lateralis* s. *caudoilioflexorius* s. *semitendinosus* (Abb. 37–40) besitzt bei Huhn, Truthuhn und Taube neben der *Pars pelvica* eine *Pars accessoria*.
Die *Pars pelvica* bildet die kaudale Kontur des Oberschenkels und liegt kaudal des M. iliofibularis. Sie entspringt fleischig am Processus terminalis ilii, bei der Ente auf der Dorsalfläche des Os ilium sowie fleischig-aponeurotisch an den ersten zwei bis drei Schwanzwirbeln. Oberhalb des Kniegelenkes trifft sie im Winkel von 100–110° (Taube 30–40°) auf die Pars accessoria und bildet zusammen mit dieser die Endsehne. Diese setzt gemeinsam mit dem M. flexor cruris medialis proximomedial am Tibiotarsus an, z. T. nimmt sie an der Bildung der **Achillessehne** teil.
Die *Pars accessoria* verläuft etwa horizontal, bei der Taube nach kaudodistal. Sie entspringt kaudolateral am Os femoris, proximal des Condylus lateralis, zieht dann nach medial in die Kniekehle und verbindet sich mit der Pars pelvica. Der distale Rand hat Verbindung zur Pars intermedia des M. gastrocnemius.
Innervation: N. coxalis caudalis für Pars pelvica, N. tibialis für Pars accessoria.
Funktion: Strecken des Hüftgelenkes, Beugen des Kniegelenkes.

- Der *M. flexor cruris medialis* s. *ischioflexorius* s. *semimembranosus* (Abb. 38–40) stellt die kaudomediale Kontur des Oberschenkels dar. Er entspringt am mittleren Abschnitt des Os pubis und lateral am Os ischii, zieht zwischen Pars intermedia und Pars medialis des M. gastrocnemius hindurch und inseriert proximomedial am Tibiotarsus. Bei Huhn und Truthuhn mündet ein fortlaufender Teil der Endsehne in die Sehne des M. gastrocnemius.
Innervation: N. coxalis caudalis.
Funktion: Beugen des Kniegelenkes, Strecken des Hüftgelenkes.

- Der *M. caudoiliofemoralis* s. *piriformis* (Abb. 38–41) besteht aus zwei Köpfen, einer *Pars caudofemoralis* und einer *Pars iliofemoralis*.
Die *Pars caudofemoralis* entspringt als schmaler Muskel am Pygostyl. Der Muskel zieht zwischen M. flexor cruris lateralis und M. iliofibularis einerseits und M. flexor cruris medialis und M. puboischiofemoralis andererseits zum Ansatz kaudolateral am proximalen Drittel des Os femoris.
Innervation: N. coxalis caudalis.
Funktion: Bei festgestellter Gliedmaße Nieder- und Seitwärtsziehen des Schwanzes, bei freier Gliedmaße Strecken des Hüftgelenkes.
Die *Pars iliofemoralis* liegt als flache Muskelplatte lateral auf dem Ilium und dem Ischium. Sie entspringt vom kaudalen Rand des Foramen ilioischiadicum, bedeckt z. T. den M. ischiofemoralis und zieht kaudal an den Femur, wo sie proximal der Pars caudofemoralis inseriert.
Innervation: N. coxalis caudalis.
Funktion: Strecken des Hüftgelenkes.

- Der *M. ischiofemoralis* (Abb. 38 und 41) entspringt, an der kaudalen Grenze des Foramen ilioischiadicum beginnend, kaudodistal am Ilium und lateral am Ischium. Seine kräftige Endsehne inseriert kurz unterhalb des Trochanter femoris an der kaudolateralen Femurfläche.
  Innervation: Ast des Plexus sacralis.
  Funktion: Außenrotation und Streckung des Hüftgelenkes.
- Der *M. obturatorius lateralis* s. *externus* liegt als kleiner Muskel außen am Becken. Er ist in eine *Pars dorsalis* und eine *Pars ventralis* gegliedert, bei der Ente kommt dazu eine *Pars ischiadica*.
  Die *Pars dorsalis* entspringt am kaudoventralen Rand des Foramen obturatum, zieht zum Trochanter femoris und inseriert distal der Endsehne des M. obturatorius medialis.
  Die *Pars ventralis* entspringt in der Incisura obturatoria. Sie wird lateral teilweise von der Pars dorsalis bedeckt. Der Ansatz erfolgt an der Impressio obturatoria des proximalen Femurendes.
  Die *Pars ischiadica* der Ente entspringt am Dorsalrand des Foramen obturatum und inseriert an der Impressio obturatoria.
  Innervation: N. obturatorius lateralis.
  Funktion: Innenrotation des Oberschenkels.
- Der *M. obturatorius medialis* s. *internus* (Abb. 38–41) liegt im Becken und bedeckt die Fenestra ischiopubica sowie den kaudalen Abschnitt des Foramen ilioischiadicum. Er entspringt im Sulcus m. obturatorii der Ala ischii und erstreckt sich fächerförmig bis zum Kaudalrand des Ilium und des Ischium. Überdies entspringt er am Dorsalrand der kranialen zwei Drittel des Schambeines. Seine Sehne zieht nach lateral durch das Foramen obturatum und inseriert am Trachanter femoris. Vor der Passage des Foramen obturatum ist die Sehne beim Huhn dreigeteilt.
  Innervation: N. obturatorius medialis.
  Funktion: Innenrotation des Oberschenkels.
- Der *M. puboischiofemoralis* s. *adductor longus et brevis* s. *adductor superficialis et profundus* (Abb. 38–40) spielt keine nennenswerte Rolle für die Adduktion des Femurs. Der häufig gebrauchte Terminus „Adductor" ist somit unzutreffend. Der Muskel besteht aus zwei Anteilen, einer *Pars lateralis* und einer *Pars medialis*.
  Die *Pars lateralis* liegt kaudal des Os femoris und kranial des M. flexor cruris medialis. Sie entspringt fleischig ventrolateral an Ischium und Pubis und setzt fleischig an der Linea intermuscularis caudalis des Corpus femoris an.
  Die *Pars medialis* ist bei Ente und Taube fest mit der Pars lateralis verbunden. Sie ist kräftiger als diese. Der Ursprung erfolgt etwas medial und distal von dem der Pars lateralis am Ischium, wobei das kraniale Drittel fleischig ist und die kaudalen zwei Drittel aus einer Aponeurose hervorgehen, welche die Medialseite des Muskels zur Hälfte bedeckt.
  Die *Pars medialis* inseriert beim Huhn ebenfalls an der Linea intermuscularis caudalis. Bei der Ente erfolgt eine Zweiteilung der Sehne, wobei der kraniale Teil an der Linea intermuscularis und beide Teile separat am Condylus medialis ossis femoris ansetzen.
  Innervation: N. obturatorius lateralis.
  Funktion: Strecken des Hüftgelenkes.

3.3.10.2. Muskeln am Unterschenkel

— Der *M. tibialis cranialis* (Abb. 42 und 43) liegt an der kraniolateralen Seite des Unterschenkels und wird vom M. fibularis longus bedeckt. Er besteht aus zwei Köpfen, einem *Caput tibiale* und einem *Caput femorale*.
Das *Caput tibiale* entspringt an der Crista cnemialis lateralis tibiotarsi und an der Crista patellaris. Das kleinere *Caput femorale* entspringt in der Fovea tendinis m. tibialis cranialis mit einer kräftigen runden Sehne, welche durch die Incisura tibialis zieht. Beide Köpfe vereinigen sich in der Mitte des Tibiotarsus. Die Endsehne verläuft kraniomedial am Tibiotarsus nach distal, wird vom *Retinaculum extensorium tibiotarsi* (Abb. 42 und 43) dorsal auf der Extremitas distalis tibiotarsi fixiert, überquert dorsal das Sprunggelenk und inseriert an der Tuberositas m. tibialis cranialis proximodorsal am Tarsometatarsus.
Innervation: N. fibularis.
Funktion: Beugen des Tarsalgelenkes.

— Der *M. extensor digitorum longus* (Abb. 42 und 43) entspringt als tiefster der kranialen Unterschenkelmuskeln im Sulcus intercristalis der Extremitas proximalis tibiotarsi sowie in den proximalen zwei Dritteln der kranialen Tibiotarsusfläche fleischig. Seine Endsehne zieht durch den unter dem Retinaculum extensorium tibiotarsi gelegenen *Canalis extensorius* (Abb. 42 und 43), überquert dorsal das Sprunggelenk und wird dorsomedial an der Extremitas proximalis tarsometatarsi durch das *Retinaculum extensorium tarsometatarsi* (Abb. 23 und 43) fixiert. Dorsal auf dem Corpus tarsometatarsi spaltet sich am Übergang zu dessen distalem Drittel ein Ast für die zweite Zehe ab. Weiter distal erfolgt die Teilung in je eine Sehne für die dritte und vierte Zehe. Die Sehnen für alle drei Zehen teilen sich in Höhe der Metatarsophalangealgelenke wiederum in je einen lateralen und einen medialen Ast. Einer der Äste inseriert an der Phalanx II, der andere an der Endphalanx. Dazu kommen speziestypische weitere Abzweigungen an die Phalangen.
Innervation: N. fibularis.
Funktion: Strecken der Zehen, Beugen des Tarsalgelenkes.

— Der *M. fibularis* s. *peroneus longus* (Abb. 37 und 43) liegt kraniolateral am Unterschenkel. Er entspringt an der Crista cnemialis lateralis, auf der Crista patellaris, an der Crista cnemialis cranialis sowie an den proximalen zwei Dritteln der Linea extensoria am Corpus tibiotarsi. Im proximalen Drittel ist seine Ursprungsaponeurose mit dem darunterliegenden M. tibialis cranialis verbunden. Weitere Verbindungen bestehen in der proximalen Hälfte seines kaudalen Randes mit dem M. flexor perforans et perforatus digiti III und kranioproximal mit der Pars interna des M. gastrocnemius. Die kräftige Endsehne gibt in Höhe des Sprunggelenkes eine bandartige Abzweigung an die Cartilago tibialis ab, wodurch sie an der lateralen Seite des Gelenkes, hinter der Endsehne des M. fibularis brevis fixiert wird. Danach zieht die Sehne nach kaudolateral und mündet im proximalen Drittel des Tarsometatarsus in die Endsehne des M. flexor perforatus digiti III ein. Zuvor wird beim Huhn noch eine kleine Sehnenabspaltung an den Hypotarsus abgegeben.
Innervation: N. fibularis.
Funktion: Durch die Verbindung mit der Cartilago tibialis wirkt der Muskel als Strecker des Tarsalgelenkes.

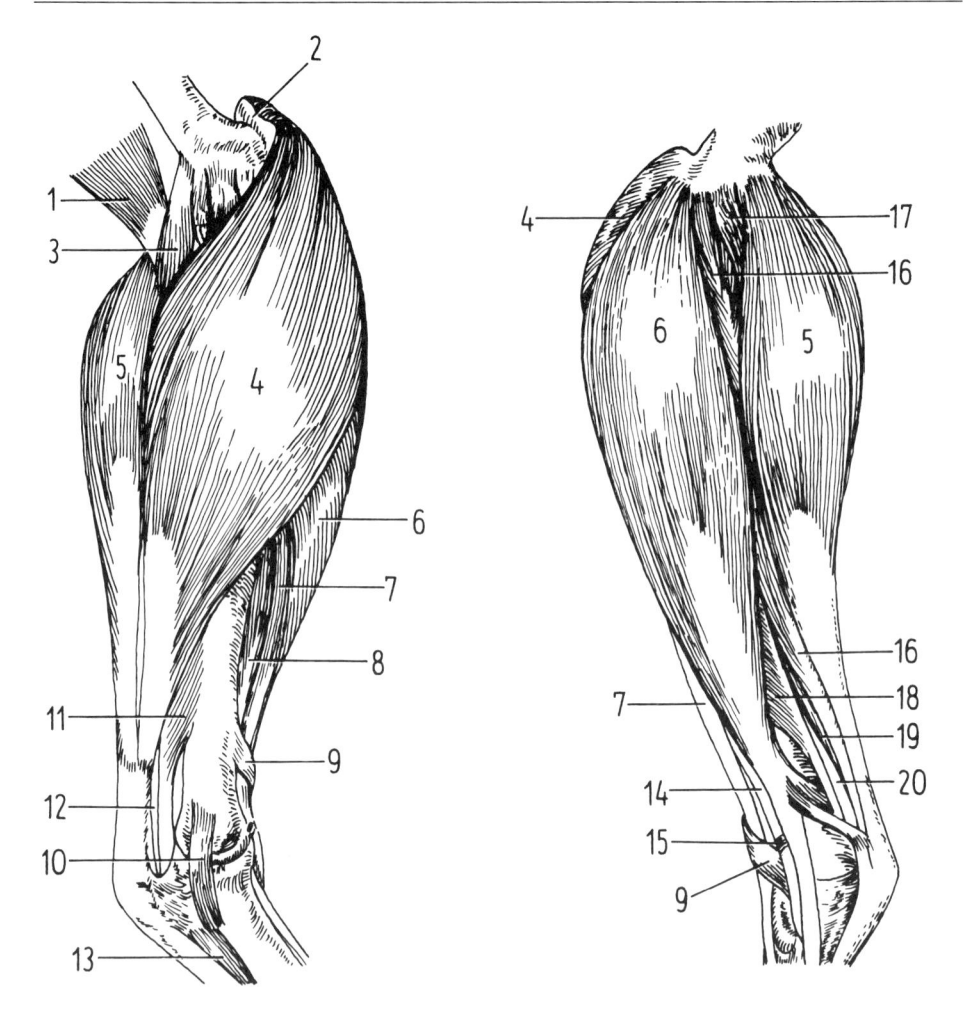

Abb. 42. Oberflächliche Muskeln am linken Unterschenkel des Truthuhnes, Medialansicht (links) und Lateralansicht (rechts) (nach Ghetie, 1976).

1 M. iliofibularis
2 Patella
3 M. flexor perforatus digiti IV
4 M. gastrocnemius, Pars medialis
5 M. gastrocnemius, Pars lateralis
6 M. fibularis longus
7 M. tibialis cranialis
8 M. extensor digitorum longus
9 Retinaculum extensorium tibiotarsi
10 Ligamentum collaterale mediale
11 M. flexor digitorum longus
12 M. plantaris
13 M. flexor hallucis brevis
14 M. fibularis brevis
15 Retinaculum m. fibularis
16 M. flexor perforans et perforatus digiti III
17 M. flexor perforans et perforatus digiti II
18 M. flexor hallucis longus
19 M. flexor perforatus digiti IV
20 M. flexor perforatus digiti II

- Der *M. fibularis* s. *peroneus brevis* (Abb. 42 und 43) ist ein relativ schwacher Muskel, der kranial des Fibulaschaftes liegt. Kranial wird er vom M. extensor digitorum longus bedeckt. Mit seinem *Caput fibulare* entspringt er am Tuberculum m. iliofibularis des Corpus fibulae und mit seinem *Caput tibiale* vor der Fibula am Corpus tibiotarsi. Die einheitliche, kräftige runde Endsehne wird im Sulcus m. fibularis lateral an der Extremitas distalis tibiotarsi durch das *Retinaculum m. fibularis* (Abb. 23) fixiert. Sie unterkreuzt danach die Endsehne des M. fibularis longus und inseriert an der Tuberositas m. fibularis brevis des Tarsometatarsus. Bei der Taube erfolgt der Ansatz ohne vorheriges Unterkreuzen der Sehne des M. fibularis longus.
  Innervation: N. fibularis.
  Funktion: Innenrotation im Tarsalgelenk.
- Der *M. gastrocnemius* (Abb. 37, 39, 40, 42–44) als kräftigster Unterschenkelmuskel besteht aus drei Teilen, einer *Pars lateralis* s. *externa*, einer *Pars intermedia* und einer *Pars medialis* s. *interna*.

  Die *Pars lateralis* entspringt mit einer kräftigen Sehne am Tuberculum m. gastrocnemialis lateralis des Epicondylus lateralis femoris. Die Sehne ist mit der Ansa iliofibularis und beim Huhn mit dem Ursprung des M. flexor perforans et perforatus digiti II verbunden. Am distalen Ende des Tibiotarsus mündet die Endsehne in die **Achillessehne** ein, deren laterale Kontur sie bildet.

  Die *Pars intermedia* entspringt als kleinster Teil des M. gastrocnemius an der Basis des Condylus medialis femoris und in der Fossa poplitea. Beim Huhn ist sie mit dem distalen Rand der Pars accessoria des M. flexor cruris lateralis verbunden. Ihre Endsehne verbindet sich beim Huhn im proximalen, bei der Ente im distalen Drittel des Tibiotarsus mit der Pars medialis und bildet den zentralen Anteil der **Achillessehne.**

  Die *Pars medialis* liegt kraniomedial am Unterschenkel und zieht im distalen Drittel nach kaudomedial. Sie entspringt kraniolateral am Proximalrand der Kniescheibe und kraniomedial am Ligamentum patellae sowie in der Tiefe an der Facies gastrocnemialis der Extremitas proximalis tibiotarsi. Bei der Ente besitzt die Pars medialis drei Köpfe. Proximal besteht eine Verbindung des Kranialrandes mit dem M. fibularis longus. Der Kaudalrand verschmilzt proximal mit der Endsehne des M. flexor cruris medialis. Die breite Endsehne verbindet sich mit derjenigen der Pars intermedia und bildet den medialen Anteil der **Achillessehne.** Diese gemeinsame Endsehne der drei Köpfe des M. gastrocnemius zieht kaudal über die Cartilago tibialis und wird dort von einer Faszie fixiert. Ihren Ansatz findet sie an der Crista medialis und lateralis hypotarsi sowie plantar am Corpus tarsometatarsi. Die Sehne wird hier lateral vom M. flexor hallucis brevis und medial vom M. abductor digiti IV begleitet.
  Innervation: N. suralis lateralis und N. suralis medialis des N. tibialis.
  Funktion: Strecken des Tarsalgelenkes.
- Der *M. plantaris* (Abb. 42) liegt kaudomedial am Unterschenkel. Er entspringt am Kaudalrand der Facies articularis medialis sowie distal davon am Corpus tibiotarsi und inseriert proximomedial an der Cartilago tibialis.
  Innervation: N. suralis medialis des N. tibialis.
  Funktion: Strecken des Tarsalgelenkes, Lagestabilisierung der Cartilago tibialis.
- Der *M. popliteus* verläuft annähernd horizontal auf der Beugeseite des Kniegelenkes zwischen Caput fibulae und Extremitas proximalis tibiotarsi. Beim Huhn ist er fast

3. Bewegungsapparat

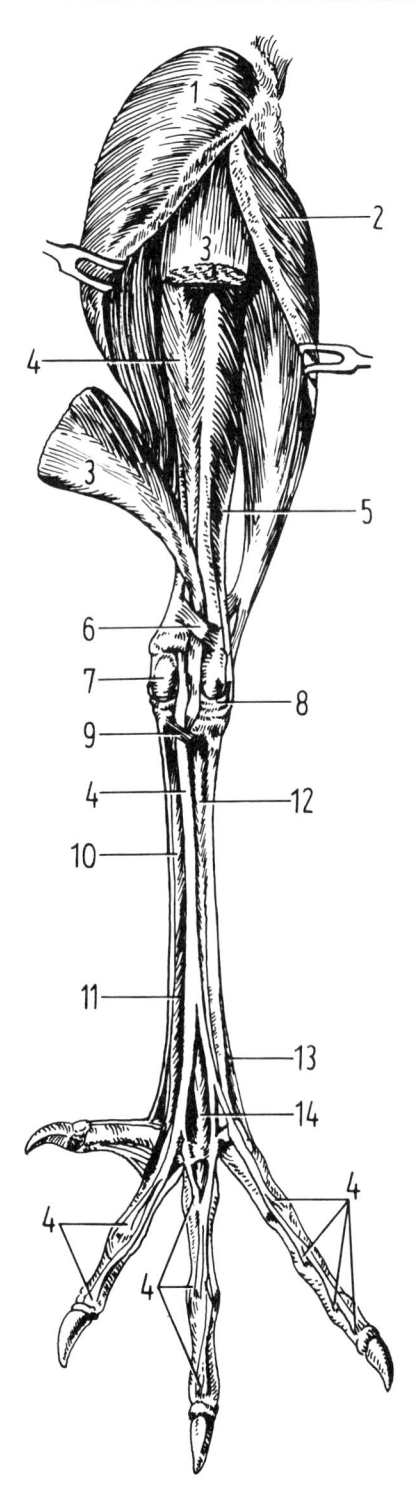

Abb. 43

rein muskulös und parallel gefasert, bei der Ente einfach gefiedert. Seinen Ursprung hat er medial des Caput tibiale des M. flexor digitorum longus, seinen Ansatz lateral des M. plantaris an die Tuberositas poplitea tibiotarsi.

Innervation: N. suralis medialis des N. tibialis.

Funktion: Stabilisierung des Fibulakopfes.

— Der *M. flexor perforans et perforatus digiti II* (Abb. 42 und 44) liegt lateral am Unterschenkel, kaudal des M. flexor perforans et perforatus digiti III, mit dem er proximal fest verbunden ist. Kaudal wird er größtenteils von der Pars lateralis des M. gastrocnemius bedeckt. Sein Ursprung erfolgt kaudolateral an der Trochlea fibularis des Condylus lateralis femoris. Bei der Ente entspringt der Muskel mit zwei Köpfen, der kraniale am Kniescheibenband und der Crista cnemialis lateralis, der kaudale an der Trochlea fibularis und am Fibulakopf. Die Endsehne zieht nach kaudomedial, überkreuzt die Sehne des M. flexor perforatus digiti IV und passiert das Tarsalgelenk im medialen der zwei oberflächlichen Knorpelkanäle der Cartilago tibialis. Nach Passage des Sulcus hypotarsi zieht sie medial auf der plantaren Seite des Tarsometatarsus nach distal. In Höhe des Metatarsophalangealgelenkes der zweiten Zehe passiert sie die durch Aufspaltung der Endsehne des M. flexor perforatus digiti II gebildete Scheide. Am Capitulum der proximalen Phalanx spaltet sich die Sehne selbst in zwei Schenkel, die an der Basis phalangis II ansetzen und damit eine Scheide zum Durchtritt der Endsehne des M. flexor digitalis longus bilden.

Innervation: N. suralis lateralis des N. tibialis.

Funktion: Beugen der zweiten Zehe.

— Der *M. flexor perforans et perforatus digiti III* (Abb. 42 und 44) liegt kaudal des M. tibialis cranialis lateral am Unterschenkel und wird z. T. vom M. fibularis longus bedeckt. Der Muskel geht beim Huhn im mittleren, bei der Ente im distalen Drittel des Tibiotarsus in die Endsehne über. Er entspringt an der Crista cnemialis lateralis und am Kniescheibenband. Bei der Ente ist der Muskel dreiköpfig mit Ursprüngen am Fibulaschaft, am Ligamentum patellae und an der Trochlea fibularis des Femurs. Die Endsehne überkreuzt oberhalb des Tarsalgelenkes die Sehne des M. flexor perforatus digiti IV. Die Cartilago tibialis wird passiert zwischen der lateral verlaufenden Sehne des M. flexor perforatus digiti IV und der medial liegenden Sehne des M. flexor perforans et perforatus digiti II. Bei Passage des Hypotarsus liegt die Sehne auf der des M. flexor perforatus digiti III. Distal am Tarsometatarsus kreuzt sie unter die Sehne dieses Muskels. Etwas oberhalb der Trochlea metatarsi III sind beide Sehnen durch ein *Vinculum tendinum flexorum* (Abb. 44) miteinander verbunden. Auf Höhe der Phalanx I der dritten Zehe durchbohrt die Sehne des M.

◀

Abb. 43. Tiefe Muskeln am Unterschenkel und am Hintermittelfuß des Truthuhnes, linke Gliedmaße, Dorsalansicht (nach Ghetie, 1976).

1 M. gastrocnemius, Pars medialis	6 Retinaculum extensorium tibiotarsi	11 M. abductor digiti II
2 M. fibularis longus	7 Condylus medialis	12 M. extensor brevis digiti IV
3 M. tibialis cranialis	8 Meniscus lateralis	13 M. abductor digiti IV
4 M. extensor digitorum longus	9 Retinaculum extensorium tarsometatarsi	14 M. extensor brevis digiti III
5 M. fibularis brevis	10 M. extensor hallucis longus	

122   *3. Bewegungsapparat*

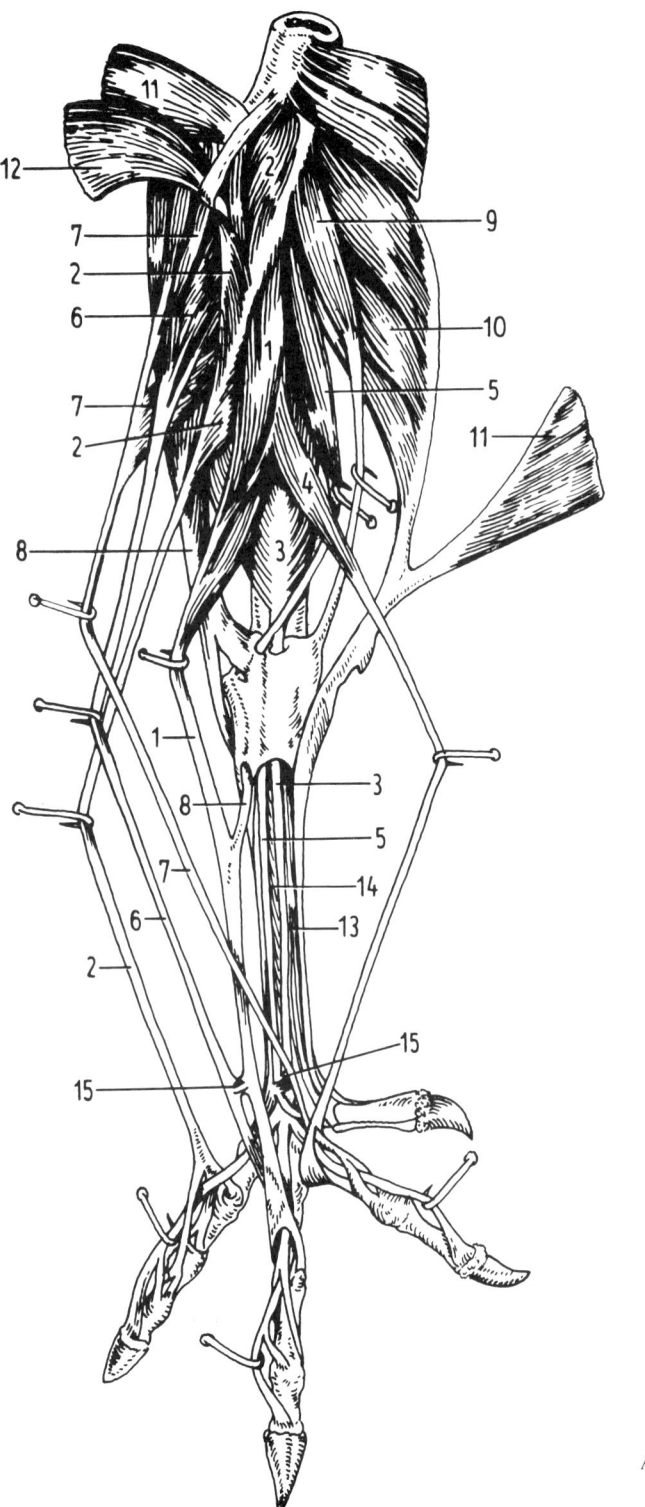

Abb. 44

flexor perforans et perforatus digiti III jene des M. flexor perforatus digiti III um danach selbst mit zwei Schenkeln lateral und medial an der Basis phalangis III anzusetzen. Diese beiden Schenkel bilden eine Scheide zur Passage der Sehne des M. flexor digitorum longus.

Innervation: N. suralis lateralis des N. tibialis.
Funktion: Beugen der dritten Zehe.

— Der *M. flexor perforatus digiti IV* (Abb. 42 und 44) hat beim Huhn vier, bei Ente und Taube zwei Köpfe, die an der Trochlea fibularis des Femur, am Ligamentum collaterale laterale, am Caput fibulae, in der Fossa poplitea und am Condylus lateralis femoris entspringen. Am Tibiotarsus gehen die Muskelbäuche in die Endsehne über, die proximal der Cartilago tibialis unter den Endsehnen der Mm. flexores perforantes et perforati II et III nach lateral zieht. Cartilago tibialis und Hypotarsus werden lateral der Endsehne des M. flexor perforans et perforatus digiti III passiert. An der Trochlea metatarsi IV verbreitert sich die Sehne und teilt sich in Höhe der Phalanx proximalis digiti IV in zwei laterale und einen medialen Ast. Die lateralen Äste inserieren proximolateral an der Phalanx II und III, der mediale mit zwei Schenkeln medial und lateral an der Basis phalangis IV.

Innervation: N. suralis lateralis des N. tibialis.
Funktion: Beugen der vierten Zehe.

— Der *M. flexor perforatus digiti III* (Abb. 44) liegt kaudolateral am Unterschenkel über dem M. flexor perforatus digiti II und wird bedeckt vom M. flexor perforatus digiti IV. Er entspringt mit zwei Köpfen in der distalen Hälfte des Tibiotarsus bzw. in der Fossa poplitea. Beide Köpfe laufen distal am Tibiotarsus in eine Endsehne aus, die in Höhe des Sprunggelenkes und des Hypotarsus zwei Rinnen für die darüberhinweg laufenden Sehnen des M. flexor perforatus digiti IV und des M. flexor perforans et perforatus digiti III besitzt. Distal des Hypotarsus nimmt sie die Endsehne des M. fibularis longus auf. Mit der Endsehne des M. flexor perforans et perforatus digiti III ist sie in Höhe der Extremitas distalis tarsometatarsi durch ein *Vinculum tendinum flexorum* (Abb. 44) verbunden. An der Trochlea metatarsi III spaltet sich die Sehne in einen lateralen und einen medialen Schenkel, die an der Basis der Phalanx II inserieren.

Innervation: N. suralis lateralis des N. tibialis.
Funktion: Beugen der dritten Zehe.

◀

Abb. 44. Tiefe Muskeln am Unterschenkel und am Hintermittelfuß des Huhnes, linke Gliedmaße, Plantaransicht (nach Ghetie, 1976).

1 M. flexor perforatus digiti III
2 M. flexor perforatus digiti IV
3 M. flexor digitorum longus
4 M. flexor perforatus digiti II
5 M. flexor hallucis longus
6 M. flexor perforans et perforatus digiti III
7 M. flexor perforans et perforatus digiti II
8 M. fibularis longus
9 M. plantaris
10 M. gastrocnemius, Pars medialis
11 M. gastrocnemius, Pars lateralis
12 M. iliofibularis
13 M. flexor hallucis brevis
14 M. adductor digiti II
15 Vinculum tendinum flexorum

— Der *M. flexor perforatus digiti II* (Abb. 42 und 44) liegt unter dem M. flexor perforatus digiti III und entspringt beim Huhn mit vier, bei Ente und Taube mit zwei Köpfen an den Ursprungsaponeurosen der Köpfe der Mm. flexores perforati. Im distalen Viertel des Tibiotarsus gehen sie in die Endsehne über, welche die Cartilago tibialis zwischen den Sehnen des M. flexor hallucis longus und des M. flexor digitorum longus, bei der Taube medial dieser beiden Sehnen, passiert. Den Hypotarsus durchläuft sie in der Rinne zwischen Crista medialis und Crista intermedia, unter der Sehne des M. flexor perforans et perforatus digiti II. An der Trochlea metatarsi II verbreitert sich die Sehne und teilt sich bei Huhn und Taube in zwei Schenkel, die medial bzw. lateral an der Basis phalangis I ansetzen. Durch diese so gebildete Scheide zieht die Endsehne des M. flexor perforans et perforatus digiti II. Bei der Ente inseriert die ungeteilte Endsehne lateral an der Phalanx I der zweiten Zehe.
Innervation: N. suralis lateralis des N. tibialis.
Funktion: Beugen der zweiten Zehe.

— Der *M. flexor hallucis longus* (Abb. 42 und 44) liegt kaudal am Unterschenkel zwischen M. flexor digitorum longus und den durchbohrten Zehenbeugern. Er besitzt mit Ausnahme der Taube zwei Köpfe, die kaudomedial am Condylus lateralis femoris und in der Incisura intercondylaris entspringen. Der einköpfige Muskel der Taube hat seinen Ursprung am Condylus lateralis femoris und proximokaudal am Tibiotarsus. Die Endsehne beginnt in der Mitte des Tibiotarsus und passiert die Cartilago tibialis lateral in einem eigenen Knorpelkanal, unter der Endsehne des M. flexor perforatus digiti III. Über den Hypotarsus gleitet sie in der Knochenrinne zwischen dessen Crista lateralis und Crista intermedia. Unterhalb der Mitte des Tarsometatarsus überkreuzt die Endsehne diejenige des M. flexor digitorum longus nach kaudomedial und verbindet sich mit ihr durch ein bei der Ente sehr kräftiges *Vinculum tendinum flexorum* (Abb. 44). An der Basis der Phalanx I der ersten Zehe wird die Endsehne des M. flexor hallucis brevis durchbohrt. Der Ansatz erfolgt am Tuberculum flexorium der Phalanx distalis.
Innervation: N. suralis medialis des N. tibialis.
Funktion: Beugen der ersten Zehe und durch die Verbindung mit dem M. flexor digitorum longus auch Beugen der zweiten bis vierten Zehe.

— Der *M. flexor digitorum longus* (Abb. 42 und 44) entspringt mit zwei Köpfen kaudolateral am Corpus fibulae und am Caput fibulae. Bei der Taube hat der Muskel nur einen Kopf, der an der Facies caudalis des Tibiotarsus und am Fibulaschaft entspringt. Die gemeinsame Endsehne passiert die Cartilago tibialis in einem Knorpelkanal, den Hypotarsus bei Huhn und Taube im Canalis hypotarsi, bei der Ente im Sulcus hypotarsi zwischen Crista medialis und medialer Crista intermedia. Kurz unterhalb des Vinculum tendinum flexorum zur Verbindung mit dem M. flexor hallucis longus teilt sich die Sehne in drei Schenkel für die zweite bis vierte Zehe. Diese inserieren am Tuberculum flexorium der jeweiligen distalen Phalanx. An die interphalangealen Gelenke werden kleine Zweige abgegeben. Von der dorsalen Seite der Sehne entspringt der M. lumbricalis.
Innervation: N. suralis medialis des N. tibialis.
Funktion: Beugen der zweiten bis vierten Zehe.

3.3.10.3. Muskeln am Hintermittelfuß

— Der *M. extensor hallucis longus* (Abb. 43) liegt dorsomedial am Tarsometatarsus. Bei Huhn und Truthuhn entspringt der Muskel mit einem Kopf im Sulcus extensorius distal der Impressiones retinaculi extensorii. Proximal des Os metatarsale I geht er in seine Endsehne über, die dorsal über die erste Zehe zieht, dort von einem querverlaufenden Band gehalten wird und am Tuberculum extensorium der Phalanx distalis inseriert. Bei der Ente hat der Muskel zwei Köpfe. Eine *Pars proximalis* entspringt im Sulcus extensorius, eine *Pars distalis* medial am Tibiotarsus. Bei der Taube sind zwei selbständige Muskeln vorhanden, von denen der distale nur bis zur Basis der Phalanx I reicht.
  Innervation: N. fibularis.
  Funktion: Strecken der ersten Zehe.

— Der *M. flexor hallucis brevis* (Abb. 44) ist der kräftigste der Hintermittelfußmuskeln. Er liegt medioplantar am Corpus tibiotarsi und entspringt in der Fossa parahypotarsalis medialis und im Sulcus flexorius. Die im distalen Drittel des Tarsometatarsus entstehende Sehne inseriert plantar an der Basis phalangis I der ersten Zehe und bildet eine Scheide für die Sehne des M. flexor hallucis longus.
  Bei der Ente ist der Muskel nur schwach entwickelt.
  Innervation: N. parafibularis des N. tibialis.
  Funktion: Beugen der ersten Zehe.

— Der *M. abductor digiti II* (Abb. 43) liegt als schlanker Muskel lateral des M. extensor hallucis longus und medial des M. extensor brevis digiti III. Er entspringt in der distalen Hälfte des Tarsometatarsus und inseriert dorsomedial an der Basis phalangis proximalis.
  Innervation: N. fibularis.
  Funktion: Abduktion der zweiten Zehe, in Beugestellung Unterstützung der Beugung, in Streckstellung Unterstützung der Streckung der zweiten Zehe.

— Der *M. adductor digiti II* (Abb. 44) liegt und entspringt medioplantar am Tarsometatarsus zwischen M. flexor hallucis brevis und M. abductor digiti IV. In Höhe der Trochlea metatarsi II geht er in seine Endsehne über, die lateral an der Basis phalangis I der zweiten Zehe inseriert.
  Innervation: N. parafibularis des N. tibialis.
  Funktion: Adduktion der zweiten Zehe.

— Der *M. extensor brevis digiti III* (Abb. 43) liegt und entspringt distal auf der Facies dorsalis des Tibiotarsus, medial vom M. abductor digiti II und lateral vom M. extensor brevis digiti IV flankiert. An der Trochlea metatarsi III geht er in seine Endsehne über, die am Tuberculum extensorium der proximalen Phalanx der dritten Zehe inseriert.
  Innervation: N. fibularis.
  Funktion: Strecken der dritten Zehe.

— Der *M. extensor brevis digiti IV* (Abb. 43) liegt dorsolateral am Tarsometatarsus. Sein Ursprung erstreckt sich von lateral der Tuberositas m. tibialis cranialis bis zum Foramen vasculare distale, an dem der Muskel in seine Endsehne übergeht. Diese passiert den Canalis interosseus tendineus und inseriert medial an der Basis phalangis I der vierten Zehe.

Innervation: N. fibularis.
Funktion: Adduktion der vierten Zehe und Unterstützung ihrer Streckung.
— Der *M. abductor digiti IV* (Abb. 43) ist ein langer, schlanker, bei der Ente etwas kräftigerer Muskel, der lateroplantar am Tibiotarsus liegt. Er entspringt distal der Fossa parahypotarsalis lateralis am Corpus tarsometatarsi. An der Trochlea metatarsi IV geht er in seine Sehne über, die lateral an der Basis phalangis I der vierten Zehe inseriert.
Innervation: N. parafibularis des N. tibialis.
Funktion: Abduktion der vierten Zehe.
— Der *M. lumbricalis* ist fleischig-sehnig und von bandförmiger Gestalt. Proximal ist er einheitlich, distal zwei-, bei der Taube dreigeteilt. Er entspringt dicht oberhalb der Aufspaltung der Sehne des M. flexor digitorum longus und inseriert am Ligamentum plantare des Metatarsophalangealgelenkes der dritten und mit einem kleinen Schenkel auch an dem der zweiten Zehe. Bei der Taube setzt die dreigeteilte Endsehne an den Ligamenta plantaria der zweiten bis vierten Zehe an.
Innervation: N. parafibularis des N. tibialis.
Funktion: Aufwärtsziehen der Ligamenta plantaria und damit Schutz der Beugesehne vor Quetschungen bei Kontraktion der Beugemuskeln.

4. Körperhöhle

Im Gegensatz zu den Haussäugetieren ist bei den Vögeln kein Zwerchfell ausgebildet. Die **einheitliche Leibeshöhle** wird durch bindegewebige Membranen, ein *Septum horizontale*, ein *Septum obliquum* und ein *Septum posthepaticum* in mehrere Räume unterteilt, welche die Eingeweide beherbergen (Abb. 45). Im kranialen Abschnitt der Leibeshöhle liegen die Lungen und das Herz.

Die *Pleura parietalis* und die *Pleura visceralis* s. *pulmonalis* sind postembryonal weitgehend miteinander verschmolzen. Eine einheitliche Pleurahöhle, *Cavitas pleuralis*, ist somit nicht vorhanden. Beim Huhn erfolgt die Verbindung der Pleurablätter im dorsolateralen Bereich der Lunge nur durch relativ zarte Filamente, so daß hier noch Reste einer Pleurahöhle zu erkennen sind. Das ventrale Pleurablatt verschmilzt mit dem Septum horizontale. Dieses wird als Abkömmling der Pleura parietalis an der ventralen Lungenfläche betrachtet. Es entspringt an den Processus ventrales der Brustwirbel und zieht seitwärts zu den Rippen, wo es sich in einem ventral konvexen Bogen anheftet. An den Rippen entspringen in der Nähe des Ansatzes des horizontalen Septums vier bis fünf kleine, quergestreifte Muskeln, *Mm. costoseptales*, die fächerförmig in das Septum einstrahlen. Der Raum zwischen Septum horizontale, Rippen und Brustwirbeln beherbergt die Lunge.

Aus dem horizontalen Septum spaltet sich am kaudalen Lungenrand das schräge Septum, *Septum obliquum*, ab. Dieses befestigt sich dorsal an der Wirbelsäule, seitlich an der sechsten und siebenten Rippe und ventral am Sternum. Es ist als Abkömmling des parietalen Peritoneums anzusehen. Medial im Septum obliquum, das bei Präparation der Leibeshöhle in der Regel zerstört wird, liegt ein aus glatter Muskulatur bestehender *M. septi obliqui*. In den Raum zwischen Septum horizontale und Septum obliquum schieben sich beiderseits der Medianebene die Brustluftsäcke ein.

Neben den beiden paarigen, die Lunge und die Brustluftsäcke umschließenden Höhlen, befinden sich in der Leibeshöhle der Vögel, abgesehen vom Herzbeutel, weitere, die übrigen Organe beherbergende Räume. In dem dorsal von den letzten Hals- und den ersten Brustwirbeln sowie dem Kranialabschnitt des Septum horizontale, kranial von den Rabenschnabel- und Schlüsselbeinen, den vorderen Rippenpaaren und der Haut begrenzten Raum befinden sich die thorakalen Abschnitte der Hals- und Schlüsselbeinluftsäcke (Abb. 46). Letztere grenzen kaudal an die kranialen Brustluftsäcke.

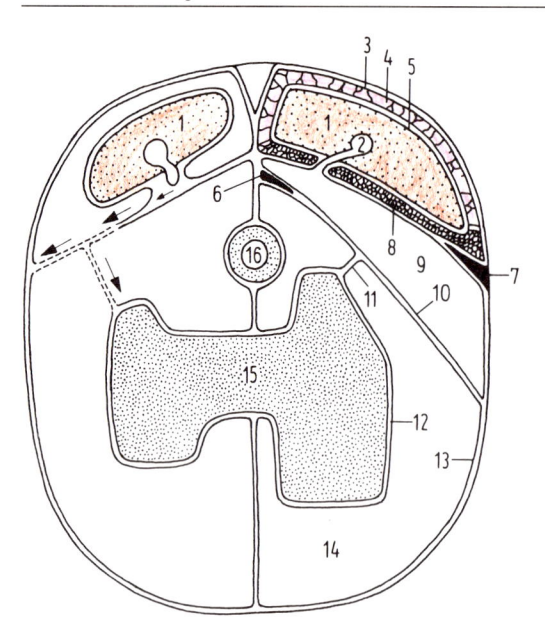

Abb. 45. Pleura- und Peritonealhöhle des Huhnes, schematisch. Querschnitt durch den Rumpf in Höhe der Lunge und der Leber (nach McLelland und King, 1970).

1 Lunge	7 Mm. costoseptales	12 Peritoneum viscerale
2 Bronchus	8 Septum horizontale	13 Peritoneum parietale
3 Pleura parietalis	9 Saccus thoracicus cranialis	14 Cavitas peritonealis
4 Cavitas pleuralis	10 Septum obliquum	15 Leber
5 Pleura visceralis	11 Ligamentum hepaticum dextrum	16 Esophagus
6 M. septi obliqui		

Die drei großen Pfeile bezeichnen die Ausdehnungsrichtung, der kleine Pfeil die folgende Penetration durch die Luftsäcke.

Der größte Raum der Leibeshöhle wird dorsal von der Wirbelsäule und dem Becken, lateral beiderseits vom Septum obliquum und ventral von der Bauchwand begrenzt. Die Wände dieses Raumes werden vom *Peritoneum parietale* ausgekleidet, welches die **Peritonealhöhle**, *Cavitas peritonealis*, umschließt. Die Peritonealhöhle der Vögel ist in fünf **Bauchfellsäcke** gegliedert, deren Wände sich zwar berühren, deren seröse Hohlräume aber vollständig voneinander getrennt sind. Zwei dieser Bauchfellsäcke liegen beiderseits der Medianebene dem Sternum und der ventralen Bauchwand auf. In der Längsrichtung erstrecken sie sich von der Herzspitze bis etwa zur Mitte der Distanz zwischen kaudalem Brustbeinende und Kloake. Die Wände dieser Bauchfellsäcke berühren sich in der Medianebene unter Bildung einer Serosaduplikatur, die sich dorsal an der Leber und der Wirbelsäule, ventral am Brustbein und an der Bauchwand befestigt. Durch Einschluß der obliterierten Nabelvene wird die Serosaduplikatur zum *Lig. falciforme hepatis* (Abb. 62). Beide Bauchfellsäcke umschließen jeweils den ventralen Hauptteil des gleichseitigen Leberlappens und werden als ventrale Leberbauchfellsäcke, *Cavitates peritoneales hepaticae ventrales*, bezeichnet (Abb. 46 und 47).

Zwei weitere kleine Bauchfellsäcke umgeben die kraniodorsalen Abschnitte beider Leberlappen. Diese dorsalen Leberbauchfellsäcke, *Cavitates peritoneales hepaticae*

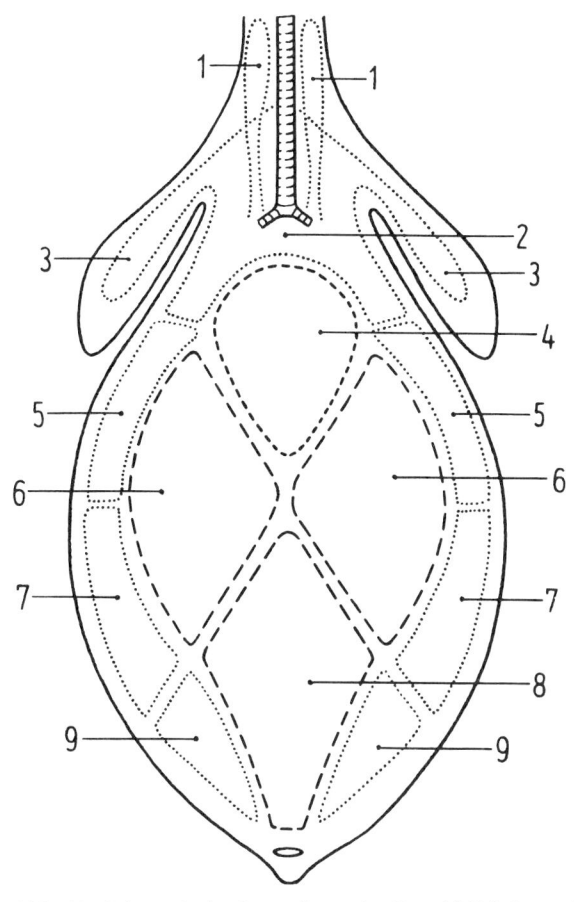

Abb. 46. Schematische Darstellung der Bauchfellsäcke und der Luftsäcke in der Leibeshöhle des Hausgeflügels (nach Schwarze und Schröder, 1985).

1 Saccus cervicalis
2 Saccus clavicularis
3 Diverticulum axillare
4 Cavitas pericardialis
5 Saccus thoracicus cranialis
6 Cavitas peritonealis hepatica ventralis
7 Saccus thoracicus caudalis
8 Cavitas peritonealis intestinalis
9 Saccus abdominalis

dorsales, bilden durch Berührung mit den ventralen Leberbauchfellsäcken eine Serosaduplikatur, die als *Lig. hepaticum* zum Septum obliquum zieht. Die Scheidewand zwischen den dorsalen Leberbauchfellsäcken tritt von dorsal an die Leber, setzt an deren Facies visceralis an und verbindet sich mit der Scheidewand der ventralen Leberbauchfellsäcke.

Der größte der fünf Bauchfellsäcke ist der Eingeweidebauchfellsack, *Cavitas peritonealis intestinalis* (Abb. 46 und 47). Er schließt sich kaudal an die ventralen Leberbauchfellsäcke an. Die Serosaduplikatur zwischen Eingeweide- und Leberbauchfellsäcken wird als *Septum posthepaticum* bezeichnet. Der linke Abschnitt dieses Septums erstreckt sich zwischen linkem dorsolateralen Peritoneum parietale und linker Magenwand, der rechte zwischen rechtem dorsolateralen Peritoneum parietale und rechter Magenwand. Der Eingeweidebauchfellsack umgibt das Darmkonvolut und Teile des Harn- und Ge-

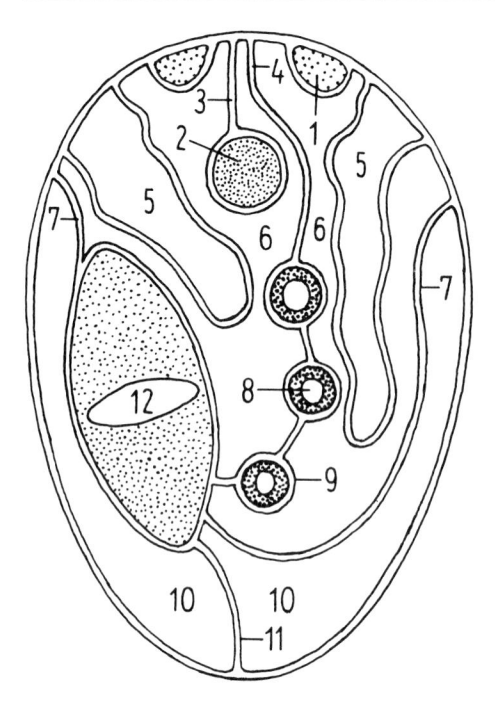

Abb. 47. Gliederung der Peritonealhöhle des Huhnes. Schematischer Querschnitt durch den Rumpf in Höhe des Ovars und des Muskelmagens (nach McLelland und King, 1970).

1 Niere
2 Ovar
3 Mesovarium
4 Mesenterium dorsale
5 Saccus abdominalis
6 Cavitas peritonealis intestinalis
7 Septum posthepaticum
8 Dünndarm
9 Peritoneum viscerale
10 Cavitas peritonealis hepatica ventralis
11 Mesenterium ventrale
12 Muskelmagen

schlechtsapparates. Zwischen den Darmschlingen kann subperitoneal je nach Ernährungszustand eine größere Menge Fett eingelagert sein. Bei Mastgeflügel, besonders bei Ente und Gans, kann im kaudoventralen Abschnitt der Leibeshöhle so viel Fett gespeichert sein, daß es die Darmschlingen verdeckt. Die Cavitas peritonealis intestinalis liegt den Wänden der Leibeshöhle nicht überall direkt an. In der Nierengegend ist sie durch die beiden Bauchluftsäcke von der Körperwand abgedrängt.

5. Verdauungssystem

Zum Verdauungssystem, *Systema digestorium*, zählen die Mundhöhle, *Cavitas oralis*, der Rachen, *Pharynx*, der Verdauungskanal, *Canalis alimentarius*, und die Anhangsdrüsen des Darmes. Die Funktionen des Verdauungssystems bestehen in der Aufnahme, der Zerkleinerung und der Verdauung der aufgenommenen Nahrung sowie in der Ausscheidung ihrer unverdaulichen Reste.

Die Wand des Verdauungskanales wird von drei Schichten gebildet. Die innere Schicht ist die Schleimhaut, *Tunica mucosa*. Sie enthält zahlreiche Drüsen, deren Sekret die Schleimhautoberfläche feucht hält. In der Schleimhaut der Mundhöhle befinden sich kleine tubuloalveoläre Drüsen, deren muköses Sekret zur Anfeuchtung der aufgenommenen trockenen Nahrung dient. Die in der Speiseröhre vorhandenen Schleimdrüsen fehlen im Kropf. Das Sekret dieser Drüsen erleichtert den Transport der Nahrung zum Magen. In der Schleimhaut des Drüsenmagens liegen tubulöse Drüsen, die über Drüsenpapillen in das Magenlumen münden. Das Sekret der Magendrüsen dient der Verdauung der Nahrung. Im folgenden Abschnitt des Verdauungskanales, dem Muskelmagen, wird die vorverdaute Nahrung mechanisch zerkleinert. Die Schleimhaut des Muskelmagens enthält dicht gelagerte, einfache tubulöse Drüsen, die eine durchgehende Drüsenschicht bilden. Ihr Sekret erstarrt auf der Schleimhautoberfläche zu einer festen Reibeplatte, der *Cuticula gastrica*. Die Darmschleimhaut ähnelt in ihrem Aufbau jener der Säugetiere, doch fehlen bei den Vögeln die Brunnerschen Drüsen. In der Umgebung der Kloakenöffnung liegen ringförmig angeordnete muköse Alveolardrüsen.

Die mittlere Schicht des Verdauungskanales wird von der aus glatter Muskulatur bestehenden *Tunica muscularis* gebildet. Die mächtigste Ausbildung hat diese Muskulatur in der Wand des Muskelmagens, wo sie der mechanischen Zerkleinerung der Nahrung dient. Die Wandmuskulatur der übrigen Abschnitte des Verdauungskanales sorgt durch ihre peristaltische Bewegung für den Weitertransport der Nahrung in Richtung Kloake. An natürlichen Körperöffnungen verstärkt sich die Tunica muscularis zu Schließmuskeln.

Die oberflächliche Schicht des Canalis alimentarius ist die *Serosa* bzw. *Adventitia*. Im Bereich von Kopf, Hals und Kloake ist eine *Tunica adventitia* ausgebildet, während innerhalb der Leibeshöhle die *Tunica serosa* den Organüberzug darstellt.

Neben den in der Schleimhaut gelegenen Drüsen münden auch die Ausführungsgänge der Leber und des Pankreas in das Lumen des Verdauungskanales. Diese Anhangsdrüsen stehen mit letzterem in enger entwicklungsgeschichtlicher, topographischer und funktioneller Beziehung.

Zum Ergreifen und zur Aufnahme der Nahrung dient den Vögeln der **Schnabel**. Die Gestalt des Schnabels ist durch die Funktion bedingt, er ist völlig an die Art und Weise der Nahrungsaufnahme angepaßt. Die aufgenommene Nahrung wird in der Mundhöhle mit Speichel durchmischt. Eine mechanische Zerkleinerung findet in der Mundhöhle nicht statt, da die Vögel kein Gebiß besitzen. Das muköse Sekret der in die Mundhöhle mündenden Speicheldrüsen enthält keine Enzyme. Somit findet dort auch keine Vorverdauung der Nahrung statt. Die Funktion des Speichels besteht lediglich in der Einhüllung der Nahrungsbestandteile, der Formung des Bissens und der Erleichterung seiner Passage durch den Schlundkopf. Zunge und Schlundkopf haben eine funktionelle Bedeutung für das Abschlucken des Bissens. Der abgeschluckte Bissen gelangt durch die **Speiseröhre** in den Kropf bzw. in den Drüsenmagen. Beim Huhn und bei der Taube bildet die Speiseröhre eine beutelförmige Erweiterung, den **Kropf**. Dieser dient der Akkumulation der Nahrung und deren Quellung durch Wasseraufnahme.

Der **Magen** ist morphologisch und funktionell in zwei Abschnitte gegliedert. Den ersten Abschnitt bildet der dünnwandige **Drüsenmagen**, in dessen Schleimhaut sich die Magendrüsen befinden. Das Sekret der Magendrüsen enthält die Enzyme Pepsin und Chymosin sowie Salzsäure, die im Drüsenmagen ein saures Milieu erzeugt. Im Drüsenmagen beginnt der Verdauungsprozeß.

An den Drüsenmagen schließt sich der zweite Abschnitt, der **Muskelmagen**, an. Seine Wand wird durch eine mächtige Schicht glatter Muskulatur gebildet. Die Schleimhaut des Muskelmagens wird von einer festen **Kutikula** bedeckt. Im Muskelmagen finden sich als „Grit" bezeichnete kleine Steinchen, welche die mechanische Zerkleinerung der Nahrung unterstützen. Die Kutikula schützt die Magenschleimhaut vor mechanischer Beschädigung. Die anverdaute und zerkleinerte Nahrung wird durch die Tätigkeit des Muskelmagens via reduzierten Pylorusteil in den Dünndarm transportiert.

Im **Dünndarm** spielen sich die Hauptprozesse der Verdauung und Resorption ab. Neben der Schleimhaut des Dünndarmes nehmen die Leber und das Pankreas, deren Ausführungsgänge in den Zwölffingerdarm münden, an der Verdauung teil. Die von der Leber produzierte Galle hat Bedeutung für die Verdauung und Resorption der Lipide; der Pankreassaft enthält Enzyme für den Abbau der Eiweiße, Fette und Kohlenhydrate.

Der **Dickdarm** ist relativ kurz. Er wird von zwei **Blinddärmen** und dem kurzen **Rektum** gebildet. Im Dickdarm werden vor allem Wasser und Salze resorbiert, wodurch es zur Eindickung des Darminhaltes kommt. Von besonderer Bedeutung sind die Blinddärme der Hausvögel, mit Ausnahme der Taube, wegen des hier stattfindenden mikrobiellen Abbaues von Cellulose, die auf diese Weise utilisiert werden kann.

Das Rektum mündet in die **Kloake**, in derem ersten Abschnitt, dem *Coprodeum*, sich die Nahrungsreste als Kot ablagern. Nach Passage des zweiten und dritten Abschnittes der Kloake, in die auch Harnleiter und Ei- bzw. Samenleiter einmünden, erfolgt die Ausscheidung.

5.1. Mundhöhle

Die Mundhöhle wird von Ober- und Unterschnabel, Backen, Gaumen und Zunge begrenzt.

Da die Vögel keinen weichen Gaumen besitzen, gliedert sich die Schlundkopfhöhle im Gegensatz zu den Säugern nicht in eine Pars nasalis und eine Pars oralis. Die Mundhöhle geht kaudal in den Schlundkopf über, mit dem sie gemeinsam eine geräumige Höhle, den *Oropharynx*, bildet. Die Grenze zwischen Mundhöhle und Schlundkopf ergibt sich aus der Embryonalentwicklung der Kiemenbögen. Davon ausgehend verläuft die Grenze dorsal zwischen Choane und Rima infundibuli nach lateral zu den Anguli mandibulae. Die ventrale Grenze zwischen beiden Höhlen verläuft in einer Transversalen zwischen Os entoglossum und Os basibranchiale rostrale. Beim Huhn wird diese Grenze sichtbar durch die Querreihe der Zungenpapillen markiert.

In der Mundhöhle der Vögel fehlen die Zähne, die Mundspalte wird nicht von Lippen eingerahmt, die Backen sind rudimentär.

Der **Schnabel**, *Rostrum* (Abb. 48), setzt sich aus dem **Oberschnabel**, *Rostrum maxillare*, und dem **Unterschnabel**, *Rostrum mandibulare*, zusammen. Die knöchernen Grundlagen des Oberschnabels und des Unterschnabels sind das Os premaxillare und die Mandibula. Auf diesen sitzt der Hornteil des Schnabels, die *Rhamphotheca*. Bei Huhn und Taube ist das Schnabelhorn relativ dick, bei der Taube wird es schnabelwurzelwärts dünn. Bei Ente und Gans sind die Hornscheiden dünn und weich. Die Gestalt des Schnabels steht in engem Zusammenhang mit seiner Funktion bei der Nahrungsaufnahme.

Am Oberschnabel befinden sich paarige **Nasenlöcher**, *Nares*. Die dorsale Kontur zwischen der Schnabelwurzel und Schnabelspitze wird **Firste** oder *Culmen* genannt. Sie bestimmt maßgeblich die Grundgestalt des Schnabels. Die Hornscheide des Unterschnabels ist die mandibuläre Rhamphotheca, deren ventromedianes Profil als **Dille** oder *Gonys* bezeichnet wird. Die Schnabelränder verlaufen von der Schnabelspitze zu den Mundwinkeln, *Anguli oris*, an die sich eine als *Rictus* bezeichnete dreieckige Hautregion anschließt.

Der Oberschnabel des Huhnes ist mehr oder weniger gebogen und zugespitzt. Er überragt den Unterschnabel. Bei der Taube ist der Schnabel etwa keilförmig. Ente und Gans haben einen relativ langen Schnabel, der bei der Gans schlanker ist und an der Spitze, besonders bei der Ente, löffelförmig verbreitert sein kann. Die **Schnabelränder**, *Tomium maxillare et mandibulare*, sind bei der Taube glatt und scharf, der Nahrungsaufnahme angepaßt. Bei Ente und Gans sind die Schnabelränder mit zahlreichen **Hornlamellen** versehen, die senkrecht zum Schnabelrand stehen. Die Lamellen am Unterschnabel sind kürzer als die am Oberschnabel. Nach den morphologischen Merkmalen der Schnabelkante werden die Entenvögel zu den **Lamellirostres** gezählt. Bei geschlossenem Schnabel greifen die Lamellen des Ober- und Unterschnabels ineinander, wobei sich die Papillen des Zungenrandes zwischen die Lamellen schieben. Auf diese Weise entsteht der für die Lamellirostres typische **Seihapparat**. Durch ihn wird die aus dem Wasser aufgenommene Nahrung in der Mundhöhle zurückgehalten, während das überschüssige Wasser über den Schnabelrand wie durch ein Sieb abläuft.

An der breiten Schnabelspitze von Ente und Gans befindet sich am Ober- und Unterkiefer je ein an einen Nagel erinnerndes Gebilde, der *Unguis maxillaris* und der *Unguis mandibularis*. Das Schnabelhorn ist in tierartlicher unterschiedlicher Ausdehnung

134   5. *Verdauungssystem*

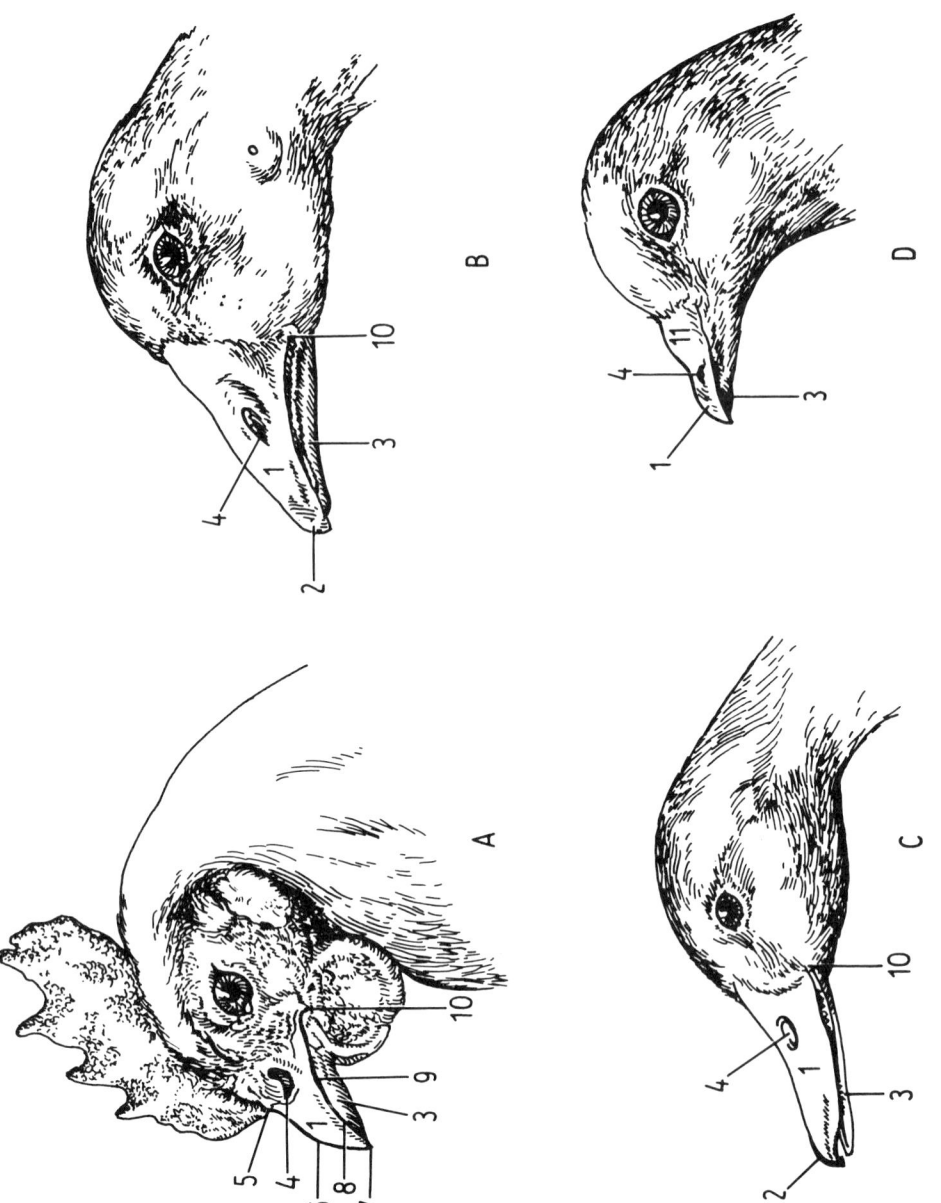

Abb. 48

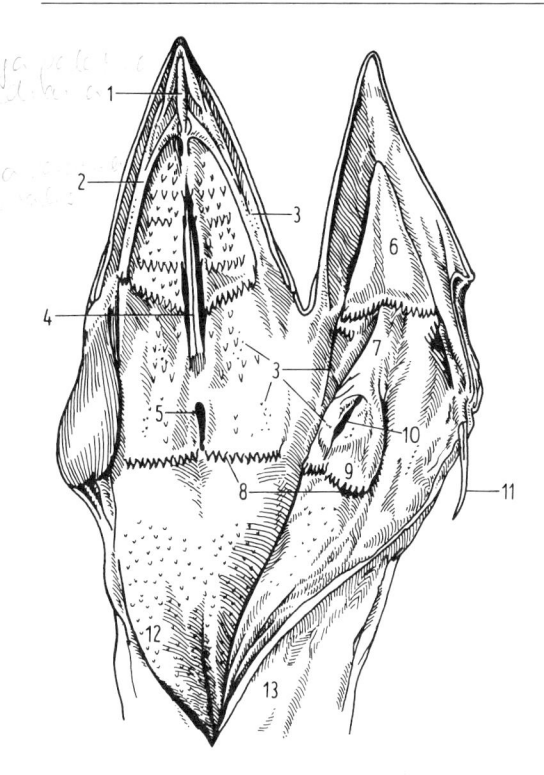

Abb. 49. Mundhöhlendach und Pharynx des Huhnes, Unterkiefer rechtsseitig abgeklappt (nach Dyce, Sack und Wensing, 1991).

1 Ruga palatina mediana	5 Rima infundibuli	10 Glottis
2 Ruga palatina lateralis	6 Corpus linguae	11 Apparatus hyobranchialis,
3 Öffnungen der Speichel-	7 Radix linguae	Cornu branchiale
drüsen	8 Papillae pharyngeales	12 Esophagus
4 Choana	9 Mons laryngealis	13 Trachea

mit einer weichen **Wachshaut**, *Cera*, überzogen. Beim Huhn beschränkt sich dieser Überzug auf die Schnabelwurzel, bei der Taube findet sich kaudal der Nasenlöcher eine wulstige Erhebung, der **Schild**, und bei Ente und Gans ist der gesamte Schnabel mit Ausnahme der Nägel mit einer gelben bis orangegelben Wachshaut bedeckt. In der Wachshaut und in den Lamellen kommen zahlreiche Nervenendapparate des N. trigeminus in Gestalt der **Herbstschen** und **Grandryschen Körperchen** (s. Kap. 15.5.1.) vor.

◄

Abb. 48. Kopf der Hausvögel, Anatomie des Schnabels von Huhn (A), Gans (B), Ente (C) und Taube (D) (nach Ghetie, 1976).

1 Rostrum maxillare	5 Radix	9 Tomium mandibulare
2 Unguis maxillaris	6 Culmen	10 Angulus oris
3 Rostrum mandibulare	7 Apex	11 Cera
4 Naris	8 Tomium maxillare	

136   5. *Verdauungssystem*

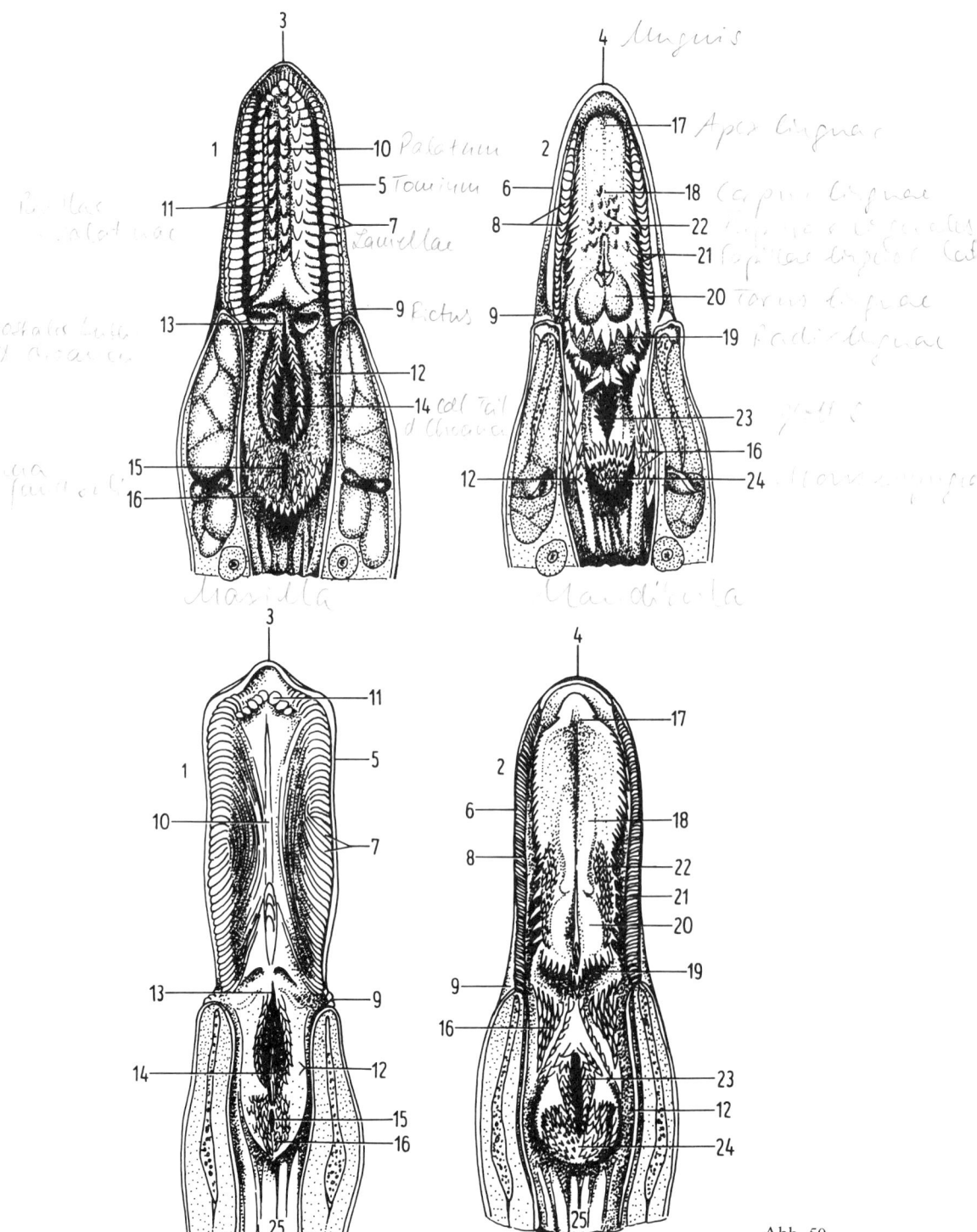

Abb. 50

Die **Backengegend** ist beim Vogel stark reduziert. Sie umfaßt die Haut der Mundwinkel, die als *Rictus* (Abb. 2) bezeichnet wird und oft von brillanter Färbung ist. Der Rictus gliedert sich in eine *Pars maxillaris* und eine *Pars mandibularis*. Die Schnabelränder, *Tomium maxillare et mandibulare*, und der Rictus rahmen die Mundspalte, *Rima oris*, ein. Sie sind Analoga der Lippen und der Zähne.

Der **Gaumen** (Abb. 49 und 50), *Palatum*, bildet das Dach der Mundhöhle und grenzt diese gegen die Nasenhöhle ab. Die knöcherne Grundlage des Gaumens liefern das Os premaxillare, das Os maxillare und das Os palatinum. Der knöcherne Gaumen wird von Schleimhaut bedeckt, die von der medianen Choanenspalte durchbrochen wird. Der Vomer reicht bei den Vögeln nicht bis zum Niveau des Gaumenbeines herab, so daß sich die beiden Nasenhöhlen schon vor dem Übergang in die Mundhöhle vereinigen. Der Übergang zwischen Nasen- und Mundhöhle ist bei Huhn und Taube im Vergleich zu Ente und Gans relativ lang. Bei allen Vogelarten gliedert sich die **Choane** in eine *Pars rostralis* und eine *Pars caudalis*. Beide Abschnitte haben, besonders bei Ente und Gans eine unterschiedliche Breite. Während der rostrale Abschnitt relativ schmal ist, öffnet sich der kaudale Abschnitt breit in die Mundhöhle. Beim Atmen wird der rostrale Abschnitt der Choane durch die Zunge verschlossen. Der breite kaudale Abschnitt ist zur Sicherung des Zuganges von der Nasenhöhle zum Kehlkopf permanent offen.

Der Gaumen ist mit einer kutanen Schleimhaut bedeckt, die *Papillae palatinae*, Falten, *Rugae palatinae*, und Rinnen, *Sulci palatinae*, ausgebildet. Das Epithel der Schleimhautoberfläche ist zwar verhornt, doch enthalten die oberflächlichen Zellen deutliche Kerne. Der Grad der Verhornung erhöht sich mit der mechanischen Beanspruchung der Schleimhaut, besonders an den zahlreichen mechanischen Papillen des Gaumens.

Der Gaumen läßt sich in einen unpaarigen, vor der Choane gelegenen Rostralabschnitt und den paarigen, beiderseits der Choane angeordneten Kaudalabschnitt gliedern. In der Medianlinie des Rostralabschnittes bildet die Schleimhaut bei Huhn und Taube die mittlere Gaumenfalte, *Ruga palatina mediana*. Von ihrem Kaudalende zweigen zwei divergierende Falten, *Rugae palatinae laterales*, ab. Diese reichen nach kaudal bis in Höhe der Grenze zwischen Pars rostralis und Pars caudalis choanae. Die seitlichen Falten bilden bei geschlossenem Schnabel die Stütze der Zungenseitenränder. Lateral der Seitenfalten trägt die Schleimhaut die *Sulci palatini laterales*, die bis zum Oberschnabelrand reichen. Zwischen den Rugae palatinae laterales weist die Schleimhaut kegelförmige, in vier bis sechs Reihen angeordnete Papillen auf. Die in Richtung Schlundkopf gerichteten Papillen nehmen mechanische Funktionen wahr, indem sie den

◀

Abb. 50. Dach (links) und Boden (rechts) der Mundhöhle und des Schlundkopfes von Gans (oben) und Ente (unten) (nach Komárek, 1986).

1 Rostrum maxillare	9 Rictus	17 Apex linguae
2 Rostrum mandibulare	10 Palatum	18 Corpus linguae
3 Unguis maxillaris	11 Papillae palatinae	19 Radix linguae
4 Unguis mandibularis	12 Glandulae salivales	20 Torus linguae
5 Tomium maxillare	13 Choana, Pars rostralis	21 Papillae linguales laterales
6 Tomium mandibulare	14 Choana, Pars caudalis	22 Papillae linguales
7 Lamellae maxillares	15 Rima infundibuli	23 Glottis
8 Lamellae mandibulares	16 Papillae pharyngeales	24 Mons laryngealis
		25 Esophagus

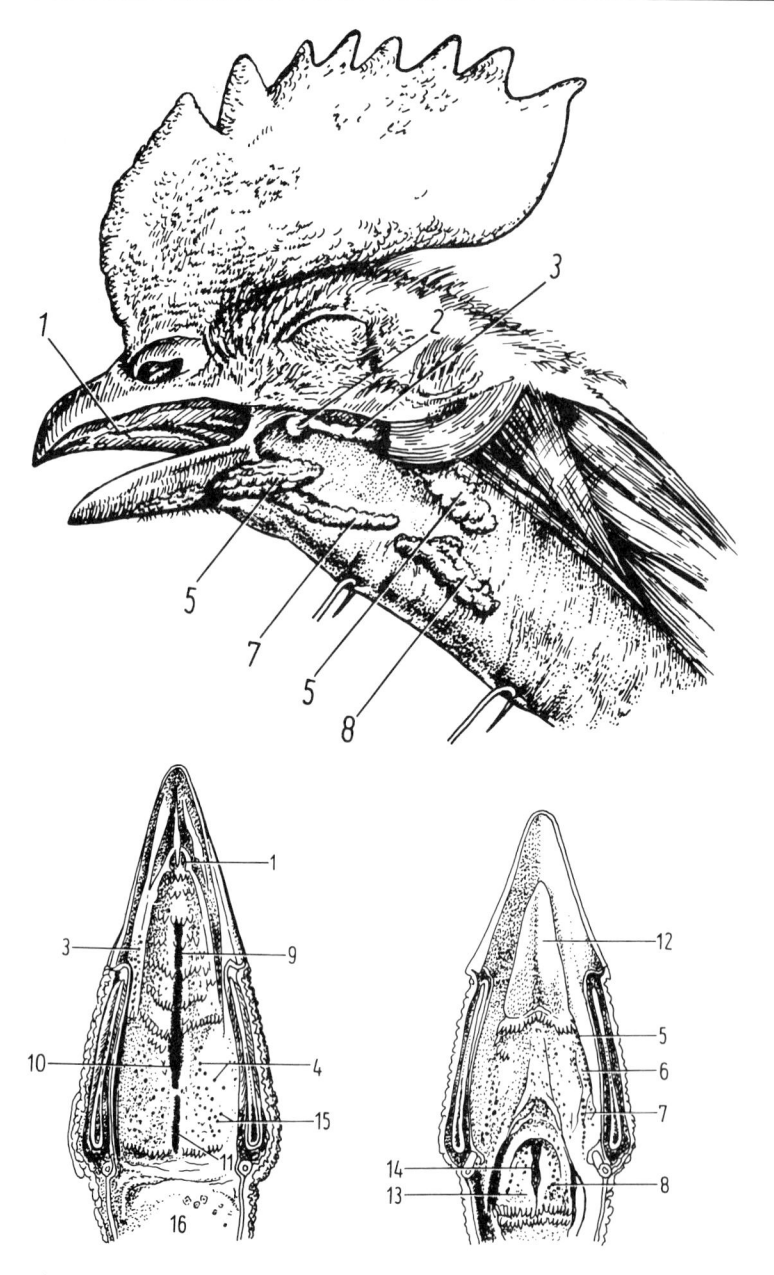

Abb. 51

Bissen in der Mundhöhle festhalten und seine Transportrichtung bestimmen. Bei der Gans sind zahlreiche stumpfe Papillen zu erkennen, die in einer medianen und zwei bis drei lateralen Reihen angeordnet sind. Am Gaumen der Ente kommen die Papillen nur an dessen Rostralteil und nur in einer medianen Reihe vor. An den die Choane begrenzenden Schleimhauträndern sitzen bei Ente und Gans einige spitze Papillen.

In der Schleimhaut der Mundhöhle befinden sich zahlreiche **Speicheldrüsen**, *Gll. oris* (Abb. 51), deren Ausführungsgänge auf der Schleimhautoberfläche münden. Es handelt sich um tubuläre Drüsen, die sich zu kleinen Drüsenläppchen vereinigen. Diese Läppchen werden gegeneinander durch Septen abgegrenzt, die Anschluß an das Hüllgewebe der Drüse haben. Die Ausführungsgänge münden in die Läppchenlumina ein, aus denen die eigentlichen Ausführungsgänge entspringen. Das die Speicheldrüsen umgebende Gewebe enthält neben Blutkapillaren und Nervenfasern auch elastische Fasern. In den Läppchensepten der adulten Tiere kommt regelmäßig auch lymphoretikuläres Gewebe vor. In den rostralen Mundhöhlenabschnitten liegen die Speicheldrüsen in der Lamina propria mucosae, in den Kaudalabschnitten in der Tela submucosa. Das Sekret dieser Drüsen, der **Speichel**, ist schleimig. Seröse Speicheldrüsen sind bei den Vögeln nicht nachgewiesen worden. Der Speichel hat beim Vogel vorwiegend mechanische Aufgaben, die im Einhüllen der Nahrung und in der Erleichterung des Abschluckens bestehen. Besonders gut entwickelt sind die Speicheldrüsen bei den Arten, die vorwiegend trockene Nahrung aufnehmen.

Die Benennung der Munddrüsen erfolgt nach topographischen Kriterien.

Die **Oberkieferdrüse**, *Gl. maxillaris*, liegt im rostralen Abschnitt der Gaumenschleimhaut. Ihr flacher, paariger Drüsenkörper liegt dem Os premaxillare an. Die einzelnen Drüsenläppchen münden in eine gemeinsame Höhle ein, die sich über die ganze Länge des Drüsenparenchyms erstreckt. Die paarige Mündung der Oberkieferdrüse liegt am Kaudalende der Ruga palatina mediana. Der Ente und der Gans fehlt die Oberkieferdrüse.

Die **Gaumendrüsen**, *Gll. palatinae*, liegen im Kaudalabschnitt des Gaumens. Bei den Hühnervögeln gliedern sie sich in zwei Gruppen. Die erste Gruppe umfaßt die **lateralen Gaumendrüsen**, bestehend aus zahlreichen, lateral der Gaumenseitenfalten gelegenen Drüsenläppchen, die dort mit vielen kleinen Öffnungen münden. Die zweite Gruppe wird von den **medialen Gaumendrüsen** gebildet, die in der Umgebung der Choane plaziert sind und ebenfalls mit zahlreichen kleinen Öffnungen münden.

Im Mundwinkel liegt die kleine **Mundwinkeldrüse**, *Gl. anguli oris*, die aus einigen Drüsenläppchen in der Nähe des rostralen Jochbogenendes besteht. Diese Drüse ist vor allem bei der Taube deutlich entwickelt.

Die **Unterkieferdrüsen** gliedern sich in *Gll. mandibulares rostrales et caudales*. Die rostralen Unterkieferdrüsen sind paarig und liegen im Kinnwinkel. Sie münden auf der Schleimhaut des Mundbodens unter der Zungenspitze. Die kaudalen Unterkieferdrüsen

◄

Abb. 51. Topographie der Speicheldrüsen des Huhnes (oben) und ihrer Öffnungen am Dach (unten links) und am Boden (unten rechts) der Mundhöhle (obere Abb. nach Ghetie, 1976; untere Abb. nach Schummer, 1973).

1 Glandula maxillaris
2 Glandula anguli oris
3 Glandulae palatinae laterales
4 Glandulae palatinae mediales
5 Glandulae mandibulares rostrales
6 Glandulae mandibulares intermediales
7 Glandulae mandibulares caudales
8 Glandulae cricoarytenoideae
9 Choana, Pars rostralis
10 Choana, Pars caudalis
11 Rima infundibuli
12 Lingua
13 Mons laryngealis
14 Glottis
15 Glandulae sphenopterygoideae
16 Esophagus

bilden am Mundboden beiderseits der Zunge einen Wulst. Ihr Drüsenkörper gliedert sich in drei Gruppen, die *Gll. mandibulares externae, intermediales et internae.*

Die **Zungendrüsen**, *Gll. linguales*, umfassen eine rostrale und eine kaudale Gruppe. Die *Gll. linguales rostrales* liegen in der Lamina propria mucosae dorsolateral vom Os entoglossum und münden über einzelne Ausführungsgänge am dorsalen Zungenrand. Die *Gll. linguales caudales* liegen in der Tela submucosa der Zungenwurzel und öffnen sich mit einzelnen Ausführungsgängen auf der Schleimhaut der Zungenwurzel. Die Ausführungsgänge der am meisten kaudal gelegenen Drüsen erstrecken sich entlang der Dorsalfläche der Zungenwurzel bis zum Kehlkopf. Die Gans besitzt keine Zungendrüsen.

Nach der Gestaltung der Ausführungsgänge der Speicheldrüsen, *Ductuli glandularum oralium*, unterteilt man die **Speicheldrüsen** der Mundhöhle in **monostomatische** und **polystomatische**. Zu den über mehrere Öffnungen mündenden polystomatischen Drüsen zählen die Gaumendrüsen, die rostralen Unterkieferdrüsen und die Zungendrüsen. Die anderen zur Gruppe der Glandulae oris gehörenden Drüsen besitzen nur einen Ausführungsgang und sind daher monostomatisch.

Die **Zunge**, *Lingua* (Abb. 49–51), liegt auf dem Mundhöhlenboden. Ihre Gestalt korrespondiert mit der Form und der Größe des Unterschnabels. Die Zunge des Huhnes hat eine breite Wurzel, sie verengt sich nach rostral und endet spitz. Die Zunge der Taube ist relativ schmal. Ente und Taube haben eine Zunge, die über die gesamte Länge annähernd gleich breit ist und eine abgerundete Spitze besitzt.

Die Zunge wird gegliedert in die **Zungenwurzel**, *Radix linguae*, den **Zungenkörper**, *Corpus linguae*, und die **Zungenspitze**, *Apex linguae*. Die knöcherne Grundlage der Zunge ist das zum **Hyobranchialapparat** zählende Os entoglossum, das kaudal in der Articulatio entoglosso-basibranchialis mit dem Os basibranchiale rostrale artikuliert. Das sattelförmig gestaltete Gelenk ermöglicht vor allem bei Gans und Taube eine Seitwärtsbewegung der Zunge. Bei Jungtieren ist das Zungenskelett vollständig knorpelig, später ossifiziert es bis auf einen oral gelegenen knorpeligen Rest.

Der Vogelzunge fehlt die bei den Säugern vorhandene Binnenmuskulatur. Das vordere Zungendrittel ist völlig muskelfrei, während in den hinteren Abschnitt **extralinguale Muskeln** des Hyobranchialapparates eintreten. Diese füllen gemeinsam mit Fett- und Bindegewebe die kaudalen zwei Drittel der Zunge aus. Die Zungenschleimhaut, *Tunica mucosa linguae*, liegt an der Spitze dem Zungenskelett direkt auf. Sie bedeckt den Zungenrücken, *Dorsum linguae*, zieht über den Seitenrand, *Margo linguae*, hinweg bis auf den Ventralteil, *Ventrum linguae*. Ventroapikal tritt die Schleimhaut von der Zunge auf den Mundhöhlenboden über und bildet so das **Zungenbändchen**, *Frenulum linguae*.

Im Transversalschnitt hat die Zunge rostral eine dreieckige Gestalt, wobei der Zungenrücken leicht konkav geformt ist. Median am Zungenrücken verläuft eine Rinne, *Sulcus lingualis*, die spitzenwärts besonders deutlich ist. Dorsal auf der Zungenwurzel von Ente und Gans befindet sich ein markanter Wulst, der *Torus linguae*.

Die **Zungenschleimhaut** trägt bei Huhn und Taube ein besonders an der Spitze und am Rücken stark verhorntes Plattenepithel. An der Ventralseite der Zunge des Huhnes bildet das ebenfalls stark verhornte Epithel eine fingernagelförmige Platte, *Cuticula cornea lingualis*. Die Verhornung erstreckt sich auch auf die **Zungenpapillen**, *Papillae linguales*. Diese sind bei Huhn und Taube in einer Querreihe zwischen Zungenkörper und Zungengrund angeordnet und weisen rachenwärts. Kaudolateral dieser Papillenreihe finden sich weitere, in einer inkompletten Reihe stehende Papillen.

Das Epithel der Zungenschleimhaut von Ente und Gans ist weniger verhornt und daher weicher. Insgesamt ist die Zunge beweglicher als die von Huhn und Taube. An den Rändern der Zunge stehen markante, mit ihren Spitzen nach kaudal weisende Papillen, die sich zwischen die Lamellen der Schnabelränder legen und so den **Seihapparat** der Lamellirostres bilden helfen. An der Zungenwurzel von Ente und Gans befinden sich zahlreiche, nicht in Querreihen angeordnete Papillen.

Die auf der Säugerzunge vorkommenden Geschmackspapillen fehlen den Vögeln. Es kommen aber verstreut liegende oder um die Drüsenmündungen plazierte **Geschmacksknospen**, *Gemmae gustatoriae*, vor. Diese konzentrieren sich im wesentlichen auf den Zungengrund, den Gaumen und den Schlundkopf.

Die Zunge dient der Aufnahme der Nahrung, der Formung des Bissens und ist von Bedeutung für das Abschlucken. Sie ist gut innerviert und fungiert als Tastorgan. Die Gemmae gustatoriae machen die Zunge auch zum Geschmacksorgan. Im Vergleich zu den Säugern ist die Vogelzunge, bedingt durch ihren geringen Gehalt an Muskulatur, die starke Verhornung des Epithels und durch das intralinguale Skelett weniger beweglich.

5.2. Schlundkopf

Der Schlundkopf, *Pharynx* (Abb. 49 und 50), steht beim Vogel zu Mund- und Nasenhöhle in einer anderen Beziehung als beim Säuger. Durch das Fehlen des weichen Gaumens gibt es keine Trennung der **Schlundkopfhöhle**, *Cavitas pharyngealis*, in einen oralen und einen nasalen Abschnitt. Ein bei den Säugern vorhandener Arcus glossopalatinus ist ebenfalls nicht gebildet. Somit kann man beim Vogel die Mundhöhle und den Rachen als eine gemeinsame Höhle, *Oropharynx*, betrachten. Das Dach der Schlundkopfhöhle ist leicht nach dorsal gewölbt. Hinter der Choane öffnet sich in der Medianlinie des Schlundkopfdaches ein spaltförmiger Trichter, das *Infundibulum*. Die **Infundibularspalte**, *Rima infundibuli*, ist mit kleinen spitzen Papillen besetzt. Sofern man Mund- und Rachenhöhle nicht als einen einheitlichen Raum (Oropharynx) betrachtet, ist die Grenze zwischen beiden durch eine Transversalebene zwischen Choane und Infundibularspalte gegeben.

Die Spalte öffnet sich dorsal in eine **Trichterhöhle**, *Infundibulum pharyngotympanicum*. Am dorsokaudalen Gewölbe des Infundibulum mündet die gemeinsame **Ohrtrompete**, *Tuba pharyngotympanica communis*, die Vereinigung der beiden Tubae pharyngotympanicae in Höhe des Rostrum sphenoidale. An einem Transversalschnitt durch das Infundibulum ist erkennbar, daß die Höhle durch eine paarige *Plica infundibularis* in drei Rinnen, einen mittleren *Sulcus infundibularis medianus* und je einen beiderseits von diesem gelegenen *Sulcus infundibularis lateralis* geteilt wird. Die Infundibularspalten sind vor der Mündung der Tuba pharyngotympanica communis gelegen. Durch Aneinanderlegen der Falten erfolgt der Verschluß der Ohrtrompete.

Die Schleimhaut der Schlundkopfhöhle, *Tunica mucosa pharyngis*, ist ähnlich wie die der Mundhöhle aufgebaut. Das mehrschichtige Plattenepithel ist gewöhnlich nicht verhornt. Die Tunica propria mucosae und die Tela submucosa enthalten zahlreiche Schleimdrüsen. Auf die Dorsalwand des Schlundkopfes geht teilweise noch das Nasenhöhlenepithel über, unter der Schleimhaut der Lateralwand nimmt das Bindegewebe zu, und nur an der Schlundkopfbasis ist der Schleimhaut Muskulatur unterlagert. Die *Tunica muscularis pharyngis* ist keine Eigenmuskulatur des Pharynx, sondern sie stammt von den Muskeln des Hyobranchialapparates, welche den Schlundkopf mit dem Zungenbein und der Zungenwurzel verbinden.

Sowohl am Dach als auch am Boden des Schlundkopfes trägt seine Schleimhaut zahlreiche Papillen, die mechanische Funktionen beim Abschlucken des Bissens haben. Beim Huhn ordnen sich diese *Papillae pharyngeales*, ähnlich wie jene an der Gaumenschleimhaut, in Querreihen an. Am Schlundkopfdach bilden die Papillen eine, am Boden zwei hintereinanderliegende Reihen. Bei Ente und Gans bilden die Papillen keine Querreihen, sondern längs verlaufende Bögen. Die auf dem Schlundkopfboden sitzenden Papillen sind bei ihnen kegelförmig und stärker als die weicheren Papillen am Schlundkopfdach.

Um den als **Kehlkopfspalt**, *Glottis*, bezeichneten Kehlkopfeingang bildet die Schleimhaut eine markante Erhebung, den **Kehlkopfwulst**, *Mons laryngealis*. Der Hügel trägt nach kaudal gerichtete Papillen, die bei vielen Arten an seinem kaudalen Rand besonders gut entwickelt sind. Beim Huhn wird der Mons laryngealis rostral von quer verlaufenden Falten, *Plicae pharyngeales*, abgegrenzt.

Die **Schlundkopfdrüsen**, *Gll. pharyngis*, sind mukös und polystomatisch. Sie kommen zahlreich in der Schleimhaut des Schlundkopfdaches und des Bodens vor und münden mit vielen kleinen Ausführungsgängen, *Ductuli glandularum pharyngealium*, auf der Schleimhautoberfläche.

Am Schlundkopfdach in der Umgebung der Infundibularspalte münden die zahlreichen Ausführungsgänge der *Gll. sphenopterygoideae*. Eine zweite Gruppe von kleinen Schlundkopfdrüsen sind die im Boden gelegenen *Glandulae cricoarytenoideae*, die sich in der Umgebung des Larynxspaltes konzentrieren.

Bei allen Hausgeflügelarten enthält die Schleimhaut des Schlundkopfdaches diffuses lymphoretikuläres Gewebe. In der Infundibularregion liegt eine Anhäufung von Lymphknötchen, *Lymphonoduli pharyngeales*, welche die **Schlundkopfmandel**, *Tonsilla pharyngea*, bilden. Diese ist besonders gut bei Gans und Taube entwickelt. Schließlich sind in der Schlundkopfschleimhaut der Vögel verschiedene Nervenendigungen in Gestalt von **Herbstschen Körperchen**, **Merkelschen Tastzellen** sowie freien Nervenendigungen zu finden.

Das **Abschlucken** ist ein komplexer Vorgang, durch den die zu Bissen geformte Nahrung aus der Mundhöhle über den Pharynx zur Speiseröhre transportiert wird.

In der Mundhöhle wird die Nahrung zunächst mit der Zunge gegen den harten Gaumen gepreßt, wo sie mittels des mukösen Speichels festgeklebt wird. Dabei wird die Choanenspalte reflektorisch verschlossen, wodurch das Eindringen von Futter in die Nasenhöhle verhindert wird. Durch rasche rostrokaudale Zungenbewegungen wird der Bissen nun in den Pharynxbereich gerollt. Dabei werden die Infundibularspalte und die Glottis ebenfalls reflektorisch geschlossen. Den Verschluß der Choanen und der Trichterspalte besorgt der M. pterygoideus. Der Transport des Bissens wird durch die kaudal gerichteten Papillen an der Zungenwurzel und am Schlundkopfboden begünstigt.

Den Weitertransport aus dem kaudalen Pharynxbereich besorgt der Kehlkopfwulst durch „harkende" Bewegungen, welche durch die kaudal weisenden Papillen und einen reichlichen Speichelfluß unterstützt werden. Kaudal des Kehlkopfwulstes kann sich das Futter kurzfristig anstauen, bevor es durch die Peristaltik des Esophagus weiterbefördert wird.

Beim **Trinken** des Vogels wird die Flüssigkeit durch schnelle rostrokaudale Bewegung in die Mundhöhle aufgenommen und sammelt sich auf dem Schlundkopfboden hinter der Zungenwurzel. Anschließend wird der Kopf angehoben und die gesammelte Flüssigkeit fließt der Schwerkraft folgend die Speiseröhre hinab.

5.3. Speiseröhre

Die Speiseröhre, *Esophagus*, ist ein dünnwandiger, dehnbarer Schlauch, der den Schlundkopf mit dem Magen verbindet. Sie gliedert sich in einen Halsteil, *Pars cervicalis*, und einen Brustteil, *Pars thoracica*. Die Länge des Halsteiles ist abhängig von der Halslänge und somit bei Ente und Gans deutlich größer als bei Huhn und Taube. An ihrem Ursprung liegt die Speiseröhre dorsal der Luftröhre, im weiteren Verlauf steigt sie zu deren rechter Seite ab. Sie wird von der V. jugularis dextra begleitet und liegt direkt unter der Haut.

Mit der Passage der Furcula gelangt der Esophagus in die Leibeshöhle. Dort verläuft er dorsal auf der Luftröhre, zieht weiter zwischen Syrinx und ventraler Lungenfläche zur Herzbasis und zur Eingeweidefläche der Leber, wo er sich nach links wendet und in Höhe des dritten bis vierten Interkostalraumes in den Drüsenmagen einmündet. Auf ihrem Weg durch die Leibeshöhle ist die Speiseröhre vom Hals- und Schlüsselbeinluftsack sowie von den kranialen Brustluftsäcken umgeben.

Im Vergleich zu den Säugern ist der Durchmesser der Speiseröhre des Vogels relativ groß. Ihr Halsabschnitt erweitert sich bei vielen Vogelarten kurz vor dem Eintritt in die Leibeshöhle zum Kropf, *Ingluvies*, der als Nahrungsspeicher fungiert.

Die Wand der Speiseröhre ist dreischichtig (Abb. 64). Die äußere, lockere *Tunica adventitia* enthält bei Arten mit gut entwickeltem Kropf quergestreifte Muskelfasern des M. cucullaris capitis, pars clavicularis. Eine Beteiligung dieser Muskelfasern an der Entleerung des Kropfes ist bisher nicht eindeutig nachgewiesen. Die Adventitia enthält zahlreiche kollagene und elastische Fasern, Blutgefäße und Nerven.

Die mittlere Schicht der Speiseröhre, die *Tunica muscularis esophagi*, besteht aus glatter Muskulatur und umfaßt zwei Schichten, ein äußeres *Stratum longitudinale* und ein inneres *Stratum circulare*. Das Stratum longitudinale ist jedoch bei den Hausvögeln gering entwickelt und hat keine funktionelle Bedeutung. Die Ringmuskelschicht besorgt als muskulöse Hauptkomponente die peristaltische Bewegung der Speiseröhre.

Die innere Schicht, die Schleimhaut, *Tunica mucosa esophagi*, liegt einer dünnen Bindegewebsschicht, *Tela submucosa esophagi*, auf. Das Lumen der Speiseröhre wird im Ruhezustand durch Längsfalten, *Plicae esophageales*, verschlossen, welche die innere Oberfläche erheblich vergrößern. Die Falten entstehen durch Kontraktion der *Lamina muscularis mucosae*. Auf die Muskelschicht der Schleimhaut folgt die *Lamina propria mucosae*, eine Bindegewebsschicht, die ein dichtes Netz von Blut- und Lymphgefäßen sowie von Nerven enthält. Die Propria enthält zahlreiche Schleimdrüsen, *Gll. esophageales*. Diese liegen bei den Hühnervögeln oberflächlich unter dem Epithel, während sie sich bei Ente und Gans weiter in die Tiefe erstrecken. Bei der Taube fehlen die Drüsen im Halsabschnitt der Speiseröhre, sind aber im Brustabschnitt zahlreich vertreten.

Die Schleimhaut der Speiseröhre einschließlich des Kropfes enthält Anhäufungen lymphoretikulären Gewebes, die *Lymphonoduli esophageales*, die sich im Endabschnitt des Esophagus besonders bei der Ente, weniger deutlich beim Huhn zur **Speiseröhrenmandel**, *Tonsilla esophagealis*, verdichten. Die relativ dicke, helle Schleimhaut trägt ein mehrschichtiges unverhorntes Plattenepithel.

Der **Kropf**, *Ingluvies* (Abb. 57 und 63), ist eine Lumenvergrößerung der Speiseröhre im kaudalen Abschnitt des Halses. Bei Ente und Gans stellt er eine einfache spindelförmige Erweiterung dar. Beim Huhn ist er als sackartiges Divertikel gestaltet, während er bei der Taube in zwei große laterale Säcke geteilt ist.

Beim Huhn ist der Kropf rechtsseitig und unpaar angelegt. Mit der Speiseröhre steht er über das *Ostium ingluviale* in Verbindung. Dem Ostium gegenüber erhebt sich als beutelartige Ausbuchtung der *Fundus ingluvialis*. Topographisch ist der Kropf vor der Furcula rechtsseitig an der Brustmuskulatur plaziert. Die Speiseröhre zieht dorsomedial über den Kropf hinweg als sogenannte **Kropfstraße** in die Leibeshöhle hinein.

Der Wandaufbau des Kropfes ähnelt dem der Speiseröhre. Es fehlen allerdings die Drüsen, welche nur bis in die Nähe des Ostium ingluviale ausgebildet sind.

Am weitesten differenziert ist der Kropf unter den Hausvögeln bei der Taube. Er weist zwei seitliche und eine mittlere Ausstülpung auf. Die seitlichen Ausstülpungen, *Diverticulum dextrum et sinistrum*, sind wesentlich größer als das mittlere *Diverticulum medianum ingluviale*.

Die Taube produziert zur Ernährung der Jungvögel die sogenannte **Kropfmilch**. Dazu wird das Epithel der Kropfschleimhaut beider Geschlechter weitgehenden Veränderungen unterworfen. Ab 6. Bruttag wird die Schleimhaut, besonders die der seitlichen Divertikel, hyperämisch und proliferiert. Die Proliferation führt zu einer Verdickung des Plattenepithels um das 7−8fache, bei weiblichen Tieren von 0,15 mm auf 1,5 mm, bei männlichen auf 2,5 mm−3,0 mm. Das verdickte Epithel legt sich in Falten und in den Zellen lagern sich Fetttröpfchen ab. Die Zellen werden einer fortschreitenden fettigen Degeneration unterworfen und lösen sich aus dem Epithelverband. Die desquamierten Zellen werden durch neue ersetzt, die ebenfalls fettig degenerieren. Dadurch wird das Kropflumen mit einem weißlichen, nach ranziger Butter riechenden Brei ausgefüllt. Neben den abgestoßenen Epithelzellen enthält die Kropfmilch unentbehrliche Mikroorganismen für die Verdauungsvorgänge bei den Jungtieren.

Die chemische Zusammensetzung der Kropfmilch ähnelt jener der Säugetiermilch. Sie ist reich an Fett und Proteinen. Der Fettgehalt schwankt zwischen 6,9 und 12,7%, der Gehalt an Protein zwischen 13,3 und 18,6%. Der Wasseranteil liegt bei 65 bis 81%. Im Gegensatz zur Milch der Säuger enthält die Kropfmilch keine Kohlenhydrate und kein Calcium. Ihre Bildung dauert etwa bis zum 16. Tag nach dem Schlüpfen der Jungvögel und endet dann recht schnell. Die Schleimhautfalten verschwinden, das Epithel entwickelt sich zur ursprünglichen Dicke zurück, und etwa 27 Tage nach dem Schlupf der Jungtiere ist der gesamte Prozeß beendet. Die Periodizität dieser Vorgänge ist an den Sexualzyklus gekoppelt. Die Sekretion von Kropfmilch läßt sich im biologischen Test durch Applikation von Prolaktin auslösen.

Die Funktion des Kropfes besteht in der vorübergehenden Speicherung des Futters. Bei seinem Verweilen im Kropf kommt es zu dessen Quellung. Die Füllung des Kropfes geschieht durch die Peristaltik des Esophagus. Die peristaltischen Wellen laufen in Intervallen ab, die im Halsabschnitt 15 s, im Brustabschnitt 50–55 s. betragen. Die Nahrungsspeicherung im Kropf hängt von der Füllung des Magens ab. Bei leerem Muskelmagen gelangt das Futter direkt in den Magen. Der Eingang zum Kropf wird dabei durch Kontraktionen der Schleimhautmuskelschicht geschlossen.

Bei gefülltem Magen erfolgt die Speicherung im Kropf, wobei das Eintreten des Futters für eine gewisse Zeit die Kropfkontraktionen unterdrückt. Bei Magenentleerung wird aus dem Kropf Futter nachgeschoben. Das geschieht durch Kontraktionen der Kropfwand, die ihren Ausgang am dem Esophagus gegenüberliegenden Abschnitt nehmen. Unterstützt durch Kontraktionen der Muskulatur der Kropfstraße, wird das Futter in den Magen befördert. Der Kropf des Huhnes kann etwa 75–120 g Futter aufnehmen.

5.4. Magen

Der Magen der Vögel besteht aus dem kranialen **Drüsenmagen**, *Proventriculus*, und dem kaudalen **Muskelmagen**, *Ventriculus* (Abb. 53–55). Zwischen dem Drüsen- und dem Muskelmagen liegt eine *Zona intermedia gastris* und die Verbindung zwischen Muskelmagen und Duodenum wird durch die *Pars pylorica* hergestellt. Die Ausprägung der einzelnen Abschnitte weist ernährungsabhängige, artspezifische Variationen auf.

Nach der Art der Ernährung werden zwei Magentypen unterschieden. Der *Typ I* ist ein wenig differenzierter, dünnwandiger und beutelförmiger Magen, der vor allem der Akkumulation von Futter dient. Bei diesem Magentyp läßt sich die Grenze zwischen Drüsen- und Muskelmagen manchmal kaum erkennen. Dieser Magentyp kommt bei den fisch- und fleischfressenden Vögeln vor.

Der Magen der Hausgeflügelarten gehört zum *Typ II*. Bei ihm ist die Gliederung in Drüsen- und Muskelmagen deutlich ausgeprägt. Funktionell steht die mechanische Zerkleinerung des schwerer verdaulichen Futters der Insekten-, Pflanzen- und Körnerfresser im Mittelpunkt.

Der **Drüsenmagen**, *Proventriculus* s. *Pars glandularis*, folgt ohne deutliche Grenze auf den Brustabschnitt der Speiseröhre. Er hat eine spindelförmige Gestalt und ist beim Huhn etwa 4 cm lang. Der Durchmesser beträgt an der dicksten Stelle etwa 2 cm. In seinem Verlauf durch die Leibeshöhle berührt er mit seinem kranialen Abschnitt die Lunge und ist von den Brustluftsäcken umgeben. Der kaudale Abschnitt des Drüsenmagens liegt zwischen den Leberlappen, wobei er vom rechten Leberlappen teilweise durch die Milz getrennt wird. Auf der rechten Seite berührt er den Hüftdarm und den linken Blinddarm. Die Befestigung des im linken unteren Quadranten der Körperhöhle liegenden Drüsenmagens erfolgt über die Speiseröhre, die Verbindung mit der Viszeralfläche der Leber und die seröse Anheftung am Dach der Leibeshöhle. Seine Längsachse verläuft von kraniodorsal und medial nach kaudoventral und lateral. Am Übergang zum Muskelmagen gibt es eine als *Isthmus gastris* bezeichnete Verengung.

Die Oberfläche des Drüsenmagens wird vom viszeralen Peritoneum gebildet. Diese *Tunica serosa* setzt sich als dorsale Duplikatur zum Dach der Leibeshöhle und als ventrale Duplikatur zur Viszeralfläche der Leber fort. In der dorsalen Serosaduplikatur verlaufen die Äste der A. celiaca. Auf die Tunica serosa folgt das subseröse Bindegewebe, die *Tela subserosa*.

Die Muskelschicht, *Tunica muscularis*, besteht aus einem schwach entwickelten, inneren *Stratum longitudinale* und einem kräftigen, äußeren *Stratum circulare* (Abb. 65).

Funktionell dominiert am Drüsenmagen die Schleimhaut, *Tunica mucosa*. Die Schleimhautdrüsen erzeugen den Magensaft, durch den die chemische Verdauung stattfindet. An der Schleimhautoberfläche erheben sich deutliche Papillen, *Papillae proventriculares*, an deren Spitzen die Ausführungsgänge der verzweigten tubulären Drüsen münden. Die Papillen zeigen artbedingte Unterschiede in ihrer Größe, Gestalt und Häufigkeit. Beim Huhn sind sie halbkugelig und spärlich über die Schleimhaut verstreut. Die Gans hat eine größere Anzahl kegelförmiger Papillen. Die kleineren und noch zahlreicheren Papillen der Ente haben ebenfalls Kegelform. Bei der Taube sind sie halbkugelig und flach, dabei so dicht gelagert, daß sie einander berühren. Bei leerem Magen ist die Schleimhaut in Längsfalten, *Plicae proventriculares*, gelegt. Zwischen den Falten ist die Schleimhaut zu Rinnen, *Sulci proventriculares*, vertieft. Die Schleimhaut wird von einer Schleimschicht bedeckt, die von dem einschichtigen, hochprismatischen Epithel produziert wird. Die kubischen bis zylindrischen Zellen der Drüsenausführungsgänge, die sogenannten **Halszellen**, geben ein muköses Sekret ab. Sie werden auch als oberflächliche Propriadrüsen bezeichnet.

In der *Lamina propria mucosae* liegen die tiefen Propriadrüsen, die in zwei Schichten angeordnet sind. Die *Gll. proventriculares superficiales* stellen nur eine flache Lage dar, während die *Gll. proventriculares profundae* ein mächtiges Drüsenlager bilden, das die Dicke der Magenwand wesentlich mitbestimmt. Die *Lamina muscularis mucosae* wird durch die tiefe Drüsenschicht in eine oberflächliche und eine tiefe Lage getrennt. Die Drüsen der tiefen Schicht sind zu polymorphen Läppchen gruppiert. Diese werden durch Bindegewebssepten, die aus kollagenen und elastischen Fasern sowie Muskelzügen bestehen und Blutgefäße und Nerven führen, voneinander getrennt. Im Zentrum der Läppchen ist ein zentraler Hohlraum, die Drüsenalveole, gelegen, in welche die tertiären Ausführungsgänge der Drüsentubuli einmünden. Aus dem zentralen Hohlraum heraus führt der sekundäre Ausführungsgang und mehrere solcher sekundärer Gänge bilden den primären Ausführungsgang der Drüse, welcher sich an der Spitze einer Drüsenmagenpapille öffnet. Das Epithel der tertiären und sekundären Ausführungsgänge ist nicht sekretorisch aktiv.

Das Epithel der radiär in die Drüsenalveolen mündenden Tubuli ist kubisch bis zylindrisch. Es produziert Salzsäure und Pepsin. Beim Vogel werden, im Unterschied zu den Säugern, beide von nur einem Zelltyp produziert.

Neben den Drüsen finden sich in der Propria auch Ansammlungen von lymphoretikulärem Gewebe, das oft in der Nähe der Papillen angeordnet ist.

Die *Tela submucosa* ist stark reduziert und besteht aus längs orientierten kollagenen Fasern.

Der Übergang der kutanen Schleimhaut der Speiseröhre in die Drüsenschleimhaut des Magens ist durch das Vorkommen der ersten Proventrikulardrüsen markiert. An dieser Grenze erstreckt sich die kutane Schleimhaut der Speiseröhre geringfügig auf den Magen. Das wird erkennbar durch das Vorkommen von für die Esophagusschleimhaut typischen Schleimdrüsen, die von Proventrikulardrüsenläppchen umgeben sind.

Das Kaudalende des Drüsenmagens verengt sich stark zum *Isthmus gastris*. Die Schleimhaut dieses Verbindungsstückes zum Muskelmagen stellt die Übergangszone, *Zona intermedia gastris*, dar. Dieser Abschnitt wird auch **Kardia, Schalt- oder Verbindungsstück** genannt. Beim erwachsenen Huhn ist dieser Abschnitt etwa 7–8 mm lang.

In der Zona intermedia erfolgt die Sekretion von mukösem Sekret. Am Übergang des Isthmus in den Muskelmagen verliert sich die Längsmuskelschicht weitgehend. Die Lamina muscularis mucosae verbindet sich mit der Ringmuskelschicht, die im Muskelmagen eine mächtige Ausprägung erfährt.

Der **Muskelmagen**, *Ventriculus s. Pars muscularis*, dient bei körner- und pflanzenfressenden Arten der Zerkleinerung der Nahrung. Er hat die Gestalt einer bikonvexen Linse und die stark entwickelte Muskulatur verleiht ihm eine feste Beschaffenheit. Die Farbe der Magenmuskeln ist dunkelrot.

Am **Magenkörper**, *Corpus*, sind zwei Seitenflächen zu unterscheiden, an denen die Muskulatur in einen **Sehnenspiegel**, *Centrum tendineum*, übergeht. Der Sehnenspiegel erscheint silbrigglänzend bis leicht bläulich. Die Seitenflächen vereinigen sich dorsal und ventral in je einer schmalen, gebogenen Fläche, der *Facies annularis*. Der Magenkörper ist in einen dorsalen und einen ventralen Abschnitt gegliedert, zwischen denen sich zwei dünnwandige **Blindsäcke**, *Saccus cranialis et caudalis*, ausstülpen. Die Blindsäcke sind gegen den Körper durch zwei Rinnen, *Sulcus cranialis et caudalis*, abgesetzt.

Der Proventriculus öffnet sich über die Zona intermedia in den kranialen Blindsack. In der Nähe dieser Einmündung liegt rechterseits der Zugang zur Pars pylorica, das *Ostium ventriculopyloricum*. Die zwischen Isthmus gastris und Duodenum gelegene kleine Magenkrümmung, *Curvatura minor*, ist wegen der Nähe der beiden Öffnungen sehr kurz.

Die *Pars pylorica* kann neben dem Drüsen- und dem Muskelmagen als dritte Abteilung des Vogelmagens angesehen werden. Bei den Hausgeflügelarten stellt diese Abteilung einen etwa 5 mm langen Übergangsabschnitt dar, der ohne äußerlich sichtbare Grenze in das Duodenum übergeht.

Der runde oder leicht ovale Muskelmagen erreicht beim Huhn einen Durchmesser von etwa 5 cm. Sein Querdurchmesser liegt bei etwa 2,5 cm. Seine Masse liegt je nach Rasse zwischen 40 und 100 g. Bei der Gans ist der Muskelmagen mächtig entwickelt, die Blindsäcke sind gut ausgeprägt und an den Seitenflächen findet sich zwischen Sehnenspiegel und Muskulatur Fettgewebe, welches der Reibungsminderung bei intensiver Muskeltätigkeit dient. Der Muskelmagen der Ente ist relativ zu dem der Gans kleiner. Die Taube hat einen vergleichsweise großen Muskelmagen von länglicher Gestalt.

Topographisch ist der Muskelmagen kaudal im linken ventralen Quadranten der Leibeshöhle angeordnet, wodurch die Darmschlingen nach rechts verlagert werden (Abb. 57–63). Die zwischen den Blindsäcken verlaufende Längsachse verläuft von kraniodorsal nach kaudoventral. Mit seinem kranioventralen Abschnitt berührt der Magenkörper das Brustbein, welches er kaudal überragt. Links hat er mit der kaudalen Magenhälfte direkten Kontakt zur Körperwand, an der er sich anheftet. Kranial schiebt sich der linke Leberlappen zwischen den Magen und die seitliche Körperwand. Die rechte Seitenfläche des Muskelmagens liegt rechts der Medianebene und grenzt an Darmschlingen. Der kaudale Blindsack hat kaudal ebenfalls Kontakt zu Darmschlingen.

Abgesehen von seiner Verwachsung mit der linken Körperwand, hat der Muskelmagen einen Serosaüberzug, die *Tunica serosa*. Die dorsale Serosaduplikatur des Drüsenmagens tritt auf den Muskelmagen über und führt Äste der A. celiaca heran. Mit der Leber besteht eine Verbindung in Gestalt des *Lig. falciforme* (Abb. 62) und weitere Serosalamellen verkehren vom Muskelmagen zum Brustbein sowie zu den Darmschlingen. Der Serosa ist eine dünne *Tela subserosa* unterlagert.

Die kräftige Muskelschicht leitet sich von der zirkulär orientierten Lage glatter Muskulatur her. Ein Stratum longitudinale kann bei den Hausgeflügelarten nur embryonal nachgewiesen werden. Die mächtig verdickte Ringmuskulatur bildet die zwei fächerförmigen **Hauptmuskeln**, *M. crassus craniovenralis* und *M. crassus caudodorsalis*, die aus den Sehnenspiegeln entspringen und die dorsale und ventrale Magenkontur gestalten. Zwei weitere, wesentlich schwächere, auch als **Zwischenmuskeln** bezeichnete Muskeln, der *M. tenuis craniodorsalis* und der *M. tenuis caudoventralis*, umfassen, vom Sehnenspiegel ausgehend, je einen Blindsack.

Die innere Schicht des Muskelmagens, die Schleimhaut, *Tunica mucosa*, ist von der Muskelschicht durch eine kollagene und elastische Fasern führende *Tunica submucosa* getrennt. Ein Lamina muscularis mucosae ist im Muskelmagen nicht ausgebildet. Die *Lamina propria* enthält einfache Drüsen, *Gll. ventriculares*, die das sogenannte Drüsenlager bilden und in Krypten münden. Die **Krypten** senken sich bis zu maximal einem Drittel der Propriahöhe ein, während die Drüsentubuli bis zur Submukosa hinabreichen. Die Tubuli vereinigen sich zu kleinen Gruppen von 10–30, die gegeneinander durch Septen abgegrenzt sind und in eine gemeinsame Krypte münden. Die Schleimhautoberfläche ist uneben und in Falten, *Plicae ventriculares*, gelegt, zwischen denen Schleimhautrinnen, *Sulci ventriculares*, verlaufen.

Die Schleimhautoberfläche ist mit einer festen, sehr widerstandsfähigen Schicht, der *Cuticula gastrica*, bedeckt. Die Kutikula oder **Koilin-Schicht** ist das erstarrte Sekret der Propriadrüsen des Muskelmagens und der Pylorusdrüsen. Sie erreicht beim erwachsenen Huhn eine Dicke von 250–750 µm.

Die frühere Bezeichnung dieser Schicht als „keratinoide" Platte leitete sich aus der Annahme ab, daß sie aus einer Keratinsubstanz bestünde. Tatsächlich handelt es sich aber um einen Kohlenhydrat-Protein-Komplex, der in vertikalen, durch eine horizontale Matrix fixierten Stäben, *Columnae verticales*, angeordnet ist. Das Kohlenhydrat-Protein-Sekret unterliegt der Präzipitation durch die aus dem Drüsenmagen stammende Salzsäure. Durch die sukzessiv ablaufende Präzipitation kommt es zur Ausbildung einer Lamellenstruktur der Kutikula. Da zwischen Schleimhautoberfläche und erstarrter Kutikula permanent neues, flüssiges Sekret abgesondert wird, kann die Kutikula relativ leicht von der Schleimhaut abgeschält werden. Mit der Dauer der Einwirkung der Salzsäure auf die Kutikula erreicht diese eine immer größere Härte und ist daher lumenseitig am härtesten. Bei einigen Taubenrassen trägt die Kutikula lumenwärts gerichtete feste Fortsätze, *Processus conicales*.

Die Funktion der Cuticula gastrica ist die einer Reibeplatte. Die im Drüsenmagen anverdaute Nahrung wird durch die mahlenden Bewegungen des Muskelmagens mechanisch zerkleinert. Bei diesem Prozeß spielen die im Magen vorkommenden und als „Grit" bezeichneten kleinen Steinchen eine unterstützende Rolle. Gegen eine mechanische Schädigung der Magenschleimhaut durch diese Steinchen bietet die Kutikula ausreichenden Schutz.

Von Zeit zu Zeit lösen sich Bruchstücke oberflächlicher Lamellen der Kutikula ab und werden mit dem Darminhalt ausgeschieden. Von der Schleimhautoberfläche her erfolgt durch kontinuierliche Sekretion der Propriadrüsen ein Ersatz der abgelösten und abgeriebenen Kutikula.

Die Höhlung des Muskelmagens ist S-förmig gekrümmt und endet im kaudalen Blindsack. Aus beiden Blindsäcken wird deren Inhalt zwischen die Reibeplatten gepreßt und durch asymmetrische Kontraktion der Mm. crassi werden diese gegeneinander gedrückt. Dabei kommt es gleichzeitig zu einer Längsverschiebung und zu Drehbewegungen der Platten gegeneinander. Dabei entwickelt der Muskelmagen einen erheblichen Druck, der beim Huhn 100 bis 200 mm Hg erreicht. Eine Kontraktion des Muskelmagens dauert beim Huhn etwa 15–20 s.

Bei karnivoren Vögeln spielt der Muskelmagen keine Rolle für die mechanische Verdauung. Bei diesen Arten hat er lediglich die Funktion eines Speicherorgans.

5.5. Darm

Der Darmkanal der Vögel läßt sich, wie jener der Säuger in den **Dünndarm**, *Intestinum tenue*, und in den **Dickdarm**, *Intestinum crassum*, gliedern (Abb. 52 und 55). Am Dünndarm können nach morphologischen Merkmalen ebenfalls die drei Abschnitte **Zwölffingerdarm**, **Leerdarm** und **Hüftdarm** unterschieden werden. Der Dickdarm hingegen besteht nur aus den paarigen **Blinddärmen** und dem **Enddarm**.

Der **Dünndarm**, *Intestinum tenue*, beginnt mit dem auf die Pars pylorica des Magens folgenden **Zwölffingerdarm**, *Duodenum*. Er bildet bei allen Hausgeflügelarten eine charakteristische U-förmige Schleife, die *Ansa duodenalis* (Abb. 54). Diese verläuft mit einem absteigenden Schenkel, *Pars descendens*, zwischen rechter Seitenfläche des Muskelmagens und Dorsalfläche des rechten Leberlappens zur ventralen Bauchwand und auf dieser nach kaudal. Um die kaudale Kontur des Muskelmagens biegt sie nach links um und geht in den aufsteigenden Schenkel, *Pars ascendens*, über. Dieser läuft auf der Dorsalfläche der Leber nach kraniodorsal in Richtung des kranialen Nierenpols, wobei er am rechten Hoden bzw. am Eierstock vorbeizieht. In der *Flexura duodenojejunalis* geht er kaudal der A. mesenterica cranialis in das Jejunum über (Abb. 57–63).

Die beiden Duodenalschenkel werden miteinander durch eine Serosaduplikatur verbunden, die das langgestreckte Pankreas einschließt und in das Dorsalgekröse übergeht. Die Ausführungsgänge des Pankreas und die Gallengänge verlaufen in der Serosaduplikatur und münden in den aufsteigenden Schenkel der Duodenalschleife. Zwischen das offene Schleifenende ist, mit Ausnahme der Taube, die Gallenblase plaziert. Die Duodenalschleife ist an der Leber und am Muskelmagen bindegewebig verwachsen. Ihre und die arterielle Versorgung des Pankreas erfolgt über die A. celiaca. Die Länge

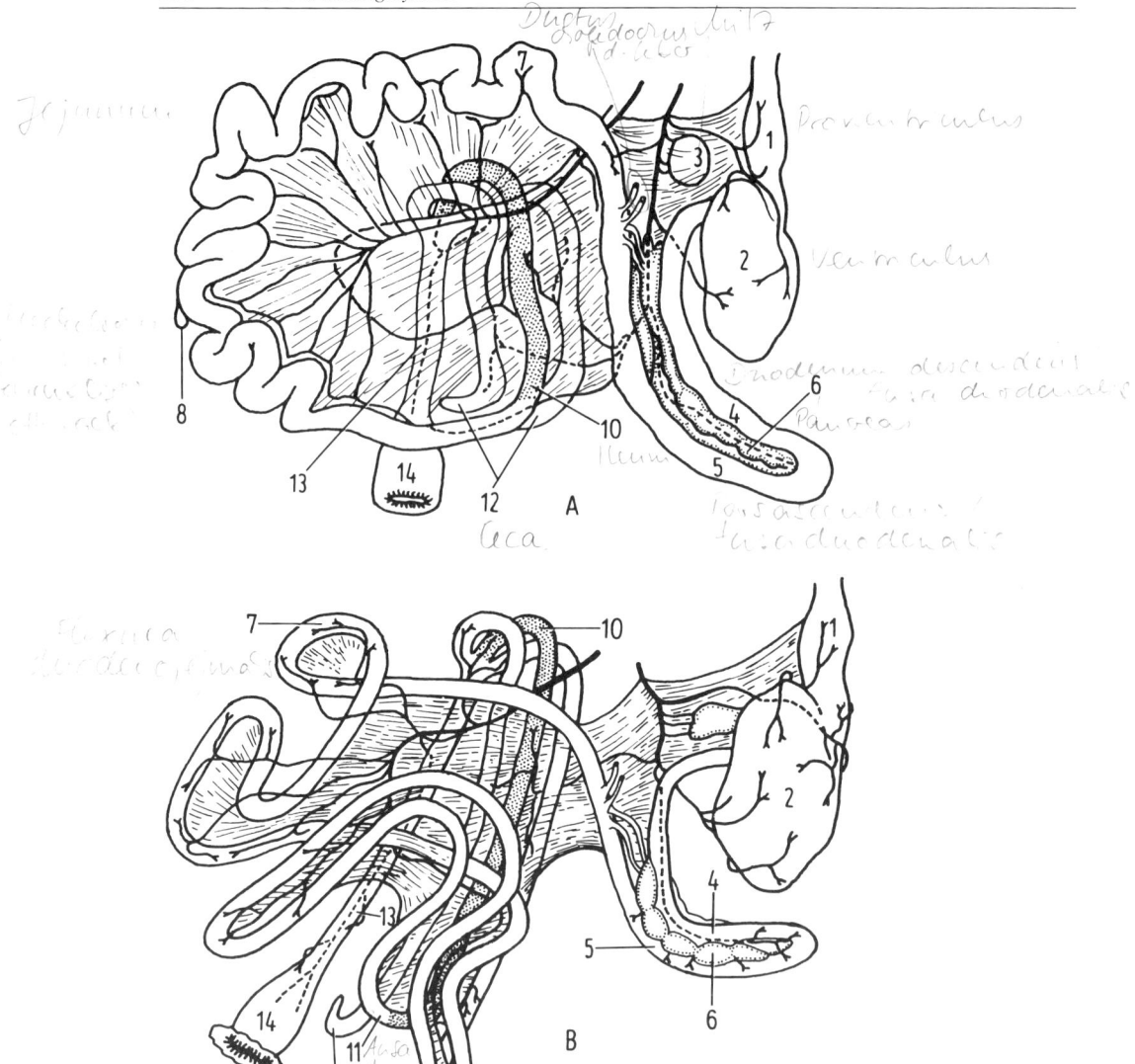

Abb. 52. Schematische Darstellung des Magens und des Darmes von Huhn (A) und Gans (B) (nach King und McLelland, 1984).

1 Proventriculus
2 Ventriculus
3 Lien
4 Ansa duodenalis, Pars descendens
5 Ansa duodenalis, Pars ascendens
6 Pancreas
7 Jejunum
8 Diverticulum vitellinum
9 Ansa axialis
10 Ileum
11 Ansa supraduodenalis
12 Ceca
13 Rectum
14 Cloaca

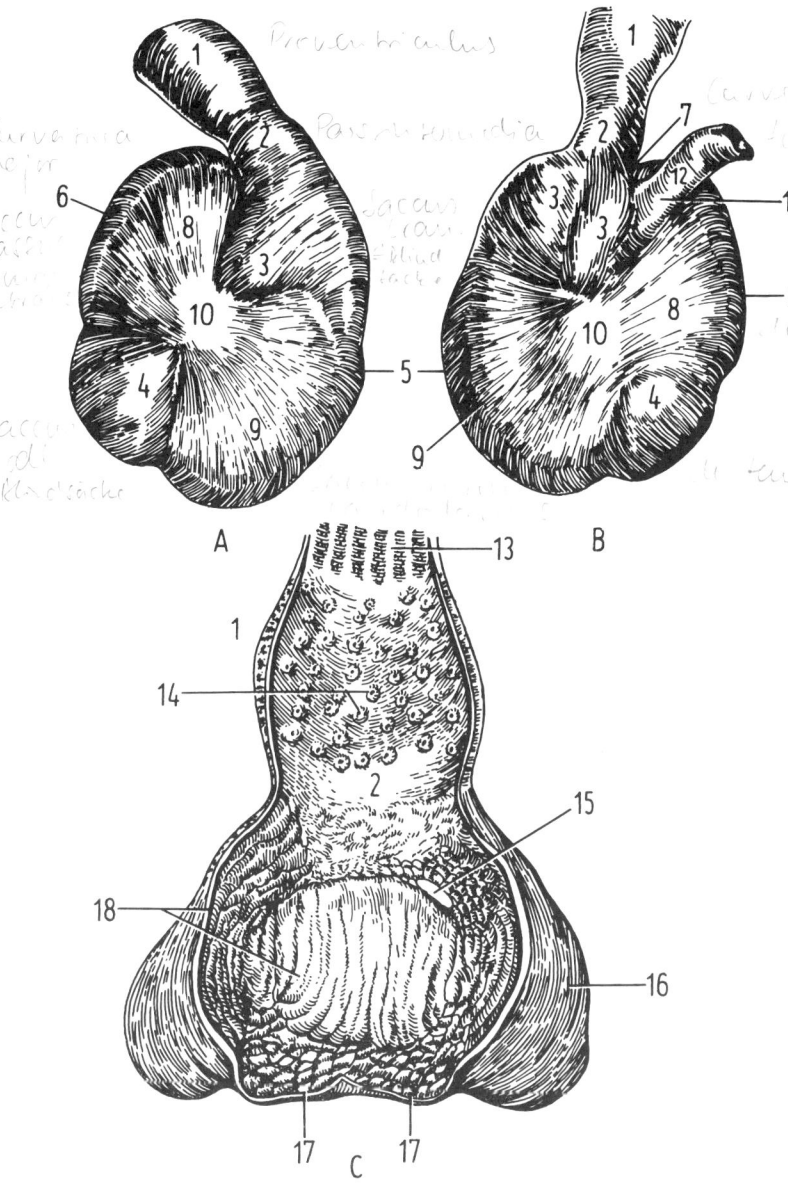

Abb. 53. Magen des Huhnes, linke Ansicht (A), rechte Ansicht (B) und Längsschnitt (C) (nach Ghetie, 1976).

1 Proventriculus
2 Zona intermedia gastris
3 Saccus cranialis et M. tenuis craniodorsalis
4 Saccus caudalis et M. tenuis caudoventralis
5 Corpus
6 Curvatura major
7 Curvatura minor
8 M. crassus cranioventralis
9 M. crassus caudodorsalis
10 Centrum tendineum
11 Pars pylorica
12 Ansa duodenalis, Pars descendens
13 Esophagus
14 Papillae proventriculares
15 Ostium ventriculopyloricum
16 Tunica muscularis gastris, Stratum circulare
17 Saccus caudalis
18 Cuticula gastrica

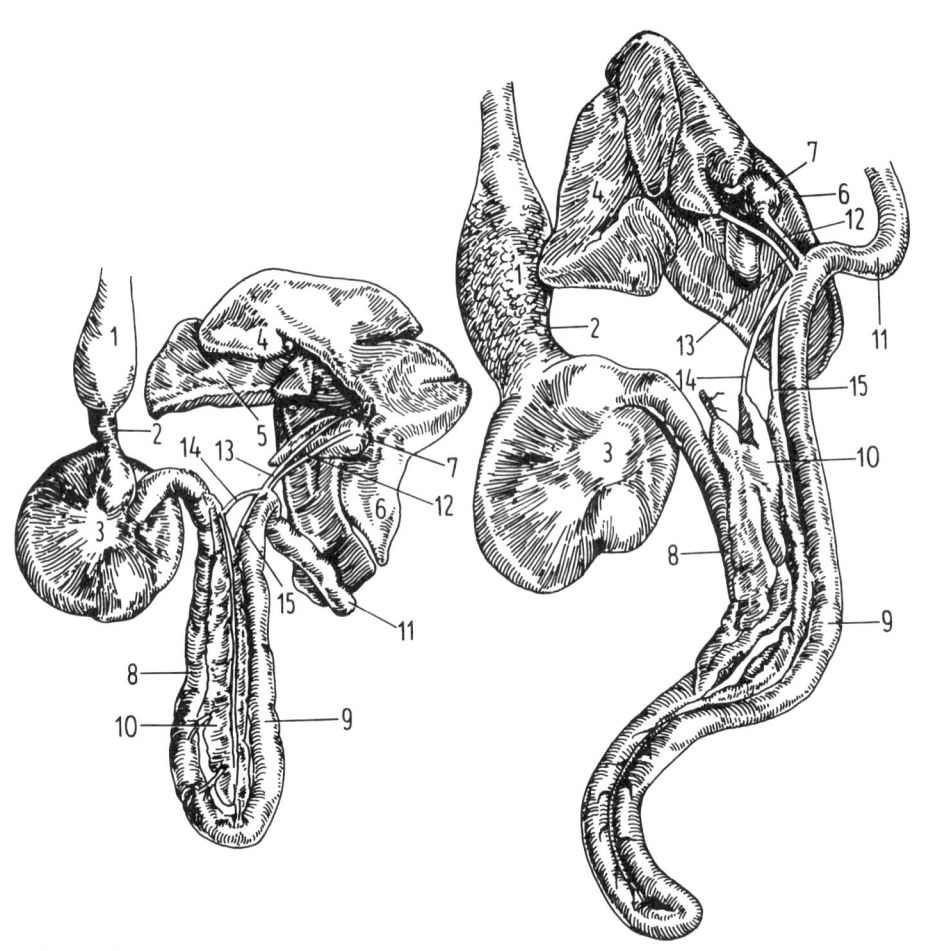

Abb. 54. Magen, Duodenum, Pankreas und Leber des Huhnes (links) und der Gans (rechts) (nach Ghetie, 1976).

1 Proventriculus
2 Zona intermedia gastris
3 Centrum tendineum
4 Lobus hepaticus sinister, bei Hühnervögeln Pars caudoventralis
5 Pars caudodorsalis
6 Lobus hepaticus dexter
7 Vesica fellea
8 Ansa duodenalis, Pars descendens
9 Ansa duodenalis, Pars ascendens
10 Pancreas
11 Jejunum
12 Ductus cysticoentericus
13 Ductus hepatoentericus
14 Ductus pancreaticus dorsalis
15 Ductus pancreaticus ventralis

des Duodenums beträgt beim Huhn 22–35 cm, bei der Ente 22–38 cm, bei der Gans bis 50 cm und bei der Taube 12–22 cm.

Der **Leerdarm**, *Jejunum* (Abb. 52 und 55), stellt den längsten Abschnitt des Dünndarmes dar. Er beginnt oberhalb des rechten Leberlappens in Höhe der sechsten bis siebten Rippe. Sein Ende ist durch die Reichweite des *Lig. ileocecale* bestimmt, das zwischen dem Hüftdarm und den Blinddärmen verkehrt. Die Länge des Leerdarmes beträgt beim Huhn 85–120 cm, bei der Ente 90–140 cm, bei der Gans 150–185 cm und bei der Taube 45–70 cm. Seine Schlingen füllen die rechte kaudale Hälfte der Leibeshöhle aus

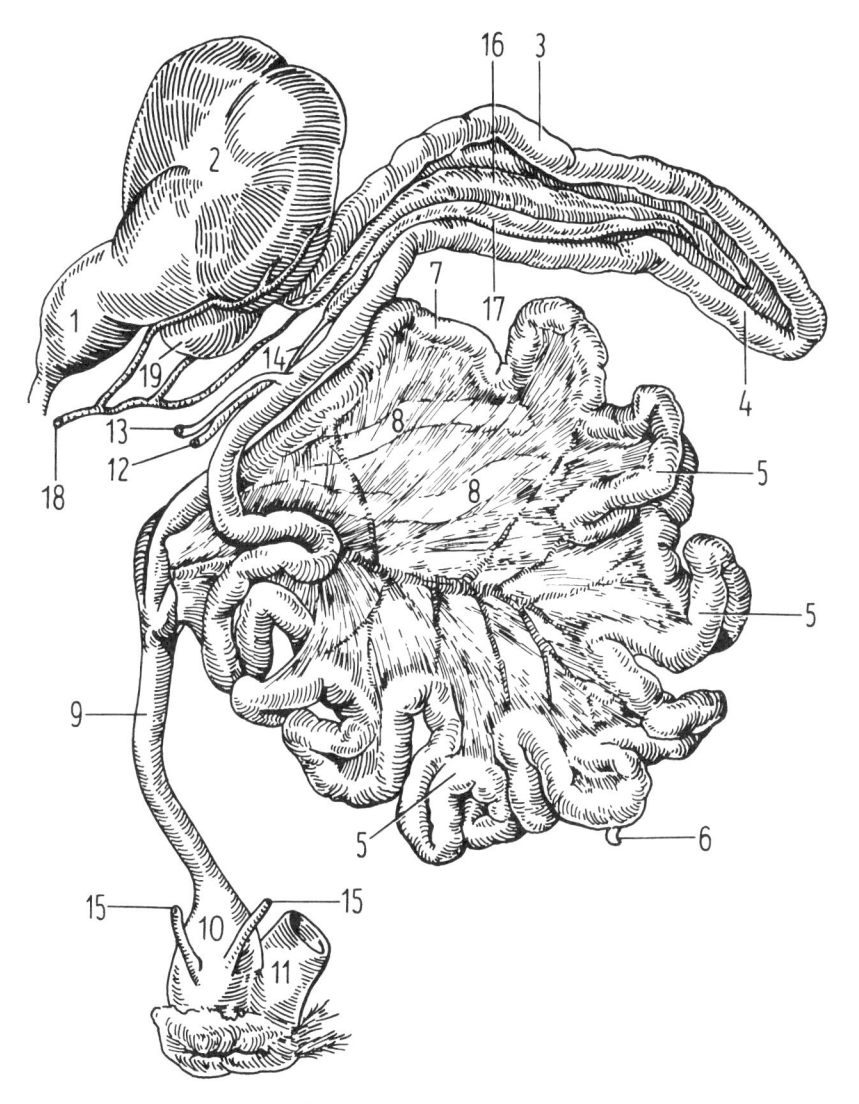

Abb. 55. Magen und Darm des Huhnes (nach Ghetie, 1976).

1 Proventriculus
2 Ventriculus
3 Duodenum, Pars descendens
4 Duodenum, Pars ascendens
5 Jejunum
6 Diverticulum vitellinum
7 Ileum
8 Ceca
9 Rectum
10 Cloaca
11 Oviductus
12 Ductus hepatoentericus
13 Ductus cysticoentericus
14 Ductus pancreaticus ventralis
15 Ureter
16 Lobus pancreaticus dorsalis
17 Lobus pancreaticus ventralis
18 A. celiaca
19 Lien

und berühren den Muskelmagen, die Milz, den rechten Leberlappen und bei weiblichen Tieren in der Legeperiode auch den Eierstock (Abb. 57–62).

Beim Huhn hängt das Jejunum in 10 bis 11 leicht beweglichen Schlingen girlandenartig an einem relativ langen Gekröse. In der Mitte der Gesamtlänge des Dünndarmes, die dem Scheitel der embryonalen Darmschleife entspricht, bildet das Jejunum eine Schlinge, die *Ansa axialis*. Der Scheitel dieser Schlinge trägt das **Meckelsche Divertikel**, *Diverticulum vitellinum*, als kurzen, blind endenden Rest des Dottersackes (Abb. 52 und 55). Das Divertikel ist beim Huhn bis zu 4 mm lang und kommt etwa bei 60% der Tiere vor. In das Lumen des Jejunums öffnet sich das Divertikel an der *Papilla ductus vitellini*.

Während sich bei Huhn und Taube das Meckelsche Divertikel schon frühzeitig zurückbildet, ist es bei Enten in 80%, bei Gänsen in 90% der erwachsenen Tiere nachweisbar (Abb. 66).

Bei Ente und Gans formt das Jejunum ein aus 6 bis 8 parallel gelagerten Schlingen bestehendes Konvolut, das in der Körperlängsrichtung angeordnet ist. Der Endabschnitt des Jejunums geht in einer Schleife in das Ileum über, die wegen ihrer Nähe zur Duodenalschleife als **Supraduodenalschleife**, *Ansa supraduodenalis* (Abb. 52), bezeichnet wird. Im Unterschied zum Huhn sind die Leerdarmschlingen von Ente und Gans nicht frei beweglich, sondern bilden Schleifen, deren Schenkel durch Bindegewebe aneinander fixiert sind.

Am Jejunum der Taube können zwei Abschnitte unterschieden werden. Der erste stellt eine kegelförmig gewundene, dem Kolonkegel des Schweines ähnelnde, lange und weite Schleife mit drei bis vier zentripetalen und zwei bis drei zentrifugalen Windungen dar. Dieser Abschnitt liegt rechts und kraniodorsal in der Leibeshöhle, seine Spitze befindet sich ventral des mittleren Drittels der rechten Niere. Das Meckelsche Divertikel liegt an der Spitze dieser Schleife und ist etwa bei 60% der erwachsenen Tauben vorhanden. Den zweiten Abschnitt des Jejunums bildet die sehr lange Supraduodenalschlinge, die in vielen Fällen mit ihrem Scheitelteil um den kaudalen Rand des Muskelmagens umbiegt und sich seinem Sehnenspiegel anlegt. Der Scheitel kann auch kranial gerichtet sein und sich zwischen Duodenum und die anderen Jejunumteile legen.

Die Blutversorgung des Jejunums erfolgt über die A. mesenterica cranialis und die A. celiaca.

Der **Hüftdarm**, *Ileum* (Abb. 52), ist ein annähernd gerader Dünndarmabschnitt, der beim Huhn 13–18 cm, bei der Ente 10–19 cm, bei der Gans 20–28 cm und bei der Taube 8–13 cm lang ist. Mit den Blinddärmen ist er durch das *Lig. ileocecale* verbunden, dessen kaudale Reichweite die Grenze zwischen Jejunum und Ileum bestimmt. Das Ileum endet an der Einmündung der Blinddärme in den Enddarm. Bei Huhn und Taube läuft der Hüftdarm dorsal der Duodenalschleife, bei Ente und Gans liegt er der Supraduodenalschleife des Jejunums auf. Mit der rechten Seitenfläche des Magens ist er durch eine Serosalamelle verbunden. Auf seinem Wege nach kranial perforiert der Hüftdarm etwa in Höhe der 6. Rippe das Mesenterium, um dann in Höhe der Keimdrüsen mit einem nach links und dorsal gerichteten, kaudal offenen Bogen in den Dickdarm überzugehen. Bei der Taube perforiert der Hüftdarm das Mesenterium nicht.

Während im deutschen veterinäranatomischen Schrifttum die Grenze zwischen Jejunum und Ileum durch das kaudale Ende des Lig. ileocecale und damit durch den Scheitel der Supraduodenalschleife bestimmt wird, liegt nach der Konzeption vieler anderer Autoren diese Grenze in Höhe des Meckelschen Divertikels der Axialschleife. Diese wäre dann in einen absteigenden jejunalen und einen aufsteigenden ilealen Anteil zu gliedern. Die Supraduodenalschleife wäre nach diesem Konzept den Ansae ileales zuzurechnen.

Die Blutversorgung des Hüftdarmes erfolgt bei Huhn, Ente und Gans durch die A. celiaca, bei der Taube durch die A. mesenterica cranialis.

Der **Dickdarm**, *Intestinum crassum* (Abb. 52 und 55), ist im Vergleich zu dem der Säuger sehr kurz. Er besteht aus den paarigen Blinddärmen und einem geraden Abschnitt, dem Enddarm, der wahrscheinlich dem Rektum der Säuger homolog ist. Die Abgrenzung eines Kolons ist auch histologisch nicht möglich. Der Enddarm mündet in das Coprodeum der Kloake.

Die **Blinddärme**, *Ceca* (Abb. 52 und 61), sind bei Huhn, Ente und Gans gut entwickelt, bei der Taube rudimentär. Ihre Länge beträgt beim Huhn je 12—25 cm, bei der Ente je 10—20 cm und bei der Gans je 22—34 cm. Bei der Taube sind sie nur 2—7 mm lang. Den Papageien und einigen karnivoren Vogelarten fehlen die Blinddärme ganz.

Die Blinddärme beginnen mit je einem *Ostium ceci* an der Grenze zwischen Ileum und Enddarm. Diese Grenze ist durch eine bei Huhn und Truthuhn besonders deutliche *Valva ileorectalis* markiert.

Mit dem Ileum sind sie durch das *Lig. ileocecale* verbunden. Nach einem sehr kurzen kranial verlaufenden Abschnitt wenden sie sich nach kaudoventral um, so daß ihre frei beweglichen Spitzen in die Nähe der Kloake zu liegen kommen.

Am Blinddarm werden drei Abschnitte, der verengte Hals, *Basis ceci*, der dünnwandige Körper, *Corpus ceci*, und die leicht blasenförmig erweiterte Spitze, *Apex ceci*, unterschieden. Von ventral ist bei eröffneter Leibeshöhle nur das linke Cecum sichtbar. Das rechte wird beim Huhn ganz und bei Ente und Gans größtenteils vom Gekröse verhüllt. Der durch die dünne Wand der Blinddärme durchschimmernde Darminhalt verleiht ihnen eine grünliche Farbe. Die ebenfalls dünne Wand des Jejunums läßt seinen Inhalt gleichermaßen durchscheinen, während die Wände der übrigen Darmabschnitte dicker und somit undurchsichtig sind.

Der **Enddarm**, *Rectum*, verläuft als direkte Fortsetzung des Hüftdarmes, von dem er sich im Durchmesser nicht unterscheidet, an einem kurzen Gekröse befestigt unter der Wirbelsäule. Seine Länge beträgt beim Huhn 8—11 cm, bei der Ente 7—12 cm, bei der Gans 16—22 cm und bei der Taube 3—4 cm. Im Mesorektum verläuft die V. coccygomesenterica, welche an der Ausbildung des Pfortadersystems der Niere beteiligt ist. Unter leichter Erweiterung geht der Enddarm in das Coprodeum der Kloake über (Abb. 55, 61, 86 und 87).

Die Darmwand besteht aus drei Hauptschichten, der äußeren *Tunica serosa*, der mittleren *Tunica muscularis intestini* und der inneren *Tunica mucosa intestini*. Der Serosa ist eine Lage subserösen Bindegewebes, die *Tela subserosa*, untergelagert (Abb. 66 und 67).

Die Muskelschicht des Darmes gliedert sich in ein oberflächliches *Stratum longitudinale* und ein inneres *Stratum circulare*. Durch lokale Vermehrung der Ringmuskelschicht entstehen die Schließmuskeln, deren Tätigkeit für die Regulierung der Darmpassage von Bedeutung ist. Solche Schließmuskeln sind der *M. sphincter ilealis* vor dem Übergang des Hüftdarmes in den Enddarm und der *M. sphincter cecale* an den Blinddarmöffnungen.

Die Schleimhaut des Darmes ist gegen die Muskelschicht durch die bindegewebige Verschiebeschicht, die *Tela submucosa*, abgegrenzt. Diese gestattet die Faltenbildung der Schleimhaut und ermöglicht die Peristaltik. Die Schleimhautfalten verlaufen in der Längsrichtung des Darmes und verschwinden beim voll gefüllten Darm. Die Schleimhautoberfläche trägt Zotten, *Villi intestinales*, die bis zu 1,5 mm lang sein können. Sie kommen sowohl im Dünndarm als auch im Dickdarm vor und tragen erheblich zur Vergrößerung der resorptiven Oberfläche bei.

Die Zotten tragen ein hochprismatisches Resorptionsepithel das zwei Zelltypen, die **Saumzellen** und die **Becherzellen**, enthält. Der Begriff der Saumzellen leitet sich von einem im lichtmikroskopischen Bild sichtbaren, lumenseitigen Saum dieser Enterozyten aus Mikrozotten ab. Die Becherzellen sind über alle Darmabschnitte verteilt, kommen aber besonders zahlreich in den kaudalen vor. Die Becherzellen produzieren merokrin freigesetzte Sekretgranula aus sauren Glykoproteinen, welche die Epitheloberfläche mit einem schleimigen Schutzfilm überziehen.

Die leicht gewundenen tubulären Propriadrüsen, die *Gll. intestinales* oder **Lieberkühnsche Drüsen**, münden in die Darmkrypten. Die submukösen Duodenaldrüsen der Säuger (Brunnersche Drüsen) fehlen den Vögeln.

Die *Lamina propria mucosae* ist von lymphoretikulärem Gewebe infiltriert, das bis in die Zotten eindringt. Neben diesen diffusen Infiltraten, welche häufig auch eosinophile Leukozyten enthalten, bildet das lymphoretikuläre Gewebe kleine, isoliert liegende Knötchen, *Lymphonoduli solitarii*, oder auch größere lymphoretikuläre Anhäufungen, *Lymphonoduli aggregati*. In größerem Ausmaß kommt lymphoretikuläres Gewebe in den Blinddärmen, im Diverticulum vitellinum und in der Schleimhaut des Leerdarmes vor, wo sich die Knötchen zu deutlichen **Peyerschen Platten** vereinigen. In den Blinddärmen konzentriert sich das lymphoretikuläre Gewebe auf deren Basis und wird auch als *Tonsilla cecalis* bezeichnet. Auch in den stark rudimentären Blinddärmen der Taube gibt es ausgeprägte lymphoretikuläre Infiltrationen. Die Menge des lymphoretikulären Gewebes soll sich beim Vogel mit dem Altern erhöhen.

Die Innervation des Darmes erfolgt durch Nervengeflechte, die von den Nn. splanchnici thoracici und den Nn. splanchnici synsacrales sowie Zweigen des N. vagus und des Plexus pudendus gebildet werden. Die vegetative Innervation steuert die Motilität des Darmes und die Sekretionstätigkeit seiner Schleimhaut.

Die Funktion der einzelnen Darmabschnitte ist unterschiedlich. Die Aufgaben des Dünndarmes bestehen in der chemischen Verdauung und in der Resorption der Nährstoffe. Enddarm und Kloake resorbieren Wasser aus dem Darminhalt und aus dem Harn. Der Harn wird dazu durch antiperistaltische Bewegungen aus dem Urodeum in das Coprodeum der Kloake transportiert. Die Fähigkeit zur Wasserrückresorption ist für Vögel, die in heißen, wasserarmen Gebieten leben besonders bedeutsam.

Die Blinddärme haben für die Verdauungsvorgänge der Vögel eine besondere Bedeutung. Ihre Füllung geschieht durch antiperistaltische Bewegungen des Enddarmes. In den Blinddärmen erfolgt der bakterielle Aufschluß von Zellulosebestandteilen des Futters. Der dunkelgrüne bis dunkelbraune gelatinöse Blinddarminhalt wird getrennt vom Enddarminhalt ein- bis zweimal pro Tag ausgeschieden. Enddarmkot wird 8- bis 10mal häufiger abgesetzt.

5.6. Bauchspeicheldrüse

Die Bauchspeicheldrüse, *Pancreas* (Abb. 52, 54 und 55), liegt als schmales, blaßgelbes oder graurötliches Organ zwischen den beiden Schenkeln der Duodenalschlinge. Bei Huhn und Taube füllt es den Raum zwischen den beiden Schenkeln aus, während es bei Ente und Gans nicht bis an das scheitelseitige Ende der Schlinge reicht. Die Bauchspeicheldrüse gliedert sich in drei Lappen, *Lobi pancreaticus dorsalis, ventralis et splenalis*. Der im mesenterialen Fettgewebe in Richtung Milz ziehende Lobus splenalis ist makroskopisch oft schwer zu erkennen. Der dorsale und der ventrale Lappen gliedern sich je in eine *Pars dorsalis* und eine *Pars ventralis*. An einem Pankreasquerschnitt ist zwischen beiden Teilen eines Lappens eine Parenchymbrücke erkennbar. Die für die Blutversorgung des Pankreas zuständigen Äste der A. pancreaticoduodenalis verlaufen zwischen den Anteilen des dorsalen und ventralen Lappens.

Die drei Pankreaslappen sind beim Huhn und in einigen Fällen auch bei der Gans durch Substanzbrücken unterschiedlicher Ausdehnung verbunden. Bei Ente und Taube, manchmal auch bei der Gans sind der dorsale und ventrale Lappen vollständig getrennt, während der dorsale mit dem Milzlappen in Verbindung steht. Der Milzlappen ist in den meisten Fällen lang und schmal, kann bei Ente und Gans aber auch kurz und plump geformt sein.

Die Länge des Pankreas beträgt bei Huhn, Ente und Gans je 8 – 14 cm, bei der Taube 6 – 8 cm. Seine Masse schwankt beim Huhn zwischen 3,0 und 6,5 g, bei Ente und Gans zwischen 8,5 und 16 g und bei der Taube zwischen 1,5 und 3 g.

Die Ausführungsgänge der Bauchspeicheldrüse münden in die Pars ascendens der Ansa duodenalis. Anzahl und Ort der Einmündung dieser Gänge variieren tierartlich und individuell. Ente und Gans haben gewöhnlich zwei Ausführungsgänge, *Ductus pancreaticus dorsalis et ventralis*. Bei Huhn und Taube kommt zusätzlich ein dritter Ausführungsgang, *Ductus pancreaticus accessorius*, vor, der mit dem ventralen Ausführungsgang aus dem Lobus ventralis kommt (Abb. 54).

Über die Ausführungsgänge wird dem Darm der Pankreassaft zugeführt, der vom exokrinen Pankreasanteil gebildet wird. Er enthält dieselben Enzyme wie bei Säugern, und zwar Amylasen, Lipasen und Proteasen.

In ihrem Aufbau gleicht die Bauchspeicheldrüse im wesentlichen den großen Speicheldrüsen der Mundhöhle. Eine dünne bindegewebige Organkapsel ist außen von Peritoneum überzogen. Die Versorgungsbahnen und die Ausführungsgänge verlaufen im lockeren Interstitium. Die tubuloalveolären Drüsen bilden Läppchen, die durch undeutliche Septen getrennt sind. Die Läppchen enthalten die Drüsenendstücke, die proximalen Anteile des ableitenden Gangsystems und die **Langerhansschen Inseln** (Abb. 67B). Die pyramidenförmigen Zellen der Drüsenendstücke enthalten an ihrem apikalen Pol zahlreiche zymogene Sekretgranula.

Die endokrine Komponente des Pankreas, die Langerhansschen Inseln, bilden das sogenannte **Inselorgan**. Die am zahlreichsten im Milzlappen des Pankreas vorkommenden Inseln lassen sich, anders als bei den Säugern, zwei Gruppen zuordnen. Die dunklen, hauptsächlich aus A- und D-Zellen bestehenden Inseln sind die A-Inseln oder alpha-Inseln. In den hellen Inseln sind B- und D-Zellen vertreten. Sie werden B-Inseln oder beta-Inseln genannt.

Die B-Zellen produzieren das Insulin. Glukagon wird von den A-Zellen gebildet. Den D-Zellen wird die Produktion von Gastrin und Somatostatin zugeschrieben.

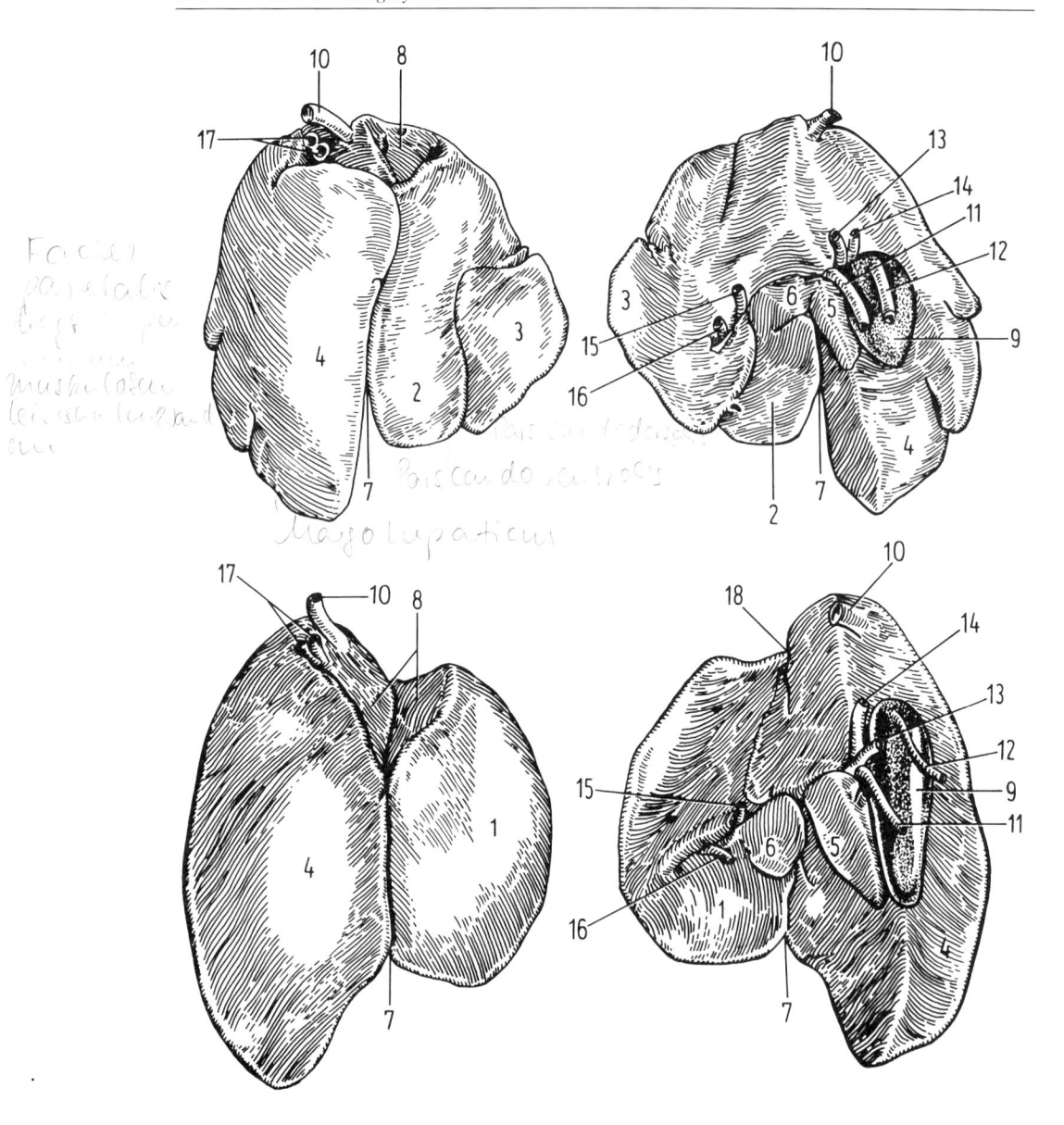

Abb. 56. Facies parietalis (links) und Facies visceralis (rechts) der Leber des Huhnes (oben) und der Gans (unten) (nach Ghetie, 1976).

1 Lobus hepaticus sinister
2 Lobus hepaticus sinister, Pars caudoventralis
3 Lobus hepaticus sinister, Pars caudodorsalis
4 Lobus hepaticus dexter
5 Processus intermedius dexter
6 Processus intermedius sinister
7 Incisura interlobaris caudalis
8 Impressio cardiaca
9 Vesica fellea
10 V. cava caudalis
11 Ductus hepatoentericus
12 Ductus hepatocysticus
13 A. hepatica dextra
14 V. portae dextra
15 V. portae sinistra
16 A. hepatica sinistra
17 Vv. hepaticae
18 Incisura interlobaris cranialis

5.7. Leber

Die Leber, *Hepar* (Abb. 54 und 56), der Hausgeflügelarten ist verhältnismäßig groß. Ihre Masse ist überdies, wie auch die Farbe und die Konsistenz des Organes von der Rasse, dem Alter und vom Ernährungszustand des Individuums abhängig.

Die Leber ist beim Huhn dunkelbraun, bei der Ente gelblichbraun, bei der Gans kastanienbraun und bei der Taube rotbraun. Die Leberfarbe wird auch von der im Leberparenchym gespeicherten Fettmenge und dem Blutgehalt des Organs bestimmt. Für Mastgeflügel ist demzufolge eine hellere Leberfarbe typisch.

Die Lebermasse beträgt beim Huhn 30–60 g, bei der Ente 45–115 g, bei der Gans 85–175 g und bei der Taube 8–12 g. Damit liegt der Anteil der Lebermasse an der Gesamtkörpermasse etwa zwischen 2 und 4%, wobei der höhere Wert für Ente und Gans gilt. Mit dem Eintritt der Legeperiode vergrößert sich die Leber bei weiblichen Tieren ganz erheblich, um nach Ende der Legetätigkeit wieder Ausgangswerte zu erreichen.

Die Leber ist in zwei Lappen gegliedert, einen größeren rechten, *Lobus hepaticus dexter*, und einen kleineren linken, *Lobus hepaticus sinister*, die durch eine schmale Parenchymbrücke miteinander verbunden sind. Beim Huhn und beim Truthuhn ist der linke Lappen durch eine Kerbe in eine *Pars caudodorsalis* und eine *Pars caudoventralis* geteilt. Gestalt und Größe der Leberlappen zeigen erhebliche Speziesunterschiede. Bei Ente, Gans und Taube ist der rechte Lappen deutlich größer als der linke, während beim Huhn der linke, zweigeteilte Lappen nur wenig kleiner als der rechte ist. Der linke Lappen des Huhnes ist ellipsen-, der rechte etwa herzförmig. Bei der Ente hat der rechte Lappen die Gestalt eines langen Rechtecks, der linke ist oval bohnenförmig. Bei der Gans sind beide Lappen länglich, der rechte Lappen erstreckt sich weiter nach kaudoventral als der linke.

Etwa in der Medianebene sind der rechte und der linke Leberlappen durch eine kraniale und eine kaudale Kerbe getrennt. Die kraniale Kerbe, *Incisura interlobaris cranialis*, ist seicht, während die kaudale Kerbe, *Incisura interlobaris caudalis*, tiefer in das Lebergewebe einschneidet.

Die Leber liegt zum größten Teil im kranioventralen Abschnitt der vorderen Hälfte der Leibeshöhle. Kranial erstreckt sie sich beim Huhn bis in den dritten, bei Ente, Gans und Taube bis in den zweiten Interkostalraum. Kaudoventral überragt sie das kaudale Brustbeinende um ein bis zwei Zentimeter. Auf der rechten Seite erstreckt sich die Leber bei der Gans bis in den siebenten Interkostalraum, bei der Ente bis zur letzten Rippe.

Die topographische Situation der Leber auf der linken Körperseite wird durch die linksseitige Lage des Muskelmagens beeinflußt. So erreicht die Leber links nicht das kaudale Brustbeinende, sondern endet bei Huhn und Gans im sechsten, bei der Ente im achten Interkostalraum (Abb. 57–63).

Die konvexe Wandfläche der Leber, *Facies parietalis*, liegt den Rippen, dem Sternum und der muskulösen Leibeshöhlenwand an. Am Leberrand, *Margo hepaticus*, geht die Facies parietalis in die konkave Eingeweidefläche, *Facies visceralis*, über. Auf der Facies visceralis des rechten Leberlappens finden sich zwei Erhebungen, der *Proc. intermedius dexter* und der *Proc. papillaris*, die beide bei der Taube fehlen. Die Facies visceralis des linken Lappens trägt bei Huhn und Truthuhn einen *Proc. intermedius sinister*. Die an die viszerale Fläche der Leber grenzenden Organe hinterlassen im Lebergewebe Eindrücke, *Impressiones*.

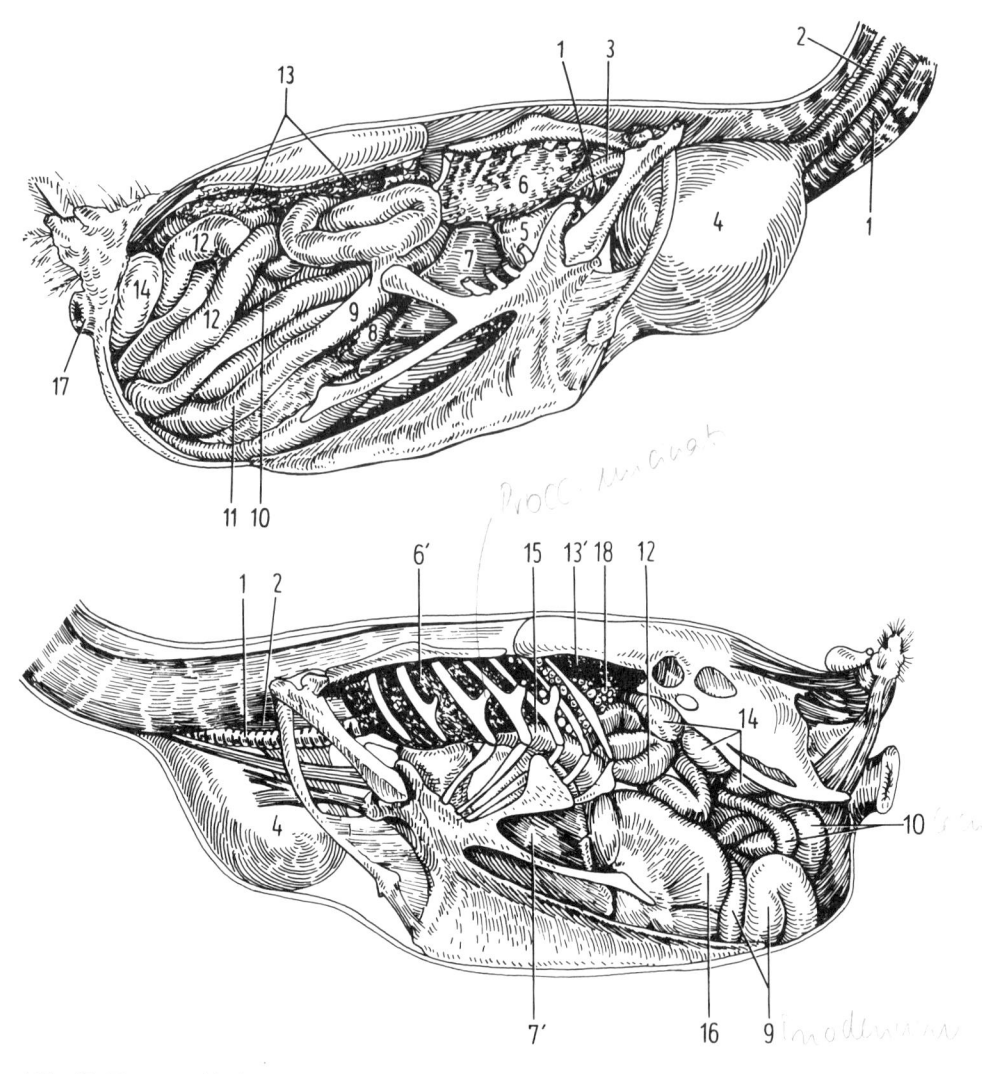

Abb. 57. Topographie der Organe der Leibeshöhle des Huhnes, rechte Ansicht (oben), linke Ansicht (unten) (nach Ghetie, 1976).

1 Trachea
2 Esophagus
3 V. jugularis dextra
4 Ingluvies
5 Cor
6 Pulmo dexter
7 Lobus hepaticus dexter
8 Vesica fellea
9 Duodenum
10 Cecum
11 Pancreas
12 Jejunum
13 Ren dexter
13' Ren sinister
14 Oviductus
15 Proventriculus
16 Ventriculus
17 Cloaca
18 Ovarium

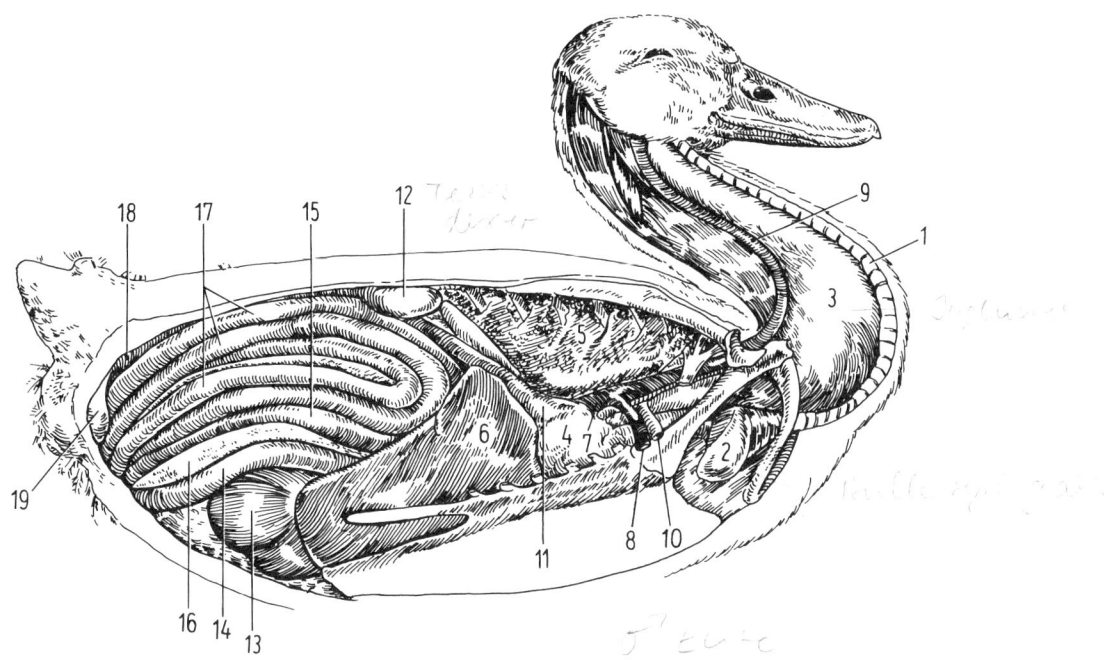

Abb. 58. Topographie der Organe der Leibeshöhle der Ente, rechte Seite (nach Ghetie, 1976).

1 Trachea
2 Bulla syringealis
3 Esophagus
4 Cor
5 Pulmo dexter
6 Lobus hepaticus dexter
7 V. cava cranialis dextra
8 V. subclavia dextra
9 V. jugularis dextra
10 A. subclavia dextra
11 V. cava caudalis
12 Testis dexter
13 Ventriculus
14 Duodenum, Pars descendens
15 Duodenum, Pars ascendens
16 Pancreas
17 Jejunum
18 Rectum
19 Cloaca

Eine *Impressio cardiaca* entsteht im kranioventralen Bereich beider Leberlappen, die das Herz von lateral umgeben. Dorsokranial auf der Eingeweidefläche hinterläßt der Drüsenmagen eine seichte *Impressio proventricularis*. Rechts von dieser Impression verläuft die beim Huhn tief in das Lebergewebe eingesenkte V. cava caudalis, die an der viszeralen Leberfläche über das *For. caudale venae cavae caudalis* ein- und an der parietalen Leberfläche über das *For. craniale venae cavae caudalis* wieder austritt. Am linken Leberlappen hinterläßt der Muskelmagen eine *Impressio ventricularis*. Weiterhin erzeugen das Duodenum, das Jejunum, die Milz und der rechte Hoden mehr oder weniger deutliche *Impressiones duodenalis, jejunalis, splenalis et testicularis*.

Auf der Facies visceralis der Leber lassen sich zahlreiche Eindrücke von Darmschlingen finden. Diese entstehen offenbar im Zusammenhang mit dem Fliegen. Während des Fliegens drücken die voll gefüllten Luftsäcke gegen die Eingeweide, wodurch der Darm auf dem relativ weichen Lebergewebe Impressionen hinterläßt.

Auf der Facies visceralis des rechten Leberlappens liegt die bei vielen Tauben- und Papageienarten fehlende und beim Perlhuhn nicht immer vorhandene **Gallenblase**, *Vesica fellea*, in einer eigenen Grube, der *Fossa vesicae felleae*.

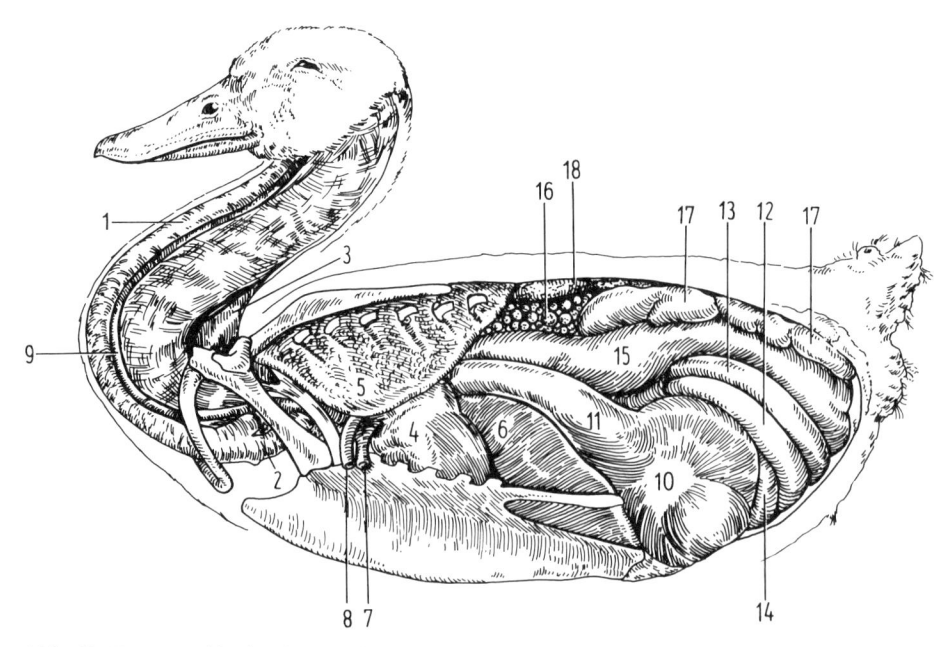

Abb. 59. Topographie der Organe der Leibeshöhle der Ente, linke Seite (nach Ghetie, 1976).

1 Trachea
2 Bronchus primarius sinister
3 Esophagus
4 Cor
5 Pulmo sinister
6 Lobus hepaticus sinister
7 V. subclavia sinistra
8 A. subclavia sinistra
9 V. jugularis sinistra
10 Ventriculus
11 Proventriculus
12 Duodenum, Pars ascendens
13 Duodenum, Pars descendens
14 Jejunum
15 Rectum
16 Ovarium
17 Oviductus
18 Ren sinister

Der mikroskopische Bau der Vogelleber unterscheidet sich etwas von dem der Säugerleber. Den äußeren Abschluß bildet die mit Bauchfell überzogene, dünne fibröse Kapsel, durch die das Leberparenchym durchscheint. Die Kapsel geht in das interstitielle Bindegewebe über, welches die Leberläppchen begrenzt. Beim Vogel ist nur wenig perilobuläres Bindegewebe vorhanden und deshalb ist die Läppchenzeichnung undeutlich, am ehesten erkennbar in der Umgebung der Leberpforte. Das interstitielle Bindegewebe führt die interlobulären Blutgefäße und Gallengänge. Diese enthalten eine A. interlobularis als Zweig der A. hepatica, eine V. interlobularis als Zweig der V. portalis und einen Gallengang, welche zusammen die **Glissonsche Trias** bilden.

Die Struktur- und Funktionselemente der Leberläppchen sind die Hepatozyten und die intralobulären Gefäße. Die **Hepatozyten** bilden ein dreidimensionales Netzwerk, welches beim Huhn aus doppelten Zellagen besteht. In der Vogelleber sind die Zellplatten von Lakunen durchbrochen, wodurch das Leberparenchym ein schwammartiges Aussehen erhält. Zwischen den Maschen des Hepatozytennetzwerkes liegen die sinuösen Blutkapillaren oder **Sinusoide**. Diese weitlumigen Kapillaren werden von interlobulären Gefäßen, den Aa. und Vv. interlobulares gespeist. Die Kapillaren besitzen Endothelporen von etwa 100 nm Durchmesser für den Stoffaustausch, ausgenommen korpuskuläre

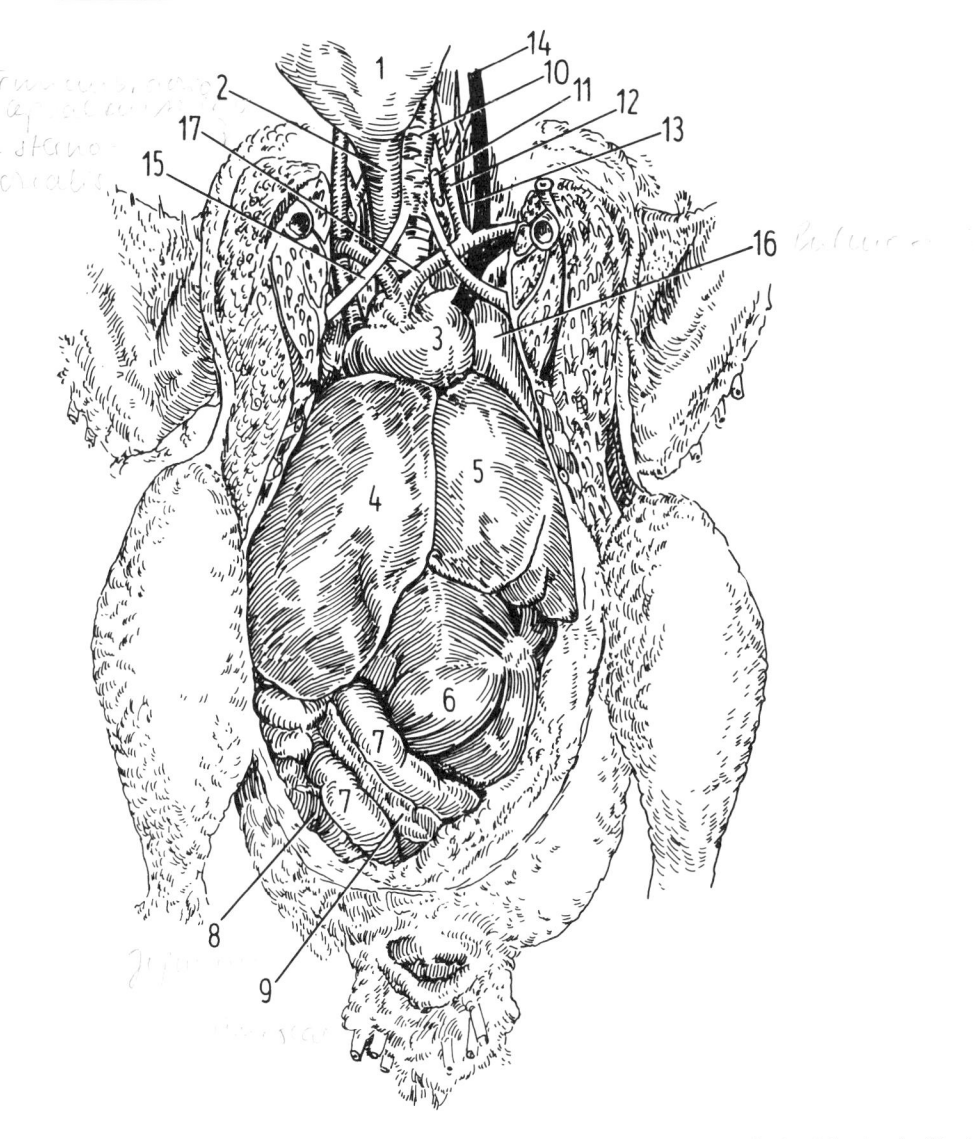

Abb. 60. Topographie der Organe der Leibeshöhle des Huhnes, ventrale Ansicht (nach Ghetie, 1976).

1 Ingluvies	7 Duodenum	13 N. vagus
2 Esophagus	8 Jejunum	14 V. jugularis sinistra
3 Cor et Pericardium	9 Pancreas	15 M. sternotrachealis
4 Lobus hepaticus dexter	10 Trachea	16 Pulmo sinister
5 Lobus hepaticus sinister	11 Glandula thyroidea	17 Truncus brachiocephalicus sinister
6 Ventriculus	12 A. carotis communis	

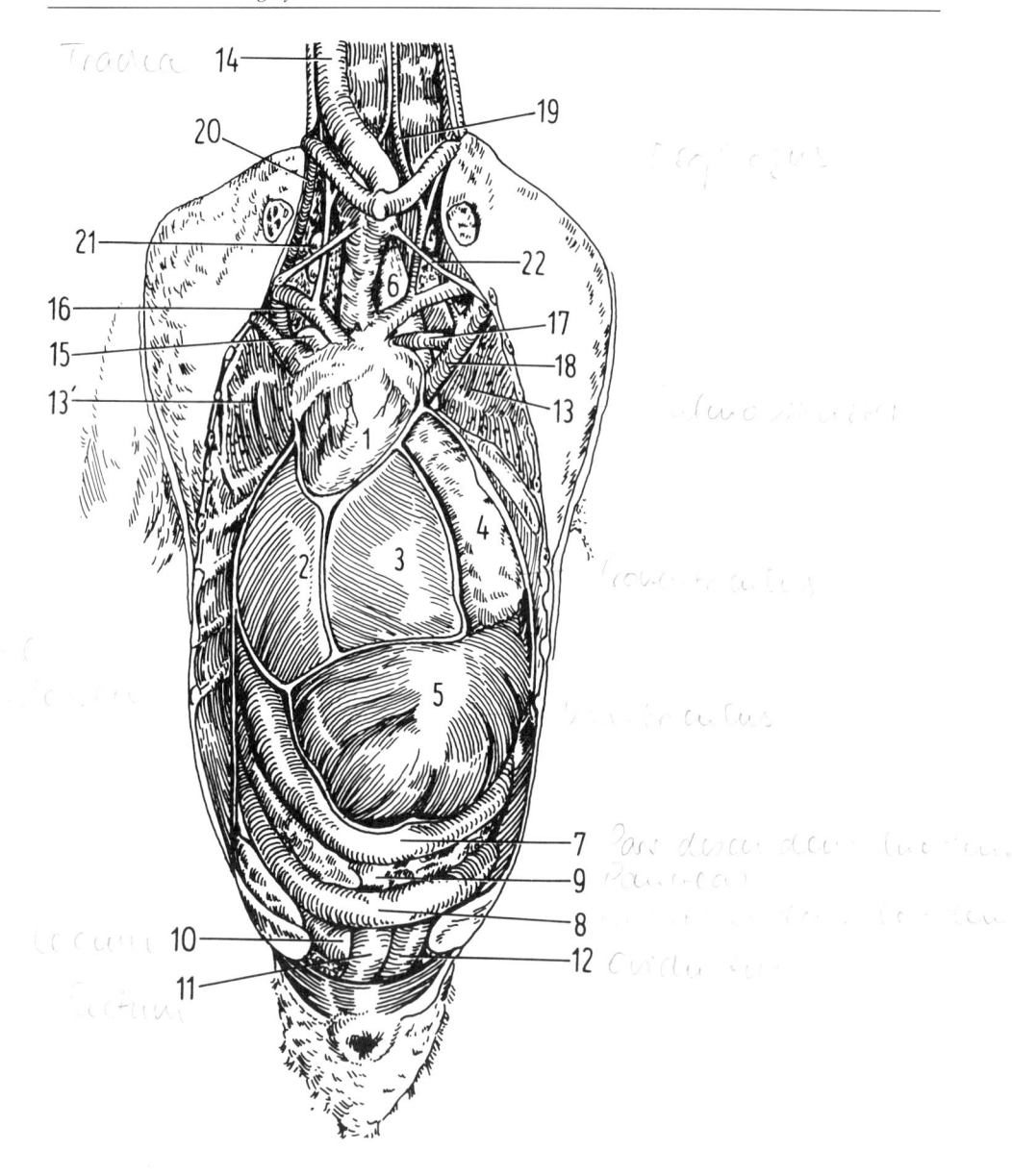

Abb. 61. Topographie der Organe der Leibeshöhle der Gans, ventrale Ansicht (nach Ghetie, 1976).

1 Cor
2 Lobus hepaticus dexter
3 Lobus hepaticus sinister
4 Proventriculus
5 Ventriculus
6 Esophagus
7 Duodenum, Pars descendens
8 Duodenum, Pars ascendens
9 Pancreas
10 Cecum
11 Rectum
12 Oviductus
13 Pulmo sinister
13' Pulmo dexter
14 Trachea
15 Aorta
16 Truncus brachiocephalicus dexter
17 A. pulmonalis sinistra
18 V. cava cranialis sinistra
19 A. carotis communis
20 V. jugularis dextra
21 Glandula thyroidea
22 M. sternotrachealis

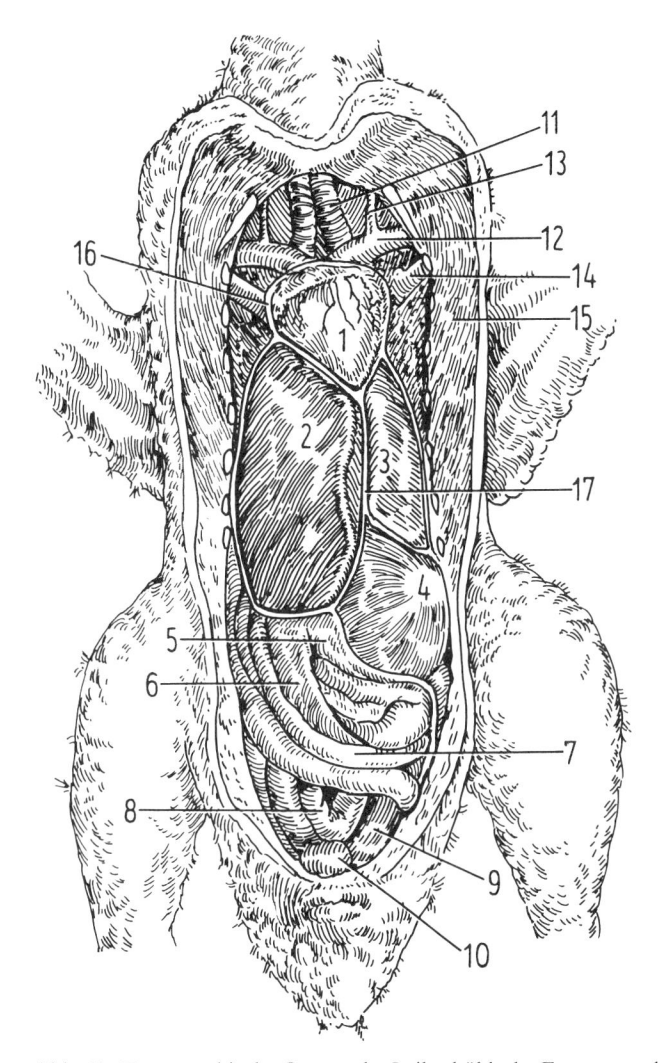

Abb. 62. Topographie der Organe der Leibeshöhle der Ente, ventrale Ansicht (nach Ghetie, 1976).

1 Cor	8 Jejunum	13 A. carotis communis
2 Lobus hepaticus dexter	9 Oviductus	14 A. pulmonalis
3 Lobus hepaticus sinister	10 Cloaca	15 Pulmo sinister
4 Ventriculus	11 Bronchus primarius sinister	16 Pericardium
5 Peritoneum	12 Truncus brachiocephalicus	17 Ligamentum falciforme hepatis
6 Pancreas		
7 Duodenum		

Blutbestandteile. Die Leberzellen sind von den Kapillaren durch einen perivaskulären Spalt, den **Disséschen Raum**, getrennt.

Die Kapillaren verlaufen radiär und führen Blut aus der V. portalis und der A. hepatica zentripetal durch das Läppchen in seine Zentralvene. Diese stellt die Anfangsstrecke des ableitenden Venensystems dar, das über Sammelvenen zu den in die V. cava caudalis

166   5. *Verdauungssystem*

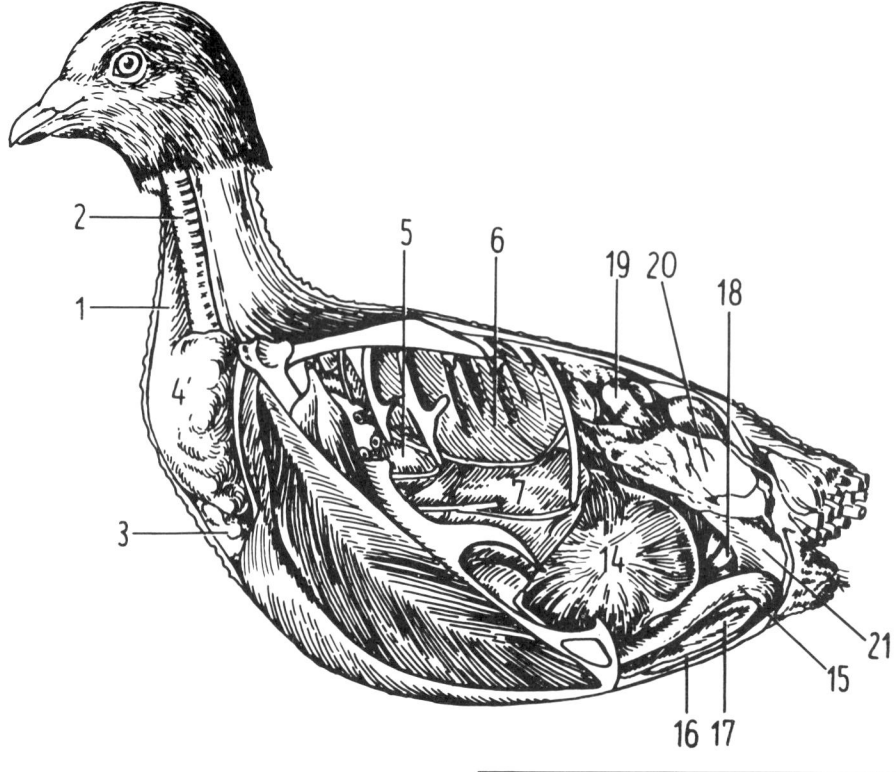

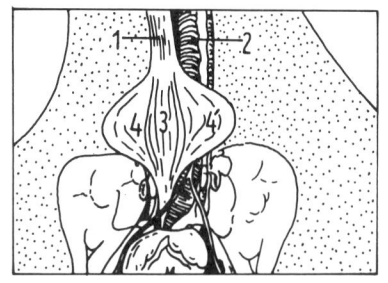

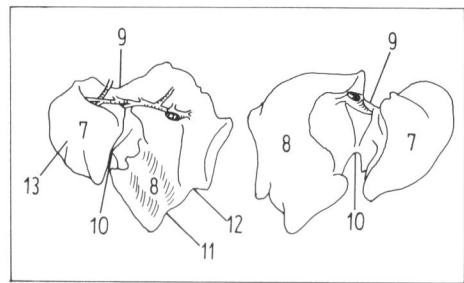

Abb. 63. Topographie der Organe der Leibeshöhle der weiblichen Taube, linke Ansicht (oben), Bau des Kropfes (unten links) und der Leber (unten rechts) (nach Schummer, 1973, und nach Kolda und Komárek, 1958).

1 Esophagus
2 Trachea
3 Ingluvies, Diverticulum medianum
4 Diverticulum dextrum ingluviale
4' Diverticulum sinistrum ingluviale
5 Cor
6 Pulmo sinister
7 Lobus hepaticus sinister
8 Lobus hepaticus dexter
9 Impressio proventricularis
10 Incisura interlobaris caudalis
11 Impressio duodenalis
12 Impressio jejunalis
13 Impressio ventricularis
14 Ventriculus
15 Duodenum, Pars descendens
16 Duodenum, Pars ascendens
17 Pancreas
18 Jejunum
19 Ren sinister
20 Oviductus
21 Cloaca

Legenden zu den Abb. 64—67

Abb. 64A. Esophagus, Pars cervicalis, des Huhnes im Querschnitt, H.-E.-Färbung.
1 mehrschichtiges unverhorntes Plattenepithel
2 Lamina propria mucosae
3 Glandulae esophageales
4 lymphoretikuläres Gewebe und Schleimdrüse
5 Lamina muscularis mucosae
6 Tela submucosa
7 Tunica muscularis, Stratum circulare
8 Tunica muscularis, Stratum longitudinale
9 Tunica adventitia

Abb. 64B. Längsschnitt des Überganges vom Esophagus zum Drüsenmagen, H.-E.-Färbung.
1 Lamina propria mucosae
2 Glandulae esophageales
3 Lamina muscularis mucosae
4 Tela submucosa
5 Tunica muscularis, Stratum circulare
6 Glandula proventricularis profunda
7 lymphoretikuläres Gewebe — „Tonsilla esophagealis"
8 Lymphonodulus

Abb. 65A. Drüsenmagen des Huhnes im Querschnitt, H.-E.-Färbung.
1 Schleimhaut mit Zylinderepithel und oberflächlichen kryptenartigen Propriadrüsen
2 Lamina propria mucosae
3 interglanduläre Bindegewebssepten
4 Glandulae proventriculares
5 Tela submucosa
6 Drüsenalveole
7 Drüsenausführungsgang mit Papilla proventricularis
8 Tunica muscularis, Stratum longitudinale
9 Tunica muscularis, Stratum circulare
10 Tunica serosa
11 lymphoretikuläres Gewebe

Abb. 65 B und C. Muskelmagen des Huhnes im Querschnitt, H.-E.-Färbung.
1 Cuticula gastrica
1' Matrix horizontalis
2 tubulöse Propriadrüsen, Glandulae ventriculares
3 Lamina propria mucosae
4 Tunica muscularis

Abb. 66A. Übergang von der Pars pylorica zum Duodenum, Längsschnitt, H.-E.-Färbung.
1 weiche Cuticula gastrica
2 Lamina propria
3 tubulöse Schleimdrüsen, Glandulae ventriculares
4 Darmzotten der Duodenalschleimhaut, mit Schleim bedeckt (5)
6 Darmeigendrüsen
7 Lamina muscularis mucosae
8 Tunica muscularis, Stratum circulare

Abb. 66B. Dünndarm und Meckelsches Divertikel im Querschnitt, H.-E.-Färbung.
1 Darmzotten
2 Darmeigendrüsen, Lieberkühnsche Krypten
3 Lamina propria mucosae
4 Tunica muscularis, Stratum circulare
5 Tunica muscularis, Stratum longitudinale
6 Diverticulum vitellinum
7 Papilla ductus vitellini
8 lymphoretikuläres Gewebe

Abb. 67A. Corpus ceci des Huhnes im Querschnitt, H.-E.-Färbung.
1 Schleimhautfalten
2 Zotten
3 Lamina propria mucosae
4 Glandulae intestinales
5 Lamina muscularis mucosae
6 Tela submucosa mit Fettgewebe
7 Tunica muscularis, Stratum circulare
8 Tunica muscularis, Stratum longitudinale
9 Tunica serosa

Abb. 67B. Pancreas des Huhnes, H.-E.-Färbung.
1 tubuloalveoläre Drüsen (exokrine Komponente des Pankreas)
2 Langerhanssche Inseln
3 Ausführungsgänge
4 Blutkapillaren
5 Interstitium

168   5. *Verdauungssystem*

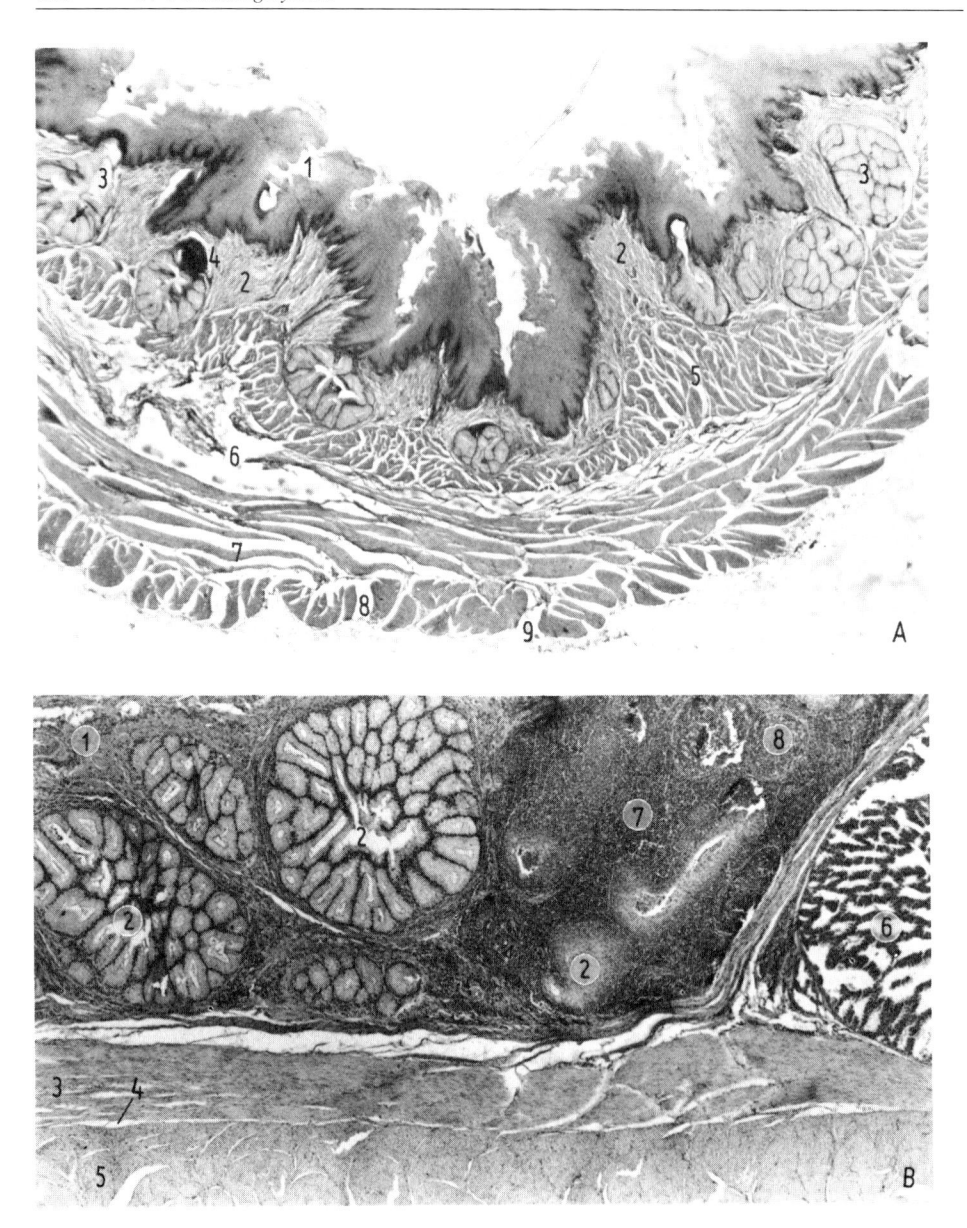

Abb. 64 A, B. A — Vergr. etwa 24fach, B — Vergr. etwa 40fach.

5. *Verdauungssystem* 169

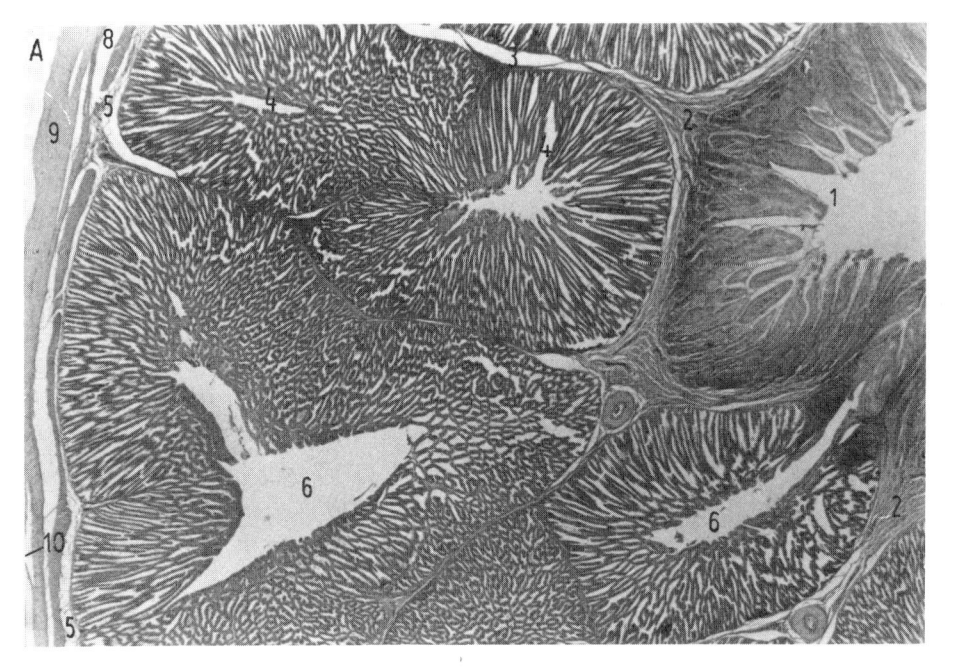

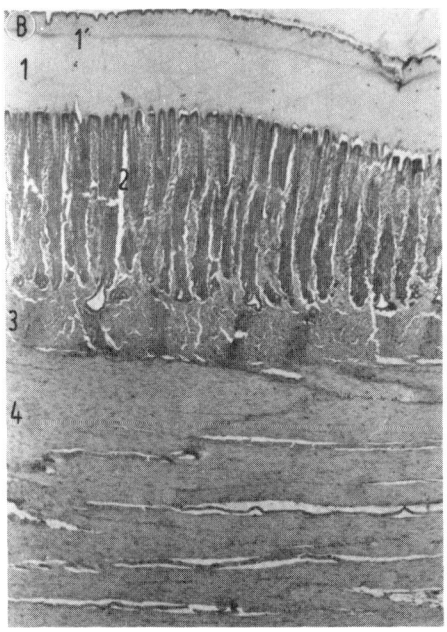

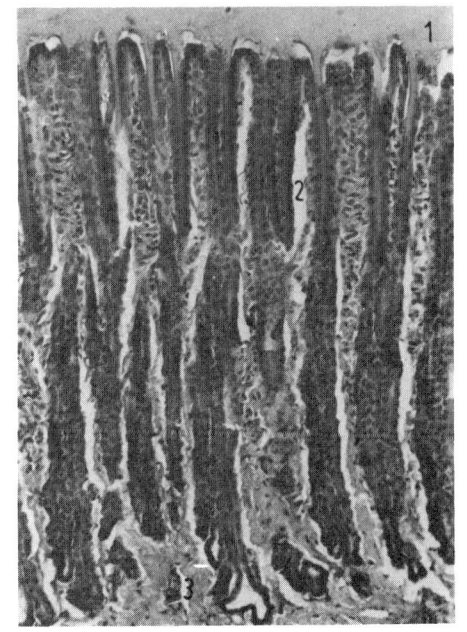

Abb. 65 A, B, C. A — Vergr. etwa 20fach, B — Vergr. etwa 40fach, C — Vergr. etwa 100fach.

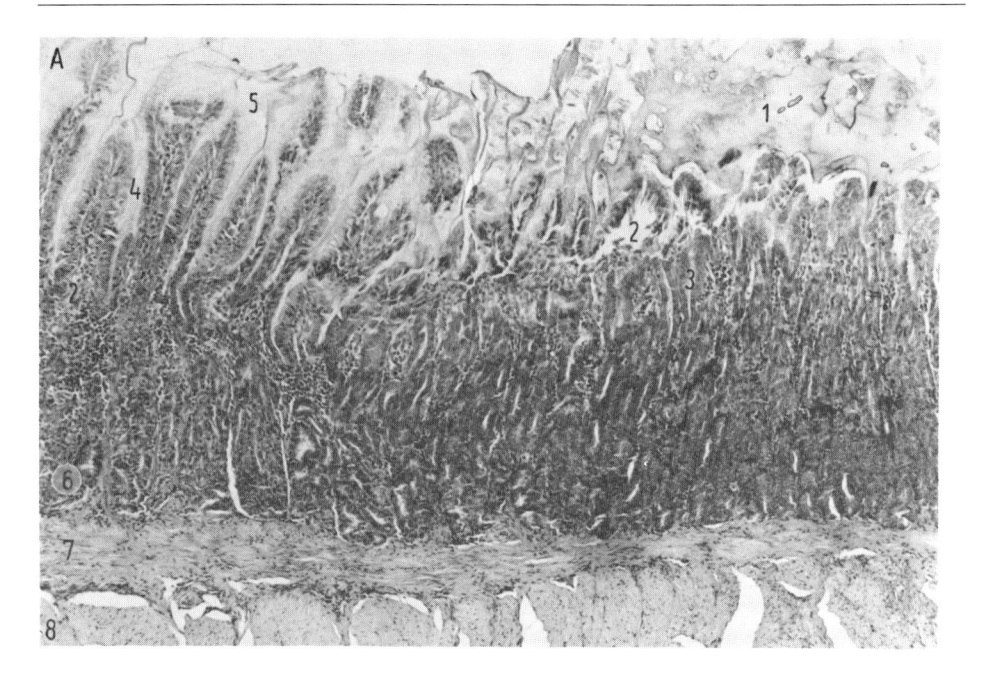

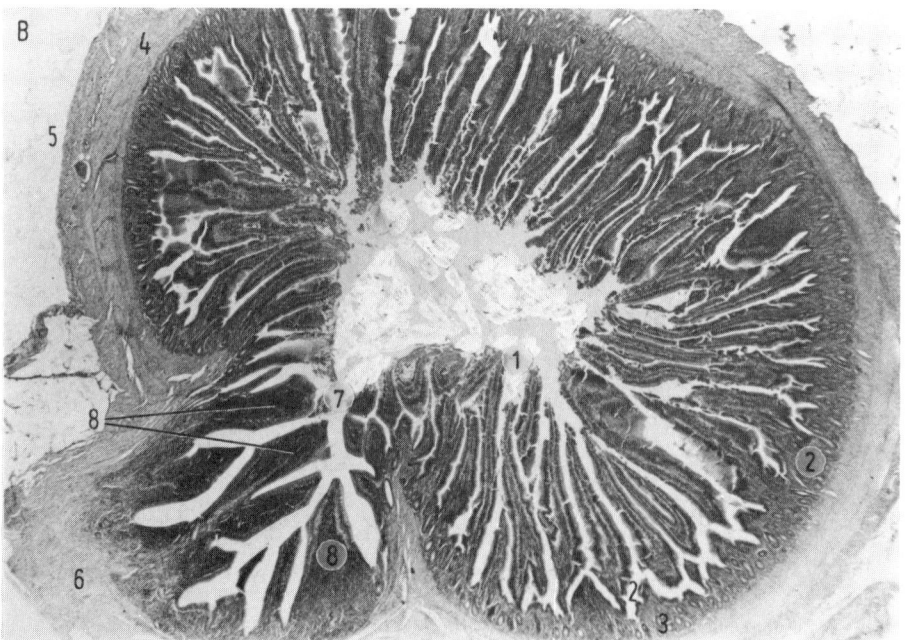

Abb. 66 A, B. A — Vergr. etwa 40fach, B — Vergr. etwa 20fach.

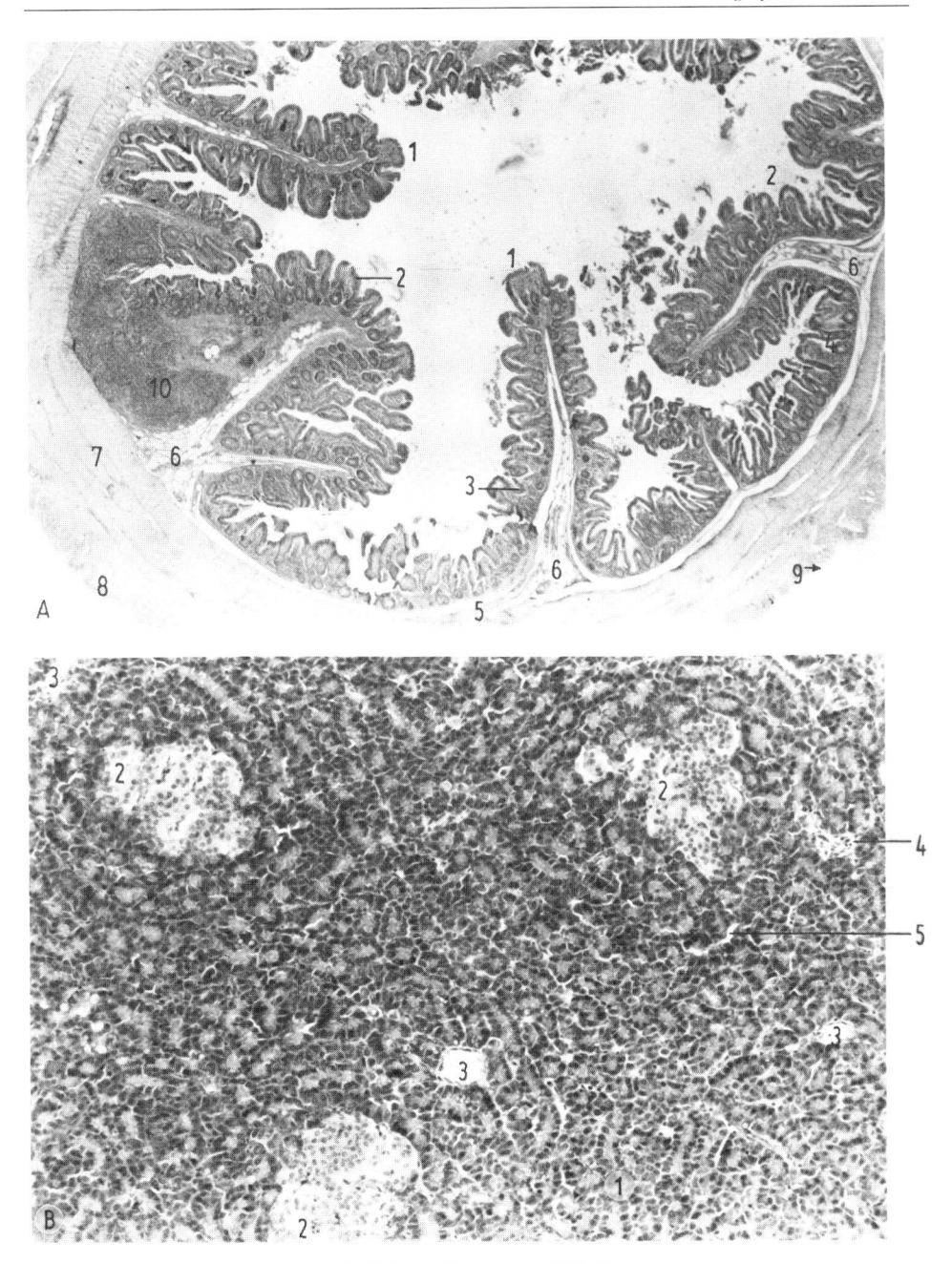

Abb. 67 A, B. A — Vergr. etwa 16fach, B — Vergr. etwa 90fach.

mündenden Vv. hepaticae führt. Unter Antigenbelastung sind in den Kapillaren häufig **Kupffersche Sternzellen** zu finden, die von Monozyten abstammen und potentielle Makrophagen sind.

Das **Gallengangsystem** beginnt mit einem dichten Netz interzellulär verlaufender Gallenkapillaren, die beim Vogel unregelmäßiger angeordnet sind als beim Säuger. Sie leiten die Galle in die interlobulären epithelausgekleideten Gallengänge, *Ductuli interlobulares*. Diese vereinigen sich zu größeren Gängen, *Ductuli biliferi*, und aus diesen entstehen die Gallengänge der Leberlappen. Aus dem rechten Leberlappen führt der *Ductus hepatocysticus* direkt in die Gallenblase. Der rechte und der linke Lappengang, *Ductus hepaticus dexter et sinister*, vereinigen sich auf der viszeralen Leberfläche zu einem gemeinsamen Gallenleiter, *Ductus hepatoentericus communis*, der bei Hühner- und Entenvögeln zusammen mit den Pankreasgängen in den aufsteigenden Schenkel der Duodenalschleife mündet. Bisweilen kommt bei der Gans ein *Ductus hepatoentericus accessorius* vor. Bei der Taube, die keine Gallenblase besitzt, sind zwei Ductus hepatoenterici vorhanden, von denen der rechte in den aufsteigenden, der linke in den absteigenden Schenkel der Duodenalschleife mündet.

Die **Gallenblase**, *Vesica fellea*, (Abb. 54 und 56) liegt auf der Facies visceralis des rechten Leberlappens in der *Fossa vesicae felleae* und ist seitlich teilweise von Leberparenchym überdeckt. Beim Huhn ist sie birnenförmig und reicht bis zum kaudoventralen Lappenrand. Bei Entenvögeln ist sie röhrenförmig und erreicht den Lappenrand nicht. Aus der Gallenblase entspringt der *Ductus cysticoentericus*, der zum aufsteigenden Schenkel der Duodenalschleife zieht. Eine Vereinigung dieses Ganges mit den Ductus hepatici erfolgt nicht, so daß ein Ductus choledochus bei den Vögeln fehlt.

Die als Speicherorgan fungierende Gallenblase besitzt einen Bauchfellüberzug, *Tunica serosa*. Auf diesen folgt eine dünne Schicht subserösen Bindegewebes, *Tunica subserosa*. Die dünne Ringmuskelschicht, *Tunica muscularis*, dient der Entleerung der Gallenblase. Die Propria der Schleimhaut, *Tunica mucosa*, enthält zahlreiche elastische Fasern, welche gemeinsam mit der Muskulatur ein muskulös-elastisches System bilden. Die Schleimhaut ist stark gefaltet und trägt ein hochprismatisches, mit Mikrovilli besetztes Epithel. In der Schleimhaut können, besonders bei erwachsenen Vögeln, Anhäufungen lymphoretikulären Gewebes vorkommen.

Die Funktion der Leber besteht in der Bildung der für die Fettverdauung und Absorption der Fettbausteine notwendigen Galle. Insofern wirkt sie als exokrine Drüse. Überdies spielt sie eine maßgebliche Rolle im Stoffwechsel der Kohlenhydrate, Fette und Proteine, u. a. bei der Glykogensynthese aus Glucose, der Glykogenmobilisierung, der Produktion körpereigener Peptide und Fette, der Speicherung von Spurenelementen und fettlöslichen Vitaminen. Es obliegen ihr wichtige Entgiftungsfunktionen, und sie wirkt als Blutspeicherorgan.

6. Atmungssystem

Das Atmungssystem, *Systema respiratorium*, der Vögel weist gegenüber dem der Haussäugetiere einige markante Besonderheiten auf. Dazu zählen u. a. die Ausbildung eines sogenannten zweiten Kehlkopfes oder Stimmkopfes, der *Syrinx*, und die Anhangsorgane der Lunge, die Luftsäcke, welche eine Ventilation der Lunge sowohl bei der Ein- als auch bei der Ausatmung ermöglichen.

6.1. Nasenhöhlen

Die knöcherne Begrenzung der beiden Nasenhöhlen, *Cavitates nasales* (Abb. 68), wird durch die Knochen des Oberschnabels gebildet. Ein teils knöchernes, teils knorpeliges *Septum nasale* trennt die rechte und linke Nasenhöhle voneinander. Beim Huhn ist diese Trennung vollständig, während bei Ente und Gans beide Höhlen rostral durch eine kleine Öffnung kommunizieren. Bei Wat- und Wasservögeln ist am Septum nasale oder dem angrenzenden Nasenhöhlendach in Höhe des Kaudalendes der mittleren Nasenmuschel eine *Valvula nasalis* in Gestalt einer halbmondförmigen Schleimhautfalte ausgebildet. Diese dient dazu, Wasser von der Regio olfactoria fernzuhalten.

Der knöcherne Boden der Nasenhöhle wird rostral vom Processus palatinus des Os maxillare, kaudal vom Os palatinum und vom Vomer gebildet. Das Dach formen von rostral nach kaudal das Os premaxillare, das Os nasale und das Os prefrontale. Die beiden letzteren Knochen stützen auch die Seitenwand der Nasenhöhle.

Die **Nasenlöcher**, *Nares*, liegen meist am Grunde des Oberschnabels. Bei den Kiwis befinden sie sich an der Schnabelspitze. Bei den meisten Vogelarten sind die Nasenlöcher offen, bei den Pelicaniformes werden sie sekundär durch Hornzellen verschlossen, so daß die Atmung nur über die Mundhöhle möglich ist. Bei Huhn und Truthuhn hängt ein kleiner verhornter Hautlappen, *Operculum nasale*, von seinem Dorsalrand über das Nasenloch.

174   6. *Atmungssystem*

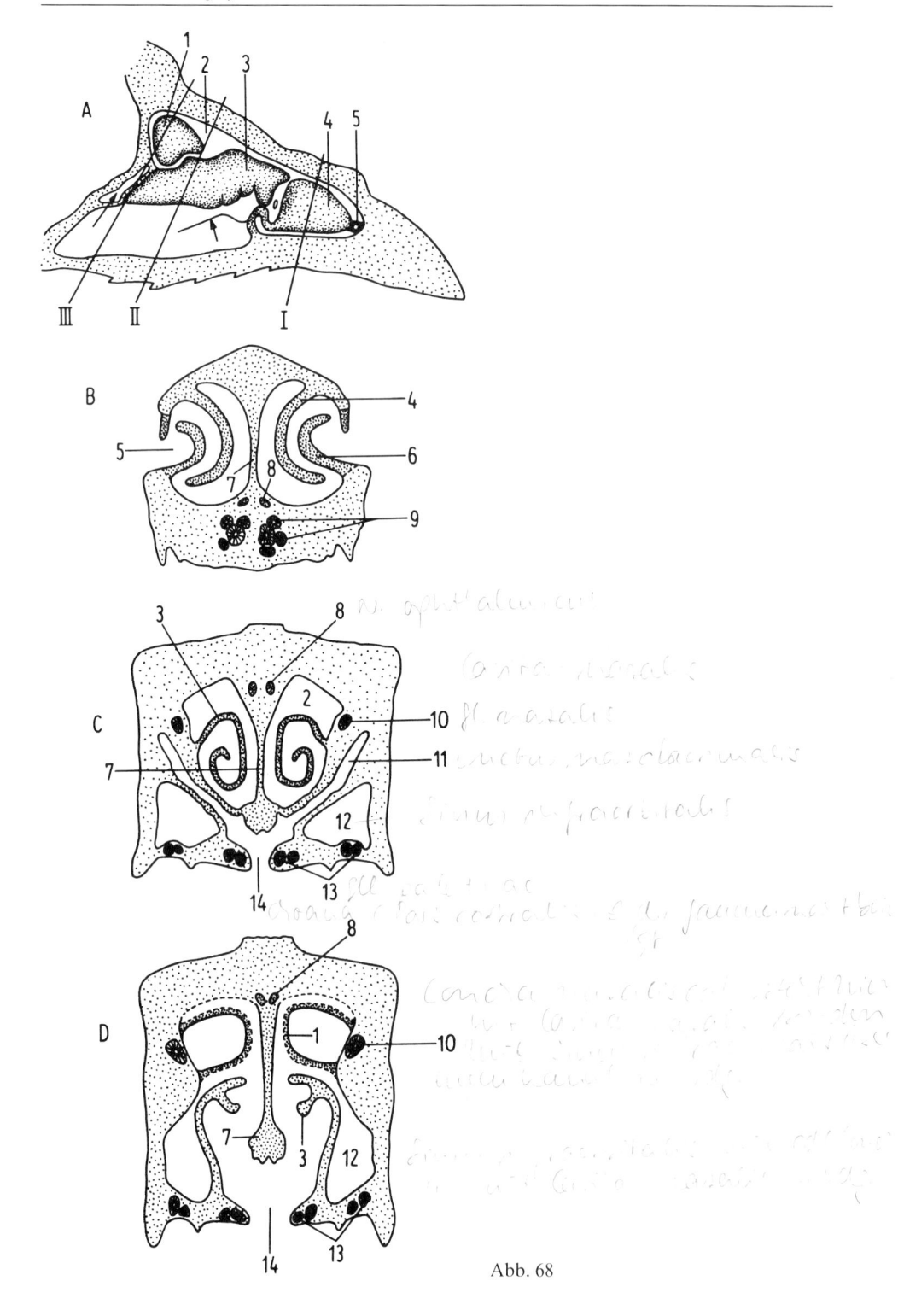

Abb. 68

Innerhalb der konisch geformten Nasenhöhle sind drei Abschnitte zu unterscheiden, ein rostraler vestibulärer, ein mittlerer respiratorischer und ein kaudaler olfaktorischer. In der *Regio vestibularis* liegt die rostrale Nasenmuschel. Sie ist mit geschichtetem Plattenepithel ausgekleidet. Der respiratorische Abschnitt enthält die mittlere Nasenmuschel und ist über die Choanenöffnung mit der Mundhöhle verbunden. Das Epithel der *Regio respiratoria* ist zweistufiges flimmerndes Zylinderepithel mit Becherzellen. In der *Regio olfactoria* liegt die kaudale Nasenmuschel. Der Abschnitt ist mit olfaktorischem Epithel ausgekleidet.

Die **rostrale Nasenmuschel**, *Concha nasalis rostralis*, ist ein rostral spitzer Konus, der beim Huhn etwa 8 mm lang und an der Basis 6 mm breit ist. Im Querschnitt ist er C-förmig. Zwischen Nasenloch und der konkaven Fläche der Nasenmuschel schiebt sich eine vom Ventralrand des Nasenloches aufsteigende knorpelige Lamelle. Nach kaudal ist diese Nasenmuschel durch eine Knorpelplatte verschlossen.

Die **mittlere Nasenmuschel**, *Concha nasalis media*, ist mit etwa 15 mm Länge und 5 mm dorsoventraler Ausdehnung die größte. Sie ist schneckenförmig aufgerollt.

Die **kaudale Nasenmuschel**, *Concha nasalis caudalis*, ist ein halbkugelförmiges Gebilde, beim Huhn von etwa 5 mm Durchmesser, welches an der lateralen Nasenwand entspringt. Es steht im Gegensatz zu den anderen Nasenmuscheln nicht mit der Nasenhöhle, jedoch mit dem Sinus infraorbitalis über einen engen Kanal in Verbindung.

Der *Sinus infraorbitalis* entspricht wahrscheinlich dem Sinus maxillaris der Säuger. Er stellt eine recht geräumige Höhle dicht unter der Haut der lateralen Oberkieferregion und rostroventral vom Auge dar. Die Sinuswände bestehen im wesentlichen aus weichem Gewebe. In der dorsalen Wand befinden sich zwei Öffnungen, eine zur kaudalen Nasenmuschel, eine andere zur Nasenhöhle. Letztere mündet unmittelbar ventral der kaudalen Nasenmuschel und liegt an der rostralen Grenze der Riechschleimhaut. Diese Konstellation legt die Vermutung nahe, daß der Sinus infraorbitalis in den Riechmechanismus einbezogen ist. Während der größte Teil des Sinus mit kutaner Schleimhaut ausgekleidet ist, gibt es im kaudalen Abschnitt eine Zone mit flimmerndem Zylinderepithel und einigen Schleimdrüsen. Beim Huhn und Truthuhn kommen nicht selten Infektionen und Schwellungen im Bereich des Sinus infraorbitalis vor.

Die Nasenhöhle ist mit der Mundhöhle über die **Choanenöffnung**, *Choana* (Abb. 49 bis 51), verbunden. Diese median gelegene, längliche Öffnung besteht aus einer schlitzförmigen *Pars rostralis* und einer breiteren, dreieckigen *Pars caudalis*. Der kaudale Teil liegt kaudal der Processus palatini des Os maxillare zwischen den Gaumenbeinen.

◀

Abb. 68. Nasenhöhlen des Huhnes. A = Paramedianschnitt unmittelbar links des Septum nasale, B = Transversalschnitt in Höhe I, C = Transversalschnitt in Höhe II, D = Transversalschnitt in Höhe III. In Abb. A bezeichnet der linke Pfeil die Öffnung zwischen Nasenhöhle und Sinus infraorbitalis, der rechte Pfeil das Ostium ductus nasolacrimalis (nach King, 1975).

1 Concha nasalis caudalis	6 Knorpellamelle	11 Ductus nasolacrimalis
2 linke Nasenhöhle	7 Septum nasale	12 Sinus infraorbitalis
3 Concha nasalis media	8 N. ophthalmicus	13 Glandulae palatinae
4 Concha nasalis rostralis	9 Glandula maxillaris	14 Choana
5 Nasenloch	10 Glandula nasalis	

Dorsal ist er in der Medianebene durch den Vomer und das Nasenseptum geteilt. Der kaudale Choanenabschnitt entspricht der Choanenöffnung der Säuger, während der rostrale mit deren Gaumennaht korrespondiert.

Der **Tränennasenkanal** mündet mit dem *Ostium ductus nasolacrimalis* am Boden des mittleren Abschnittes der Nasenhöhle in einem etwa 7 mm langen Schlitz dorsal des rostralen Choanenendes. Die Öffnung ist durch eine Schleimhautfalte geschützt.

Ein *Organum vomeronasale* kommt bei Vögeln nur im embryonalen Stadium vor.

Die **laterale Nasendrüse**, *Gl. nasalis*, wird bisweilen auch als „Salzdrüse" bezeichnet. Diese Bezeichnung trifft im wesentlichen jedoch nur für Wasservögel zu, bei denen diese Drüse eine 5%ige NaCl-Lösung sezerniert. Eine osmoregulatorische Funktion nimmt die Drüse auch bei einigen in der Wüste lebenden Vögeln (z. B. Strauß) sowie bei bestimmten Taggreifvogelarten wahr.

Bei den meisten Vogelarten ist die Drüse zweigeteilt in einen *Lobus medialis* und einen *Lobus lateralis*. Jeder Lappen besitzt einen eigenen Ausführungsgang. Beim Huhn ist nur der Lobus medialis vorhanden. Die Drüse ist hier etwa 35 mm lang und 1 – 2 mm dünn. Ihr kaudales Ende liegt dorsal des Augapfels. Von dort läuft sie parallel zum Rand des Os frontale, um mit ihrem rostralen Ende in die Lateralwand der Nasenhöhle zu gelangen. Ihr Ausführungsgang mündet im vestibulären Abschnitt der Nasenhöhle mit einem vertikalen Schlitz ventral im Nasenseptum.

Die Funktionen der Nasenhöhle betreffen den Geruchssinn, die Filtration der Atemluft, den Wasser- und den Wärmehaushalt.

Frühere Untersuchungen führten zu der Annahme, daß den Vögeln ein **Geruchssinn** fehle. Neuere elektrophysiologische und Verhaltensstudien sowie anatomische Befunde zeigten jedoch, daß der Geruchssinn ausgebildet und von großer Bedeutung für die Identifikation des eigenen Nestes und von Eindringlingen ist. Auch die Futteraufnahme wird durch den Geruchssinn beeinflußt.

Die **Filtration der Atemluft** ist eine Funktion des mittleren Abschnittes der Nasenhöhle. In der Atemluft enthaltene Partikel werden mit dem vom Epithel der mittleren Nasenmuschel produzierten Schleim durch die Choanenöffnung in die Mundhöhle befördert und abgeschluckt.

An den **Wasserhaushalt** der Vögel werden besonders bei Langstreckenflügen und bei Anpassung an das Leben in Trockenregionen hohe Anforderungen gestellt. Dem wird durch die Gestaltung der Nasenmuscheln entsprochen. Beim Passieren der oberen Atemwege wird die eingeatmete Luft mit Wasserdampf gesättigt. Mit der Erwärmung der Luft auf Körpertemperatur steigt die Wasserdampfmenge, die durch die Luft getragen werden kann, erheblich an. Bei der Ausatmung kommt es durch die Verdunstungskälte, die über den feuchten Nasenmuscheln entsteht, zu einer starken Kondensation, wodurch der Wasserverlust über die Ausatmungsluft erheblich minimiert wird. Die Rückgewinnungsrate beträgt etwa 70% der Wassermenge in der eingeatmeten Luft.

An der Regulation des **Wärmehaushaltes** beteiligt sich die Nasenhöhle als Wärmeaustauscher. Die für die Erwärmung der eingeatmeten Luft benötigte Energie wird durch die Kondensation bei der Ausatmung größtenteils zurückgewonnen.

6.2. Kehlkopf

Der Kehlkopf, *Larynx* (Abb. 69A), wird von vier teilweise verknöcherten Knorpeln geformt. Der unpaarige **Ringknorpel**, *Cartilago cricoidea*, hat die Gestalt einer Zuckerschaufel. Er ist beim Huhn etwa 15–18 mm lang und 11–13 mm breit. Er besteht aus einem medianen *Corpus*, welches eine dorsal konkave Rinne bildet und einem rechten und linken Flügel, *Ala cricoidea*. Beim adulten Tier verknöchert die Cartilago cricoidea größtenteils. Das schaufelförmige rostrale Ende, der Mittelabschnitt des kaudalen Endes und ein schmaler Streifen zwischen Körper und Flügeln bleiben knorpelig und flexibel. Die medialen Ränder der Flügel sind gelenkig mit der unpaaren *Cartilago procricoidea* verbunden. Die rostralen Ränder haben Gleitkontakt mit den Kaudalrändern der Stellknorpel.

Die *Cartilago procricoidea* ist ein kleines, unpaares, etwa kommaförmiges Element, welches bei adulten Tieren meist vollständig verknöchert ist. Es ist median zwischen die Ringknorpelflügel und die Stellknorpel eingeschoben.

Der paarige **Stellknorpel**, *Cartilago arytenoidea*, besteht aus einem *Corpus*, einem *Proc. rostralis* und einem *Proc. caudalis*. Der Körper artikuliert kaudomedial mit der Cartilago procricoidea. Die Fortsätze bleiben auch beim adulten Tier knorpelig.

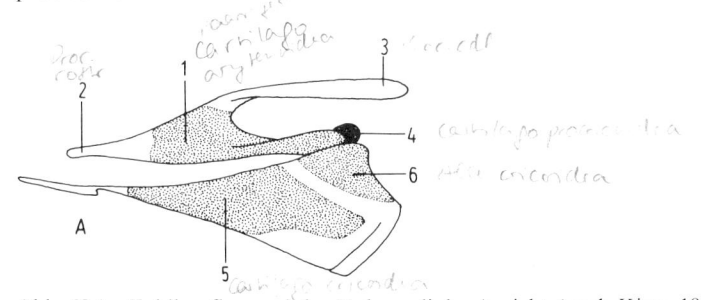

Abb. 69A. Kehlkopfknorpel des Huhnes, linke Ansicht (nach King, 1975).

1 Cartilago arytenoidea, Corpus
2 Processus rostralis
3 Processus caudalis
4 Cartilago procricoidea
5 Cartilago cricoidea
6 Ala cricoidea

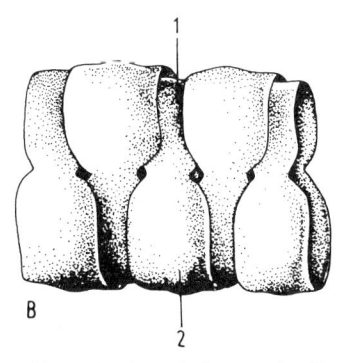

Abb. 69B. Ausschnitt aus der Trachea des Huhnes, Dorsalansicht (nach McLelland, 1965).

1 schmaler Abschnitt des Knorpelringes
2 breiter Abschnitt des Knorpelringes

Schild- und Kehldeckelknorpel fehlen den Vögeln.

Am Aufbau des Kehlkopfes sind mehrere Bänder beteiligt. Stimmbänder fehlen dem Vogel. Der Kehlkopf ist nicht an der Stimmbildung beteiligt.

Der Verengung und Erweiterung des Schlitzes zwischen den beiden Stellknorpeln dienen der *M. dilator glottidis* und der *M. constrictor glottidis*.

6.3. Luftröhre

Die Luftröhre, *Trachea* (Abb. 69 B), folgt kaudal auf den Kehlkopf, verläuft gemeinsam mit der Speiseröhre am Hals entlang und reicht im allgemeinen bis in die Nähe der Brustapertur. Bei den Sperlingsvögeln und beim Huhn liegt die Luftröhre zunächst in der Medianen, ventral des Esophagus. Im weiteren zieht sie auf die rechte Halsseite, um vor dem Brusteingang wieder die Medianlinie zu erreichen. Bei einigen Arten, z. B. dem Kranich, ist die Luftröhre sehr lang und liegt in Schlingen, *Ansae tracheales*, in einer Höhle im Brustbein. Bei Pinguinen hat die Trachea ihre Bifurkation schon im kranialen Halsbereich, ein Stimmkopf ist hier nicht ausgebildet. Bei den männlichen Vertretern der Anseriformes ist die Trachea dicht rostral des Stimmkopfes zu einem *Bulbus trachealis* erweitert.

Das Gerüst der Luftröhre wird von **Knorpelringen**, *Cartilagines tracheales*, gebildet, deren Anzahl tierartlich und individuell in weiten Grenzen, beim Huhn zwischen 100 und 130, schwankt. Die bei allen Spezies ziemlich ähnlich geformten Ringe sind, im Gegensatz zu den Säugern, vollständig geschlossen. Ein M. trachealis ist daher nicht ausgebildet. Ihre Gestalt erinnert an einen Siegelring. In der Aufeinanderfolge ist der breite Teil jedes Ringes alternierend einmal rechts und einmal links der Medianebene gelegen, wobei er die schmaleren Teile der beiden angrenzenden Ringe überlappt. In kraniokaudaler Richtung vermindert sich der Durchmesser der Trachealringe. Mit zunehmendem Alter verknöchern sie mehr und mehr. Bei Ente und Gans beginnt die Verknöcherung schon bei jugendlichen Tieren. Bei der Taube bleiben die Ringe knorpelig, bei den Sperlingsvögeln verknöchern sie generell.

Die Ligamenta anularia der Säuger fehlen den Vögeln, da die Abstände zwischen den ineinandergreifenden Ringen minimal sind.

Die Schleimhaut der Trachea besitzt ein zweistufiges Zylinderepithel und enthält zahlreiche muköse Drüsen. Die Muskulatur der Trachea ist im Kap. 3.3.4. beschrieben.

Die im Vergleich zum Säuger große Länge des Vogelhalses und damit auch der Luftröhre bedingt einen erhöhten intratrachealen Luftwiderstand. Dieser wird durch den relativ großen Querschnitt der Trachea ausgeglichen. Allerdings liegt der Totraum der Trachea, bezogen auf die Körpermasse, beim Vogel deutlich über dem der Säuger. Dieser morphologische Nachteil wird durch eine geringere Atemfrequenz und ein größeres Atemminutenvolumen kompensiert.

6.4. Stimmkopf

Der Stimmkopf, *Syrinx* s. *Larynx caudalis* (Abb. 70), ist das Stimmorgan der Vögel. Nach der unterschiedlichen Beteiligung von trachealen und bronchalen Knorpelringen am Aufbau des Organs werden drei **Syrinxtypen**, der tracheobronchale, der tracheale und der bronchale unterschieden. Die große Mehrheit der Vögel besitzt einen tracheobronchalen Stimmkopf. Er besteht aus einer Anzahl unterschiedlich stark verknöcherter Knorpelringe, die als **Trommel**, *Tympanum*, bezeichnet werden, einem knöchernen, sagittal zwischen den Bronchalöffnungen stehenden Knochenblättchen, dem **Steg**, *Pessulus*, den *Membranae tympaniformes mediales et laterales* am Eingang in die beiden Hauptbronchen sowie den **kaudalen Syrinxringen**.

Das *Tympanum* stellt einen stabilen Zylinder von dicht aneinandergelegten, meist miteinander verschmolzenen Knorpelringen, *Cartilagines syringeales*, dar. Nach ihrer Zuordnung zur Trachea oder zu den Bronchen werden *Cartilagines tracheales* und *Cartilagines bronchiales syringis* unterschieden. Erstere stellen eine direkte Fortsetzung der Trachea dar und liegen kranial der Aufzweigung des Luftweges. Beim Huhn sind ungefähr 8 tracheale Ringe vorhanden, von denen die ersten drei bis vier kräftig, die restlichen dünn und abgeplattet sind. Die kräftigen, **kranialen Syrinxringe** sind vollständig geschlossen und bilden das Tympanum. Die dünnen stellen die erste Gruppe der kaudalen Syrinxringe dar. Diese sind meist nicht vollständig geschlossen. Sie sind an einem oder an beiden Pessulusenden befestigt.

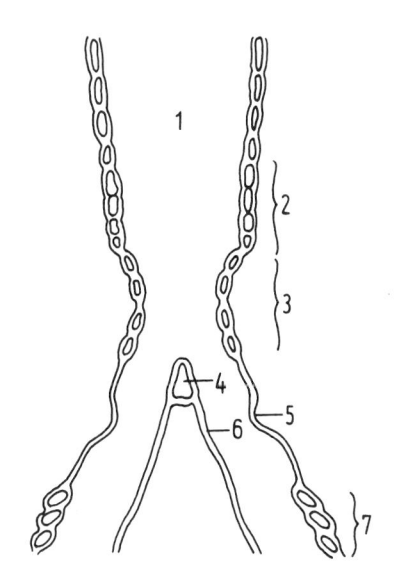

Abb. 70. Horizontalschnitt durch den Syrinx des Huhnes, schematisch (geändert nach King, 1975).

1 Trachea
2 Tympanum
3 erste Gruppe der kaudalen Syrinxringe
4 Pessulus
5 Membrana tympaniformis lateralis
6 Membrana tympaniformis medialis
7 zweite Gruppe der kaudalen Syrinxringe

Die zweite Gruppe der kaudalen Syrinxringe sind die *Cartilagines bronchiales*. Sie stützen den paarigen Syrinxabschnitt. Beim Huhn umfaßt diese Gruppe drei nicht geschlossene Ringe, deren erster am Pessulus befestigt ist.

Der keilförmige *Pessulus* teilt den Luftweg am Übergang von der Trachea in die Hauptbronchen. Bei einigen Arten, z. B. den Lerchen, fehlt er.

Die *Membrana tympaniformis medialis* s. *interna* bildet mit dem Pessulus die medialen Wände des paarigen Syrinxabschnittes. Durch Vibration im exspiratorischen Luftstrom ist sie an der **Stimmbildung** beteiligt. Bei der männlichen Ente ist die Membran zu dick, um im Luftstrom zu vibrieren. Die rechte und linke Membran werden kranial durch den Steg voneinander getrennt. Nach kaudal setzt sich die Membran in ein weiches Gewebeblatt fort, welches medial die C-förmigen Knorpel der kaudalen Syrinxringe komplettiert.

Die *Membrana tympaniformis lateralis* s. *externa* bildet die lateralen Wände des paarigen Syrinxabschnittes. Sie ist zwischen der kranialen und der kaudalen Gruppe der kaudalen Syrinxringe ausgespannt. Bei der Taube wird dieser Abschnitt durch eine dicke, zur Vibration kaum fähige Bindegewebswand dargestellt. Beim Huhn ist die Membran ausgedehnt und dünn und an der Stimmbildung maßgeblich beteiligt, während sie bei allen Singvögeln nur einen schmalen Streifen darstellt. Eine mediale Einziehung beider lateraler Membranen verleiht dem Stimmkopf des Haushuhnes sein charakteristisches eingeschnürtes Aussehen.

Von den zur ersten Gruppe der kaudalen Syrinxringe zählenden Knorpeln wölbt sich beiderseits das *Labium laterale* als ein aus weichem Gewebe bestehendes Kissen in das Lumen des Syrinx vor. Vom Pessulus ragt ein paariges *Labium mediale* gegen die beiden lateralen Lippen vor. Dem Huhn fehlen beide Labien. Bei den männlichen Vertretern verschiedener Entenarten ist auf der linken Seite des Syrinx eine starke Erweiterung, die **Paukenblase**, *Bulla syringealis* s. *tympanica*, ausgebildet. Die aus den bronchalen Syrinxknorpeln hervorgehende Blase verknöchert vollständig und wird als Resonanzapparat zur Verstärkung der Stimme angesehen.

Die **Syrinxmuskeln** sind bei den einzelnen Arten sehr unterschiedlich entwickelt. Während sie dem Huhn völlig fehlen, sind bei Singvögeln fünf paarige Muskeln vorhanden. An der Spannungsänderung der Syrinxmembranen können sich auch die trachealen Muskeln beteiligen.

Die Funktion des Syrinx besteht in der **Stimmbildung** durch Schwingung der Syrinxmembranen im exspiratorischen Luftstrom. Im Gegensatz zum Gesang des Menschen, der bei kontinuierlicher Exspiration erfolgt, singen die Vögel mittels sehr frequenter (25 pro Sekunde) kleiner Exspirationen. Es ist nachgewiesen, daß Singvögel in der Lage sind, die rechten und linken Membranen unabhängig voneinander schwingen zu lassen, wodurch sie gleichsam allein im Duett singen können. An der Erzeugung der Schwingungen ist wahrscheinlich der Schlüsselbeinluftsack beteiligt, in dem zu Beginn der Exspiration der Druck ansteigt, was zum kurzzeitigen Schließen des Syrinx durch Aneinanderpressen der Membranen führt. Die Syrinxmuskeln straffen anschließend die Membranen, wodurch der Luftweg wieder freigegeben wird. Die gespannten Membranen können dann durch den Luftstrom in Schwingungen versetzt werden.

6.5. Lunge

Die Lunge, *Pulmo*, des Vogels liegt als paariges Organ dorsal beiderseits der Wirbelsäule. Anders als bei den Säugern umschließt sie nicht das Herz. Dieses wird beim Vogel von der Leber umgeben. Die Lunge besitzt nur 10% des Volumens der Lunge eines Säugetieres vergleichbarer Körpermasse. Die relativen Lungenmassen von Vögeln und Säugern sind dagegen etwa gleich groß. Beim Huhn wurden für die Lungenmasse etwa 0,8% der Körpermasse ermittelt. Die Farbe des Lungengewebes ist hellrot.

An der Lunge sind drei Seiten zu benennen. Die *Facies costalis* schmiegt sich eng an die Brustwand an und senkt sich in die nischenartigen Interkostalräume ein. Dadurch hinterlassen die Rippen an der kostalen Lungenfläche tiefe Rinnen, *Sulci costales*. Zwischen den Rinnen erhebt sich das Lungengewebe in Gestalt von Wülsten, den *Tori pulmonales*. Die *Facies vertebralis* ist in Kontakt mit den Wirbeln und die *Facies septalis* grenzt an das Septum horizontale.

Jede Lunge hat fünf Ränder. Der *Margo costovertebralis* trennt die Facies costalis von der Facies vertebralis. Der *Margo costoseptalis* verläuft zwischen Facies costalis und Facies septalis. Medial an der Lunge trennt der *Margo vertebroseptalis* die Facies vertebralis von der Facies septalis. Der *Margo cranialis* und der *Margo caudalis* bilden die kraniale und die kaudale Begrenzung des Organs.

Schließlich sind an der Lunge vier Winkel, die *Anguli craniodorsalis et caudodorsalis* sowie *cranioventralis et caudoventralis*, definiert.

Die Lunge der Vögel ist grundsätzlich nicht gelappt. Die Lungenspitze reicht etwa bis zur ersten Rippe, das kaudale Ende gewöhnlich bis zum Darmbein, bei der Gans bis in die Höhe des Hüftgelenkes.

An der Facies septalis jeder Lunge tritt je ein **Haupt-** oder **Stammbronchus**, *Bronchus primarius*, über den *Hilus pulmonalis* in das Organ ein (Abb. 71). Am Bronchus primarius werden ein extrapulmonaler und ein intrapulmonaler Anteil unterschieden. Der extrapulmonale Anteil ist durch inkomplette, C-förmige Knorpelstrukturen gestützt. Der intrapulmonale Anteil setzt sich bis zum kaudalen Lungenpol fort, wo er sich in den Bauchluftsack öffnet. Die Hauptbronchen sind mit Atemschleimhaut ausgekleidet.

Aus den Hauptbronchen entspringen vier Gruppen von **Sekundärbronchen**, *Bronchi secundarii*. Die Bezeichnung dieser Bronchengruppen leitet sich ab von dem durch sie ventilierten Lungengebiet. Die *Bronchi medioventrales* umfassen bei den meisten Arten vier Sekundärbronchen, welche den dicken medioventralen Lungenabschnitt versorgen. Sie entspringen dorsomedial aus dem kranialen intrapulmonalen Abschnitt des Hauptbronchus und sind mit 4–5 mm Durchmesser die dicksten Sekundärbronchen.

Die etwa acht *Bronchi mediodorsales* ventilieren die dicke mediodorsale Lungenregion. Ihr Ursprung liegt an der Dorsalwand des kaudalen intrapulmonalen Hauptbronchus. Ihr Durchmesser beträgt 2,5–3,5 mm.

Die *Bronchi lateroventrales* entspringen etwa auf der gleichen Höhe wie die mediodorsalen Bronchen, jedoch an der Ventralwand des Hauptbronchus. Die ersten zwei bis drei der insgesamt ebenfalls etwa acht haben einen größeren Durchmesser (2,5–3,5 mm), bei den folgenden verringert sich die Dicke progressiv. Der erste oder zweite lateroventrale Bronchus kommuniziert mit dem kaudalen Brustluftsack.

Die *Bronchi laterodorsales* entspringen aus der lateralen Wand des kaudalen Hauptbronchusabschnittes und ziehen im wesentlichen nach lateral. Die ersten zwei bis drei

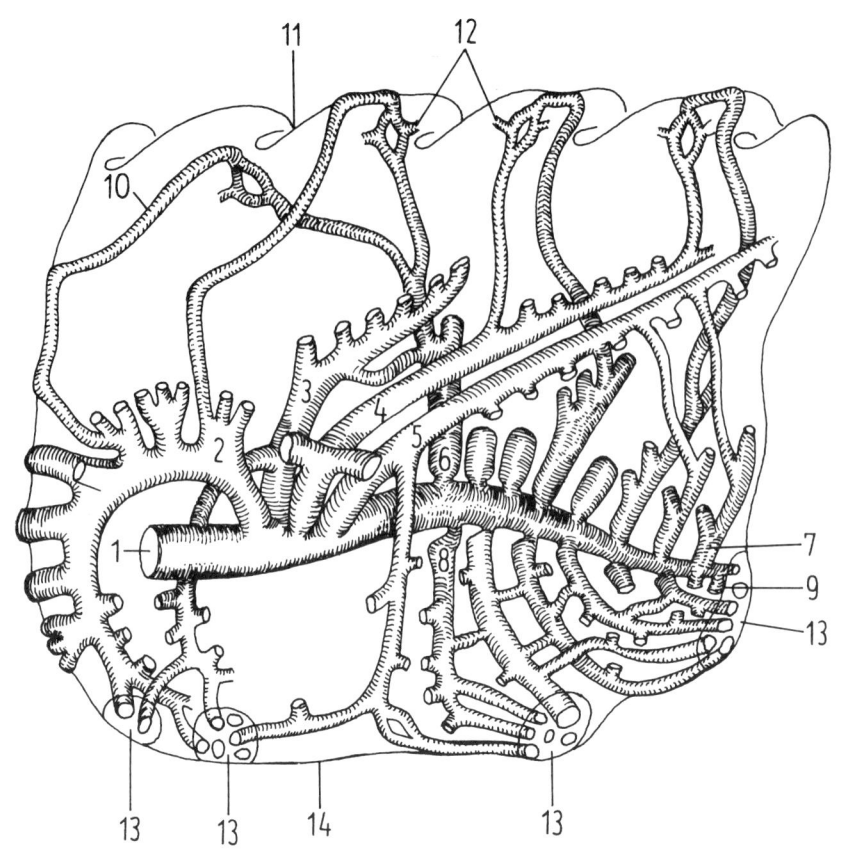

Abb. 71. Schematische Darstellung der Bronchen in der rechten Lunge des Huhnes (nach King, 1966).

1 Bronchus primarius
2 Bronchus medioventralis I
3 Bronchus medioventralis II
4 Bronchus medioventralis III
5 Bronchus medioventralis IV
6 Bronchus mediodorsalis I
7 Bronchus mediodorsalis VIII
8 Bronchus lateroventralis I
9 Bronchus lateroventralis VIII
10 Parabronchus
11 Sulcus costalis
12 Linea anastomotica
13 Ostia
14 Margo costoseptalis

dieser etwa 25 Bronchen sind etwas größer, die übrigen entsprechen mit etwa 1–2 mm Durchmesser der Dicke von Parabronchen. Im übrigen weist die Ausbildung der laterodorsalen Sekundärbronchen die größten Speziesunterschiede auf. Bei Pinguinen fehlen sie völlig, bei Störchen sind nur wenige ausgebildet. Am zahlreichsten sind sie bei Huhn, Taube, Möwe und den Singvögeln.

Das Netzwerk aus den kleinen laterodorsalen Sekundärbronchen und ihren Parabronchen, den lateral gerichteten Parabronchen der lateroventralen Sekundärbronchen und die Verbindungen des Netzwerkes zu den kaudalen Luftsäcken wird als *Neopulmo* bezeichnet. Dieser umfaßt etwa 10–25% des Lungengewebes und soll für phylogenetisch höher stehende Vögel charakteristisch sein.

Der größere Abschnitt der Lunge ist der bei allen Vögeln vorhandene *Paleopulmo*, der aus den medioventralen und mediodorsalen Sekundärbronchen mit ihren Parabronchen, dem großen, mit dem kaudalen Brustluftsack verbundenen Bronchus lateroventralis sowie zwei bis drei mittelgroßen lateroventralen Sekundärbronchen besteht. Neopulmo und Paleopulmo unterscheiden sich zwar funktionell, doch ist die Beziehung dieser Termini zur Evolution heute umstritten.

Durch die terminalen Anastomosen der Parabronchen der medioventralen und mediodorsalen Sekundärbronchen sowie die Anastomosen der Parabronchen der medioventralen mit denen der lateroventralen Sekundärbronchen entsteht an der Lungenoberfläche ein *Planum anastomoticum*, welches als *Linea anastomotica* sichtbar wird.

Die etwas eingeschnürten, 1–2 mm langen Anfangsabschnitte der Sekundärbronchen sind, wie die Hauptbronchen, mit Atemschleimhaut ausgekleidet. Danach besteht die Auskleidung aus einem einfachen Plattenepithel. Die Wände besitzen hier Atrien, die in Infundibula und Luftkapillaren führen, womit sie strukturell den Parabronchen ähneln.

Aus den Sekundärbronchen entspringen die **Parabronchen** oder **Lungenpfeifen** (Abb. 72 und 73), die in der Hierarchie der Luftwegverzweigungen in der Vogellunge Bronchen III. Ordnung darstellen. Ihr Durchmesser ist gering und individuell ziemlich konstant.

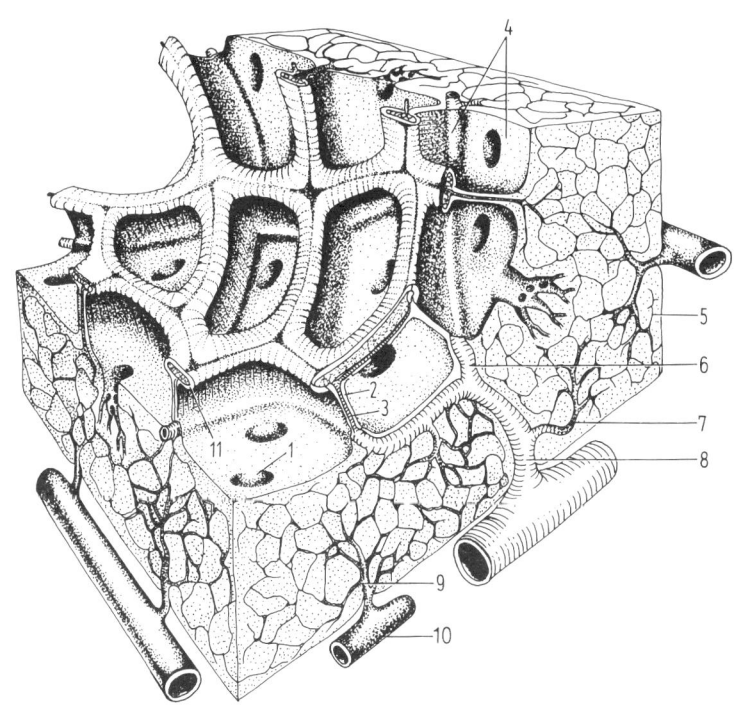

Abb. 72. Ausschnitt aus einem Parabronchus, schematisch (nach King, 1979).

1 Infundibulum
2 Septum interatrialium
3 Venula septalis
4 Atrium
5 Vas capillare
6 V. atrialis
7 Venula intraparabronchialis
8 V. interparabronchialis
9 Arteriola intraparabronchialis
10 A. interparabronchialis
11 Musculus atrialis

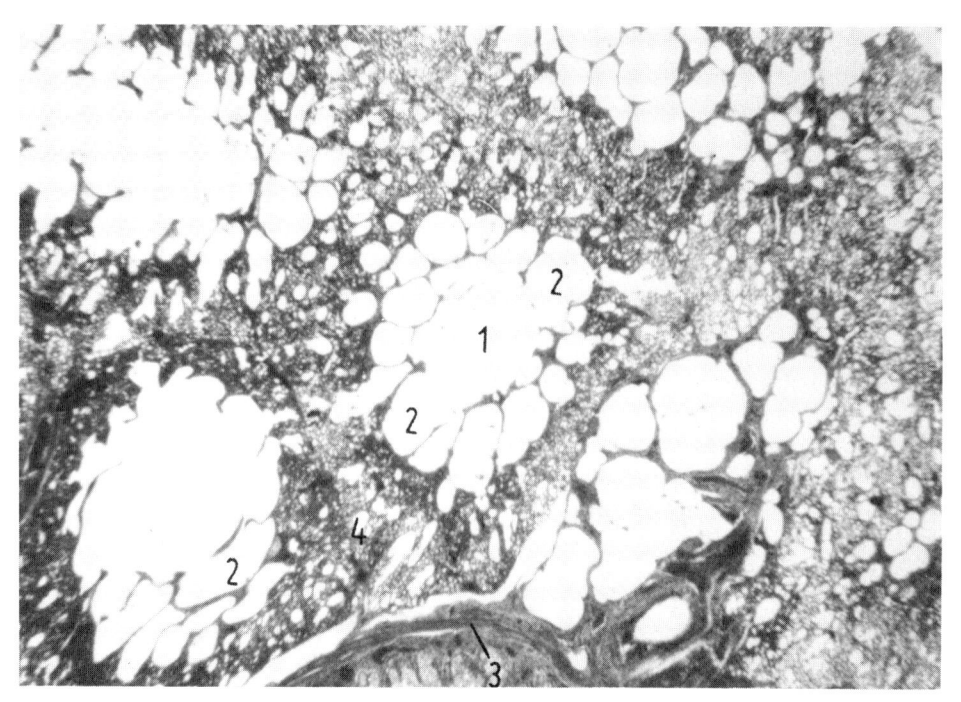

Abb. 73. Lunge des Huhnes. H.-E.-Färbung, etwa 40fache Vergrößerung (Aufnahme: Dr. Martina Ackermann, Leipzig).

1 Lungenpfeife 2 Atrien 3 Sekundärbronchus 4 Lungenparenchym

Er schwankt zwischen 0,5 mm beim Kolibri und 2 mm beim Huhn. Die Parabronchen anastomosieren frei untereinander. In ihrer Wand sind zahlreiche *Atria* vorhanden, die sich in das Austauschgewebe erstrecken.

Die Lungenpfeifen der medioventralen und mediodorsalen Sekundärbronchen verbinden sich unter Bildung von dorsoventral verlaufenden, bogenförmigen Röhren miteinander. Sie bilden eine funktionelle Einheit und stellen mit ihren Sekundärbronchen den *Paleopulmo* dar.

Die Parabronchen der lateroventralen Sekundärbronchen stehen mit denen der medioventralen in Verbindung und anastomosieren mit den Parabronchen der laterodorsalen Sekundärbronchen. Die lateroventralen und laterodorsalen Sekundärbronchen sowie ihre Parabronchen bilden den *Neopulmo*.

Das Lumen der Parabronchen ist mit einem einschichtigen Plattenepithel ausgekleidet. Darunter liegt ein Netzwerk von spiralig angeordneten Bändern glatter Muskulatur, welches den helikalen Bronchalmuskeln der Säuger entspricht. Die Muskeln sind in der Lage, das Lumen der Lungenpfeifen und der Atrien zu regulieren.

Die *Atria* stellen zahlreiche, sich taschenartig in das Austauschgewebe erstreckende Ausbuchtungen des Lungenpfeifenlumens dar. Ihr Durchmesser liegt bei 100–200 µm. Sie entsprechen nicht den Atrien der Säugerlunge. Ihre Wand wird von einem platten oder kubischen Epithel gebildet, das zahlreiche osmiophile Körperchen enthält. Diese dienen wahrscheinlich der Aufrechterhaltung der Oberflächenspannung.

Am Boden der Atria befindet sich je eine trichterförmige Öffnung, das *Infundibulum*, welches in die Luftkapillaren führt. Die Atrien werden voneinander durch *Septa interatrialia* getrennt, die zahlreiche elastische Fasern enthalten.

Die **Luftkapillaren**, *Pneumocapillares* s. *Tubuli respiratorii*, entspringen an den Atria und bilden ein Netzwerk von miteinander anastomosierenden Röhren. Ihr Durchmesser reicht von etwa 3 µm bei den Singvögeln bis zu 10 µm bei Pinguinen und Schwänen. Im Vergleich dazu beträgt der Alveolendurchmesser in der Lunge bei den kleinsten Säugern etwa 35 µm. Der sehr kleine Durchmesser der terminalen Luftwege des Geflügels führt dazu, daß der Druckgradient für die Sauerstoffdiffusion viel größer ist als bei den Säugern. In den Luftkapillaren kommen auch Zellen mit osmiophilen Körperchen vor, die, wie in den Atria, die Oberflächenspannung erhöhen. Allerdings besteht ihre Hauptfunktion in den Kapillaren vermutlich darin, die Diffusion von Flüssigkeit aus dem Blutplasma in die Kapillaren zu verhindern. In den extrem dünnen Röhren der Luftkapillaren ist die Oberflächenspannung ohnehin so hoch, daß nur eine minimale Erweiterung möglich ist.

Um die Luftkapillaren winden sich zahlreiche Blutkapillaren. Zwischen beiden findet der Gasaustausch statt. Die Menge pulmonalen Kapillarblutes pro Gramm Körpermasse ist bei Vögeln etwa 20% größer als bei Säugern. Die **Blut-Gas-Schranke** besteht wie bei diesen aus drei Schichten (Abb. 74):

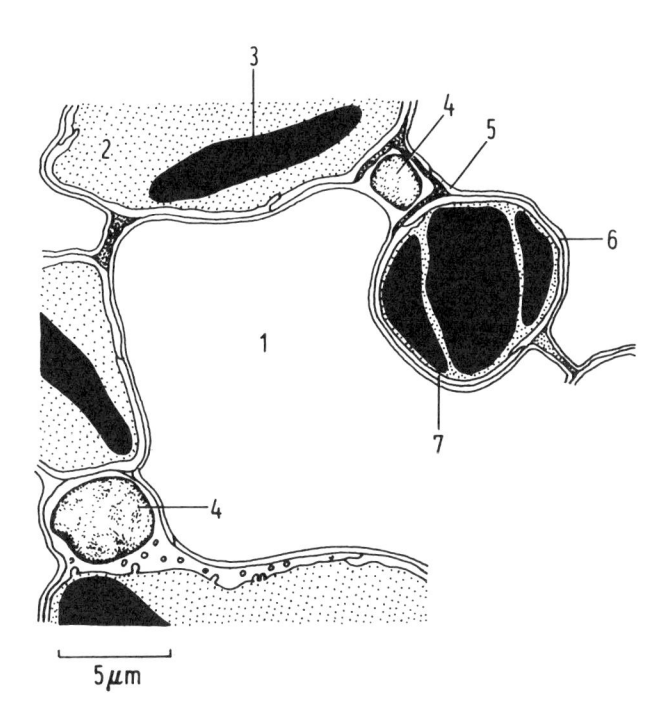

Abb. 74. Elektronenmikroskopische Darstellung des Austauschgewebes der Lunge des Huhnes, schematisch (nach King, 1984).

1 Luftkapillare
2 Blutkapillare
3 Erythrozyt
4 Kern einer Epithelzelle
5 Zytoplasma einer Epithelzelle
6 Basalmembran
7 Zytoplasma einer Endothelzelle

1. den Endothelzellen der Blutkapillaren
2. der Basalmembran
3. den Epithelzellen der Luftkapillaren.

Die Schranke ist bei den Vögeln wesentlich dünner als bei den Säugern. Für das Huhn wurde eine Dicke von 0,1 – 0,2 µm gemessen. Bei der Ratte liegt die mittlere Dicke bei 1,4 µm. Im übrigen haben Vögel eine etwa 10fach größere Gesamtaustauschfläche als die Säuger (Huhn etwa 18 cm^2/g Körpermasse).

Das Austauschgewebe angrenzender Parabronchen ist durch *Septa interparabronchialia* in hexagonale Abschnitte geteilt. Diese Septen, die bei vielen Arten, z. B. kleinen Singvögeln, kaum oder gar nicht ausgebildet sind, enthalten interparabronchale Arterien und Venen.

Die **intrapulmonalen Arterien** sind Verzweigungen der A. pulmonalis. Ihr Verzweigungsmodus korrespondiert nicht mit dem der Bronchen. Von den Ästen der A. pulmonalis werden *Aa. interparabronchiales* abgegeben, die an den Parabronchen entlang, wenn vorhanden, in den interparabronchalen Septen verlaufen. Diese Arterien entlassen *Arteriolae intraparabronchiales*, die zentripetal durch das Austauschgewebe ziehen und in der Nähe der Atrien enden. Im Austauschgewebe werden zahlreiche Blutkapillaren abgegeben, deren Netzwerk von Luftkapillaren durchflochten wird.

Die Mehrzahl der Blutkapillaren mündet über *Venulae intraparabronchiales* in *Vv. atriales*, die in den interatrialen Septen verlaufen. Teilweise münden sie auch in *Venulae septales*, die in den Septen ein die atrialen Muskeln begleitendes Netzwerk bilden. Das Blut der intraparabronchalen Venen wird von *Vv. interparabronchiales* aufgenommen und gelangt über die Wurzeln der V. pulmonalis zurück zum Herzen.

6.6. Luftsäcke

Die Luftsäcke, Sacci pneumatici (Abb. 75), sind ein besonderes Charakteristikum des Atmungssystems der Vögel. Sie stehen in offener Verbindung mit der Lunge. Ihre Wände bestehen aus einer Lage einschichtigen Plattenepithels auf dünner Unterlage aus Bindegewebe. In der Nähe der direkten und indirekten Verbindungen zur Lunge ist ein Zilien tragendes Zylinderepithel ausgebildet. Die Anheftungszone an die Lunge ist das *Ostium*. Es werden zwei Typen von Ostien unterschieden. Typ I verbindet den Luftsack mit den Parabronchen, Typ II mit den Sekundär- oder mit den Hauptbronchen.

Beim Embryo werden sechs paarige Luftsäcke angelegt. Beim Huhn ist zuerst der Bauchluftsack am 6.–7. Tag der Bebrütung nachweisbar. Zwei der angelegten Luftsackpaare verschmelzen bei den meisten Arten kurz vor oder nach dem Schlupf zu dem unpaaren **Schlüsselbeinluftsack**, *Saccus clavicularis*. Etwa gleichzeitig verschmilzt ein weiteres embryonales Luftsackpaar zum unpaaren **Halsluftsack**, *Saccus cervicalis*. Die

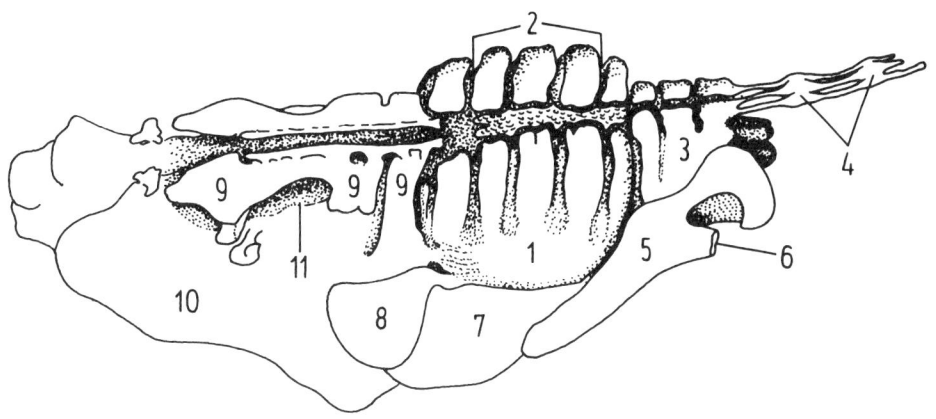

Abb. 75. Lunge und Luftsäcke des Huhnes, rechte Seitenansicht, schematisch (nach King, 1975).

1 Lunge	5 Saccus clavicularis, Pars medialis	8 Saccus thoracicus caudalis
2 Sulci costales		9 Diverticula perirenalia
3 Saccus cervicalis, Hauptkammer	6 Verbindung zur Pars lateralis	10 Saccus abdominalis
4 Saccus cervicalis, Diverticula vertebralia	7 Saccus thoracicus cranialis	11 Exkavation für die rechte Niere

drei weiteren Luftsackpaare bleiben erhalten. Es sind die **kranialen Brustluftsäcke**, *Sacci thoracici craniales*, die **kaudalen Brustluftsäcke**, *Sacci thoracici caudales*, und die **Bauchluftsäcke**, *Sacci abdominales*. Damit besitzt der erwachsene Vogel insgesamt acht Luftsäcke, die sich im einzelnen folgendermaßen verhalten:

— Der **Halsluftsack** besteht aus einer medianen Hauptkammer und je zwei beiderseits der Halswirbelsäule gelegenen Divertikeln. Die Hauptkammer liegt zwischen den Lungen und dorsal des Esophagus. Von den zwei länglichen *Diverticula vertebralia* verläuft eines innerhalb und eines außerhalb des Wirbelkanals. Die äußeren Divertikel treten durch die Foramina transversaria und erstrecken sich bis zum zweiten Halswirbel. Kaudal reicht der Halsluftsack bis zum 3. bzw. 4. Brustwirbel. Seine direkte Verbindung zur Lunge erhält er über den ersten medioventralen Bronchus.

— Der **Schlüsselbeinluftsack** entsteht aus vier embryonal angelegten Luftsäcken, die bei den meisten Spezies miteinander verschmelzen. Als Rest der ursprünglich paarigen Anlage sind eine *Pars medialis* und eine *Pars lateralis* auf jeder Körperseite zu erkennen. In der Medianebene kommt es zur Verschmelzung, wodurch der Schlüsselbeinluftsack unpaarig wird. Beim adulten Vogel besitzt der geräumige, weit verzweigte Luftsack intra- und extrathorakale Divertikel. Die *Diverticula intrathoracica* erstrecken sich entlang des Brustbeines und umgeben das Herz. Die *Diverticula extrathoracica* dehnen sich zwischen die Knochen und Muskeln des Schultergürtels aus und pneumatisieren die Knochen des Schultergürtels und den Humerus.

Beim Truthuhn persistiert die Pars medialis als sehr kleiner separater Luftsack. Der Schlüsselbeinluftsack hat direkten Anschluß an den ersten und dritten medioventralen Sekundärbronchus.

- Die **kranialen Brustluftsäcke** liegen als symmetrische Kammern zwischen Septum horizontale und Septum obliquum. Innerhalb des Thorax sind sie in dorsolateraler Position angeordnet. Mit ihrer ventromedialen Fläche umschließen sie das Herz, die Leber, das kaudale Esophagusende und den Proventriculus. Die kranialen Brustluftsäcke besitzen keine Divertikel. Sie sind direkt an den dritten medioventralen Sekundärbronchus angeschlossen.
- Die **kaudalen Brustluftsäcke** sind beim Huhn sehr klein und fehlen beim Truthuhn ganz. Sie haben keinen Kontakt zu den Eingeweiden, da sie medial von den kranialen Brustluftsäcken und den Bauchluftsäcken bedeckt sind. Ihre laterale Fläche ist an der seitlichen Körperwand befestigt. Bei den meisten Spezies haben die kaudalen Brustluftsäcke einen direkten Anschluß an den zweiten lateroventralen Sekundärbronchus.
- Die **Bauchluftsäcke** durchbohren an ihrem Ursprung aus der Lunge das Septum horizontale. Nach kaudal erstrecken sie sich als dünnwandige Ballons zwischen die Darmschlingen.

  Nach dorsolateral werden drei paarige *Diverticula perirenalia* zwischen die Nieren, das Becken und das Synsacrum abgegeben. Überdies werden die angrenzenden Wirbel und der Beckengürtel pneumatisiert.

  Bei vielen Vogelarten gibt es ausgedehnte *Diverticula femoralia* zwischen die Muskeln und in die Knochen der Beckengliedmaße. Beim Huhn pneumatisieren die vorhandenen drei kleinen Divertikel die Knochen nicht.

  Die Bauchluftsäcke, deren beträchtliches Fassungsvermögen durch Aufblasen in situ demonstriert werden kann, schließen sich unmittelbar an die stark verengten Enden der Hauptbronchen an.

Insgesamt lassen sich die Luftsäcke nach morphologischen und funktionellen Kriterien zwei Systemen zuordnen.

Zum **kranialen Luftsacksystem** zählen der Hals- und der Schlüsselbeinluftsack sowie die kranialen Brustluftsäcke. Das **kaudale Luftsacksystem** umfaßt die kaudalen Brust- und die Bauchluftsäcke. Das kraniale System kommuniziert mit den medioventralen Sekundärbronchen und enthält Luft, die bereits die Lunge passiert hat. Das kaudale System steht mit den lateroventralen Sekundärbronchen und den Hauptbronchen in Verbindung und enthält frische Luft.

Neben den direkten Verbindungen zwischen der Lunge und den Luftsäcken gibt es zusätzlich indirekte Verbindungen, die **Saccobronchen**. Das sind große, trichterförmige Bronchen, welche mehrere Parabronchen zusammenfassen und mit einem Luftsack verbinden. Saccobronchen kommen in der Verbindung zwischen Lunge und Saccus abdominalis sowie Saccus thoracicus caudalis vor. Der Gesamtdurchmesser aller Saccobronchen ist größer als der aller direkten Verbindungen zwischen Lunge und Luftsäcken. Deshalb stellen die indirekten Verbindungen sehr bedeutsame Luftwege zwischen beiden Strukturen dar.

Für den Gasaustausch haben die Luftsäcke nach experimentellen Befunden keine direkte Bedeutung.

6.7. Äußere Atmung

Die Atmungsmechanik des Vogels weist gegenüber dem Säuger einige Besonderheiten auf. Ein Zwerchfell ist nicht ausgebildet. Die wichtigsten **Inspirationsmuskeln** sind der M. costosternalis und die Mm. intercostales externi, mit Ausnahme der im 5. und 6. Interkostalraum gelegenen. Eine Denervation dieser Muskeln führt zum sofortigen Atemstillstand. Die **Expirationsmuskeln** sind die

Mm. obliquus externus abdominis,
    obliquus internus abdominis,
    transversus abdominis,
    rectus abdominis,
    intercostales externi des 6. und oft auch des 5. ICR,
    intercostales interni des 3. bis 6. ICR,
    costosternalis, Pars minor,
    serratus superficialis,
    serratus profundus.

Bei der **Inspiration** bewegen sich die Rippen wie Pumpenschwengel nach kraniolateral und schieben das Brustbein nach kranioventral. Dadurch verlagert sich die Bauchwand nach ventral und lateral. Somit vergrößern sich im Verlauf der Inspiration der dorsoventrale, der transversale und der kraniokaudale Durchmesser der Leibeshöhle. Damit kommt es zu einem Druckabfall in der Leibeshöhle und in den Luftsäcken, und es wird Luft aus den Lungen in die Luftsäcke gesaugt. Bei Entspannung aller Muskeln nimmt der Thorax eine Mittelstellung zwischen Exspirations- und Inspirationsposition ein, was ein Indiz für die Beteiligung elastischer Kräfte an den Atmungsbewegungen ist.

Bei der **Exspiration** wird die Luft aus den Luftsäcken durch die Lunge gepreßt. Somit kann der Gasaustausch in der Lunge sowohl bei der Exspiration als auch bei der Inspiration erfolgen. Die Lunge ist während des gesamten Atmungszyklus nur sehr geringfügigen Volumenänderungen unterworfen. Gegen eine Vergrößerung des Lungenvolumens wirkt auch die hohe Oberflächenspannung in den Luftkapillaren, die eine nennenswerte Erweiterung verhindert. Mit dem durch die konstruktiven Voraussetzungen realisierten Verzicht auf Lungenvolumenänderungen ist die Möglichkeit gegeben, die Oberfläche für den Gasaustausch in der Vogellunge stark zu vergrößern. So ist in einer Volumeneinheit Lungengewebe des Vogels 10mal mehr Austauschfläche in Gestalt von Luftkapillaren vorhanden als in Gestalt von Lungenalveolen beim Säuger.

Der Durchmesser der Atemwege kann teilweise durch seine Ausstattung mit glatter Muskulatur und motorischer Innervation gesteuert werden. Während das Kaliber der Luftkapillaren im wesentlichen konstant ist, kann das der Bronchen I. bis III. Ordnung verstellt werden. Daraus ergibt sich die Möglichkeit einer bedarfsangepaßten Ventilation des Austauschgewebes.

Die **Wege des Luftstromes** durch die Lunge und die Luftsäcke sind durch neuere Untersuchungen aufgeklärt worden. In den medialen Lungenabschnitten (Paleopulmo) nimmt die Luft während der Inspiration und der Exspiration den gleichen Weg, und zwar von den mediodorsalen Sekundärbronchen durch die Parabronchen in die medioventralen Sekundärbronchen. Im Verlauf der Inspiration gelangt frische Luft in das kaudale Luftsacksystem, während das kraniale Luftsacksystem verbrauchte Luft aus der Lunge erhält.

Bei der Exspiration wird die Luft aus dem kranialen Luftsacksystem via Hauptbronchen und Trachea abgeführt. Die Luft aus den kaudalen Luftsäcken dagegen passiert zuerst das Austauschgewebe der Lunge und wird dann nach außen abgegeben.

7. Harnorgane

Die Harnorgane, *Organa urinaria*, gehören neben den Geschlechtsorganen zum Harn- und Geschlechtssystem. Von den Harnorganen der Säuger unterscheiden sich die der Vögel durch die Ausbildung eines Pfortaderkreislaufes der Niere und das Fehlen einer Harnblase. Die Harnleiter münden in die Kloake ein.

7.1. Niere

Die Niere, *Ren* (Abb. 76), liegt als paariges Organ an den Ventralflächen des Synsacrum und des Darmbeines. Ihre Farbe ist braun. Die Dorsalfläche jeder Niere senkt sich in die Fossa renalis des Hüftbeines und die Nischen ventral am Synsacrum ein. Die *Extremitas cranialis* reicht bis an die Lunge, die *Extremitas caudalis* bis zum Synsakrumende. Die Niere des Huhnes ist etwa 7–9 cm lang und maximal etwa 2 cm breit. Ihre Masse liegt bei ca. 1% der Körpermasse. Die Konsistenz der Vogelnieren ist weicher als die der Säugernieren. Deshalb und bedingt durch die Einbettung in die Nischen des Synsacrum und die Fossae renales lassen sie sich nur schwer unverletzt exenterieren. Sie verbleiben beim geschlachteten und ausgenommenen Tier gewöhnlich im Schlachtkörper. Die Ventralfläche der Niere ist glatt.

Topographische Beziehungen bestehen zwischen Medialrand der Nieren und Aorta sowie zwischen Ventralflächen und Eierstock mit Eileiter beim weiblichen bzw. Hoden beim männlichen Tier. An die Ventralfläche grenzen überdies Darmschlingen. Zwischen die Nieren und die genannten Organe können sich die Bauchluftsäcke schieben.

Jede Vogelniere ist in drei Abschnitte unterteilt, deren Grenzen mehr oder weniger unscharf sind. Die Trennung zwischen der *Divisio renalis cranialis* und der *Divisio renalis media* ist durch die A. iliaca externa markiert. Die A. ischiadica gibt die Grenze zwischen mittlerem Nierenabschnitt und *Divisio renalis caudalis* an.

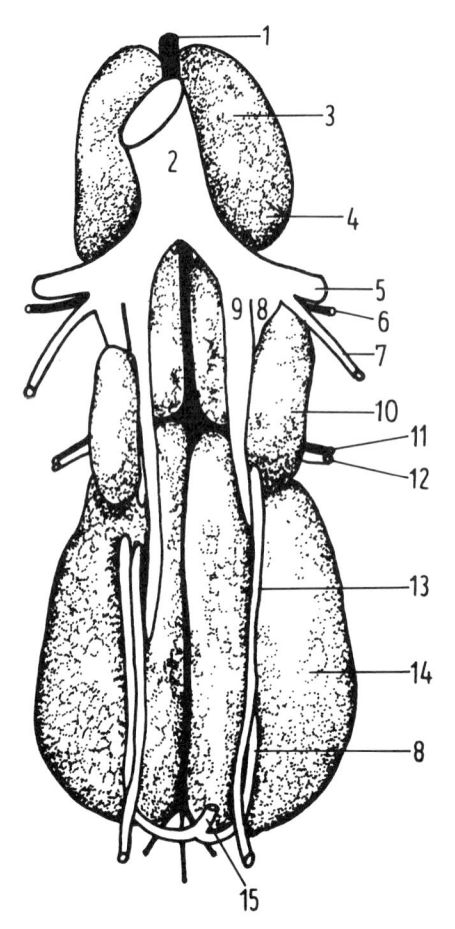

Abb. 76. Nieren der Ente, Ventralansicht (nach King, 1975).

1 Aorta	6 A. iliaca externa	11 A. ischiadica
2 V. cava caudalis	7 V. pubica	12 V. ischiadica
3 Divisio renalis cranialis	8 V. portalis renalis caudalis	13 Ureter
4 Lobuli renales	9 V. renalis caudalis	14 Divisio renalis caudalis
5 V. iliaca externa	10 Divisio renalis media	15 V. coccygomesenterica

Die Nierenabschnitte der Vögel entsprechen nicht den Lobi renales oder Renculi der Säugerniere und sind daher auch nicht als Nierenlappen zu bezeichnen. Das Nierengewebe wird von Nerven des Plexus lumbalis und des Plexus ischiadicus durchbohrt. An der Nierenoberfläche sind rundliche Vorwölbungen von 1–2 mm Durchmesser erkennbar. Diese werden durch die den Feinbau der Niere bestimmenden Nierenläppchen erzeugt. Das **Nierenläppchen**, *Lobulus renalis* (Abb. 77), hat im histologischen Schnitt birnenförmige Gestalt. Es ist von *Vv. interlobulares*, den Verzweigungen der Rami renales afferentes des Nierenpfortadersystems, umgeben. Jede Niere besitzt zahlreiche solcher Läppchen, die teilweise oberflächlich, teilweise in der Tiefe gelegen sind. Jedes Läppchen wird von seinen Sammelrohren, *Tubuli colligentes perilobulares*, eingeschlossen. Die abführende Vene ist im Zentrum des Läppchens gelegen und wird als *V. intralobularis*

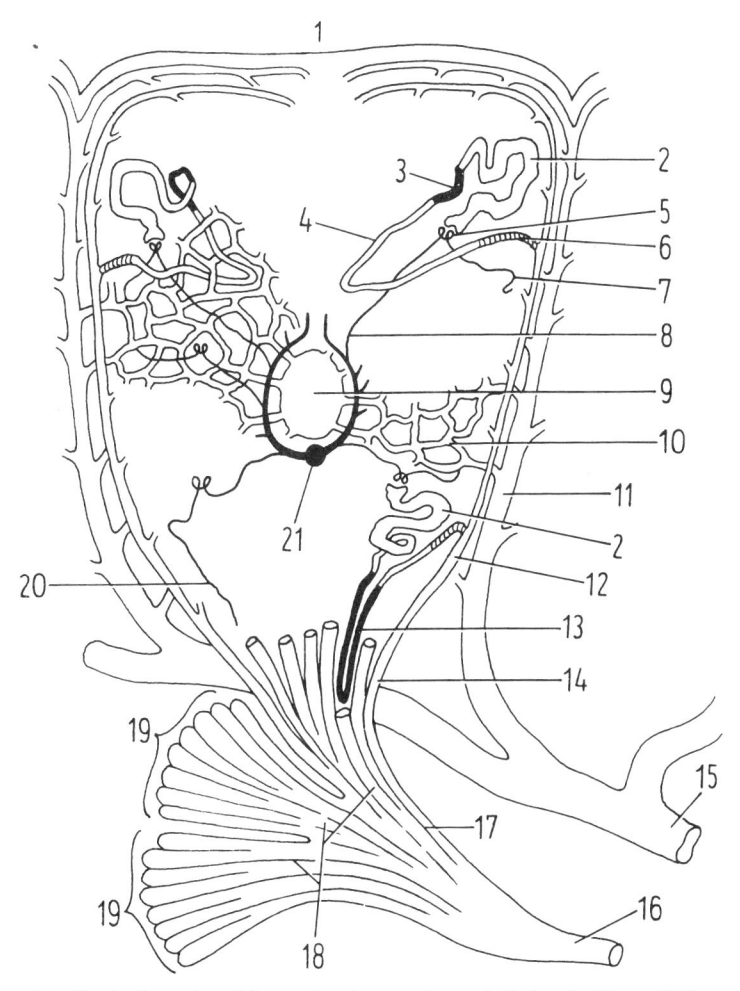

Abb. 77. Aufbau eines Nierenläppchens, schematisch (nach King, 1975).

1 Nierenoberfläche
2 Tubulus convolutus proximalis
3 Segmentum intermedium
4 Tubulus convolutus distalis
5 Corpusculum renale
6 Pars conjugens
7 Arteriola glomerularis efferens
8 Arteriola glomerularis afferens
9 V. intralobularis
10 Rete capillare peritubulare
11 V. interlobularis
12 Tubulus colligens perilobularis
13 Henlesche Schleife
14 Tubulus colligens medullaris
15 Ramus renalis afferens
16 Ramus uretericus secundarius
17 Ductus colligens
18 Büschel aus Sammelrohren
19 Tubuli colligentes eines Läppchens
20 Arteriola recta
21 A. intralobularis

bezeichnet. Die arterielle Versorgung des Läppchens erfolgt über die ebenfalls zentral liegende *A. intralobularis*. Damit herrschen im Vergleich zum Säuger die umgekehrten Verhältnisse. Dort verlaufen die Sammelrohre als sogenannte Markstrahlen intralobulär, während die Arterien interlobulär angeordnet sind.

Die Tubuli colligentes verlaufen zum Stielende des birnenförmigen Läppchens konvergierend. Der konische Läppchenteil stellt die **Markzone**, *Medulla renalis*, dar. Die dort liegenden Abschnitte der Sammelrohre sind die *Tubuli colligentes medullares*. Überdies liegen in der Markzone die **Henleschen Schleifen** der medullären Nephrone.

Der breite Teil des Läppchens stellt die **Rindenzone**, *Cortex renalis*, dar. Diese enthält sowohl Nephrone des medullären Typs als auch solche des kortikalen Typs.

Genauere Untersuchungen der dreidimensionalen Struktur der Läppchen zeigten, daß der Harn aus der Rindenzone eines Lobulus in die Markzone mehrerer Lobuli abgeführt wird. Demzufolge erhält jede Markzone Harn aus den Rindenzonen mehrerer Läppchen.

Der **Nierenlappen**, *Lobus renalis*, entsteht durch die Vereinigung der Markzonen mehrerer benachbarter Lobuli. Die vereinigten Markzonen gehen in ein von Bindegewebe umschlossenes Büschel aus Sammelrohren über, die sich am apikalen Ende der Markzone zu einem einzigen großen Sammelgefäß, dem *Ductus colligens*, vereinigen. In der Hierarchie der Harnleiterabschnitte entspricht dieser einem *Ramus uretericus tertius*. Das Büschel aus Sammelrohren mehrerer Läppchen stellt die Markzone des Lobus renalis dar und ist möglicherweise ein Homologon der Markpyramiden in den mehrwarzigen Nieren von Rind und Schwein. Ein Nierenlappen besteht somit aus den konvergierenden Markzonen mehrerer Läppchen und den zugehörigen Rindenzonen. Der Harn aus einem Nierenlappen wird über den *Ramus uretericus secundarius*, der aus dem Zusammenfluß mehrerer Ductuli colligentes entsteht, abgeleitet.

Da die Nierenläppchen sowohl an der Organoberfläche als auch in dessen Tiefe gelegen sind, ist an der Vogelniere nicht die beim Säuger typische Schichtung in eine äußere Rinden- und eine innere Markschicht erkennbar. Vielmehr umschließen jeweils große Rindenbezirke relativ kleine, konische Markinseln.

Das **Nephron** ist die Struktureinheit des harnbereitenden Kanalsystems der Niere, welches vom System der harnleitenden Sammelrohre zu unterscheiden ist. Jedes Nephron besteht aus dem Nierenkörperchen, *Corpusculum renale*, und dem Nierenkanälchen, *Tubulus renalis*.

Das **Nierenkörperchen**, in welchem die Ausscheidung des Primärharnes erfolgt, ist aus einem Gefäßknäuel, dem *Glomerulum corpusculi renalis*, und einer, das Gefäßknäuel umschließenden, doppelwandigen Kapsel, *Capsula glomerularis*, auch **Bowmansche Kapsel** genannt, aufgebaut. Der Durchmesser der Nierenkörperchen liegt mit 35—100 µm beim Huhn unter dem bei den Säugern, bei denen er bis zu 300 µm beträgt. Ihre Anzahl ist größer als bei den Säugern und liegt im Bereich von etwa 400000 in jeder Niere.

In der Vogelniere treten zwei Typen von Nephronen auf. Der **Rindentyp**, *Nephronum corticale*, besitzt keine Henlesche Schleife und ist nur in der Rindenzone des Läppchens zu finden. Der **Marktyp**, *Nephronum medullare*, reicht mit der Henleschen Schleife in die Markzone des Läppchens. Die Mehrheit der Nephrone der Geflügelniere gehört dem kortikalen Typ an, der auch bei den Reptilien vorkommt. Der medulläre Typ entspricht den Nephronen in der Säugerniere.

Der *Tubulus renalis* des Nephrons vom kortikalen Typ beginnt mit einem *Tubulus convolutus proximalis*, der etwa die Hälfte der 6—8 mm Gesamtlänge dieses Nephrontyps ausmacht. Dieser Tubulus wird in einen ersten, relativ engen Abschnitt, *Pars tenuis*, und einen sich anschließenden, vergleichsweise dicken (etwa 65 µm) Teil, *Pars crassa*, unterteilt.

Es folgt das *Segmentum intermedium* s. *Ansa nephroni*, welches bei den Nephronen des kortikalen Typs sehr kurz und gewunden ist. Dieser Abschnitt ist deshalb nicht als Henlesche Schleife zu bezeichnen. Sein Durchmesser liegt bei 30 µm.

Der letzte Abschnitt des harnbereitenden Kanalsystems ist der *Tubulus convolutus distalis*, welcher in Gestalt kompakter Schlingen in der Nähe der V. intralobularis angeordnet ist. Er gliedert sich in mehrere Segmente. Als erstes kann eine *Pars paraglomerularis* ausgebildet sein, welche wie bei den Säugern die Macula densa des **juxtaglomerulären Apparates** liefert. Alternativ kann auch eine *Pars preglomerularis* vorhanden sein. Die folgende *Pars convoluta* ist in Richtung V. intralobularis orientiert. Den Abschluß des distalen Tubulus convolutus bildet die *Pars conjugens*, die histologisch den Tubuli colligentes entspricht. Sie stellen die Verbindung zwischen dem Nephron und den harnableitenden Sammelrohren dar. Bisweilen wird die Pars conjugens auch als erster Abschnitt des Tubulus colligens angesehen. Der mittlere Durchmesser des Tubulus convolutus distalis liegt bei etwa 40 μm.

Der *Tubulus renalis* des Nephrons vom medullären Typ ist mit etwa 15 mm länger als der des kortikalen Typs. Sein Tubulus convolutus proximalis wird in eine *Pars convoluta* und eine *Pars recta* gegliedert, die der Pars tenuis und der Pars crassa des kortikalen Typs entsprechen. Das *Segmentum intermedium* formt eine 3–4 mm lange **Henlesche Schleife** in Richtung der Markzone des Läppchens. Diese Schleife gliedert sich in eine *Pars descendens ansae*, die sich schon vor Erreichen des Scheitels erweitert, und eine *Pars ascendens ansae*, die in den distalen *Tubulus convolutus* übergeht. Dieser formt einige kompakte Schleifen in der Nähe der V. intralobularis.

Ein kompletter **juxtaglomerulärer Apparat** ist auch bei den Vögeln vorhanden. Er umfaßt die Macula densa, die myoepithelialen Zellen der Arteriola glomerularis afferens und die juxtavaskuläre Insel. Die *Macula densa* wird dargestellt durch das verdickte Epithel des Tubulus convolutus distalis im Kontaktbereich zur Arteriola afferens. Sie wird als chemosensitive Struktur zur Registrierung der Kochsalzkonzentration im Tubulusharn angesehen.

Die myoepithelialen Zellen, *Cellulae juxtaglomerulares*, stellen modifizierte Muskelzellen der Arteriola afferens dar und dienen der Reninsekretion.

Die dritte Komponente, die *Insula juxtavascularis*, ist auch als **extraglomeruläres Mesangium** bekannt. Ihre Zellen werden auch **Polkissen** genannt. Sie liegen am Tubuluspol des Glomerulums.

Die **Nierenarterien** sind die *Aa. renalis cranialis, media et caudalis*, die sich letztlich in die *Aa. intralobulares* aufzweigen. Diese entlassen eine *Arteriola glomerularis afferens* zu jedem Glomerulum. Dieses besteht aus zwei bis drei Gefäßschlingen, *Ansae capillares*, die sich in die abführende *Arteriola glomerularis efferens* fortsetzen und in das venöse *Rete capillare peritubulare* einmünden. Die Kapillaren des peritubulären Netzes liegen in der Rindenzone dem Epithel der Tubuli dicht an, was für die Rückresorption von Wasser aus dem Primärharn bedeutsam ist. Die Markzone des Läppchens wird von *Arteriolae rectae* mit Blut versorgt, die aus den efferenten Glomerulusarteriolen abzweigen. *Venulae rectae* besorgen die Blutabfuhr aus der Markzone.

Das Nierenpfortadersystem ist in Kapitel 11 beschrieben.

7.2. Harnleiter

Der paarige Harnleiter, *Ureter* (Abb. 76, 78 und 84), wird in einen Nierenteil, *Pars renalis*, und einen Beckenteil, *Pars pelvica*, gegliedert. Das kraniale Stück der Pars renalis liegt in der Tiefe des kranialen Nierenabschnittes. Nach kaudal ziehend, gelangt der Harnleiter in eine oberflächliche Lage und verläuft in einer Rinne auf der Facies ventralis des mittleren und kaudalen Nierenabschnittes. In den Nierenteil des Harnleiters münden eine unterschiedliche Anzahl, beim Huhn etwa 17, zuführende Gänge, *Rami ureterici primarii*. Ein primärer Ureterast entsteht aus dem Zusammenfluß mehrerer *Rami ureterici secundarii*, von denen jeder den Harn eines Nierenlappens über die büschelförmig angeordneten Tubuli colligentes abführt (Abb. 77). Ein primärer Ureterast geht aus der Vereinigung von 5–6 sekundären Ästen hervor.

Der etwa 5 cm lange Beckenteil des Harnleiters zieht vom Kaudalende der Niere entlang der Dorsalwand der Leibeshöhle nach kaudal und mündet im *Ostium cloacale ureteris* dorsolateral in das Urodeum der Kloake. Beim männlichen Tier liegt die Mündung medial der des Samenleiters. Beim weiblichen Tier liegt lateral der linken Harnleitermündung die schlitzförmige Öffnung des Eileiters.

8. Geschlechtssystem

8.1. Männliches Geschlechtssystem

Das männliche Geschlechtssystem des Geflügels (Abb. 78 und 79) ist weitgehend paarig ausgebildet. Es besteht aus

- den innerhalb der Leibeshöhle liegenden Hoden mit den kleinen und wenig differenzierten Nebenhoden,
- den in die Kloake mündenden Samenleitern und
- dem in der Kloake liegenden Begattungsorgan.

Akzessorische Geschlechtsdrüsen sowie äußere Geschlechtsteile fehlen.

8.1.1. Hoden

Die **Hoden**, *Testes*, liegen beiderseits kranioventral des kranialen Lappens der Niere in der Leibeshöhle (Abb. 78). Ihr kraniales Ende, *Extremitas cranialis*, überragt in den meisten Fällen nur wenig den kaudalen Lungenrand. Das kaudale Ende, *Extremitas caudalis*, reicht vor allem während der Paarungszeit extrathorakal. Durch ein kurzes Gekröse, welches zwischen Aorta und Niere ansetzt, sind die Hoden mit der Leibeswand verbunden.

Die Gestalt der Hoden ist rundlich bis bohnenförmig mit einer lateralen und medialen Fläche sowie einem freien Rand, *Margo liber*, und einem Nebenhodenrand, *Margo epididymalis*. Die Größe und die Masse der Hoden zeigen beim Geflügel erhebliche saisonale Unterschiede. Allgemein ist der linke Hoden etwas größer als der rechte. In seltenen Fällen kann ein Hoden fehlen (Monorchie).

Die Keimdrüsen entstehen embryonal aus einer indifferenten Anlage. Bei der genetisch bedingten Differenzierung zur männlichen **Keimdrüse**, dem Hoden, ordnet sich das medulläre Gewebe zu Strängen (Sexualstränge), aus denen ab 7. Tag der Bebrütung beim Hahn die Samenkanälchen hervorgehen. Zur Zeit des Schlüpfens bzw. kurze Zeit danach erhalten die Hodenkanälchen ihr Lumen und die Vorstufen der Spermien

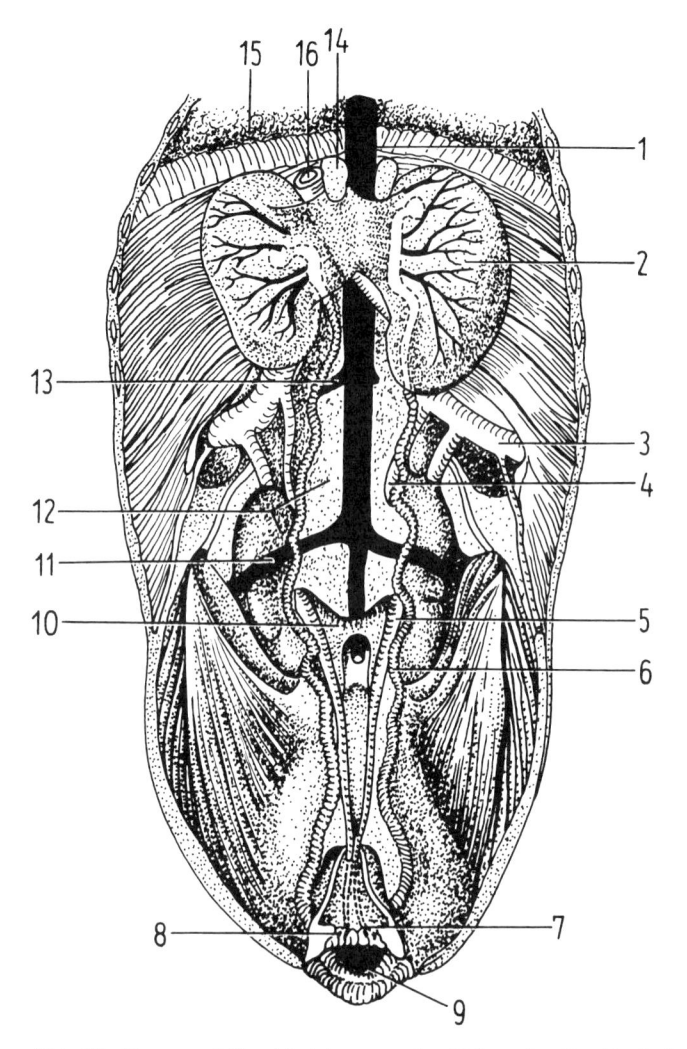

Abb. 78. Harn- und Geschlechtsorgane des Hahnes in situ. Ventrale Ansicht.

1 Aorta descendens
2 li. Hoden
3 V. iliaca externa sinistra
4 V. renalis sinistra
5 li. Harnleiter
6 li. Samenleiter
7 Mündung des li. Samenleiters
8 Mündung des re. Harnleiters
9 Kloake
10 Anastomosis interiliaca
11 A. ischiadica dextra
12 re. Niere
13 A. iliaca externa dextra
14 re. Nebenniere
15 re. Lunge
16 V. cava caudalis

beginnen sich schrittweise herauszubilden (s. S. 227). Die Hodenmasse nimmt nach dem Schlupf deutlich zu (bei 1 Woche alten Küken beträgt sie das 8fache von der bei Eintagsküken).

Die Größe des Hodens entspricht beim Küken etwa der eines Weizenkorns. Beim geschlechtsreifen Hahn ist er während der Paarungszeit 3,5 bis 5,0 cm lang und 2,5 cm breit, außerhalb der Paarungszeit nur 1 cm lang und 0,5 cm breit. Bei der Ente erreicht

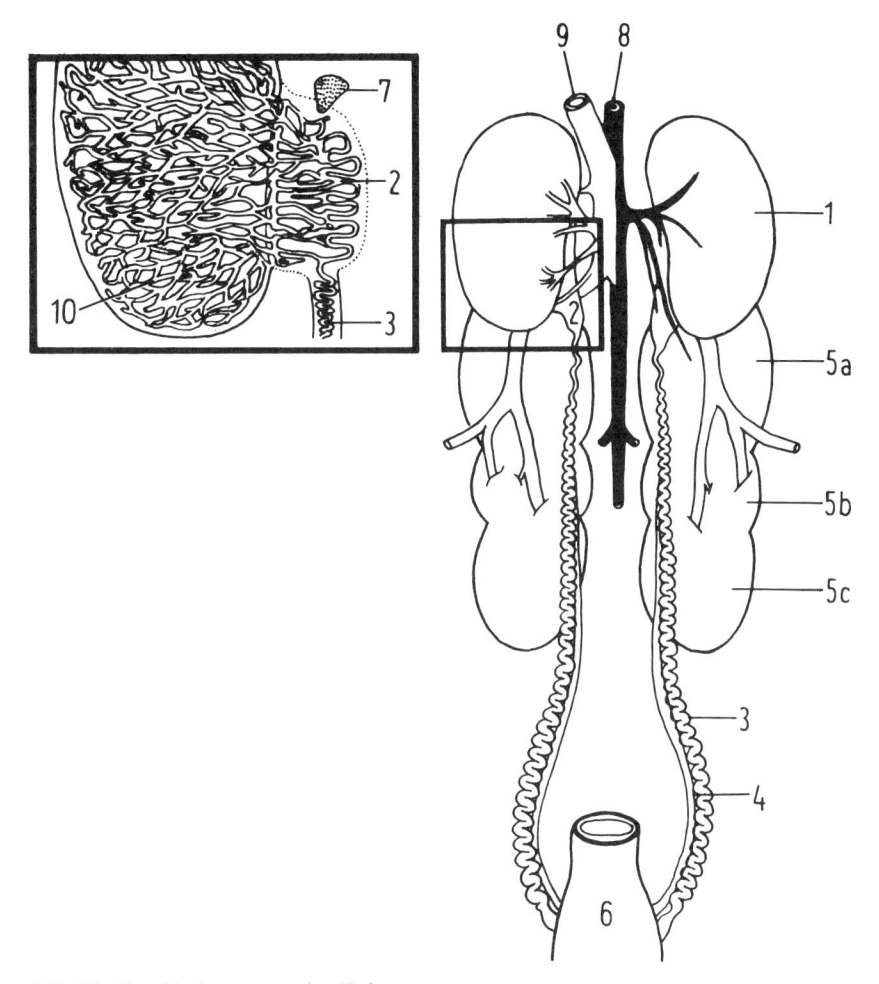

Abb. 79. Geschlechtsorgane des Hahnes.
Schematische Darstellung der Lage und Ausschnitt aus dem Hoden und Nebenhoden.

1 Hoden	5a kraniale,	6 Kloake
2 Nebenhoden	5b mittlere,	7 Nebenniere
3 Samenleiter	5c kaudale Abteilung der	8 Aorta abdominalis
4 Harnleiter	Niere	9 V. cava caudalis
		10 Tubuli seminiferi contorti

er während der Paarungszeit eine Länge bis zu 8 cm und eine Breite bis zu 4,5 cm. Auffällig ist die Verkleinerung der Hoden zur Zeit der Mauser.

Besonders deutlich sind die saisonalen Unterschiede der Hodengröße bei den Wildvögeln. So nimmt die Größe des Hodens bei Sperlingsvögeln in der Paarungszeit um das 300- bis 500fache zu.

Die Farbe der Hoden ist bei Huhn, Ente und Gans gelblich bis grauweiß, in der Paarungszeit weiß, bei der Taube stets weiß. Bei einigen Hühnerrassen kann der geschlechtlich inaktive Hoden pigmentiert sein, die Pigmentierung verschwindet aber mit der Vergrößerung während der Paarungszeit.

Das **Interstitialgerüst** des Hodens ist beim Geflügel nur gering ausgebildet. Ein Mediastinum testis fehlt. Die Kapsel, *Tunica albuginea*, ist dünn und kann glatte Muskelfasern enthalten. Deutliche Septen und somit eine Läppchenbildung der Hoden sind nicht nachzuweisen. Von der Kapsel ziehen feine Bindegewebszüge in das Hodeninnere. Sie lösen sich in Fasernetze auf, in welche die Hodenkanälchen und Leydigschen Zwischenzellen als Anteile des Hodenparenchyms eingebettet sind. Das Hodengewebe bildet somit beim Geflügel eine weitgehend einheitliche Masse.

Die **Leydigschen Zwischenzellen**, *Cellulae interstitiales*, liegen einzeln oder in kleinen Gruppen zwischen den Hodenkanälchen, gemeinsam mit den in den Bindegewebsräumen verlaufenden Blutgefäßen. Die Form der Zwischenzellen variiert, meist sind sie polygonal, langgestreckt oder spindelförmig. Ihre Anzahl erscheint beim juvenilen Tier größer als beim adulten. Das Vorkommen von reichlich endoplasmatischem Retikulum, zahlreichen Mitochondrien des tubulösen Typs sowie von Lipoidgranula deutet auf eine intensive Hormonsynthese hin.

Die nach dem Gehalt an Vakuolen bzw. Lipoidgranula sowie der Ultrastruktur teilweise unterschiedlichen Formen dieser Zellen sind als Funktionsstadien anzusehen.

Die Leydigschen Zwischenzellen können durch Transformation von Reservefeldern vermehrt werden. Als solche werden Zellansammlungen im Hoden und Nebenhoden sowie in den Nebennieren angesehen. Sie liegen neben Anhäufungen von Lymphozyten in den Organen und bilden Zellgruppen, welche eine Reserve für steroidhormonbildende Zellen der Hoden darstellen.

Die **Hodenkanälchen**, *Tubuli seminiferi*, verlaufen stark gewunden. Sie bilden untereinander zahlreiche Anastomosen, so daß in der Gesamtheit ein anastomosierendes Netzwerk entsteht (Abb. 81). Die Hodenkanälchen münden entweder direkt oder unter

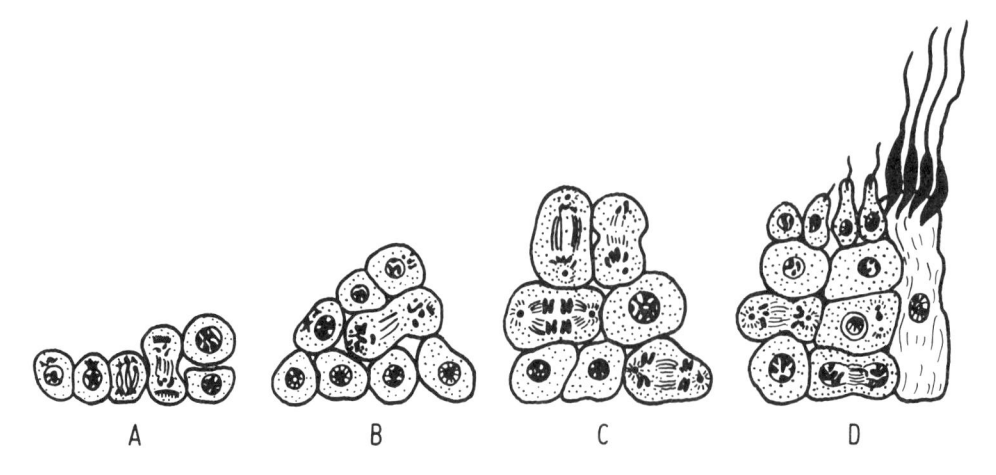

Abb. 80. Stadien der postnatalen Entwicklung der männlichen Keimzellen beim Hahn (in Anlehnung an Kumaran und Turner, 1949).

A Teilung der Spermatogonien, bis 6. Woche.
B Spermatozyten I. Ordnung, 6. Woche.
C Spermatozyten II. Ordnung, 10. Woche.
D Umwandlung der Spermatozyten in Spermien, 12. Woche.

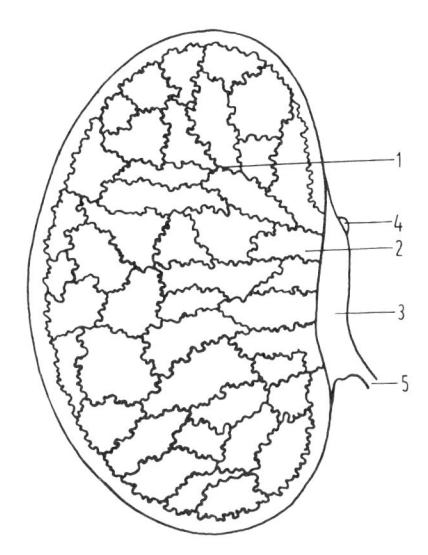

Abb. 81. Schematische Darstellung der Anordnung der Hodenkanälchen des Hahnes (in Anlehnung an Marvan, 1969).

1 Tubuli seminiferi contorti
2 Rete testis
3 Nebenhoden
4 Nebenniere
5 Samenleiter

Zwischenschaltung eines kurzen geraden Teiles, *Tubulus rectus*, in das *Rete testis*. Der Durchmesser der Hodenkanälchen beträgt 150 bis 200 µm. Ihr Aufbau entspricht dem bei den Säugetieren. Der Basalmembran liegt das aus den Sertolischen Fußzellen und den Vorstufen der Spermien bestehende spermienbildende Epithel, *Epithelium spermatogeneticum*, auf (Abb. 97). Die Basalmembran wird umgeben von einer dünnen Lage von Bindegewebe mit charakteristischen Fibrozyten (Myofibrozyten) und elastischen Fasern. Die anliegenden Kapillaren lassen eine charakteristische Ultrastruktur erkennen.

Bei der Herausbildung des spermatogenen Epithels werden nach dem Schlupf 4 Stadien unterschieden (Abb. 80): Aufbau der Kanälchen und Vermehrung der **Spermatogonien** (bis 6. Woche), erste Bildung von **Spermatozyten 1. Ordnung** (6. Woche), Bildung der **Spermatozyten 2. Ordnung** (10. Woche), Umwandlung der Spermatozyten in reife **Spermien** (12. Woche).

Die **Sertolischen Fußzellen**, *Cellulae sustentaculares*, sitzen mit ihrem verbreiterten Fuß der Basalmembran auf und ragen apikal fortsatzartig in das Lumen der Kanälchen vor.

Die Form dieser Zellen sowie die Ultrastruktur und das histochemische Verhalten ihres Zytoplasmas deuten auf unterstützende Funktionen bei der Spermatogenese hin. Dazu kommen sekretorische Funktionen im Hinblick auf die Bildung von Stoffen, die neben ihren nutritiven Funktionen auch für die Steuerung dieser Prozesse von Bedeutung sind. Sie entsprechen weitgehend denen bei den Säugetieren.

Zwischen benachbarten Sertolischen Fußzellen bestehen spezifische Plasmakontakte in Form von „tight junctions". Sie trennen den basalen von dem apikalen Teil des spermiogenen Epithels und dürften als wesentlicher Anteil der **Blut-Hoden-Schranke** auch beim Geflügel von funktioneller Bedeutung sein.

Ähnlich wie bei den Säugetieren liegen die Vorstufen der Keimzellen in den Räumen zwischen den Sertolischen Fußzellen. Die am weitesten nach der Peripherie zu gelegenen

Tabelle 1. Morphologische Unterschiede der Spermienvorstufen

Vorstufe	Morphologie
Spermatogonien	elliptische Form, ovaler, hell gefärbter Zellkern
primäre Spermatozyten	größte Zellen, großer Zellkern mit feinem Netzwerk des Chromatins
sekundäre Spermatozyten	kleiner, runder Zellkern mit verstreuten Chromatinanhäufungen
Spermatiden	kleine runde Zellen, runde Zellkerne mit feinem Netzwerk des Chromatins

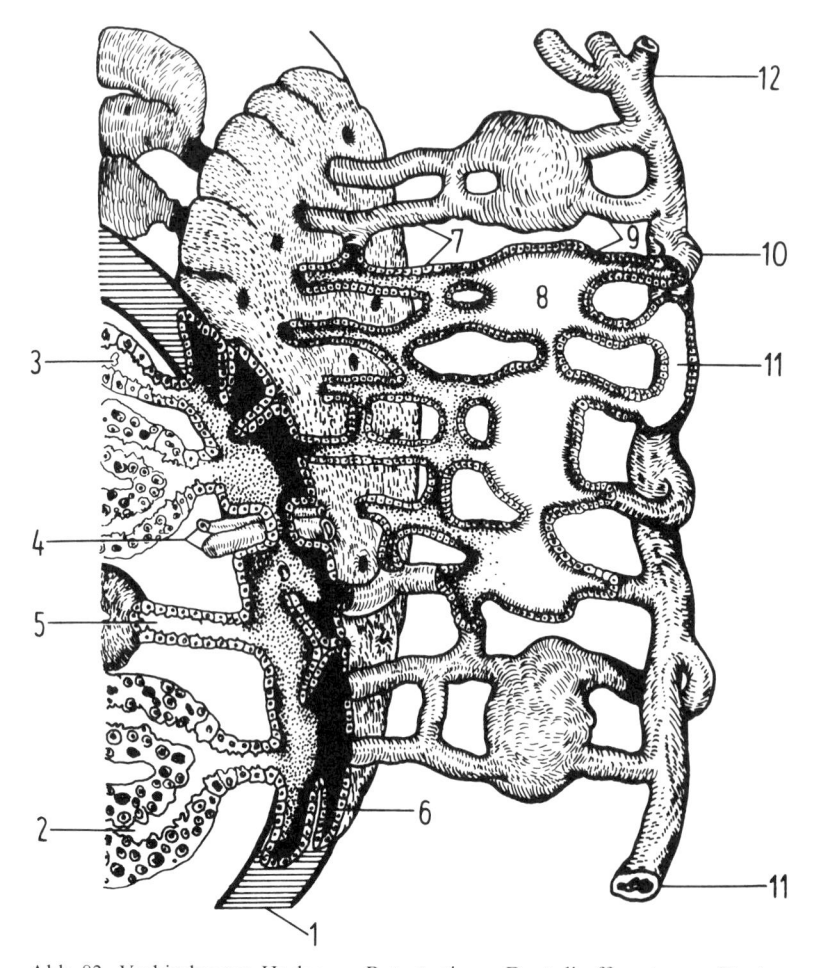

Abb. 82. Verbindungen Hoden — Rete testis — Ductuli efferentes — Ductus epididymidis bei einem geschlechtsreifen Hahn (in Anlehnung an Budras und Schmidt, 1976).

1 Hodenkapsel
2 Tubuli seminiferi contorti
3 Tubuli seminiferi recti
4 Hodengefäße
5 intratestikuläre Retequerzisterne
6 intratestikuläre Retelängszisterne (mit nischenartiger Unterteilung)
7 extratestikuläre Retequerzisterne des Rete testis
8 Ductuli efferentes proximales
9 Ductuli efferentes distales
10 Ductuli conjugentes
11 Ductus epididymidis
12 Appendix epididymalis

Spermatogonien machen laufend Mitosen durch. Schließlich werden die Zellen unter Vergrößerung und Zellkernveränderung zu den **primären Spermatozyten**, aus denen im Laufe der Meiose (Reifeteilung) die **Präspermatiden (sekundären Spermatozyten)** und schließlich die **haploiden Spermatiden** hervorgehen. Die einzelnen Vorstufen sind durch charakteristische Merkmale gekennzeichnet (Tab. 1).

Die Spermatiden wandeln sich durch Transformation, welche durch mehrere Phasen gekennzeichnet ist, in die **Spermien, Spermatozoen**, um. Diese zeigen als Samenzellen einen charakteristischen Bau (s. S. 229), wodurch sie zur aktiven Bewegung befähigt werden.

Der Spermatogenesezyklus läßt beim Vogel keinen ausgesprochen wellenförmigen Ablauf erkennen. Auffällige Unterschiede bestehen in der Ausbildung des spermatogenen Epithels während der Paarungszeit und der geschlechtlichen Inaktivität.

Das **Hodennetz**, *Rete testis*, ist beim Geflügel gering ausgebildet (Abb. 81–83). Es liegt langgestreckt dorsomedial am Hoden und besteht aus dünnwandigen, mit plattem bis isoprismatischem Epithel ausgekleideten, unregelmäßigen, in Bindegewebe eingebetteten Kanälchen. An ihnen lassen sich ein intratestikulärer, ein intrakapsulärer und ein extratestikulärer Anteil mit Längs- und Querzisternen unterscheiden.

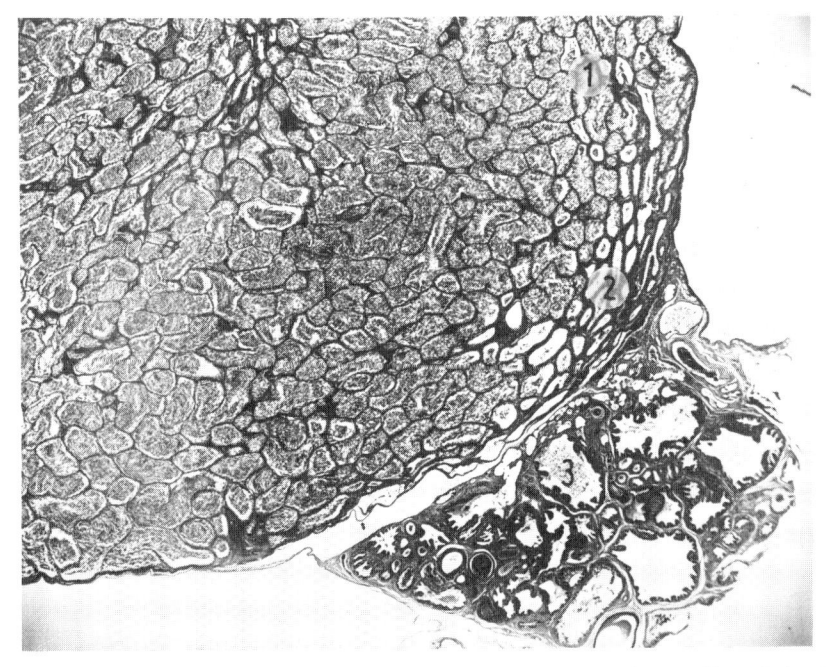

Abb. 83. Schnitt durch den Hoden mit Nebenhoden des Hahnes während der Paarungszeit. Hämatoxylin-Eosin-Färbung, ca. 15fache Vergr. (Mikrofoto).

1 Hodenkanälchen   2 Rete testis   3 Nebenhoden

8.1.2. Nebenhoden

Aus dem Rete testis gehen beim Geflügel bis zu 70 *Ductuli efferentes* hervor. An ihnen lassen sich mehr oder weniger deutlich jeweils ein stark erweiterter proximaler und ein engerer distaler Abschnitt unterscheiden. Die distalen Abschnitte der Ductuli efferentes vereinigen sich über kurze Verbindungskanälchen, *Ductuli conjugentes*, mit dem **Nebenhodengang**, *Ductus epididymalis*. Sie besitzen ein einschichtiges hochprismatisches Epithel mit Flimmerepithelzellen und weisen gelegentlich sekretorische Zellen auf. Die Flimmerepithelzellen verschwinden gegen das Ende der Ductuli efferentes.

Der Nebenhodengang trägt ein aus hochprismatischen flimmerlosen Zellen und kleinen Basalzellen bestehendes Epithel. Er verläuft wenig gewunden und kann stellenweise Erweiterungen aufweisen.

Durch die Einlagerung in Bindegewebe werden die Kanälchenabschnitte zum Nebenhoden zusammengefügt.

Der Nebenhoden (Abb. 79 und 83) ist in der Gesamtheit beim Geflügel auffallend kleiner als bei den Säugetieren. Er hat die Form eines federkieldicken Fortsatzes und weist keine Unterteilung in Kopf, Körper und Schwanz auf. Die Größe des Nebenhodens zeigt Speziesunterschiede und ist abhängig von den mit der Paarungszeit in Beziehung stehenden Größenveränderungen des Hodens. So ist der Nebenhoden nicht geschlechtsreifer bzw. nicht paarungsfähiger Tiere in Relation zum Hoden größer als beim geschlechtsreifen bzw. paarungsfähigen Tier.

Relativ zahlreich sind im Nebenhoden blind endende *Ductuli aberrantes* anzutreffen. Die meisten liegen in der *Appendix epididymalis* und stehen in Verbindung mit dem kranialen Ende des Urnierenganges, aus dem der Nebenhodengang hervorgeht.

Tubuli paradidymales, welche an beiden Seiten blind enden, sind selten. Sie können jedoch in allen Anteilen des Nebenhodens angetroffen werden.

8.1.3. Samenleiter

Der Samenleiter, *Ductus deferens*, verläuft beiderseits parallel der Wirbelsäule in engen Windungen geschlängelt vom Nebenhoden aus kaudal (Abb. 78 und 79). Seine Länge beträgt beim einjährigen Hahn etwa 65 cm. Als Fortsetzung des Nebenhodenganges liegt er zunächst medial des Harnleiters, schließlich nach Überkreuzung desselben lateral von diesem. Er mündet auf einer Papille lateral des gleichseitigen Harnleiters in das Urodeum der Kloake. Zur Paarungszeit ist der Samenleiter angeschwollen sowie verlängert und dadurch in stärkere Windungen gelegt.

Das Epithel des Samenleiters ist einschichtig hochprismatisch mit kleinen Basalzellen. Im Bereich der Übergangsregion zwischen Ductus epididymalis und Ductus deferens befinden sich im Epithel häufig kleine Gruppen heller und mehr Vakuolen enthaltender Zellen. Diese Zellen entsprechen nach ihrer Form intraepithelialen Drüsen, zu denen hin die Köpfe zahlreicher Spermien orientiert sind. Das Epithel des Ductus deferens zeigt besonders im proximalen und distalen Teil Zeichen einer holokrinen Sekretion.

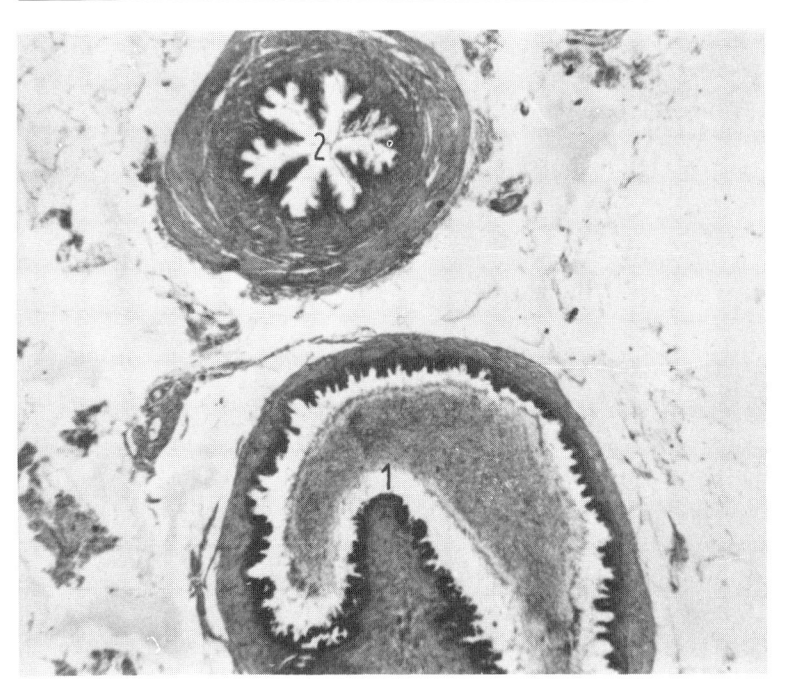

Abb. 84. Schnitt durch den Samenleiter und den Harnleiter des geschlechtsreifen Hahnes. Hämatoxylin-Eosin-Färbung, ca. 15fache Vergr. (Mikrofoto).

1 Samenleiter   2 Harnleiter

Die Oberfläche der Schleimhaut weist Faltenbildungen auf, welche während der Paarungszeit zunehmen.

Die Dicke der Muskelschicht und damit der Durchmesser des Samenleiters nimmt nach der Kloake hin zu (bis zu 3,5 mm). Von der Muskelschicht aus schieben Septen die Schleimhaut nach dem Lumen vor, wodurch die Faltenbildung der Schleimhaut unterstützt und die enge Schlängelung des Samenleiters verstärkt wird.

Der Durchmesser des Lumens des Samenleiters schwankt von 400 µm kranial bis zu 900 µm kaudal. Kurz vor der Mündung kann es, vor allem beim Wassergeflügel, zu einer blasenförmigen Erweiterung des Samenleiters, dem *Receptaculum ductus deferentis*, kommen. Es enthält jedoch keine Drüsen und ist daher nicht der Samenleiterampulle der Säugetiere gleichzusetzen. Beim paarungsbereiten Tier ist das Lumen des Samenleiters (einschließlich des Receptaculum ductus deferentis) angefüllt mit Spermien (Abb. 84) und erhält damit eine zusätzliche Funktion als Samenreservoir.

8.1.4. Begattungsorgan

Das Begattungsorgan des Geflügels liegt in der Kloake. Äußere Geschlechtsteile sind nicht ausgebildet. Das Begattungsorgan ist beim Huhn rudimentär, deutlich ist es dagegen bei Gans und Ente, während es bei der Taube nahezu völlig fehlt.

Das rudimentäre Begattungsorgan des Huhnes (Abb. 87) ist ein komplexes System von Bildungen. An ihm werden das undeutliche (rudimentäre) *Corpus phallicum medianum (Colliculus phalli)* und die *Corpora phallicum laterale dextrum* et *sinistrum* unterschieden. Dazu kommen die sich anschließenden Lymphfalten sowie die als Lymphbildungskörper dienenden, mehr oder weniger deutlichen *Lymphobulbi phalli*. Die Funktion dieser Bildungen besteht bei der Begattung in einer durch die Lymphfüllung bewirkten Schwellung und Vergrößerung des rudimentären Organs.

Der paarige *Lymphobulbus phalli* liegt seitlich der Mündung des Samenleiters und wird aufgrund seiner rötlichen Farbe und seines Baues auch als *Corpus vasculare paracloacale* bezeichnet. Der Wandaufbau seiner Kapillaren (Blut- und Lymphkapillaren) ist Ausdruck der in ihm ablaufenden Lymphbildungsprozesse.

Das eigentliche Begattungsorgan, *Corpus phallicum medianum* und *Corpora phallica lateralia*, liegt weiter kaudal. Es entsteht in Verbindung mit Faltensystemen, die eine **Samenrinne** formen. Das Begattungsorgan kann sich durch die über den Kloakensphinkter unterstützte Binnendruckerhöhung in den Lymphräumen schnell vergrößern, jedoch nur unwesentlich ausstülpen. Diese Form des Begattungsorgans wird daher auch als *Phallus nonprotrudens* bezeichnet. Bei der Paarung wird durch Anpressung der Kontakt mit der Kloake der Henne hergestellt.

Das rudimentäre Begattungsorgan des Huhnes ist schon beim Eintagsküken an der Ventralwand der Kloake in Form eines kleinen Höckerchens nachweisbar und bildet die Grundlage für die **Geschlechtsbestimmung**.

Das männliche Begattungsorgan, *Penis*, der Ente (Abb. 85), ähnlich auch das der Gans, bildet einen spiralig gewundenen, im gestreckten Zustand 6–8 cm langen Körper und liegt als *Phallus protrudens* am Boden der Kloake. An seiner Oberfläche verläuft die durch spiralige Wülste gebildete **Samenrinne**. Diese schließt sich während der Begattung zu einer Röhre. An dem Begattungsorgan der Ente lassen sich eine zwischen der Basis und der Flexur liegende *Pars cutanea* und eine *Pars glandularis* unterscheiden. Erstere trägt eine Schleimhaut mit einem mehrschichtigen Plattenepithel, während die Pars glandularis ein zur Sekretion fähiges hochprismatisches Epithel aufweist. Das Penisstroma enthält einen aus zahlreichen Lymphräumen bestehenden paarigen **Lymphschwellkörper** *(Corpus fibrolymphaticum)*. Bei der Gans bildet das Begattungsorgan einen gekrümmten und ein wenig geschlängelten, fibrösen Körper, der an der ventralen Wand der Kloake liegt. Dieser weist eine spiralig verlaufende Samenrinne auf und ist in gestrecktem Zustand 7–9 cm lang.

Bei der Begattung fließt beim Hahn der aus dem Samenleiter herausbeförderte Samen durch eine Rinne ab, welche von zwei im Bereich des Schwellkörpers befindlichen Falten gebildet wird. Bei Ente und Gans wird bei der Begattung das männliche Glied aus der Kloake nach außen gestülpt. Durch rhythmische Kontraktionen des muskulären Samenleiters wird der Samen ausgepreßt und fließt durch die Samenrinne in die Kloake des weiblichen Tieres.

8.2. Kloake

Die Kloake (Abb. 85–87) bildet beim Vogel den gemeinsamen Endabschnitt des Verdauungs- und des Urogenitalsystems. Als Harn-Kot-Behälter ist sie erheblich weiter als der Enddarm. Die Kloake mündet mit der **Kloakenöffnung**, *Ventus*, nach außen. Ihr Hohlraum ist glocken- oder sackförmig.

Die Kloake ist beim Huhn relativ größer als bei Gans und Ente. Beim adulten Huhn beträgt die Länge der Kloake ca. 2,5 cm, die Breite 2,0–2,5 cm. Während der Legeperiode ist die Kloake stärker ausgebildet als während der Ruheperiode.

Abgesehen von den Mündungsöffnungen des Samenleiters bzw. Eileiters, sind die Unterschiede in der Ausbildung der Kloake bei männlichen bzw. weiblichen Tieren gering.

Durch Schleimhautfalten wird die Kloake unterteilt in:

— Kotraum, *Coprodeum*,
— Harnraum, *Urodeum*,
— Endraum, *Proctodeum*.

Der **Kotraum**, *Coprodeum*, liegt als erster Abschnitt der Kloake am weitesten kranial und ist undeutlich vom Rectum abgegrenzt. Am Übergang vom Rectum in das Coprodeum kommt es zu einer deutlichen Erweiterung, wodurch das Coprodeum zu dem weitesten und größten Abschnitt der Kloake wird. An der Grenze zum Rectum

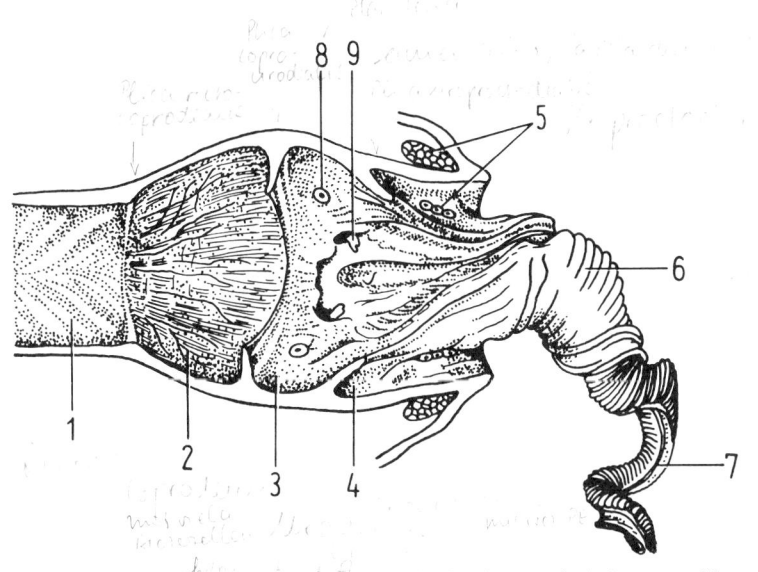

Abb. 85. Schematische Darstellung der Kloake des Erpels (mit ausgestülptem Begattungsorgan) (in Anlehnung an Komárek, 1969).

1 Rectum	5 Gl. proctodealis lateralis	7 Samenrinne
2 Coprodeum	(mit Mündungen der Aus-	8 Mündung des re. Harnlei-
3 Urodeum	führungsgänge)	ters
4 Proctodeum	6 Penis	9 Mündung (Papille) des re. Samenleiters

208   8. Geschlechtssystem

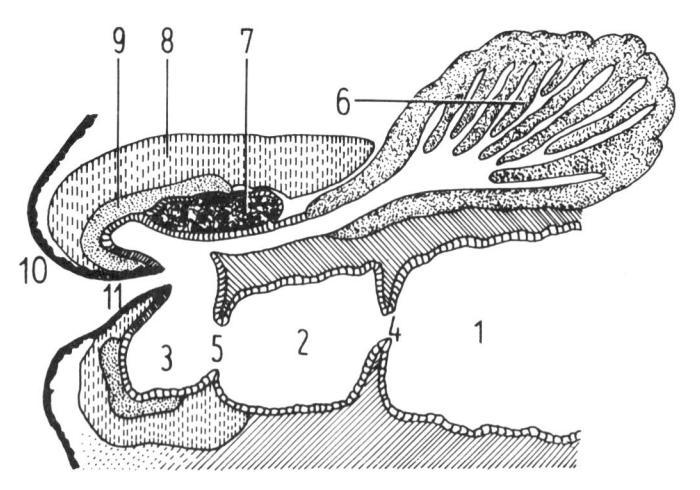

Abb. 86. Schema der Kloake (im Längsschnitt) eines jungen Vogels (in Anlehnung an King, 1975).

1 Coprodeum
2 Urodeum
3 Proctodeum
4 Plica coprourodealis
5 Plica uroproctodealis
6 Bursa Fabricii
7 Gl. proctodealis dorsalis
8 zirkulärer und
9 longitudinaler Anteil des Muskelsphinkters der Kloakenöffnung
10 äußere Haut
11 Kloakenöffnung

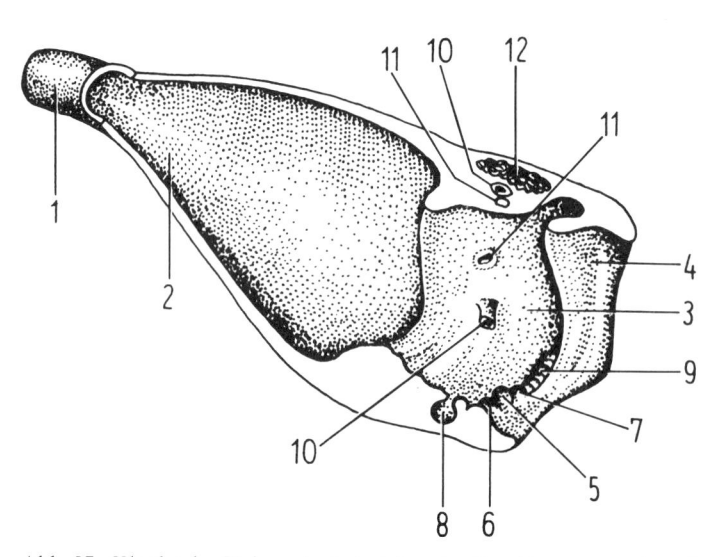

Abb. 87. Kloake des Hahnes (mit Anteilen des Begattungsorgans), aufgeschnitten (in Anlehnung an King, 1975).

1 Rectum
2 Coprodeum
3 Urodeum
4 Proctodeum
5 Corpus phallicum medianum
6 Corpus phallicum laterale dextrum
7 Corpus phallicum laterale sinistrum
8 rechte und
9 rechte Lymphfalten
10 Ductus deferens
11 Ureter
12 Corpus vasculare paracloacale

tritt beim Huhn, wenn überhaupt, nur eine undeutliche Faltenbildung auf. Etwas stärker ist diese *Plica rectocoprodealis* bei der Ente. Das Coprodeum ist ausgekleidet mit Darmschleimhaut. Dabei nehmen die Höhe der Zotten sowie die Tiefe der Krypten nach dem Urodeum hin ab. Auffallend ist die hohe Anzahl von Becherzellen im Epithel der Schleimhaut des Coprodeums.

Der **Harnraum**, *Urodeum*, ist der kleinste der drei Abschnitte. Er wird durch eine hohe, eine muskulöse Grundlage aufweisende Ringfalte, *Plica coprourodealis*, vom Coprodeum abgegrenzt. Im Urodeum verschwinden die Zotten allmählich, die Krypten kommen nur noch stellenweise vor.

Das Epithel ist hochprismatisch und enthält Becherzellen. Es entspricht somit weitgehend noch dem des Coprodeums. Dorsolateral münden in das Urodeum beiderseits die Harnleiter. Beim männlichen Tier liegt lateral von diesem auf einer kleinen Papille, *Papilla ductus deferentis*, jeweils die Mündungsstelle des Samenleiters. Beim Hahn beträgt die Höhe dieser Papille ca. 2,5 mm, die Breite 2–3 mm.

Beim weiblichen Tier mündet ventral und lateral des linken Harnleiters der Eileiter. Beim Huhn und bei der Pute ist die spaltförmige Mündung leicht kuppelförmig. Eine bei jungen Tieren bei den einzelnen Arten unterschiedlich ausgebildete Membranbildung verschwindet mit der Geschlechtsreife.

An der rechten Seite der Wand des Urodeum können Reste des rudimentären rechten Eileiters zu sehen sein.

Ventrolateral liegen in der Wand des Urodeum die paarigen parakloakalen Gefäßkörper, *Corpus vasculare paracloacale*. Sie sind beim Haushuhn von eiförmiger Gestalt mit einer Länge von 7–10 mm und einer Breite von ca. 5 mm. Sie gelten als Quelle der Lymphflüssigkeit für die Lymphfalten und den lateralen Phalluskörper während der Schwellung des Begattungsorgans. In ihrem Aufbau sind sie durch die charakteristische Anordnung der Blutkapillaren und ihre Beziehung zu Lymphgefäßen gekennzeichnet.

Der **Endraum**, *Proctodeum*, ist von dem Harnraum durch eine niedrige Ringfalte, *Plica uroproctodealis*, getrennt. Im Proctodeum erfolgt der Übergang des hochprismatischen Epithels (mit Becherzellen) in das den kaudalen Teil auskleidende mehrschichtige Plattenepithel. Bei jungen Tieren ist dorsal deutlich die schlitzförmige Öffnung in die *Bursa Fabricii* zu sehen. Unmittelbar kaudal der Bursa Fabricii liegt in der dorsalen Wand des Proctodeum die *Gl. proctodealis dorsalis*. Beim Haushuhn besteht diese aus mukösen Drüsen und weist Einlagerungen von lymphatischem Gewebe auf.

Seitlich befinden sich die bei den einzelnen Arten in unterschiedlicher Anzahl und Größe vorkommenden *Gll. proctodeales laterales*.

Beim männlichen Tier liegen am Boden des Proctodeums die Anteile des Begattungsorgans (s. S. 205).

Die **Kloakenöffnung**, *Ventus*, ragt als kurzer Zapfen in das Innere des Hohlraumes der Kloake vor. Die querliegende, schlitzförmige, bei der Ente mehr U-förmige Öffnung wird von einer dorsalen und ventralen lippenförmigen Begrenzung umgeben. Bei der Abgabe großer Mengen von Fäzes werden die lippenförmigen Bildungen ausgestülpt, und die Öffnung nimmt eine mehr runde Form an. Die sichtbare kaudale Fläche jeder dieser Bildungen ist verhornt und durch zahlreiche radiäre Furchen gekennzeichnet. In der Wand der Kloakenöffnung liegt ein kräftiger Schließmuskel mit einem zirkulären sowie einem longitudinalen Anteil.

8.3. Weibliches Geschlechtssystem

Das weibliche Geschlechtssystem des Geflügels (Abb. 88) ist unpaar. Von den embryonal beiderseits angelegten Geschlechtsorganen kommen nur die der linken Seite zur weiteren Entwicklung. Voll ausgebildet sind somit der linke Eierstock und der linke Eileiter, welcher in das Urodeum der Kloake mündet.

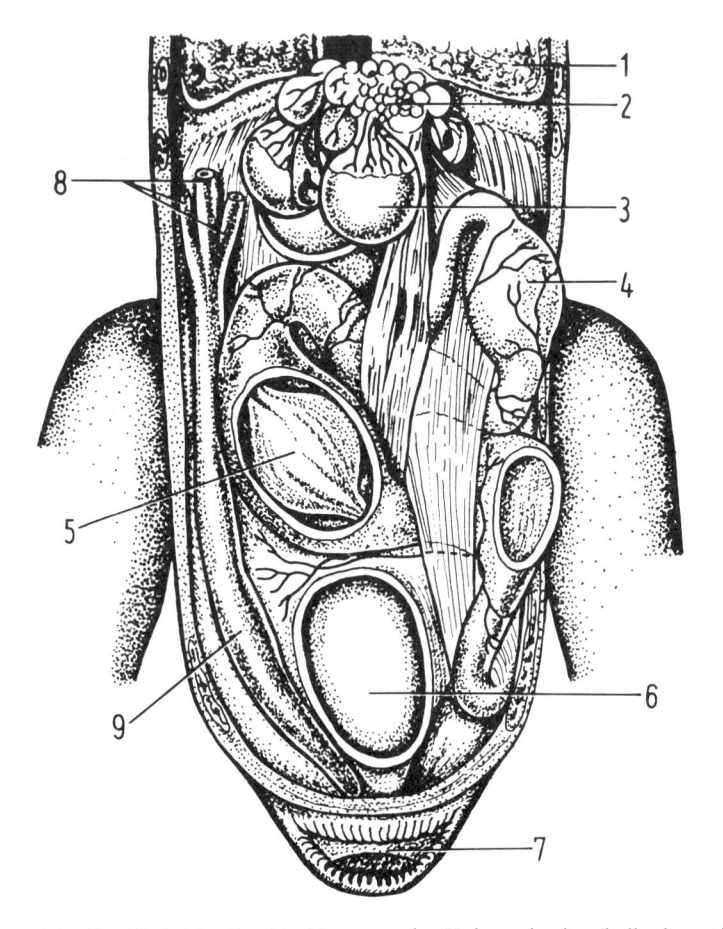

Abb. 88. Weibliche Geschlechtsorgane des Huhnes, in situ (halbschematisch).

1 Lunge
2 Eierstock
3 reife Eifollikel
4 oberer Teil des Magnum (mit Infundibulum am Anfang)
5 Magnum (aufgeschnitten), mit beginnender Eiweiß- sowie Chalazaebildung um eine Dotterkugel
6 Eihälter mit Ei
7 Kloake
8 Ileum und Blinddärme (abgeschnitten)
9 Enddarm

8.3.1. Eierstock

Der **linke Eierstock**, *Ovarium sinistrum*, liegt in der Leibeshöhle ventral von Aorta und V. cava caudalis sowie kranial und zum Teil ventral des kranialen Lappens der linken Niere. Er grenzt nach vorn an die Lunge, kaudal an den Muskelmagen. Mit der postnatalen Entwicklung der Tiere bis zur Geschlechtsreife macht der Eierstock enorme Größenveränderungen durch und erhält sein traubenförmiges Aussehen (Abb. 90 und 92). Dazu kommen später die Veränderungen im Verlaufe des Legezyklus. Das Bild des Eierstocks ist sehr vielgestaltig und steht in eindeutiger Beziehung zur Funktion der Oogenese und Ovulation.

Während der Entwicklung des Eierstocks wandern in Verdickungen des Zölomepithels die Urgeschlechtszellen ein. Damit entsteht am 4. bis 5. Tag der Bebrütung die indifferente Anlage. Ab 7. Tag beginnt beim Huhn die geschlechtsspezifische Differenzierung zum Eierstock. Sie wird durch die Ausprägung der Rinde mit den nach der Vermehrungsphase der Oogonien entstandenen Oozyten (Eizellen) bzw. später den Anlagen der Follikel deutlich, während das Mark (mit den Marksträngen) sich zunehmend zurückbildet. Mit dem 17. bis 18. Tag der Bebrütung erreicht der Eierstock seine definitive Lage. Nach dem Schlupf läßt der Eierstock deutliche Formveränderungen erkennen, die mit einer weiteren inneren Differenzierung einhergehen.

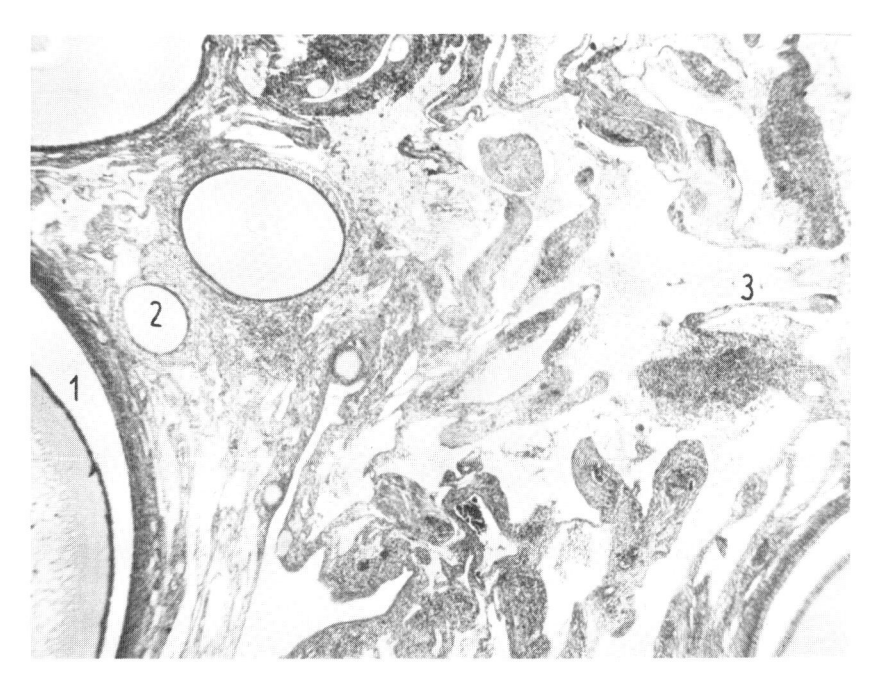

Abb. 89. Schnitt durch den Eierstock des Huhnes (mit Eifollikeln in verschiedenen Entwicklungsstadien). Hämatoxylin-Eosin-Färbung, ca. 15fache Vergr. (Mikrofoto).

1 großer (reifer) Follikel
  (Eizelle nach Schrumpfung
  von Follikelwand
  getrennt)
2 kleiner Follikel
3 Markschicht (mit Blutgefäßen)

212   8. *Geschlechtssystem*

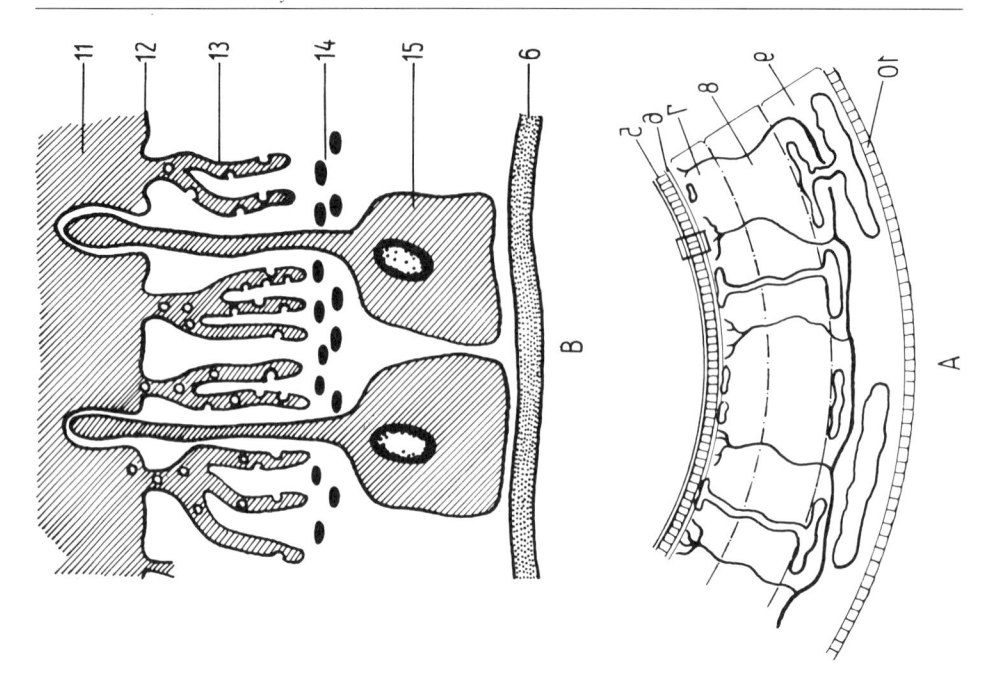

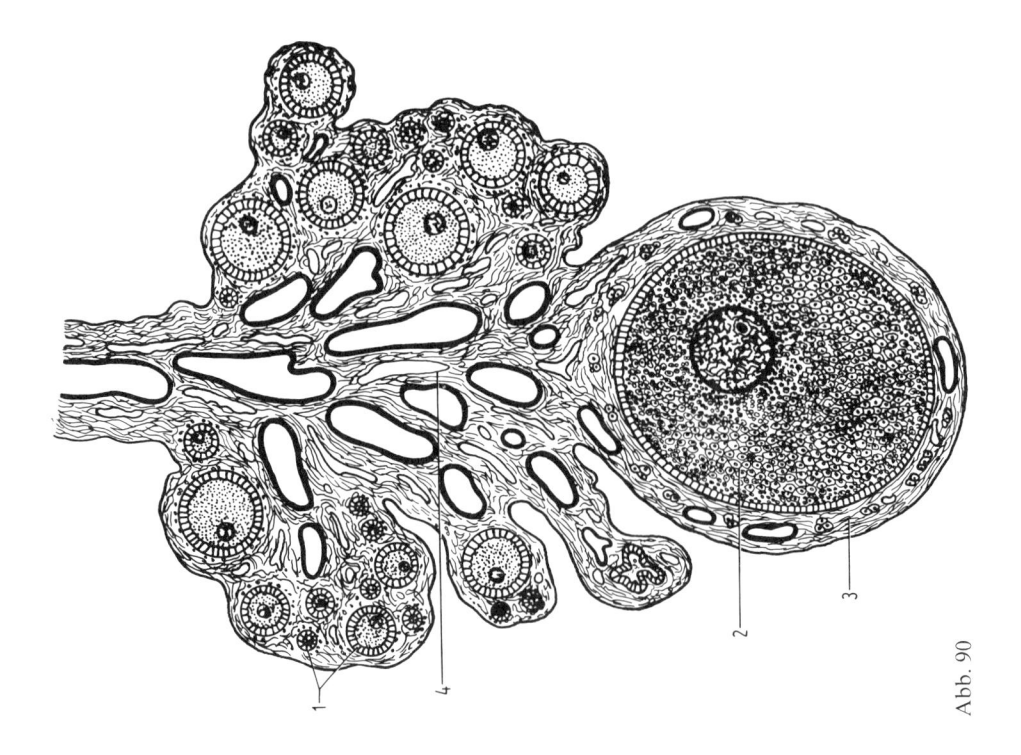

Abb. 90

Beim Küken ist der Eierstock klein, seine Form langgestreckt, flach und annähernd bandartig. Zur Zeit der Geschlechtsreife wird er breiter und erreicht beim Huhn die Form eines flachen Längsovals mit einem kranialen, mehr runden, und einem kaudalen, mehr zugespitzten Ende. Zur Zeit der Geschlechtsreife entstehen ventral am Eierstock aus den Eianlagen die schnell wachsenden Eifollikel. Sie geben dem aus zahlreichen größeren sowie kleineren Lappen bestehenden und eine große Ausdehnung erreichenden Organ die typische traubenförmige Gestalt. Bei Ente, Gans und Taube ist die Form des Eierstocks mehr in die Länge gezogen als beim Huhn. Nach Ablauf der Legeperiode bildet sich der Eierstock wieder zurück und ist in der Legepause beim Huhn durchschnittlich 12—34 mm lang, 8—22 mm breit und 3,5—10,0 mm dick.

Der Eierstock besteht aus der äußeren **Rinde**, *Zona parenchymatosa*, und dem inneren **Mark**, *Zona vasculosa*. In der Rinde liegen die Follikelanlagen, während sich das Mark durch seinen Gefäßreichtum auszeichnet (Abb. 89 und 90). Beim Küken heben sich Rinde und Mark deutlich voneinander ab. Im Zuge der mit zunehmendem Alter erfolgten Follikelentwicklung verwischt sich die Trennung zwischen Rinde und Mark weitgehend.

Überzogen ist der Eierstock von dem **Keimdrüsenepithel**. Es bildet die Fortsetzung des Serosenepithels (Mesothel) des Mesovarium. Über das Eierstockgekröse, *Mesovarium*, erfolgt die Verbindung des Eierstocks mit der dorsalen Wand der Leibeshöhle. Das Keimdrüsenepithel überzieht alle Anteile des Eierstocks in Form eines weitgehend isoprismatischen Epithels. An der Oberfläche der Follikel bedingt die unter dem Wachstum der Follikel auftretende Spannung eine zunehmende Abflachung des Keimdrüsenepithels.

Unterschiedlich ausgeprägt ist die unter dem Keimdrüsenepithel liegende *Tunica albuginea*. Sie bildet eine Bindegewebshülle, welche ohne deutliche Grenze in das Bindegewebe des Stroma der Rinde übergeht. Gekennzeichnet ist die Tunica albuginea durch die dichtere und mehr flächenhafte Anordnung der vorwiegend kollagenen Bindegewebsfasern. Dadurch erhält sie den Charakter einer Kapsel. Dieser ist aber in Abhängigkeit vom Entwicklungsgrad der Follikel bzw. dem Ausbildungsstadium des Follikels sehr unterschiedlich.

Die Grundlage der Rinde des Eierstocks, das **Rindenstroma**, setzt sich aus einem Netzwerk kollagener Fasern und Fibroblasten zusammen. Gemeinsam mit den Blutgefäßen bilden diese ein Gerüst, in welches Eizellen bzw. Follikel eingelagert sind. Weiterhin sind im Rindenstroma Abwehrzellen (u. a. eosinophile Granulozyten) und vor allem endokrine Zellen, wozu vor allem die interstitiellen Zellen zu zählen sind, anzutreffen.

◀

Abb. 90. Eierstock des Huhnes während der Legeperiode (schematisch).

A Ausschnitt aus der Wand eines reifen Follikels.
B Ausschnitt aus der Innenschicht der Wand eines reifen Follikels.

1 Follikel in verschiedenen frühen Entwicklungsstadien
2 Eizelle
3 Wand eines reifen Follikels
4 Markschicht des Eierstockes (mit Gefäßen)
5 Follikelepithel
6 Basalmembran
7 Theca interna
8 Theca externa
9 bindegewebige Hülle des Follikels
10 Keimdrüsenepithel
11 Zytoplasma der Eizelle
12 Plasmalemm der Eizelle
13 Zona radiata
14 Dotterhaut
15 Follikelepithelzellen (mit Fortsätzen zur Oberfläche der Eizelle hin)

In der Rinde des Eierstocks liegen, eingebettet in das bindegewebige Stroma, die Frühstadien der **Follikel** (Primordialfollikel). Ihre Anzahl kann embryonal mehrere Millionen betragen. Beim Leghorn-Küken wurden 2 Tage nach dem Schlüpfen $3{,}6 \times 10^6$ Eizellen ermittelt. Während der Entwicklung geht die Anzahl der Eizellen im Zuge der Follikelatresie zurück, so daß die Anzahl der Eianlagen beim 15 Tage alten Tier ca. 5000–6000 und beim erwachsenen Huhn nur noch 1100–1600 beträgt.

Die Follikel kommen in verschiedenen Entwicklungsstufen vor. Dadurch wird eine entsprechend des Funktionsstadiums sehr unterschiedliche Ausbildung des Eierstocks bedingt. Während der Legeperiode stehen die verschiedenen Entwicklungsstadien der Follikel über stielartige Verbindungen in Kontakt mit dem Stroma und bedingen das traubenartige Aussehen des Eierstocks.

Die jüngsten Stadien der Eizellen, welche embryonal in großer Anzahl anzutreffen sind, haben einen Durchmesser von ca. 40 µm. Um diese lagern sich vor allem in den ersten Tagen nach dem Schlüpfen (bis zum 13. Tag) die Follikelepithelzellen an, und es entstehen die ersten Anlagen der Follikel (Primordialfollikel).

Zwischen der Zellmembran der Eizelle und dem Follikelepithel bildet sich die zunächst zarte **Dotterhaut**, welche dem Oolemm der Säugetiere entspricht. Die Dotterhaut schließt die Eizelle von dem Follikelepithel ab.

Die Follikel liegen, durch Bindegewebe, Zwischenzellen und Gefäße voneinander getrennt, in der Tiefe der Rinde bis hin zum Mark des Eierstocks.

An die Follikelbildung schließt sich die Phase des **Oozytenwachstums** an. Diese dauert bis zum 4.–5. Monat. Durch zunehmende Dotterbildung nimmt die Eizelle innerhalb des Follikels ständig an Größe zu und erreicht als sogenannte **Dotterkugel** beim Huhn einen Durchmesser von 1,5–3,5 cm. Die Ablagerung der Dottermassen erfolgt konzentrisch in übereinanderliegenden Schichten. Dadurch entsteht die charakteristische Struktur der Dotterkugel (s. S. 233). Bei der Dotterbildung werden beträchtliche Mengen von Phosphaten und Cholesterol sowie besondere Proteinfraktionen, die beim männlichen Tier fehlen, benötigt. Sie werden vor allem in der Leber gebildet und gelangen über den Blutkreislauf in den Eierstock.

Nach Erlangung der Geschlechtsreife erreichen die Follikel schließlich die volle Größe sowie die volle Differenzierung der Wandschichten. Mit dem Einsetzen der Ovulation beginnt der Legezyklus.

Die Follikel sind stielartig mit dem Stroma verbunden. Durch die kontinuierliche Entwicklung der Follikel, die mit der zunehmenden Vergrößerung der Dotterkugeln und der Differenzierung der Wandstrukturen einhergeht, liegen unterschiedliche Entwicklungsstadien dicht nebeneinander.

An der Wand des Follikels (Abb. 91) werden unterschieden

— die Innenschicht mit der
  — Zellmembran, *Cytolemma ovocyti*,
  — der *Zona radiata*,
  — der Dotterhaut, *Lamina perivitellina*,
— das Follikelepithel,
— die *Theca folliculi* mit der
  — *Theca interna*,
  — *Theca externa*,
— eine bindegewebige äußere Hülle,
— das Keimdrüsenepithel.

Abb. 91. Schnitt durch die Wand eines Eifollikels. Hämatoxylin-Eosin-Färbung, ca. 150fache Vergr. (Mikrofoto).

1 Zytoplasma der Eizelle (mit Dotterkörnchen)
2 aus der Zellmembran, der Zona radiata und der Dottermembran bestehende Innenschicht
3 Follikelepithel
4 Theca interna
5 Theca externa
6 bindegewebige Hülle
7 Keimdrüsenepithel

Die **Zellmembran**, *Cytolemma ovocyti*, der Eizelle (Dotterkugel) bildet mikrovilliähnliche Fortsätze. Diese ragen in die Dotterhaut hinein und bilden in der Gesamtheit die *Zona radiata*. Die **Dotterhaut**, *Lamina perivitellina*, umgibt die Eizelle. Sie wird vom Follikelepithel gebildet und entspricht dem Oolemm der Säugetiere. Die Bildung der Zona radiata beginnt beim Huhn mit einem Durchmesser der Eizelle von 1 mm, die der Dotterhaut mit einem Durchmesser von 2–3 mm.

Das **Follikelepithel** liegt als meist einschichtige Zellage um die Dotterhaut. Insbesondere bei den mittelgroßen Follikeln kann das Follikelepithel mehrschichtig sein. Ausgehend von der Oberfläche der Follikelepithelzellen ziehen lange Fortsätze durch die Dotterhaut zur Oberfläche der Eizelle. Die Fortsätze enthalten ähnlich wie das Zytoplasma der Follikelepithelzellen zahlreiche Vesikel und Vakuolen in verschiedener Größe und Form. Sie deuten in Verbindung mit dem hohen Gehalt an Zellorganellen auf eine intensive Funktion sowie eine Beteiligung dieser Zellen am Wachstum der Dotterkugel und somit an der Dotterbildung hin.

Die **Theca folliculi** ist bindegewebig. Durch die Basalmembran wird sie vom Follikelepithel getrennt. Die nach außen liegende *Theca folliculi externa* besteht vor allem aus konzentrisch angeordneten spindelförmigen Zellen und Netzen von retikulären bzw. kollagenen Fasern. Die *Theca folliculi interna* ist durch unregelmäßig angeordnete, polyedrische Zellen gekennzeichnet. Sie besitzen ein mehr helles Zytoplasma. Ihre

Ultrastruktur sowie ihr histochemisches Verhalten deuten auf eine Bildung von Steroidhormonen (Östrogene und Progesteron) hin. Daher werden diese Zellen gemeinsam auch als „Thekaldrüse" bezeichnet.

Die **bindegewebige Hülle** ist ein Teil des Stroma. Sie baut gemeinsam mit der Theca folliculi externa, von der sie nur schwer abzugrenzen ist, die Follikel in das Gesamtsystem des Eierstockes ein.

Das **Keimdrüsenepithel** bildet in Form einer einschichtigen Zellage den äußeren Abschluß der Follikel.

In der bindegewebigen Hülle des Follikels und den Schichten der Theca folliculi liegen in typischer Anordnung dichte Kapillarnetze. Sie dienen dem Herantransport der Nährstoffe für die Dotterbildung bei dem raschen Wachstum der Eizelle sowie dem Abtransport der in der Wand der Follikel gebildeten Hormone.

Über den **Follikelstiel** erfolgt die Verbindung des Follikels mit dem Stroma. Im Follikelstiel liegen, umgeben von dem Bindegewebe des Stroma sowie glatten Muskelzellen, zahlreiche Blutgefäße und Nervenfasern. Sie ziehen zum Follikel und bedingen dessen Kapillarisierung und Innervation. Die Kapillarisierung ist sehr dicht und durch eine charakteristische Anordnung der Kapillaren gekennzeichnet, während die Innervation weniger deutlich ausgeprägt ist. Die meisten der Nervenfasern sind cholinerg, ein geringerer Anteil adrenerg. Die Nervenfasern treten in Beziehung zu den Blutgefäßen, in geringerem Maße zu den endokrinen Zellen der Theca interna.

In Form einer kreis- oder bogenförmigen Struktur liegt die **Narbe**, *Stigma*, gegenüber dem Follikelstiel. Durch seine relative Gefäßlosigkeit ist das Stigma als helle Bildung deutlich von den angrenzenden Bereichen zu unterscheiden. Im Bereich des Stigma reißt der Follikel bei der Ovulation ein und das freigewordene Ei gelangt, umgeben von der Dotterhaut, in den Eileiter. Die zurückbleibende Follikelhöhle bildet nach der Ovulation den becherförmigen **Kelch**, *Calix*. Er macht bald eine Rückbildung durch und ist beim Huhn nach ca. 7 Tagen nicht mehr nachzuweisen.

Bei der Rückbildung des Kelches fällt neben der Abnahme der Protein- und Lipidbildung eine Anhäufung von Granula in den Zellen auf. Dies deutet auf eine nach der Ovulation noch anhaltende Bildung von Hormonen hin, welche für die Regulation des Eitransportes durch den Eileiter und die Bildung der Eihüllen von Bedeutung sein dürften. Zellgruppen, welche aus den Follikelepithelzellen und den Zellen der Theca interna hervorgehen sollen, können dem Gelbkörper der Säugetiere gleichgesetzt werden. Sie sind jedoch geringer vaskularisiert und es fehlt auf Grund ihrer undeutlichen Abgrenzung der Organcharakter. Es kann daher beim Vogel nicht vom Vorkommen eines typischen Gelbkörpers gesprochen werden. Als hormonbildende Zellen entsprechen diese Zellgruppen mehr den im Stroma liegenden Zwischenzellen (interstitiellen Zellen) und dienen gemeinsam mit diesen der Hormonbildung im Eierstock des Vogels.

Im Zuge der Follikelbildung treten auch beim Vogel **atretische Follikel** auf. Je nach dem Zeitpunkt der degenerativen Veränderungen werden verschiedene Formen der atretischen Follikel unterschieden. Am häufigsten ist die Atresie der kleinen Follikel (bis 500 µm) durch eine Proliferation der Follikelepithelzellen und die Degeneration der Eizelle. Vor allem bei älteren Tieren kommt es durch Proliferation der Zellen des Follikelepithels sowie der Theca interna zum völligen Einschluß der degenerierenden Eizelle und damit zur Atresie des Follikels. Schließlich kann bei größeren Follikeln (über 1,5 mm Durchmesser) das Follikelepithel inaktiv bleiben, während die Lagen der Theca interna intensiv hypertrophieren und die Degeneration des Follikels bedingen.

Das Mark des Eierstocks, die *Zona vasculosa*, ist nur bei jungen Tieren deutlich von der Rinde abzutrennen. In ein dichtes Bindegewebe mit Bündeln von glatten Muskelfasern sind zahlreiche Blutgefäße sowie Lymphgefäße und Nervenfaserbündel eingelagert. Sie geben dem Mark seine charakteristische Ausbildung, welche der bei den Säugetieren weitgehend entspricht.

Mit der Mauser beendet der Eierstock die Legetätigkeit. Der ruhende Eierstock erscheint zurückgebildet. Er erreicht annähernd wieder das Bild des juvenilen Eierstocks. Nach Abschluß der **Mauser** (Erneuerung des Federkleides) setzt mit erneuter Herausbildung des Eierstocks der Legezyklus wieder ein. Da das Tier während der Mauser unter dem Einfluß der Schilddrüse steht, kann mit angepaßten Gaben von Schilddrüsenhormonen der jahreszeitlich bedingte Abfall der Legeleistung verhindert werden.

Der **rechte Eierstock** ist beim Hausgeflügel rudimentär. Beim Eintagsküken ist er noch vorhanden. Er enthält beim erwachsenen Tier undifferenzierte Geschlechtszellen, die sich bei Ausfall des linken Eierstocks infolge hohen Alters oder Erkrankung zu Hodengewebe entwickeln können. Das betroffene Huhn nimmt dann mehr oder weniger den Habitus eines männlichen Tieres an und wird „hahnenfedrig". Dieser Vorgang wird auch als Geschlechtsumkehr bezeichnet und kann verschiedene Ursachen haben (u. a. tumoröse Veränderungen, senile Geschlechtsumkehr).

Als rudimentäre Bildungen liegen im Markbereich des Eierstocks das *Rete ovarii* und das aus den Urnierenkanälchen hervorgehende *Epoophoron*. Sie sind in Form von Kanälchennetzen nur gering ausgebildet und daher nicht immer anzutreffen. Als Quelle von Zwischenzellen sollen sie eine gewisse funktionelle Bedeutung aufweisen.

8.3.2. Eileiter

Der **linke Eileiter**, *Oviductus sinister*, ist ein dehnbarer und geschlängelter häutigmuskulöser Schlauch. In der Legeperiode ist er lang und auf der Oberfläche gewellt. Der Eileiter hängt an einem kurzen Gekröse, welches schräg durch den linken Bauchluftsack kranial zu der vorletzten linken Rippe zieht. In dem Gekröse verlaufen Blutgefäße, Lymphgefäße und Nerven zur Versorgung des Eileiters.

Der Eileiter des Vogels (Abb. 92) wird wegen seiner Funktion und seines äußeren Aussehens auch als **Legedarm** bezeichnet. Er besteht aus einzelnen Abschnitten, die mit dem Eileiter, dem Uterus und der Vagina der Haussäugetiere homologisiert werden (Abb. 93). In ihm entstehen die Hüllen um die Eizelle und es kommt zur Herausbildung des Eies (s. S. 234).

Der kraniale Teil des Legedarmes entspricht dem Eileiter der Säugetiere und beginnt mit dem dünnwandigen weitlumigen **Infundibulum**. Dieses besitzt einen weiten, glattrandigen **Trichter**, dessen schlitzförmige Öffnung, *Ostium infundibulare*, zur Aufnahme der aus dem Eierstock abgegebenen Eizellen dient.

Das Infundibulum geht in den Hauptteil des Eileiters über, der auch **Magnum** oder **Eiweißteil** genannt wird, da in ihm die Eiweißhülle gebildet wird. An das Magnum schließt sich der engere **Isthmus** an, in welchem die Bildung der Schalenhaut des Eies erfolgt. Der Isthmus erweitert sich zum dickwandigen **Eihälter**, welcher dem Uterus der Säugetiere entspricht. In ihm entsteht die Kalkschale. Auf den Eihälter folgt ein engerer

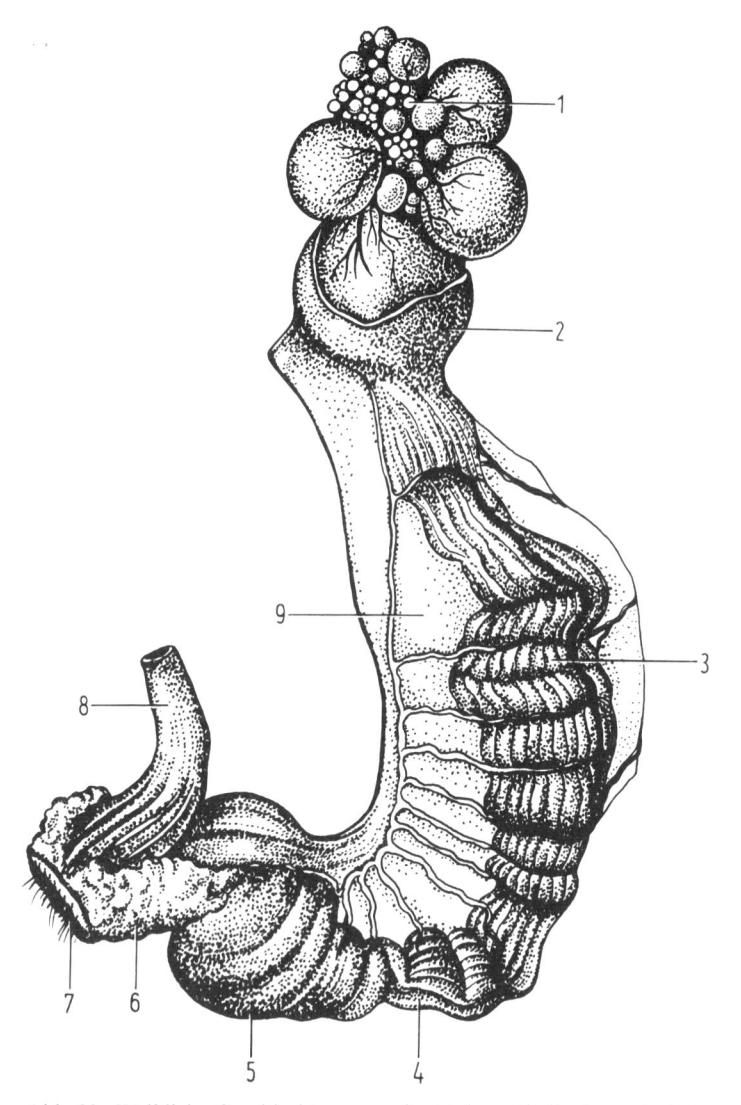

Abb. 92. Weibliche Geschlechtsorgane des Huhnes (halbschematisch).

1 Eierstock (mit Eifollikeln in verschiedenen Entwicklungsstadien)
2 Infundibulum
3 Magnum
4 Isthmus
5 Eihälter
6 Vagina des Legedarmes
7 Kloake
8 Rectum
9 Gekröse des Legedarmes

Teil, der mit der Vagina homologisiert wird. Dieser mündet als **Vaginaabschnitt** des Eileiters schließlich lateral des linken Harnleiters mit einem erweiterungsfähigen Spalt in das Urodeum der Kloake. Eine Vulva fehlt dem Geflügel.

Die Länge des Eileiters und seiner Abschnitte ist in der Legeperiode wesentlich größer als in der Legepause und je nach Art und Rasse sehr verschieden. Infolgedessen und möglicherweise auch durch verschiedene Methoden bedingt, sind die in der Literatur

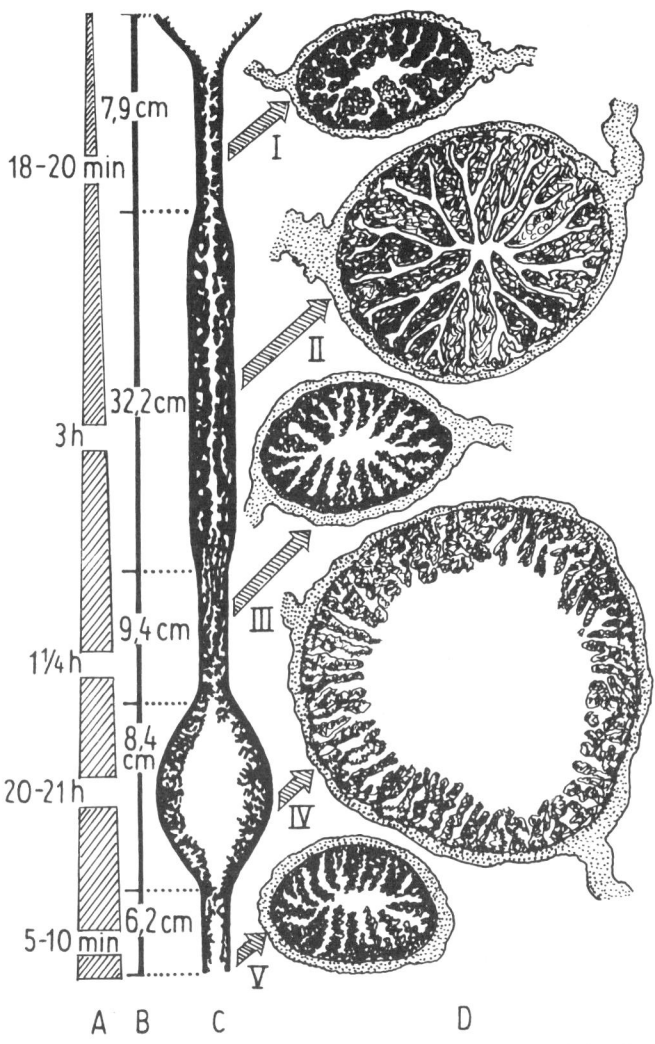

Abb. 93. Schema des Legedarmes eines Huhnes während der Legeperiode (in Anlehnung an Schwarz, 1969).
A Verweildauer des Eies in den einzelnen Abschnitten.
B Mittlere Länge der einzelnen Abschnitte.
C Schematische Darstellung des Legedarmes (im Längsschnitt).
D Schematische Darstellung von Querschnitten durch die einzelnen Abschnitte.

I Infundibulum	III Isthmus	V Vagina
II Magnum	IV Eihälter	

zu findenden Maßangaben sehr unterschiedlich. Als grobe Richtzahlen für den Eileiter des Huhnes gelten:

— in der Legepause 10–30 cm,
— in der Legeperiode 60–75 cm, davon Infundibulum 7–9 cm, Magnum 30–40 cm, Isthmus 9–10 cm, Uterus 8–9 cm, Vagina 6–8 cm.

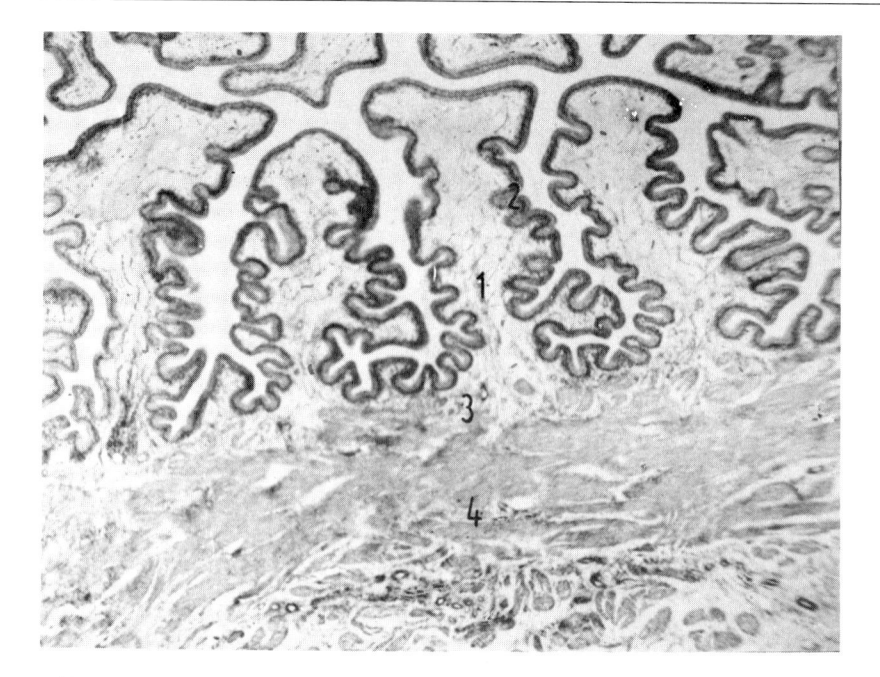

Abb. 94 A

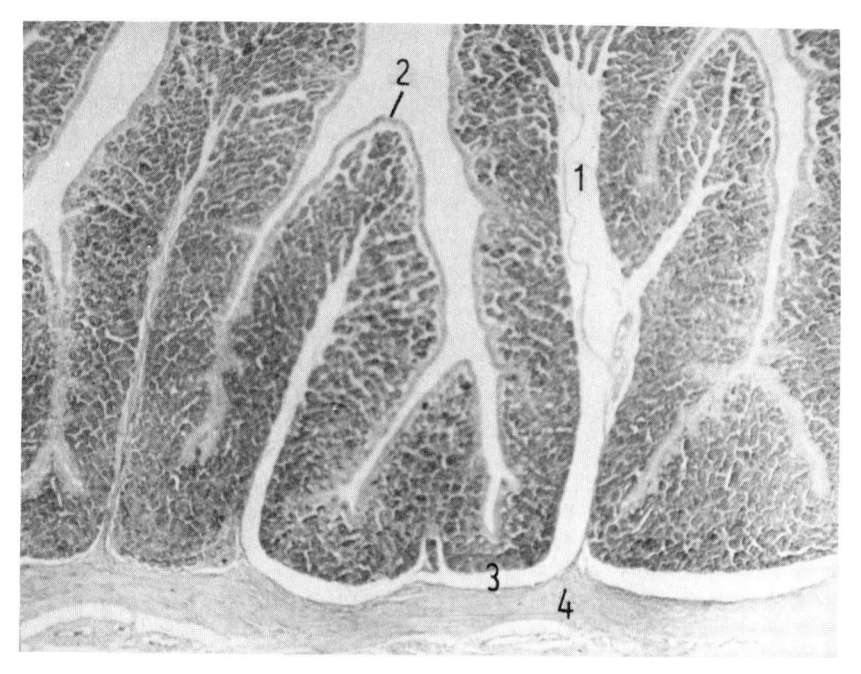

Abb. 94 B

8. Geschlechtssystem 221

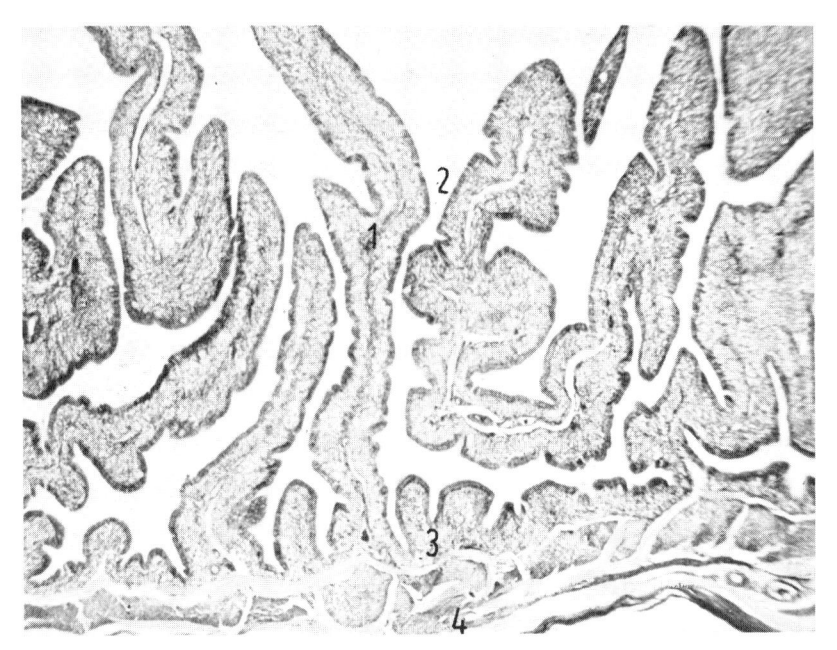

Abb. 94 C

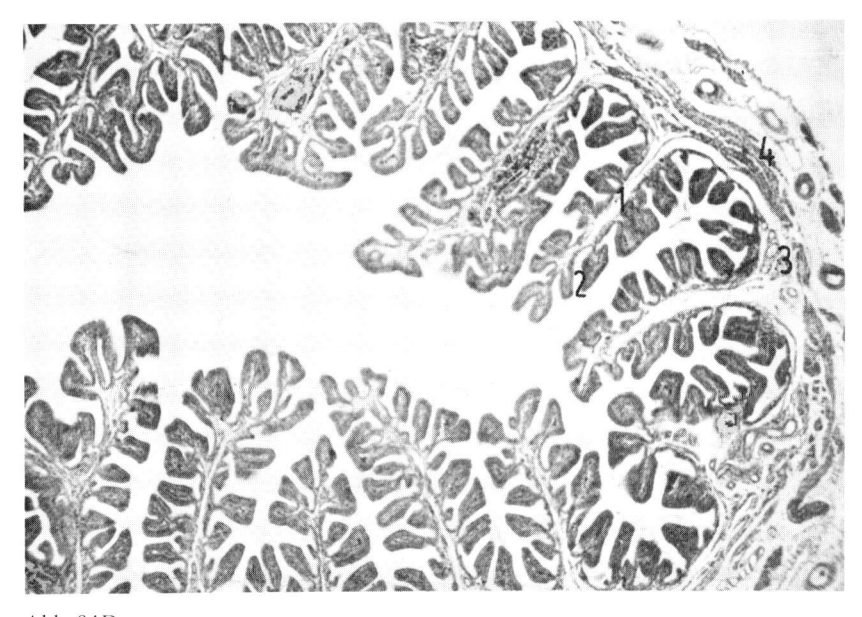

Abb. 94 D

Abb. 94. Schnitt durch das Infundibulum (A), Magnum (B), den Uterus (C) und die Vagina (D) während der Legeperiode. Hämatoxylin-Eosin-Färbung, ca. 25fache Vergr. (Mikrofotos).

1 Faltenbildungen
2 Oberflächenepithel (mit davon ausgehenden Drüsen)
3 Propria mucosae
4 Muskelschicht

Die **Wand des Eileiters** besteht aus der Serosa, der Muskelschicht und der Schleimhaut.

Die **Serosa** bildet einen mit dem flachen Serosenepithel (Mesothel) bedeckten dünnen Überzug. Durch das weitgehende Fehlen einer Subserosa liegt die Serosa meist der Muskelschicht dicht an.

Die **Muskelschicht** ist in den einzelnen Abschnitten unterschiedlich ausgebildet. An ihr können mehr oder weniger deutlich eine äußere Längs- und eine innere Kreisfaserschicht unterschieden werden. Beide sind durch eine wenig deutliche Bindegewebslage voneinander getrennt. Die Dicke der einzelnen Muskelschichten nimmt nach der Mündung des Eileiters in die Kloake hin zu.

Die **Schleimhaut** bildet zahlreiche hohe und geschlängelte, je nach Abschnitt unterschiedlich gestaltete Falten (Abb. 94). Sie ist mit einem hochprismatischen Epithel bedeckt, welches aus Flimmerepithelzellen und dunkleren flimmerlosen Zellen besteht. Stellenweise kann das Epithel mehrreihig sein. Die flimmerlosen Zellen sind sekretionsfähig und produzieren Schleimstoffe. Sie entsprechen somit in ihrem Verhalten den Becherzellen, obwohl sich ihre Form, die Sekretionsstadien und die Zusammensetzung des Sekretionsproduktes deutlich von denen der echten Becherzellen, z. B. des Darmes, unterscheiden.

In der Propria liegen die für die einzelnen Abschnitte des Eileiters charakteristischen Drüsen.

Die Schleimhaut zeigt im Hinblick auf ihre Funktion bei der Bildung der Eihüllen in den einzelnen Abschnitten eine sehr unterschiedliche Ausbildung (Abb. 93 und 94). Diese beruht auf der

— Form der Falten,
— der Ausbildung des Oberflächenepithels,
— dem Verhalten der Drüsen.

Unter besonderer Beachtung dieser Merkmale sollen die einzelnen Abschnitte des Legedarmes kurz beschrieben werden.

Das **Infundibulum** beginnt mit einem erweiterten Anfangsteil. Die trichterförmige Öffnung wird von den in dorsoventraler Richtung abgeflachten **Lippen** umgeben. An ihnen sitzen die fransenartigen **Fimbrien**.

Die Oberfläche der Schleimhaut bildet sehr kleine, dicht nebeneinanderliegende, gewunden verlaufende und sekundär gefaltete Schleimhautfalten. Im kaudalen röhrenförmigen Teil des Infundibulum, *Tubus infundibularis*, werden die im Längsschnitt leicht spiralig verlaufenden Schleimhautfalten zu relativ gedrungenen kleinen Bildungen. Sie beginnen meist mit breiter Basis und verjüngen sich teilweise lumenwärts. Zum Teil bilden sie auch kolbige Auftreibungen mit einer sekundären Fältelung.

Das Epithel des Infundibulum enthält Flimmerepithelzellen und granulierte Zellen. Die Flimmerepithelzellen können an der Oberfläche neben 3–4 μm langen Zilien, Mikrovilli und zytoplasmatische Fortsätze aufweisen. Die granulierten Zellen entsprechen schleimproduzierenden Becherzellen, welche jedoch strukturelle Unterschiede erkennen lassen. Dabei sind beim Huhn unterschiedlich deutlich die an der Oberfläche liegenden Zellen von denen der drüsenförmigen Vertiefungen zu unterscheiden. Im röhrenförmigen Teil heben sich die Drüsenzellen der kryptenförmigen Vertiefungen deutlicher ab. In Form tubulöser Drüsen sind sie von den gleichfalls sekretorische Funktionen aufweisenden Zellen des Oberflächenepithels abzugrenzen, jedoch zeigen beide, die sekretorischen Zellen des Epithels und die Drüsenzellen der Vertiefungen, in ihrer Ultrastruktur sowie histochemisch deutliche Merkmale der Sekretion von Glykoproteinen.

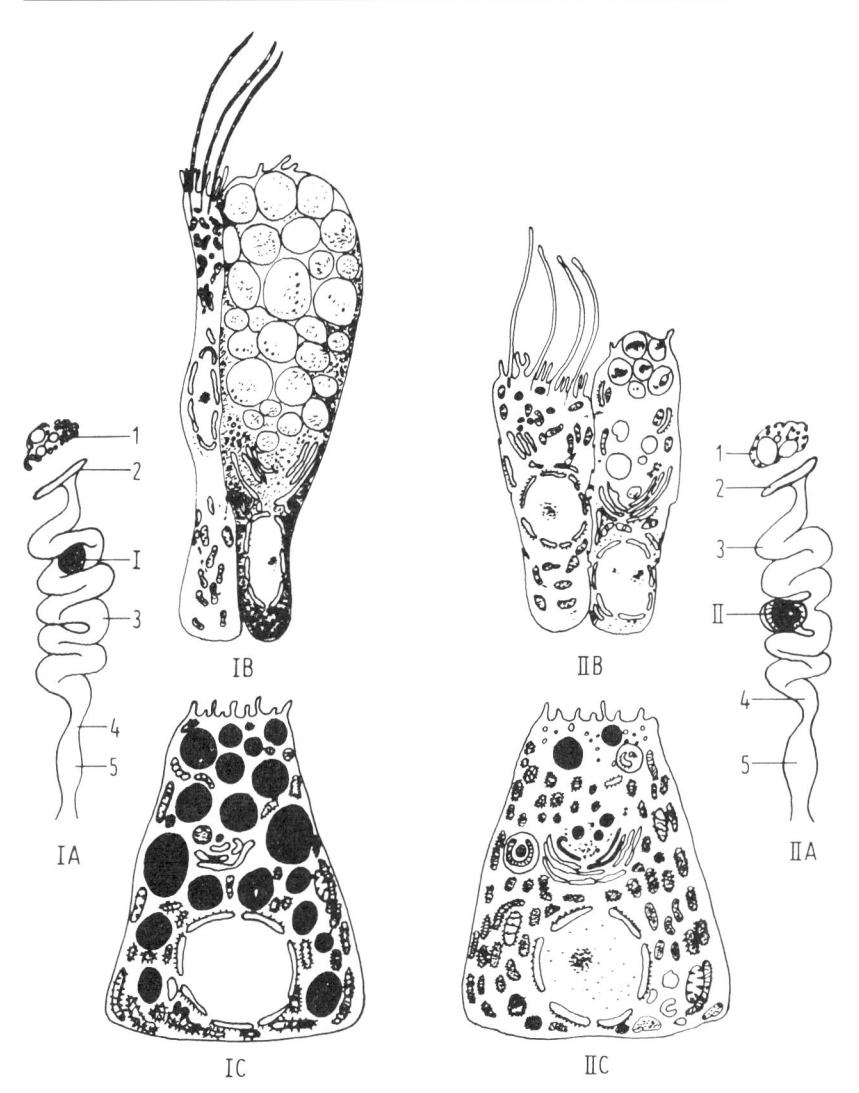

Abb. 95. Schematische Darstellung der strukturellen Veränderungen des Oberflächenepithels und des Epithels der Drüsen des Magnum während der Passage des Eies.

I Eizelle kurz vor der Passage der Mitte des Magnum.
IA Lage des Eies im Magnum.
IB Oberflächenepithel (die sekretorischen Zellen sind dicht angefüllt mit Granula, die Flimmerepithelzellen zusammengepreßt und schmal).
IC Drüsenepithel (die Zellen sind dicht angefüllt mit sekretorischen Granula).
II Eizelle nach der Passage der Mitte des Magnum.
IIA Lage des Eies im Magnum.
IIB Oberflächenepithel (die sekretorischen Zellen enthalten nur noch wenige Granula, die Flimmerepithelzellen sind breiter).
IIC Drüsenepithel (die Zellen sind weitgehend leer an sekretorischen Granula).

1 Eierstock   3 Magnum   5 Eihälter
2 Infundibulum   4 Isthmus

Das Sekret bildet eine lockere Membran um den Dotter, aus dem auch die Chalazae hervorgehen sollen.

Das **Magnum** ist der längste Teil des Eileiters. Die Schleimhaut weist große, wulstige, nur leicht spiralig verlaufende und dicht beieinanderliegende Falten auf. Diese besitzen freie Ränder und füllen das Lumen des Magnum nahezu völlig aus.

An dem Oberflächenepithel lassen sich gleichfalls hochprismatische Flimmerepithelzellen und granulierte (sekretorische) Zellen unterscheiden (Abb. 95). Die Granula häufen sich vor der Abgabe in den oberen zwei Dritteln der sekretorischen Zellen an, wodurch diese das Bild von Becherzellen erhalten. Die Granula haben im Gegensatz zu denen des Isthmus eine geringere Elektronendichte und bilden wahrscheinlich das Ovomuzin der Eiweißhülle.

An den langgestreckten sich teilweise verästelnden Drüsen sind entsprechend der Ultrastruktur verschiedene Typen von Drüsenzellen zu unterscheiden. Die Zellen des Typ A mit ihren großen elektronendichten Granula werden als Bildner des Ovalbumins angesehen, während die Zellen des Typ B mit ihren großen Massen eines homogenen Anteils geringer Elektronendichte an der Bildung des Lysozyms beteiligt sein sollen. Die Drüsen des Typ C mit weniger gut entwickeltem rauhen endoplasmatischen Retikulum und Golgi-Apparat sowie weniger Granula sind vor allem nach der Eipassage anzutreffen und werden als Erholungsstadien des Typ A der Drüsenzellen angesprochen.

Am Übergang des Magnum zum Isthmus werden die Falten auffallend niedriger und schlanker. Die Ränder der Falten weisen deutliche sekundäre Faltenbildungen auf. Die Grenze zwischen Magnum und Isthmus ist durch eine enge durchscheinende Zone, welche keine Drüsen enthält, gekennzeichnet.

In der **Eileiterenge**, *Isthmus*, nimmt nach dem Uterus hin die Höhe der gestreckt verlaufenden Falten wieder zu. Das Epithel des Isthmus enthält gleichfalls Flimmerepithelzellen und zilienfreie sekretorische Zellen mit mittelgroßen, relativ elektronendichten Granula. Mit zunehmender Faltenhöhe treten diese zunehmend wieder auf. Sowohl das Oberflächenepithel als auch die Drüsen lassen nach dem Uterus zu Veränderungen erkennen. So fallen im letzten Viertel des Isthmus die Drüsenzellen gegenüber denen des kranialen Teiles des Isthmus und des Magnum durch ihr lichtoptisch leer erscheinendes Zytoplasma auf. Ultrastrukturell lassen sich größere granulaähnliche Strukturen kaum ausmachen, jedoch finden sich zahlreiche sehr kleine Granula, die zum Teil in Form von Anhäufungen in Vakuolen liegen. Die Ultrastruktur und Histochemie des Epithels sowie der Drüsen des Istmus weisen, außer auf die Funktion der Bildung der Schalenhaut, auf ihre Rolle als Übergangsteil zwischen Magnum und Uterus hin.

Im **Uterus**, der sogenannten **Schalendrüse**, erfolgt eine abrupte Erweiterung des Legedarmes. Die langen Falten werden schlanker und feiner. An den Rändern weisen sie eine, durch zahlreiche Inzisuren hervorgerufene sekundäre Faltung auf.

Das Epithel des Eihälters enthält gleichfalls zwei Zellarten. Die eine, auch als apikale Zellen bezeichnet, trägt Kinozilien. Die Zellen enthalten feinkörnige Strukturen und einen meist zentral, z. T. auch mehr apikal liegenden Zellkern.

Der anderen Zellart, auch basale Zellen benannt, fehlen die Kinozilien, sekretorische Granula in verschiedener Form deuten auf die in ihnen ablaufenden Sekretionsprozesse hin. In Kernnähe treten, ähnlich wie in den Zellen des Isthmusepithels, Vakuolen auf.

Die Zellen der dicht liegenden Drüsen des Uterus sind klein, kompakt und weniger deutlich voneinander abgegrenzt als die der Drüsen der anderen Eileiterabschnitte. In

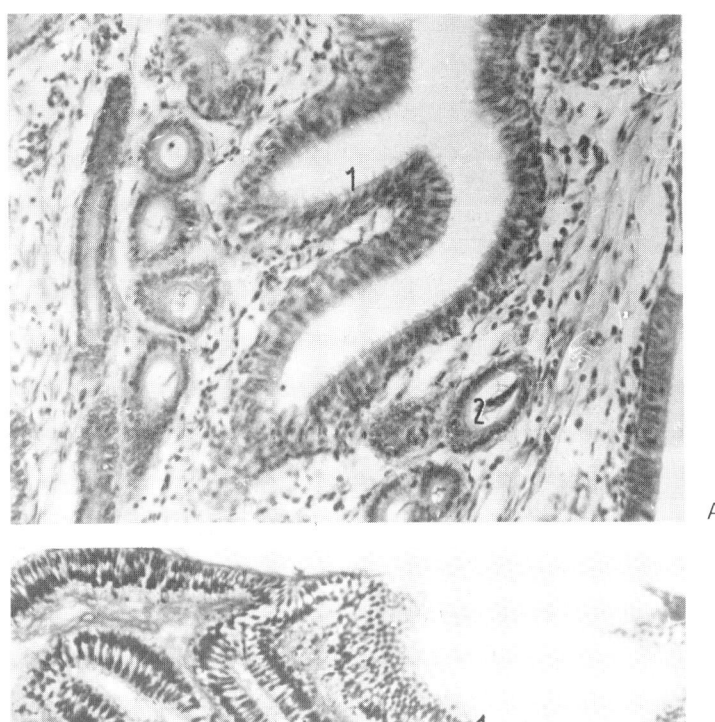

Abb. 96. Schnitte durch die uterovaginale Region des Legedarmes.
A Moschusente. Hämatoxylin-Eosin-Färbung, ca. 60fache Vergr. (Mikrofoto).
  1 Epithel der Vagina (im Bereich der Falten)
  2 Spermiennester (mit gespeicherten Spermien)
B Pekingente. Alzianblau-PAS-Färbung, ca. 60fache Vergr. (Mikrofoto).
  1 Epithel der Vagina (im Bereich der Falten)
  2 Spermiennester

dem leicht schaumig und amorph aussehenden Zytoplasma fallen elektronenmikroskopisch, abgesehen von sehr unregelmäßigen Formen von Granula, Vakuolen und zahlreiche Mitochondrien auf. An der freien Zelloberfläche finden sich zahlreiche Mikrovilli. Neben der Ausbildung der Kalkschale kommt es im Uterus zunächst zu einer Wassereinlagerung in das Eiweiß und zu einer Einschleusung von Kaliumionen.

Die Bildung der Kalkschale erfolgt durch Einlagerung von Kalziumkarbonat in die vorher gebildete Matrix der Eischale. Letztere besteht aus fibrillären Proteinen sowie Mukopolysacchariden und läßt bald eine innere Mamillenschicht und eine äußere spongiöse Schicht erkennen. Die Bildung des Kalziumkarbonates erfolgt in den Drüsenzellen des Uterus unter Beteiligung der in hoher Aktivität anzutreffenden Karboanhydrase.

Die **Vagina** ist ein relativ enger Schlauch, welcher schließlich im Bereich der linken Wand des Urodeum in die Kloake mündet. Deutlich ausgeprägt sind in der Vagina die beiden Muskelschichten, wobei besonders die zirkuläre innere Lage stark entwickelt ist. Die Falten der allgemein drüsenlosen Schleimhaut sind schlank, von der Basis bis zum Rand annähernd gleich breit und durch das Auftreten von zahlreichen Sekundärfalten deutlich gefiedert.

Das hochprismatische Epithel besteht entsprechend der alleinigen Transportfunktion der Vagina vorwiegend aus Flimmerepithelzellen. Weniger häufig, dabei aber kloakenseitig zahlreicher, sind kinozilienfreie und mit Sekretmaterial angefüllte Zellen in Form der Becherzellen anzutreffen. Über die Vagina erfolgt (unter Beteiligung der Muskulatur des Uterusabschnittes des Legedarmes) die Eiablage (s. S. 231).

Die uterovaginale Verbindung ist durch eine sphinkterförmige Verdickung der Muskulatur gekennzeichnet. In diesem Bereich sind drei ringförmige Falten vorhanden. Diese sind bei Gans und Pute deutlich, beim Huhn weniger deutlich ausgebildet. In der nach dem Uterus zu gelegenen ersten Falte befinden sich drüsenähnliche Vertiefungen (Abb. 96). Diese kommen sowohl bei Huhn und Pute als auch bei Gans und Ente vor. Sie sind nach der Besamung mit Spermien angefüllt und dienen, gemeinsam mit entsprechenden Bildungen im Infundibulum, als Speicherorte der Spermien (**Spermiennester** oder „Spermiendrüsen"). Das Epithel der Spermiennester ist einschichtig und weist eine nur geringe sekretorische Aktivität auf. Der Übergang zum Epithel der Vagina ist relativ schroff und durch das Verschwinden der sekretorischen Zellen der Vagina gekennzeichnet. Bei der Speicherung und Entleerung scheinen neben der Muskulatur der Falten vordringlich die von den sekretorischen Zellen der Vagina gebildeten Sekrete eine Rolle zu spielen.

Der **rechte Eileiter** ist in Form rudimentärer Bildungen im Urodeum der Kloake nachzuweisen. Diese sind aber nur wenig deutlich und haben keine nachweisbare funktionelle Bedeutung.

9. Embryonalentwicklung

Die Sauropsiden gehören gemeinsam mit den Säugetieren zu den Amnioten. Daraus ergeben sich enge Beziehungen im Ablauf der Embryonalentwicklung beim Vogel zu der bei den Säugetieren. Die dotterreichen Eizellen bedingen jedoch Unterschiede während der Frühentwicklung (diskoidale Furchung, Ablauf der Gastrulation). Die Umbildung der Keimblätter, Anlage der Organe und Ausbildung der Eihüllen entspricht dagegen weitgehend der bei den Säugetieren.

Auch beim Vogel läßt sich die Embryonalentwicklung in die **Progenese** (mit der Reifung der Keimzellen und der Befruchtung), die **Blastogenese** (entspricht der Embryogenese) und die **Organogenese** (ist allgemein der Fetogenese gleichzusetzen) unterteilen. Die Entwicklung erfolgt nach der Eiablage außerhalb des Körpers im Ei. Voraussetzung dazu sind die in der Eizelle sowie in der Eiweißhülle gespeicherten Nährstoffe.

9.1. Entwicklung und Bau der Spermien

Die Spermien werden durch die **Spermiogenese** in den Hodenkanälchen gebildet (Abb. 97). Die Spermiogenese gliedert sich in die Spermatogenese und die Transformation der Spermatiden zu den Spermien, die eigentliche Spermiogenese. Die Stadien der Spermatogenese, welche Ausdruck der Vermehrungs- (Spermatogonien), Wachstums- (Spermatozyten) und Reifungsphase (Präspermatiden und Spermatiden) sind, entsprechen denen bei den Säugetieren. Die anschließende Umwandlung der Spermatiden zu den Spermien (Transformation) vollzieht sich, ähnlich wie bei den Säugetieren, nach Einsenkung in den apikalen Fortsatz der Sertolischen Fußzellen.

Das Spermium zeichnet sich beim Geflügel durch seine besondere Form (Abb. 98) und Größe (Tab. 2) aus.

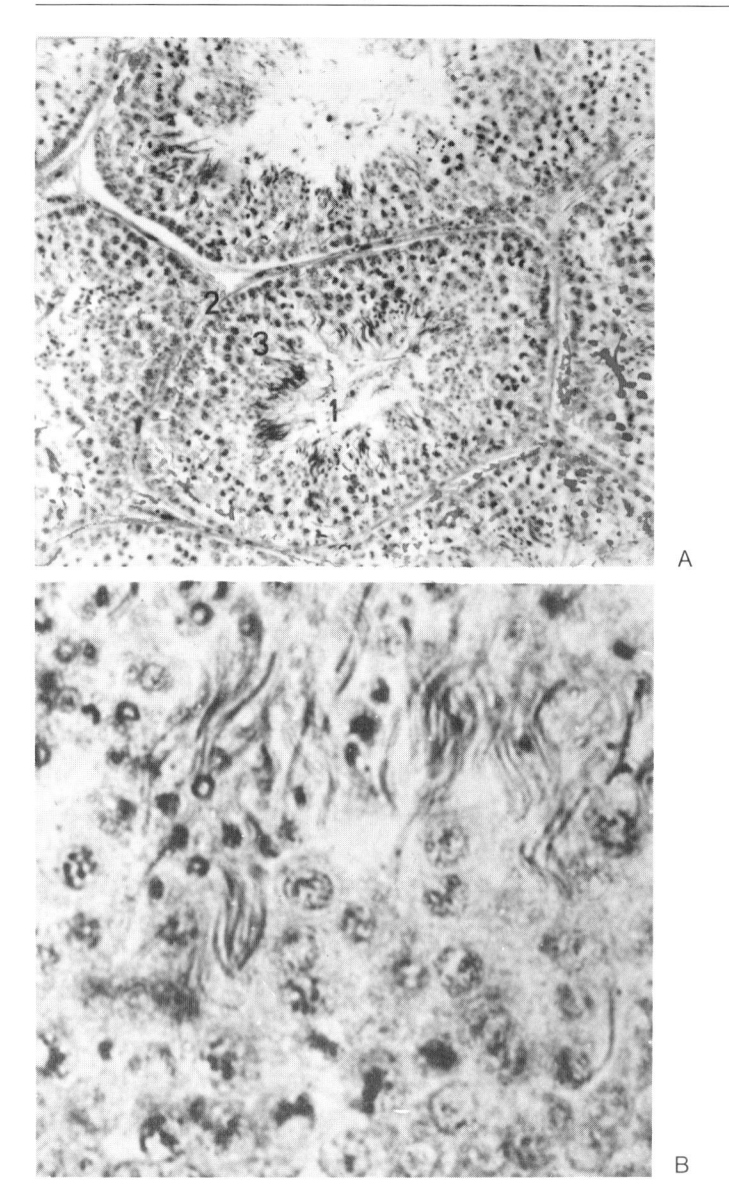

Abb. 97. Schnitte durch den Hoden des Hahnes während der Paarungszeit.

A Schnitt durch Hodenkanälchen. Eisenhämatoxylin-Färbung, ca. 80fache Vergr. (Mikrofoto).
   1 Hodenkanälchen 2 Membrana propria 3 Epithel des Hodenkanälchens

B Ausschnitt aus dem Epithel eines Hodenkanälchens des Hahnes (mit Stadien der Spermatogenese). Eisenhämatoxylin-Färbung, ca. 240fache Vergr. (Mikrofoto).

Tabelle 2. Quantitative Angaben zum Sperma und zu den Spermien vom Hahn, Truthahn, Erpel und Ganter (nach Angaben verschiedener Autoren).

	Spermamenge		Länge in µm			
	(ml)	Konzentration Mill. Spermien/mm^3	Akrosom	Kopf	Mittelstück	Schwanz
Hähne, leichte Rassen	0,30 – 1,00	1,5 – 3,0	1,5	10,7	2,5	70,0
Hähne, schwere Rassen	0,50 – 1,50	2,5 – 4,5	2,5	12,5	4,3	90,0
Truthähne	0,15 – 0,40	6,0 – 10,0	1,8	9,1	4,8	61,0
Erpel	0,20 – 0,60	0,9 – 1,5	2,6	10 – 11	3 – 4	100 – 150
Ganter	0,20 – 0,60	0,8 – 1,5	1,7	6,8	2,6	40,6

Der Kopf ist langgestreckt (ca. 12,5 µm) und ein wenig schraubenförmig gewunden. Der apikale, mit dem Akrosom versehene Teil ist dolchartig zugespitzt und wird auch als **Kopfdorn** bezeichnet. Das **Akrosom** ist einfacher gestaltet als beim Säugetier. An ihm lassen sich die **Kappe**, *Galerum acrosomae*, und der **Dorn**, *Spina acrosomae*, unterscheiden.

Den gesamten **Schwanz** durchzieht der vom distalen Zentrosom ausgehende **Achsenfaden**, der wie beim Säugetierspermium 2 zentrale Mikrotubuli und 9 periphere Mikrotubulipaare aufweist. Das **Mittelstück** schließt sich an den **Hals** (mit den Zentrosomen) an. Es ist kurz (ca. 4 µm), während der eigentliche Schwanz relativ lang ist (ca. 90 µm). Die Anzahl der Mitochondrien (ca. 30) ist geringer als beim Säugetier. Die segmentierten Säulen des Halses sowie die groben elektronendichten Außenfibrillen (Mantelfasern) des Mittelstückes und Hauptstückes des Schwanzes fehlen z. B. bei den Spermien des Hahnes.

Das Spermium wird umgeben von der Zellmembran. Unter dieser liegt im Bereich des Hauptstückes eine Scheide von dichtem amorphem Material, die *Vagina amorpha*. Sie entspricht der fibrösen Hülle bei den Säugetierspermien. Die Gesamtlänge der Spermien, die im übrigen wie auch die Form bei den einzelnen Geflügelarten variiert, beträgt beim Hahn 80 – 100 µm.

Da der Nebenhoden beim Vogel nur gering ausgebildet ist und eine geringe Kapazität aufweist, erfolgt die Speicherung der Spermien vor allem in den Lumina der Hodenkanälchen sowie im Samenleiter.

Das **Sperma** des Vogels ist rahmig, milchig bis gelblich-weiß sowie undurchsichtig und enthält beim Hahn ca. 3,0 Millionen Spermien pro mm^3. Die Menge des Gesamtejakulates beträgt ca. 0,8 ml. An der Bildung der Spermaflüssigkeit sind außer Anteilen des Nebenhodens und des Ductus deferens vor allem das Corpus vasculare und die Lymphfalten der Kloake beteiligt. Sie bilden eine transparente Flüssigkeit, welche dem Sperma beigemengt wird. Ihr Gehalt an Glucose ist hoch, gering der an Fructose.

Da die Anzahl der täglichen Begattungen relativ groß ist, werden die Anzahl der Spermien im Ejakulat und die Menge des Ejakulates wesentlich durch die geschlechtliche Beanspruchung der Hähne beinflußt. Während die Spermien im Legedarm längere Zeit

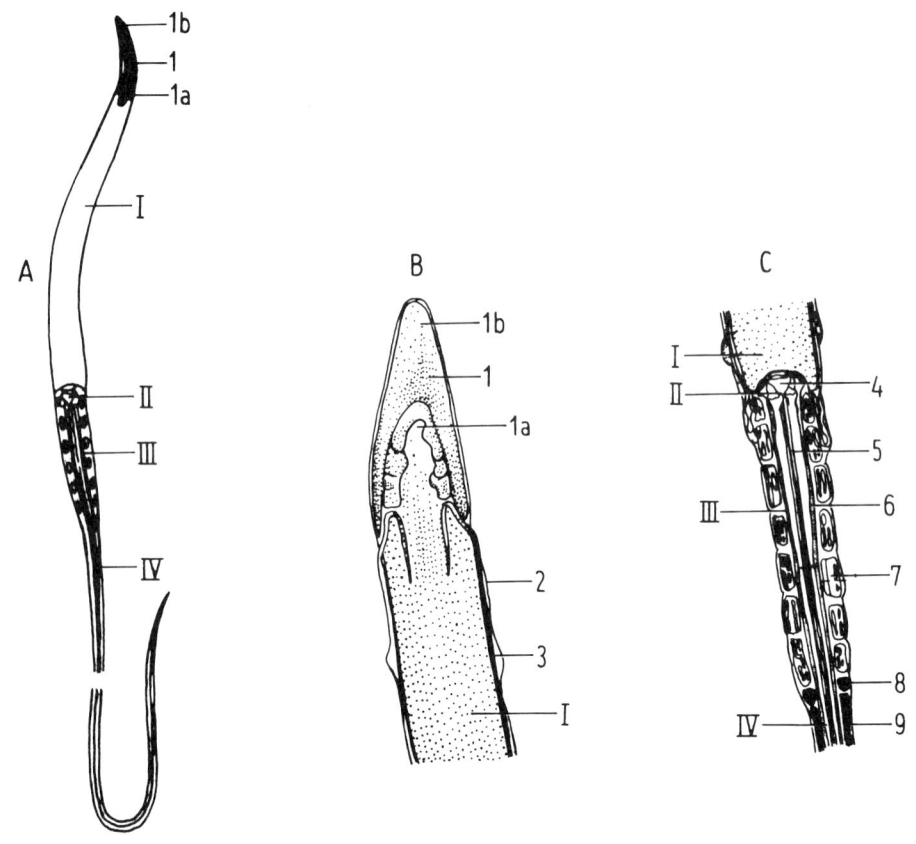

Abb. 98. Schematische Darstellungen des Baues des Spermiums des Hahnes.

A Lichtmikroskopische Darstellung.
B und C Elektronenmikroskopische Darstellungen.

| I Kopf | II Hals | III Mittelstück | IV Schwanz |

1 Akrosom mit
1a Dorn und
1b Kappe
2 Zellmembran
3 Kernmembran
4 proximales Zentriol
5 Achsenfaden
6 Außenfibrillen
7 Mitochondrien der Mitochondrienscheide
8 Schlußring
9 Hülle des Hauptstückes des Schwanzes (Vagina amorpha)

befruchtungsfähig bleiben (s. S. 237), geht in vitro das Befruchtungsvermögen der Spermien in relativ kurzer Zeit verloren. Dies steht in Zusammenhang mit den Besonderheiten der Ultrastruktur der Geflügelspermien und der Zusammensetzung der Spermaflüssigkeit. Aus diesem Verhalten der Spermien in vitro ergeben sich besondere Probleme für die Behandlung des Spermas bei der künstlichen Besamung des Geflügels.

Die Funktion der männlichen Geschlechtsorgane steht unter dem Einfluß der Hypophyse, deren Gonadotropin ICSH auf die in reicher Anzahl zwischen den Samenkanälchen liegenden Zwischenzellen wirkt und die Testosteronsynthese auslöst. Dabei zeigt sich eine eindeutige Abhängigkeit von dem Einfluß des Lichtes (Lichtregime!). Schon ab 2. Lebensjahr erfolgt eine Abnahme der Spermienbildung. Diese wird mit zunehmendem Alter immer stärker.

9.2. Entwicklung und Bau der Eizellen und Eibildung

Die Eizellen werden embryonal durch die Vermehrungsphase der **Ovogenese** im Eierstock angelegt. Sie ist zum Zeitpunkt des Schlüpfens des Kükens abgeschlossen. Die weiteren Phasen der Ovogenese erfolgen postembryonal mit der Weiterentwicklung der Follikel.

Während der Ovogenese kommt es in der Vermehrungsphase zu wiederholten Teilungen der aus den eingewanderten Urgeschlechtszellen hervorgehenden **Ovogonien**. Diese werden schließlich unter Vergrößerung und Kernveränderungen (Beginn der Prophase der 1. Reifeteilung) zu den **Ovozyten** (Abb. 99). Sie liegen als Eizellen in großer Anzahl in dem bindegewebigen und gefäßreichen Stroma der Anlage des Eierstocks. Durch die epithelartige Anordnung von **Hüllzellen** (Follikelepithelzellen) um die Eizellen entstehen zunächst die **Primordialfollikel**. Dies geschieht insbesondere in der Zeit kurz nach dem Schlüpfen (3 – 4 Tage) und ist nach 13 Tagen beendet. Im weiteren Verlauf der Ovogenese erfolgt als Ausdruck der sich fortsetzenden Veränderungen während der Prophase der 1. Reifeteilung zunächst eine zunehmende Vergrößerung des Zellkerns und schließlich durch die verstärkte Einlagerung des Dotters eine rapide Vergrößerung der gesamten Eizelle.

Mit der steten Vergrößerung der Eizelle und der Herausbildung der Schichten der Wand entstehen ca. 1 – 2 Wochen vor Beginn der Legeperiode unter dem Einfluß des follikelstimulierenden Hormons und vor allem des luteinisierenden Hormons der Hypophyse in dem sich bis dahin nur allmählich vergrößernden Eierstock in relativ kurzer Zeit die großen sprungreifen **Follikel**. Sie geben dem Eierstock während der Legeperiode sein typisches traubenförmiges Aussehen (Abb. 92). Die Reifungsphase (Meiose), deren Ausdruck die beiden Reifeteilungen (Abschnürung der Polkörperchen) sind, findet während (1. Reifeteilung) bzw. kurz nach der Ovulation (2. Reifeteilung) statt.

Die Ovulation erfolgt unter dem Einfluß des luteinisierenden Hormons. Im Bereich eines gefäßarmen Bezirkes, dem **Stigma**, kommt es zum Platzen des Follikels und zum Ausstoßen der reifen Eizelle. Diese gelangt in den Eileiter, wo sie ihre Hüllen erhält und zum legefähigen Ei wird.

Der Gesamtprozeß der Bildung der Eizelle (Ovogenese) sowie die Ovulation werden von der Hypophyse gesteuert. Diese Steuerung unterliegt ihrerseits der nervalen Kontrolle durch das Sexualzentrum des Hypothalamus. Es kommt zur Herausbildung von Ovulationszyklen, die zur kontinuierlichen Bildung und Abgabe der Eier führen. So erfolgt die erneute Ovulation ca. 30 Minuten nach der letzten Eiablage. Die Zusammenhänge zwischen der nervalen und hormonalen Steuerung der Eibildung macht die hohe Störanfälligkeit dieser Prozesse durch den Einfluß von Umweltfaktoren erklärlich.

Die volle funktionsfähige Entfaltung des Eileiters steht unter dem Einfluß der im Eierstock gebildeten Östrogene. Für die Bildung der Eihüllen und den Eitransport ist das in den Zellen der Theca und nach der Ovulation in Zellanhäufungen des Kelches (entsprechen dem Corpus luteum) gebildete Progesteron von Bedeutung.

Das im Eileiter fertig herausgebildete Ei gelangt über die Kloake durch den Legeprozeß nach außen. Bei der **Eiablage** schiebt sich der untere Teil des Uterus in die sich erweiternde Vagina vor. Diese stülpt sich in die Kloake und über diese nach außen vor. Auf diese Weise gelangt das Ei beim Legen unmittelbar vom Uterus durch die Kloake in das Freie, wodurch eine Verschmutzung der Eier vermieden wird.

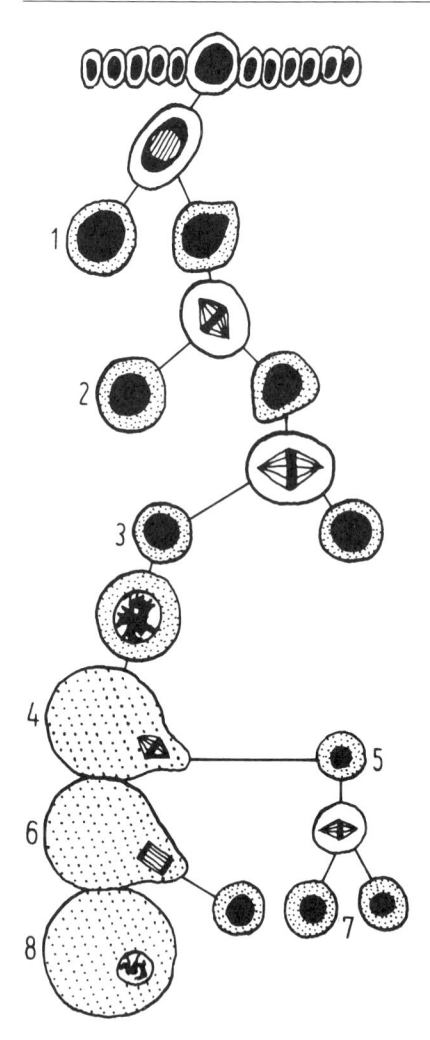

Abb. 99. Stadien der Ovogenese beim Vogel (in Anlehnung an Groebbels, 1937).

1 aus den Gonozyten hervorgehende Stammzellen (Archiovozyten)
2 Ovogonien
3 nach der Vermehrungsperiode entstehende Ovozyten
4 Ovozyte (nach Eintritt in die 1. Reifeteilung)
5 Polozyte (Polzelle) I
6 Ovozyte (während der 2. Reifeteilung)
7 Polozyten (Polzellen) II
8 reife Eizelle (Ovum)

Die Anzahl der jährlich gelegten Eier ist bei den einzelnen Geflügelarten verschieden. Im allgemeinen werden so viele Eier gelegt, wie beim Brutgeschäft durch die Körperwärme erwärmt werden können. Dieses sogenannte **Gelege** enthält bei den einzelnen Vogelarten immer eine bestimmte Anzahl von Eiern, z. B. bei der Taube 2, beim Huhn 10–20. Wenn das Gelege gestört wird und ihm Eier entnommen werden, wird nachgelegt, bis es wieder die normale Anzahl aufweist. So kann die Taube 12–16 Eier nachlegen, im Jahr somit insgesamt 14–18 Eier produzieren. Die Anzahl von Eiern, die ein Vogel im Jahr produzieren kann, bezeichnet man als **Eipotenz**. Sie bestimmt die Legeleistung in der Geflügelzucht und wird maßgeblich beeinflußt durch das Alter der Tiere bei der Legereife, von der Legeintensität und der Legepersistenz. Die Legepersistenz steht in enger Beziehung zur Mauser. Beim Huhn ist durch die Domestikation und Haltung die Eipotenz je nach Rasse auf über 300 angewachsen. Dabei ist jedoch zu beachten, daß die Hühner eine derartig hohe Anzahl von Eiern nur wenige Jahre (5–8) produzieren können.

9.3. Bau des Eies

An dem Ei, *Ovum*, des Vogels (Abb. 100) werden die durch die Ovulation freigesetzte eigentliche Eizelle (mit der Dottermembran), welche der Dotterkugel bzw. dem Eigelb entspricht, und die in den einzelnen Abschnitten des Eileiters gebildeten Hüllen (Eiweißhülle, Schalenhäute, Kalkschale) unterschieden. Die **Eizelle** ist durch den Reich-

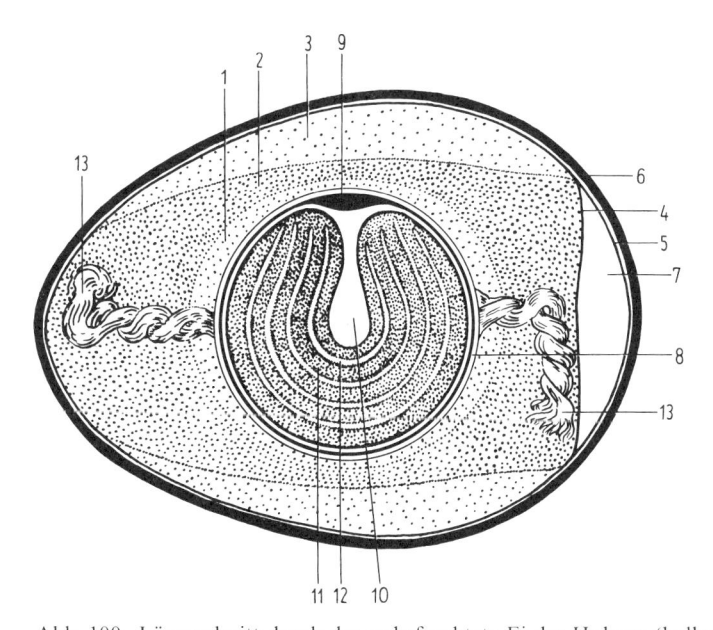

Abb. 100. Längsschnitt durch das unbefruchtete Ei des Huhnes (halbschematisch).

1 inneres dünnflüssiges Eiweiß
2 mittleres dickflüssiges Eiweiß
3 äußeres dünnflüssiges Eiweiß
4 inneres,
5 äußeres Blatt der Schalenhaut
6 Kalkschale
7 Luftkammer
8 Dottermembran
9 Eikeim
10 Latebra
11 gelber Dotter
12 weißer Dotter
13 Hagelschnüre

tum an Dotter gekennzeichnet. An dessen Oberfläche liegt der rundliche, helle und einen Durchmesser von ca. 1–2 mm aufweisende Eikeim, der sogenannte **Hahnentritt**, *Discus germinalis*. In ihm befindet sich im Ooplasma (Bildungsdotter) der Zellkern in Form des sog. **Keimbläschens**. Der Eikeim bildet den animalen Pol der Dotterkugel. Von ihm zieht ein flaschenförmiger Strang, die *Latebra*, in das Eigelb hinein.

Die Latebra besteht aus weißem Dotter. Um die Latebra legen sich konzentrische Lagen von gelbem und weißem Dotter. Sie bilden als Nahrungsdotter den vegetativen Pol der Eizelle. Der weiße Dotter setzt sich aus 2/3 Proteinen und 1/3 Lipiden zusammen und enthält kleine runde Dotterkügelchen (4–75 µm). Der gelbe Dotter besteht dagegen aus ca. 1/3 Proteinen und 2/3 Lipiden und weist gröbere Dotterkügelchen (25–150 µm) auf. Die Schichtung des weißen und gelben Dotters ist abhängig vom Pigmentgehalt des Futters. Chemisch enthält der Dotter als Proteine ca. 1/3 Lipovitelline (Vitelline), ca. 1/4 bis 1/3 Livetine und ca. 1/4 Phosphoproteide (Phosphitine). Die Lipide kommen zum großen Teil als Lipoproteine vor. Etwa 2/3 sind echte Fette, nahezu 1/3 Phospholipide, Ovocephalin, Ovolecithin und Ovosphingomyelin, dazu kommt ein geringer Anteil von Cholesterol. Von den weiteren Bestandteilen des Dotters sollen nur Glucose, anorganische Elemente, Vitamine und Pigmente angeführt werden.

Die Eizelle wird von der **Zellmembran**, dem *Plasmalemma*, abgeschlossen. Um diese liegt die **Dottermembran**, *Lamina perivitellina*. Sie bildet eine 12–24 µm dicke Barriere zwischen Dotterkugel und Eiweißhülle. Elektronenmikroskopisch ist an der Dottermembran mehr oder weniger deutlich eine Unterteilung in mehrere Lagen möglich. Von diesen wird die auf der Plasmamembran liegende Lamina perivitellina vom Follikelepithel gebildet, während die beiden äußeren Lagen, die *Lamina continua* und *Lamina extravitellina*, ein Produkt des Anfangsteiles des Eileiters sind.

Die **Eiweißhülle**, *Albumen*, erscheint als klare, viskose Schicht von weitgehend einheitlicher Konsistenz. Bei näherer Betrachtung lassen sich an der Eiweißschicht 4 konzentrische Lagen unterscheiden, das *Stratum chalaziferum*, die innere flüssige Lage, die mittlere dichte Lage und die äußere flüssige Lage. Allgemein enthält das flüssige Eiweiß, *Albumen rarum*, mehr Wasser und weniger Ovomucin sowie nahezu keine Muzinfasern, während das dichte Eiweiß, *Albumen densum*, mehr Ovomucin und zahlreiche Muzinfasern enthält.

Das *Stratum chalaziferum* umfaßt eine schmale Lage von dichtem Eiweiß um die Dotterhaut. In ihr liegen feine Fasern. Sie bilden als gewundene Stränge an den Polen des Eies die **Hagelschnüre**, *Chalazae*. Diese sind in das Eiweiß zwischen Stratum chalaziferum und mittlere dichte Lage eingebettet und tragen zur Stabilisierung der Lage der Dotterkugel im Ei bei. Die mittlere dichte Lage verbindet sich an den Polen des Eies über feine Fasern bandartig *(Ligamentum albumen)* mit der inneren Schalenhaut.

Von den **Schalenhäuten**, *Membranae testae*, steht die innere Schalenhaut in Kontakt mit der Eiweißhülle, in die äußere sind die Mamillen der Kalkschale eingebettet. Beide Schalenhäute liegen allgemein eng aneinander, nur am stumpfen Pol des Eies weichen sie auseinander und bilden die **Luftkammer**. Die Dicke der Schalenhäute variiert stark, beim Huhn beträgt sie 60–125 µm. Die Schalenhäute bestehen aus einem ungeordneten Netzwerk von Fasern unterschiedlicher Dichte. Chemisch setzen sich die Fasern aus Proteinen und Glykoproteinen zusammen, wobei die Proteine meist von einem Mantel aus Glykoproteinen umgeben sind.

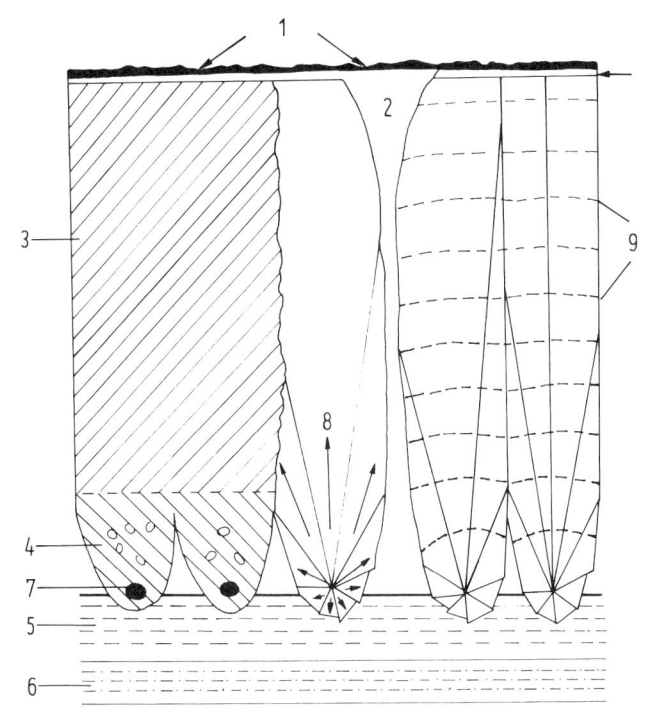

Abb. 101. Schema eines Schnittes durch die Kalkschale eines Vogeleies (in Anlehnung an Hodges, 1974).
Links: organische Zusammensetzung (fibrilläre Struktur),
rechts: mineralogische Zusammensetzung (Calcit-Kristalle).

1 Cuticula	4 Mamillenschicht	7 Basalkegel
2 Pore	5 äußere	8 Kristallachsen
3 Palisadenschicht	6 innere Schalenhaut	9 Wachstumslinien

Die **Kalkschale** besteht aus ca. 85% anorganischer und ca. 15% organischer Substanz. Die anorganische Substanz wird vorwiegend von Calciumcarbonat gebildet. Die Dicke der Kalkschale variiert stark. Allgemein haben die Eier großer Vögel dickere Schalen als die kleiner Vögel. Dazu kommt eine Abhängigkeit vom Brutverhalten. Beim Huhn beträgt die Dicke der Kalkschale ca. 0,3 mm. Die Kalkschale ist spröde und zerbrechlich. Durchbohrt wird sie von ca. 7500 feinen porenartigen Kanälchen. Über diese erfolgt der Austausch von Luft zwischen Ei-Innerem und Außenwelt.

An der Kalkschale lassen sich die Mamillenschicht, Palisadenschicht und die Cuticula unterscheiden (Abb. 101). Die **Mamillenschicht**, *Stratum mamillarium*, nimmt ca. 1/3 der Gesamtdicke der Kalkschale ein und besteht aus konischen Mamillen, deren apikale Teile in Form der *Eisosphärite* in die äußere Schalenhaut hineinragen. Zentral findet sich in diesen eine Anhäufung von Protein (Basalkegel), welche als Stelle, von der die Verkalkung ausgeht, angesehen wird. Über fibröse Anteile erfolgt die Verankerung der Mamillen in der Schalenhaut.

Die **Palisadenschicht**, *Stratum spongiosum*, umfaßt den größeren Anteil der Kalkschale. Sie besteht aus Fibrillen mit einer Länge bis zu 10 µm und einer Dicke von 0,01 µm.

Diese verlaufen parallel zur Oberfläche der Kalkschale. Über kurze Zweige erfolgen Anastomosen zu benachbarten Fibrillen bzw. deren Zweigen, wodurch eine netzartige Ausbildung erreicht wird (Fischgrätenmuster). Die Matrix besteht aus einem an ein Mukopolysaccharid gebundenes Protein und unterscheidet sich von der Matrix der Mamillen. Die Mineralien bilden säulenförmige Kristalle. Sie haben ihren Ursprung in der Mamillenschicht und bestehen nahezu völlig aus Calciumcarbonat, wozu geringe Anteile von Phosphat und Magnesium kommen können. An der äußeren Oberfläche ist die Palisadenschicht von einer oberflächlichen Kristallschicht von 3–8 µm Dicke bedeckt. Sie besteht aus kleinen Calcit-Kristallen, welche senkrecht zur Eioberfläche angeordnet sind. Die Palisadenschicht durchdringen die tunnelförmigen 7000 bis 8000 dem Gasaustausch dienenden **Poren**. Ihr Durchmesser beträgt außen 15–65 µm, innen 6–23 µm.

Die **Cuticula** (Oberhäutchen) überzieht als schleimförmige Hülle die Kalkschale und macht das Ei gleitfähig. Die Dicke der Cuticula ist unterschiedlich und beträgt z. B. beim Huhn ca. 10 µm. Strukturell weist die muzinähnliche Substanz der Cuticula eine vesikuläre Struktur auf, wobei der Durchmesser der Vesikel bis zu 1 µm beträgt. Die Cuticula verschließt pfropfartig die Poren der Kalkschale. Sie bildet einen Schutz gegenüber dem Eindringen von Bakterien in das Ei und darf daher vor der Lagerung nicht (durch Abwaschen) entfernt werden. Für Gase ist die Cuticula dagegen durchlässig.

Die Farbe der Eier ist allgemein als Schutzfarbe der Umgebung angepaßt. Höhlenbrüter haben häufig weiße Eier. Beim Hausgeflügel sind die Eier als Folge der Domestikation meist weiß oder hellbräunlich, beim Truthuhn sind sie leicht gesprenkelt. Gelegentlich finden sich bei Enten fast schwarze Eier.

Die Form der Eier ist typisch „eiförmig". Sie kann aber auch mehr kugelig, birnen-, spindel- oder sanduhrförmig sein. Die Masse der Eier ist je nach Spezies und Rasse verschieden. Das Hühnerei hat eine mittlere Masse von 50–60 g. Davon entfallen 11,5% auf die Kalkschale, 58,5% auf das Eiweiß und 30% auf den Dotter.

Als Abweichungen vom normalen Aufbau des Eies sollen angeführt werden:

— Das *Weichei*. Bei ihm ist infolge Kalkmangels in der Nahrung die Kalkschale gar nicht oder nur gering ausgebildet.
— Das *taube Ei*. Ihm fehlt der Dotter. Wahrscheinlich wurde durch einen Fremdkörper im Legedarm der gleiche Reiz zur Bildung der Hüllen ausgelöst wie durch die Dotterkugel.
— Das *Spulei*. Es besitzt eine Dotterkugel, jedoch wenig oder gar kein Eiweiß.
— Das *Einschlußei*. Es ist ein sehr kleines Ei, welches lange im Legedarm verbleibt und um das herum sich ein zweites Ei bildet.
— Das *Riesenei*. Es ist ein Ei mit zwei Dotterkugeln. Aus einem solchen Ei, dessen Bildung durch das gleichzeitige Ablösen von zwei Dotterkugeln vom Eierstock bedingt wird, können sich zwei Küken entwickeln (zweieiige Zwillinge). Eineiige Zwillinge sind beim Vogel sehr selten. Sie gehen meist zugrunde, da der Eiinhalt nicht zur Ernährung von zwei Embryonen ausreicht. Häufig werden daraus nicht lebensfähige Mißbildungen.

9.4. Befruchtung

Die Befruchtung erfolgt im Infundibulum des Eileiters. Die Spermien werden durch die Begattung bzw. die künstliche Besamung übertragen.

Die Begattung wird bewirkt durch das Ausstülpen und Anpressen der Kloake. Durch Lymphe anschwellbare Bildungen entsprechen beim Hahn dem Begattungsorgan (s. S. 206). Die Spermien gelangen in die Kloake bzw. in den Anfangsteil der Vagina des Legedarmes. Dies ist auch der Fall bei den Tieren (u. a. Gans, Ente), die ein deutlich ausgebildetes Begattungsorgan (Penis) aufweisen. Über dessen Samenrinne erreicht das Sperma die Kloake bzw. die Vagina.

Bei der künstlichen Besamung dienen zur Gewinnung des Spermas insbesondere die verschiedenen Formen der Massagemethode. Die gewonnene Spermamenge ist beim Vogel gegenüber der bei den Säugetieren geringer, die Spermiendichte dagegen größer. Die Besamung erfolgt durch Injektion des Spermas in den Anfangsteil der Vagina. Auf Grund der auf der Speicherung der Spermien in den Spermiennestern beruhenden **Befruchtungspersistenz** kann die Befruchtung über längere Zeiträume (beim Huhn 7 Tage, beim Truthuhn 2–3 Wochen) erfolgen. Die Spermaverdünnung und Spermaaufbewahrung weist zwischen den einzelnen Geflügelarten artbezogene Besonderheiten auf. Sie liegen u. a. in der unterschiedlichen Zusammensetzung der Samenflüssigkeit begründet.

In 25–50 Minuten wandern die Spermien (unterstützt durch Kontraktionen des Legedarmes) in den proximalen Teil des Eileiters, wo im Infundibulum die Vereinigung mit der Eizelle, die Befruchtung, erfolgt. Die Spermien des Geflügels besitzen eine lange Befruchtungsfähigkeit (Befruchtungspersistenz). Sie beträgt z. B. beim Huhn 2–3 Wochen, beim Truthuhn 5–7 Wochen, bei der Gans ca. 20 Tage. Die Deponierung der Spermien erfolgt in sog. **Spermiennestern**. Außer in kryptenförmigen Vertiefungen des Infundibulums befinden sich diese vor allem im Bereich der uterovaginalen Grenze in Form drüsenförmiger Vertiefungen (s. S. 226).

Beim Vogel dringen zahlreiche Spermien (20–50 und mehr) in die Eizelle ein. Jedoch wandelt sich nur ein Spermium zum männlichen Vorkern um, der sich schließlich mit dem weiblichen Vorkern vereinigt (Amphimixis). Die sog. polysperme Befruchtung ist somit nur eine polysperme Imprägnation. Durch diese wird die Wahrscheinlichkeit erhöht, daß in der großen Eizelle ein Spermium den Kern trifft.

Die im Infundibulum befruchtete Eizelle erhält in den folgenden Abschnitten des Legedarmes ihre Hüllen und wird zum Ei. Die Entwicklung des Embryos im Ei erfolgt durch die Bebrütung bzw. im Brutapparat. Die Brutdauer ist bei den einzelnen Vogelarten verschieden. Allgemein brüten große Vögel länger als kleine. Weiterhin ist die Brutdauer abhängig vom Entwicklungszustand der schlüpfenden Jungvögel. Es werden **Nestflüchter** (u. a. Huhn, Ente, Gans) und **Nesthocker** (u. a. Taube, Singvögel) unterschieden, wovon zum Teil noch die Platzhocker (u. a. Möwen) abgegrenzt werden.

Beim Hausgeflügel beträgt die **Brutdauer**:
— Huhn 20–22 Tage,
— Ente 26–32 Tage,
— Gans 23–33 Tage,
— Pute 26–30 Tage,
— Taube 16–19 Tage.

Während des Brütens dehnt sich die Luft im Inneren des Eies aus und strömt durch die Poren zum Teil nach außen. Das zeitweilige Verlassen des Nestes durch das Huhn und das dadurch bedingte Abkühlen führen zu einem Einströmen von Frischluft in das Ei. Dieser Vorgang ist für die Entwicklung des Fetus bei der Bebrütung von Bedeutung.

9.5. Blastogenese und Organogenese

Während der Blastogenese (Embryogenese) wird über die Furchung, die Bildung der Keimblätter (Gastrulation), die Umbildung der Keimblätter mit der Anlage der Primitivorgane und die Herausbildung der Körperform sowie der Körperabschnitte der Embryo angelegt. Die Blastogenese entspricht daher weitgehend der Embryogenese und läuft beim Geflügel in wenigen Tagen ab. Die **Furchung** setzt unmittelbar nach der **Amphimixis** ein. Die Furchungsteilungen sind beschränkt auf den animalen Pol der Eizelle, der im unbefruchteten Ei durch den Eikeim mit dem Zellkern gekennzeichnet ist. An der polylecithalen Eizelle des Vogels läuft somit die Furchung in Form einer **partiellen, diskoidalen Furchung** ab. Zu der **Primär-** und der **Kreuzfurche** (1. und 2. Teilung) kommen durch die weiteren Teilungen **Seitenfurchen** und schließlich **Zirkularfurchen**. Die Vermehrung der Zellen durch die Furchungsvorgänge erfolgt weniger in die Tiefe, sondern mehr an dem Rand nach dem Äquator zu. Dadurch entsteht eine scheibenförmige **Morula** mit nur geringer Schichtung, deren Ausdruck an der Oberfläche eine gitterförmige Zeichnung ist.

Durch die mit der Differenzierung einhergehende Sonderung der Zellen kommt es zur Bildung einer oberflächlichen Lage kleinerer Zellen **(Mikromeren)**. Diese sitzen als sog. **Dotterzellen** unmittelbar den Dottermassen auf. Durch Ausbildung des spaltförmigen Blastocoel zwischen den beiden Lagen wird aus der Morula die gleichfalls eine

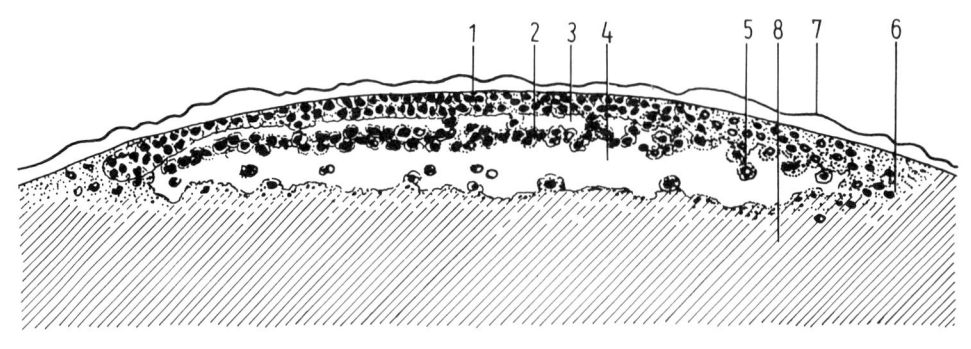

Abb. 102. Bildung der Blastula beim Vogel (halbschematisch).

1 Ektoblast	4 Subgerminalhöhle	7 Oolemm
2 Dotterentoblast	5 Dotterzellen	8 Dotter
3 Blastocoel	6 Randsynzytium	

abgeplattete Form aufweisende **Blastula** (Abb. 102). Vor allem am Rand des scheibenförmigen Randsynzytiums (weniger in dem unter der Blastula liegenden Dottersynzytium) findet eine stete Vermehrung von Dotterzellen (Nachfurchung) statt. Ausgehend von dem Umwachsungsrand kommt es zu einer allmählichen Umwachsung der Dottermassen und damit zur Bildung des **Dottersackes**.

Während dieser Vorgänge erfolgt gleichzeitig die **Bildung der Keimblätter (Gastrulation)**. Die Makro- bzw. Mikromeren des Blastoderms werden im Laufe der weiteren Differenzierung zum **Ekto-** bzw. **Entoblasten**, wobei der Entoblast durch die unregelmäßige **Subgerminalhöhle** von den ungefurchten Dottermassen getrennt wird. Die Bildung des Ekto- und Entoblasten stellt einen Differenzierungs- und Sonderungsvorgang dar, der als **Delamination** bezeichnet wird.

Der **Mesoblast** und die *Chorda dorsalis* gehen wie bei den Säugetieren aus den Primitivbildungen hervor (Abb. 103). Diese stellen Zellansammlungen, Proliferationszentren, dar. Zunächst zeigen die Zellen die Tendenz, sich zentral anzuhäufen. Es entsteht am Ektoblasten der **Primitivstreifen**, an dessen vorderem Ende als Verdickung der **Primitivknoten** und von diesem ausgehend der **Kopffortsatz** sichtbar wird. Dorsal am Primitivstreifen zeigt sich vorübergehend als rinnenförmige Vertiefung die **Primitivrinne**, am hinteren Ende der **Kaudalwulst (Hinterlippe)**. Von diesen Proliferationszentren aus, zu denen weiterhin am Entoblasten die **Prächordalplatte** zählt, dringen die Zellen zwischen Ekto- und Entoblast ein und bilden den **Mesoblast (Mesoderm)**. Dieser erstreckt sich zunächst in lateraler und kaudaler Richtung. Bald schwenkt er auch nach

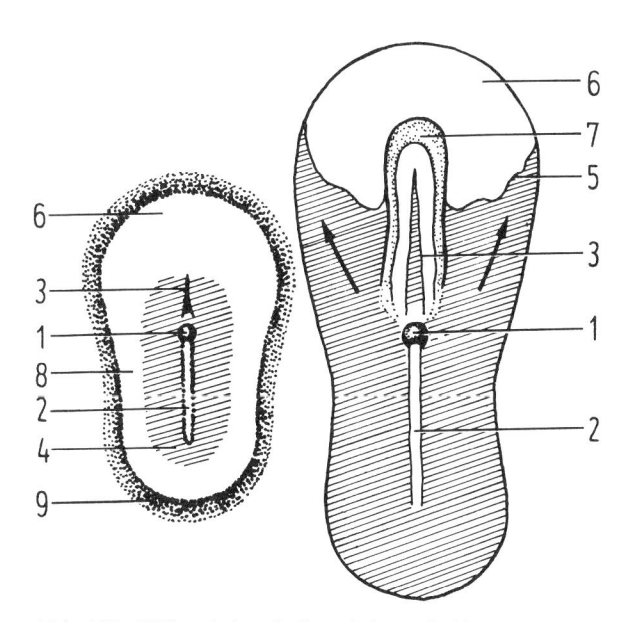

Abb. 103. Hühnerkeimscheiben (schematisch),
links 15 Std., rechts 20 Std. bebrütet.

1 Primitivknoten	4 auswanderndes Mesoderm	6 mesodermfreie Zone
2 Primitivstreifen	5 freier Rand der Mesoderm-	7 Medullarwülste
3 Kopffortsatz	flügel	8 Area pellucida
		9 Area opaca

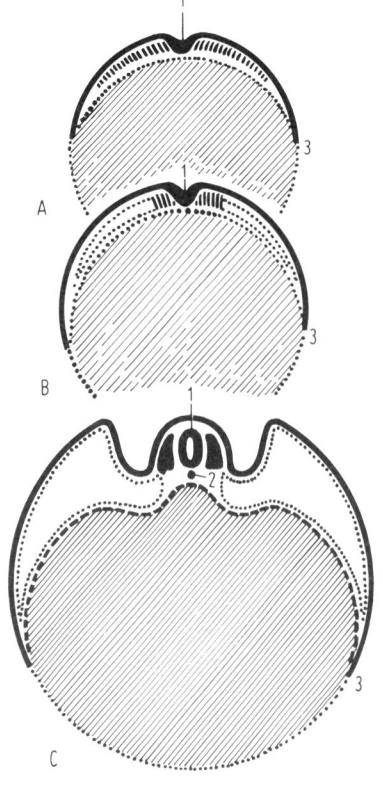

Abb. 104. Schemata zur Bildung (A) und Differenzierung (B) des Mesoblasten sowie zur beginnenden Trennung des Embryos von den außerembryonalen Anteilen (C) beim Vogel.
Ektoblast: ausgezogen,
Entoblast: lang gestrichelt,
Mesoblast: punktiert (in C Urwirbel schwarz).
1 Neuralrinne bzw. in C Neuralrohr   2 Chorda dorsalis   3 Umwachsungsrand

vorn um und engt in Form der Kopffalten **(Mesodermflügel)** das vordere mesodermfreie Feld immer mehr ein.

Die *Chorda dorsalis* entsteht aus den Zellen des Kopffortsatzes und dessen Verbindung mit dem Entoblasten **(Chordaplatte)**. Gemeinsam mit dem Ekto- und Entoblasten umwachsen die Zellen des Mesoblasten die Dotterkugel (Abb. 104). Bei dem Umwachsungsvorgang eilt der Ekto- stets dem Entoblast ein wenig voraus, worauf dann erst das Vorschieben des Mesoblasten erfolgt.

Am **Ektoblasten** kommt es embryonal über die **Neuralplatte** und **Neuralwülste** (mit der Neuralrinne) zur Herausbildung des **Neuralrohres**. Dieses gelangt in die Tiefe, während sich über ihm das Epidermisblatt des Ektoblasten schließt. Am Neuralrohr ist schon bald das mächtigere **Hirnrohr** als Anlage des Gehirns von dem **Medullarrohr** als Anlage des Rückenmarkes zu unterscheiden. Später bildet sich seitlich des Neuralrohres noch die **Neuralleiste** heraus. Das **Epidermisblatt** des Ektoblasten wird zur Epidermis mit den aus ihr hervorgehenden Bildungen (Federn, Bürzeldrüse).

Außerembryonal wird der Ektoblast zum Epithel des **Chorions** und des **Amnions**.

Der **Entoblast** wird embryonal zum Epithel des **Primitivdarmes**, dessen Anlage sich bald als **Darmrinne** abhebt.

Außerembryonal geht aus dem Entoblasten das Epithel des **Dottersackes** hervor.

Am **Mesoblasten** setzt sofort nach der Bildung die weitere Differenzierung ein (Abb. 105). Nahe der Neuralrinne kommt es im paraxialen Mesoderm zu einer Segmentation und dadurch zur Herausbildung der **Somite**, der **Urwirbel**, während peripher im lateralen Mesoderm sowohl im Bereich des Embryos als auch außerembryonal eine flächenparallele Spaltung erfolgt und die beiden **Seitenplatten**, das parietale (**Somatopleura**) und viszerale Blatt (**Splanchnopleura**), entstehen. Der Verbindungsteil zwischen den Urwirbeln und den Seitenplatten, der **Ursegmentstiel**, *Mesoderma intermedium*, wird zur **Urogenitalplatte**. Aus dieser entwickeln sich Anteile des Harn- und Geschlechtsapparates.

Durch die Umbildung der Somite entstehen wie beim Säugetier das **axiale Mesenchym**, woraus die definitiven Wirbel hervorgehen, und die **Haut-Muskel-Platte** als Grundlage für die Entwicklung der Haut im Bereich des Stammes (Hautplatte) und der Skelettmuskulatur (Muskelplatte).

Die **Seitenplatten** werden embryonal zur Körperwand (**Somatopleura**) und zur Grundlage des Primitivdarmes (**Splanchnopleura**), außerembryonal zur Grundlage des Chorions und Amnions (**Somatopleura**) sowie zur Grundlage des Dottersackes (**Splanchnopleura**). Während dieser Vorgänge zeigt der Embryo eine typische Lage im Ei. Die Längsachse des Embryos steht senkrecht zur Längsachse des Eies. Dabei liegt der stumpfe Pol links, der spitze rechts, wenn das Kaudalende des Embryos auf den Betrachter zeigt.

Die Furchung und die Bildung des Ekto- und Entoblasten erfolgen noch vor der Eiablage. An der Keimscheibe ist zunächst die innere, leicht durchscheinende *Area pellucida*, in welcher die Primitivbildungen entstehen, und die periphere, dem Dotter eng anliegende *Area opaca* mit dem seitlichen Umwachsungsrand (*Area vitellina*) zu unterscheiden. Die Area opaca ist äußerlich von der Area pellucida durch eine undeutliche Ringfurche getrennt.

Mit der Mesoblastbildung und der damit im Zusammenhang stehenden Herausformung des Embryos kommt es zwischen diesem und dem außerembryonalen Bezirk zu einer deutlichen Vertiefung, der **Grenzrinne**. Sie entsteht im Zusammenhang mit der Bildung der **Grenzfalte**, die sich über dem Embryo zu erheben beginnt und zur **Amnionfalte** wird.

Im Gebiet der Area opaca sind bald **Blutinseln** zu erkennen. Sie bilden die ersten Gefäßanlagen, wodurch dieser Bezirk zur *Area vasculosa* wird. Lateral entsteht an der Area vasculosa der *Sinus terminalis*. Die nach dem Embryo zu vorwachsenden Gefäße verbinden sich mit dem kaudalen Ende des inzwischen entstandenen Herzschlauches zur ersten Anlage des Dottersackkreislaufes. Diese wird aber erst nach der Anlage der Aa. omphalomesentericae, die aus der Aorta hervorgehen, zum **primären Dottersackkreislauf**. Von den Eihäuten entsteht nach der Vereinigung der Amnionfalten aus dem Innenblatt das **Amnion**, aus dem Außenblatt das **Chorion**.

Die **Allantois** geht wie beim Säugetier durch Auswachsen (Allantoisstiel) aus dem Endteil des Primitivdarmes (Kloake) hervor.

Am Embryo steht die Abfaltung des Amnions mit einer ventralen Einbiegung in Verbindung. Sie führt in Verbindung mit der Nabelbildung zur Herausformung des **Primitivdarmes** und gemeinsam mit der Bildung des Neuralrohres und der Bildung und

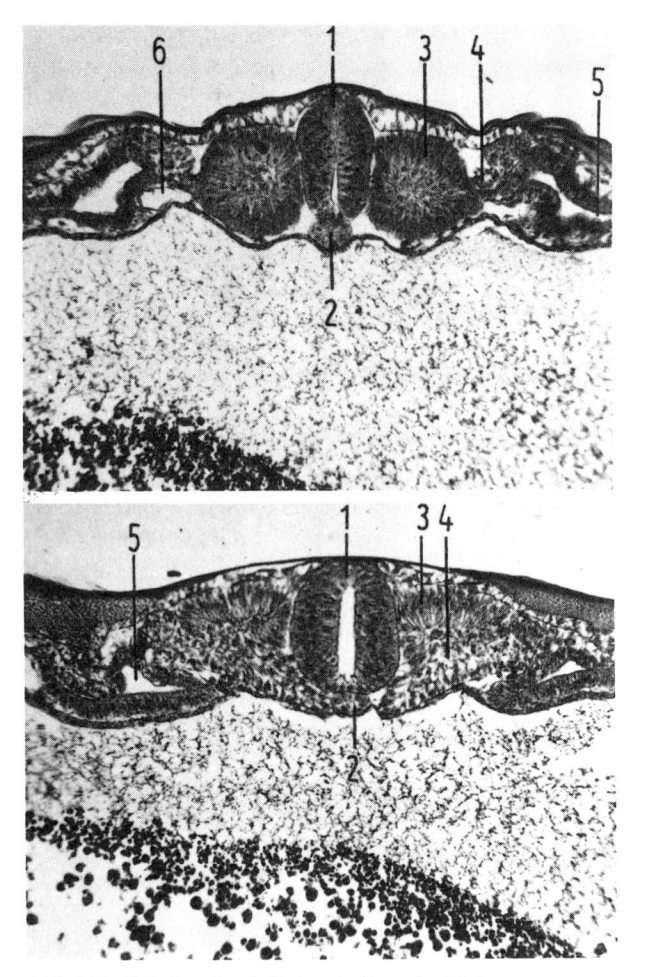

Abb. 105. Schnitte durch Keimscheiben des Huhnes.

Oben: Etwa 40 Stunden bebrütet. Hämatoxylin-Eosin-Färbung, ca. 80fache Vergr. (Mikrofoto).

    1 Neuralrohr
    2 Chorda dorsalis
    3 Urwirbel (mit Myocoel)
    4 Ursegmentstiel
    5 Seitenplatten (mit dazwischenliegendem Endocoel)
    6 Anlage der Aorten

Unten: Etwa 48 Stunden bebrütet. Hämatoxylin-Eosin-Färbung; ca. 100fache Vergr. (Mikrofoto).

    1 Neuralrohr
    2 Chorda dorsalis
    3 sich herausbildende Haut-Muskel-Platte
    4 Sklerenchym
    5 Anlage der Aorten

Umbildung der Somite zur Anlage des **primitiven Rückens** und dadurch zur zylinderförmigen Gestalt des Embryos.

Am Vorderende formt sich um die zeitig angelegte Gehirnanlage, in Verbindung mit dem Auftreten und der Umbildung der Viszeralbögen sowie der Herausbildung der mesenchymalen Grundlage der Schädelkapsel einschließlich der nach vorn wachsenden Gesichtsfortsätze, der **Kopf** heraus. Dabei spielt die Bildung des Schnabels als charakteristisches Merkmal des Kopfes der Vögel eine besondere Rolle.

Kaudal entwickelt sich, ausgehend vom Kaudalwulst, der **Schwanz**, während lateral am Embryo die Anlagen der **Gliedmaßen** entstehen. Deren Differenzierung zu den Anteilen des Flügels bzw. der Beckengliedmaße erfolgt in ähnlicher Weise wie beim Säugetier durch die Herausbildung der Abschnitte der Gliedmaßensäule sowie der Finger- bzw. Zehenstrahlen an der Hand- bzw. Fußplatte über ein mesenchymatöses und ein knorpeliges zum definitiven knöchernen Stadium.

Ähnlich wie die Herausbildung der Körperteile entspricht auch die Entwicklung der inneren Organe weitgehend der bei den Embryonen der Säugetiere.

In der **Organogenese (Fetogenese)** erfolgt die volle Herausbildung der Organe und der Körperabschnitte des Fetus bis zum Schlupf. Sie ist daher der Fetogenese gleichzusetzen.

Während der Organentwicklung gehen die äußeren Formbildungsprozesse **(Morphogenese)** mit einer inneren Differenzierung **(Histogenese)** einher. Bezüglich des Ablaufes der Organentwicklung wird auf die Lehrbücher der Embryologie verwiesen.

9.6. Eihüllen des Vogels

In dem dotterreichen Ei des Vogels kommt es wie bei den Säugetieren zur Ausbildung von Eihüllen und zur Anlage eines **Dottersack-** und eines **Allantoiskreislaufs** (Abb. 106). Diese erhalten auf Grund der Entwicklung innerhalb der Schale des Eies und dessen Dotterreichtums bestimmte Funktionen, die jedoch im grundsätzlichen denen bei den Säugetieren entsprechen. So dienen der Dottersackkreislauf (Aufnahme der Dottermassen) und der Allantoiskreislauf (Aufnahme des Eiweißes) der Ernährung des Embryos. Der Allantoiskreislauf hat gleichzeitig durch seine Beziehung zur Luftkammer des Eies die Funktion des Atmungsorgans für den Embryo.

Die vollständige Herausbildung des Dottersackes geschieht durch den Schluß des Umwachsungsrandes gegenüber dem Embryo (Gegenpol). Dadurch umgibt der Dottersack die Dotterkugel. Schon lange vor der Vereinigung des Umwachsungsrandes bilden sich in ihm aus den Blutinseln Gefäße *(Area vasculosa)*.

Sie lassen durch Verbindung mit der Herzanlage und nach der Herausbildung der *Aa. omphalomentericae* (aus der Aorta) den geschlossenen **primären Dottersackkreislauf** entstehen. Dieser weist einen ausgeprägten *Sinus terminalis* auf und übernimmt die Ernährung des Embryos. Durch Ausbildung sekundärer und Rückbildung primärer Gefäße wird der Dottersackkreislauf zum charakteristischen **sekundären Dottersackkreislauf** (Abb. 107). Dieser ist während der gesamten Entwicklung als „Ernährungsorgan" des Embryos tätig.

Die letzten Dotterreste werden erst 1–2 Tage nach dem Schlüpfen aufgebraucht, so daß die geschlüpften Küken am 1. Lebenstag noch über den Dottersackkreislauf ernährt werden können. Der Rest des Dottersackstieles bleibt in unterschiedlich großer Ausbildung als **Meckelsches Divertikel** erhalten (s. S. 154).

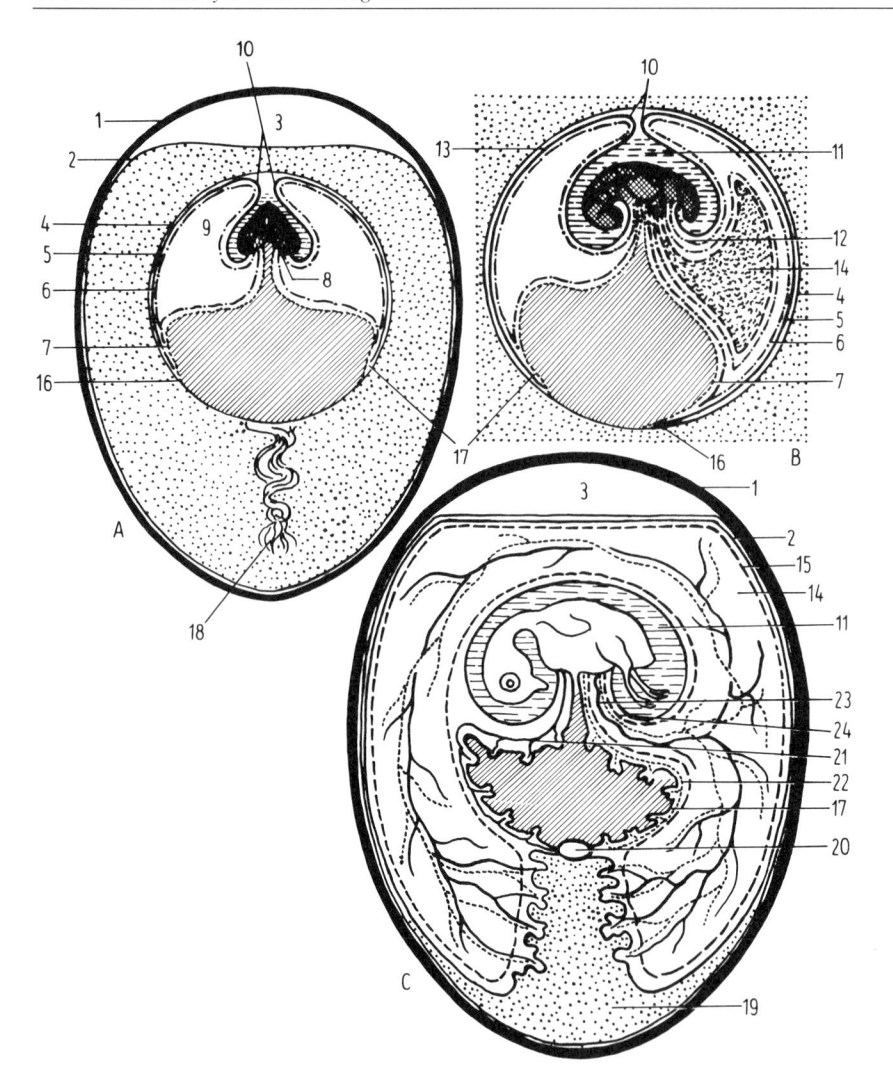

Abb. 106. Schemata zur Bildung der Eihäute des Huhnes.
Dotter: schraffiert, Eiweiß: punktiert.

1 Kalkschale (mit Oberhäutchen)
2 Schalenhaut (besonders dargestellt ist nur die innere, die äußere liegt der Kalkschale dicht an)
3 Luftkammer
4 Oolemm
5 Ektoblast
6 Mesoblast
7 Entoblast
8 Endocoel
9 Exocoel
10 Amnionfalte (mit Amnionnabel)
11 Amnionhöhle
12 Leibesnabel
13 sekundäres Chorion
14 Allantoishöhle (in B locker strukturiert, in C hell)
15 Allantochorion
16 Umwachsungsrand
17 Dottersackwand (in C nur einfach gezeichnet und mit Resorptionszotten)
18 Hagelschnur
19 Eiweißschicht
20 Sinus terminalis
21 A. omphalomesenterica
22 V. omphalomesenterica
23 A. umbilicalis
24 V. umbilicalis

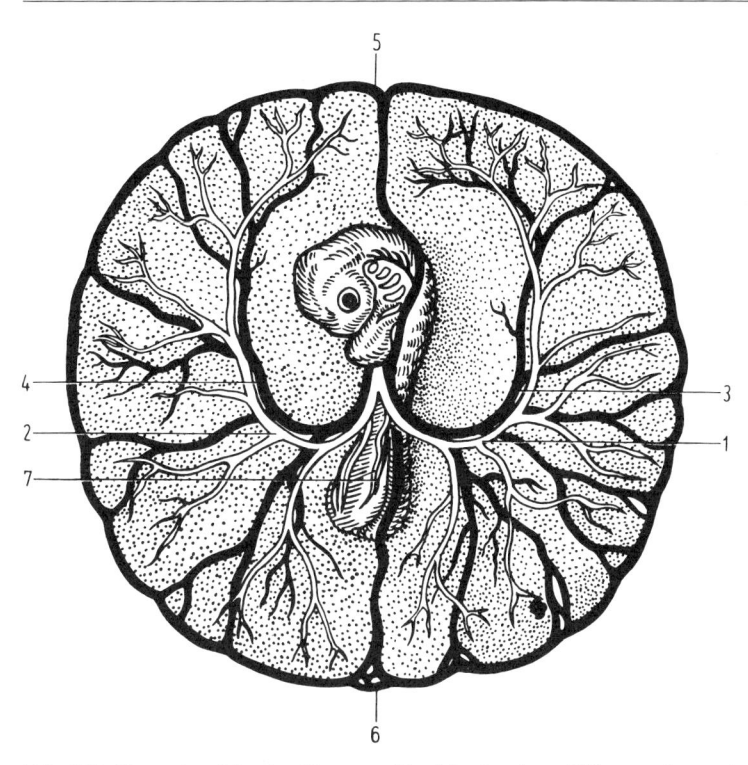

Abb. 107. Ventralansicht des Dottersackkreislaufes eines Hühnerembryos (ca. 4 Tage bebrütet).

1 A. vitellina dextra	4 V. vitellina sinistra	7 Aa. und Vv. umbilicales
2 A. vitellina sinistra	5 V. vitellina cranialis	(die V. umbilicalis dextra
3 V. vitellina dextra	6 V. vitellina caudalis	bildet sich schon am 4. Tag
		der Bebrütung zurück)

Die Wand des Dottersackes wird ähnlich wie bei den Säugetieren von dem viszeralen Blatt des Mesoblasten und dem Entoblasten gebildet. Durch das **Exocoel** wird der Dottersack von dem aus parietalem Mesoblasten und Ektoblasten bestehenden **Chorion** getrennt.

Das **Amnion** geht als Faltamnion aus dem Schluß der Amnionfalten über dem Embryo hervor (Abb. 106 und 108) und läßt die geräumige **Amnionhöhle**, in der der Embryo in der **Amnionflüssigkeit** zu liegen kommt, entstehen.

Die **Allantois** hat wie bei den Säugetieren ihren Ursprung aus dem Endteil des Primitivdarmes (der Kloake). Sie wächst in das Exocoel aus und vergrößert sich in relativ kurzer Zeit. Schließlich erfüllt sie das gesamte Exocoel, so daß sowohl der Dottersack als auch das Amnion von der Allantois umgeben wird. Nach außen verschmilzt das Amnion mit dem Chorion zum **Allantochorion** (tertiäres Chorion), dessen Oberfläche zottenförmige Fortsätze aufweist. Damit geht die Vaskularisation des Chorion einher, und es entsteht der von den *Aa.* und *Vv. umbilicales* gebildete **Allantoiskreislauf** (Abb. 106). Seine Gefäße werden bei Hühnerembryonen ab dem 4. Tag der Bebrütung sichtbar und dienen neben der Ernährung durch den nach der Luftkammer zu gelegenen Abschnitt vor allem dem Gasaustausch.

Die Aufnahme des Eiweißes durch den Embryo erfolgt außer durch den Allantoiskreislauf über eine offene **Chorion-Amnion-Verbindung (Eiweißkanal)** in Form eines aktiven

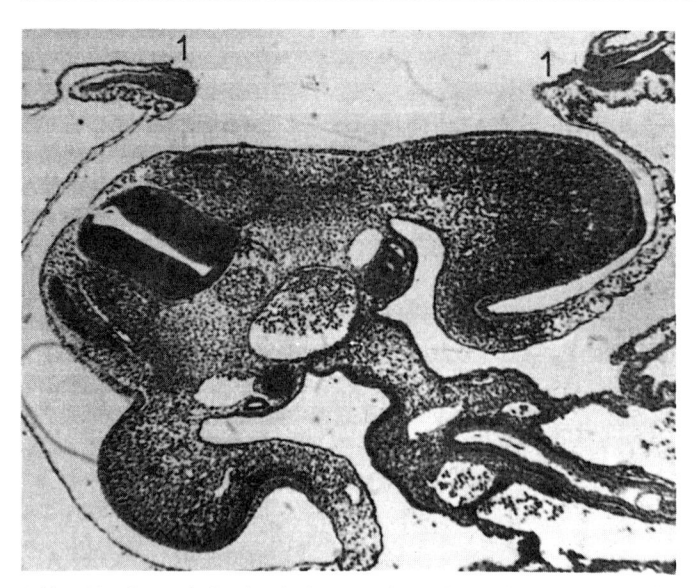

Abb. 108. Querschnitt durch einen Embryo des Huhnes (kurz vor dem Schluß der Amnionfalten). Hämatoxylin-Eosin-Färbung, ca. 15fache Vergr. (Mikrofoto).
1 Amnionfalten

Eiweißschluckprozesses. Dieser Prozeß ist vom 13.—18. bzw. 19. Tag nachweisbar. Auf seine Funktion weist u. a. die Differenzierung der Magendrüsen zu dieser Zeit hin.

Der Allantoiskreislauf verödet schon vor dem Schlüpfen durch das zunehmende Schwinden der Amnionflüssigkeit und die Anlagerung der Amnionwand in Höhe der Luftkammer an die Allantois. Dadurch wird der Beginn der **Lungenatmung** ermöglicht.

In Vorbereitung des Schlupfvorganges beginnt sich beim Huhn am 19. Tag der Bebrütung der Dottersack durch den Nabel in die Leibeshöhle zurückzuziehen. Dieser Vorgang ist am 20. Tag beendet und der Nabel nach dem gleichzeitigen Ablösen der Nabelgefäße geschlossen. Nach dem Durchstoßen der inneren Schalenhaut befindet sich zu dieser Zeit der Schnabel des Kükens in der Luftkammer. Es erfolgt eine volle Lungenatmung. Mit Hilfe des „**Eizahnes**", einer hornartigen Epithelverdickung am Schnabel, bricht das Küken zunächst eine kleine Öffnung in die Kalkschale. Diese Öffnung wird schnell vergrößert, und das Küken schlüpft.

9.7. Zeitlicher Ablauf der Embryonalentwicklung

● **Huhn**

Die Darstellung des zeitlichen Ablaufes der Embryonalentwicklung beim Huhn erfolgt an Hand der „Normentafel zur Entwicklungsgeschichte des Huhnes (Gallus domesticus)" von Keibel und Abraham (1900), der von Hamburger und Hamilton (1951) beschriebenen Entwicklungsstadien, der von Künzel (1962) veröffentlichten Schrift zur „Entwicklung des Hühnchens im Ei" sowie nach den aus eigenen Untersuchungen gesammelten Erfahrungen. Die Zeitangaben stellen die Bebrütungsdauer dar. Sie sind Durchschnittswerte. Auf Abweichungen, die verschiedene Ursachen haben können, soll nur allgemein hingewiesen werden. Zur Bebrütungsdauer wird jeweils in Klammern das entsprechende Stadium nach Hamburger und Hamilton angeführt. Die Größe der Embryonen stellt die mit einem Faden über die Medianlinie des Rückens gemessene Länge von der Schnabelspitze bis zum Schwanzende dar.

$^1/_2$ Tag (Stadium 3)

Die Keimscheibe besitzt einen Durchmesser von ca. 5 mm. Deutliche Trennung der birnenförmigen, hellen inneren *Area pellucida* (umfaßt beim Vogel auch den Embryonalschild) von der dunkleren äußeren *Area opaca*. Der Primitivstreifen reicht vom kaudalen Rand bis annähernd zum Zentrum der *Area pellucida* und zeigt schon eine sich nach hinten vertiefende **Primitivrinne**.

$^3/_4$ Tag (Stadium 4)

Der Primitivstreifen erreicht annähernd seine maximale Länge (1,8 bis 2,8 mm) und erstreckt sich über $^2/_5$ bis $^3/_4$ der birnenförmigen *Area pellucida*. Ausbildung des **Primitivknotens** mit der **Primitivgrube**.

1 Tag (Stadium 6)

Mit ca. 20 Stunden wird der **Kopffortsatz** ausgebildet. Vor ihm ist zu dieser Zeit die sogenannte „Kopffalte" zu sehen. Sie begrenzt als mesodermale Bildung das vordere Ende des Embryos, welches sich dadurch abzuheben beginnt. Urwirbel sind noch nicht sichtbar.

Die **Neuralfalten** beginnen sich auszubilden. Die ersten **Blutgefäßanlagen** werden sichtbar. Der Durchmesser der Keimscheibe (bis zum Umwachsungsrand) beträgt ca. 1,3 cm. Seitlich der *Area pellucida* und *Area opaca* hebt sich die *Area vitellina* hervor.

$1^1/_4$ Tag (Stadium 9)

Gekennzeichnet durch das Vorhandensein von 7 Somiten. Die einige Stunden vorher ausgebildeten Neuralfalten vergrößern sich, und die Neuralrinne beginnt sich im vorderen Bezirk des Embryos zu schließen. Erstes Auftreten der **primären Augenblasen**. Die paarigen **Herzanlagen** beginnen zu verschmelzen. Verstärktes Auftreten von sogenannten **Blutinseln** in dem äußeren Teil *(Area vasculosa)* der *Area opaca*.

$1^1/_2$ Tag (Stadium 10)

Gekennzeichnet durch das Vorhandensein von 10 Somiten. Weitgehende Verschmelzung der Neuralfalten zum **Neuralrohr**. Schon deutliche Ausbildung der 3 **Gehirnbläschen** (mit noch offenem vorderen Neuroporus). Erste Anlage des **Ohrgrübchens** und beginnende Ausbildung der **Wolffschen Gänge**. Weitere Herausdifferenzierung von Blutinseln.

2 Tage (Stadium 12)

Gekennzeichnet durch 16 Somite. An dem Kopf, der ein wenig nach links gedreht ist, hebt sich das **Telencephalon** ab. Der vordere Neuroporus ist geschlossen, der hintere steht vor dem Schließen. Die Augenblasen mit dem Stiel sind deutlich sichtbar, und das Ohrgrübchen wird tiefer. Erste Anlage des Darmteiles der **Hypophyse**, Ausbildung der **Kiemenanlagen** (1. und 2. Kiementasche sichtbar). Erste Anlage des Primitivdarmes in Form der **vorderen Darmbucht** zu erkennen. Die Herzanlage erreicht eine S-förmige

Biegung. Beginnende Lumenbildung in den weiter entwickelten Wolffschen Gängen. Die Kopffalte des Amnions umgibt das gesamte Vorderhirn. Beginn der Differenzierung der Gefäßanlagen aus den sich vermehrenden Blutinseln. Die *Area opaca* wird dadurch völlig zur *Area vasculosa*. Der Gesamtdurchmesser des Keimes (bis zum Umwachsungsrand) beträgt jetzt 2,8 cm. Die *Area pellucida* mit dem Embryo weist Schuhsohlenform auf.

$2^1/_2$ Tage (Stadium 17)

Die Anzahl der Somite beträgt 29 – 32. Der Embryo ist durch die weitere Differenzierung der in den vorangegangenen Stunden entstandenen **Kopf-, Hals- und Rumpfflexur** gekennzeichnet. Das Neuralrohr ist vollständig geschlossen. Nach dem **Extremitätenhökker** der Vordergliedmaße (einige Stunden vorher) hebt sich auch der der Beckengliedmaße ab. Die **Schwanzknospe** biegt sich nach ventral um. Weitere Herausbildung der in den vorangegangenen Stunden entstandenen **vorderen** und **hinteren Darmbucht** des Primitivdarmes. Weitere Differenzierung des Kiemenbogenapparates. Die Rachenmembran beginnt einzureißen. Ausbildung der Trachealrinne und beginnende Bildung der **primären Lungenknospen**. Anlage der Glomerula der **Urniere**. Das Herz steht mit der strichförmigen Aorta in Verbindung. Die Amnionfalten haben sich weiter entwickelt und stehen vor dem Schluß bzw. sind (vor allem im vorderen Bereich) schon vereinigt. Beginnende Ausbildung der **Allantois**. Der Umwachsungsrand liegt unter dem „Äquator". In der *Area vasculosa* ist peripher der *Sinus terminalis* entstanden. Von diesem gehen die *Vv. vitellinae craniales* aus, die sich mit dem kaudalen Abschnitt der Herzanlage *(Sinus venosus)* verbinden. Aus der Aorta beginnen sich die *Aa. vitellinae laterales* zu entwickeln.

3 Tage (Stadium 20)

Die Anzahl der Somite beträgt 40 – 43. Unsegmentiert bleibt die Spitze des nach ventral eingebogenen Schwanzes. Die Extremitätenhöcker haben sich zu den abgeflachten **Extremitätenstummeln** weiterentwickelt. Dabei überragt die Anlage der Beckengliedmaße die des Flügels deutlich an Größe. Die 3 Gehirnbläschen sind gut unterscheidbar. Die Hemisphärenanlagen sind zu erkennen. Die **Viszeralbögen** sind deutlich ausgebildet. Der **Maxillarfortsatz** hebt sich gut ab. Die kurze Zeit vorher schon angelegten **Lebergänge** und die **Pankreasanlage** sowie die Anlage des **Magens** kennzeichnen den Primitivdarm. Der Embryo krümmt sich nach ventral ein und erreicht seine für diese Zeit der Entwicklung typische dorsokonvexe Krümmung.

Das Amnion ist geschlossen, die unterschiedlich große Allantoisanlage enthält schon ein Lumen. Von den Dottersackgefäßen ist die *V. vitellina caudalis* entstanden, während die *V. vitellina cranialis dextra* in der Entwicklung zurückgeblieben ist.

4 Tage (Stadium 24)

Die ventrale Einkrümmung des Schwanzes ist in Verbindung mit der weiteren Ausbildung der Rückenkrümmung noch stärker geworden. Die Flügel- und Gliedmaßenanlage sind deutlich schaufelförmig. Die **Fußplatte** der Beckengliedmaße ist im Gegensatz zur Digitalplatte der Flügelanlage ausgeprägt, jedoch sind die Fußstrahlen noch nicht sichtbar. Weitere Differenzierung der Viszeralbögen und des Primitivdarmes. Auffallend sind große **Augenanlagen**, an welchen inzwischen die **Linse** entstanden ist. Die Wolffschen Gänge münden in die Kloake.

Anlage der **Nierenknospen**. Das Amnion ist vollständig ausgebildet. Die Allantois ist blasenförmig und erreicht schon die Höhe des Vorderhirns. Am Dottersackkreislauf hat sich das typische sekundäre asymmetrische Bild entwickelt, d. h., die *Aa. vitellina s.*

omphalomesenterica (lateralis) dextra et *sinistra* werden von den *Vv. vitellina* s. *omphalomesenterica (lateralis) dextra* et *sinistra* begleitet, während die *Vv. vitellina cranialis* et *caudalis* ohne Begleitung von Arterien bleiben.

5 Tage (Stadium 27)

Durch die weitere Zunahme der Rückenkrümmung liegen das Kopf- und Schwanzende nahe beieinander. Der Embryo ist u. a. durch die Differenzierung der **primären Nasenhöhlen** (primäre Muscheln und Choanen), die weitere Differenzierung der großen Augenanlagen, die Anlage der **Bogengänge des Ohres**, das auffallende Hervortreten des **Herzwulstes**, die beginnende Bildung der **Bronchen** und die Untergliederung der Extremitätenanlagen gekennzeichnet. An deren proximalen zylindrischen Teilen wird das **Ellbogen-** bzw. **Kniegelenk** sichtbar. An der Fußplatte deutlicher als an der distalen schaufelförmigen Digitalplatte der Flügelanlage sind die **Zehen-** bzw. **Fingerstrahlen** zu erkennen.

Auffallend ist die weitere Umbildung der Kiemenbogen. Die Anlage des **Schnabels** ist, wenn auch noch sehr undeutlich, zu erkennen. Die **Müllerschen Gänge** beginnen sich zu bilden und der **Geschlechtshöcker** wird sichtbar. Die Bildung des Dottersackes ist durch das nahezu vollkommene Umwachsen durch den peripheren Teil der Keimanlage weitgehend abgeschlossen. Zwischen dem sich immer deutlicher abhebenden Embryo und den Hüllen und Anhängen bildet sich der **Nabelstrang** heraus. In der Allantois, die, abgesehen vom Rücken und den Extremitätenanlagen, den gesamten Embryo bedeckt, werden die **Allantoisgefäße** zunehmend sichtbar.

6 Tage (Stadium 29)

Der Embryo hat eine Größe von ca. 4 cm erreicht. Neben dem durch das Verwischen der Gesichtsfortsätze bedingten deutlicheren Hervortreten des Schnabels beginnt sich der **Hals** abzuheben. An den Extremitätenanlagen gehen die Herausbildung und Differenzierung der Strahlen zu Fingern und Zehen weiter. Erste Anlage der **Magendrüsen**, **Pankreasanlagen** verschmelzen. Ausbildung der **Bursa Fabricii**. Die Bronchen sind schon deutlich verästelt. Weitere Differenzierung der Augenanlage (Pecten, Irisanlage u. a.). Die Area vasculosa, in der sich der Sinus terminalis weiter zurückgebildet hat, bedeckt ca. $^2/_3$ des Dottersackes. Die Allantois umgibt den Embryo auf der rechten Seite völlig. Der Embryo liegt in der prall gefüllten Amnionhöhle und zeigt schon deutliche Bewegungen. Durch allmähliches Einsinken in den Dottersack verlagert er sich mehr in die Tiefe.

7 Tage (Stadium 31)

Der Embryo besitzt eine Größe von ca. 5 cm. An der Körperoberfläche werden die **Federanlagen** sichtbar. Ihre Ausbildung (in Form von Reihen) erstreckt sich in dieser Zeit auf den gesamten Rücken. Dazu kommen einzelne Federanlagen seitlich am Oberschenkel und eine undeutliche Reihe beiderseits am Schwanz. Der **Eizahn** ist sichtbar. An den Extremitäten, in deren Knochenanlagen die **Ossifikation** beginnt, setzt die charakteristische Drehung ein.

Anlage des **Kropfes**. Die Ureteren münden neben den Wolffschen Gängen selbständig in die Kloake. In den Eihäuten sind neben den Dottersackgefäßen deutlich die **Allantoisgefäße** ausgeprägt. Von der *A.* und *V. umbilicalis dextra* und *sinistra* bildet sich bald nach der Anlage die *V. umbilicalis dextra* zurück, so daß sie zu dieser Zeit schon nicht mehr zu sehen ist. Ab 7. bis 8. Tag bleibt auch die *A. umbilicalis dextra* in ihrer Ausbildung allmählich zurück (jedoch bis zum Schluß vorhanden), so daß das Bild von der *A.* und *V. umbilicalis sinistra* beherrscht wird.

8 Tage (Stadium 34)

An dem $5-5^{1}/_{2}$ cm großen Embryo wird die definitive Kopfform sichtbar. Die **Mandibula** verlängert sich stark und beginnt, wie auch die anderen Schädelknochen, zu verknöchern. Der Eizahn ist deutlich zu erkennen. Der Herzwulst ist verschwunden. An den Gliedmaßen ist die Drehung vollendet, die Verknöcherung schreitet fort. Die **Gelenke** sind angelegt, das unterschiedliche Wachstum der 2., 3. und 4. Zehe wird sichtbar. Die Federanlagen breiten sich weiter aus (ventrale Seite des Halses, Flügel u. a.). Die Allantois überzieht den gesamten Embryo.

9 Tage (Stadium 35)

Der Embryo besitzt eine Größe von ca. 6 cm. Die Kopf- und Körperform hat sich durch Verlängerung des Schnabels und des Halses weiter herausgebildet. Zwischen den Zehen und Fingern kommt es zur Auflösung der Interdigitalmembranen. Am Auge, das durch seine Größe auffällt, erfolgt ein zunehmendes Wachstum der **Nickhaut**. Die **Augenlider** beginnen den Augapfel zu überwachsen. Die Umbildung der **Kiemenbogenarterien** zu dem definitiven Arterienbild (bis auf den *Ductus arteriosus*) ist abgeschlossen. Der Dottersack besitzt seine maximale Größe.

10 Tage (Stadium 36)

Die Federanlagen überziehen nahezu den gesamten Körper. Die **Flugfedern** heben sich deutlich ab. Am Kopf treten die Augenlider hervor.

Die Nasenöffnung hat sich mit der weiteren Differenzierung des Schnabels auffallend verengt. Die **Zehen** erreichen annähernd ihre definitive Form. Die Müllerschen Gänge erreichen das Epithel der Kloake. Das schon in den vorangegangenen Tagen sichtbare Zurückbleiben der rechten weiblichen Keimdrüse in der Entwicklung wird deutlicher.

11 Tage (Stadium 37)

An den Zehen ist in Verbindung mit der beginnenden **Verhornung** deutlich die Bildung der **Krallen** zu erkennen. An der Plantarfläche der Zehen werden die **Ballen** sichtbar. Am Kopf zeigt der am Vortag schon angelegte **Kamm** eine Zackung. Die Nickhaut hat den vorderen Winkel der Hornhaut erreicht. Die Augenlider bedecken z. T. die Kornea, so daß ein ovaler Lidspalt sichtbar wird. Die Federanlagen haben an Zahl und Größe zugenommen. Der Dottersack wird schlaffer und weist eine Faltenbildung auf.

12 Tage (Stadium 38)

Der Embryo hat eine Größe von ca. $8^{1}/_{2}$ cm erreicht und zeigt eine beginnende **Lageveränderung** durch eine horizontale Drehung um die senkrechte kurze Achse des Eies. Dazu kommen Lageveränderungen um die Längsachse des Embryos. Durch die zunehmende Verhornung haben sich die Krallen und Ballen der Zehen weiter herausgebildet. Die Federanlagen werden an großen Teilen des Körpers zu kleinen **Federn**. Durch die zunehmende Vergrößerung der Augenlider kommt es zu einer Verkleinerung der Lidspalte. Der Kamm erstreckt sich bis in die Höhe der Augen.

13 Tage (Stadium 39)

Die Größe des Embryos beträgt ca. $8^{1}/_{2}-9$ cm. Der zunehmend verhornende Schnabel mit der Nase (einschließlich Nasenspalte) hat sich völlig herausgebildet. Die Hornhaut ist bis auf einen schmalen Spalt von den Augenlidern bedeckt. Am Flügel ist die in den vorangegangenen beiden Tagen entstandene **Daumenkralle** deutlich zu erkennen. Die Drehung des Embryos hat ca. 90° erreicht. Auffällig ist die zunehmende Erschlaffung des Dottersackes.

Durch den Chorion-Allantois-Kanal beginnt die zusätzliche Aufnahme von Eiweiß durch den Eiweißschluckprozeß.

14 Tage (Stadium 40)

Der Schnabel zeigt eine zunehmende Verlängerung. Das Federkleid wird immer deutlicher. An den Gliedmaßen sind dorsal deutlicher als ventral die **Hornschuppen** und **Hornwarzen** sichtbar. Am Lauf erfolgt dabei die Differenzierung von proximal nach distal.

15–18 Tage (Stadium 41–44)

Die Entwicklung des Embryos ist gekennzeichnet durch eine Größenzunahme von ca. 10 cm am 15. Tag, auf ca. 12 cm am 18. Tag. Damit geht die weitere Verlängerung des Schnabels und der Zehen einher. Durch die Verhornungsvorgänge wird an beiden Körperteilen die definitive Ausbildung weitgehend erreicht. Die Federn nehmen rasch an Länge zu und lassen das **embryonale Federkleid** entstehen. Der Dottersack verkleinert sich rasch, und das Eiweiß ist am 18. Tag (vorwiegend durch den Eiweißschluckprozeß) nahezu völlig aufgebraucht. Der Allantoissack schrumpft gleichfalls stark. Dadurch legt sich das Amnion über dem Embryo der Wand der Luftkammer an, und es wird die Möglichkeit zum Einsetzen der Lungenatmung geschaffen.

19 und 20 Tage (Stadium 45)

Der Embryo erreicht am 20. Tag eine Größe von ca. 13 cm und ist schlupfreif. Der Dottersack verlagert sich im allgemeinen am 20. Tag in die Bauchhöhle. Durch diese Rückverlagerung und nach dem Abtrennen der Allantoisgefäße schließt sich der Nabel unter vorübergehender starker Erweiterung (Durchmesser 18–24 mm). Nach der völligen Verödung der Allantoishöhle und dem Durchtrennen der inneren Schalenhaut im Gebiet der Luftkammer durch den Embryo setzt die **Lungenatmung** voll ein. Die Bauchwand des Embryos ist deutlich kaudoventral vorgewölbt. Am Ende des 20. Tages beginnt der **Schlupfvorgang** durch das Aufbrechen der Schale mit Hilfe des Eizahnes.

21 Tage (Stadium 46)

An diesem Tag erfolgt bei einer Größe des Embryos von $13-13^{1}/_{2}$ cm im allgemeinen das Schlüpfen des nun voll entwickelten Kükens.

- **Gans**

Die Embryonalentwicklung der Gans erfolgt auf Grund der längeren Brutzeit langsamer. Dies trifft insbesondere auf die Spätentwicklung, in geringerem Maße auf die Frühentwicklung zu. Nach eigenen Befunden werden kurz einige Hinweise zum Ablauf der Embryonalentwicklung der Gans gegeben. Die Maßangaben stellen Durchschnittswerte von Messungen an mehreren Embryonen dar.

2. Tag

Die Keimscheibe ist auf der Dotterkugel deutlich zu erkennen. Die Keimblattbildung ist nahezu abgeschlossen, es beginnt die Amnionbildung.

3. Tag

Die Keimscheibe wird größer ($1,5 \times 1,2$ cm). Beginnende Bildung der Gefäße in der Area vasculosa. Umbildung der Keimblätter, Amnionbildung.

4. Tag

Die Keimscheibe besitzt einen Durchmesser von 3 cm. Herausbildung des Dottersackkreislaufes, Embryo erreicht Zylinderform, Kopfbildung, deutlich Augenanlagen zu sehen. Das Amnion ist weitgehend geschlossen.

5. Tag

Durchmesser der Keimscheibe 4 cm. Weitere Ausbildung der Dottersackgefäße. Am Embryo Augenanlage besonders auffällig. Embryo deutlich eingerollt. Zunehmende Vergrößerung der Amnionhöhle.

7. Tag

Embryolänge 1,7 cm. Umwachsungsrand dringt über den Äquator des Eies vor. Dottersackkreislauf voll ausgebildet. Embryo noch stärker eingerollt. Augenanlage stark pigmentiert.

8. Tag

Allgemein starkes Wachstum, Schluß des Umwachsungsrandes zum Dottersack. Anlagen der Gliedmaßen deutlich sichtbar. Beginn der Schnabelbildung. Anlage der Allantois.

10. Tag

Umwachsungsrand völlig geschlossen. Völlige Ausbildung der Allantois mit dem Allantoiskreislauf. Embryolänge 5 cm, Schnabellänge 0,3 cm. Vergrößerung der Gliedmaßen. Zehenbildung.

12. Tag

Deutliche Größenzunahme des Embryos (Länge 6 cm). Weitere Herausbildung des Kopfes und der Gliedmaßen, erste Anlagen von Federn in Form der Federfluren. Schnabellänge 0,7 cm, Länge der 3. Zehe 0,5 cm.

14. Tag

Federanlagen nehmen zu. Drehung des Embryos, dadurch erhält der Kopf seine typische, seitwärts gerichtete Lage. Schnabellänge 1,2 cm, Länge der 3. Zehe 0,9 cm.

16. Tag

Länge des Embryos 9,5 cm, Federanlagen nehmen an Größe zu, durch Eihäute hindurch deutlich sichtbar. Schnabellänge 1,2 cm, Länge der 3. Zehe 1,2 cm.

18. Tag

Länge des Embryos 11,2 cm. Beginnender Lidschluß am Auge. Weitere Herausbildung der Federn. Schnabellänge 1,3 cm, Länge der 3. Zehe 1,5 cm.

21. Tag

Augen weitgehend geschlossen (bis auf spaltförmige Öffnung). Embryonales Federkleid nahezu am gesamten Embryo voll ausgebildet. Länge des Embryos 13 cm, Schnabellänge 1,35 cm, Länge der 3. Zehe 2,2 cm.

24. Tag

Deutliches Wachsen der Federanlagen am gesamten Embryo. Zunehmende Abnahme der Dottermassen. Beginnende Auflösung der Eihüllen. Länge des Embryos 16 cm, Schnabellänge 1,65 cm, Länge der 3. Zehe 2,45 cm.

28. Tag

Embryo weitgehend schlupfreif. Eihüllen nahezu völlig aufgelöst. Beginn des Schlupfes. Länge des Embryos 20 cm, Schnabellänge 1,75 cm, Länge der 3. Zehe 4 cm.

10. Teratologische Untersuchungen an Vögeln

Der Begriff „**Teratologie**" (Griech. teras = Monster + logia) bedeutet in seinem ursprünglichen Sinne das wissenschaftliche Studium angeborener Mißbildungen. Heute wird er als die Wissenschaft definiert, die sich mit der Ursache, den Mechanismen und der Manifestation von Entwicklungsstörungen struktureller oder funktioneller Art beschäftigt.

Ungeachtet verschiedener Kritiken und der Nichtanerkennung für die präklinische Toxizitätsprüfung ist der **Hühnerembryo** eines der am häufigsten in der teratologischen Forschung verwendeten Testsysteme. Seine Vorteile bestehen in geringen Kosten, ständiger Verfügbarkeit fertiler Eier, kurzer Inkubationszeit, genau bekannter embryologischer Entwicklung des Huhnes, leichter Zugänglichkeit des Embryos sowie darin, in breitem Maßstab experimentieren und biometrisch gesicherte Ergebnisse erhalten zu können. Durch die Umgehung mütterlicher und plazentaler Einflüsse ist es möglich, die direkte Wirkung eines Stoffes auf den Embryo zu untersuchen. Umweltfaktoren wie Temperatur und Luftfeuchtigkeit können genau kontrolliert werden.

Um potentielle Fehler zu vermeiden, sind die sorgfältige Selektion des Tiermaterials, fachkundig ausgeführte Manipulationen und die gründliche Auswertung der Ergebnisse unerläßlich.

10.1. Methodische Aspekte

10.1.1. Tiermaterial

Am häufigsten werden für teratologische Untersuchungen Hühner der Rasse Weiße Leghorn eingesetzt. Seltener werden die Rassen Shaver Starcross und Warren verwendet. Auch die Japanische Wachtel, *Coturnix coturnix japonica*, und Wildvögel finden Verwendung. Obwohl die Rasse Weiße

Leghorn sehr breit genutzt wird, existieren in der Literatur nur wenige Angaben zur **Spontanmißbildungsrate**. Kuhlmann und Kolesari (1984) untersuchten 220 Eier aus einer pathogenfreien Zucht dieser Rasse und fanden folgende Werte:

tote Embryonen	24	= 11,0%
lebende Embryonen	196	= 89,0%
davon mißgebildet	46	= 23,5%
– Anophthalmie	7	= 3,6%
– kaudale Zyste	5	= 2,6%
– Kreuzschnabel	3	= 1,5%
– Aortenbogenmißbildungen	14	= 7,1%
– ventrikuläre Septumdefekte	23	= 11,7%

Auf Grund der relativ hohen Mißbildungsrate des kardiovaskulären Systems ist eine kritische Wertung bisheriger Untersuchungsergebnisse an diesen Organen zu empfehlen. Da die mütterliche Ernährung den Nährstoff- und Vitamingehalt des Eies beeinflußt, sollten die für teratologische Prüfungen eingesetzten Embryonen aus der gleichen Zucht stammen und selbstverständlich genetisch homogen sein. Sowohl bei der Spontanmißbildungsrate als auch hinsichtlich der Reaktion gegenüber verschiedenen Teratogenen treten Rassenunterschiede auf.

10.1.2. Inkubationsbedingungen

Bis zum Beginn der Experimente sollten die Eier bei Temperaturen zwischen 7 und 14 °C maximal 1 Woche lang gelagert werden. Starke Bewegung und Vibration sind zu vermeiden, weil sie Mortalität und Fehlbildungsrate erhöhen können.

Für die Inkubation in kommerziellen Inkubatoren werden eine Temperatur von 37,5 – 38 °C und eine relative Luftfeuchtigkeit von 60 – 85% empfohlen. Höhere Temperaturen steigern die Mißbildungsrate, während geringere das Wachstum des Embryos hemmen und mehr Todesfälle hervorrufen. Abweichungen von der Feuchtigkeit können ebenfalls die Mortalität erhöhen.

Im Inkubator sollten die Eier auf der Seite mit genügend Abstand für eine freie Luftzirkulation gelagert werden. Vier- bis fünfmaliges Drehen der Eier pro Tag imitiert natürliche Brutbedingungen und gewährleistet eine hohe Überlebensrate. Vor der Behandlung des Embryos wird das Ei mittels einer starken Lichtquelle durchleuchtet, um die Lebensfähigkeit des Embryos festzustellen. Innerhalb eines Experimentes müssen alle äußeren Bedingungen konstant gehalten werden, da jeder dieser Faktoren die Überlebens- und Mißbildungsrate beeinflussen kann.

10.1.3. Anzahl der Eier, Dosierungswahl, Applikationslösung

Da für teratologische Prüfungen am Geflügel keine vom Gesetzgeber festgelegten Richtlinien, wie beispielsweise für Nager (EG-, OECD-Richtlinien), existieren, differieren Anzahl der verwendeten Eier und verabreichte Dosierungen entsprechend der Zielstellung der jeweiligen Experimente. Die Gewährleistung der biometrischen Auswertung setzt jedoch neben einer genügend großen Anzahl Eier die Kenntnis der Spontanmißbildungsrate voraus, um die **Nachweisgrenze** einer embryotoxischen Wirkung eindeutig festlegen zu können.

Im allgemeinen werden, wie bei Nagern, 3 Dosierungen in geometrischer Abstufung empfohlen, wobei die höchste Dosis toxisch, jedoch nicht letal für alle Embryonen sein und die niedrigste im physiologischen Anwendungsbereich der jeweiligen Prüfsubstanz liegen soll. Außerdem muß eine Kontrollgruppe, die mit dem Lösungsmittel behandelt wird, mitgeführt werden. In Fällen, wo das Lösungsmittel eventuell selbst eine embryotoxische Wirkung hat, ist zusätzlich eine unbehandelte Kontrollgruppe notwendig.

Es empfiehlt sich, in einer Voruntersuchung 0,1, 1,0 und 10 mg/Ei an jeweils vier Eiern zu prüfen und auf der Basis der Mortalitäts- und Mißbildungsrate das **Dosierungsschema** für den Hauptversuch an jeweils sechs Eiern festzulegen.

In dem von Jelínek (1979) entwickelten „**Chick Embryotoxicity Test**" (**CHEST**) wird für das Abstecken des embryotoxischen Bereiches ein Dosierungsschema in dezimaler geometrischer Abstufung von 1 : 100 bis 1 : 1 000 000 angewendet, beginnend bei 5 mg in 0,5 ml/Ei an jeweils sechs Eiern. Die Verifizierung des embryotoxischen Bereiches wird entsprechend den Ergebnissen der Voruntersuchung an zehn Eiern pro Dosierung vorgenommen.

In Abhängigkeit von der gewählten Applikationsart werden in der Regel 0,1 – 0,5 ml/Ei verabreicht, aber auch höhere Volumina toleriert. Als Lösungsmittel dienen Aqua dest. oder physiologische Kochsalzlösung, für schlecht wasserlösliche Substanzen können 30% Ethanol, 1% Dimethylsulfoxid oder 0,5 – 1% Carboxymethylcellulose verwendet werden. Dabei ist zu beachten, daß unlösliche Substanzen, die als Suspensionen appliziert werden, vom Dotter nicht vollständig resorbiert werden. Alle Lösungen werden unter sterilen Bedingungen zubereitet.

10.1.4. Applikationsmethoden

Die **Behandlungsmethoden** können in **direkte** (Embryo selbst wird behandelt) und **indirekte** (z. B. intaktes Ei wird behandelt) unterteilt werden. Nach dem geprüften Agens unterscheidet man auch zwischen den durch chemische Stoffe (Chemoteratogenese) und den durch andere Methoden (z. B. Röntgenstrahlen, Mikrochirurgie) ausgelösten Wirkungen.

Einzelne Techniken mit entsprechenden Untersuchungsergebnissen werden im Kap. 10.2. beschrieben.

Vor der Anwendung der meisten direkten Applikationsmethoden muß das Ei geöffnet werden. Dazu wird ein kleines Fenster (Methode wird als „Fenstern" bezeichnet) oberhalb des Embryos herausgebrochen. Gleichzeitig wird das stumpfe Ende des Eies angestochen, so daß die Luftkammer am Ende des Eies in Kontakt mit der äußeren Umgebung kommt. Dadurch bewegt sich der Embryo vom Fenster aus gesehen abwärts, wobei die Luftkammer mit Albumin gefüllt wird. Auf diese Weise wird der Embryo während der Behandlung vor Verletzungen und vor der Adhäsion an die Eischale geschützt. Die beiden Eimembranen werden vorsichtig vom Embryo weggezogen, und die Substanz kann appliziert werden. Die Modifizierung dieser Standardtechnik durch zusätzliches Befüllen der Luftkammer mit Albumin oder physiologischer Kochsalzlösung führt zu hohen

Überlebensraten bei Behandlung an den ersten Entwicklungstagen des Embryos. Um den Embryo vor Infektionen zu schützen, sollten alle Manipulationen unabhängig von der Applikationsart aseptisch ausgeführt werden. Die Eier können mit 70% Ethanol abgerieben, die Instrumente mit Ethanol desinfiziert und vor Gebrauch abgeflammt werden. Für die gesamte Untersuchung sollte ein abgeschlossener Raum zur Verfügung stehen. Nach der Behandlung wird das Fenster mit Paraffin oder einem anderen geeigneten Material verschlossen, und das Ei wird reinkubiert.

10.1.5. Behandlungs- und Auswertungszeitpunkt

Behandlungs- und Auswertungszeitpunkt hängen von der Zielstellung der Untersuchung ab. Der Behandlungszeitpunkt richtet sich nach dem Entwicklungsstadium des Embryos, das für die jeweilige Prüfung von Interesse ist. Die Ontogenese des Huhnes wurde von Hamburger und Hamilton (1951) genau untersucht und an Hand externer morphologischer Kennzeichen unabhängig vom chronologischen Alter in einzelne **Entwicklungsstadien** unterteilt (sog. HH-Stadien, s. Kap. 9.7.).

Bei der Altersbestimmung müssen die Unterschiede zwischen den Embryonen beachtet werden; Entwicklungsgeschwindigkeit, relative Geschwindigkeit der Entwicklung einzelner Organe und die Größe des Embryos können variieren. Obwohl die gesamte Reifungsperiode für Hühnerembryonen mit 21 Tagen relativ konstant ist, bestehen Unterschiede im Entwicklungsgrad von Embryonen gleichen Alters.

Für die Untersuchung der embryotoxischen Wirkung vieler Substanzen hat sich der 4. Inkubationstag als geeignet erwiesen. Zu diesem Zeitpunkt können innerhalb der Organogenese bestimmte Organsysteme selektiv beeinflußt werden, ohne den gesamten Embryo durch Intoxikation zu schädigen. Das im Chick Embryotoxicity Test als **Target** ausgewählte **kaudale morphogenetische System** wird durch Applikation am 2., 3. oder 4. Inkubationstag beeinträchtigt.

Bestimmte Substanzen können vom Tag 0 bis Tag 8 oder sogar noch später teratogene Effekte auslösen. Wird eine Substanz zu früh verabreicht, trifft sie möglicherweise auf kein **sensitives System**, zu spät gegeben, ist das sensitive System nicht mehr vorhanden. In ähnlicher Weise kann die gleiche Dosis in unterschiedlichen Entwicklungsstadien verschiedene Folgen haben.

Die Auswertung der Prüfung findet im allgemeinen zwischen dem 16. und 18. Inkubationstag statt. Zu diesem Zeitpunkt entspricht die Gestalt des Embryos derjenigen beim Schlüpfen, und Anomalien können leicht identifiziert werden. Jedoch muß auch der Tötungstag substanzspezifisch gewählt werden, da einige Stoffe einen Mortalitätspeak zwischen 11. und 12. bzw. 14. und 16. Inkubationstag hervorrufen. Um **charakteristische Mißbildungen** aufzuzeigen, müssen die Embryonen bereits an diesen Tagen untersucht werden, da nur normale Embryonen das Ende der Inkubationsperiode erreichen würden. Beim CHEST werden die Embryonen am 8. Inkubationstag, dem Ende der Organogenese, beurteilt.

In die Auswertung sollten makroskopisch und histologisch nachweisbare sowie biochemische Veränderungen einbezogen werden.

Mindestens folgende **Parameter** werden bei einer **teratologischen Prüfung** registriert: Körpermasse und Scheitel-Steiß-Länge, Ödeme, Korneazysten, Augenliddefekte, Hernien, Anomalien in der Federentwicklung, faziales Kolobom, Gaumenspalte, Schnabel-

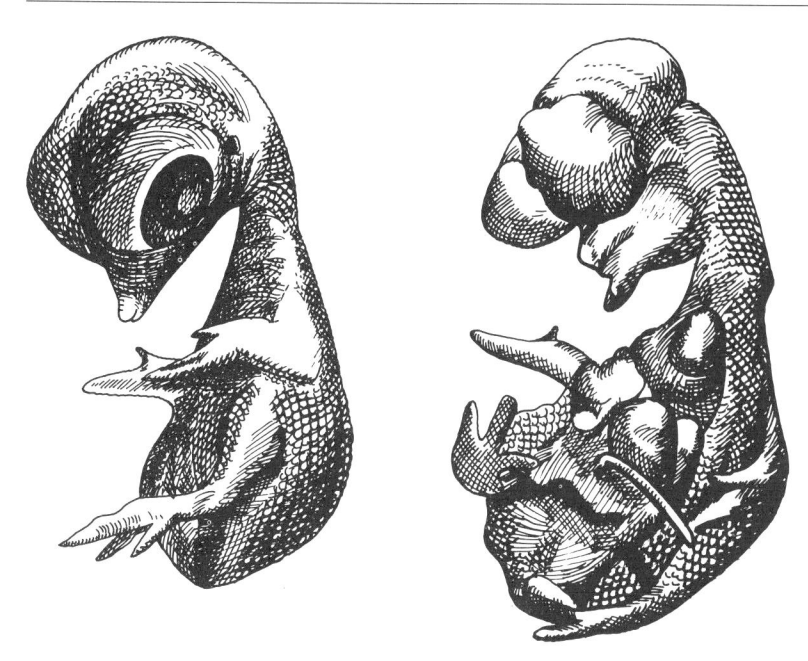

Abb. 109. Normaler 9 Tage alter Hühnerembryo (links) und mißgebildeter 9 Tage alter Hühnerembryo mit Exencephalie, bilateraler Anophthalmie, verkürztem Schnabel sowie Ectopia viscerum (rechts) (nach Persaud, 1979).

mißbildung, Mikromelie, fehlende oder mit Schwimmhäuten versehene Füße, Anzeichen von Wirbelfusionen, Hämorrhagien des Gehirns (Abb. 109).

Nach Aufhellung des Körpers mit Kaliumlauge und Anfärbung des Skeletts mit Alzianblau (Knorpel) und Alizarinrot (Knochen) werden **Skelettanomalien** eindeutig sichtbar. Soll die Auswirkung einer Substanz auf spätere Entwicklungsphasen untersucht werden, läßt man die Küken schlüpfen und studiert während der Aufzucht verschiedene Verhaltensparameter.

10.2. Applikationsarten und Untersuchungsbefunde (Beispiele)

10.2.1. Direkte Methoden

10.2.1.1. Röntgenstrahlen

Mittels einer speziellen Apparatur ließen Ancel und Wolff (1934) **Röntgenstrahlen** zielgerichtet auf den Hühnerembryo im 15-Somiten-Stadium einwirken, wobei durch ein Bleigitter bestimmte Körperregionen vor den Strahlen geschützt waren. Nach

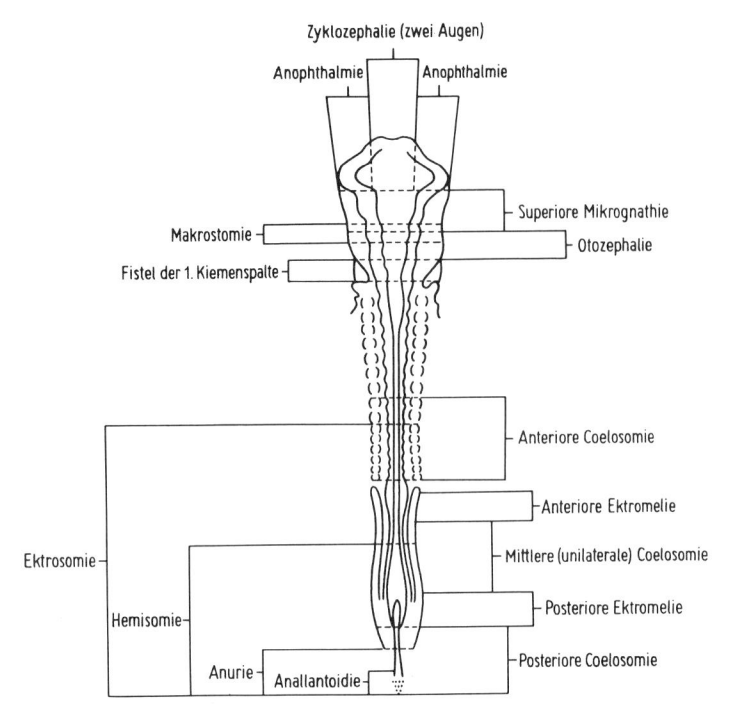

Abb. 110. Lokalisation der Röntgenbestrahlungen und ihre Folgen bei einem Hühnerembryo im 15-Somiten-Stadium (nach Wolff, 1936).

Reinkubation des Embryos über mehrere Tage wurde das bestrahlte Gewebe nekrotisch und verschwand, während sich die umgebenden Gewebeareale normal entwickelten. Wolff (1936) konnte mit Hilfe dieser Methode systematisch alle präsumptiven Gewebe des Hühnerembryos untersuchen und eine Übersicht der beobachteten Mißbildungen erstellen (Abb. 110). Mit diesen Arbeiten wurde der Grundstein für weitere Forschungen zur normalen und anormalen Entwicklung des Hühnerembryos gelegt.

Phillips und Coggle (1988) versuchten den möglichen Einfluß einer relativ hohen Hintergrundstrahlung festzustellen. Sie setzten Eier von Haushühnern und Schwarzkopfmöwen während der Inkubation über 20 Tage kontinuierlich Röntgenstrahlen in Dosen von 0,004 bis 0,8 Gy/h und in einem akuten Experiment am 10. Inkubationstag in Dosen von 1,92 und 28,8 Gy aus. Die Anzahl lebender Küken wurde nach akuten Dosen ab 4,8 Gy und nach chronischen Gaben von 9,6 Gy beeinflußt, wobei ein Mortalitätsmaximum um den 10. und 11. Inkubationstag, ein zweites vor dem Schlüpfen registriert wurde. Außerdem wurden Extremitätenmißbildungen oberhalb akuter oder chronischer Dosen von 9,6 Gy gefunden.

10.2.1.2. Mikrochirurgie

Mit Hilfe mikrochirurgischer Methoden werden vor allem Regulationsprozesse und die Beziehungen zwischen embryonalen präsumptiven Organfeldern untersucht.

Bei Teilung von Entenblastoderm entstehen mißgebildete Embryonen, deren Anzahl der Schnittanzahl entspricht.

Durch Entfernung von Kopfgewebe in frühen Embryonalstadien des Hühnchens läßt sich die Bedeutung von Neuralrohr und Chorda bei der Entstehung von **Kopfanomalien** demonstrieren. Entfernung der Vor- und Mittelhirnbläschen bei 48 Stunden alten Hühnerembryonen führt zu **Synophthalmie** oder vollständiger **Cyclopia**, wodurch der induktive Einfluß der Hirnbläschen auf die Schädelentwicklung aufgezeigt wird.

Martinovitch (1959) transplantierte vor Einsetzen der Blutzirkulation die Köpfe einer schwarzen Hühnerrasse auf weiße Hühnerembryonen, wodurch normale schwarzköpfige Küken entstanden. Die Substitution eines Wachtelhirns durch das eines Hühnchens ergab **Chimären** mit kleinerem, aber normalem Schädel mit Wachtelfedern am Schädeldach (Schowing und Robadey, 1971).

Eine ausführliche Methodenbeschreibung zur Präparation von Hühnerembryonen für die Mikrochirurgie und sich anschließende Beobachtungen liegt von Narayanan (1970) vor.

10.2.1.3. Methoden der Chemoteratogenese

Als erster Embryologe testete Ancel (1950) mehr als 90 **Arzneimittel** an Vögeln. Er wies die selektive Wirkung verschiedener Verbindungen auf embryonale Gewebe und deren Sensitivität gegenüber teratogenen Faktoren in bestimmten Stadien ihrer Entwicklung nach. Diese Stadien definierte er als „Schwelle der teratogenen Sensitivität", nach deren zeitlicher Überschreitung mit der jeweiligen Substanz keine Anomalie mehr hervorgerufen werden kann. Eine systematische Studie des teratogenen Effekts verschiedener Substanzgruppen (Antimetabolite, Nebennierenrindensteroide, Aminosäureabkömmlinge, Schwermetalle) auf den Hühnerembryo wurde von Karnowsky (1964) durchgeführt, in deren Verlauf der 4. Inkubationstag für die Injektion von Substanzen in den Dottersack als sensibelstes Stadium selektiert wurde.

Meinel (1981) prüfte an der Japanischen Wachtel den embryotoxischen Effekt von 13 neuromuskulär blockierend wirkenden Verbindungen, wobei er zeigte, daß schwere Mißbildungen nur durch cholinerge Agonisten und Cholinesterasehemmer hervorgerufen werden.

Eine Übersicht zu Möglichkeiten der **Injektion** gibt Gebhardt (1972):

— *Injektion in den Dottersack*
   Karnowskys (1964) Methode besteht in der Injektion der Substanzen in den Dottersack am 4. Inkubationstag. In das stumpfe Ende des Eies wird ein Loch gebohrt, durch das eine Kanüle in den Dottersack eingeführt wird. Mit einer Tuberkulinspritze kann dann die Lösung injiziert werden. Diese Technik ist relativ einfach, und im allgemeinen überleben Embryonen, die älter als 24 Stunden sind, diesen Eingriff. Der Nachteil der Methode besteht darin, daß nur wasserlösliche Substanzen geeignet sind, da der Dotter nur für diese ein gutes Lösungsmittel darstellt. Möglich ist jedoch auch die Lösung in Propylenglycol, einer nicht teratogenen Substanz.

— *Injektion in den subgerminalen Raum*
   Die Injektion von Substanzen in den subgerminalen Raum wurde von van Dongen (1964) beschrieben.
   Bei der Applikation von Trypanblau (Beaudoin und Wilson, 1958) wurden auf diese Weise mehr Mißbildungen hervorgerufen als bei der Injektion in den Dottersack. Allerdings waren

auch bei den Kontrollen die toten und mißgebildeten Embryonen zahlreicher. Jelínek (1979) wendete diese Methode im Rahmen des CHEST an. Er demonstrierte 1987 makroskopisch-anatomische Veränderungen in Form von **Anomalien** an **Wirbelsäule**, **Augen** und **Extremitäten** nach Gabe von 9-(RS)-(2,3-dihydroxy-propyl)-adenin am 2. Inkubationstag.

– *Injektion in die Allantois*
Diese Technik wird vor allem zum Nachweis der Teratogenität von Mumps- und Influenza-A-Viren angewendet (Robertson et al., 1967). Trypanblau wird auf diesem Wege vom Embryo nicht aufgenommen.

– *Injektion in das Amnion*
Vom 3. Entwicklungstag an kann die Prüfsubstanz in das Amnion injiziert werden. Dabei sind die Konzentrationen der meisten Substanzen im embryonalen Gewebe um das Zweifache geringer als bei Injektion in die unmittelbare Umgebung des Embryos. Auch bei dieser Methode wird bei mit physiologischer Kochsalzlösung behandelten Kontrollen eine hohe Mortalitätsrate beobachtet.

– *Injektion in die Luftkammer*
Fang et al. (1987) verursachten mit der Injektion von 50%igem Ethanol in die Luftkammer **kardiovaskuläre Mißbildungen** bei drei Tage alten Hühnerembryonen. Narbaitz et al. (1985) applizierten am 10. Inkubationstag 1 mg Bleinitrat in die Luftkammer und konnten nachweisen, daß die Anomalien des optischen Systems durch unmittelbar von dem Metallsalz hervorgerufene **Hämorrhagien** entstehen. Narbaitz und Marino (1988) lieferten einen Beitrag zur Aufklärung der Entstehung von **Mikrophthalmie**. Sie injizierten am 5. Inkubationstag 75 ng Cisplatin und wiesen primäre Läsionen in der Ciliarschicht nach.

– *Intravenöse Injektion*
Mit der Entwicklung des Gefäßsystems wird eine intravenöse Injektion möglich. Clark et al. (1985) nutzten die Empfindlichkeit des kardiovaskulären Systems des Hühnchens gegenüber Catecholaminen, um mit der Injektion von Isoproterenol und Propranolol (β-Blocker) in die Vitellinvene am 4. Inkubationstag die Blockerwirkung und die gleichzeitig ausbleibende teratogene Wirkung von Isoproterenol nachzuweisen. Acetylcholin, am 3, 5. Inkubationstag in die Vitellinvene appliziert, ruft **Herzmißbildungen** bei Hühnerembryonen hervor (Nakazawa et al., 1989).

Nach Öffnen des Eies mittels der Fenster-Methode kann die Prüflösung direkt auf den Embryo getropft werden **(topische Applikation)**, mit oder ohne Entfernung der Vitellinmembran.

Mit dieser Methode wurde von Salzgeber und Salaun (1965) die teratogene Wirkung des wasserunlöslichen Thalidomids am Hühnchen nachgewiesen.

Schowing (1982 a, b) erzeugte durch Auftropfen von Cadmiumacetat und -sulfat auf das Blastoderm 42 Stunden alter Hühnerembryonen **anteriore Symmelie**, eine Mißbildung, die auch nach Röntgenstrahlung hervorgerufen wird. Die topische Applikation von L- bzw. D-Carnitin auf die Area vasculosa in Herznähe am 3. und 4. Inkubationstag führte nur in toxischen Dosen (LD_{50}-Bereich) zu **kardiovaskulären Mißbildungen**, wobei die D-Form wirksamer war (Kargas et al., 1985).

Durch Auftropfen von Adrenalin auf die Vitellinmembran über dem Herzen von 96 Stunden alten Hühnerembryonen versuchten Rajala et al. (1988) die Beziehung zwischen funktionellen und strukturellen Defekten zu klären. Sie wiesen nach, daß die Pathogenese **fehlender Aortenbögen** mit Arrythmien bei den jeweiligen Embryonen verbunden war. Außerdem stellten sie fest, daß die durch die Membranen diffundierende Substanzmenge von Embryo zu Embryo variierte.

10.2.2. Indirekte Methoden (Tauchen, Bedampfen)

Das Tauchen der Eier stellt die einfachste indirekte Applikationsmethode dar. Sie wird vor allem zur Untersuchung der Auswirkung von Pestiziden und Unkrautvertilgungsmitteln auf Wildvogelpopulationen angewendet.

Durch Bedampfen von Eiern mit Tetrachlorkohlenstoff zeigten Clemedson et al. (1989) die embryotoxische, jedoch nicht spezifisch teratogene Wirkung der Substanz.

Das Aufbringen von Rohöl aus der Prudhoe Bay am 9. Inkubationstag auf die intakte Eischale nahe der Luftkammer bewirkte **Lebernekrosen, renale Läsionen** und **Ödeme**, die noch am 18. Entwicklungstag nachweisbar waren und damit das Überleben von Wasservögeln gefährden (Couillard und Leighton, 1990 a, b).

10.2.3. Kombinierte Methoden

Zur Beantwortung spezieller entwicklungsbiologischer Fragestellungen ist die Kombination von Injektionsmethoden und Mikrochirurgie geeignet. Griffith und Wiley (1989) untersuchten, ob die durch Retinolsäure ausgelösten vaskulären Läsionen die primäre Ursache für die teratogene Wirkung der Substanz sind. Sie injizierten Hühnerembryonen am 3. Inkubationstag Retinolsäure subblastodermal und transplantierten den Primitivstreifen oder die Schwanzknospen vor der Vaskularisierung auf die Coelomwand unbehandelter Wirtsembryonen. Die Entwicklung der in den Transplantaten befindlichen Gewebe war gestört, woraus die Autoren auf eine direkte Wirkung der Retinolsäure schließen. Auf ähnliche Weise zeigten Miyagawa und Kirby (1989) an Wachtel-Hühnchen-Chimären (Hühnchen mit Wachtelneuralleiste), daß die durch das Kanzerostatikum Nimustinhydrochlorid hervorgerufenen **kardiovaskulären Mißbildungen** beim Hühnchen eine Folge des Zelltodes von Neuralleistenzellen sind.

10.2.4. In-vitro-Methoden

10.2.4.1. Embryokulturen

Um eine Substanz hinsichtlich ihrer toxischen Eigenschaften zu untersuchen, hat sich die In-vitro-Kultur des Hühnerembryos als geeignete Methode erwiesen. Der Embryo besitzt die ausreichende Größe, um jede Veränderung in den Organen und Geweben exakt verfolgen zu können. Im Gegensatz zu der In-ovo-Applikation ist die auf den Embryo einwirkende Substanzkonzentration bekannt und damit die Interpretation der Ergebnisse sicherer. Die Embryokultur ist besonders zur Erklärung früher morphogenetischer Ereignisse von Vorteil, und eine große Anzahl chemischer Stoffe kann unter gleichzeitiger Reduzierung von Tierversuchen sehr effektiv getestet werden.

Einen Überblick über die In-vitro-Techniken und die damit erzielten Testergebnisse gibt Klein (1964).

Allen Methoden sind zwei grundlegende Schritte gemeinsam: Zuerst wird der Embryo zusammen mit extraembryonalem Membrangewebe vom Ei entfernt und dann in ein halbflüssiges Nährmedium zur Kultivierung umgesetzt. Dabei kann für die Art der entstehenden Anomalien von Bedeutung sein, ob der Embryo mit seiner ventralen oder dorsalen Seite auf das Kulturmedium aufgebracht wird.

Für die Kultivierung früher Embryonalstadien fand die Methode nach New (1955) weite Verbreitung, da

— In-ovo-Bedingungen gut simuliert werden,
— Kulturmedium (dünnflüssiges Albumin, Eiextrakt) unmittelbar vor Anwendung unter Zusatz der Prüfsubstanzen leicht zu präparieren ist,
— Nährstoffe während der Inkubation leicht ergänzt werden können,
— frühe Ontogenese von Huhn und Mensch vergleichbar sind.

Eine ausführliche Methodenbeschreibung zur In-vitro-Kultivierung auf dem Stadium der Gastrulation und in der weiteren Entwicklung in Silikonkammern bis zum 4. Entwicklungstag gaben Kučera und Burnand (1987). Als Inkubationsmedium verwendeten sie Albumin und Tyrodelösung im Verhältnis 1:1.

Dunn et al. (1981) dehnten die In-vitro-Kultur bis zu 21 Tagen aus, wobei die Embryonen ein mittleres Alter von 15 Tagen erreichten. Dabei traten jedoch Nachteile wie inkompletter Einschluß des Eiinhaltes durch die Chorioallantois mit mangelhafter Absorption von Albumin in das Amnion oder Wachstumsretardierung durch fehlendes Calcium der Eischale auf.

Mit Hilfe der Methode nach New (1955) prüften Lee und Nagele (1985) im 4-Somiten-Stadium den Einfluß von Lokalanästhetika auf den Schluß des Neuralrohres. Sie konnten die schädigende Wirkung dieser Substanzen auf Struktur und Funktion der Mikrofilamente in den neuroepithelialen Zellen mit folgender Hemmung des Neuralrohrschlusses nachweisen. Ebenfalls der Aufklärung des Mechanismus von **Neuralrohrdefekten** diente der Zusatz von Verapamil (Lee und Nagele, 1986), Xylocain (Lee et al., 1988) sowie von Diazepam (Nagele et al., 1989) zum Kulturmedium. Diese Arbeiten unterstreichen die Bedeutung des kultivierten Hühnerembryos für die Aufklärung der bei der Entstehung von Neuralrohrdefekten ablaufenden Vorgänge, wobei in allen Fällen der Angriffspunkt der geprüften Substanzen an den Mikrofilamenten der neuroepithelialen Zellen lag.

10.2.4.2. Zell- und Organkulturen

Kulturen von **Neuralleistenzellen** sowie von **mesenchymalen Extremitätenknospenzellen** des Hühnerembryos werden zur Untersuchung des Einflusses von Chemikalien auf die Zelldifferenzierung eingesetzt. Die Neuralleistenzellen können sich in Abhängigkeit vom verwendeten Kulturmedium zu neuronartigen Zellen oder zu Pigmentzellen differenzieren. An der Primärkultur der mesenchymalen Extremitätenknospenzellen kann durch Anfärbung mit Alzianblau am 4. Kulturtag der Nachweis der **Chondrogenese** und ihrer Beeinflussung durch zugesetzte Prüfsubstanzen erbracht werden. Wiger et al. (1989) prüften die Eignung dieses Tests zum Nachweis von Proteratogenen. Sie setzten den Kulturen neben Cyclophosphamid zur Aktivierung der Biotransformation den S9-Überstand von

Lebern mit polychlorierten Biphenylen vorbehandelter Ratten oder die Hepatozyten solcher Ratten zu. Letzteres Aktivierungssystem erwies sich als das wirksamere, es konnten toxische Metaboliten des Cyclophosphamids im Kulturmedium und eine Hemmung der Proliferation und Proteoglycanakkumulation nachgewiesen werden.

An einer Kultur der Tibia von 8 Tage alten Hühnerembryonen prüfte Hall (1985) den in ovo bekannten **skelettmißbildenden Effekt** von Thalliumsulfat, was den Nachweis einer direkten Wirkung von Thallium auf die Tibia ergab.

10.3. Extrapolation von Untersuchungsergebnissen

Aus der Zusammenstellung von Literaturdaten zu den Ergebnissen teratologischer Prüfungen an verschiedenen Tierarten ist zu ersehen, daß Substanzen, die am Hühnchen teratogen wirken, im allgemeinen den gleichen Effekt an Ratte, Maus und Kaninchen haben. Außerdem ähneln die am Hühnchen hervorgerufenen Anomalien denen, die bei Säugetieren und Menschen beschrieben werden. Dies erscheint zunächst auf Grund der ontogenetischen Unterschiede überraschend, doch ist zu bedenken, daß viele Teratogene ihre Wirkung am Säuger vor der Bildung der Plazenta entfalten.

Für die Entwicklung vom Blastulastadium bis zum Ende der embryonalen Ontogenese wurde die annähernd gleiche Geschwindigkeit für Huhn, Ratte und Maus festgestellt. Nach intraamnionaler Applikation embryotoxischer Substanzen ergibt sich eine gute Übereinstimmung der Wirkung am Hühnchen und an der Maus. Die Unterschiede in der **Speziesspezifität** sind nicht hauptsächlich auf die unterschiedliche Sensitivität der Embryonen, sondern auf verschiedene Einflüsse aus der Umgebung bzw. über den mütterlichen Organismus zurückzuführen.

Der Hühnerembryo stellt ein empfindliches und dynamisches System für die teratologische Prüfung und Forschung dar, das gegenüber anderen embryologischen Modellen neben guter Handhabbarkeit den Vorteil des direkten Zugriffs zum Embryo bietet.

Die Kritik der WHO am Einsatz von Hühnerembryonen innerhalb der teratologischen Prüfung zielt auf dessen hohe, nicht spezifische Sensitivität. Durch gründliche, exakt geplante und ausgewertete Studien konnte jedoch im Verlauf des letzten Jahrzehnts die Berechtigung teratologischer Prüfverfahren an Hühnerembryonen weiter untermauert werden.

Die In-vitro-Kultur von Embryonen kann auf dem Gebiet der experimentellen Teratologie als ergänzende Methode bei der Aufklärung von Wirkungsmechanismen in definierten, relativ kurzen Perioden der Embryonalentwicklung dienen, wobei sie In-ovo-Untersuchungen nicht ersetzen kann.

11. Kreislaufsystem

Zum Kreislaufsystem, *Systema cardiovasculare*, gehören das Herz, die Arterien und die Venen. Dem Kapitel zugeordnet wird weiterhin das Blut. Die hämatopoetischen Organe werden im Kapitel 12 behandelt.

11.1. Herz

Das Herz, *Cor* (Abb. 111 und 112), liegt im kranialen Abschnitt der einheitlichen Leibeshöhle. Es ist vom **Herzbeutel**, *Pericardium*, umschlossen. Die fibröse Außenschicht des Herzbeutels, das *Pericardium fibrosum*, ist über ein *Lig. hepatopericardiacum* mit den Leberbauchfellsäcken verbunden. Der dorsal an die Bifurkation der Trachea, den Esophagus und das Septum horizontale angrenzende Abschnitt ist die *Basis pericardii*. Die **Herzbeutelhöhle**, *Cavitas pericardialis*, wird von dem mit dem Pericardium fibrosum verwachsenen *Pericardium serosum parietale* und dem das Herz überziehenden *Pericardium serosum viscerale* s. *Epicardium* begrenzt. Die Herzbeutelhöhle enthält einige Tropfen schwach gelblicher seröser Flüssigkeit, den *Liquor pericardii*.

Die Längsachse des Herzens verläuft von kraniodorsal nach kaudoventral mit leichter Neigung nach rechts. Als **Herzbasis**, *Basis cordis* s. *Facies pulmonalis*, werden die der Lunge zugewandten Vorkammerabschnitte bezeichnet, welche in Höhe der zweiten Rippe gelegen sind. Die **Herzspitze**, *Apex cordis*, weist in Richtung Brustbein und liegt in einer Querebene durch die fünfte bis sechste Rippe. Die beiden Herzflächen, *Facies ventrocranialis* und *Facies dorsocaudalis*, sind dem Sternum bzw. der Leber zugewandt. Der rechte Herzrand ist konkav, der linke gerade oder konvex.

Das dunkel- bis blaurote Herz des Vogels hat, wie das Säugerherz, einen dreischichtigen Aufbau aus *Epicardium*, *Myocardium* und *Endocardium*. Es hat die Gestalt eines mehr oder weniger spitzen Kegels. Seine relative Masse (bezogen auf die Körpermasse) ist

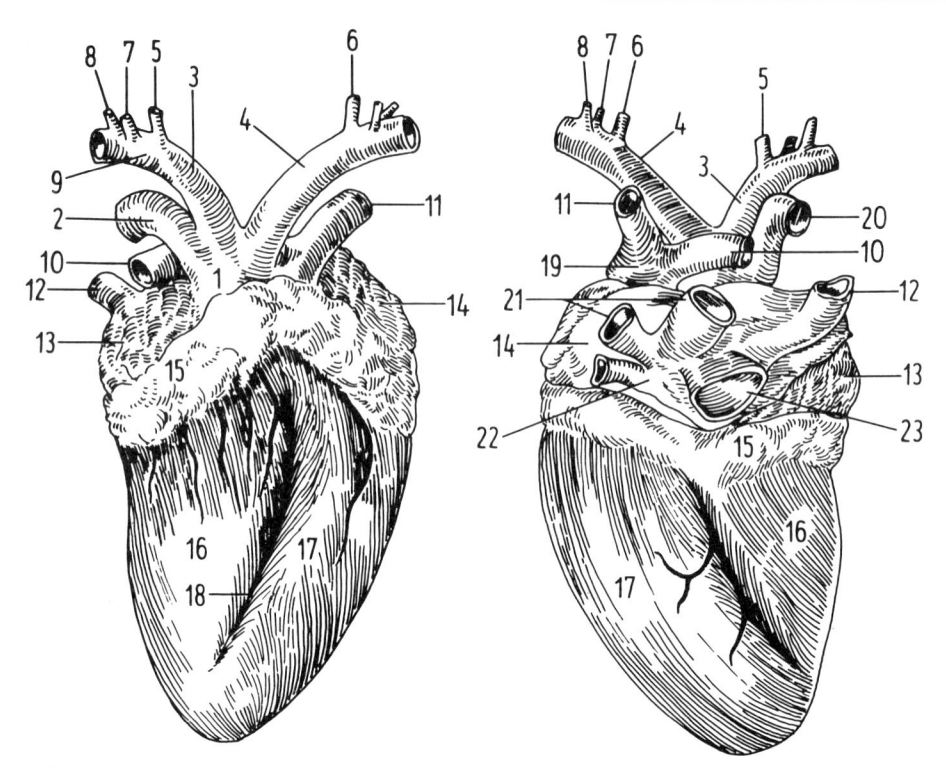

Abb. 111. Herz der Gans, Facies ventrocranialis (links) und Facies dorsocaudalis (rechts) (geändert nach Ghetie, 1976).

1 Aorta ascendens
2 Arcus aortae
3 A. brachiocephalica dextra
4 A. brachiocephalica sinistra
5 A. carotis communis dextra
6 A. carotis communis sinistra
7 Truncus pectoralis
8 A. axillaris
9 A. subclavia
10 A. pulmonalis dextra
11 A. pulmonalis sinistra
12 V. cava cranialis dextra
13 Atrium dextrum
14 Atrium sinistrum
15 Sulcus coronarius
16 Ventriculus dexter
17 Ventriculus sinister
18 Sulcus interventricularis paraconalis
19 Truncus pulmonalis
20 Aorta descendens
21 Vv. pulmonales
22 V. cava cranialis sinistra
23 V. cava caudalis

größer als beim Säuger. Die relativen Herzmassen der in ihrer Körpermasse vergleichbaren Tierarten Sperling und Maus verhalten sich wie 2,0 – 2,8 : 1.

Gute Flieger haben eine höhere relative Herzmasse als schlechte Flieger. Für das Huhn sind 0,5 – 1,42 %, für das Truthuhn 0,5 %, für Ente und Gans 0,8 % und für die Taube 1,1 – 1,4 % Anteil der Herzmasse an der Körpermasse ermittelt worden.

Ebenso wie das Herz des Säugers besteht das Vogelherz aus einer linken arteriellen und einer rechten venösen Hälfte, von denen jede eine **Vorkammer**, *Atrium*, und eine **Herzkammer**, *Ventriculus*, umfaßt. Äußerlich sind die Vorkammern von den Herzkammern durch eine mit Fettgewebe angefüllte **Kranzfurche**, *Sulcus coronarius* s. *atrioventricularis*, getrennt. Die beiden Herzkammern sind durch flache, schräg zur Herzachse verlaufende Längsfurchen äußerlich getrennt. Auf der Facies ventrocranialis verläuft der *Sulcus interventricularis paraconalis* von links dorsal nach rechts herz-

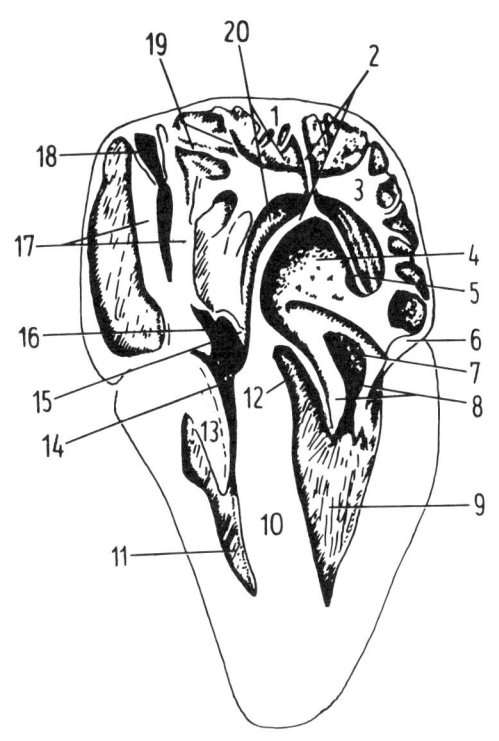

Abb. 112. Innere Ansicht des Herzens vom Huhn (nach Baumel, 1979).

1 Arcus longitudinalis dorsalis	8 Valva atrioventricularis sinistra	14 Ostium atrioventriculare dextrum
2 Septum interatriale	9 Cavitas ventriculi sinistri	15 Septum sinus venosi
3 Arcus transversus sinister	10 Septum interventriculare	16 Ostium v. cavae cranialis sinistrae
4 Atrium sinistrum	11 Cavitas ventriculi dextri	17 Valva sinuatrialis
5 Valva v. pulmonalis	12 Vestibulum aortae	18 Sinus venosus
6 M. basiannularis	13 Valva atrioventricularis dextra	19 Mm. pectinati
7 Ostium atrioventriculare sinistrum		20 Recessus sinister atrii dextri

spitzenwärts. Die Facies dorsocaudalis weist den von links dorsal nach rechts herzspitzenwärts verlaufenden *Sulcus interventricularis subsinuosus* auf. Die beiden Vorkammern erheben sich kuppelartig über dem Sulcus coronarius.

Die etwas größere **rechte Vorkammer**, *Atrium dextrum*, hat eine dünnere Wand als die linke Vorkammer. Von der Wand ragen netzartig verzweigte Muskelbalken, *Mm. pectinati*, in das Vorkammerlumen. Die beiden Vorkammern sind durch eine Scheidewand, das *Septum interatriale*, getrennt. Embryonal ist das Septum durch *Perforationes interatriales* durchbrochen, die den Übertritt des Blutes von der rechten in die linke Vorkammer ermöglichen und funktionell dem Foramen ovale der Säuger entsprechen. Mit Eintritt der Lungenatmung schließen sich diese Perforationen, ohne Spuren zu hinterlassen. Damit gibt es beim Vogel kein Äquivalent zur Fossa ovalis der Säuger.

Wie beim Säuger ist auch beim Vogel ein mehr oder weniger deutlich ausgebildeter *Sinus venosus* vorhanden, in den über ein *Ostium venae cavae caudalis* die hintere Hohlvene und über ein *Ostium venae cavae cranialis dextrae* die rechte vordere Hohlvene münden. Gut ausgebildet ist der Sinus venosus beim Huhn. Gegen das rechte Atrium ist er durch eine *Valva sinuatrialis* abgesetzt, in welche sich *Mm. pectinati valvae* erstrecken. Die linke vordere Hohlvene mündet über das *Ostium venae cavae cranialis sinistrae* direkt in den Hohlraum der rechten Vorkammer, *Cavitas atrii dextri*, der vom Sinus venosus durch ein *Septum sinus venosi* getrennt wird. Über *Ostia venarum cardiacarum* münden die *V. cardiaca dorsalis* sowie die *V. cardiaca sinistra* und über *Forr. venarum minimarum* die *Vv. cardiacae minimae* in die Cavitas atrii dextri. Eine vom Drüsenmagen kommende *V. proventricularis cranialis* kann entweder mit einem *Ostium venae proventricularis cranialis* im rechten Vorhof oder in der V. cava cranialis sinistra , kurz vor deren eigener Einmündung enden.

Typisch für das Vogelherz ist ein tubulärer *Recessus sinister atrii dextri*, der sich nach links über die Medianebene bis zum Bulbus aortae erstreckt. Diese Ausbuchtung der rechten Vorkammer ist gegen die linke Vorkammer durch das *Septum interatriale* abgegrenzt. Die blind endende Ausbuchtung der rechten Vorkammer, ihrer Gestalt entsprechend **rechtes Herzohr**, *Auricula dextra*, genannt, zieht rechts um die Aorta und den Truncus pulmonalis. Während beim Huhn die kranialen Abschnitte beider Gefäße nicht bedeckt werden, bilden bei der Taube das rechte und das linke Herzohr eine Brücke über diesen. Am Boden der rechten Vorkammer befindet sich der Zugang zur rechten Herzkammer, das *Ostium atrioventriculare dextrum*.

Die **linke Vorkammer**, *Atrium sinistrum*, ist kleiner als die rechte, besitzt aber eine etwas kräftigere Wandmuskulatur. In diese Vorkammer münden die beiden Lungenvenen über je ein *Ostium venae pulmonalis*. Mit dem Eintritt in die linke Vorkammer verschmelzen die beiden Lungenvenen zu einem Gefäß, das sich zur linken Atrioventrikularöffnung hin vorstülpt. Diese eingestülpte Vene bildet die *Camera pulmonalis*, deren freier linker Rand das Blut direkt in den linken Ventrikel leitet und die Camera pulmonalis vom Hohlraum der linken Vorkammer, *Cavitas atrii sinistri*, trennt. Der freie Rand der Camera pulmonalis verhindert den Blutrückstrom in die Lungenvenen und wird deshalb als *Valva venae pulmonalis* bezeichnet. Die linke Vorkammer weist ebenfalls *Forr. venarum minimarum* als Mündungsstellen der *Vv. cardiacae minimae* auf. Das **linke Herzohr**, *Auricula sinistra*, zieht links um den Truncus pulmonalis.

Die von den *Mm. atriales* (Abb. 112) gebildeten Wände der Vorkammern sind unterschiedlich dick, dünnschichtige „Fenster" sind von stärkeren Muskelbändern eingerahmt. Unmittelbar kaudal der Aorta findet sich eine solide Schicht von Vorkammermuskulatur, die als *Arcus longitudinalis* zu den Öffnungen der Pulmonalvenen zieht. Dieser Bogen sendet Ausläufer nach beiden Seiten. Ein *Arcus transversus sinister* liegt dorsal am Truncus pulmonalis, ein *Arcus transversus dexter* kaudal der rechten A. brachiocephalica. Die Muskelbögen verzweigen sich in ein Netzwerk von Muskelzügen, *Mm. pectinati*. Am Boden der Vorkammern bilden die Muskeln eine zirkuläre Lage, die als *M. basiannularis* in Höhe des Sulcus coronarius angeordnet ist.

Die Muskulatur der Vorkammern und der Herzkammern ist auch beim Vogel durch bindegewebige **Faserringe**, *Annuli fibrosi*, vollständig getrennt. Diese bilden mit den *Trigona fibrosi* das **Herzskelett**, welches der Herzmuskulatur als Ursprung und Ansatz dient. Gut entwickelt sind diese Strukturen um das Ostium atrioventriculare sinistrum und den Aortenursprung. Das rechte Trigonum fibrosum ist der dickste Anteil des Herzskeletts und liegt unmittelbar dorsal des Aortenursprungs. Das linke Trigonum fibrosum befindet sich zwischen den Faserringen der Aorta und der linken Atrioventrikularklappe. In den Faserringen finden sich auch knorpelige Stützelemente, die sogenannten **Herzknorpel**.

Die **rechte Herzkammer**, *Ventriculus dexter*, ist der linken in Gestalt einer im Querschnitt halbmondförmigen Tasche aufgelagert. Ihr trichterförmiger kranialer Abschnitt, der *Conus arteriosus*, führt zum Ostium trunci pulmonalis.

Die Wand des rechten Ventrikels ist deutlich dünner als die des linken. Er erstreckt sich nur über zwei Drittel der Distanz zwischen Sulcus coronarius und Herzspitze. Das apikale Drittel des Herzens wird allein von der linken Kammer gebildet. Im Bereich des halbmondförmigen *Ostium atrioventriculare dextrum* bildet die Wandmuskulatur eine in die *Cavitas ventriculi dextri* ragende dreieckige Muskelplatte, *M. valvae atrioventricularis dextrae*, deren wulstiger freier Rand am Ostium trunci pulmonalis beginnt, an der atrialen Kontur der Herzkammer nach apikal zieht und die Atrioventrikularöffnung lateral begrenzt. Die mediale Begrenzung bildet das **Kammerseptum**, *Septum interventriculare*. Diese Muskelplatte bildet als *Valva atrioventricularis dextra* die Verschlußeinrichtung des Ostium atrioventriculare dextrum, die während der Kammersystole den Blutrückfluß in das Atrium verhindert. Sie ist somit das Analogon der Valva tricuspidalis der Säuger. Der atriumseitige Abschnitt der Klappe ist nach links über eine segelförmige Membran mit dem Kammerseptum verbunden. Links der Atrioventrikularklappe wölbt sich zwischen beiden Herzohren der *Conus arteriosus* mit dem *Ostium trunci pulmonalis*. In der Öffnung des Truncus pulmonalis liegt die aus drei **halbmondförmigen Klappen**, *Valvulae semilunares*, bestehende *Valva trunci pulmonalis*, die den Rückstrom des Blutes während der Ventrikeldiastole verhindert. Wie in die beiden Vorkammern münden auch in die rechte Herzkammer *Vv. cardiacae minimae* über *Forr. venarum minimarum* in der Kammerwand.

Die **linke Herzkammer**, *Ventriculus sinister*, hat eine drei- bis viermal dickere Wand als die rechte. An der Herzspitze jedoch ist die linke Ventrikelwand relativ dünn. Ihr Hohlraum, *Cavitas ventriculi sinistri*, hat eine spitztrichterförmige Gestalt. Von der Wand ragen längs verlaufende Muskelleisten, *Trabeculae carneae*, in das Lumen. Nahe der Kammerbasis verschmelzen die Trabekel zu drei *Mm. papillares*, die in Richtung Atrioventrikularöffnung weisen. Von den Papillarmuskeln ziehen kurze **Sehnenfäden**, *Chordae tendinae*, zu den Zipfeln der **linken Atrioventrikularklappe**, *Valva atrioventricularis sinistra*. Diese entspringt als Endokardduplikatur am Annulus fibrosus des *Ostium atrioventriculare sinistrum*. Es sind drei **Zipfel** oder **Segel** ausgebildet, von denen die *Cuspis sinistra* und die *Cuspis dorsalis* klein, die septumständige *Cuspis dextra* auffallend groß sind. Jeder Zipfel erhält Sehnenfäden von den zwei angrenzenden Papillarmuskeln. Die Anheftung der Fäden erfolgt nahe der freien Ränder der Klappenzipfel. Dadurch wird das Rückströmen des Blutes in die linke Vorkammer während der Kammersystole verhindert. Als *Vestibulum aortae* wird der kraniale, zum Ostium aortae führende Abschnitt der linken Ventrikelhöhle bezeichnet. Im *Ostium aortae* befindet sich eine Klappe, *Valva aortae*, die, wie jene im Truncus pulmonalis, aus drei *Valvulae semilunares* besteht.

Die Kammermuskeln, *Mm. ventriculares*, sind in Schichten mit unterschiedlichem Verlauf der Muskelfaserbündel angeordnet. Die oberflächlichen Lagen werden durch den *M. sinuspiralis* und die *Pars superficialis* des *M. bulbospiralis* dargestellt. Der *M. sinuspiralis* zieht vom Dorsalsegment der Ventrikelbasis in dem Uhrzeigersinn entgegenlaufenden Spiralen herzspitzenwärts, wo er nach innen umbiegt und den größten Teil der Ventrikelinnenwand bildet. Er erstreckt sich bis zum Annulus fibrosus der linken Atrioventrikularklappe. Die rechte Atrioventrikularklappe stellt eine Abspaltung des M. sinuspiralis dar. Die *Pars superficialis* des *M. bulbospiralis* zieht vom Ventralsegment der Ventrikelbasis in ebenfalls dem Uhrzeigersinn entgegengesetzt laufenden Spiralen zur Herzspitze. Dort wenden sich die Fasern um und verlaufen in Spiraltouren zwischen Pars profunda des M. bulbospiralis und M. sinuspiralis zum fibrösen Aortenring.

Der *M. longitudinalis ventriculi dextri* und die *Pars profunda* des *M. bulbospiralis* bilden die tiefen Lagen der Ventrikelmuskulatur. Der *M. longitudinalis ventriculi dextri* entspringt am Aortenring. Er bildet die mediale (septale) Wand des rechten Ventrikels, verläuft spiralig über die Ventralfläche des linken Ventrikels und verschmilzt mit der Pars superficialis des M. bulbospiralis. Die *Pars profunda* des *M. bulbospiralis* entspringt unter der Pars superficialis, ihre Fasern bilden einen geschlossenen Ring um die Basis des linken Ventrikels.

Das **Reizbildungs- und Erregungsleitungssystem**, *Systema conducens cardiacum* (Abb. 113), des Vogelherzens wird gebildet durch den **Sinuatrialknoten**, *Nodus sinuatrialis*, dessen subendokardiale und periarterielle Verzweigungen, *Rami subendocardiales et Rami periarteriales atriales*, den **Atrioventrikularknoten**, *Nodus atrioventricularis*, den *Annulus atrioventricularis dexter* und das **Atrioventrikularbündel**, *Fasciculus atrioventricularis*, mit seinem rechten und linken Schenkel, *Crus dextrum* und *Crus sinistrum*, sowie den ventrikulären subendokardialen und periarteriellen Verzweigungen, *Rami subendocardiales et periarteriales ventriculares*.

Das System wird von modifizierten Herzmuskelzellen dargestellt und umfaßt drei Zelltypen, die Knotenzellen, die Bündelzellen und die Zellen der peripheren Endaufzwei-

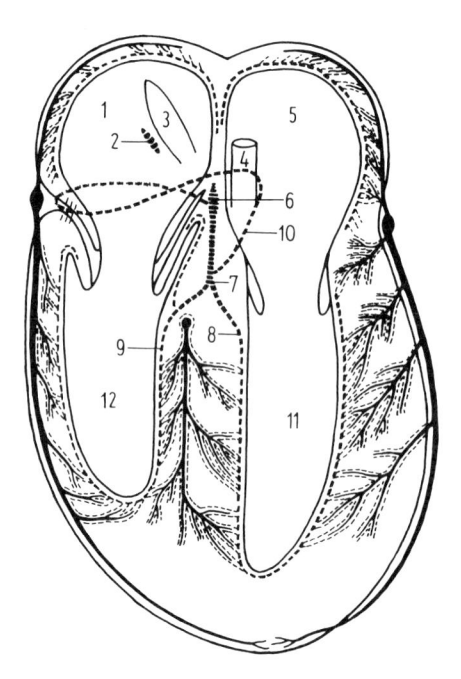

Abb. 113. Reizbildungs- und Erregungsleitungssystem des Vogelherzens, schematisch. Herzeigengefäße schwarz, Purkinje-Fasern gestrichelt (nach Schummer, 1973).

1 Atrium dextrum	5 Atrium sinistrum	9 Crus dextrum
2 Nodus sinuatrialis	6 Nodus atrioventricularis	10 Ramus recurrens des Crus sinistrum
3 Ostium venae cavae caudalis	7 Fasciculus atrioventricularis	11 Ventriculus sinister
4 Aorta	8 Crus sinistrum	12 Ventriculus dexter

gungen. Alle drei Zelltypen werden als **Purkinje-Zellen** bezeichnet. Die Herzimpulse werden im nodalen Gewebe erzeugt und über das Atrioventrikularbündel, seine Schenkel und die Endaufzweigungen zu den eigentlichen Herzmuskelzellen weitergeleitet. Die Knotenzellen unterliegen der Regulation durch die autonomen Nerven.

Der *Nodus sinuatrialis* liegt in der rechten Vorkammerwand, mit tierartlichen Variationen seiner Position, beim Huhn zwischen V. cava caudalis und V. cava cranialis dextra, entweder unter dem atrialen Epicardium oder innerhalb des Myocardium an der Basis der Valvula sinuatrialis dextra. Die atrialen endokardialen und periarteriellen Verzweigungen verhalten sich wie die ventrikulären und werden dort beschrieben.

Das Myokard der Atria und der Ventrikel ist durch das Herzskelett vollständig voneinander getrennt. Eine Verbindung besteht nur über spezialisiertes leitendes Gewebe in Gestalt des Nodus atrioventricularis, des Fasciculus atrioventricularis und des Annulus atrioventricularis dexter. Der *Nodus atrioventricularis* ist im kaudodorsalen Teil des Septum interatriale, leicht ventral und links des Ostium v. cavae cranialis sinistrae gelegen. Nach ventral verengen sich die nodalen Zellstränge zum *Fasciculus atrioventricularis* **(Hissches Bündel)**, der im kranialen interventrikulären Septum nach ventral zieht. Nach dem ersten Viertel der Distanz bis zur Herzspitze teilt sich das Bündel innerhalb des Septums in zwei Schenkel, das *Crus dextrum* und das *Crus sinistrum*.

Das *Crus dextrum* läuft rechtsseitig subendokardial im Septum nach apikal und verzweigt sich in die *Rami subendocardiales et periarteriales ventriculares*, die **Purkinje-Fasern**. Erstere stellen den Kontakt zu den eigentlichen Herzmuskelzellen her, letztere penetrieren das Myokard und verzweigen sich im periarteriellen Bindegewebe. Dort wo das Crus dextrum seine subendokardiale Lage erreicht, zweigt nach kranial ein kleiner Ast zur rechten Atrioventrikularklappe ab.

Das *Crus sinistrum* hat die Gestalt eines breiten flachen Bandes. Es verhält sich ansonsten wie das Crus dextrum. Proximal der Aufzweigung des Atrioventrikularbündels wird ein rückläufiger Ast, *Ramus recurrens*, abgegeben, der zunächst im Septum aufsteigt. An der Septumbasis liegt er ventral des linken Ostium atrioventriculare. Anschließend durchläuft er dorsokaudal den Aortenring, um sich mit einem Bündel zu vereinigen, welches vom Atrioventrikularknoten kommend um das Ostium atrioventriculare dextrum zieht. Dadurch entsteht der aus Purkinje-Fasern bestehende *Annulus atrioventricularis dexter*.

11.2. Arterien

Bei den Vögeln sind, wie bei den Säugern, drei Typen von Arterien zu unterscheiden: 1. die kleinen, präkapillaren Arterien oder Arteriolen, 2. die mittelgroßen, herzfernen muskulösen Arterien, 3. die großen, herznahen elastischen Arterien. Ihre Wände haben den üblichen dreischichtigen Aufbau aus *Tunica intima* s. *Intima, Tunica media* s. *Media* und *Tunica externa* s. *Externa*. Der Kreislauf ist ebenfalls in einen kleinen oder Lungenkreislauf und einen großen oder Körperkreislauf geschieden.

Aus der rechten Herzkammer entspringt der venöses Blut führende *Truncus pulmonalis* (Abb. 111). Wegen des im Lungenkreislauf geringeren Druckes ist seine Wand dünner als die der Aorta. An der Basis des Lungenarterienstammes ist ein *Sinus trunci pulmonalis*, der aus einer linken, einer rechten und einer dorsalen Abteilung besteht. In jeder Abteilung ist eine *Valvula semilunaris* der *Valva trunci pulmonalis* plaziert. Der kurze Truncus pulmonalis zieht nach links und dorsal, wobei er links und ventral der Aortenwurzel liegt. Nach rechts grenzt er an die linke A. brachiocephalica und teilt sich dort in die *A. pulmonalis dextra* und die *A. pulmonalis sinistra*. Beide Lungenarterien haben ein gleiches Verzweigungsmuster, welches mit dem der Lungenvenen korrespondiert, jedoch nicht mit dem intrapulmonalen Verzweigungsmodus des Bronchalbaumes übereinstimmt. Die Äste der Lungenarterien setzen sich fort in *Aa. interparabronchiales* und *Arteriolae intraparabronchiales*, um sich dann in der Wand der Lungenpfeifen in das **respiratorische Kapillarnetz** aufzulösen.

Die *Aorta* entspringt unter Bildung einer Erweiterung, des *Bulbus aortae*, aus der linken Herzkammer. Der Bulbus wird von drei *Sinus aortae* (Abb. 118) geformt, wobei im *Sinus sinister* und im *Sinus dexter ventralis* Öffnungen für den Ursprung der Koronararterien vorhanden sind. Der dritte Sinus ist der *Sinus dexter dorsalis*. Während der Ventrikelsystole werden die Valvulae semilunares der Aortenklappe in diese Sinus gedrückt. Der aufsteigende Teil der Aorta, die *Aorta ascendens*, ist umgeben von anderen Abschnitten des Herzens, ventral vom Conus arteriosus, seitlich von den Herzohren und dorsal von der Interatrialregion. In der Wand der aufsteigenden Aorta, wie auch des Truncus pulmonalis, finden sich **Chemo-** und **Barorezeptoren**, *Glomera aortica* und *Glomera pulmonia*. Die Aorta ascendens bildet einen nach rechts gerichteten Bogen, *Arcus aortae*, der den Herzbeutel durchbohrt und dann den kraniomedialen Abschnitt der rechten Lunge erreicht. Als *Aorta descendens* verläuft sie danach zwischen rechter Lunge und Esophagus nach kaudal und erreicht die Brustwirbelsäule in Höhe des 4.–5. Brustwirbels.

Die Abzweigungen der Aorta ascendens sind die **Herzkranzarterien**, *Aa. coronaria dextra et sinistra* (Abb. 114), sowie die noch innerhalb des Herzbeutels entspringenden *Truncus brachiocephalicus dexter et sinister* (Abb. 118).

Die Herzkranzarterien verzweigen sich in der Nähe ihres Ursprungs in einen *R. superficialis* und einen *R. profundus*. Im Gegensatz zu den Säugern sind die tiefen Äste stärker an der Blutversorgung des Myokards beteiligt als die oberflächlichen. Die Stämme der Rami superficiales verlaufen im Sulcus coronarius und sind gewöhnlich in subepikardiales Fett eingebettet. An die Muskulatur der Vorkammern und Ventrikel werden Zweige abgegeben, die teilweise unter dem Epikard sichtbar sind. Von der *A. coronaria sinistra* zweigt ein *R. interatrialis* für die Versorgung des nodalen Gewebes ab. Die *A. coronaria dextra* entläßt *Rr. conales* für den Conus arteriosus. Die *Rr. profundi* der Herzkranzarterien geben Zweige an die Ventrikelmuskulatur und das Septum interventriculare ab.

Der paarige *Truncus brachiocephalicus* versorgt Kopf, Hals, Flügel und Brustregion. Der Ursprung beider Stämme erfolgt links aus der aszendierenden Aorta. Nach kurzem kraniolateralem Verlauf teilt sich jeder Stamm in eine *A. carotis communis* und eine *A. subclavia* (Abb. 115 und 118). Diese Aufspaltung ist ventral der V. jugularis gelegen. Die Aa. carotides und die Aa. subclaviae formen ventral am distalen Abschnitt der

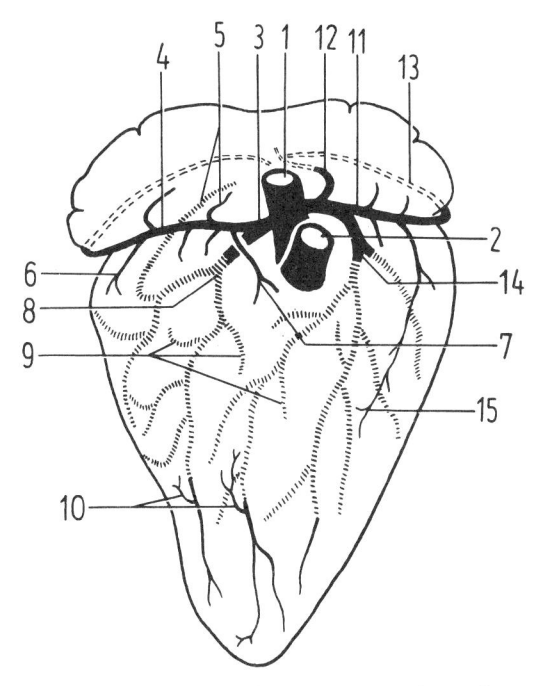

Abb. 114. Koronararterien am Herzen des Huhnes, schematisch, Facies ventrocranialis (nach Baumel, 1979).

1 Aorta ascendens	7 Ramus conalis	11 A. coronaria sinisitra,
2 Truncus pulmonalis	8 Ramus profundus der	Ramus superficialis
3 A. coronaria dextra	A. coronaria dextra	12 Ramus interatrialis
4 Ramus superficialis	9 Rami septales	13 Ramus circumflexus
5 Rami atriales	10 Rami recurrentes der	14 Ramus profundus
6 Ramus ventricularis	Rami ventriculares	15 Ramus ventricularis

Trachea einen charakteristischen Rhombus. Die kurze A. subclavia zieht nach lateral in die Körperwand, wo sie die *A. axillaris* (Abb. 119) entläßt und sich als *Truncus pectoralis* fortsetzt. An der Abzweigung der A. axillaris wird nach kaudal eine kleine *A. sternoclavicularis* abgegeben. Diese versorgt mit mehreren Ästen den M. supracoracoideus sowie die Innen- und Außenseite der kranialen Brustbeinregion.

Nach kranial entläßt die A. subclavia bei den Galliformes eine *A. esophagotrachealis*, die an der Trachea aszendiert. Ebenfalls aus der A. subclavia entspringt die *A. thoracica interna*, die mit einem dorsalen und einem ventralen Ast medial der Rippen nach kaudal zieht und die ventralen Interkostalarterien abgibt. Die zwei kräftigsten Abzweigungen der A. subclavia sind die aus dem *Truncus pectoralis* s. *A. thoracica externa* entspringenden *Aa. pectoralis cranialis et caudalis* (Abb. 119) zur Versorgung der Brustmuskulatur.

Die Arterien des Halses sind Verzweigungen der *A. carotis communis* (Abb. 115). Diese teilt sich nach kurzem kranialen Verlauf in eine *A. carotis interna* und einen *Truncus vertebralis*. Von der A. carotis communis zweigt eine kleine *A. esophagotracheobronchialis* nach kaudomedial ab, welche Äste an die Trachea, den Syrinx, die Hauptbronchen, den Esophagus, den Drüsenmagen und die Schilddrüse entläßt. Weitere *Aa. thyroideae* kommen direkt von der A. carotis communis und den Aa. vertebrales.

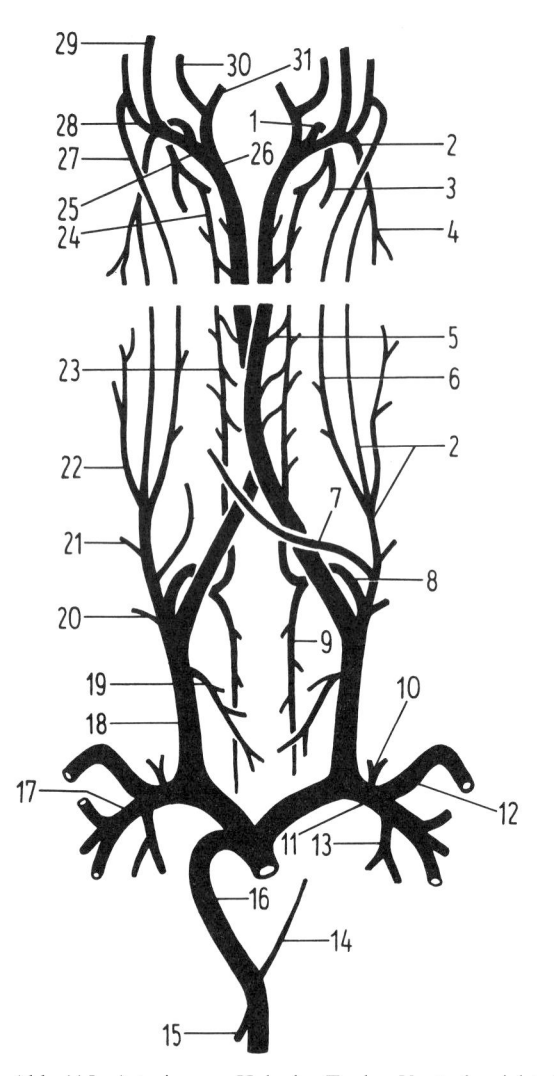

Abb. 115. Arterien am Hals der Taube, Ventralansicht, Hals verkürzt gezeichnet (nach Baumel, 1979).

1 A. occipitalis
2 A. comes n. vagi
3 A. occipitalis superficialis
4 A. cutanea cervicalis descendens
5 Anastomosis zwischen A. carotis interna und A. vertebralis ascendens
6 A. esophagealis ascendens
7 A. ingluvialis
8 Truncus vertebralis
9 A. vertebralis descendens
10 A. sternoclavicularis
11 A. subclavia
12 A. axillaris
13 A. thoracica interna
14 Ligamentum aortae
15 A. celiaca
16 Arcus aortae
17 Truncus pectoralis
18 A. carotis communis
19 A. esophagotracheobronchialis
20 A. suprascapularis
21 A. transversa colli
22 A. cutanea cervicalis ascendens
23 A. vertebralis ascendens
24 Anastomosis zwischen A. occipitalis profunda und A. vertebralis ascendens
25 A. carotis externa
26 A. carotis interna
27 A. esophagealis descendens
28 A. mandibularis
29 A. maxillaris
30 A. ophthalmica externa
31 A. carotis cerebralis

Der Truncus vertebralis gibt nach kurzem Verlauf die *A. comes nervi vagi* ab, die weiter kranial zieht. Der Vertebralisstamm versorgt unter Teilung in eine *A. vertebralis ascendens* und eine *A. vertebralis descendens* Wirbelsäule und Muskulatur des Halses sowie das Halsmark. Die aufsteigende Vertebralarterie zieht durch die Foramina transversaria der Halswirbel schädelwärts. An der Schädelbasis anastomosiert sie mit der A. occipitalis profunda. Mehrere **Anastomosen** werden auch mit der A. carotis interna ausgebildet. Die absteigende Vertebralarterie tritt durch das Foramen vertebrale des letzten Halswirbels und liefert die ersten zwei bis drei *Aa. intercostales dorsales*.

Die *A. comes nervi vagi* verläuft gemeinsam mit dem N. vagus und der V. jugularis schädelwärts. Sie versorgt mit abzweigenden *Aa. ingluviales* den Kropf sowie mit einer *A. esophagealis ascendens* die Speiseröhre und die Trachea. Äste werden außerdem an den Thymus und die Haut abgegeben. Eine *A. suprascapularis* dient der Versorgung von Muskulatur und Haut in der Schulter-Armregion.

Die **Arterien des Kopfes** der Vögel sind durch eine Vielzahl von Anastomosen zwischen den Hauptgefäßen charakterisiert. Die Fließrichtung in den dadurch entstehenden arteriellen Schleifen hängt ab von den lokalen Druckverhältnissen. Die Schleimhaut der Nasen- und Mundhöhle sowie Kamm und Kehllappen besitzen ein dichtes mikrovaskuläres Netzwerk, welches für die **Temperaturregulation** von Bedeutung ist. Viele Kopfarterien sind von venösen Plexus umgeben oder werden von je zwei gegenläufigen Venen flankiert, womit ein Wärmeaustausch im Gegenstromprinzip ermöglicht wird.

Die Blutversorgung von Gehirn und Meningen wird durch die *A. carotis cerebralis* (Abb. 117) übernommen. Die extrakraniellen Hauptgefäße sind die *A. carotis externa* und die *A. ophthalmica externa* (Abb. 116). Zwischen den intra- und extrakraniellen Arterien gibt es mehrere ziemlich große **Anastomosen**. Die Äste der Zerebralarterien verlaufen im Subarachnoidalraum, dringen in die Pia mater ein und senden Zweige in die Hirnsubstanz. Die Vertebralarterien sind an der Blutversorgung des Vogelhirnes nicht beteiligt. Alle Kopfarterien sind Abzweigungen der A. carotis communis.

Die *A. carotis externa* ist eine Abspaltung der *A. carotis interna*. Sie gibt Äste im wesentlichen an die Muskulatur und die Haut des Halses sowie dessen Eingeweide, den Unterkiefer, die Zunge, den Mundhöhlenboden, den Larynx, die Kaumuskeln, den Oberkiefer, das Rachendach und den Gaumen ab. Unmittelbar kaudal des Processus retroarticularis mandibulae spaltet sich die A. carotis externa in eine nach dorsal ziehende *A. occipitalis*, eine ventral gerichtete *A. mandibularis* sowie die dorsomedial gerichtete Fortsetzung, die *A. maxillaris*.

Die *A. occipitalis* zweigt lateral von der A. carotis externa ab und teilt sich in einen oberflächlichen und einen tiefen Ast sowie eine Anastomose mit der aufsteigenden Vertebralarterie. Die *A. occipitalis superficialis* versorgt die dorsolaterale Halsmuskulatur an den ersten drei Halswirbeln. Die *A. occipitalis profunda* tritt in das Foramen transversarium des dritten Halswirbels ein und nimmt die Verbindung zur A. vertebralis ascendens auf. Sie versorgt die ihr benachbarte ventrale Halsmuskulatur.

Die *A. mandibularis* entspringt rostral der Okzipitalarterie aus der A. carotis externa. Sie spaltet sich in einen lateralen und einen größeren medialen Ast. Aus dem lateralen Ast zweigt eine *A. auricularis caudalis* für die Ohrregion und eine *A. cutanea cervicalis descendens* für die Haut dorsolateral am Hals ab. Zur Ohrregion zieht außerdem eine *A. auricularis rostralis*. Ihr Ursprung erfolgt, wie auch jener der kaudalen Ohrarterie, variabel aus der A. mandibularis, der A. carotis externa oder der A. maxillaris.

Der *R. medialis* der Mandibulararterie läuft kurz nach ventral und teilt sich in einen kaudalen und einen kranialen Ast. Der kaudale Ast stellt die *A. esophagotrachealis* dar, der zwischen Trachea und Pharynx verläuft und die *A. laryngea propria* entläßt. Diese versorgt mit Rami pharyngeales den dorsalen Abschnitt des Pharynx und entläßt *Aa. hyobranchiales*. Danach spaltet sich der kaudale Ast des Truncus in eine *A. esophagealis descendens* und eine *A. trachealis descendens*, die mit den aufsteigenden Esophageal- und Trachealarterien anastomosieren.

Der kraniale Ast des Ramus medialis ist die *A. lingualis*, die an der lateralen Pharynxwand rostroventral zieht und Äste an die Haut der Intermandibularregion, die Muskulatur des Mundhöhlenbodens und den Hyobranchialapparat abgibt. Außerdem versorgt sie die laterale Pharynxwand und entläßt an der Zungenbasis die *A. lingualis propria*. Nach rostral setzt sich die Zungenarterie als *A. sublingualis* fort, welche die Schleimhaut des Mundhöhlenbodens, die mandibulären Speicheldrüsen und die Hornscheide des Schnabels versorgt.

Distal des Ursprungs der A. mandibularis setzt sich die A. carotis externa als *A. maxillaris* fort. Am kaudalen Mandibulaende zweigt die *A. pterygopharyngealis* ab. Danach erfolgt ein abruptes Abbiegen nach lateral und rostrodorsal in die Schleimhaut des Pharynxdaches. Kurz vor der Teilung der Maxillararterie in ihre Endäste werden nach lateral die *A. auricularis rostralis* und die *A. facialis*, nach ventral die *A. submandibularis* abgegeben.

Die *A. submandibularis* zieht entlang des ventralen Mandibularandes und teilt sich in einen oberflächlichen und einen tiefen Ast zur Versorgung der intermandibulären Haut, der Kehllappen, der tiefen Lagen der Rhamphotheca und der mandibulären Speicheldrüsen.

Die *A. facialis* verläuft kaudal des Processus mandibulae medialis und kranial des Meatus acusticus externus nach dorsal. Über kleine Äste hat sie Verbindung zum *Rete mirabile ophthalmicum* und versorgt die angrenzenden Kaumuskeln. Im weiteren zieht die Arterie kaudal des Processus oticus quadrati nach lateral und verläuft dann subkutan dorsal des Os jugale. Ihr Versorgungsgebiet umfaßt das untere Augenlid, die Frontalregion und den Kamm.

Die *A. pterygopharyngealis* zieht in die Schleimhaut um die pharyngeale Tubenöffnung.

Die direkte Fortsetzung der A. maxillaris ist die *A. palatina*, die einen lateralen Ramus abgibt und als *Ramus palatinus medialis* nach rostral zieht. Sie versorgt über Abzweigungen die Schleimhaut, die Pharynx- und Gaumendrüsen sowie Knochen und Hornscheide des Oberschnabels. Rostral der Choanenspalte vereinigen sich die medialen Rami palatini zur unpaaren *A. palatina mediana*.

In der Fossa parabasalis des Os exoccipitale entspringt aus der A. carotis interna die *A. ophthalmica externa* s. *stapedia*. Sie tritt in die Kaudalöffnung des Canalis ophthalmicus externus ein, passiert diesen und gelangt über seine rostrale Öffnung in die Fossa temporalis und den kaudolateralen Abschnitt der Orbita. Dort wird das *Rete mirabile ophthalmicum* gebildet, welches durch zahlreiche kleine, miteinander anastomosierende Schleifen entsteht und sich mit einem ähnlichen venösen Netz durchmischt. Die *A. ophthalmica externa* zieht als dünnes Gefäß durch dieses Netz hindurch und spaltet sich in vier Hauptäste, die *Aa. temporalis, intramandibularis, infraorbitalis, supraorbitalis* et *ophthalmotemporalis*.

Die *A. temporalis* ersteckt sich nach dorsal in die Fossa temporalis und versorgt die Haut kaudal der Orbita und dorsal der Ohrregion.

Die *A. intramandibularis* zieht nach ventral zur Mandibula, parallel zum Ligamentum postorbitale. Im Canalis mandibulae läuft sie zur Schnabelspitze. Ihre Endäste bilden Anastomosen mit den Aa. sublingualis et submandibularis.

Die *A. infraorbitalis* verläuft nach rostral und vaskularisiert das untere Augenlid und die Nickhaut sowie die Muskeln in der Augenhöhle.

Die *A. supraorbitalis* zieht am kaudalen Rand der Orbita entlang, biegt dann nach medial um, anastomosiert mit der A. ethmoidalis und versorgt die kaudale Partie des oberen Augenlides sowie die Haut dorsal der Orbita.

Die *A. ophthalmotemporalis* verläuft als Fortsetzung der A. ophthalmica externa zur kaudalen Orbitawand und bildet eine U-förmige Schleife um den N. opticus. Danach läuft sie am interorbitalen Septum nach kranial und anastomosiert mit den Aa. ophthalmica interna et ethmoidalis. Sie vaskularisiert den Bulbus oculi, die Augenmuskeln und die Augendrüsen. Als Abzweigungen erscheinen eine *A. ciliaris posterior longa temporalis* und *Aa. ciliares posteriores breves*, welche die Sklera durchbohren. Die lange Ziliararterie bildet einen *Circulus arteriosus iridicus* um die Peripherie der Iris. Ein *Circulus arteriosus ciliaris* wird von den Palpebralarterien gebildet. Diese sind Verzweigungen der A. supraorbitalis und der A. facialis. Eine A. centralis retinae besitzen die Vögel nicht. An ihre Stelle tritt eine *A. pectinis oculi*. Der Pecten oculi ist eine vaskuläre Struktur, die vom Boden des Augapfels in die Camera vitrea bulbi ragt und für die Versorgung der inneren Retinalagen zuständig ist.

Die **intrakraniellen Arterien** sind Abspaltungen der *A. carotis cerebralis* (Abb. 116 und 117). Diese stellt die Fortsetzung der A. carotis interna nach Abgabe der A. ophthalmica externa dar. Die A. carotis cerebralis zieht in den Canalis caroticus und verläuft dort gemeinsam mit der gleichnamigen Vene und dem N. caroticus. Im Canalis caroticus wird eine *A. sphenoidea* abgegeben, welche die Schädelbasis über das Foramen orbitonasale verläßt und in den Ventralabschnitt der Orbita eintritt. Kaudal der Hypophyse sind die rechte und linke A. carotis cerebralis durch eine *Anastomosis intercarotica* verbunden, die eine **Kollaterale** für die Blutversorgung des Gehirns darstellt und funktionell dem Circulus arteriosus cerebri der Säuger entspricht.

Seitlich der Hypophyse gibt jede A. carotis cerebralis eine *A. ophthalmica interna* ab, die lateral des N. opticus in die Orbita gelangt und zur Versorgung des Orbitainhaltes beiträgt. Bei einigen Spezies ist diese Arterie im adulten Alter nicht mehr vorhanden.

Die zerebralen Karotisarterien ziehen weiter in Richtung Gehirn und geben bei Verlassen der Sella turcica einen oder mehrere Äste zur Hypophyse und zum Chiasma opticum ab. Ventral des Tractus opticus spaltet sich jede A. carotis cerebralis in einen *R. rostralis* und einen *R. caudalis*. Die kaudalen Äste beider Seiten sind in den meisten Fällen nicht gleich stark entwickelt. Der stärkere Ast liefert die *A. basilaris* für die kaudalen Gehirnabschnitte. Der dünnere Ast persistiert als kleines Gefäß oder anastomosiert mit dem stärkeren. Die A. basilaris bzw. der Ramus caudalis senden paarige Äste an die Medulla, das Cerebellum, das Innenohr, zwischen die Pedunculi cerebellares und zum vierten Ventrikel.

Von jedem Ramus rostralis zweigt eine *A. tecti mesencephali ventralis* nach kaudal ab. Am rostralen Ende der Fissura subhemispherica zwischen telenzephaler Hemisphäre und Tectum mesencephali zweigt sich der Ramus rostralis in eine *A. cerebroethmoidalis*, eine *A. cerebralis media* und eine *A. cerebralis caudalis* auf.

Die *A. cerebroethmoidalis* zieht nach rostromedial und gibt eine nach rostral laufende *A. cerebralis rostralis* ab, welche sich zur orbitalen und ventralen Hemisphärenfläche und zum Lobus parolfactorius verzweigt. Die direkte Fortsetzung der A. cerebroethmoidalis ist die *A. ethmoidalis*. Diese verläßt die Schädelhöhle in Richtung Orbita durch das Foramen ethmoidale und anastomosiert mit der A. supraorbitalis und der A. ophthalmotemporalis. Sie verläuft zusammen mit dem N. olfactorius unter Abgabe von Drüsen- und Muskelästen und Zweigen an das obere Augenlid. Von der Orbita zieht die A. ethmoidalis in das Nasenhöhlendach, wo sie mit einem dorsalen und einem medialen Ast die Wände und das Septum der Nasenhöhle versorgt.

Die *A. cerebralis media* zieht nach kraniodorsal und gibt Äste an die Hemisphären ab.

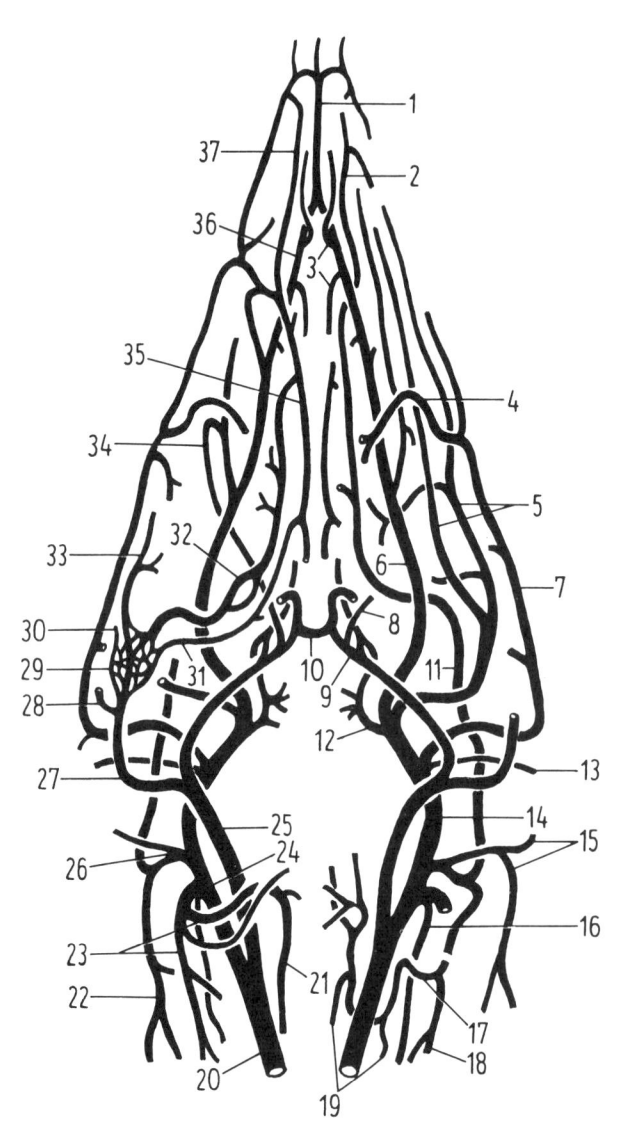

Abb. 116

Die *A. cerebralis caudalis* läuft nach kaudomedial in die Fissura subhemispherica. Aus ihrem Anfangsabschnitt entläßt sie Äste an die Diencephalonbasis, die Plexus choroidei des dritten und der lateralen Gehirnventrikel, an das Tectum opticum und an die kaudalen Hemisphärenpole. Die kaudale Fortsetzung der A. cerebralis caudalis einer Seite ist die *A. cerebellaris dorsalis*, welche die dorsalen Abschnitte des Kleinhirns versorgt.

In die Fissura interhemispherica erstreckt sich eine unpaare A. interhemispherica als Fortsetzung der rechten oder linken A. cerebralis caudalis. Sie gibt Äste an beide Hemisphären ab.

Die **Arterien der Brust und des Flügels** sind Verzweigungen des *Truncus pectoralis* (Abb. 118; s. auch Truncus brachiocephalicus, S. 272) und der *A. axillaris* (Abb. 115 und 119).

Der *Truncus pectoralis* verläßt die Leibeshöhle zwischen erster Rippe und Coracoideum, begleitet von der gleichnamigen Vene und vom N. pectoralis. Der Eintritt in den dorsalen Teil des Brustmuskels erfolgt zwischen kranialem und mittlerem Drittel. Mit dem Erreichen des Muskels teilt sich der Stamm in eine kleinere *A. pectoralis cranialis* und eine größere *A. pectoralis caudalis* (Abb. 119). Nahe der Bifurkation zweigt eine *A. cutanea thoracoabdominalis* ab, welche die bei der Taube vorhandene A. pectoralis media vertritt. Sie versorgt die Haut der kaudalen Brustregion und des Bauches und stellt die Hauptarterie zur Vaskularisierung der **Brutflecken** dar. An der Versorgung der Brutflecken beteiligt sich außerdem die *A. cutanea abdominalis*.

Die *A. pectoralis cranialis* versorgt den dorsokranialen Teil des M. pectoralis bis zu seinem Ansatz am Humerus.

Die *A. pectoralis caudalis* vaskularisiert ebenfalls den Brustmuskel und liefert Zweige an den M. supracoracoideus, die Carina sterni und die Haut der Brustregion.

Die *A. axillaris* (Abb. 119) ist, anders als bei den Haussäugetieren, nicht die direkte Fortsetzung der A. subclavia sondern eine ihrer Verzweigungen. Ihr Kaliber ist geringer als das des Truncus pectoralis. Noch innerhalb der Leibeshöhle gibt die A. axillaris Zweige an den Plexus brachialis und eine *A. supracoracoidea* ab. Letztere begleitet den

◀

Abb. 116. Extrakranielle Kopfarterien des Huhnes, schematisch, Dorsalansicht (nach Baumel, 1979).

1 A. palatina mediana
2 A. sublingualis
3 Rami nasales
4 A. facialis
5 Aa. submandibularis profunda et superficialis
6 A. palatina
7 A. facialis
8 A. sphenoidea
9 A. carotis cerebralis
10 Anastomosis intercarotica
11 A. lingualis
12 A. pterygopharyngealis
13 A. auricularis rostralis
14 A. maxillaris
15 Aa. auricularis caudalis et cutanea cervicalis descendens
16 A. comes n. vagi
17 A. laryngea propria
18 A. esophagealis descendens
19 Rami pharyngeales
20 A. carotis interna
21 A. vertebralis ascendens
22 gemeinsamer Stamm von A. esophagealis descendens und A. trachealis descendens
23 Aa. occipitalis profunda et superficialis
24 A. carotis externa
25 A. carotis interna
26 A. mandibularis
27 A. ophthalmica externa
28 A. temporalis
29 Rete mirabile ophthalmicum
30 A. intramandibularis
31 A. supraorbitalis
32 A. ophthalmotemporalis
33 A. infraorbitalis
34 A. pterygoidea dorsalis
35 A. ethmoidalis
36 Ramus palatinus medialis
37 Ramus nasalis

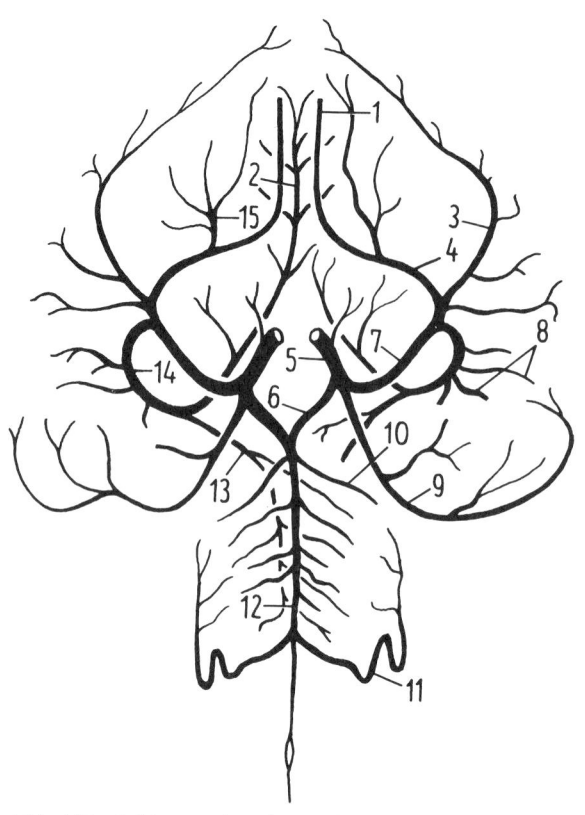

Abb. 117. Gehirnarterien des Huhnes, Ventralansicht. Beachte Asymmetrie der Wurzeln der A. basilaris, der A. interhemispherica und der A. cerebellaris dorsalis (nach Baumel, 1979).

1 A. ethmoidalis
2 A. interhemispherica
3 A. cerebralis media
4 A. cerebroethmoidalis
5 A. carotis cerebralis
6 Ramus caudalis
7 Ramus rostralis
8 Aa. tecti mesencephali dorsales
9 A. tecti mesencephali ventralis
10 A. cerebellaris ventralis rostralis
11 A. cerebellaris ventralis caudalis
12 A. basilaris
13 A. cerebellaris dorsalis
14 A. cerebralis caudalis
15 A. cerebralis rostralis

Abb. 118. Verzweigung der Aorta des weiblichen Huhnes, Ventralansicht (nach Baumel, 1979).

1 Truncus pectoralis
2 A. subclavia
3 Trunci brachiocephalicus dexter et sinister
4 A. carotis communis sinistra
5 A. axillaris
6 Aorta ascendens
7 Sinus aortae
8 A. coronaria dextra
9 Ligamentum aortae
10 A. musculorum colli
11 A. intercostalis dorsalis
12 A. celiaca
13 A. mesenterica cranialis
14 A. renalis cranialis
15 A. adrenalis
16 Intrarenale Äste der A. renalis cranialis
17 A. ovarica
18 A. iliaca externa
19 Aa. intersegmentales synsacrales
20 A. femoralis
21 A. pubica
22 A. renalis media
23 A. ischiadica
24 Foramen ilioischiadicum
25 A. renalis caudalis
26 A. mesenterica caudalis
27 A. oviductalis media
28 A. iliaca interna
29 A. pudenda
30 A. caudae medianae
31 Aa. oviductales caudales
32 A. cloacalis

N. supracoracoideus zum gleichnamigen Muskel. Eine *A. subscapularis* läuft nach dorsal und vaskularisiert die dem kranialen Skapulaende anliegenden Muskeln.

Unter scharfer Wendung nach lateral verläßt die Achselarterie die Leibeshöhle und tritt in die Achselhöhle ein, wo sie zwischen N. medianoulnaris und N. radialis am Ventralabschnitt des M. scapulohumeralis verläuft. Hier gibt sie die *A. profunda brachii* ab, die den N. radialis begleitet. Am proximalen Ende des Oberarmes wird die A. axillaris zur *A. brachialis*.

Die A. profunda brachii entläßt eine *A. circumflexa humeri dorsalis* für die Muskeln proximal am Oberarm und am Schultergelenk. Als nächste zweigt die *A. collateralis ulnaris* ab, die zwischen den Mm. humerotriceps et scapulotriceps nach distal zieht und

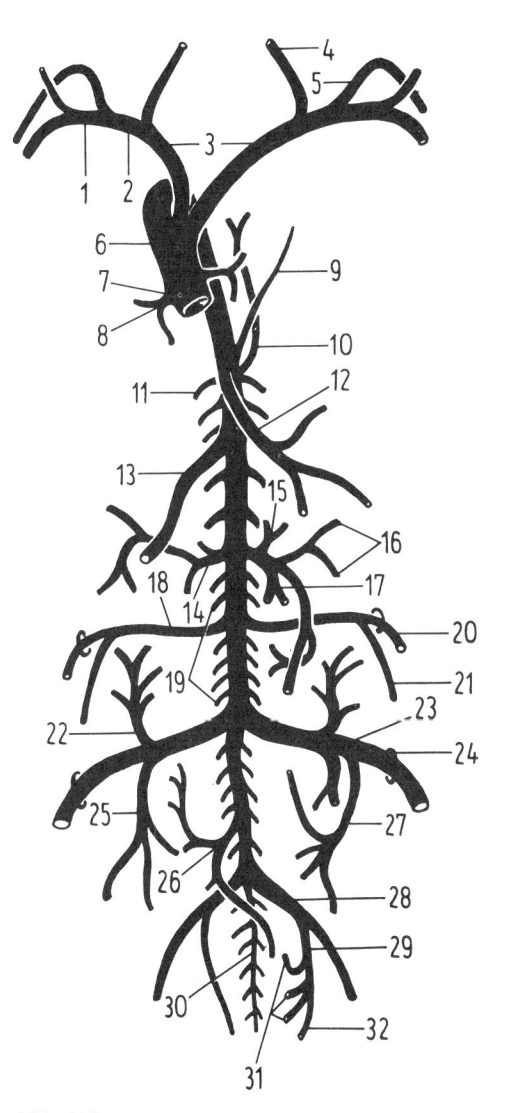

Abb. 118

282   *11. Kreislaufsystem*

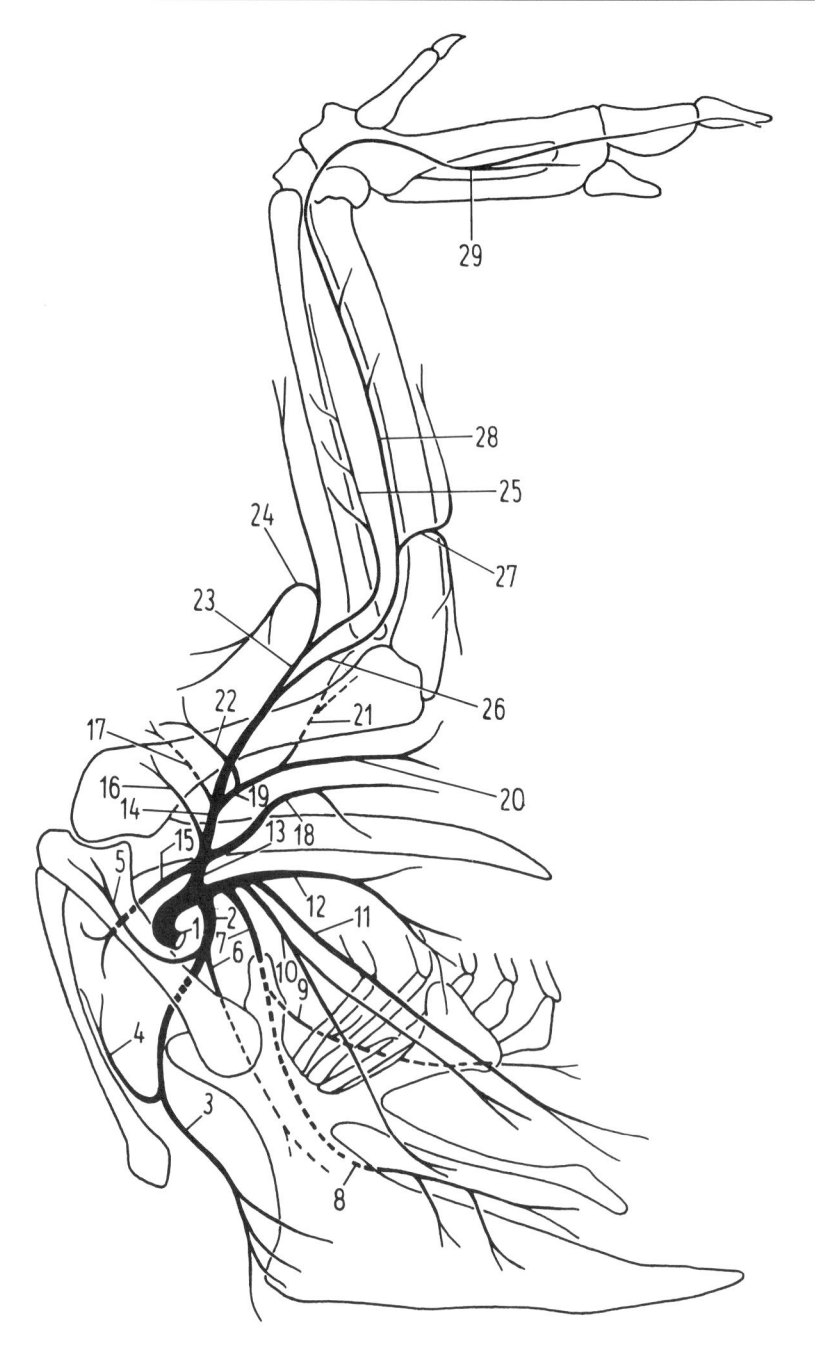

Abb. 119

in der Ellbogenregion mit der A. recurrens ulnaris anastomosiert. Die Fortsetzung der A. profunda brachii ist die *A. collateralis radialis.* Sie zieht gemeinsam mit dem N. radialis proximal zwischen die Trizepsmuskeln. In der Nähe der Fossa olecrani erreicht die Arterie eine subkutane Lage und sendet Äste an das Propatagium und das Ellbogengelenk.

Die *A. brachialis* verläuft als Fortsetzung der A. axillaris gemeinsam mit dem N. medianoulnaris zwischen den Mm. biceps et triceps brachii am Oberarm nach distal.

Etwa am Übergang der A. axillaris in die A. brachialis zweigt nach kranial eine *A. circumflexa humeri ventralis* ab, welche mit der gleichnamigen dorsalen Arterie anastomosiert.

Zwischen proximalem und mittlerem Oberarmdrittel zweigt nach kranial die *A. bicipitalis* für den gleichnamigen Muskel ab, vaskularisiert und durchquert diesen, um in Hautästen für den proximalen Abschnitt des Propatagiums zu enden. In der Mitte des Oberarmes teilt sich die A. brachialis in ihre Endäste, die *A. ulnaris* und die *A. radialis.*

Die *A. ulnaris* erreicht den Unterarm an der Ellbogenbeuge. Dort gibt sie einen Hautast für die Ventralseite des Armes ab. Am Ellbogengelenk entläßt sie nach kaudal die *A. recurrens ulnaris,* die zur A. collateralis ulnaris hin aufsteigt und mit dieser Verbindung aufnimmt. Nach distal setzt sich die A. recurrens in die *A. ulnaris superficialis* fort, die zwischen den beiden Anteilen des M. flexor carpi ulnaris verläuft und vom Ramus caudalis des N. ulnaris begleitet wird. Die stärkere Fortsetzung der A. ulnaris ist die *A. ulnaris profunda,* die sich flügelspitzenwärts weiter verzweigt und ihre gerade Fortsetzung in der *A. metacarpalis interossea* hat.

Die *A. radialis* spaltet sich am Ansatz des M. biceps brachii in eine *A. radialis superficialis* und eine *A. radialis profunda.* Die oberflächliche Radialisarterie verläuft subkutan entlang der Ventralkontur des M. extensor metacarpi radialis nach distal und entläßt zahlreiche Zweige in das Propatagium. Die tiefe Radialisarterie ist die stärkere von beiden. Sie wird vom N. medianus begleitet und gibt *Aa. interosseae dorsales* für die Streckmuskeln am Antebrachium ab. Wie die Ulnarisarterie entläßt die A. radialis nahe ihrer Aufzweigung ebenfalls einen aszendierenden Ast, die *A. recurrens radialis.* Unter Abgabe von Ästen an Karpus und Metakarpus verläuft die A. radialis profunda nach distal, wo sie mit *Rami alulares* endet.

◄

Abb. 119. Arterien der Schultergliedmaße des Huhnes (Skelett gezeichnet nach Ghetie, 1976).

1 A. subclavia	11 A. pectoralis cranialis	21 A. collateralis radialis
2 A. sternoclavicularis	12 A. pectoralis caudalis	22 A. circumflexa humeri dorsalis
3 A. sternalis externa	13 A. axillaris	
4 A. clavicularis	14 A. brachialis	23 A. radialis
5 A. coracoidea dorsalis	15 A. supracoracoidea	24 A. recurrens radials
6 A. sternalis interna	16 A. bicipitalis	25 A. radialis profunda
7 A. thoracica interna	17 A. circumflexa humeri ventralis	26 A. ulnaris
8 Ramus ventralis		27 A. recurrens ulnaris
9 Ramus dorsalis	18 A. subscapularis	28 A. ulnaris profunda
10 A. cutanea thoracoabdominalis	19 A. profunda brachii	29 A. metacarpalis interossea
	20 A. collateralis ulnaris	

Die **absteigende Aorta**, *Aorta descendens* (Abb. 118) gibt Abzweigungen ab, die sich in drei Gruppen zusammenfassen lassen:

1. paarige intersegmentale somatische Arterien, welche die Wirbelsäule mit ihrem Inhalt und Körperwandstrukturen versorgen,
2. paarige viszerale Arterien für die Nieren, die Nebennieren und die Ovarien bzw. Hoden,
3. unpaarige viszerale Arterien für den Verdauungskanal und seine Anhangsdrüsen.

Die Besprechung der Abzweigungen erfolgt gemäß ihrer kraniokaudalen Abfolge.

Als Rest der fetalen linken *Radix aortae* ist unmittelbar kranial der A. celiaca oft noch ein *Ligamentum aortae* vorhanden.

An der Ventralfläche des Anfangsabschnittes der absteigenden Aorta ist mitunter noch ein *Lig. arteriosum* als Rest des *Ductus arteriosus* zu finden, welcher im fetalen Leben eine direkte Verbindung zwischen Aorta und Truncus pulmonalis darstellt.

Entlang der gesamten Wirbelsäule gibt es **intersegmentale Arterien**, die regional als *Aa. intersegmentales cervicales*, *truncales*, *synsacrales* et *caudales* bezeichnet werden. Die ventralen Äste der Aa. intersegmentales truncales sind die *Aa. intercostales dorsales* (Abb. 118), deren erste zwei oder drei Paare aus der A. vertebralis descendens entspringen. Die Interkostalarterien für die folgenden Segmente kommen aus der Aorta descendens. Die Dorsaläste der intersegmentalen Arterien versorgen das Rückenmark, die Wirbelsäule, die dorsale axiale Muskulatur und die darüber liegende Haut. Von den Ventralästen zweigen laterale Äste für die seitliche Körperwand ab.

Die **Arterien der Baucheingeweide** entspringen aus der Aorta, nachdem diese in Höhe der fünften Rippe das Septum obliquum durchbohrt hat. Die beiden Hauptstämme sind die *A. celiaca* und die *A. mesenterica cranialis* (Abb. 118 und 121).

Die *A. celiaca* dient der Blutversorgung des Drüsen- und des Muskelmagens, der proximalen Dünndarmabschnitte, der Leber, der Milz und des Pankreas.

Aus der A. celiaca, bei einigen Arten aus der Aorta, entspringt eine kleine *A. esophagealis*, die gemeinsam mit den Rami esophageales der A. esophagotracheobronchialis die Speiseröhre vaskularisiert.

Der kurze Stamm der A. celiaca zieht kaudoventral zwischen Drüsenmagen und rechten Leberlappen. Nach links wird eine *A. proventricularis dorsalis* abgegeben, die einen starken Ast in die Wand des Drüsenmagens entsendet und sich als *A. gastrica dorsalis* auf die Dorsalfläche des Muskelmagens fortsetzt.

Am kranialen Pol der Milz teilt sich die A. celiaca in ihre beiden Hauptäste, den kleineren *R. sinister* und den größeren *R. dexter a. celiacae*.

Der Ramus sinister läuft zur rechten Drüsenmagenwand und gibt hier die *A. hepatica sinistra* für den linken Leberlappen ab. Die nächsten Abzweige sind die *A. proventricularis ventralis* für die Ventralwand des Drüsenmagens und die *A. gastrica ventralis*, die sich im Muskelmagen verästelt. Die Fortsetzung des linken Astes der A. celiaca ist die *A. gastrica sinistra*, deren Endäste sich in die Magenwand erstrecken.

Der *R. dexter a. celiacae* senkt sich zwischen rechten Leberlappen und Milz, wo er mehrere Aa. splenicae zum rechten Milzrand entläßt. Kurz zuvor wird die *A. hepatica dextra* abgezweigt, die, wie auch die linke Leberarterie, durch mehrere Gefäße vertreten sein kann. Von der rechten Leberarterie ziehen *Rr. medii* in das interlobare hepatische Gewebe und eine *A. vesicae felleae* s. *cystica* zur Gallenblase.

Distal der rechten Leberarterie, beim Huhn auch aus dieser, zweigt eine *A. duodenojejunalis* zur Versorgung der Duodenojejunalflexur ab.

Am offenen Ende der Duodenalschleife entspringt aus dem Ramus dexter die *A. gastrica dextra*, die eine Gastroduodenalarterie in Richtung Pylorus entläßt und an der rechten Wand des Muskelmagens in ihre Endaufzweigungen übergeht. Die Äste der rechten und linken sowie der dorsalen und ventralen Magenarterie anastomosieren an der Oberfläche des Muskelmagens miteinander.

Die Fortsetzung des Ramus dexter a. celiacae ist die *A. pancreaticoduodenalis*. Diese tritt in das Gekröse der Ansa duodenalis ein und gibt mit Speziesvariationen *Aa. ileocecales* oder *Aa. ileae* an den Hüftdarm und die Blinddärme ab. Danach zieht sie, eingebettet in Pankreasgewebe, zum Scheitel der Duodenalschleife, wobei sie nach jeder Seite zwölf oder mehr Äste an die Duodenalschenkel entläßt. Diese Seitenäste vaskularisieren zugleich die Bauchspeicheldrüse.

Die *A. mesenterica cranialis* ist die Hauptarterie für den Dünndarm. Sie versorgt den Darm zwischen Flexura duodenojejunalis und Mündungsstelle der Blinddärme. Ihr Ursprung aus der Aorta descendens liegt etwas kaudal der A. celiaca. Von dort zieht sie kaudoventral zwischen Milz und rechten Leberlappen, wo eine *A. ileocecalis* abzweigt. Der Hauptast der Arterie zieht durch die Mitte der jejunalen Gekröseplatte in Richtung Meckelsches Divertikel. Auf diesem Wege werden etwa acht ziemlich große *Aa. jejunales* abgegeben. Den Darmabschnitt zwischen dem Divertikel und den blinden Enden der Ceca versorgen vier bis fünf *Aa. ileae*. Jede der Jejunal- bzw. Ilealarterien teilt sich etwa 1 cm vor dem mesenterialen Rand des Darmes in einen aszendierenden und einen deszendierenden Ast. Diese Äste anastomosieren unter Bildung einer *A. marginalis intestini tenuis*.

Der kaudal auf die kraniale Mesenterialarterie folgende viszerale Abzweig ist die paarige *A. renalis cranialis* (Abb. 118). Sie entspringt etwa 1 cm hinter dieser aus der Aorta und dringt kraniomedial in das Nierengewebe ein, wo sie sich in vier bis fünf *Aa. interlobulares* verzweigt. Zu den Nebennieren hin ziehen von jeder kranialen Nierenarterie eine oder mehrere *Aa. adrenales*.

Bei männlichen Tieren zweigt von der A. renalis cranialis die *A. testicularis* für den Hoden ab. Mitunter kommt eine akzessorische Hodenarterie vor, die ihren Ursprung an der Aorta hat. Der Vaskularisierung der kranialen Abschnitte des Harnleiters und des Samenleiters dienen *Rr. ureterodeferentiales craniales*.

Bei weiblichen Tieren sendet die linke A. renalis cranialis eine *A. ovarica* zum voll ausgebildeten linken Eierstock. Von der Aorta her können akzessorische Ovararterien die Blutversorgung ergänzen.

Aus der linken A. renalis cranialis entspringt auch die *A. oviductalis cranialis* für den Anfangsabschnitt des Eileiters, das Infundibulum und das Magnum. Die Arterie kann auch aus der Aorta oder der A. iliaca externa kommen.

An der Blutversorgung des Eileiters sind überdies die *Aa. oviductalis media et caudalis* beteiligt, welche aus der linken A. ischiadica bzw. aus der linken A. pudenda abzweigen. Die mittlere Eileiterarterie vaskularisiert das distale Magnum, den Isthmus und den proximalen Abschnitt des Uterus. Die kaudale Eileiterarterie versorgt den distalen Uterus und die Vagina.

Die drei Eileiterarterien geben jeweils aszendierende und deszendierende Äste ab, welche miteinander anastomosieren und so die *Aa. oviductalis marginalis ventralis et dorsalis* bilden. Diese verlaufen im ventralen bzw. dorsalen Eileiterband.

In der Legephase sind die Ovar- und Eileiterblutgefäße erheblich hypertrophiert.

Die **Arterien der Beckengliedmaße** sind Verzweigungen der *A. iliaca externa* und der *A. ischiadica* (Abb. 118 und 120).

Die paarige *A. iliaca externa* entspringt aus der Aorta an der Grenze zwischen kranialem und mittlerem Nierenabschnitt. Sie durchzieht das Nierengewebe nach lateral ohne Äste zur Versorgung der Niere abzugeben. Der intrarenale Abschnitt der Arterie liegt dorsal der V. iliaca communis und kaudal der Konvergenz der Plexus-lumbaris-Nerven.

An der lateralen Beckenwand, am Übergang der A. iliaca externa in die *A. femoralis*, wird nach kaudal die *A. pubica* entlassen, die am Ventralrand des Schambeines entlangläuft und Äste an die Bauchmuskeln sowie das Peritoneum abgibt. Aus der A. pubica entspringt die *A. umbilicalis*, welche im extraperitonealen Fettgewebe der ventralen Bauchwand nabelwärts zieht.

Gemeinsam mit der V. iliaca externa und dem Plexus lumbaris verläßt die *A. iliaca externa* das Becken und setzt sich fort als *A. femoralis*. Diese gibt Zweige an die laterale und ventrale Bauchwand sowie die Haut und die Muskulatur über dem präazetabulären Ilium und kranial am Oberschenkel ab. Nach kranial zweigt von der Femoralarterie die *A. coxae cranialis* ab. Eine *A. femoralis medialis* zieht nach Abgabe der A. pubica nach kaudodistal und sendet einen Abzweig an das Kniegelenk bevor sie mit der A. tibialis medialis anastomosiert. Die direkte Verlängerung der A. femoralis ist die im M. femorotibialis zum Knie absteigende *A. femoralis cranialis*.

Die paarige *A. ischiadica* hat ihren Ursprung aus der Aorta kaudal der Femoralarterien, beim Huhn im Abstand von etwa 2 cm. Es ist der stärkste Abzweig von der Aorta descendens und die Hauptarterie für die Beckengliedmaße. Sie zieht, eingebettet in Nierengewebe, kaudoventral der V. portalis caudalis nach lateral und grenzt den mittleren gegen den kaudalen Teil der Niere ab.

Innerhalb des Beckens werden von der A. ischiadica die mittlere und die kaudale Nierenarterie abgegeben. Die *A. renalis media* zieht im Mittelabschnitt der Niere nach kranial, die *A. renalis caudalis* im Kaudalabschnitt der Niere nach kaudal. Von letzterer zweigen sich bei männlichen Tieren *Rr. ureterodeferentiales medii*, bei weiblichen *Rr. ureterici* ab.

Während der Legetätigkeit ist die linke A. ischiadica wesentlich stärker als die rechte, da sie die *A. oviductalis media* für den Eileiter entläßt. Außerdem wird beiderseits eine *A. obturatoria* für die Obturatormuskeln und das postazetabuläre Ileum abgegeben.

Abb. 120. Arterien der rechten Beckengliedmaße des Huhnes (geändert nach Ghetie, 1976). ▶

1 A. femoralis	9 A. femoralis proximocaudalis	17 A. interossea
2 A. coxae cranialis		18 Retinaculum extensorium tibiotarsi
3 A. femoralis cranialis	10 A. femoralis distocaudalis	
4 A. femoralis medialis	11 A. poplitea	19 A. metatarsea dorsalis communis
5 A. pubica	12 A. tibialis medialis	
6 A. ischiadica	13 A. fibularis	20 A. tarsalis plantaris
7 A. trochanterica	14 A. suralis	21 Aa. metatarsales dorsales
8 A. coxae caudalis	15 A. tibialis caudalis	22 A. metatarsea plantaris
	16 A. tibialis cranialis	23 Aa. digitales

11. Kreislaufsystem 287

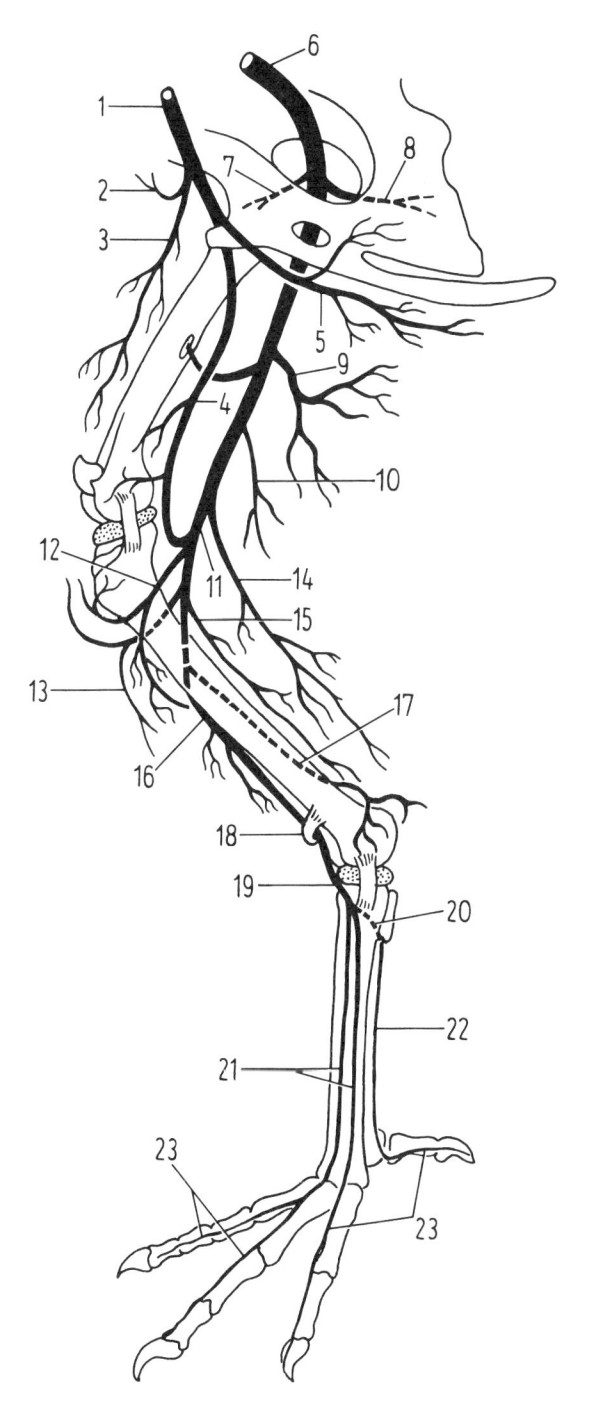

Abb. 120

Die Ischiasarterie verläßt das Becken, ventral des Ischiasnerven laufend, über das Foramen ilioischiadicum (Abb. 120). Kaudal des Hüftgelenkes ist sie von den Mm. iliotibialis et iliofibularis bedeckt. Kaudal am Femur verläuft sie gemeinsam mit Ischiasvene und -nerv nach distal. Proximal zweigen die *A. trochanterica* zum Hüftgelenk und die *A. coxae caudalis* zur Muskulatur lateral am Ischium ab.

Nach kaudal entsendet die A. ischiadica die *A. femoralis proximocaudalis*, welche die Beugemuskeln kaudal am Oberschenkel und die kaudolaterale Hautpartie vaskularisiert. Der Oberschenkel erhält einen kranial gerichteten nutritiven Abzweig zur Versorgung der Markhöhle und nach kaudal zweigt die *A. femoralis distocaudalis* ab, welche sich wie die proximokaudale Arterie verhält.

In Höhe des distalen Femurendes gibt die A. ischiadica nach kaudal die *A. suralis* als oberflächlich verlaufendes Gefäß der Wadenregion ab. Diese teilt sich in zwei Hautäste für Ober- und Unterschenkel sowie die *Aa. suralis medialis et lateralis*, welche gemeinsam mit motorischen Ästen des N. tibialis in die Wadenmuskeln ziehen.

Distal des Ursprungs der Wadenarterie wird die A. ischiadica in der Kniekehle zur *A. poplitea*. Diese entläßt einen weiteren nutritiven Abzweig für den Oberschenkelknochen. Proximal ihres Eintrittes in die Wadenmuskeln zweigt von der Kniekehlarterie die *A. tibialis medialis* ab. Diese bedient mit einem Ast das Kniegelenk, während ihre direkte Fortsetzung als *A. cruralis medialis* im medialen Kopf des M. gastrocnemius nach distal bis etwa zur Unterschenkelmitte läuft.

Die Kniekehlarterie teilt sich distal des Kniegelenkspaltes in eine *A. tibialis cranialis* und eine *A. tibialis caudalis*. Die kleine kaudale Tibialarterie verzweigt sich in den Beugemuskeln kaudal am Unterschenkel und erstreckt sich nicht bis zum Fuß.

Die *A. tibialis cranialis* stellt die Fortsetzung der A. poplitea dar. Aus dieser entspringt nach kranial die *A. fibularis*, die durch das Foramen interosseum proximale der Unterschenkelknochen in die Extensoren zieht und einen Ast in Richtung Kniegelenk entsendet. Ihre Muskeläste verlaufen gemeinsam mit Ästen des N. fibularis.

Die kraniale Tibialarterie verläuft zunächst kaudal der Membrana interossea cruris ein Stück nach distal, um dann die Membran zu durchbohren und in die Streckmuskeln einzutreten. Zuvor werden ein nutritiver Tibiaast und eine kleine *A. interossea* abgezweigt, die in Richtung Sprunggelenk zieht. Im weiteren erstreckt sich die A. tibialis cranialis bedeckt vom M. fibularis longus nach distal und entsendet Muskeläste für die Extensoren. Gemeinsam mit der Sehne des M. tibialis cranialis passiert die Arterie das Retinaculum extensorium tibiotarsi und wird danach zur *A. metatarsea dorsalis communis*.

Im distalen Drittel der kranialen Tibialarterie zweigen Kollateralen ab, die miteinander und mit dem Distalende der A. tibialis cranialis kommunizieren, wodurch dorsal auf dem Sprunggelenk ein als *Rete tibiotarsale* bezeichnetes Gefäßnetzwerk entsteht.

Am proximalen Ende der Metatarsalarterie entspringen Äste für das Sprunggelenk und zwei *Aa. tarsales plantares*. Diese passieren die Foramina vascularia proximalia des Tarsometatarsus zur plantaren Seite des Fußes. Dort spalten sich die Tarsalarterien in aszendierende Zweige für das Sprunggelenk und deszendierende *Aa. metatarsales plantares*. An den Metatarsophalangealgelenken entspringen *Rr. pulvinares* für die Ballen. Zugleich formen die plantaren Metatarsalarterien einen *Arcus plantaris*.

Die gerade Fortsetzung der A. metatarsea dorsalis communis sind die *Aa. metatarsales dorsales*. Die *Aa. digitales* der medialen Zehen kommen vom Arcus plantaris oder sind Fortsetzungen der Aa. metatarsales plantares. Die Zehenarterien der lateralen Zehen entstehen in Verlängerung der dorsalen Metatarsalarterien.

Die **Endaufzweigungen der Aorta** (Abb. 118) sind Abspaltungen der *A. sacralis mediana* als direkter Fortsetzung der Aorta descendens. Beiderseits werden eine Reihe *Aa. intersegmentales synsacrales* abgegeben. Die Hauptäste sind die *A. mesenterica caudalis* und die paarige *A. iliaca interna*.

Die *A. mesenterica caudalis* (Abb. 118 und 121) entspringt nahe der Verbindung von V. mesenterica caudalis und Vv. iliacae internae. Sie teilt sich in einen kranialen und einen kaudalen Ast. Der kraniale Ast verläuft im Mesorectum, gibt Äste an den kranialen Rektumabschnitt, die Blinddarmbasis sowie das distale Ileum und anastomosiert mit Zweigen der A. celiaca und der A. mesenterica cranialis. Der kaudale Ast vaskularisiert die kaudale Rektumhälfte.

Die *A. iliaca interna* hat ihren Ursprung dicht kaudal der hinteren Gekrösearterie. Sie zieht nach kaudolateral und dorsal in Richtung parietales Peritoneum, wo sie sich nach kurzem Verlauf in eine *A. pudenda* und eine *A. caudae lateralis* teilt.

Die *A. pudenda* begleitet beim männlichen Tier den Harn - und den Samenleiter und versorgt diese über *Rr. ureterodeferentiales caudales*. Beim weiblichen Tier ist die linke A. pudenda größer als die rechte, da von ihr die kaudalen Eileiterarterien und die *A. vaginalis* abgehen. Von beiden Aa. pudendae kommen bei weiblichen Vögeln Äste für den kaudalen Harnleiterabschnitt. Bei beiden Geschlechtern versorgt die A. pudenda die Bursa Fabricii und die Kloakenwand, beim männlichen Tier das Corpus vasculare paracloacale.

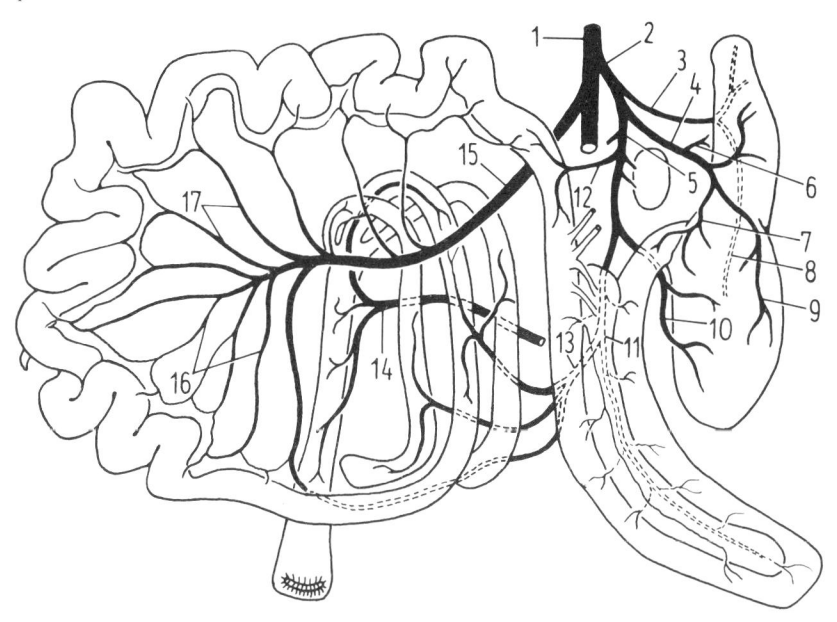

Abb. 121. Arterien des Magen-Darm-Kanals vom Huhn, Ventralansicht (nach Baumel, 1975).

1 Aorta descendens
2 A. celiaca
3 A. proventricularis dorsalis
4 Ramus sinister a. celiacae
5 Ramus dexter a. celiacae
6 A. hepatica sinistra
7 A. proventricularis ventralis
8 A. gastrica dorsalis
9 A. gastrica sinistra
10 A. gastrica dextra
11 A. pancreaticoduodenalis
12 A. duodenojejunalis
13 A. ileocecalis
14 A. mesenterica caudalis
15 A. mesenterica cranialis
16 Aa. ileae
17 Aa. jejunales

Die *A. caudae lateralis* läuft parallel zum kaudalen Beckenrand nach kaudolateral in Richtung Apex pubis. Sie versorgt die Muskulatur und die Haut des Schwanzes sowie die Schwanzfedern. Mit einer kranioventral gerichteten Abspaltung, der *A. cutanea abdominalis*, beteiligt sich die laterale Schwanzarterie an der Vaskularisierung der kaudalen Bauchwand und trägt zur Versorgung der **Brutflecke** bei.

Die kaudale Verlängerung der A. sacralis mediana nach Abzweig der Aa. iliacae internae ist die *A. caudae mediana*. Diese läuft bis zum Pygostyl und gibt intersegmentale Äste für den M. depressor caudae, die Schwanzwirbel und die Schwanzhebemuskeln ab. Mit *Rr. glandulares uropygiales* wird die Bürzeldrüse vaskularisiert.

11.3. Venen

Das Venensystem dient dem Rücktransport des Blutes zum Herzen. Wegen seines im Vergleich zum arteriellen System erheblich größeren Lumens hat es auch die Funktion eines Reservoirs für temporär nicht an der Zirkulation beteiligtes Blut. Die im Knochenmark neu gebildeten Blutzellen werden dem zirkulierenden Blut über die Venen zugeführt. Die Rückführung von Lymph- und Zerebrospinalflüssigkeit in den Blutkreislauf geschieht ebenfalls über Verbindungen mit dem Venensystem.

Das Venensystem der Vögel weist im Vergleich zu dem der Säuger einige Besonderheiten auf. Es ist charakterisiert durch:

— **zwei** Vv. cavae craniales,
— ein Nierenpfortadersystem,
— **zwei** Leberpfortadern,
— eine, im Vergleich zur linken, deutlich stärkere rechte V. jugularis,
— eine Anastomosis interjugularis in Höhe der Schädelbasis,
— eine Anastomosis interiliaca nahe der Schwanzbasis,
— eine stark entwickelte Verbindung zwischen viszeralen und somatischen Venen über die V. coccygomesenterica,
— einen ausgedehnten Sinus venosus vertebralis internus.

Die Beschreibung des Venensystems erfolgt nicht in allen Einzelheiten. Es werden nur die Hauptgefäße dargestellt. Einige sind in den Abb. 122 – 127 erkennbar. Weiteres ist der speziellen Literatur zu entnehmen.

Die beiden **Lungenvenen**, *Vv. pulmonales* (Abb. 111), werden durch den Zusammenfluß von drei intrapulmonalen Wurzeln gebildet. Sie verlassen die Lunge an deren Ventralfläche und penetrieren das Septum horizontale. Nach medialem Verlauf erreichen sie das Perikard und münden separat in die linke Herzvorkammer.

Die **Herzvenen**, *Vv. cardiacae*, sind subepikardial lokalisiert. Mit Ausnahme der *V. cardiaca circumflexa sinistra* verlaufen sie nicht in Begleitung der Herzkranzarterien.

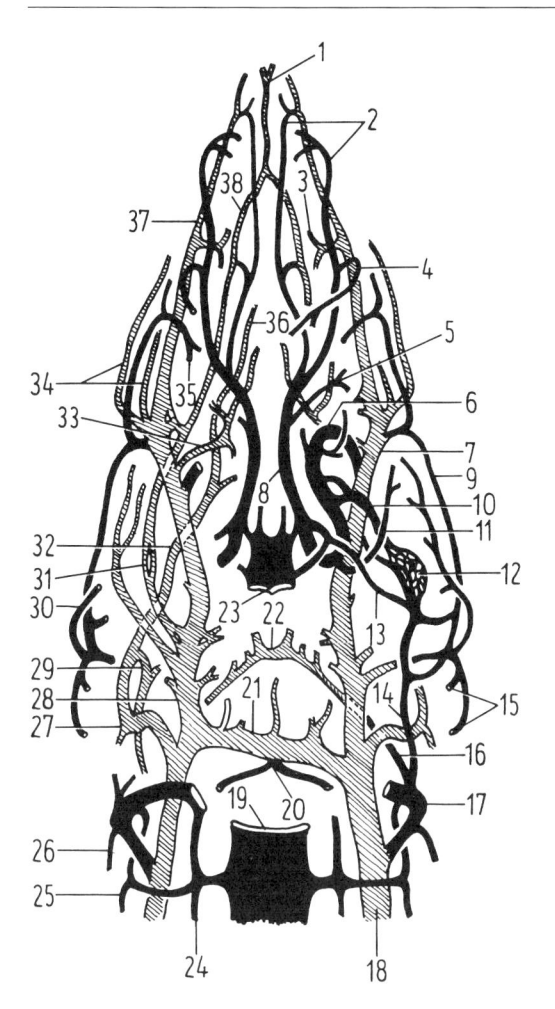

Abb. 122. Extrakranielle Kopfvenen des Huhnes, Dorsalansicht. Schwarz gezeichnete Venen liegen mehr dorsal (nach Baumel, 1979).

1 V. palatina mediana
2 Vv. nasalis medialis et lateralis
3 V. nasalis ventralis
4 V. frontalis profunda
5 V. palpebralis dorsorostralis
6 V. ophthalmica
7 V. maxillaris
8 V. ethmoidalis
9 V. facialis
10 V. ophthalmotemporalis
11 V. ciliaris dorsalis
12 Rete mirabile ophthalmicum
13 V. supraorbitalis
14 V. ophthalmica externa
15 Vv. auriculares
16 V. carotica cerebralis
17 V. cephalica caudalis
18 V. jugularis
19 Sinus venosus vertebralis internus
20 V. occipitalis ventromediana
21 Anastomosis interjugularis
22 Sinus cavernosus
23 Sinus olfactorius
24 V. vertebralis ascendens
25 V. occipitocollica
26 V. cutanea cervicalis descendens
27 V. mandibularis
28 V. cephalica rostralis
29 V. esophagotrachealis
30 V. palpebralis ventralis
31 V. comitans a. maxillaris
32 V. lingualis
33 V. nasalis caudalis
34 Vv. mandibularis externa et interna
35 V. frontalis superficialis
36 V. sublingualis
37 V. palatina lateralis
38 V. palatina medialis

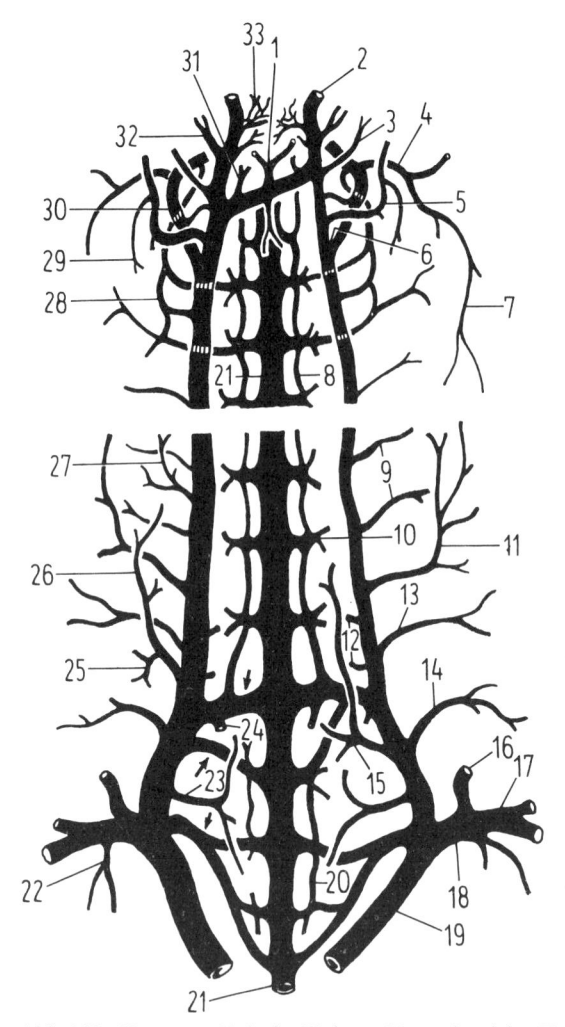

Abb. 123. Venen am Hals des Huhnes, Ventralansicht, Hals verkürzt gezeichnet. Beachte Größenunterschied der Vv. jugulares. Pfeile bezeichnen den Abfluß vom Sinus venosus vertebralis internus in die Jugularvenen (nach Baumel, 1979).

1 V. occipitalis ventromediana
2 V. cephalica rostralis
3 V. submandibularis
4 V. occipitalis superficialis
5 V. mandibularis
6 Ursprung der V. jugularis
7 V. cutanea cervicalis descendens
8 V. vertebralis ascendens
9 Vv. cutaneae colli
10 Vv. intersegmentales
11 V. cutanea cervicalis ascendens
12 Vv. thyroideae
13 V. transversa colli
14 V. suprascapularis
15 Radix esophagealis
16 V. axillaris
17 Truncus pectoralis
18 V. subclavia
19 V. cava cranialis sinistra
20 V. vertebralis descendens
21 Sinus venosus vertebralis internus
22 V. thoracica interna
23 V. esophagotracheobronchialis
24 V. muscularis caudalis colli
25 Radix esophagealis
26 V. ingluvialis
27 V. esophagealis ascendens
28 V. occipitocollica
29 V. esophagealis descendens
30 V. cephalica caudalis
31 V. pharyngealis dorsalis
32 Vv. comitantes a. maxillaris
33 Rete venosum pterygopharyngeale

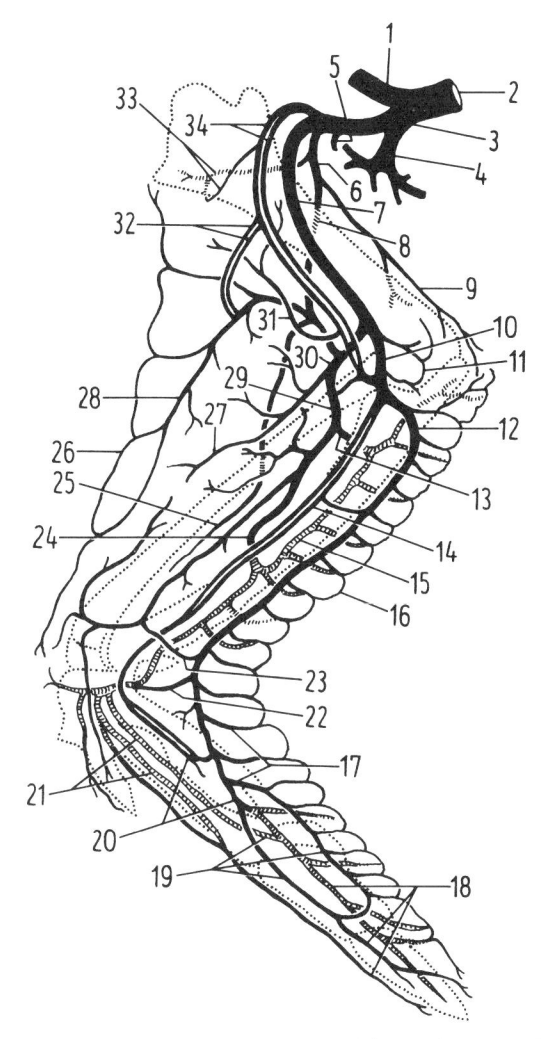

Abb. 124. Venen am rechten Flügel der Taube, Ventralansicht. Gestrichelt gezeichnete Venen liegen dorsal. Beachte starke V. ulnaris profunda im Vergleich zur korrespondierenden Arterie, V. basilica als Hauptvene des Oberarmes, Zusammenfluß von V. subclavia, V. jugularis und Truncus pectoralis zur V. cava cranialis, fehlende V. brachiocephalica bei Vögeln (nach Baumel, 1979).

1 V. jugularis
2 V. cava cranialis
3 V. subclavia
4 Truncus pectoralis
5 V. cutanea thoracoabdominalis
6 V. profunda brachii
7 V. basilica **(Blutentnahme)**
8 V. collateralis radialis
9 V. collateralis ulnaris
10 V. ulnaris **(Blutentnahme)**
11 V. cubitalis ventralis
12 V. ulnaris profunda
13 V. interossae dorsalis
14 V. ulnaris superficialis
15 V. antebrachialis dorsalis caudalis
16 V. postpatagialis marginalis
17 Radices postpatagiales
18 Vv. digitales
19 Vv. metacarpales ventrales
20 V. metacarpalis interossea
21 Vv. metacarpales dorsales
22 V. carpalis dorsalis
23 V. carpalis ventralis
24 V. interossea dorsalis
25 V. antebrachialis dorsalis cranialis
26 V. propatagialis marginalis
27 V. radialis superficialis
28 V. cutanea propatagialis
29 V. radialis profunda
30 V. radialis
31 V. cutanea brachialis
32 V. bicipitalis
33 Vv. circumflexa humeri ventralis et dorsalis
34 Vv. brachiales

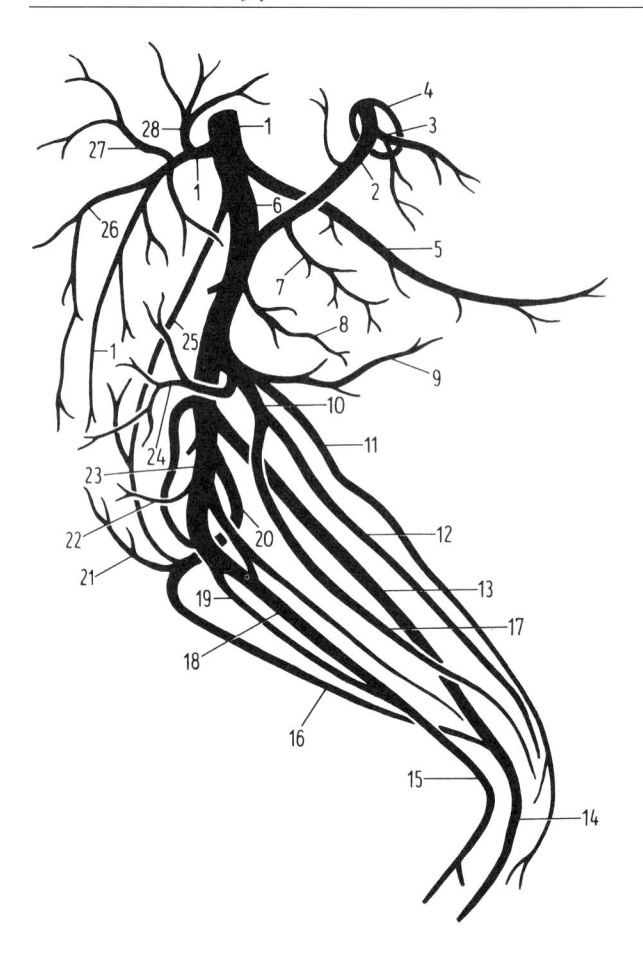

Abb. 125. Venen der linken Beckengliedmaße der Taube, Lateralansicht (nach Baumel, 1979).

1 V. femoralis
2 V. ischiadica
3 V. coxae caudalis
4 Foramen ilioischiadicum
5 V. pubica
6 Anastomosis zwischen V. ischiadica und V. femoralis
7 V. femoralis proximocaudalis
8 V. femoralis distocaudalis
9 V. cutanea femoralis caudalis
10 V. suralis
11 V. cutanea cruralis caudalis
12 V. suralis medialis
13 V. tibialis caudalis
14 V. metatarsalis plantaris superficialis **(Injektionen)**
15 V. metatarsalis dorsalis communis
16 V. cruralis medialis
17 V. suralis lateralis
18 V. tibialis cranialis
19 V. fibularis superficialis
20 V. tibialis medialis
21 V. genicularis medialis
22 V. genicularis lateralis
23 V. poplitea
24 V. cutanea femoralis lateralis
25 V. femoralis medialis
26 V. cutanea femoralis cranialis
27 V. femoralis cranialis
28 V. coxae cranialis

Die **venöse Drainage von Kopf und Hals** erfolgt über die beiden *Vv. jugulares* und den unpaaren *Sinus venosus vertebralis internus* (Abb. 122 und 123).

Die *V. jugularis* jeder Seite zieht gemeinsam mit dem N. vagus und der A. comes nervi vagi in einer Faszienscheide halsabwärts. Im thorakalen Abschnitt fließt sie unter

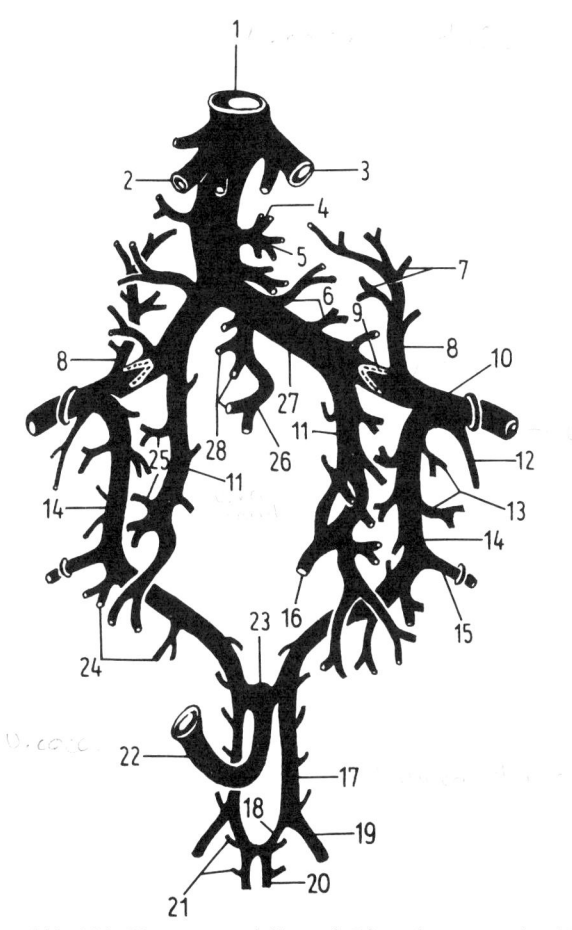

Abb. 126. V. cava caudalis und Pfortadersystem der Niere des Huhnes, Ventralansicht (nach Baumel, 1979).

1 V. cava caudalis	11 V. renalis caudalis	21 Vv. intersegmentales
2 V. hepatica dextra	12 V. pubica	22 V. coccygomesenterica s.
3 V. hepatica sinistra	13 Rami renales afferentes	mesenterica caudalis
4 V. adrenalis	14 V. portalis renalis caudalis	23 Anastomosis interiliaca
5 Vv. ovaricae	15 V. ischiadica	24 Rami renales afferentes
6 Vv. renales craniales	16 V. oviductalis media	25 Radices renales efferentes
7 Rami renales afferentes	17 V. iliaca interna	26 V. oviductalis cranialis
8 V. portalis renalis cranialis	18 V. caudae lateralis	27 V. iliaca communis
9 Valva portalis renalis	19 V. pudenda	28 Vv. ovaricae
10 V. iliaca externa	20 V. caudae mediana	

Bildung der *V. cava cranialis* mit der *V. subclavia* zusammen. Die rechte Jugularvene ist deutlich stärker als die linke und kann zur **Blutentnahme** punktiert werden. Im Brusteingang liegt die V. jugularis dextra dorsal des Kropfes. In einer dreieckigen, von V. jugularis, A. carotis communis und dem arteriellen Truncus vertebralis begrenzten Region ist die Schilddrüse gelegen. Die beiden Hauptzuflüsse der Jugularvene sind die *V. cephalica rostralis* und die *V. cephalica caudalis*.

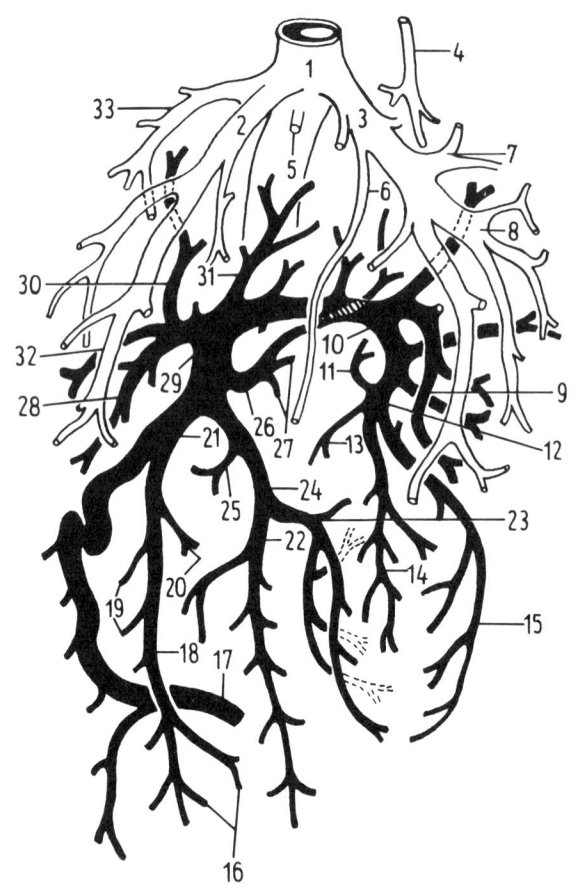

Abb. 127. Pfortadersystem der Leber und Lebervenen des Huhnes, Ventralansicht. Die V. proventricularis cranialis (oben rechts) gehört nicht zum Systema portale hepaticum (nach Baumel, 1979).

 1 V. cava caudalis
 2 V. hepatica dextra
 3 V. hepatica sinistra
 4 V. proventricularis cranialis
 5 V. hepatica media
 6 V. umbilicalis
 7 Radix dorsocranialis
 8 Radix dorsocaudalis
 9 Ramus caudalis
10 Ramus lateralis
11 V. proventricularis caudalis
12 V. portalis hepatica sinistra
13 V. pylorica
14 V. gastrica ventralis
15 V. gastrica sinistra
16 Vv. ileae
17 V. mesenterica caudalis
18 V. mesenterica cranialis
19 Vv. jejunales
20 V. ileocecalis
21 V. mesenterica communis
22 V. pancreaticoduodenalis
23 V. gastrica dextra
24 V. gastropancreaticoduodenalis
25 V. duodenojejunalis
26 V. proventriculosplenica
27 Vv. splenicae
28 Ramus caudalis
29 V. portalis hepatica dextra
30 Ramus cranialis
31 Ramus medialis v. portalis
32 Radix ventralis
33 Radix dorsocranialis

Medial legt sich der paarige lymphatische *Truncus thoracoabdominalis* (Abb. 128) an die kranialen Hohlvenen bzw. die Jugularvenen, um in diese einzumünden. Weitere Lymphgefäße münden entweder in den Lymphsammelstamm oder separat in das Kaudalende der V. jugularis.

Der *Sinus venosus vertebralis internus* ist ein epiduraler Kanal dorsal des Rückenmarkes, der sich zwischen Foramen magnum und Höhe der Hüftgelenke erstreckt. Er dient der Drainage der axialen Strukturen. In ihn münden via Foramina intervertebralia intersegmentale Venen. Überdies kommuniziert er mit verschiedenen Venen, u. a. den Vv. jugulares und den Vv. portales renales craniales et caudales. Nach kranial besteht direkte Verbindung zu den intrakranialen Sinus.

Die paarige *V. cava cranialis* wird durch den Zusammenfluß der V. jugularis mit der V. subclavia gebildet. Sie sammelt das Blut aus dem Kopf, dem Hals, der Brust, dem Schultergürtel und der freien Gliedmaße. Die Hauptzuflüsse der *V. subclavia* sind der *Truncus pectoralis* und die *V. axillaris*. Die **Venen der Schultergliedmaße** verhalten sich mit wenigen Ausnahmen wie die Arterien dieser Region (Abb. 124).

Das **Pfortadersystem der Leber**, *Systema portale hepaticum* (Abb. 127), sammelt das venöse Blut von den Baucheingeweiden, die von den Aa. celiaca, mesenterica cranialis und mesenterica caudalis versorgt werden. Dies sind der Drüsen- und der Muskelmagen, das Pankreas, der Dünndarm und z. T. der Dickdarm. Überdies kann dieses Pfortadersystem zeitweilig venöses Blut von somatischen Venen über die von der Anastomosis interiliaca abzweigende *V. coccygomesenterica* s. *mesenterica caudalis* (Abb. 126) erhalten. Die V. coccygomesenterica ist der Hauptweg für die Blutabfuhr aus dem Dickdarm sowohl an das Pfortadersystem der Leber als auch an das der Niere. Neuere Untersuchungsverfahren ergaben, daß die Flußrichtung des Blutes in der Vene wechseln kann. Der kurze Stamm der Leberpfortader teilt sich in eine stärkere rechte und eine dünnere linke *V. portalis hepatica*. Diese ziehen zur Leberpforte, verzweigen sich intrahepatisch und enden in einem dreidimensionalen Netzwerk von gefensterten **Sinusoiden** zwischen den Leberzellplatten. In diesen Sinusoiden erfolgt der Stoffaustausch zwischen den Zellen des Leberparenchyms und dem Blut. Aus den Sinusoiden erfolgt die Formierung der Wurzeln der *Vv. hepaticae*, welche das Blut der V. cava caudalis zuleiten.

Die hintere Hohlvene, *V. cava caudalis*, entsteht aus der Vereinigung der rechten und linken *V. iliaca communis*. Sie ist die größte Vene des Körpers und erhält Blut von der dorsalen und lateralen Körperwand (mit Ausnahme der von der V. cava cranialis entsorgten Brust), der Bauch- und der Schwanzregion sowie den Beckengliedmaßen. Dazu kommt das venöse Blut aus dem Harn- und Geschlechtssystem sowie dem Pfortadersystem der Leber. Über die Verbindung der *V. coccygomesenterica* mit der *Anastomosis interiliaca* wird das Blut von Rektum und Kloake der hinteren Hohlvene zugeführt.

Die V. cava caudalis ist beim Huhn etwa 1 cm dick und 5 cm lang. Sie liegt etwas rechts der Medianebene, beim weiblichen Tier wird sie in der Legeperiode durch den großen Eierstock noch weiter nach rechts verschoben. Die Vene verläuft nach kranioventral zur Ventralfläche des Septum obliquum. Nahe ihres Ursprungs liegt die hintere Hohlvene direkt ventral der Aorta, das herzseitige Ende ist in Lebergewebe eingebettet.

Die Zuflüsse zur V. cava caudalis sind die

— V. hepatica dextra,
— V. hepatica sinistra,
— Vv. hepaticae mediae,
— V. adrenalis,
— Vv. ovaricae bzw. Vv. testiculares.

Von mehreren Autoren wird auch über ein **Pfortadersystem der Nebenniere** berichtet.

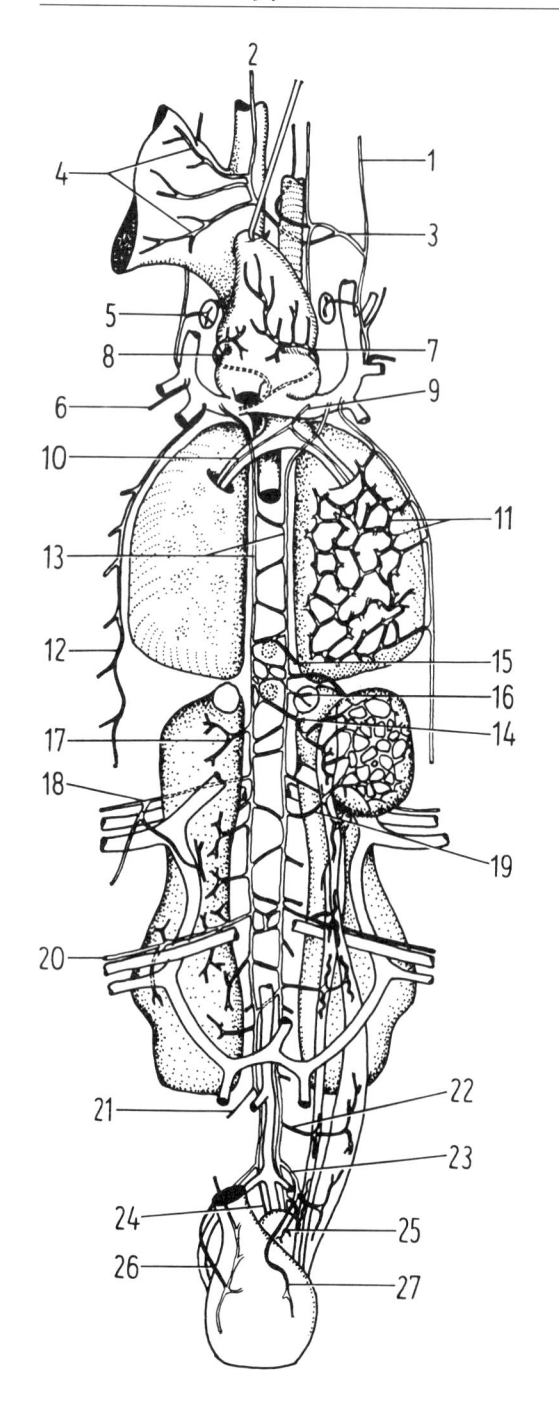

Abb. 128

Die *V. iliaca communis* (Abb. 126) entsteht durch den etwas kranial des Hüftgelenkes gelegenen Zusammenfluß der *V. iliaca externa* und *V. portalis renalis caudalis*. Die V. iliaca externa stellt die kurze, innerhalb des Beckens gelegene Fortsetzung der *V. femoralis* dar. In den Anfangsabschnitt der V. iliaca communis mündet von kranial die *V. portalis renalis cranialis*. Diese anastomosiert mit dem Sinus venosus vertebralis internus über ein Foramen intervertebrale in Höhe des Kranialendes der Fossa renalis. Medial der kranialen Nierenpfortader ist in der V. iliaca communis eine trichterförmige Klappe, die *Valva portalis renalis*, ausgebildet, welche durch Verschluß den Blutstrom der V. iliaca externa in die *Vv. portales renales* umleiten kann. Die V. iliaca communis liegt ventral der A. iliaca externa, zwischen kranialem und mittlerem Drittel der Niere. Sie erhält folgende Zuflüsse:

— Vv. renales craniales vom Kranialabschnitt der Niere,
— V. oviductalis cranialis (Mündung in die V. iliaca communis sinistra),
— V. renalis caudalis vom mittleren und kaudalen Nierenabschnitt.

Die intrarenalen Wurzeln der kranialen und kaudalen Nierenvenen, *Radices renales efferentes* verlaufen in enger Nachbarschaft der intrarenalen Äste der Nierenarterien. Die *V. renalis caudalis* liegt parallel der Wirbelsäule und erhält intersegmentale Zuflüsse vom Achsenskelett, der angrenzenden Muskulatur und dem Rückenmark. In die linke kaudale Nierenvene mündet bei weiblichen Tieren die *V. oviductalis media*.

Die *V. iliaca interna* wird durch mehrere Venen aus der Schwanzregion gebildet. Sie ist paarig und flankiert die A. caudae medianae. Am Kaudalende der Fossa renalis werden beide Vv. iliacae internae durch die *Anastomosis interiliaca* verbunden. Die kraniale Fortsetzung der V. iliaca interna ist die *V. portalis renalis caudalis*. Kaudal geht sie aus dem Zusammenfluß der *V. pudenda* mit der *V. caudae lateralis* hervor.

Die Funktion des **Pfortadersystems der Niere** besteht in der Sicherung der Exkretion von Harnsäure durch tubuläre Sekretion. Anatomische Voraussetzung dafür ist die

◄

Abb. 128. Schematische Darstellung des Lymphgefäßsystems des Huhnes (nach Payne, 1979).

1 Vas lymphaticum jugulare
2 Vas lymphaticum esophageale
3 Vas lymphaticum esophagotracheale
4 Vasa lymphatica ingluvialia
5 Vas lymphaticum thyroideum
6 Vas lymphaticum subclavium
7 Vas lymphaticum cardiacum sinistrum
8 Vas lymphaticum cardiacum dextrum
9 Vas lymphaticum pulmonale commune
10 Vas lymphaticum pulmonale profundum dextrum
11 Vasa lymphatica pulmonalia superficialia
12 Vas lymphaticum thoracicum internum
13 Truncus thoracoabdominalis
14 Vas lymphaticum mesentericum craniale
15 Vas lymphaticum celiacum
16 Vas lymphaticum adrenale
17 Vas lymphaticum renale
18 Vas lymphaticum iliacum externum
19 Vas lymphaticum testiculare
20 Vas lymphaticum ischiadicum
21 Vas lymphaticum mesentericum caudale
22 Vas lymphaticum ureterodeferentiale
23 Vas lymphaticum iliacum internum
24 Vas lymphaticum sacrale medianum
25 Vas lymphaticum bursae cloacalis
26 Vas lymphaticum pudendum
27 Vas lymphaticum cloacale

Ausbildung eines sogenannten *Circulus venosus portalis* (Abb. 126). Die Abschnitte dieses Ringes sind:

— die Vv. portalis renalis cranialis et caudalis,
— die Anastomose der V. portalis renalis cranialis mit dem Sinus venosus vertebralis internus,
— die Anastomosis interiliaca.

Das Blut der *V. iliaca interna* und der *V. coccygomesenterica* kann kranial via *V. portalis renalis caudalis* und *V. iliaca communis* direkt in die V. cava caudalis gelangen. Alternativ kann der Blutfluß von der Beckengliedmaße (V. iliaca externa, V. ischiadica) durch Verschluß der *Valva portalis renalis* in die *V. portalis renalis caudalis* umgeleitet werden. Der Abfluß erfolgt dann über die *V. coccygomesenterica* und das Pfortadersystem der Leber. Nach kranial kann das umgeleitete Blut über die *V. portalis renalis cranialis* abfließen und in den *Sinus venosus vertebralis internus* gelangen.

Statt einer einfachen Passage des Pfortaderringes kann das Blut über die *Rr. renales afferentes* der kranialen und kaudalen Nierenpfortader in das Nierenparenchym geleitet werden. Im peritubulären Netzwerk der kapillären Sinus vermischt es sich mit arteriellem Blut. Dieses Mischblut gelangt dann über *Radices renales efferentes* in die *Vv. renales* und von hier in die V. cava caudalis.

Die Valva portalis renalis und die Rami renales afferentes sind neuronal gesteuert. Durch Kontraktion letzterer umgeht der Blutstrom das Nierenparenchym. Das Nierenpfortadersystem spielt somit eine wichtige Rolle bei der Versorgung der Nephrone, da es die Zufuhr venösen Blutes zu den Tubuli convoluti proximales steuert. Diese proximalen Tubuli sind zuständig für die Sekretion harnpflichtiger Stoffe.

Die **Venen der Beckengliedmaße** (Abb. 125) zeigen mit wenigen Abweichungen einen ähnlichen Verzweigungsmodus wie deren Arterien. Die *V. femoralis* tritt kranial des Hüftgelenkes in das Becken ein und geht in die V. iliaca externa über.

Die *V. ischiadica* ist die Hauptvene der Beckengliedmaße. Nahe des Hüftgelenkes wird das Blut größtenteils von der V. ischiadica über eine *Anastomosis cum v. femoralis* in die Femoralvene umgeleitet. An der kräftigen Anastomose biegt die dünne V. ischiadica nach kaudodorsal ab, passiert das Foramen ilioischiadicum und mündet in der V. portalis renalis caudalis.

11.4. Blut

Das Blut besteht aus dem Blutplasma und den Blutzellen. Die relative Blutmenge, bezogen auf die Körpermasse, vermindert sich im Verlaufe des Wachstums. In der ersten Lebenswoche liegt der Anteil bei etwa 12%. Beim ausgewachsenen Huhn schwanken die Werte zwischen 6,5 und 8%. Bei der Taube wurden 9,2% ermittelt. Die **Hämatokritwerte** liegen bei Ente und Gans bei 40–45, beim Huhn bei 46 und bei der Taube bei

58 Vol.%. Zu den Blutzellen zählen, wie bei den Säugetieren, die Erythrozyten, die Thrombozyten und die Leukozyten.

Die **Erythrozyten** oder roten Blutkörperchen der Vögel sind große, ovale, abgeplattete Zellen mit einem ovalen Kern. Ihre Größe schwankt um etwa $10-13 \times 6,5-8,5$ µm. Der Zellkern ist zentral gelegen. Die Erythrozytenzahl/mm^3 ist mit 2,5–4 Millionen vergleichsweise gering. Die Erythrozytenlebensdauer liegt zwischen 20 und 45 Tagen.

Die **Thrombozyten** oder Blutplättchen werden wegen ihrer spindelförmigen Gestalt auch **Spindelzellen** genannt. Durch ihre Größe und Kernhaltigkeit unterscheiden sie sich prinzipiell von den Blutplättchen der Säugetiere. Die Größe der Thrombozyten beträgt etwa $4-5 \times 8-10$ µm. Größe und Gestalt lassen Verwechslungen mit den Erythrozyten zu, doch sind ihre Pole etwas stumpfer als bei diesen. Im Gegensatz zu den roten Blutkörperchen besitzen die Blutplättchen keinen Blutfarbstoff. Beide gehen vermutlich aus den gleichen Stammzellen im Knochenmark hervor, womit ein wesentlicher Unterschied zu den Säugerthrombozyten gegeben ist, die sich von den Megakaryozyten abspalten. Neben ihrer Bedeutung für die Blutgerinnung sind die Thrombozyten der Vögel auch zur Phagozytose befähigt.

Die **Leukozyten** oder weißen Blutzellen werden, wie bei den Säugern, in Granulozyten, Lymphozyten und Monozyten unterteilt. Ihre Anzahl schwankt in Abhängigkeit von verschiedenen Faktoren (Alter, Umwelt, Fütterung usw.) beträchtlich. Ermittelt wurden 17–39 Tausend/mm^3. Die Lebensdauer der meisten Leukozyten beträgt nur einige Tage.

Die **Granulozyten** gliedern sich nach der Affinität ihrer Zytoplasmagranula gegenüber bestimmten Farbstoffen in drei Gruppen, die pseudoeosinophilen, die eosinophilen und die basophilen. Ihr Durchmesser liegt etwa zwischen 7 und 10 µm.

Die **pseudoeosinophilen** oder **heterophilen Granulozyten** erscheinen im gefärbten Blutausstrich als runde Zellen mit segmentiertem Zellkern. Sie entsprechen den neutrophilen Granulozyten der Säugetiere. Die dicht gelagerten länglichen Granula färben sich rot an, was zu Verwechslungen mit eosinophilen Granulozyten führen kann. Der Anteil der pseudoeosinophilen Fraktion der Granulozyten an der Leukozytenpopulation schwankt zwischen 30 und 50%. Wegen ihrer gut entwickelten Phagozytoseeigenschaften werden diese Zellen auch als **Mikrophagen** bezeichnet.

Die mit 2–9% am Leukozytenbestand beteiligten **eosinophilen Granulozyten** haben im Gegensatz zu den pseudoeosinophilen weniger zahlreiche und runde Granula. Der Zellkern ist weniger stark gegliedert und von meist hantelförmiger Gestalt. Ihre Bedeutung steht im Zusammenhang mit Allergien und Parasitosen. In Entzündungsherden erscheinen sie etwas später als die pseudoeosinophilen Granulozyten.

Die **basophilen Granulozyten** sind an der Leukozytenpopulation mit 2–4% beteiligt. Sie haben einen gelappten Zellkern und verhältnismäßig große Zytoplasmagranula, die sich mit basischen Farbstoffen gut anfärben lassen. Ihre Funktion ist noch nicht aufgeklärt, scheint aber in Zusammenhang mit den Mastzellen zu stehen, woraus sich auch die Synonymbezeichnung **Blutmastzellen** ableitet.

Die **Lymphozyten** haben mit 30–75% den größten Anteil an den weißen Blutzellen. Nach ihrer Größe sind zwei Fraktionen, eine mit etwa 4–10 µm, eine andere mit etwa 11–15 µm Durchmesser zu unterscheiden. Sie besitzen einen runden, heterochromatischen Zellkern. Ihr Zytoplasmasaum ist schmal. Bei den großen Lymphozyten handelt es sich wahrscheinlich um unreife Übergangsformen.

Die Vorstufen der Lymphozyten sind auf die hämatotopoetischen Stammzellen zurückzuführen und entstehen in den blutbildenden Geweben und Organen. In den primären

Immunorganen, dem Thymus und der Bursa Fabricii, erfolgt ihre spezifische Prägung zu antigensensitiven und immunkompetenten T- und B-Lymphozyten. Diese besiedeln die lymphoretikulären Organe und treten in das Blut und in die Lymphe über. Unter Antigeneinfluß kommt es zur Proliferation der Lymphozyten und einer Transformation zu Effektorzellen. Damit entstehen aus den bursaabhängigen **B-Lymphozyten** die **Immunoblasten**, welche die Träger der humoralen Immunreaktion sind.

Die thymusabhängigen **T-Lymphozyten** sind verantwortlich für die zelluläre Immunität, in dem sie sich nach Antigenkontakt zu verschiedenen Funktionsstadien, u. a. sog. **Killerzellen**, verwandeln (s. auch Kap. 12).

Die **Monozyten** sind im Durchschnitt mit 12 (8–17) µm etwas größer als die Lymphozyten. Von diesen sind sie durch ihren mehr nierenförmigen Kern und den etwas breiteren, schwach basophilen Zytoplasmasaum zu unterscheiden. Sie entstehen in blutzellbildenden Geweben und Organen, postfetal im wesentlichen im Knochenmark. Im Blut verweilen sie nur 30–40 Stunden, um dann in die verschiedenen Gewebe zu migrieren, wo sie potentielle **Makrophagen** hervorbringen.

11.5. Lymphgefäßsystem

Das Lymphgefäßsystem steht in enger Beziehung zum Blutgefäßsystem und gemeinsam mit diesem zum Abwehrsystem. Am Lymphgefäßsystem lassen sich die Lymphgefäße, die Lymphknoten sowie die Lymphherzen unterscheiden.

Die Lymphgefäße nehmen während der Phylogenese von den Fischen über die Sauropsiden bis zu den Säugetieren in ihrer Ausbildung zu. Somit sind die Anzahl und die Dichte der Lymphgefäßnetze bei den Vögeln weitaus geringer als bei den Säugetieren.

Lymphknoten treten während der phylogenetischen Entwicklung erstmals bei einigen Vögeln (Wasservögel, Huhn) auf.

Lymphherzen sind bei Fischen, Amphibien und Reptilien in größerer Anzahl vorhanden. Beim Vogel bleiben sie nur bei einigen Arten (Huhn, Gans, Ente) erhalten.

11.5.1. Lymphgefäße

Die Lymphgefäße (Abb. 128) sind bei Vögeln im Vergleich zu Säugetieren gering entwickelt. Meist verlaufen die Lymphgefäße entlang der Venen. Die Verbindungen mit dem Venensystem sind zahlreicher (bis zu 11) als bei den Säugetieren. Geflechte von Lymphgefäßen sind vor allem in der Leibeshöhle anzutreffen, in den anderen Körperabschnitten sind sie kaum ausgeprägt. Näher untersucht wurden die Lymphgefäße des Geflügels beim Huhn, worauf sich auch die folgende kurze Darstellung weitgehend bezieht.

Die *Vasa lymphatica jugularia* führen die Lymphe aus dem Kopf- und Halsgebiet ab. Sie gehen aus den Lymphgefäßen des Kopfes (*Vasa lymphaticum cephalicum caudale* et *rostrale*), des Halses (*Vas lymphaticum caroticum commune* und *Vas lymphaticum vertebrale*), der Schilddrüse (*Vas lymphaticum thyroideum*), der Luftröhre und der Speiseröhre (*Vas lymphaticum esophagotracheale* und *Vasa lymphatica esophagealia*) sowie des Kropfes (*Vasa lymphatica ingluvialia*) hervor. Das Vas lymphaticum jugulare zieht jeweils entlang der V. jugularis (zum Teil in Form eines dorsal und ventral der Vene verlaufenden Astes) und mündet in die V. jugularis kurz vor deren Vereinigung mit der jeweiligen V. subclavia.

Das *Vas lymphaticum subclavium* stellt das Lymphgefäß des Flügels dar. Es entsteht durch die Vereinigung der Lymphgefäße des Brustgebietes (*Vas lymphaticum sternoclaviculare* und *Vas lymphaticum pectorale commune*) mit denen des Schulter- und Achselgebietes (*Vas lymphaticum brachiale* und *Vas lymphaticum axillare*) und denen des eigentlichen Flügels (*Vasa lymphaticum basilicum* sowie *Vas lymphaticum radiale* und *ulnare*). Das Vas lymphaticum subclavium mündet in die jeweilige V. subclavia.

Der *Truncus thoracoabdominalis* dient als paariger Lymphstamm dem Abtransport der Lymphe aus der Beckengliedmaße, der Kloake, der Beckenregion sowie den Baucheingeweiden. Im Bereich der Beckengliedmaße vereinigen sich das *Vasa lymphaticum tibiale craniale* et *caudale* mit dem *Vas lymphaticum popliteum* zum *Vas lymphaticum ischiadicum*. Dieses bildet gemeinsam mit dem *Vas lymphaticum femorale* sowie dem *Vas lymphaticum iliacum internum*, dem Lymphgefäß der Kloake *(Vas lymphaticum cloacale)* und dem *Vas lymphaticum iliacum externum* den kaudalen Anteil des Lymphstammes. In diesen münden während seines Verlaufes nach kranial die Lymphgefäße des Hodens *(Vasa lymphatica testicularia)* bzw. Eierstocks *(Vas lymphaticum ovaricum)*, der Nieren *(Vasa lymphatica renalia)*, der Nebenniere *(Vas lymphaticum adrenale)*, des Magens *(Vas lymphaticum celiacum)*, des Darmes und des Legedarmes *(Vasa lymphaticum mesentericum craniale* et *caudale)* sowie Lymphgefäße des Hautgebietes der Leibeswand.

Der Verlauf der einzelnen Lymphgefäße ist weitgehend durch die entsprechenden Blutgefäße gekennzeichnet.

Meist sind ein rechter und linker Stamm des Truncus thoracoabdominalis ausgebildet, gelegentlich ist nur ein Stamm vorhanden. Zwischen beiden Stämmen treten häufig Anastomosen auf. Der Truncus thoracoabdominalis ist der größte Lymphstamm beim Vogel und kann einen Durchmesser von 1 mm erreichen. Er zieht als paariger Lymphstamm entlang der Aorta kranial und verbindet sich mit dem Endabschnitt der jeweiligen V. cava cranialis.

Direkt in das Venensystem führen weiterhin die *Vasa lymphatica thoracica interna* sowie das *Vas lymphaticum cardiacum commune*, das *Vas lymphaticum pulmonale commune* und das *Vas lymphaticum proventriculare* die Lymphe ab.

Die *Vasa lymphatica thoracica interna* verlaufen entlang der Vv. thoracicae internae. Sie entstehen durch Vereinigung der Lymphgefäße der Bauchmuskulatur mit den oberflächlichen Lymphgefäßen der Lunge und ziehen zur jeweiligen V. cava cranialis.

Das *Vas lymphaticum cardiacum commune* geht aus den Lymphgefäßen des Herzens hervor. Diese verlaufen unabhängig von den Koronararterien und -venen. Das linke Lymphgefäß ist stärker ausgeprägt als das rechte. Das Vas lymphaticum cardiacum commune mündet in die V. cava cranialis dextra.

Das *Vas lymphaticum pulmonale commune* entsteht durch den Zusammenfluß der tiefen Lymphgefäße der Lunge, während die oberflächlichen Lymphgefäße zu den Vasa lymphatica thoracica interna ziehen. Das Vas lymphaticum pulmonale commune vereinigt sich mit der V. cava cranialis sinistra nahe der Mündung des linken Truncus thoracoabdominalis, es kann aber auch mit diesem gemeinsam münden.

Das *Vas lymphaticum proventriculare* kommt vom Drüsenmagen und zieht entlang der entsprechenden Vene zur V. cava cranialis. Es mündet dicht neben oder auch in Verbindung mit dem Truncus thoracoabdominalis.

11.5.2. Lymphknoten

Beim Geflügel kommen bei Ente und Gans zwei Lymphknotenpaare vor. Der Aufbau der Lymphknoten ist weitaus primitiver als bei den Säugetieren (Abb. 129). Beim Huhn treten Lymphknoten entlang der Venen der Beckengliedmaßen auf. Von den bei Ente und Gans ausgebildeten Lymphknotenpaaren ist der

— **Halslymphknoten**, *Lymphonodus cervicothoracicus*, eingeschaltet in das Vas lymphaticum jugulare. Er liegt jederseits am kaudalen Abschnitt des Halses und im Anfangsabschnitt der Leibeshöhle, wobei er dem kaudalen Abschnitt der V. jugularis dicht anliegt, aber die Vene auch ein wenig überkreuzen kann. Sein Lageverhältnis zu der in seiner Nähe liegenden Schilddrüse ist variabel.
Seine Länge beträgt 10–30 mm, seine Breite 2–5 mm. Die Form ist ungleichmäßig spindelförmig, die Konsistenz ist weich, die Farbe blaß rötlichgelb. Im allgemeinen ist auf jeder Seite nur ein Knoten vorhanden. Er kann durch Einschnürungen in zwei Teile getrennt sein.
— Der **Lendenlymphknoten**, *Lymphonodus lumbaris*, hat mehrere zuführende Lymphgefäße, dagegen nur ein abführendes Gefäß, den Truncus thoracoabdominalis. Der Lendenlymphknoten liegt jederseits in der Beckenhöhle dicht ventral der Wirbelsäule

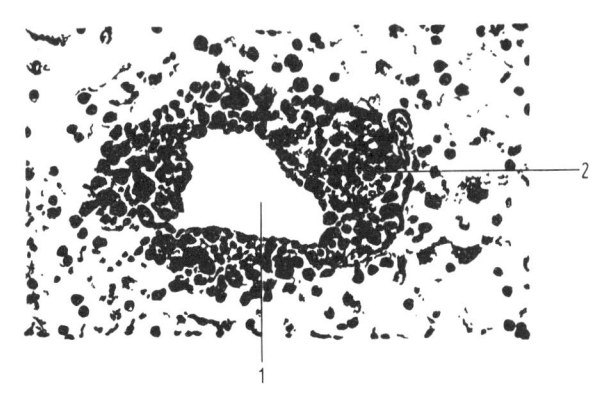

Abb. 129. Schematische Darstellung eines Schnittes durch einen Halslymphknoten der Gans (in Anlehnung an Lindner, 1961).

1 Zentralsinus (entspricht dem Lumen des Lymphgefäßes)

2 um den Zentralsinus gelegene lymphozytäre Anhäufungen

in Höhe des Eierstocks bzw. des Hodens, zwischen der Aorta und dem medialen Rand der Niere sowie zwischen den Abgangsstellen der A. iliaca externa und der A. ischiadica aus der Aorta. Dabei befindet sich der mehr oder weniger kugelförmige Hauptteil des Lymphknotens an der Abgangsstelle der A. iliaca externa und erstreckt sich, individuell unterschiedlich, in Form eines sich allmählich verkleinernden Streifens bis zur A. ischiadica. Durch Lymphgefäßanastomosen können die Lymphknoten beider Seiten miteinander in Verbindung stehen. Die Konsistenz des Lymphknotens ist weich, seine Farbe blaß-rötlichgelb, und seine Größe schwankt individuell. Bei der Gans ist er durchschnittlich 25 mm lang und an der breitesten Stelle 5 mm breit.

Lymphherzen

Bei Huhn, Ente und Gans sowie bei Straußenvögeln bleiben postembryonal zwei Lymphherzen jederseits in Höhe der ersten Schwanzwirbel ventral des M. coccygeus erhalten. Sie stellen spindelförmige, dorsoventral abgeplattete Lymphräume dar. Die ihrer Wand anliegende glatte sowie quergestreifte Muskulatur bedingt die Kontraktilität dieser Abschnitte. Durch klappentragende Ostien wird der Innenraum der Lymphherzen in Abteilungen geschieden, die sich abwechselnd zusammenziehen und auf diese Weise die Lymphe weiterbefördern.

12. Abwehrsystem

Das Abwehrsystem setzt sich aus einer Reihe von Organen, den Abwehrorganen, auch als lymphatische Organe oder Immunorgane bezeichnet, zusammen. Diese stehen auch beim Geflügel in unmittelbarer Beziehung zum Blutgefäß- und Lymphgefäßsystem. Die Abwehr beruht auf der Funktion der Abwehrzellen, welche zum Teil in den Organen verankert sind, zum anderen Teil im Blut bzw. in der Lymphe zirkulieren. Dadurch werden die Abwehrorgane zum Abwehrsystem oder **Immunsystem** vereinigt.

Zu den **Abwehrzellen** zählen:

— die T- und B-Lymphozyten als immunkompetente Zellen (einschließlich der Plasmazellen),
— die Makrophagen in Form der Monozyten (Blutmakrophagen) und Histiozyten (Gewebsmakrophagen),
— pseudoeosinophile und eosinophile Granulozyten.

Die Grundlage der Abwehrorgane bildet das **lymphoretikuläre Bindegewebe** mit den verschiedenen Formen der Retikulumzellen und den eingewanderten Abwehrzellen (vor allem Lymphozyten).

Die **Lymphozyten** stellen als immunkompetente Zellen die „Zentralzellen" des Abwehrsystems dar. Ihre Differenzierung und Dynamik bedingen die Funktion des gesamten Systems.

Die Stammzellen der Lymphozyten entstehen embryonal im Mesenchym und gelangen beim Geflügel im Zuge der Entwicklung in den Thymus bzw. die Bursa Fabricii. In diesen primären lymphatischen Organen erfolgt die Differenzierung zu den **T- und B-Lymphozyten**. Von diesen zirkuliert ein Teil ständig im Blut und in der Lymphe, der Hauptteil gelangt über die Blutbahn zu entsprechenden Gebieten der sekundären lymphatischen Organe. Unter dem Einfluß einer Antigenreaktion kann es in diesen Organen zu einer Aktivierung der Lymphozyten kommen. Diese führt unter ständiger Vermehrung zu einer weiteren Differenzierung und damit zur Abwehrfunktion der Lymphozyten. Zu den aktivierten Lymphozyten, welche bei den T-Lymphozyten in verschiedenen Formen auftreten, bei den B-Lymphozyten die **Plasmazellen** darstellen, kommen jeweils **Gedächtniszellen** als Träger des immunologischen Gedächtnisses und somit als Grundlage der Immunität.

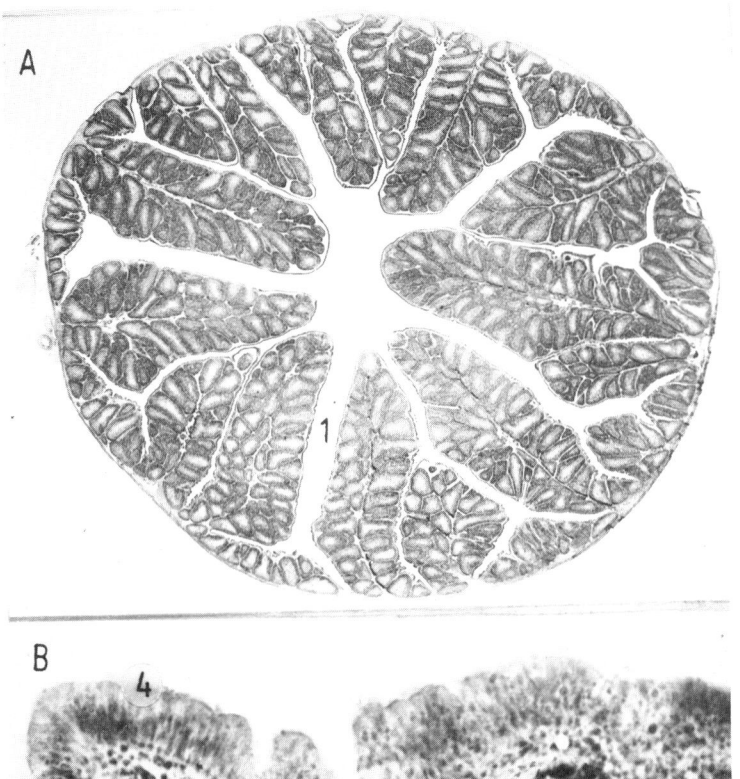

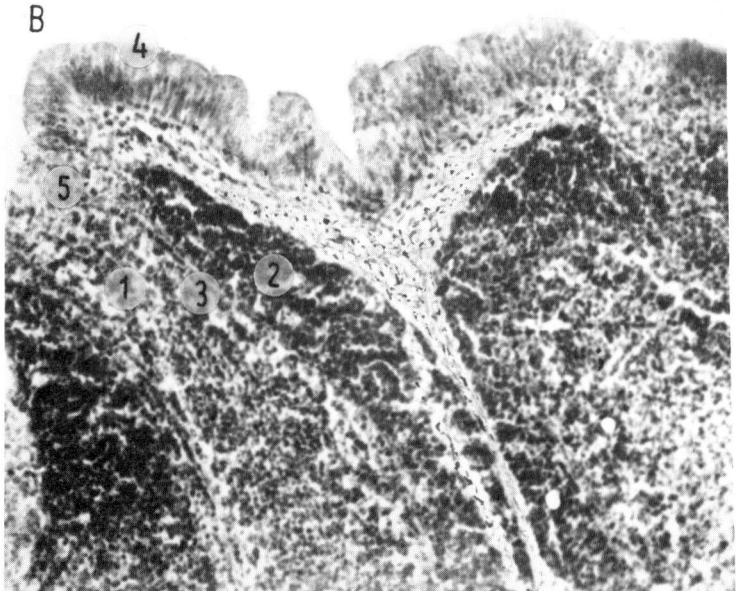

Abb. 130

Zu den **primären lymphatischen Organen** zählen beim Vogel

- die Bursa Fabricii (Bildner der B-Lymphozyten) und
- der Thymus (Bildner der T-Lymphozyten).

Sie bilden sich nach der Differenzierung der Lymphozyten zurück und sind daher nur beim jungen Vogel anzutreffen. Bei der Rückbildung geht die des Thymus der der Bursa Fabricii immer etwas voraus.

Die **sekundären lymphatischen Organe** umfassen beim Vogel

- die diffusen lymphoretikulären Einlagerungen,
- die Lymphknötchen, zu denen auch die Blinddarmtonsille gehört,
- die Lymphknoten und
- die Milz.

Die **Bursa Fabricii** geht embryonal aus der dorsalen Wand des Endteiles des primitiven Darmes (Kloake) hervor. Sie liegt daher als ein unpaarer Blindsack (Abb. 86) median und retroperitoneal zwischen der dorsalen Wand der Kloake und der Wirbelsäule. Beim Haushuhn ist die Bursa Fabricii birnenförmig, bei Gans und Ente mehr langgestreckt und spindelförmig, bei der Pute mehr oder weniger spindelförmig.

Das kaudale Ende der dickwandigen Bursa öffnet sich durch einen kurzen Kanal **(Bursastiel)** mit einer weiten, schlitzförmigen Öffnung im Dach des Proctodeum der Kloake.

Die Bursa Fabricii weist einen mit hochprismatischem Epithel ausgekleideten Hohlraum auf. Von ihm gehen 12–15 Longitudinalfalten aus, die ihrerseits wieder Sekundärfalten bilden können (Abb. 130). In jeder Falte befinden sich 2 Reihen von rundlichen, ovalen oder polygonalen **Follikeln**, zum Teil in enger Nachbarschaft mit dem Epithel der Falten. An den Follikeln lassen sich eine aus dem Mesoderm stammende **Rinden-** und eine aus dem Entoderm hervorgehende **Marksubstanz** unterscheiden. Beide Anteile sind durch eine **Basalmembran** voneinander getrennt. An der Kontaktstelle der Marksubstanz mit dem Epithel kann es zur Ausbildung sog. **Epithelbüschel** kommen. Peripher im Mark der Follikel können undifferenzierte Epithelzellen der Basalmembran direkt aufsitzen. In den Bursafollikeln erfolgt über mehrere Stufen die Differenzierung der B-Lymphozyten. Die Differenzierungsstufen liegen in den von dem Netz der Retikulumzellen gebildeten Maschen. Sie gelangen schließlich vorwiegend aus der Rinde der Follikel in den Organismus.

Die Bursa Fabricii zeigt postembryonal deutliche **Wachstumsveränderungen**. So werden ein Postembryonalstadium, ein Ausreifungsstadium, ein Reifestadium, ein frühes und ein spätes Involutionsstadium sowie ein Reliktstadium unterschieden. Allgemein hat die Bursa Fabricii beim jungen Vogel den größten Umfang, mit zunehmendem Alter bildet sie sich weitgehend zurück. Beim Huhn ist die Bursa im Alter von 4 Monaten

◀

Abb. 130. Schnitte durch die Bursa Fabricii des Huhnes.

A Schnitt durch die Bursa Fabricii eines 8 Wochen alten Huhnes. Hämatoxylin-Eosin-Färbung, ca. 7fache Vergr. (Aufnahme: Dr. Dorst, Berlin). 1 Longitudinalfalten

B Schnitt durch Follikel der Bursa Fabricii eines 10 Wochen alten Huhnes. Hämatoxylin-Eosin-Färbung, ca. 90fache Vergr. (Mikrofoto).

1 Mark	3 Basalmembran zwischen	4 Epithel der Falten
2 Rinde eines Follikels	Mark und Rinde	5 Epithelbüschel

310   12. Abwehrsystem

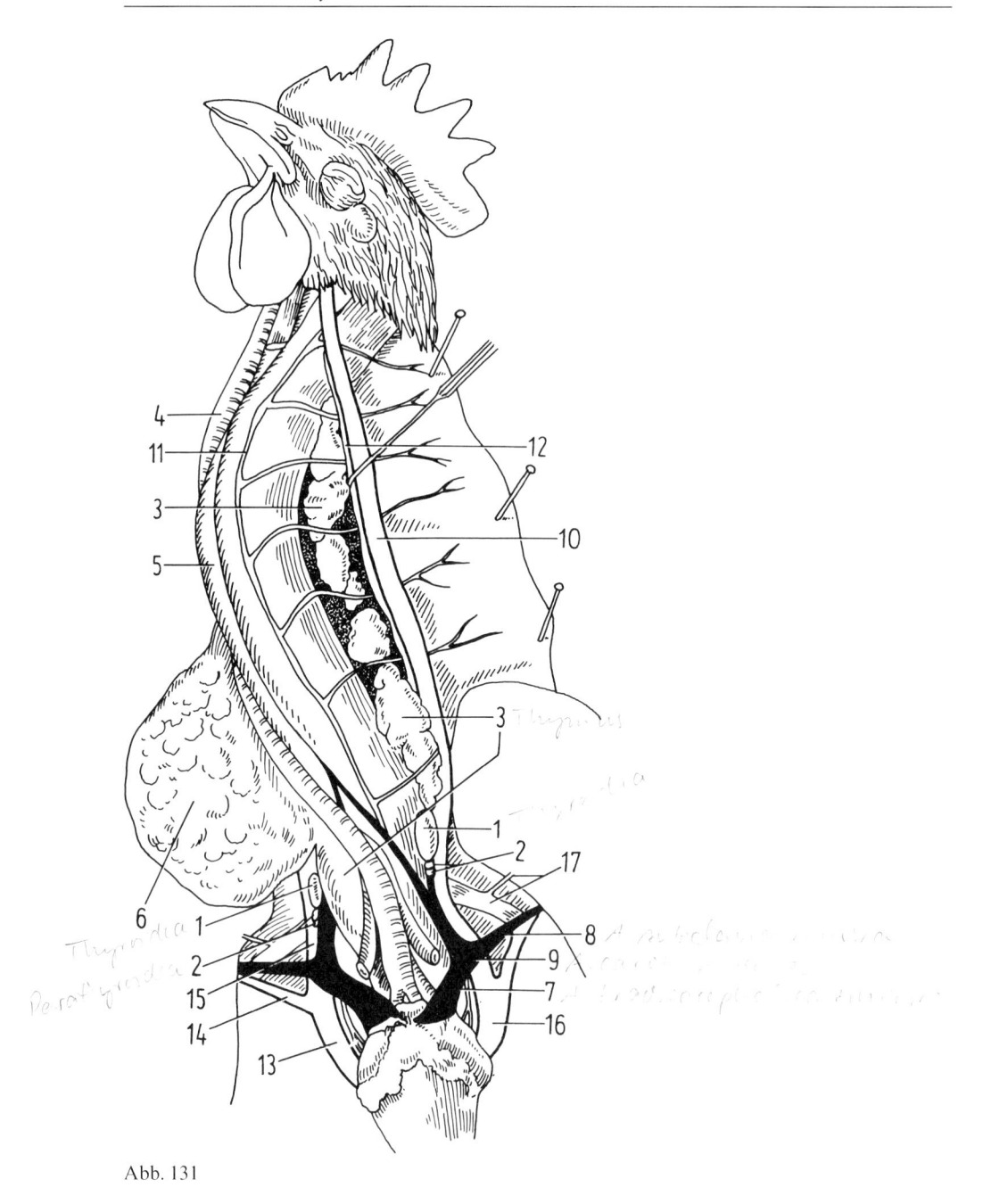

Abb. 131

am größten und hat eine Länge von 2–3 cm sowie eine Breite von 1,5 cm (Kirschgröße). Bei Ente und Gans weist sie im Alter von 6–7 Monaten mit 3,5–4,0 cm ihre größte Länge auf, bei der Taube im Alter von 4 Monaten mit einer Länge von 1,5 cm. Danach setzt die Rückbildung ein, und es finden sich z. B. beim Huhn im Alter

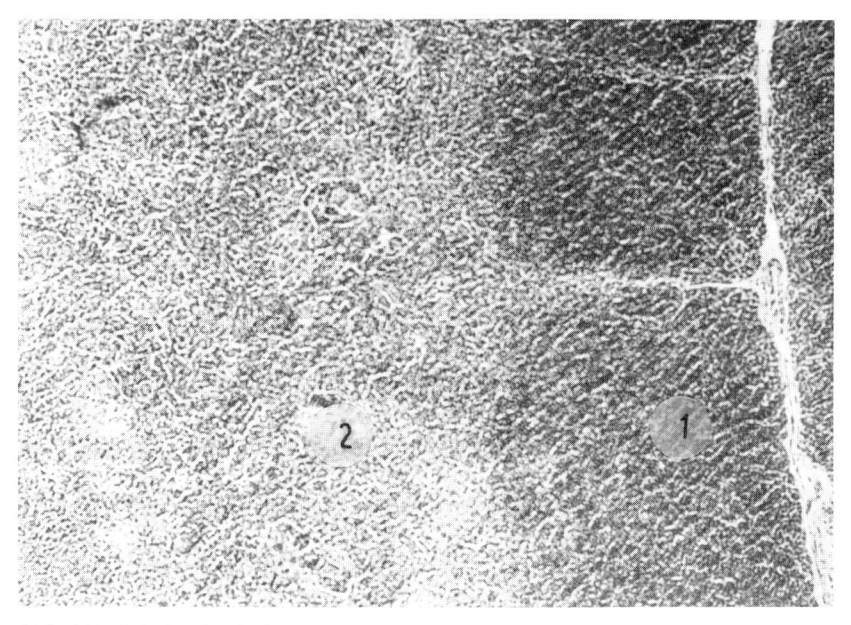

Abb. 132. Schnitt durch ein Läppchen des Thymus eines 10 Wochen alten Huhnes. Hämatoxylin-Eosin-Färbung, ca. 90fache Vergr. (Mikrofoto).

1 Rinde   2 Mark (mit Hassallschen Körperchen)

von 1 Jahr im allgemeinen nur noch erbsen- bis hanfkorngroße Reste. Diese bilden sich schließlich völlig zurück. Bei Ente und Gans erreicht das Organ seine volle Ausbildung später und die Rückbildung läuft langsamer ab. Die Bursa Fabricii der Taube läßt dagegen, ähnlich wie beim Huhn, einen schnelleren Ablauf der Rückbildung erkennen.

Der **Thymus** (Abb. 131 und 132) hat seinen embryonalen Ursprung in der 3. und 4. Schlundtasche. Er bildet ein langgestrecktes und gefäßreiches Organ. Beim jungen Tier ist der Thymus deutlich ausgebildet und erstreckt sich als läppchenförmiges Organ entlang der V. jugularis vom 3. Halswirbel bis zum Thorax. Beim Haushuhn sind 3 bis 8 unregelmäßig geformte und annähernd 1 cm lange Lappen zu unterscheiden. Von diesen befindet sich der am weitesten kaudal liegende Lappen nahe des Brusteinganges in der Nähe der Schilddrüse, der Nebenschilddrüsen und des ultimobranchialen Körpers. Die Farbe des Thymus ist blaßrötlich bis gelblich.

◀
Abb. 131. Halsgebiet des Huhnes (halbschematisch, in Anlehnung an King, 1984).

1 Schilddrüse	8 A. subclavia sinistra	13 V. cava cranialis dextra
2 Epithelkörperchen	9 A. carotis interna	14 V. subclavia dextra
3 Thymus	10 V. jugularis sinistra	15 V. jugularis dextra
4 Luftröhre	11 Truncus paravertebralis cervicalis	16 V. cava cranialis sinistra
5 Speiseröhre		17 Anteile des linken Plexus brachialis
6 Kropf	12 N. vagus	
7 A. brachiocephalica sinistra		

Histologisch weist der Thymus wie beim Säugetier einen Läppchenbau auf. An den Läppchen lassen sich eine **Rinden-** und eine **Marksubstanz** unterscheiden (Abb. 132). In der Marksubstanz sind auch beim Vogel **Hassallsche Körperchen** anzutreffen. In den von dem Netz der Retikulumzellen gebildeten Maschen der Rinden- und Marksubstanz liegen die Differenzierungsstufen der Lymphozyten. Durch die mitotische Teilung und die Differenzierung der Zellen wird die dichte Lage der Lymphozyten und damit das typische Aussehen der Rinde bedingt. Von der Rinde gelangen die Zellen schließlich in das Mark und werden von hier über die Blutgefäße ausgeschwemmt in den Organismus zu den sekundären lymphatischen Organen.

Der Thymus unterliegt ähnlich wie die Bursa Fabricii einer **Altersinvolution**. Seine größte Ausdehnung erreicht der Thymus beim Haushuhn zwischen der 14. und 17. Woche. Danach erfolgt eine schnelle Rückbildung. Bei der Ente wird das Maximum (0,43% der Körpermasse) mit der 11. Woche erreicht. Während der 22. Lebenswoche beträgt die Masse des Thymus nur noch 0,02% der Körpermasse. Beim erwachsenen Vogel besteht er nur noch aus 3–8 kleinen Läppchen, die sich in Resten, z. B. beim Huhn, bis in das späte Lebensalter erhalten können. Bei Wildvögeln (u. a. Wildente) kann es zu einer Reaktivierung und damit zu einer Wiedervergrößerung des Thymus nach der Brutsaison kommen.

In nahezu allen parenchymatösen Organen des Vogels (u. a. Leber, Niere, Lunge, Pankreas, Hoden) sind diffuse oder herdförmige Einlagerungen von Lymphozyten, die **Lymphozytenherde**, anzutreffen. Sie zeigen ein sehr unterschiedliches Bild, die mengenmäßige Ausprägung schwankt. In der Wand von Eingeweideschläuchen lassen sich gleichfalls diffuse lymphoretikuläre Einlagerungen erkennen. Die Zellen können diffus verteilt sein, zum Teil sind sie aber auch herdförmig verdichtet und bilden größere Zellkomplexe. Durch Zusammenlagerung und knötchenförmige Abgrenzung gehen aus ihnen die **Lymphknötchen (Lymphfollikel)** hervor.

Besonders reich an lymphatischem Gewebe ist der Verdauungskanal. Stellenweise können sich die Lymphknötchen zu den **Peyerschen Platten** bzw. den **Darmtonsillen** anhäufen. Besonders ist dies in den Blinddärmen der Fall und führt zur Ausbildung der **Blinddarmtonsille**.

Wie bei den Säugetieren treten in den Lymphknötchen **Keimzentren** auf. Sie sind B-lymphozytenabhängige Gebiete, in denen die Vermehrung der B-Lymphozyten und die Bildung von deren Endstufen, den **Plasmazellen**, erfolgt. Die Plasmazellen dienen als Bildner der Immunglobuline der humoralen Abwehr. T-lymphozytenabhängig sind insbesondere die nach dem Epithel zu gerichteten Anteile, in denen die Aufnahme und Weitergabe der Antigene stattfinden.

Die **Lymphknoten** sind beim Vogel weit primitiver ausgebildet als beim Säugetier (Abb. 129). Sie kommen beim Hausgeflügel nur bei Huhn, Gans und Ente vor. Die Lymphknoten des Vogels stellen modifizierte Anteile der Wand der Lymphgefäße, in deren Bahn sie eingeschaltet sind, dar. Das Parenchym der Lymphknoten besteht aus retikulärem Bindegewebe mit lymphozytären Anhäufungen. Die **Kapsel** ist undeutlich und das bindegewebige **Interstitialgerüst** nur gering ausgebildet. Deutliche Trabekel fehlen. Eine Unterteilung in Rinde, parakortikales Gebiet und Mark ist nicht möglich. Die strangartigen Anhäufungen des lymphoretikulären Bindegewebes wachsen im Laufe der Entwicklung der Lymphknoten in das Lumen des Lymphgefäßes hinein. Von diesem bleibt der zentrale Teil als einheitlicher **Hauptlymphraum (Zentralsinus)** erhalten, während der periphere Teil in die **peripheren Lymphräume** unterteilt wird. Diese anastomosieren untereinander und bilden weiträumige Geflechte.

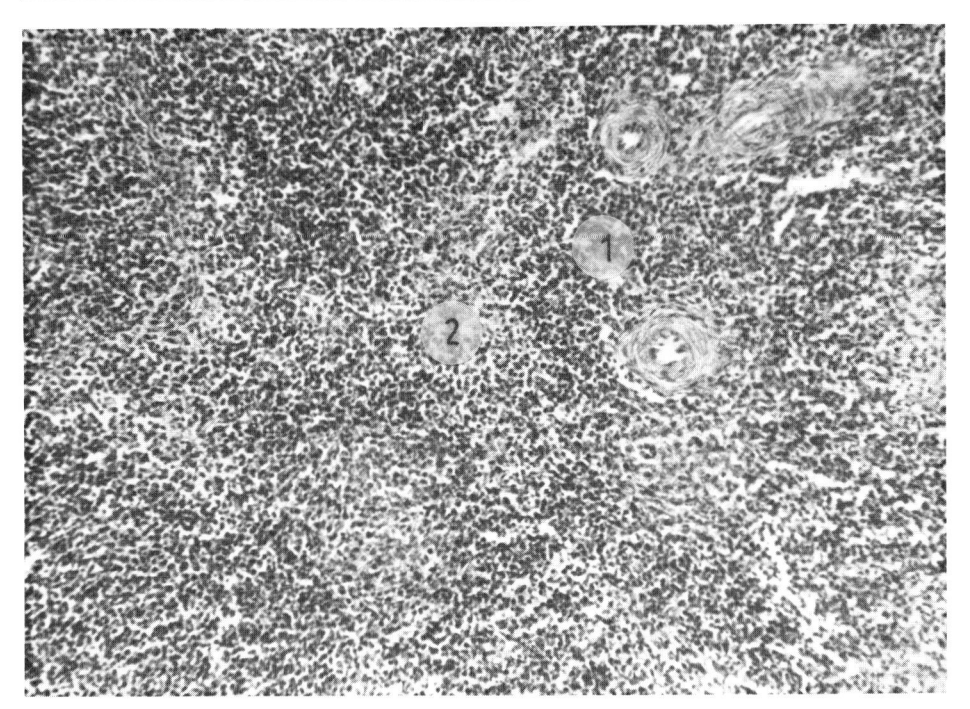

Abb. 133. Schnitt durch die Milz eines Huhnes. Hämatoxylin-Eosin-Färbung, ca. 80fache Vergr. (Mikrofoto).

1 weiße Milzpulpa 2 rote Milzpulpa

Vor allem an den zentralen Strangenden des lymphoretikulären Gewebes häufen sich die Lymphozyten zu knötchenförmigen **Follikeln** an, welche **Keimzentren** enthalten können. Die Lymphräume bleiben frei von Retikulum und stellen Hohlräume dar. In den Lymphräumen sind relativ häufig **Makrophagen** anzutreffen, welche eine deutliche Phagozytoseaktivität aufweisen.

In die Lymphsinus treten kleinere, afferente Lymphgefäße im wesentlichen an dem einen Ende ein, während efferente Lymphgefäße sie am anderen Ende verlassen. Die Blutgefäße dringen an verschiedenen Stellen in den Lymphknoten ein.

Die **Milz** ist ein kleines rötlichbraunes Organ und liegt rechts an der Grenze zwischen Drüsenmagen und Muskelmagen (Abb. 52 und 133). Sie ist von Luftsäcken umgeben und an ihrer rechten Seite mit einem schmalen Streifen in den Verwachsungsbezirk der dorsalen Fläche der Gallenblase einbezogen. Ihre Form ist im allgemeinen beim Huhn kugelig oder zitronen- bzw. eiförmig, bei Ente und Gans mehr oder weniger dreieckig mit einer abgeplatteten dorsalen und einer gewölbten ventralen Fläche, bei der Taube länglich-rund. Ihre Masse beträgt beim Huhn 1,5–4,5 g, bei der Gans 4–8 g. Beim Haushuhn können nahe der A. celiaca und der A. mesenterica cranialis kleine **akzessorische Milzen** (Nebenmilzen) angetroffen werden.

Die Milz besitzt eine dünne, vorwiegend aus kollagenen Fasern bestehende **Kapsel**. Trabekel fehlen weitgehend, das Interstitialgerüst ist somit gering ausgebildet.

Auch beim Vogel ist die Ausbildung des Gefäßsystems für den Bau der Milz bestimmend. Der Feinbau entspricht weitgehend dem bei den Säugetieren. Weniger deutlich ist die Abgrenzung der roten und weißen **Milzpulpa** beim Vogel. Die **lymphatischen Gefäßscheiden** entsprechen den T-lymphozytenabhängigen Gebieten, während die **Milzkörperchen** mit den **Keimzentren** B-lymphozytenabhängig und somit die Bildungsorte der Immunglobuline sind.

Das dreidimensionale Maschenwerk der **roten Milzpulpa** wird beim Haushuhn von Ausläufern der Retikulumzellen und feinen kollagenen Fasern gebildet. In der roten Pulpa liegen englumige venöse Sinus. Im Netzwerk der roten Milzpulpa finden sich neben Erythrozyten auch Lymphozyten, Monozyten, Granulozyten und Plasmazellen. Neben dem Abbau der Erythrozyten und einer geringgradigen Blutspeicherung dürften somit in der roten Pulpa beim Huhn auch Abwehrprozesse ablaufen. Zum anderen wird dadurch mit die undeutliche Abgrenzung der **roten** und **weißen Milzpulpa** bedingt.

13. Endokrines System

Die endokrinen Drüsen, *Glandulae endocrinae*, sind weithin über den tierischen Organismus verteilte, relativ kleine Organe oder in andere Organe eingebettete Zellhaufen, die Wirkstoffe (Hormone) produzieren. Die Wirkstoffe dienen der Regulation und Koordination von Lebensvorgängen wie Stoffwechsel, Entwicklung, Wachstum, Fortpflanzung u. a. Dabei bestehen enge Verbindungen mit dem ZNS, insbesondere mit dem Hypothalamus und weiteren Abschnitten des Hirnstammes.

Mit den genannten Abschnitten des ZNS und auch untereinander stehen die endokrinen Drüsen über **Feedback-Mechanismen** (Abb. 134) in Beziehung. Dabei spielt die hormonale Signalgebung eine bedeutende Rolle. So führt eine gesteigerte Hormonausschüttung in die Blutbahn zu einer Einschränkung der Synthese im produzierenden Organ. Dieser Vorgang löst seinerseits einen Hormonabfall im Blut aus, der das endokrine Organ erneut zur Steigerung der Hormonsynthese zwingt.

Die endokrinen Drüsen sind sowohl ektodermalen und entodermalen als auch mesodermalen Ursprungs. Phylogenese und Ontogenese bedingen den unterschiedlichen Bau dieser Organe, doch besitzen sie als Hormonproduzenten **gemeinsame morphologische Merkmale:**

— Als inkretorische Organe besitzen sie einen drüsenähnlichen Bau, haben jedoch keine Ausführungsgänge *(Organa sine ductibus)*. Ihre Zellen zeichnen sich durch einen hohen Besatz an Zellorganellen aus, die für ihre sekretorische Tätigkeit erforderlich sind (z. B. Mitochondrien, Golgi-Apparat, endoplasmatisches Retikulum).
— Sie besitzen eine außerordentlich reiche Gefäßversorgung, dabei können sowohl Blutkapillaren als auch Lymphkapillaren ausgedehnte Gefäßnetze bilden. Diese dienen der Zufuhr von Stoffen, die von den Drüsenzellen benötigt werden, als auch der Aufnahme und Weiterleitung der Hormone, die von ihnen gebildet werden.
— Sie stehen in enger Beziehung mit dem vegetativen Nervensystem, insbesondere mit den entsprechenden Kerngebieten des Hypothalamus, die z. T. ebenfalls zur Hormonsynthese befähigt sind (s. auch Kap. 14).

Zu den endokrinen Organen zählen:

1. die *Glandula pituitaria* oder *Hypophysis* (Hypophyse),
2. die *Glandula pinealis* (Epiphyse, Pinealorgan, Zirbeldrüse),
3. die *Glandula thyroidea* oder *Thyroidea* (Schilddrüse),

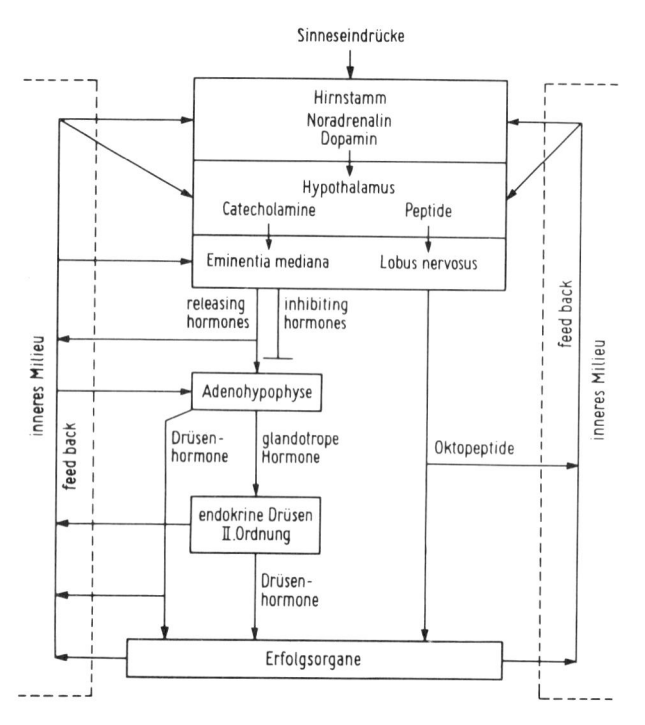

Abb. 134. Hierarchische Ordnung und Feedback-Mechanismus der endokrinen Drüsen bei Wirbeltieren (nach Wurmbach, 1980).

Tabelle 3. Besonderheiten der wichtigsten endokrinen Organe

Organ	Lage	Ursprung	Bauelement
Glandula pituitaria (Hypophyse) mit	ventral des Zwischenhirnbodens, unpaares Organ	Ektoderm:	
— Neurohypophysis (Hypophysenhinterlappen)		— Zwischenhirnboden	Pituizyten (Gliaabkömmlinge)
— Adenohypophysis (Hypophysenvorderlappen)		— Rathkesche Tasche des Mundhöhlendaches	polygonale Epithelzellen, Zellstränge und Follikel bildend
Glandula pinealis (Zirbeldrüse, Pinealorgan, Epiphyse)	dorsal zwischen Großhirnhemisphären und Kleinhirn eingeschlossen, unpaares Organ	Ektoderm: dorsale Zwischenhirnausstülpung	Pinealozyten (Gliaabkömmlinge) mit plumpen Zellfortsätzen, z. T. zu Follikeln angeordnet

Tabelle 3 (Fortsetzung)

Organ	Lage	Ursprung	Bauelement
Glandula thyroidea (Schilddrüse)	beiderseits der Trachea im Gefäßwinkel von A. subclavia und A. carotis communis, bei Jungtieren nahe dem Thymus, paariges Organ	Entoderm: Schlunddarmboden	kubische bis hochprismatische Epithelzellen, zu Follikeln angeordnet
Glandula parathyroidea (Epithelkörperchen)	beiderseits der Trachea, kaudal der Schilddrüse im Gefäßwinkel von A. subclavia und A. carotis communis, paarig	Entoderm: III. und IV., z. T. auch V. Schlundtasche	polygonale Epithelzellen, unregelmäßige Zellstränge bildend
Glandula ultimobranchialis (Ultimobranchialer Körper)	beiderseits der Trachea, überwiegend kaudal der Schilddrüse und der Epithelkörperchen im Gefäßwinkel von A. subclavia und A. carotis communis	Entoderm: kaudale Schlundtasche	polygonale eosinophile Epithelzellen, Zellhaufen oder -stränge bildend
Glandula adrenalis (Nebenniere) mit	beiderseits der Aorta abdominalis am Medialrand des kranialen Nierenpols, kaudal der Lungen in der Nähe der Hoden bzw. des Ovariums		
— interrenalem (Rinden-) Gewebe		Mesoderm: dorsale Coelomwand nahe der Gonadenanlage	eosinophile vakuolisierte zylindrische Epithelzellen, Hauptstränge bildend
— adrenalem (Mark-) Gewebe		Ektoderm: Neuralleiste	große basophile polygonale Epithelzellen, Zwischenstränge bildend
Paraganglien (z. B. *Paraganglion caroticum*)	nahe der Nebennieren, entlang des Bauchgrenzstranges, in der Wand von Bauchvenen u. a.	Ektoderm: Neuralleiste	chromaffine polygonale Epithelzellen, Zellnester bildend
Insulae pancreaticae (Langerhanssche Inseln)	im exokrinen Pankreasgewebe eingeschlossen, besonders im Milzlappen	Entoderm: Darmepithel	polygonale Epithelzellen, A-, B-, D-Zellen, getrennte oder gemischte Inseln bildend

4. die *Glandula parathyroidea* oder Parathyroidea (Epithelkörperchen, Nebenschilddrüse),
5. die *Glandula ultimobranchialis* (Ultimobranchialer Körper),
6. die *Glandula adrenalis* (Nebenniere),
7. das *Paraganglion caroticum* u. a.,
8. die *Insulae pancreaticae* (Langerhanssche Inseln der Bauchspeicheldrüse),
9. die hormonbildenden Zellen der Keimdrüsen:
   - die „Thekaldrüse" (Gelbkörperäquivalent) des Ovariums,
   - die Follikelzellen des Ovariums,
   - die Leydigschen Zwischenzellen des Testis.

Tabelle 3 enthält eine Zusammenfassung über Bau und Lage dieser Organe.

Neben den bereits aufgeführten endokrinen Organen treten endokrine Zellen einzeln oder in kleinen Zellgruppen im Epithel der Magen- und Darmschleimhaut auf. Gemeinsam mit den Langerhansschen Inselzellen zählen sie zum **Gastro-Entero-Pancreatic (GEP) System**. Es sind peptidproduzierende Zellen, die auch dem endokrinen APUD-System (Amine Precursor Uptake Decarboxylation and Stomage of Cells) zugeordnet werden, das entwicklungsgeschichtlich aus der Neuralleiste hervorgeht. Möglicherweise sind ähnliche Zellen, ebenso wie bei den Säugetieren, auch im Atemtrakt nachweisbar.

Ferner bilden die **Mastzellen** des Bindegewebes Hormone, die in unmittelbarer Umgebung der Zellen wirksam werden und deshalb als lokale Hormone bezeichnet werden.

13.1. Glandula pituitaria

Die **Hypophyse** oder *Glandula pituitaria* steht morphologisch und funktionell in enger Beziehung zum Hypothalamus.

Das unpaare Organ setzt sich aus zwei deutlich voneinander abgrenzbaren Teilen, der **Neurohypophyse** oder dem **Hirnteil** und der **Adenohypophyse** oder dem **Drüsenteil**, zusammen. Beide Abschnitte gehen entwicklungsgeschichtlich auch aus unterschiedlichen Regionen des Ektoderms hervor. Die Neurohypophyse entsteht aus dem Boden des Diencephalon *(Processus infundibularis)* und die Adenohypophyse aus dem Mundhöhlendach, d. h. aus der Rathkeschen Tasche.

Das relativ kleine, meist leicht abgeflachte Organ befindet sich unterseits des Diencephalon unmittelbar kaudal des Chiasma opticum am Boden der Schädelhöhle in der Fossa hypophysialis des Os basisphenoidale, d. h. einem Teil der Sella turcica. Bindegewebe, das nicht zur Dura mater gehört, schließt die Hypophyse ein und grenzt das Organ so von der knöchernen Hülle ab.

Über einen kurzen **Stiel** ist die Hypophyse mit dem Diencephalon verbunden.

Die Masse des Organs beträgt nur wenige Milligramm (Huhn 10–25 mg, Gans 33–57 mg, Ente 25–29 mg), seine Farbe ist weißlich bis rosa.

Neurohypophyse und Adenohypophyse lassen jeweils eine weitere Unterteilung erkennen. Die im Vergleich mit der Adenohypophyse weitaus kleinere Neurohypophyse **(Hypophysenhinterlappen, HHL)** setzt sich aus der *Eminentia mediana* und dem *Infundibulum* **(Trichter)** sowie dem nach kaudal gerichteten *Lobus nervosus* **(Neurallappen)** s. *Pars nervosa* zusammen. Durch das Infundibulum strahlt der III. Ventrikel als *Recessus neurohypophysialis* in den HHL ein.

Die Adenohypophyse umschließt mit einem schmalen Gewebestreifen, der *Pars tuberalis* **(Trichterlappen)**, teilweise das Infundibulum und setzt sich dann in der *Pars distalis*, dem Hauptabschnitt des **Hypophysenvorderlappens (HVL)** fort. Die Pars distalis läßt sich aufgrund ihrer zellulären Zusammensetzung noch weiter unterteilen in die *Zona rostralis partis distalis* und die *Zona caudalis partis distalis*.

Die für die Säugetiere typische Pars intermedia der Adenohypophysis kommt bei Vögeln nicht zur Ausbildung. In der Zona caudalis partis distalis hebt sich an der Grenze zur Neurohypophyse jedoch eine mehrschichtige Lage lichtmikroskopisch gleichförmig erscheinender Zellen hervor, die als Analogon zur Pars intermedia der Säugetiere betrachtet wird.

13.1.1. Neurohypophysis

Die Neurohypophyse des Vogels setzt sich aus den genannten drei Abschnitten, *Eminentia mediana*, *Infundibulum* und *Lobus nervosus* zusammen. Da der HHL ein Abkömmling des Diencephalon ist, werden die einzelnen Teile in charakteristischer Weise von Nervengewebe gebildet, das von zahlreichen Kapillaren und dem sie begleitenden Bindegewebe durchzogen wird.

Eminentia mediana und Infundibulum sind morphologisch nicht klar voneinander abzugrenzen, während sich der Lobus nervosus mit ihrer länglichen Gestalt deutlich vom Zwischenhirnboden abhebt. Das Infundibulum schließt in sich als Hohlraum einen Teil des III. Ventrikels ein, der sich in die Pars nervosa als *Recessus neurohypophysialis* fortsetzt.

Alle drei Abschnitte der Neurohypophyse lassen sich histologisch in drei Schichten gliedern:

1. das hohlraumbegrenzende Ependym,
2. die in der Mitte gelegene Faserschicht, die vorwiegend aus marklosen Nervenfasern besteht, die ihren Ursprung im Hypothalamus haben, und
3. die „Palisadenschicht", die als oberflächliche Grenzschicht reich an Endaufzweigungen („Gliafüßchen") der Ependymzellen ist und der Verfestigung der äußeren Oberfläche dient.

Die **Eminentia mediana** stellt die rostro-ventrale Region des Bodens vom III. Ventrikel dar und geht dorsal ohne erkennbare Abgrenzung in das Tuber cinereum des Hypothalamus über. Funktionell und strukturell läßt sich die Eminentia weiter unterteilen in eine *Zona rostralis eminentiae medianae* und eine *Zona caudalis eminentiae medianae*.

Aus dem zur Pars nervosa hinziehenden *Tractus hypothalamohypophysialis* (s. u.) gelangen Fasern klein- und mittelzelliger Kerngebiete als *Tractus tuberohypophysialis* in das Innere der Eminentia und enden hier.

Das **Infundibulum** bildet gemeinsam mit der Pars tuberalis des HVL den **Hypophysenstiel**. Er stellt die ventrokaudale Fortsetzung der Eminentia mediana dar.

Sein Aufbau gleicht dem ihren weitgehend. Als Durchtrittsstelle der Nervenfasern des Tractus hypothalamohypophysialis dient das Infundibulum gleichzeitig der Befestigung der Neurohypophyse am Zwischenhirnboden.

Der *Lobus nervosus* schließt sich dem kaudalen Ende des Infundibulum an. Sie setzt sich aus den vom Hypothalamus kommenden Nervenfasern sowie aus zahlreichen Gliazellen, Kapillaren und Bindegewebe zusammen. Die Gliazellen, in der Neurohypophyse als **Pituizyten** bezeichnet, finden sich ebenso wie die Nervenendigungen gehäuft in der Nähe der Kapillarwände.

Die Ursprungsstellen der Nervenfasern sind die Perikarya der großzelligen Hypothalamuskerne. Das sind der *Nuc. supraopticus* und der *Nuc. paraventricularis*, die beide zur Produktion von Vasopressin und Oxytocin befähigt sind und daher zu den **neurosekretorischen Kernen** gezählt werden. Die beiden Hormone gelangen – gebunden

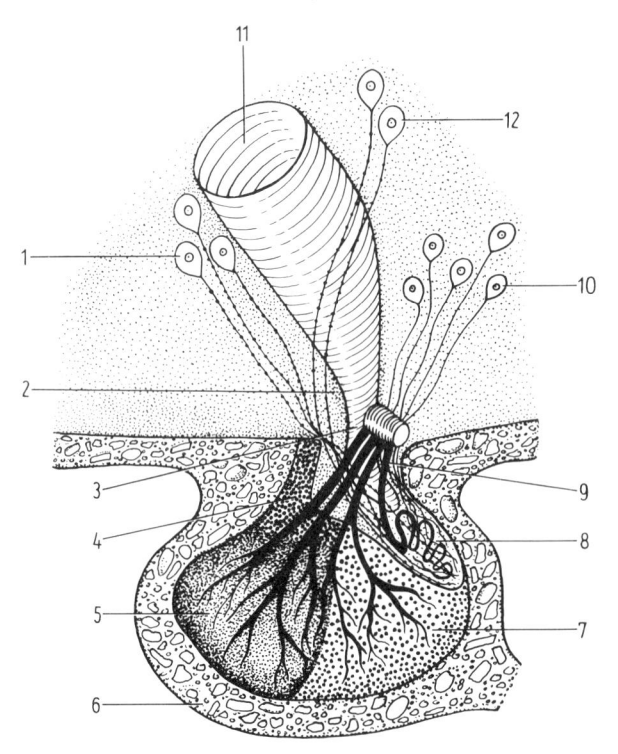

Abb. 135. Bau der Hypophyse des Huhnes.

1 Nucleus supraopticus
2 Infundibulum
3 Eminentia mediana
4 Pars tuberalis
5 Zona rostralis partis distalis
6 Os basisphenoidale
7 Zona caudalis partis distalis
8 Lobus nervosus
9 Portalsystem
10 Nucleus infundibularis
11 Ventriculus tertius
12 Nucleus paraventricularis

an Trägerproteine (Neurophysine) — von den Perikarya in die Axone, die sich zunächst zum *Tractus supraopticohypophysialis* und zum *Tractus paraventriculohypophysialis* vereinen. Beide bilden dann gemeinsam mit Nervenfasern weiterer Kerngebiete des Hypothalamus den *Tractus hypothalamohypophysialis*, der über das Infundibulum zum Lobus nervosus zieht und hier endet (Abb. 135).

Im HHL erfolgt die Speicherung der Neurohormone Oxytocin und Vasopressin. Bei Bedarf werden sie in die zahlreichen Kapillaren ausgeschüttet, dabei erfolgt die Trennung von den Trägerproteinen, die ihrerseits dann von den Pituizyten aufgenommen und abgebaut werden sollen.

Mittels Spezialfärbungen ist das Neurosekret lichtmikroskopisch nachweisbar. In den Axonen erscheint es teilweise als tropfen- bis kolbenförmige Anschwellung **(Herring-Körper)** und in der Neurohypophyse sammelt es sich als feingranuläres bis homogenes Neurosekret in unmittelbarer Nähe der Kapillaren an.

Über den Tractus hypothalamohypophysialis werden außerdem Liberine (releasing hormones) und Statine (inhibiting hormones) bis zur Eminentia mediana transportiert. Sie sind ebenfalls als feine Granula darstellbar und werden über ein dichtes Kapillarnetz in die Adenohypophyse weitertransportiert (s. u.).

13.1.2. Adenohypophysis

Die Adenohypophyse setzt sich aus *Pars tuberalis* und *Pars distalis* zusammen. Die Pars distalis umschließt teilweise das Infundibulum des HHL, liegt dorsal der Eminentia mediana an und erstreckt sich dabei nach rostral bis zum Chiasma opticum. Ventral ist sie mit der Pars distalis verbunden. Zwischen Eminentia mediana und Pars tuberalis kommt es zu einer innigen Gefäßverflechtung **(Pfortaderkreislauf** für den HVL), die wichtig ist für die Aufnahme der „releasing" und „inhibiting hormones", die in der Eminentia mediana aus den entsprechenden Axonen des Nuc. infundibularis und anderer kleinzelliger Kerne des Tuber cinereum freigesetzt werden (s. Kap. 14.2.6.).

Die Pars distalis stellt den Hauptabschnitt der Adenohypophyse dar. Sie befindet sich rostroventral der Neurohypophyse und liegt mit ihrer kaudodorsalen Fläche dem Lobus nervosus an, von ihr durch eine zarte bindegewebige Hülle getrennt.

Die Drüsenzellen der Adenohypophyse sind polygonale Epithelzellen, die zu Zellsträngen oder in Follikeln angeordnet sind, und von einem feinen retikulären Bindegewebsgerüst umhüllt werden. Zahlreiche Kapillaren durchziehen das Drüsengewebe (Abb. 136). Die Drüsenzellen produzieren verschiedene Hormone und zeigen in Abhängigkeit von Alter und Funktionszustand ein unterschiedliches morphologisches Bild. Ihre verschiedenartige Anfärbbarkeit (Azidophilie, Amphophilie, Basophilie) geht auf im Zytoplasma eingeschlosse, elektronenmikroskopisch nachweisbare Granula zurück, die Träger der verschiedenen Hormone sind. Entsprechend den vorhandenen Hormonen unterscheidet man ACTH-, TSH-, STH- und MSH-Zellen sowie gonadotrope Zellen (FSH-, LH- und LTH-Zellen). Ihre unterschiedliche Verteilung in der Pars distalis führt zu einer weiteren Unterteilung dieses Abschnittes in eine *Zona rostralis partis distalis* und eine *Zona caudalis partis distalis*.

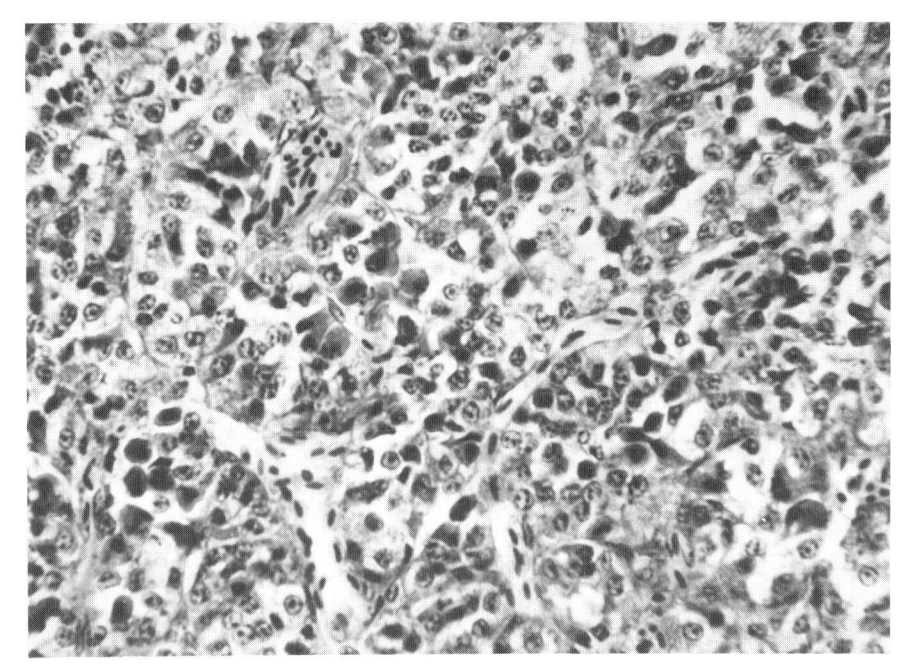

Abb. 136. Ausschnitt aus dem Hypophysenvorderlappen einer weiblichen Gans, Hämatoxylin-Eosin-Färbung, Proj. 4×, Obj. 40×.

Die TSH-Zellen treten in beiden Zonen auf, während die FSH-, LTH-, ACTH- und MSH-Zellen nur in der rostralen Zone auftreten und die LH- und STH-Zellen sich auf den kaudalen Bereich konzentrieren.

13.2. Glandula pinealis

Die **Epiphyse**, *Glandula pinealis*, stellt eine unpaare Ausstülpung des Zwischenhirndaches oberhalb des III. Ventrikels dar und gehört daher mit zu den endokrinen Organen, die sich aus dem Ektoderm entwickeln. Aufgrund ihrer Lage zählt die Epiphyse zu den **Zirkumventrikulären Organen** und entwickelt sich embryonal sehr frühzeitig gemeinsam mit dem **Parietalauge**, mit dem es später auch verwächst. Begrenzt wird die Anlage beider Organe von der Commissura caudalis und der Commissura habenularis. Bei adulten Vögeln ist das Organ m. o. w. kolbenförmig und bleibt über einen dünnen Epiphysenstiel mit dem Dach des Diencephalon verbunden. So ergibt sich eine Unterteilung der Epiphyse in **Kopfteil**, **Stiel** und **Basis**. Das kolbenförmig ausgedehnte Ende der Epiphyse schiebt sich in den engen Raum zwischen kaudalem Ende der beiden Großhirnhemisphären und der rostralen Fäche des Kleinhirns (Abb. 144A).

Die Länge des Organs beträgt beim Huhn ca. 2—3,5 mm, bei der Pute 5 mm und bei mehrjährigen Gänsen unter Einbeziehung des Epiphysenstiels sogar bis 15 mm.

Die Masse des Organs beträgt beim Huhn ca. 5 mg, bei der Gans 10—15 mg, bei der Taube um 2—3 mg. Die Farbe der Epiphyse ist weißlich-grau.

Bei den Vögeln haben sich drei verschiedene **Bautypen** herausgebildet, die durch Übergangsformen untereinander verbunden sind. Die ursprüngliche Form ist eine Sack- oder Schlauchform. Sie ist für die Sperlingsvögel typisch. Meistens besteht die Vogelepiphyse jedoch aus Follikeln, die voneinander durch feine Bindegewebszüge getrennt sind, und nur selten miteinander kommunizieren, aber Verbindungen zu dem im Epiphysenstiel gelegenen Recessus pinealis haben können. Diese Bauart ist charakteristisch für Gans, Pute und Taube.

Den dritten Typus stellen solide, in Läppchen gegliederte Epiphysen dar, die jedoch embryonal und auch bei noch nicht geschlechtsreifen Vögeln einen follikulären Bau besitzen. Diese Epiphysenform ist typisch für Hühnervögel (Abb. 137).

Die Epiphyse hat eine dünne bindegewebige **Kapsel**, die von der Leptomeninx gebildet wird.

Hemisphärenseitig verwächst die Kapsel mit der Dura mater. Aufgrund dieser Verwachsung wird das Organ häufig ungewollt beim Präparieren des Gehirns vom Zwischenhirndach abgerissen.

Der Hauptanteil des Organs wird von den hormonproduzierenden Epiphysenzellen **(B-Pinealozyten)** gebildet. Diese Zellen haben Epithelcharakter und weisen bei der sackförmigen wie auch der follikulären Epiphyse eine deutliche Polarisierung auf. Embryonal besitzen sie noch Rezeptormerkmale, was auf die ursprüngliche Lichtsinnes-

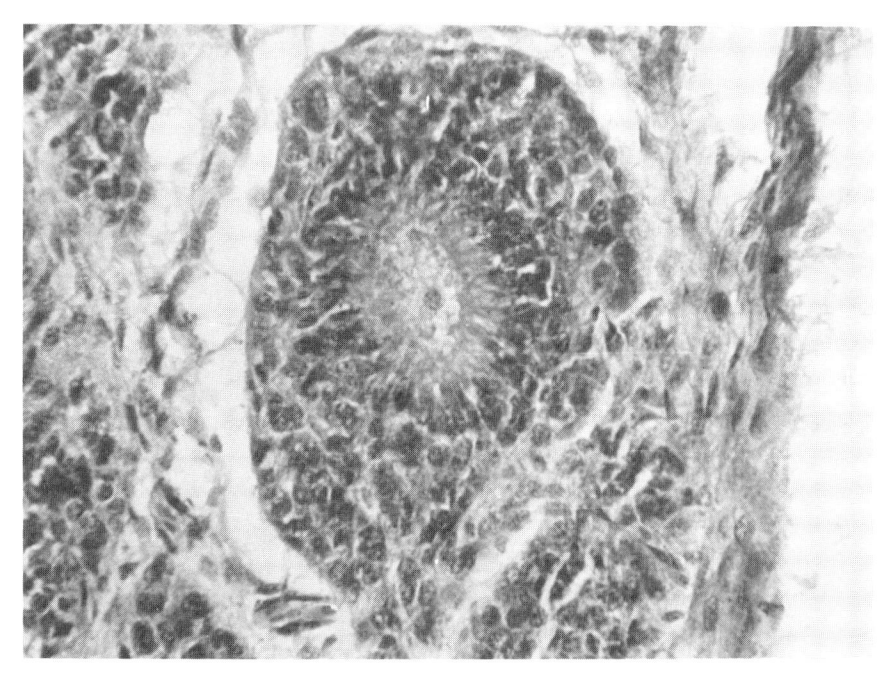

Abb. 137. Ausschnitt aus der Epiphyse eines weibliche Huhnes, Toluidinblau-Standard-Färbung, Proj. 4×, Obj. 40×.

funktion des Organs zurückzuführen ist. Die Zellen sind reich an Zellorganellen und besitzen meist Zellkerne mit mehreren Nucleoli als Ausdruck einer hohen Syntheseleistung. Insbesondere fällt der hohe Gehalt an polymorphen **„dense bodies"** auf, die mit Lipiden angefüllt sind. Die Lipide gelten als die Träger der Epiphysenhormone. Wichtigstes Hormon ist das Melatonin (5-Methoxy-N-acetyltryptamin). Die ferner bei den Säugetieren auftretenden Hormone, zwei weitere Indolverbindungen und das 8-Argininvasotocin, sind möglicherweise bei den Vögeln ebenfalls vorhanden.

Neben den B-Pinealozyten treten in der Epiphyse differenzierte Gliazellen, die **A-Pinealozyten**, auf. Sie haben ebenfalls das Aussehen von hochprismatischen Epithelzellen und sollen nutritive oder metabolische Funktionen besitzen. Beim Huhn sind A- und B-Pinealozyten mit zunehmendem Alter und der damit verbundenen Umwandlung der Follikel in Läppchen von mehr polygonaler Gestalt. Sie unterscheiden sich voneinander durch ihre unterschiedliche Größe sowie histochemischen Eigenschaften des Zytoplasmas. Bei Vertretern des follikulären Epiphysentyps wie Gans und Pute sind außerdem basal in den Follikeln kleine polygonale Gliazellen vorhanden, die das Follikellumen nicht erreichen.

Im Epiphysenstiel des Huhnes treten häufig und mit zunehmendem Alter Lymphozytenansammlungen auf.

Das Epiphysenparenchym ist stets von zahlreichen Kapillaren durchzogen, die wiederum von feinen Bindegewebszügen begleitet werden. Bei älteren Vögeln kommt es interfollikulär zur Einlagerung von Kalkkonkrementen (**Acervulus, Hirnsand**), ohne daß jedoch die Aktivität des Organs eingeschränkt wird.

Die **Innervation** erfolgt sympathisch über das *Ganglion cervicale craniale* und parasympathisch über den *N. vagus*, doch gibt es im Innervationsmodus deutliche Artunterschiede. Das Huhn verfügt über perivaskuläre adrenerge Nervenfasern, die Ente besitzt sowohl perivaskulär als auch im Parenchym adrenerge Fasern, während sich bei der Taube Nervenfasern nur im Parenchym nachweisen lassen.

Die **arterielle Versorgung** erfolgt über die *A. cerebralis media*. Diese tritt am unteren Stielende an die Epiphyse heran. Zwei von ihr entspringende Sinusstämme vereinen sich basal des Kopfteils der Epiphyse zu einem gemeinsamen Gefäß, das dem Sinus rectus der Säugetiere entspricht. An der dorsalen Seite der Epiphyse tritt dieser Sinus in die Bindegewebskapsel des Organs ein und schließt sich gemeinsam mit Sinus sagittalis und Sinus transversus dem Blutkreislauf der Dura mater an. Im Unterschied zum Gehirn existiert für die Epiphyse keine Blut-Hirn-Schranke, obwohl sie einen speziellen Teil des Zwischenhirns darstellt.

13.3. Glandula thyroidea

Die **Schilddrüse**, *Glandula thyroidea*, gelegentlich in Fettgewebe eingebettet, liegt als paariges Organ von wechselnder Größe zu beiden Seiten der Trachea oder der beiden Hauptbronchen. Beide Lappen sind jeweils im Gefäßwinkel von A. subclavia und

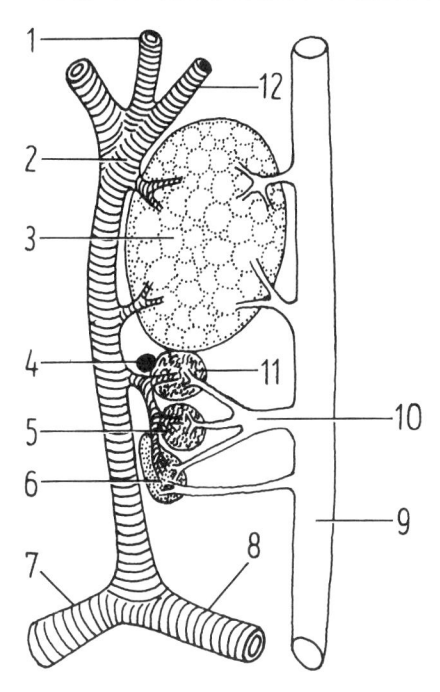

Abb. 138. Lage und Bau der (branchiogenen) endokrinen Organe Schilddrüse, Epithelkörperchen und Ultimobranchialer Körper der Ente (linke Seite).

1 Truncus vertebralis	5 Parathyroidea IV	9 V. jugularis
2 A. carotis communis	6 Ultimobranchialer Körper	10 V. parathyroidea
3 Thyroidea	7 Truncus brachiocephalicus	11 Parathyroidea III
4 Paraganglion caroticum	8 A. subclavia	12 A. comes nervi vagi

A. carotis communis eingelagert und haben bei jungen Vögeln darüberhinaus noch innigen Kontakt zum Thymus. Bei der Taube sind die Schilddrüsenlappen an der Ursprungsstelle des Truncus vertebralis von der A. carotis communis zu finden. Die beiden Schilddrüsenlappen stehen nicht miteinander in Verbindung und stellen so völlig eigenständige Organe dar. Oft sind sie größenmäßig unterschiedlich ausgebildet. Auch liegt der rechte Lappen meist etwas weiter kranial als der linke (Abb. 60, 61 und 138).

Die Schilddrüse ist bei Huhn, Gans und Ente von ovaler Gestalt, bei der Taube ist sie mehr spindelförmig und leicht abgeplattet. Die Maße der Schilddrüse sind in Tabelle 4 enthalten.

Tabelle 4. Schilddrüsenmaße

Tierart	Länge (mm)	Breite (mm)	Durchmesser (mm)	Masse (mg)
Huhn	7–12	5–7	2–3	150–170
Ente	7–12	4–5	2–3	
Gans	11–17	6–8	2–3	230–260
Taube	6–9	2–5	1–2	

Das Organ ist aufgrund der relativ starken Durchblutung und einer nur zart ausgebildeten retikulären Bindegewebskapsel, *Capsula thyroidea*, durch eine rosarote bis braunrote Farbe charakterisiert.

Die Oberfläche fühlt sich leicht körnig an, bedingt durch die follikuläre Anordnung des Parenchyms.

Die Schilddrüse geht aus dem Entoderm hervor. Vorläufer dieses endokrinen Organs ist das Endostyl (Hypobranchialrinne), das als Organ des Nahrungstransportes ursprünglich im Kiemendarm angelegt wird.

Die embryonale Entwicklung der Schilddrüse vollzieht sich gemeinsam mit Thymus, Epithelkörperchen und Ultimobranchialem Körper in einem eng umgrenzten ventral gelegenen Bezirk des embryonalen Schlunddarmes. Der sich dabei vollziehende Descensus der Organe bedingt deren enge Nachbarschaft, die bis zur Verwachsung der Organe untereinander führen kann.

Das Schilddrüsengewebe, *Parenchyma thyroidea*, besteht aus einer Vielzahl von Follikeln, *Folliculi thyroidei*, die von Bindegewebszügen und feinen Lymphkapillaren umhüllt werden.

Jeder Follikel wird aus einer einschichtigen Lage von Epithelzellen gebildet, die der Hormonsynthese dienen (Abb. 139). Die Höhe der Epithelzellen schwankt in Abhängigkeit vom jeweiligen Funktionszustand. Man unterscheidet zwischen den hochprismatischen Zellen während der Sekretbildungsphase, den abgeflachten kubischen bis fast platten Zellen während der Abgabe des Sekretes oder **Kolloids**, *Collodium thyroideum*, in den Follikelinnenraum (Speicherungsphase) und den wiederum hochprismatischen Follikelzellen in der Phase der Ausschwemmung der fertigen Hormone in die Kapillaren.

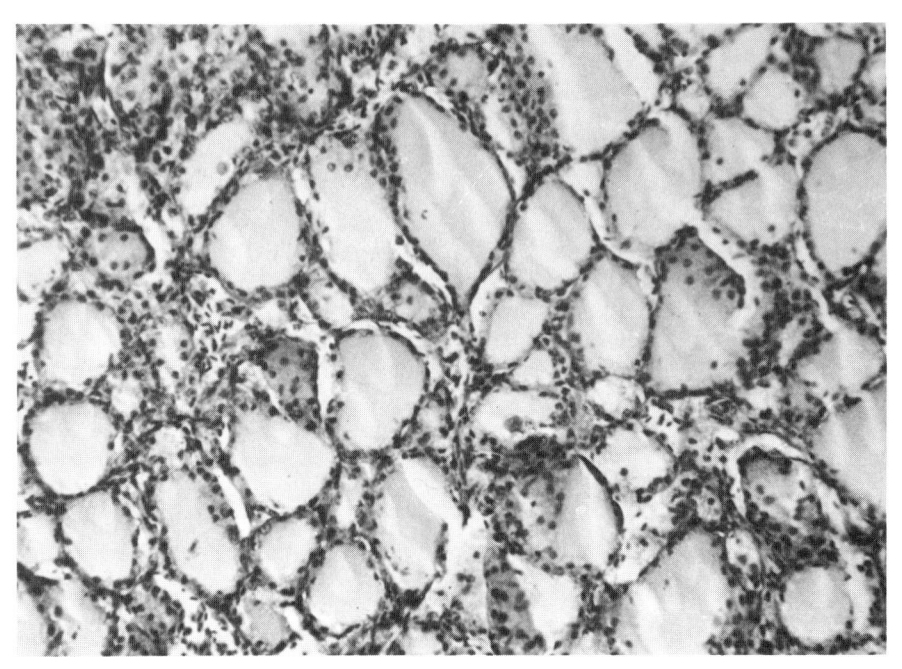

Abb. 139. Ausschnitt aus der Schilddrüse einer weibliche Gans, Hämatoxylin-Eosin-Färbung nach Mann, Proj. 4×, Obj. 20×.

Mit dem Wechsel des Funktionszustandes der Follikelepithelzellen kommt es auch zu einer ständigen Veränderung von Anzahl, Gestalt und Lage der Zellorganellen, insbesondere gilt das für den Golgi-Apparat und die Mitochondrien.

In der Schilddrüse werden Tetraiodthyronin (Thyroxin) und Triiodthyronin gebildet. Calcitonin wird in der Vogelschilddrüse im Unterschied zu den Säugetieren dagegen nicht produziert. Vögel besitzen dafür ein eigenes Organ, den Ultimobranchialen Körper.

Die Innervation der Glandula thyroidea erfolgt durch den N. vagus. Die **arterielle Versorgung** der Schilddrüse übernehmen kürzere Äste der A. carotis communis, bei einzelnen Vogelarten auch Gefäße, die unmittelbar dem Truncus brachiocephalicus entspringen. Der Abfluß des venösen Blutes vollzieht sich in Abhängigkeit von der Geflügelart über 2–3 Ästchen der V. jugularis. Die einzelnen Schilddrüsenfollikel werden von Lymphkapillaren umsponnen, die in die zervikalen Lymphgefäße einmünden.

13.4. Glandula parathyroidea

Epithelkörperchen, *Glandulae parathyroideae*, werden als mehrere Organpaare angelegt. Beim Huhn sind es drei Paar, beim übrigen Hausgeflügel jeweils nur zwei Paar. Die Organe schmiegen sich teils der ebenfalls paarig angelegten Schilddrüse an und werden deshalb auch im älteren Schrifttum als **Bei-** oder **Nebenschilddrüsen** bezeichnet, teils liegen sie kaudal des ventralen Schilddrüsenpols auf dem ventralen Rand der V. jugularis oder der A. carotis communis, teils schließen sie sich auch dem kaudalen Ende des Thymus an. Beim Huhn finden sich die Epithelkörperchen häufig im kaudalen Abschnitt des Thymus, ferner unter der Schilddrüsenkapsel sowie im Ultimobranchialen Körper oder sie liegen im Paraganglion caroticum. Dabei liegen die Organe stets beidseitig kranial des Gefäßwinkels von A. subclavia und A. carotis communis (Abb. 138).

Die Gestalt der Epithelkörperchen ist unregelmäßig kugelförmig oder oval, dorsoventral dabei leicht abgeplattet.

Die Farbe der Organe reicht von Gelblich über Gelbbraun bis Braunrot. In jedem Falle sind sie stets dunkler gefärbt als die Schilddrüse.

Die Maße der Epithelkörperchen sind in Tabelle 5 enthalten.

Tabelle 5. Epithelkörperchenmaße

Tierart	Länge (mm)	Breite (mm)	Durchmesser (mm)	Masse (mg)
Huhn	1–3	1–2	0,8–1	
Ente	1–3	1–1,5	0,8–1	
Gans	1–3	1–3	0,8–1,5	40–77
Taube	1–2	0,5–1	0,4–0,8	

13. Endokrines System

Die Epithelkörperchen entwickeln sich aus dem Entoderm. Ihre Anlage geht aus der III. und IV., beim Huhn auch aus der V. Schlundtasche hervor. Ihrer Herkunft gemäß zählen sie zu den **branchiogenen Organen**. Als Abkömmlinge der genannten Schlundtaschen werden sie in die paarigen Parathyroideae III, IV und V eingeteilt. Die Glandulae parathyroideae III bilden jeweils das größte Organpaar. Die Parathyroideae V des Huhnes sind so klein, daß sie bei Lupenvergrößerung nicht erkennbar sind.

Die Epithelkörperchen werden von einer äußerst feinen **Kapsel**, *Capsula parathyroidea*, überzogen, die ihrerseits zarte Bindegewebszüge in das Organinnere entläßt. Das Parenchym, *Parenchyma parathyroidea*, wird aus unregelmäßigen Strängen polygonaler Epithelzellen gebildet, die sich nur schwer mit histologischen Methoden darstellen lassen (Abb. 140).

Aktive Epithelzellen besitzen ein auffallend granuläres Zytoplasma mit wenigen darin eingeschlossenen Vakuolen, inaktive Zellen haben in umgekehrter Weise eine vakuolenreiche, dabei mehr homogene Zytoplasmastruktur.

Zwischen die Zellstränge schieben sich feine Kapillaren, über die der Abtransport des in den Epithelzellen gebildeten Hormons erfolgt. Gebildet wird in den endokrinen Zellen ausschließlich das Parathormon.

Die Epithelkörperchen werden durch Äste des *N. vagus* innerviert. Die **arterielle Versorgung** erfolgt durch einen Ast der *Aa. thyroideae*, die ihrerseits der A. carotis communis entspringen. Der Abfluß des venösen Blutes erfolgt über Äste der *V. jugularis*. Ihre Anzahl ist von der Geflügelart abhängig.

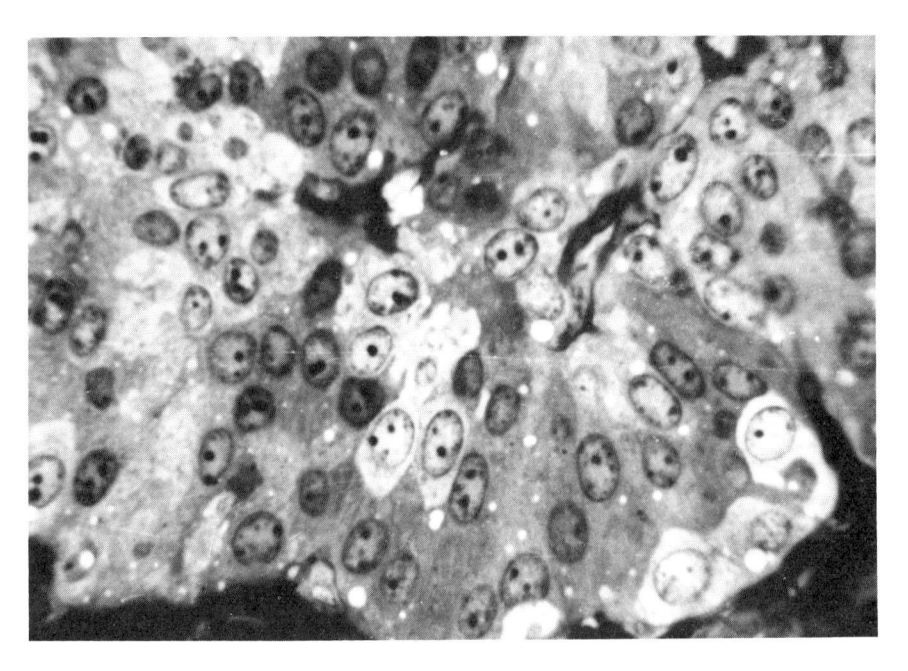

Abb. 140. Semidünnschnitt aus dem Epithelkörperchen eines weiblichen Huhnes während der Legeperiode (Aufnahme: Dr. Eva Jizdná, Košice).

13.5. Glandula ultimobranchialis

Der **Ultimobranchiale Körper**, *Glandula ultimobranchialis*, ist ein paariges, transparentes Organ. Es liegt kaudal des kaudalen Schilddrüsenpols vor dem Gefäßwinkel, den A. subclavia und A. carotis communis bilden, sowie medioventral der V. jugularis. Topographisch bildet der Ultimobranchiale Körper gemeinsam mit den Epithelkörperchen, dem Paraganglion caroticum und dem Ganglion distale des N. vagus einen Organkomplex. Das rechte Organ liegt regelmäßig weiter kaudal als das linke und gelangt dadurch häufig unmittelbar über den Aortenbogen. Oft schließt es Thymusanteile oder Abschnitte der Parathyroideae in sich ein. Die Gestalt des Organs ist variabel und es ist durch die Transparenz oft kaum auffindbar. Beim Huhn ist der Ultimobranchiale Körper ein kleines ellipsoides und glattes Gebilde, bei der Gans hat er eine m. o. w. rundliche Gestalt. Ausläufer des Organs können sich nach kranial und kaudal erstrecken (Abb. 138).

Tabelle 6. Maße des Ultimobranchialen Körpers

Tierart	Länge (mm)	Breite (mm)	Durchmesser (mm)	Masse (mg)
Huhn	3–4	0,5–3	0,4–0,7	30
Gans	5–7	1–2	0,6–0,8	20–40
Ente	3–4	1–2	0,5–0,8	
Taube	1–3	0,3–2	0,3–0,6	14–30

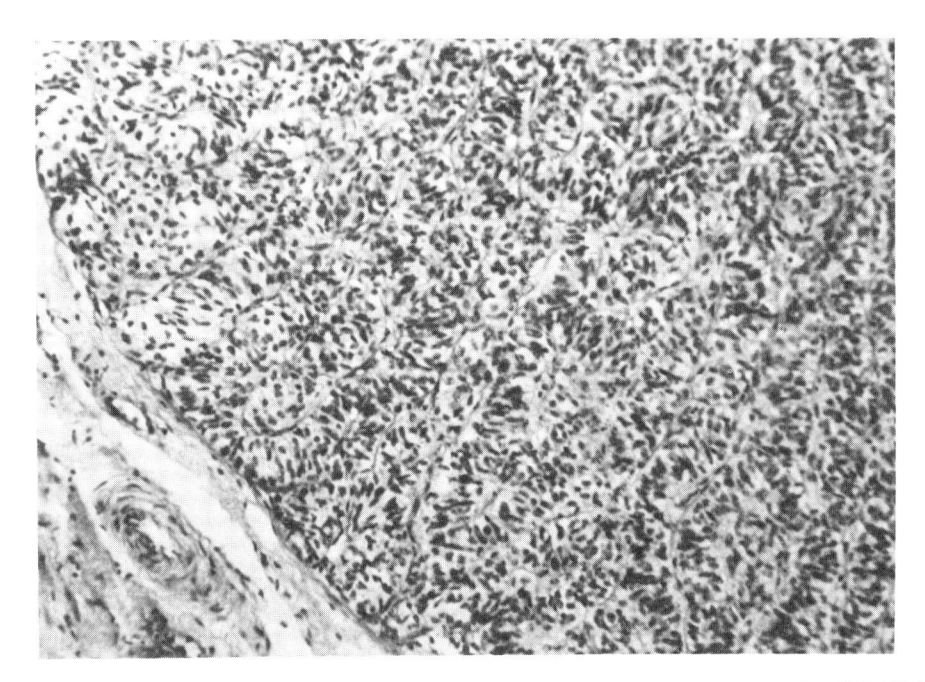

Abb. 141. Ausschnitt aus dem Ultimobranchialen Körper einer weiblichen Taube, Toluidinblau-Standard-Färbung, Proj. 4×, Obj. 20×.

Die Maße der Glandula ultimobranchialis sind in Tabelle 6 zusammengefaßt. Das Organ entwickelt sich embryonal aus dem Entoderm, d. h., es geht aus dem Epithel der V. bzw. VI. Schlundtasche hervor. Beim Huhn schließt es dabei häufig die Glandula parathyroidea völlig in sich ein. Das Organ besitzt keine Kapsel. Es setzt sich aus Zellsträngen und -haufen kubischer Epithelzellen zusammen (Abb. 141). Das Zytoplasma der Zellen ist deutlich eosinophil. Ein Netzwerk aus Bindegewebsfasern sowie zahlreiche Fettzellen durchziehen das Epithelgewebe.

Der Ultimobranchiale Körper produziert Calcitonin. Er ist als der Vorläufer der C-Zellen anzusehen, die in der Schilddrüse der Säugetiere parafollikulär auftreten und dort das genannte Hormon bilden.

Die **Innervation** erfolgt über das Ganglion distale des *N. vagus*. Die **arterielle Blutzufuhr** erfolgt über einen Ast der *Aa. thyroideae*, die ihrerseits der A. carotis communis entspringen. Bei Huhn und Taube führt ein eigener Versorgungsast von der A. carotis communis zum Ultimobranchialen Körper. Der venöse Abfluß erfolgt über Äste der *V. jugularis*.

13.6. Glandula adrenalis

Die **Nebenniere**, *Glandula adrenalis*, ist ein paariges Organ, das beidseits der Aorta abdominalis am medialen Rand des kranialen Nierenpols liegt (Abb. 78). Beim männlichen Vogel sind beide Nebennieren von den Hoden, beim weiblichen Vogel meist vom Eierstock bedeckt. Häufig kommt es zu einer asymmetrischen Anordnung der beiden Organe. Bei manchen Individuen treten *Glandulae adrenales accessoriae* auf. So findet man z. B. bei Hähnen oft kleine Nebennieren in der Epididymis.

Die Gestalt der Nebennieren ist variabel. Bei Huhn und Taube bildet die rechte Nebenniere beispielsweise eine dreiseitige Pyramide, während die linke mehr abgeplattet und eiförmig ist. Seltener ist die Nebenniere auch kugelförmig. Bei einzelnen Arten kommt es außerdem oft zur Verwachsung von rechter und linker Nebenniere oder sie verwachsen beide bei männlichen Vögeln mit den Hoden. Die Oberfläche des Organs erscheint schwach gekörnt. Die Farbe des Organs reicht von Graugelb über Orangegelb bis zu Rötlichgelb.

Die Maße der Nebennieren sind in Tabelle 7 zusammengefaßt.

Tabelle 7. Nebennierenmaße

Tierart	Länge (mm)	Breite (mm)	Durchmesser (mm)	Masse (mg)
Huhn	13	8	4,5	80–520
Gans	8–18	10–15		535–860
Ente				480–800
Taube	5–8	3–4	2,5	25–80

Die Entwicklung der Glandula adrenalis vollzieht sich aus zwei phylogenetisch verschiedenen Organen mit unterschiedlicher Funktion, dem **Interrenalorgan** und dem **Adrenalorgan**.

Das Interrenalorgan entstammt dem Mesoderm und entwickelt sich aus dem Coelomepithel. Das Adrenalorgan ist ektodermaler Herkunft und entwickelt sich aus Anteilen des Sympathikus *(Paraganglion suprarenale)*. Die adrenalen Zellen durchdringen im Verlaufe der Embryonalentwicklung die Zellstränge des Interrenalorgans, so daß es zum Nebeneinanderliegen von adrenalen und interrenalen Zellhaufen bzw. -strängen kommt (Abb. 142).

Ausgehend von der Nebenniere der Säugetiere, wo das Interrenalorgan das zentral gelegene Adrenalorgan rindenförmig umschließt, werden beim Vogel interrenaler und adrenaler Anteil als *Partes corticales gl. adrenalis* und *Partes medullares gl. adrenalis* voneinander abgegrenzt. Das **Rindengewebe** bildet die sog. **Hauptstränge**, die sich aus zylindrischen, doppelreihig angeordneten Epithelzellen zusammensetzen. Diese Zellen sind vakuolenreich **(Spongiozyten, Lipidspeicherung)**, ihr Zytoplasma ist deutlich eosinophil. Der Besatz an Zellorganellen, insbesondere an Mitochondrien, endoplasmatischem Retikulum und Golgi-Apparat, ist hoch. In Lipidtropfen eingeschlossen, finden sich in großer Menge Karotinoide in den Zellen, die die Gelbfärbung der Nebennieren hervorrufen. Die unterschiedliche Größe der Rindenzellen und der dadurch ebenfalls variierende Anteil an Zellorganellen, der zu Aktivitätsunterschieden in den Zellen führt, ergibt eine weitere Unterteilung der Rindensubstanz in eine subkapsuläre Zone und eine innere Zone.

Das **Markgewebe** besteht aus irregulären Zellhaufen bzw. -strängen, die als **Zwischenstränge** bezeichnet werden und in die Hauptstränge eingebettet sind. Von dem Rinden-

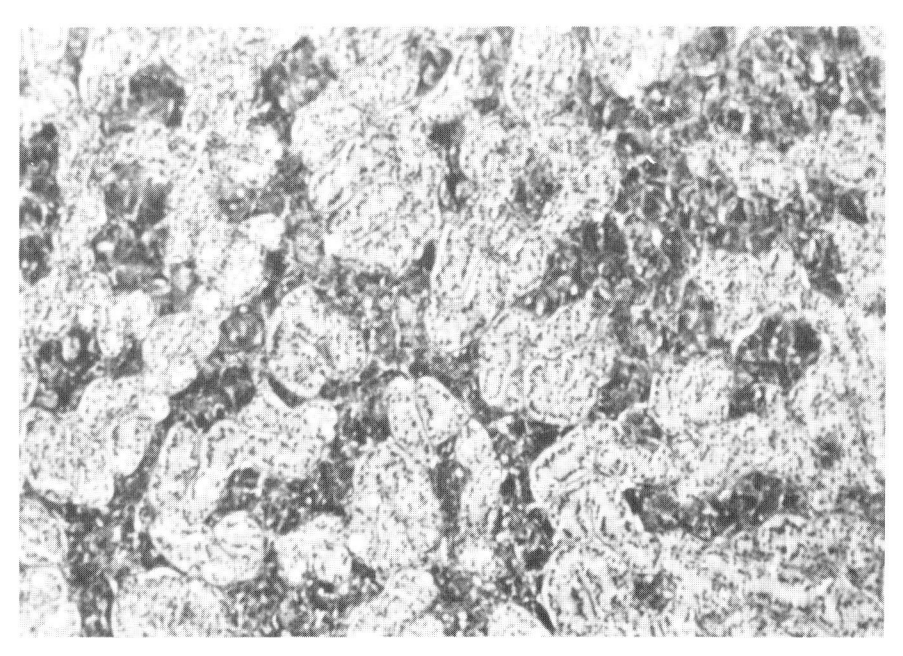

Abb. 142. Ausschnitt aus der Nebenniere einer weiblichen Ente (hell angefärbt die Hauptstränge, dunkel angefärbt die Zwischenstränge), Hämatoxylin-Eosin-Färbung, Proj. 4×, Obj. 20×.

gewebe unterscheiden sich die Markzellen durch ihre Größe, ihre polygonale Gestalt, die ausgesprochene Basophilie des Zytoplasmas sowie den hohen Gehalt an chromaffinen Granula. Diese Granula sind Träger von Catecholaminen.

Eine zarte **Bindegewebskapsel**, *Capsula adrenalis*, in der häufig auffallend große Ganglien auftreten, umschließt die Nebenniere. Seltener finden sich auch im Parenchym des Organs Ganglienzellen. Im Inneren der Nebenniere treten zahlreiche Kapillaren, die in geringem Umfang von Bindegewebe begleitet sind, sowie marklose Nervenfasern auf.

Das Rindengewebe produziert Corticosteroide, das Markgewebe Adrenalin und Noradrenalin.

Die **Nervenversorgung** weist eine Besonderheit auf, indem zwei sympathische Ganglien jeweils dem kranialen und dem kaudalen Nebennierenpol aufsitzen, die das Markgewebe innervieren. Die **arterielle Blutversorgung** erfolgt über einen Ast der *A. renalis cranialis*. Der Abfluß des venösen Blutes vollzieht sich jeweils über eine einzelne *V. adrenalis*, die in die V. cava caudalis einmündet. Für das Huhn wird ein **Pfortaderkreislauf** der Nebenniere beschrieben.

13.7. Paraganglion caroticum

Das Paraganglion caroticum ist ein paarig ausgebildetes Organ von ovoider Gestalt, das beidseits der Trachea liegt und Kontakt zur medialen Oberfläche eines oder auch beider Epithelkörperchen haben kann, z. T. sogar in diese eingebettet ist. Beim Huhn findet man das Paraganglion häufig in den Ultimobranchialen Körper eingeschlossen. Es kommt stets gemeinsam mit Schilddrüse, Epithelkörperchen und Ultimobranchialem Körper in dem Gefäßwinkel von A. subclavia und A. carotis communis zu liegen.

Aufgrund seiner geringen Größe wird es häufig übersehen. Beim Huhn erreicht es eine Ausdehnung von 0,8 × 0,6 mm und bei der Taube von 0,75 × 0,5 × 0,3 mm.

Bei Singvögeln kann es zur Ausbildung eines paarigen *Paraganglion caroticum craniale* und eines paarigen *Paraganglion caroticum caudale* kommen.

Beim Huhn fallen vor allem linksseitig **akzessorische Paraganglien** auf, die in die esophagotracheobronchialen Arterien und die das Paraganglion caroticum versorgende Arterienwand eingelagert sind. Die Entwicklung der Paraganglien vollzieht sich im Zusammenhang mit der Herausbildung des ZNS aus dem Ektoderm.

Das Organgewebe wird von sehr feinen Bindegewebszügen eingehüllt, die auch in das Innere des Paraganglion vordringen und dort insbesondere die zahlreichen Kapillaren begleiten.

Die Paraganglien setzen sich aus großen polygonalen Zellen, den epithelartigen Glomus-Zellen oder Typ-I-Zellen, und den kleineren Stütz- oder Typ-II-Zellen zusammen.

Die Typ-I-Zellen besitzen lange zu den Blutkapillaren ziehende Fortsätze und enthalten im Zytoplasma zahlreiche „**dense-cored granular vesicles**" mit einem Durchmesser von ca.

120 µm. Diese Zellen gehören zum APUD-System und sind an der Chemorezeption des Gefäßsystems beteiligt. Die Typ-I-Zellen bilden die Hauptmasse des Organparenchyms und werden von den Typ-II-Zellen nur unvollständig umschlossen. Nicht myelinisierte sensorische Nervenfasern werden ebenfalls von ihnen umhüllt.

Die **Innervation** erfolgt durch Fasern des *N. vagus*. Ein Ast der *A. carotis communis* versorgt das Paraganglion mit arteriellem Blut, der Abfluß des venösen Blutes erfolgt über feine Ästchen, die direkt in die *V. jugularis* einmünden.

Neben diesem parasympathisch innervierten Paraganglion gibt es ferner sog. **intravagale Paraganglien**, die sich innerhalb des N. vagus oder auch im Ganglion distale ausbilden.

Sympathisch innervierte Paraganglien kommen ebenfalls vor. Sie werden jedoch zum großen Teil bereits vor dem Erreichen der Geschlechtsreife wieder abgebaut. Auch werden sie wegen ihrer geringen Größe häufig übersehen.

Sympathische Paraganglien finden sich in der Nähe der Nebennieren und entlang des Bauchgrenzstranges sowie in der Wand größerer Bauchvenen. Außerdem findet man chromaffine Zellnester in den verschiedenen Ganglien des Bauch-, Brust- und Halssympathikus. Ihre Funktion entspricht der des Markgewebes der Nebennieren.

14. Nervensystem

Das Nervensystem, *Systema nervosum*, gliedert sich nach makroskopisch-topographischen Gesichtspunkten in das **zentrale Nervensystem**, *Systema nervosum centrale*, und das **periphere Nervensystem**, *Systema nervosum peripheriale*. Zum zentralen Nervensystem gehören das Gehirn, *Encephalon*, und das Rückenmark, *Medulla spinalis*. Zum peripheren Nervensystem zählen die Rückenmarknerven, *Nervi spinales*, und die Hirnnerven, *Nervi craniales*, einschließlich der peripheren Ganglien. Nach funktionellen Gesichtspunkten werden ein **vegetatives, idiotropes Nervensystem**, das die endogenen Körperfunktionen steuert, sowie ein **animales, oikotropes Nervensystem**, das den Organismus befähigt, sich mit der Umwelt auseinanderzusetzen, unterschieden.

14.1. Rückenmark

14.1.1. Meningen

Das Rückenmark, *Medulla spinalis*, der Vögel wird durch den knöchernen Wirbelkanal und drei Rückenmarkhäute, *Meninges*, eingeschlossen und geschützt. Es sind dies: die harte Rückenmarkhaut, *Dura mater spinalis* oder **Pachymeninx**, die Spinnwebenhaut, *Arachnoidea spinalis*, und die weiche Rückenmarks- oder Gefäßhaut, *Pia mater spinalis*. Die beiden letztgenannten werden auch als **Leptomeninx** bezeichnet.

Die relativ dicke, gefäßarme, fibröse harte Rückenmarkhaut spaltet sich in der Hals- und Brustregion in die *Lamina periostealis* des knöchernen Wirbelkanals und die *Dura mater propria* auf. Es entsteht ein schmaler Spalt, der **Epiduralraum**. Im Bereich des For. magnum und vom kaudalen Brustmark bis zum Rückenmarkende ist sie jedoch einblättrig. Die harte Rückenmarkhaut besteht aus sich überkreuzenden kollagenen Faserbündeln und elastischen Fasernetzen. An den Wurzeln der Spinalnerven sind die sich in das Perineurium fortsetzenden Durascheiden ausgebildet. Im Epiduralraum des Hals- und Brustmarks sind venöse Blutleiter eingeschlossen, die mit Ausnahme der Synsakralregion durch den ganzen Durasack ziehen. In Höhe des *Sinus rhomboidalis* ist ein enger irregulärer Subduralraum ausgebildet.

Die **Spinnwebenhaut** ist eine sehr feine, von kollagenen Fasern gebildete kapillararme Bindegewebsschicht. Endothelartige Zellen überziehen ihre Oberfläche. Der **Subarachnoidalraum**, *Cavitas subarachnoidea*, erstreckt sich als feiner Spalt zwischen Spinnwebenhaut und Gefäßhaut. Er ist mit *Liquor cerebrospinalis* gefüllt und wird von Bindegewebsfasern durchzogen.

Die **Gefäßhaut** liegt dem Rückenmark unmittelbar auf und ist eng mit der aus Gliafasern bestehenden Grenzhaut des Zentralorgans verwachsen. Ihr lockeres Bindegewebe schließt viele Gefäße und Nerven ein. Im Bereich der Anschwellung des Lendenkreuzgeflechts, *Intumescentia lumbosacralis*, treten zahnähnliche Zacken zwischen den ventralen und dorsalen Wurzeln der Spinalnerven, ausgehend von der weichen Rückenmarkhaut, seitlich aus dem Rückenmark aus. Sie strahlen in die harte Rückenmarkhaut ein und werden zur Aufhängevorrichtung des Rückenmarks, dem *Lig. denticulatum*. Verdickungen in der ventralen Medianlinie der Gefäßhaut bilden das *Septum ventromedianum* und das die *Fissura mediana ventralis* verschließende *Lig. ventromedianum*. Die *Ligg. suspensoria transversa* ziehen von den lateral gelegenen Ligg. denticulata zum Lig. ventromedianum. Sie formen eine „Hängematte" für die Intumescentia lumbosacralis.

14.1.2. Makroskopische Anatomie des Rückenmarks

Das Rückenmark erstreckt sich als weiße, zylindrische Säule kranial vom For. magnum durch den ganzen Wirbelkanal bis zum letzten Schwanzwirbel, dem Pygostyl. Bei den Vögeln sind viele Funktionen noch im Rückenmark lokalisiert, so daß seine Masse im Vergleich zum Gehirn häufig größer ist.

Analog zur Gliederung der Wirbelsäule werden eine *Pars cervicalis*, *Pars thoracica*, *Pars synsacralis* und *Pars caudalis* unterschieden. Die Hals- und Synsakralregion sind relativ lang, wobei die Pars cervicalis über die Hälfte der gesamten Rückenmarklänge einnimmt. Das Rückenmark besitzt eine markante laterale Anschwellung im Ursprungsgebiet des Armgeflechtes, *Plexus brachialis*, und eine im Ursprungsgebiet des Lendenkreuzgeflechtes, *Plexus lumbosacralis*. Die Halsanschwellung, *Intumescentia cervicalis*, ist bei Flugvögeln, die Lendenanschwellung bei Laufvögeln besser ausgebildet. Eine flache dorsale Furche, *Sulcus medianus dorsalis*, und ein Gliaseptum, *Septum dorsale medianum*, trennen die beiden Dorsalstränge, *Funiculi dorsales*, voneinander. Am *Sulcus dorsolateralis* treten die Dorsalwurzeln der Spinalnerven in das Rückenmark ein. Die Fissura mediana ventralis trennt das Rückenmark zwischen den Ventralsträngen, *Funiculi ventrales*, in zwei symmetrische Hälften.

Der dritte bilateral ausgebildete Strang ist der *Funiculus lateralis*. Die Austrittsstellen der Ventralwurzeln der Spinalnerven hinterlassen den seichten *Sulcus ventrolateralis*. Über der Lendenanschwellung weichen die Dorsalstränge auseinander und schließen den *Sinus rhomboidalis* ein. Er enthält den eiförmigen, beim Huhn etwa 6 bis 9 mm langen und 4 mm breiten **Glykogenkörper**, *Corpus gelatinosum* (Abb. 143).

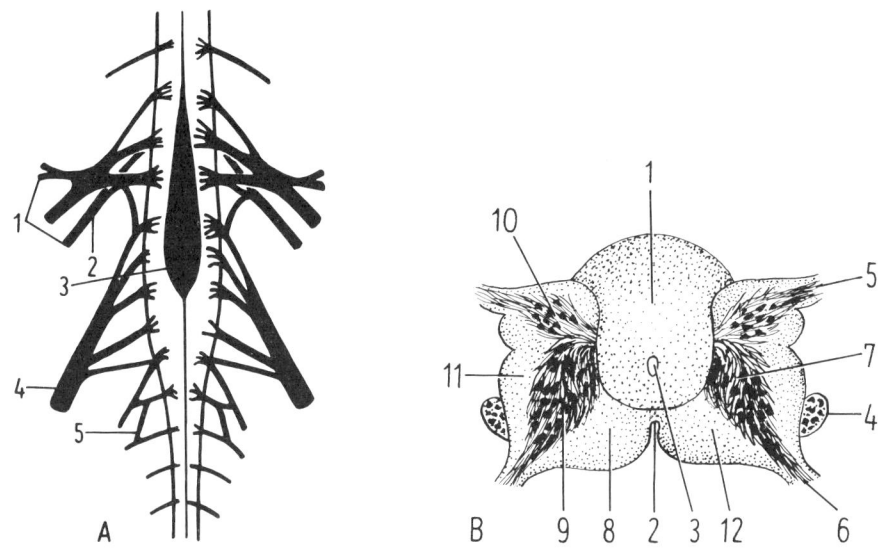

Abb. 143. Pars synsacralis des Rückenmarks mit Corpus gelatinosum.

A Dorsalansicht (verändert nach Imhof, 1905).
1 Plexus lumbaris 3 Sinus rhomboidalis 5 Plexus pudendus
2 N. obturatorius 4 N. ischiadicus

B Transversalschnitt in Höhe der Intumescentia lumbosacralis (verändert nach Giersberg und Rietschel, 1979).
Die Dorsalstränge schließen den im Sulcus rhomboidalis gelegenen Glykogenkörper ein.
1 Corpus gelatinosum   5 Rdxx. dorsales n. spinales   9 Cornu ventrale
2 Fissura mediana ventralis 6 Rdxx. ventrales n. spinales 10 Cornu dorsale
3 Canalis centralis   7 Substantia grisea   11 Funiculus lateralis
4 Lobi accessorii (Hoffmann- 8 Substantia alba   12 Funiculus ventralis
  Köllikerscher Kern)

Dieser besteht aus zahlreiche Glykogengranula enthaltenden Gliazellen und wird von marklosen Nervenfasern innerviert. Ein gut entwickeltes Kapillarnetz versorgt ihn. Seine Funktion ist noch immer unbekannt. Der Glykogenkörper gliedert sich in einen dorsalen und einen ventralen Anteil. Letzterer umgibt den Zentralkanal des Rückenmarks.

Dorsal des Lig. denticulatum finden sich in Höhe der Lendenanschwellung der weißen Substanz kleine Auftreibungen, *Lobi accessorii* (*Nuc. marginalis*, **Hoffmann-Köllikerscher Kern**). Das Rückenmark erfährt durch die Anordnung der Spinalnervenwurzeln eine segmentale Gliederung. Die Segmente werden nach den Ordnungszahlen der in ihrem Bereich entspringenden Spinalnerven benannt.

14.1.3. Mikroskopische Anatomie des Rückenmarks

Im Querschnitt zeigt das Rückenmark seine typische Struktur. Die **weiße Substanz**, *Substantia alba*, umgibt die **graue Substanz**, *Substantia grisea*, allseitig. Letztere gleicht einem Schmetterling bzw. den Buchstaben X oder H. Die graue Substanz umschließt den in der Medianebene gelegenen **Zentralkanal**, *Canalis centralis*. Die weiße Substanz enthält drei jeweils paarig angelegte Stränge, *Funiculi medullae spinalis*. In ihnen verlaufen markhaltige auf- und absteigende Bahnen, deren Anordnung und Funktion im wesentlichen denen der Säugetiere entsprechen.

Sensible afferente und einzelne viszeroefferente Fasern werden über die in das Rückenmark ein- bzw. austretenden Dorsalwurzeln, *Rdxx. dorsales n. spinales*, zum Dorsalstrang der gleichen Seite weitergeleitet. Die afferenten Perikaryen liegen in den Spinalganglien. Die afferenten Fasern teilen sich im Rückenmark in einen kranialen und einen kaudalen Ast. Die kranialen Äste bilden das **Dorsalstrangsystem**. Sie schichten sich in segmentaler Gliederung zum *Fasciculus gracilis* und dem sich lateral anschließenden keilförmigen *Fasciculus cuneatus*. Letzterer erscheint erst im Brust- und Halsmark. Beide Stränge ziehen zu den Dorsalstrangkernen der Medulla oblongata und repräsentieren einen Teil des somatosensorischen Systems. Sie übertragen vorwiegend Berührungs- und Druckreize.

Die kaudalen Äste verbinden sich über Kollateralen mit Schaltzellen (indirekter Reflexbogen) oder direkt mit den großen motorischen Ventralhornzellen (direkter Reflexbogen).

Das Septum dorsale medianum und die Fissura mediana ventralis erreichen die graue Substanz nicht. Es ist eine dorsale und eine ventrale *Commissura alba* ausgebildet. Die dorsale Kommissur enthält Kollateralen der dorsalen Wurzelfasern und Axone von in der grauen Substanz lokalisierten Neuronen. In der ventralen Kommissur verlaufen aszendierende Bahnen des Lateralstranges wie der *Tractus spinoreticularis*, der *Tractus spinothalamicus* und der *Tractus spinotectalis*. Sie vermitteln Druck-, Berührungs-, Schmerz- und Temperaturempfindungen.

Die *Tractus spinocerebellaris ventralis et dorsalis* sind die wichtigsten Verbindungen zwischen Rückenmark und Kleinhirn. Sie dienen der Gleichgewichtsregulation und Muskelkoordination.

Im Dorsal- und im Lateralstrang verläuft der *Fasciculus dorsolateralis*.

Die nachfolgend aufgeführten Projektionen gehören zum efferenten Schenkel, der über die subkortikalen Kerne des Hirnstammes verlaufenden Leitungsbögen.

Eine der wichtigsten motorischen Bahnen ist der im Nuc. ruber des Mittelhirns entspringende *Tractus rubrospinalis*.

Der *Tractus reticulospinalis lateralis* steigt aus der Formatio reticularis der Haube ab. Axone des N. trigeminus projizieren als *Tractus spinalis n. trigemini* in den Lateralstrang.

Der *Tractus vestibulospinalis lateralis* zieht in den Ventralstrang und vermittelt Impulse für Muskeltonus und Stellreflexe. Das mediale Längsfaserbündel, *Fasciculus longitudinalis medialis*, steuert die Bewegungen der Augen und des Kopfes. Seine *Partes interstitiospinalis, tectospinalis, vestibulospinalis ventralis et reticulospinalis* verlaufen ebenfalls im Ventralstrang. Einzelne Faserzüge aus dem Endhirn lassen sich bis in das Halsmark verfolgen. Sie können jedoch keinesfalls mit der Pyramidenbahn der Säugetiere in Beziehung gebracht werden.

Die graue Substanz besteht aus dem großen **Ventralhorn**, *Cornu ventrale*, und dem kleineren **Dorsalhorn**, *Cornu dorsale*. Die paarig angelegten Hörner werden durch die *Commissura grisea* miteinander verbunden. Die graue Substanz zeigt eine laminare Organisation und repräsentiert in ihrer Gesamtheit den **Schaltapparat** des Rückenmarks. Ihre Perikaryen lagern sich zu umschriebenen Kernen zusammen. Die Grundbündel, *Fasciculi proprii*, liegen der grauen Substanz unmittelbar an. Ihre kurzen Bahnen sind Bestandteil des Eigenapparates und verbinden benachbarte Segmente miteinander.

Die schlanken Dorsalhörner enden mit ihrer Spitze, *Apex cornus dorsalis*, unter der dorsalen Seitenfurche. Sie läuft in der schmalen marginalen Zone des *Nuc. dorsolateralis* aus und wird vom *Nuc. substantiae gelatinosae* unterlagert. Er ist der Substantia gelatinosa dorsalis der Säugetiere homolog und steht in Beziehung zur Hautsensibilität. An der Dorsalhornbasis sind die magnozellulären Neurone des *Nuc. proprius* lokalisiert. Seine Strang- oder Bahnzellen leiten über den Tractus spinothalamicus Erregungen zum Thalamus.

Im Brust- und Lendenmark der dorsalen grauen Kommissur finden sich die parasympathischen, teilweise auch die sympathischen Neurone des *Nuc. intermedius medullae spinalis*. Den Zentralkanal umgibt eine Gliaanreicherung, die *Substantia gelatinosa centralis*.

Die Strangzellen des *Nuc. cervicalis lateralis* liegen in der weißen Substanz des Halsmarks. Ob diese Neurone eine Fortsetzung der „paragrisealen" Zellen des *Nuc. marginalis* (Hoffmann-Köllikerscher Kern) im Lendenmark sind, ist umstritten. Die Binnenzellen des *Nuc. cornucommissuralis* sind ventromedial am Übergang der grauen Kommissur zur Ventralhornbasis lokalisiert. Sie leiten Impulse der Gegenseite an die motorischen Ventralhornzellen weiter.

Im dorsolateralen Abschnitt des Ventralhorns finden sich in Höhe des 2. oder 3. Halssegmentes die *Partes marginalis, gelatinosa et magnocellularis* des *Nuc. tractus spinalis n. trigemini*.

Die großen **motorischen Wurzelzellen** des *Nuc. motorius* durchdringen mit ihren Neuriten die graue und weiße Substanz und bilden den Hauptanteil der Wurzelfäden der ventralen Spinalnerven, *Rdxx. ventrales n. spinales*. Sie stehen direkt oder durch Vermittlung von Schaltzellen mit den Kollateralen der über die Dorsalwurzel eintretenden sensiblen Nervenfasern in Verbindung.

Die afferenten und efferenten Wurzelsysteme werden über die Schalt-, Kommissuren- und Assoziationszellen zum **Eigenapparat** des Rückenmarks zusammengefaßt. Die zwischen Rückenmark und Gehirn auf- und absteigenden Bahnen bilden den **Leitungsapparat**.

Dem Rückenmark kommt bei den Vögeln als weitgehend selbständig regulierendem Zentralorgan eine erheblich größere Bedeutung zu als bei den Säugetieren. Dekapitierte Vögel können bis zum Eintritt des Todes noch eine kurze Zeit fliegen, schwimmen oder laufen.

14.2. Gehirn

14.2.1. Lage und makroskopische Gestalt

Das Hinterhauptsbein bildet die kaudale Begrenzung des Neurokraniums. Das Keilbein formt den größten Teil des Bodens der Schädelhöhle. Die großen Stirnbeine wölben sich über dem Gehirn als Schädeldach empor. Zwei schmale Knochenplatten,

340   *14. Nervensystem*

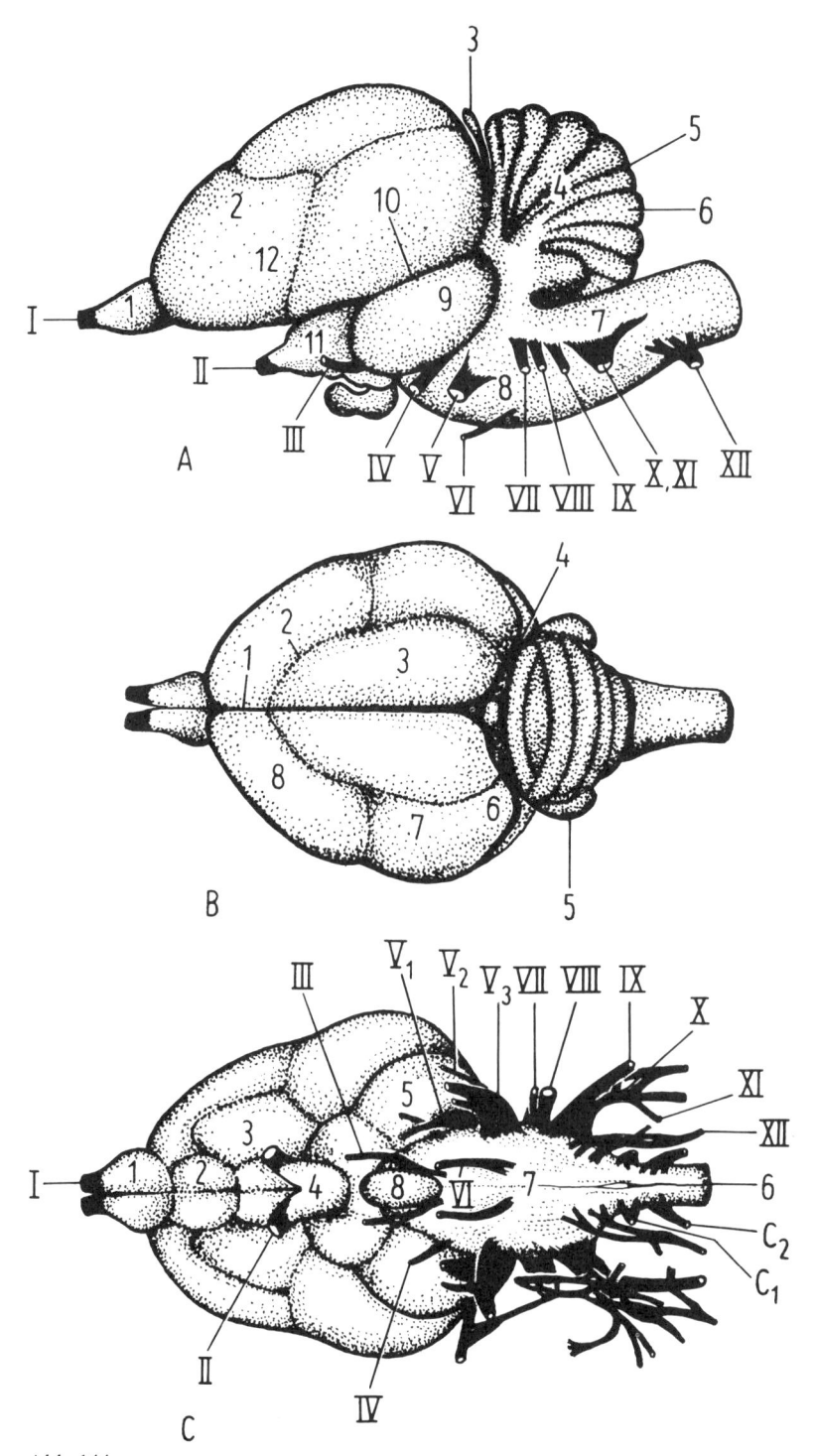

Abb. 144

die Scheitelbeine, schieben sich zwischen Hinterhauptsbein und die Stirnbeine. Die Ohrkapsel und die Schläfenbeinschuppe der Schläfenbeine schließen das Gehirn lateral ein.

Die Gehirnmasse beträgt beim adulten Huhn rasseabhängig 2–5 g, bei der Gans 12–12,5 g, bei der Ente 6–7 g, beim Truthuhn etwa 7 g und bei der Taube 1,75–2,0 g.

Das Vogelhirn gliedert sich in kranio-kaudaler Richtung in folgende Abschnitte (Abb. 144 A, B):

Vorderhirn, *Prosencephalon*   — **Endhirn**, *Telencephalon*
                                         — **Zwischenhirn**, *Diencephalon*

Mittelhirn, *Mesencephalon*

Rautenhirn, *Rhombencephalon*   — **Hinterhirn**, *Metencephalon* (**Brücke**, *Pons*, und **Kleinhirn**, *Cerebellum*)
                                         — **Nachhirn**, *Myelencephalon*, oder **verlängertes Mark**, *Medulla oblongata*

Das Endhirn bedeckt das Zwischenhirn vollständig und einen großen Teil des Mittelhirns. Eine mediane Längsspalte, *Fissura interhemispherica*, teilt das Endhirn in eine rechte und eine linke Hemisphäre, *Hemispherium telencephali*, deren Oberfläche bis auf eine seichte Furche, *Vallecula telencephali*, glatt ist. Letztere begrenzt gemeinsam mit der medianen Längsspalte den Sagittalwulst, *Eminentia sagittalis*.

Die glatte laterale Hemisphärenoberfläche und die dorsale Oberfläche des Mittelhirndaches, *Tectum mesencephali*, sind jeweils durch eine Querfurche, *Fissura subhemispherica*, getrennt. An jeder Großhirnhemisphäre werden ein *Polus occipitalis*, *Partes frontalis et parietalis* und ventrolateral ein paramedianer Höcker, *Tuber ventrale*, unterschieden.

Die Pars frontalis ist durch die *Fovea limbica* eingebuchtet. Der kleine paarige Riechkolben, *Bulbus olfactorius*, ragt rostral spitz vor. Sein Hohlraum, *Ventriculus olfactorius*, kommuniziert mit der gleichseitigen Seitenkammer, *Ventriculus lateralis*.

◄

Abb. 144. Gehirn einer Gans.

A Lateralansicht (nach Bütschli, 1921).
1 Bulbus olfactorius
2 Telencephalon mit Hemispherium telencephali
3 Glandula pinealis
4 Cerebellum
5 Fissura cerebelli
6 Folium cerebelli
7 Medulla oblongata
8 Pons
9 Lobus opticus s. Tectum opticum
10 Fissura subhemispherica
11 Tractus opticus
12 Fovea limbica
I–XII Hirnnerven

B Dorsalansicht (nach Bütschli, 1921).
1 Fissura interhemispherica
2 Vallecula telencephali
3 Eminentia sagittalis
4 Fissura transversa encephali
5 Auricula cerebelli
6 Polus occipitalis der Hemisphäre
7 Pars parietalis
8 Pars frontalis

C Ventralansicht (verändert nach Cords, 1904).
1 Bulbus olfactorius
2 Tuberculum olfactorium
3 Tuber ventrale
4 Chiasma opticum
5 Lobus opticus
6 Medulla spinalis
7 Pons
8 Hypophysis
I–XII Hirnnerven
C1, C2 Halsnerven

Eine tiefe Querspalte, *Fissura transversa encephali*, trennt den kaudalen Hemisphärenpol vom Kleinhirn. Die **Zirbeldrüse**, **Epiphyse**, liegt median in der Tiefe der Querspalte. Die Sehlappen, *Lobi optici* s. *Tectum opticum*, wölben sich lateral und kaudal zwischen Okzipitalpol und Kleinhirn vor. Das mächtig entwickelte Kleinhirn besitzt einen gut ausgebildeten Körper, *Corpus cerebelli*. Lateral sind die kleinen *Auriculae cerebelli* sichtbar. Ventrokaudal schließt sich an das Kleinhirn das kolbenförmige verlängerte Mark an.

Lateral der Riechkolben sind Anteile der **Basalganglien** lokalisiert. An der Basalfläche des Zwischenhirns dominieren die Sehnervenkreuzung, *Chiasma opticum*, und die Sehnerven, *Nn. optici*. Kaudal schließt die Hypophyse an. Am Mittelhirnboden liegen paramedian die Ursprungsgebiete des III. und IV. Hirnnerven. Die schwach ausgebildete Brücke entläßt den V. und VI. und die Medulla oblongata bilateral den VII. bis XII. Hirnnerven (Abb. 144C).

14.2.2. Hirnhäute

Das im Neurokranium liegende Gehirn wird durch die harte Hirnhaut, *Dura mater encephali*, die Spinnwebenhaut, *Arachnoidea encephali*, und die weiche Hirnhaut, *Pia mater encephali*, geschützt. Die *Lamina periostealis* und die *Dura mater propria* des Gehirns verschmelzen mit dem Endokranium der Schädelkapsel. Die Dura mater encephali ist somit einblättrig mit Ausnahme der Abschnitte, in denen venöse Blutleiter in sie oder zwischen Endokranium und Lamina periostealis eingebettet sind. So bildet die harte Hirnhaut in der Fissura subhemispherica eine Querfalte, *Plica tentorialis*, aus. Eine ähnliche Querfurche, *Fissura transversa encephali*, grenzt den Okzipitalpol vom Kleinhirn ab. Das *Diaphragma sellae*, eine weitere Duraduplikatur ist zwischen den Rändern der Hypophysengrube und der Hypophyse ausgebildet. Die extradurale Lage der Hypophyse erschwert eine gemeinsame Exenteration von Gehirn und Anhangsdrüse. An der Schädelbasis überspannt die harte Hirnhaut die Nervenrinnen und gibt die Durascheiden ab.

Der Subarachnoidalraum, *Cavitas subarachnoidea*, trennt die Spinnwebenhaut von der zarten weichen Hirnhaut. Er ist mit *Liquor cerebrospinalis* gefüllt und erweitert sich zwischen Kleinhirn und verlängertem Mark und im Bereich der Fissura transversa encephali zu den *Cisternae subarachnoideae*. Taube und Huhn besitzen zottenartige Bindegewebsbildungen zwischen Spinnwebenhaut und harter Hirnhaut, deren verdickte Enden in die intraduralen Venensinus hineinragen. Sie dienen der **Drainage des Liquors** in die Blutleiter.

Die weiche Hirnhaut ist an der Bildung der Adergeflechte, *Plexus choroidei*, beteiligt. Sie umhüllt die Kapillarschlingen und liegt der Ventrikelwand an den entsprechenden Stellen eng an. Etwa 0,5 ml Liquor können beim Geflügel durch **Okzipitalpunktion** gewonnen werden.

14.2.3. Verlängertes Mark

In Höhe des For. magnum geht das scharf nach ventral abgeknickte Rückenmark in das kolbenförmig verdickte verlängerte Mark, *Medulla oblongata*, über. Es erstreckt sich rostral bis zum Hinterhirn. Der Trapezkörper, *Corpus trapezoideum*, und die Oliven stellen sich oberflächlich wesentlich schwächer dar als die homologen neencephalen Bildungen der Säugetiere. Die Pyramiden fehlen ganz. In einer ventromedialen und einer ventrolateralen Reihe liegen die Kerne des VII. bis XII. Hirnnerven. Die Dorsalfläche der Medulla oblongata, die Rautengrube und der Binnenraum des IV. Ventrikels sind erst nach Abtragung des Kleinhirnes und der Marksegel sichtbar.

Die Rautengrube, *Fossa rhomboidea*, bildet den Boden des IV. Ventrikels, *Ventriculus quartus*. In einem spitzen Winkel, *Calamus scriptorius*, geht dieser kaudal in den Zentralkanal des Rückenmarks über. Rostral kommuniziert er über den Mittelhirnkanal, *Aqueductus mesencephali*, mit dem III. Ventrikel, *Ventriculus tertius*. Sein Dach wird vom kaudalen Marksegel, *Velum medullare caudale*, bzw. dem Adergeflecht des IV. Ventrikels, *Plexus choroideus ventriculi IV*, gebildet. Der *Obex* schließt das Ventrikeldach kaudal ab. Nach lateral entsendet der IV. Ventrikel jeweils einen *Recessus lateralis*. Die laterale Begrenzung der Rautengrube ist durch den rostralen Kleinstirnstiel, *Pedunculus cerebellaris rostralis*, und kaudal durch das *Corpus juxtarestiforme* und das *Corpus restiforme* des *Pedunculus cerebellaris caudalis* gegeben. Ihr Boden erhält durch mehrere Furchen, *Sulcus intermedius dorsalis*, *Sulcus limitans*, *Sulcus medianus* et *Sulcus ventrolateralis*, ein charakteristisches Oberflächenrelief und beherbergt im kaudalen Bereich eine parependymale Bildung, die *Area postrema*. Die graue Substanz des Rautenhirns erfährt im Vergleich zu den Zellsäulen des Rückenmarks eine morphologische Umgestaltung. Der Ventralstrang, *Funiculus ventralis*, enthält die Kerne der aus- bzw. eintretenden Hirnnerven VII–XII. Diese bilden rostrokaudal verlaufende Zellsäulen mit jeweils spezifischer Funktion. Zwischen die Kerne der Hirnnerven sind Gruppen von Neuronen eingelagert, deren reich verzweigte Dendriten Verbindungen mit afferenten und efferenten Leitungsbahnen eingehen. Diese Neuronengruppen bilden die *Formatio reticularis*. Im Gegensatz zum Rückenmark umgibt die weiße Substanz die graue nicht mehr als Markmantel, sondern durchdringt sie in Form von schräg und quer aber auch längs verlaufenden Faserbündeln.

Im Dorsalstrang, *Funiculus dorsalis*, projiziert der *Fasciculus gracilis* und der stärkere *Fasciculus cuneatus*. Lateral schließt sich der *Nuc. tractus spinalis n. trigemini* an. Der *Nuc. cuneatus* und der *Nuc. gracilis* geben die inneren Bogenfasern, *Fibrae arcuatae internae*, ab. Sie ziehen als mediale Schleifenbahn, *Lemniscus medialis*, zum Thalamus. Einige Axone projizieren auch als *Fibrae arcuatae externae* im *Tractus spinocerebellaris dorsalis* zum Kleinhirn. Ventral der Dorsalstrangkerne verläuft der *Tractus solitarius*. Seine Axone stammen aus den sensiblen Endkernen des VII., IX. und X. Hirnnerven.

Ein Hauptkern, *Nuc. olivaris principalis*, und zwei Nebenkerne, *Nucc. olivaris accessorius medialis et dorsalis*, bilden das Olivensystem, *Complexus olivaris caudalis*. Es projiziert im *Tractus olivocerebellaris* zum Kleinhirn, der Formatio reticularis, dem Nuc. ruber und wahrscheinlich auch den Streifenhügeln im Endhirn. Das Olivensystem koordiniert und reguliert Bewegungsvorgänge und motorische Stellreflexe zwischen Formatio reticularis, Kleinhirn und Rückenmark.

Die *Ncc. vestibulares* gliedern sich in sechs Anteile, wobei die *Nuclei vestibularis ventrolateralis et dorsolateralis* der Vögel dem **Deitersschen Kern** der Säugetiere homolog sind. Sie nehmen afferente Fasern der Pars vestibularis, des N. vestibulocochlearis sowie den *Tractus spinocerebellaris* aus dem Rückenmark auf. Efferente Fasern ziehen im *Tractus vestibulospinalis* zum Rückenmark, im *Tractus vestibulomesencephalicus* zum Mittelhirn und im *Tractus vestibulocerebellaris* zum Kleinhirn.

Das mediale Längsfaserbündel, *Fasciculus longitudinalis medialis*, verbindet den Deitersschen Kern mit den motorischen Kernen des III., IV. und V. Hirnnerven.

14.2.4. Hinterhirn

14.2.4.1. Brücke

Transversale Faserzüge kennzeichnen die schwach ausgebildete Brücke, *Pons*. Im ventralen „Brückenfuß" medial der *Nucc. lateralis et medialis pontis* ist der Trapezkörper lokalisiert. Er ist integrierter Bestandteil der Hörbahn und erhält Fasern des *Nuc. angularis* und des *Nuc. magnocellularis cochlearis*. Afferenzen des Nuc. angularis nimmt auch der *Nuc. laminaris* auf. Letzterer ist dem Nuc. medialis des rostralen Olivenkomplexes der Säugetiere homolog.

Im *Nuc. sensorius principalis n. trigemini* entspringt der *Tractus quintofrontalis*. Da er zum *Nuc. basalis* des Endhirns projiziert, ist er von besonderem Interesse.

Weitere in der Brücke lokalisierte Kerne des V. Hirnnerven sind der *Nuc. motorius n. trigemini* und der *Nuc. tractus spinalis n. trigemini*.

Die Neuronenketten der *Formatio reticularis* repräsentieren das Assoziationsfeld der Medulla oblongata. Sie verbinden neuronale Strukturen des Zwischen- und Mittelhirns sowie des verlängerten Marks bzw. des Rückenmarks miteinander.

Die Formatio reticularis bildet die anatomische Grundlage für die Koordinations- und Regulationszentren der Atmung und des Kreislaufs. Sie ist in die optische bzw. akustische Raumorientierung, die Steuerung der Nahrungsaufnahme und deren Weitertransport integriert sowie an der Regulation vegetativer Funktionen beteiligt.

14.2.4.2. Kleinhirn

Der Kleinhirnkörper, *Corpus cerebelli*, besteht bei den Vögeln nur aus dem **Wurm**, *Vermis cerebelli*. Er bildet einen hochgewölbten medianen Sagittalwulst und wird bilateral von einem kleinen *Hemispherium cerebelli* flankiert, dessen Hauptkomponenten, der *Flocculus* und die *Partes dorsalis et ventralis* des *Paraflocculus*, die *Auricula cerebelli* bilden. Der Flocculus ist durch den **Flockenstiel**, *Pedunculus flocculi*, mit dem *Lobulus noduli* verbunden.

Die ventrale Wurmfläche wird in der Mitte von der sagittalen Rinne des **Kleinhirntals**, *Vallecula cerebelli*, durchzogen.

Die **vorderen Kleinhirnstiele** und das zwischen diese gespannte **rostrale Marksegel** verknüpfen das Kleinhirn mit dem Mittelhirn. Die **hinteren Kleinhirnstiele** oder **Strickkörper**, *Corpora restiformia*, sowie das **kaudale Marksegel** stellen die Verbindung zum

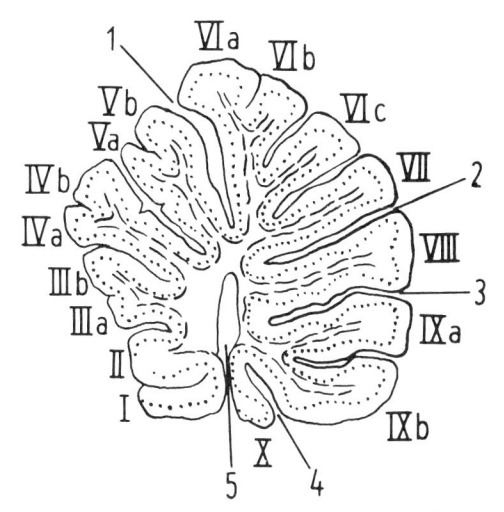

Abb. 145. Sagittalschnitt durch das Cerebellum der Taube (nach Senglaub, 1963).

I Lobulus lingulae
II Lobulus centralis
III a, b; IV a, b; V a, b Lobulus culminis
1 Fissura prima
VI a, b, c Declive
VII Folium et tuber vermis
2 Fissura prepyramidalis
VIII Lobus pyramidis
3 Fissura secunda
IX a, b Lobulus uvulae
4 Fissura uvulonodularis
X Lobulus noduli
5 Ventriculus cerebelli

verlängerten Mark her. Ventrolateral verlaufen im **mittleren Kleinhirnstiel** oder **Brückenarm**, *Pedunculus cerebelli intermedius*, einige Faserzüge zur schwach entwickelten Brücke.

Das Kleinhirn bildet das Dach und die Seitenwände des IV. Hirnventrikels und beherbergt den *Ventriculus cerebelli*. Die *Fissura prima* und die *Fissura uvulonodularis* teilen den Wurm in die *Lobi rostralis, caudalis et flocculonodularis* ein. Die drei Hauptlappen sind durch zahlreiche querverlaufende *Sulci cerebelli* in Primärläppchen, *Lobuli cerebelli*, aufgeteilt. Sie werden in Blätter, *Folia cerebelli*, untergliedert und tragen neben ihren Nummern noch heute gebräuchliche Namen (Abb. 145).

I **Zünglein**, *Lobulus lingulae*, mit **Zungenfessel**, *Vinculum lingulae*, der Hemisphären. Die *Fissura precentralis* trennt das Zünglein und das Zentralläppchen.

II **Zentralläppchen**, *Lobulus centralis*, mit den *Alae lobuli centralis* der Hemisphären

III a, b **Gipfel**, *Lobulus culminis*, mit der *Pars rostralis* des *Lobulus quadrangularis* der Hemisphären

IV a, b
V a, b

Die *Fissura prima* trennt Gipfel und Abhang.

VI a, b, c **Abhang**, *Declive*, mit der *Pars caudalis* des *Lobulus quadrangularis (Lobulus simplex)*

VII **Wipfelblatt**, *Folium vermis*, und **Wulst**, *Tuber vermis*, mit dem rostralen und kaudalen Schenkel, *Crura rostrale et caudale*, des *Lobulus ansiformis* der Hemisphären.

Die *Fissura prepyramidalis* trennt Wulst und Pyramide.

VIII **Pyramide**, *Lobulus pyramidis*. Die *Fissura secunda* senkt sich zwischen Pyramide und Zäpfchen ein.
IX a, b **Zäpfchen**, *Lobulus uvulae*. Die Fissura uvulonodularis trennt Zäpfchen und Knötchen.
X Knötchen, *Lobulus noduli*.

Im Medianschnitt sind die schmale, dunkle **Rindenschicht**, *Cortex cerebelli*, und das sich bäumchenartig verästelnde System der Lamellen des **Markkörpers**, *Corpus medullare*, deutlich sichtbar. Dieses charakteristische Bild wird als **Lebensbaum**, *Arbor vitae*, bezeichnet.

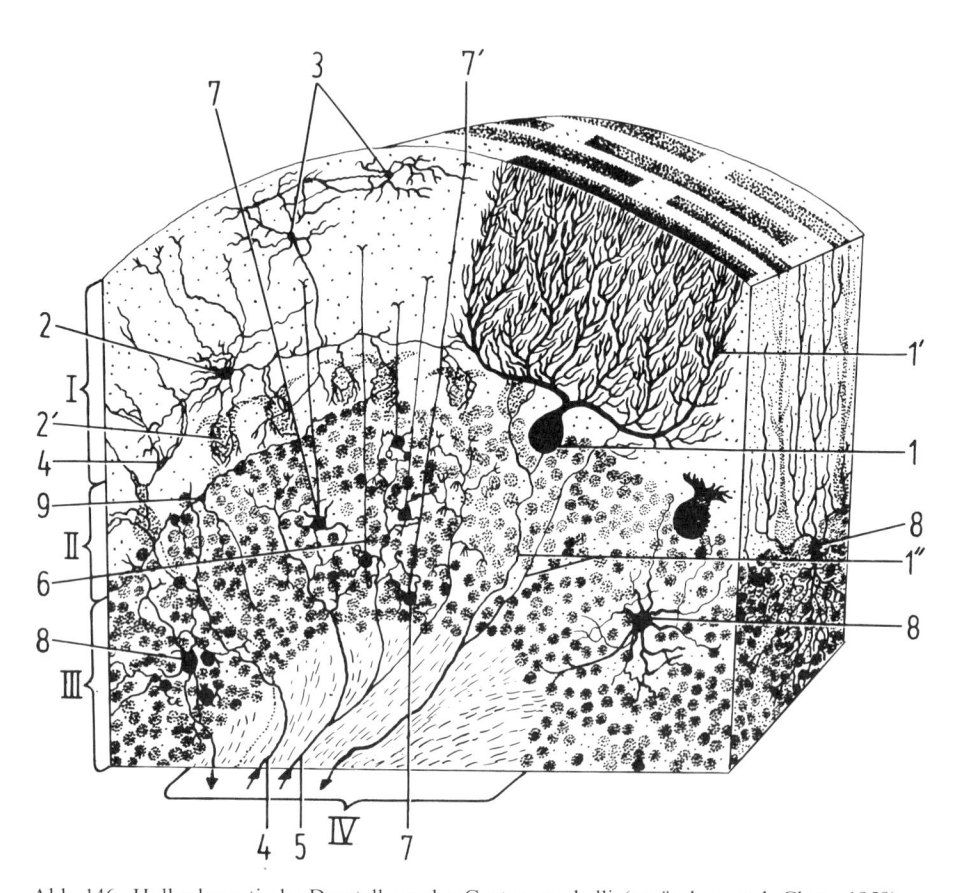

Abb. 146. Halbschematische Darstellung des Cortex cerebelli (verändert nach Clara, 1959).

I Molekularschicht
II Schicht der Purkinje-Zellen
1 Purkinje-Zelle
1' Dendriten der Purkinje-Zelle
1'' Axon und rückläufige Kollaterale der Purkinje-Zelle
2 Korbzelle

III Körnerschicht
IV Corpus medullare
2' Faserkorb der Korbzelle an einer Purkinje-Zelle
3 Sternzellen
4 afferente Kletterfasern
5 afferente Moosfasern
6 Parenchyminsel

7 kleine Körnerzellen
7' Axon der kleinen Körnerzelle
8 große Körnerzelle (Golgizelle)
9 Horizontalzelle

An der Kleinhirnrinde werden von außen nach innen folgende drei Schichten unterschieden (Abb. 140):

1. **Molekularschicht**, *Stratum moleculare*
2. **Schicht der Purkinje-Zellen**, *Stratum ganglionicum*
3. **Körnerschicht**, *Stratum granulosum*

Die zellarme Molekularschicht enthält marklose Fasern und die verzweigten Dendriten der Purkinje-Zellen. Peripher sind große und kleine Sternzellen als Assoziationszellen eingelagert. Kleine sternförmige Korbzellen sind in der Tiefe zu finden. Ihre Axone steigen zu den Purkinje-Zellen ab und umgeben deren Perikaryen mit einem dichten Faserkorb.

Die großen, birnenförmigen Purkinje-Zellen entlassen 2 bis 3 sich hirschgeweihartig aufzweigende Dendriten in die Molekularschicht. Die afferenten **Kletterfasern** ranken sich an den Dendriten empor und bilden mit ihnen zahlreiche Synapsen aus. Ihre Axone durchziehen die Körnerschicht und enden an den Kleinhirnkernen der Marksubstanz. Zahlreiche kleine und wenige große Körnerzellen sowie zellarme „**Parenchyminseln**", *Glomerula cerebelli*, finden sich in der Körnerschicht. Die Dendriten der kleinen Körnerzellen treten in den „Parenchyminseln" mit den afferenten **Moosfasern** in Verbindung. Die Axone der kleinen Körnerzellen ziehen in die Molekularschicht. Die Axone der großen Körnerzellen **(Golgizellen)** verbleiben in der Körnerschicht. Ihre Dendriten verzweigen sich in der Molekularschicht. Die Horizontalzellen liegen meist unterhalb der Purkinje-Zellen. Sie entlassen lange horizontal verlaufende Dendriten, die sich in der Körnerschicht und in der Molekularschicht ausbreiten.

Der *Nuc. cerebellaris medialis* s. *Nuc. fastigii* ist im Kleinhirnmark lokalisiert. Der benachbarte *Nuc. cerebellaris lateralis* ist dem *Nuc. dentatus* der Säugetiere homolog. Zwischen diese Kerne ist der kleine *Nuc. cerebellaris intermedius* eingelagert.

In den Markblättern, *Laminae albae*, verlaufen die Projektionsbahnen der Kleinhirnstiele und die Fasern der *Commissura cerebellaris*. Der *Tractus olivocerebellaris* projiziert in den kaudalen Kleinhirnstielen zu den zentralen Kleinhirnkernen. Fasern der Hörbahn ziehen im *Tractus laminocerebellaris* in die Lobuli VII und VIII. Tektozerebellare Bahnen treten durch das rostrale Marksegel in das Kleinhirn ein und enden im Höcker und der Pyramide.

Der *Tractus pontocerebellaris* projiziert über die rostralen Kleinhirnarme und die direkte sensorische Kleinhirnbahn, *Tractus vestibulocerebellaris*, über die Strickkörper in das Kleinhirn.

Die Kleinhirnseitenstrangbahn, *Tractus spinocerebellaris ventralis et dorsalis*, leitet Impulse aus dem Bewegungsapparat hauptsächlich zum Lobus rostralis. Auch der *Nuc. sensorius principalis n. trigemini* entläßt Fasern in das Kleinhirn. Schließlich wird eine direkte Bahn, *Tractus striocerebellaris*, zwischen den Basalganglien und dem Kleinhirn beschrieben.

Die **efferenten Bahnsysteme** entspringen in den Kleinhirnkernen. Der Nuc. cerebellaris lateralis entläßt über die rostralen Kleinhirnstiele den *Tractus dentato-rubro-thalamicus*. Der *Tractus cerebellovestibularis* steigt zum Deitersschen Kern ab. Aus dem Nuc. cerebellaris medialis entspringt der zur Formatio reticularis im verlängerten Mark ziehende *Tractus cerebellobulbaris*. Das Hakenbündel, *Fasciculus uncinatus*, projiziert aus dem medialen Dachkern zum Deitersschen Kern und zur Mittelhirnhaube.

Das Kleinhirn steht durch afferente Bahnen mit dem Gleichgewichtsorgan, Rezeptoren der Oberflächen- und Tiefensensibilität und der Cochlea in Verbindung. Efferente

Projektionen garantieren den Einfluß auf alle motorischen Neuronen der Hirn- und Spinalnerven.

14.2.5. Mittelhirn

Das Mittelhirn, *Mesencephalon*, geht kaudal in die Brücke über. Sein Dach, *Tectum mesencephali*, wird dorsal durch die Endhirnhemisphären und das Kleinhirn bedeckt und wölbt sich lateral zwischen ihnen hervor.

Das Mittelhirndach beherbergt das Sehzentrum und wird deshalb auch als *Tectum opticum* s. *Lobus opticus* bezeichnet. Die *Commissura tectalis* verbindet die beiden Sehlappen dorsal miteinander.

Die **Haube**, *Tegmentum mesencephali*, umschließt mit dem Mittelhirndach den **Mittelhirnkanal**, *Aqueductus mesencephali*. Dieser ist vom **zentralen Höhlengrau**, *Substantia grisea centralis*, umgeben. Lateral buchtet er sich als *Ventriculus tecti mesencephali* in die *Colliculi mesencephali* aus. Am rostralen Pol des Mittelhirndaches im Übergangsbereich zum Dach des Zwischenhirns ist die *Commissura caudalis* lokalisiert.

Das Mittelhirndach umfaßt sieben Hauptschichten, die *Laminae tecti*:
1. *Stratum zonale*,
2. *Stratum opticum*,
3. *Stratum griseum et fibrosum superficiale*,
4. *Stratum griseum centrale* mit den *Partes superficialis, intermedia et profunda*,
5. *Stratum album centrale*,
6. *Stratum griseum periventriculare*,
7. *Stratum fibrosum periventriculare*.

Die Rinde des Mittelhirndaches repräsentiert das eigentliche Sehzentrum der Vögel. In ihr enden die zentripetalen Fasern des kontralateralen Sehstranges, *Tractus opticus marginalis*. Der Sehlappen steht durch die im Zweihügelarm, *Brachium colliculi mesencephali*, verlaufenden tectofugalen Fasern mit dem *Nuc. rotundus* des dorsalen Thalamus in Verbindung. Einige Optikusfasern erreichen den dorsalen Thalamus direkt und projizieren im Zweihügelarm als *Tractus geniculotectalis* in die Rinde des Tectum opticum, in die Haube oder auch direkt in den Sagittalwulst des Endhirnes. In den „grauen Schichten" liegen die Perikaryen zahlreicher Kerngebiete (*Nucc. annulares, Nuc. centralis superior, Nuc. parigrisealis centralis mesencephali* und andere). Aus den zentralen Rindenlagen ziehen Leitungsbahnen zu den motorischen Kernen des III. und IV. Hirnnerven, der Formatio reticularis im verlängerten Mark, *Tractus tectobulbaris*, und den Segmenten des Rückenmarks, *Tractus tectospinalis*.

Im Übergangsbereich vom Zwischenhirndach zum Tectum opticum sind die Neuronen der *Nucc. pretectalis et subpretectalis* lokalisiert. Die benachbarte kaudale Kommissur erhält Fasern aus dem medialen Längsfaserbündel und den umliegenden Kernen. Das *Organum subcommissurale* ist ventral der Commissura caudalis lokalisiert. In den Mittelhirnkanal ragt bilateral ein halbkreisförmiger Wulst, *Torus semicircularis* s. *Nuc. mesencephalicus lateralis, Pars dorsalis*, hinein. Er ist dem **Colliculus caudalis** der Säugetiere homolog. In ihm und in dem *Nuc. lemnisci lateralis* endet ein bedeutender Anteil der zentralen Hörbahn, *Lemniscus lateralis*.

Die Axone des Nuc. mesencephalicus lateralis projizieren rostral zum *Nuc. ovoidalis* des Zwischenhirns. Dieses Kerngebiet ist dem **Corpus geniculatum mediale** der Säuger homolog. Die mediale Schleifenbahn, *Lemniscus medialis*, endet nach Abgabe des *Tractus bulbotectalis* an das Mittelhirndach im Zwischenhirn.

Der *Complexus isthmi* umfaßt vier Kerngebiete und gilt als Endstation des N. vestibulocochlearis. Sein *Nuc. isthmo-opticus* entläßt efferente Fasern im *Tractus isthmoopticus* zur Retina. Die Mittelhirnhaube enthält die Ursprungskerne des N. oculomotorius und des N. trochlearis sowie die *Formatio reticularis tegmenti* mit den Haubenkernen.

Die *Partes dorsalis, ventralis et dorsolateralis* des III. Hirnnerven versorgen die äußeren Augenmuskeln. Seine parasympathische *Pars accessoria* innerviert die inneren Augenmuskeln. Die efferenten Axone des *Nuc. n. trochlearis* kreuzen dorsal über dem Mittelhirnkanal in der *Decussatio n. trochlearis*.

Im ventromedialen Haubenfeld liegt der rote Haubenkern, *Nuc. ruber*. Er erhält afferente Fasern aus dem Deitersschen Kern und aus dem dorsalen Endhirn über das Scheidewandbündel, *Tractus septomesencephalicus*.

Die wichtigste absteigende Bahn ist der *Tractus rubrospinalis*. Der *Tractus habenulointerpeduncularis* verbindet Anteile des **limbischen Systems** mit den motorischen Haubenkernen.

Die Axone des *Nuc. intercollicularis* versorgen die Atmungs- und Syrinxmuskeln und koordinieren diese während des Gesanges.

Der *Nuc. ectomamillaris* s. *Nuc. basalis tractus optici* erhält optische Impulse und überträgt sie auf den Reflexapparat des Hirnstammes sowie die parasympathischen Kerne des III. und IV. Hirnnerven.

Das Mittelhirn der Vögel koordiniert die optischen, vestibulären, akustischen und protopathischen Reize und fungiert als ihr Integrationszentrum. Die Formatio reticularis steuert die Somatomotorik über die nachgeschalteten Strukturen des Rautenhirns.

14.2.6. Zwischenhirn

Im Bereich der kaudalen Kommissur geht das Mittelhirn in das Zwischenhirn, *Diencephalon*, über. Seine rostrale Grenze liegt in Höhe der *Commissura rostralis* des Endhirns. Die Hemisphären bedecken es dorsal vollständig.

An der Hirnbasis sind als Anteile des Zwischenhirns die **Sehnervenkreuzung**, *Chiasma opticum*, mit den Sehnerven, *Nn. optici*, und weiter kaudal die **Hirnanhangdrüse**, *Hypophysis*, sichtbar.

Den Zwischenhirnboden bildet der Hypothalamus. Der Thalamus, der Hypothalamus und der dorsal gelegene Epithalamus umgeben einen senkrechten Spalt, den III. Ventrikel, *Ventriculus tertius*. Dieser kommuniziert rostral über das *Foramen interventriculare* mit den Seitenventrikeln und kaudal mit dem Mittelhirnkanal. Vom Epithalamus ragt das Adergeflecht, *Plexus choroideus ventriculi tertii*, in den III. Ventrikel hinein. Basal wird der III. Ventrikel durch den *Recessus neurohypophysialis* und den bis in den **Warzenkörper**, *Corpus mamillare*, reichenden *Recessus inframamillaris* ausgebuchtet. Zwischen den Endhirnhemisphären und dem Kleinhirn liegt dorsal die **Zirbeldrüse**, *Glandula pinealis*, in der Tiefe.

Bei den Vögeln verschmelzen die medialen Thalamusanteile zur *Adhesio interthalamica*. Es werden jederseits ein gut entwickelter dorsaler und ein schwach ausgebildeter ventraler Thalamusabschnitt unterschieden. Der **dorsale Thalamus** ist das optische Zentrum. Mehrere Kerngruppen werden zum *Nuc. opticus principalis thalami* zusammengefaßt. Dieser ist dem dorsalen Kern des **Corpus geniculatum laterale** der Säugetiere homolog. Er erhält primäre Afferenzen aus dem *Tractus opticus* und entläßt Fasern zu dem im Sagittalwulst des Endhirns gelegenen Hyperstriatum accessorium. Eine zweite optische Bahn aus dem Mittelhirndach zum *Nuc. rotundus* des Thalamus wurde bereits erwähnt. Der Nuc. rotundus projiziert zum Ectostriatum. Der *Tractus opticus marginalis* zieht direkt zum Mittelhirndach und zum zentralen Höhlengrau (Abb. 147).

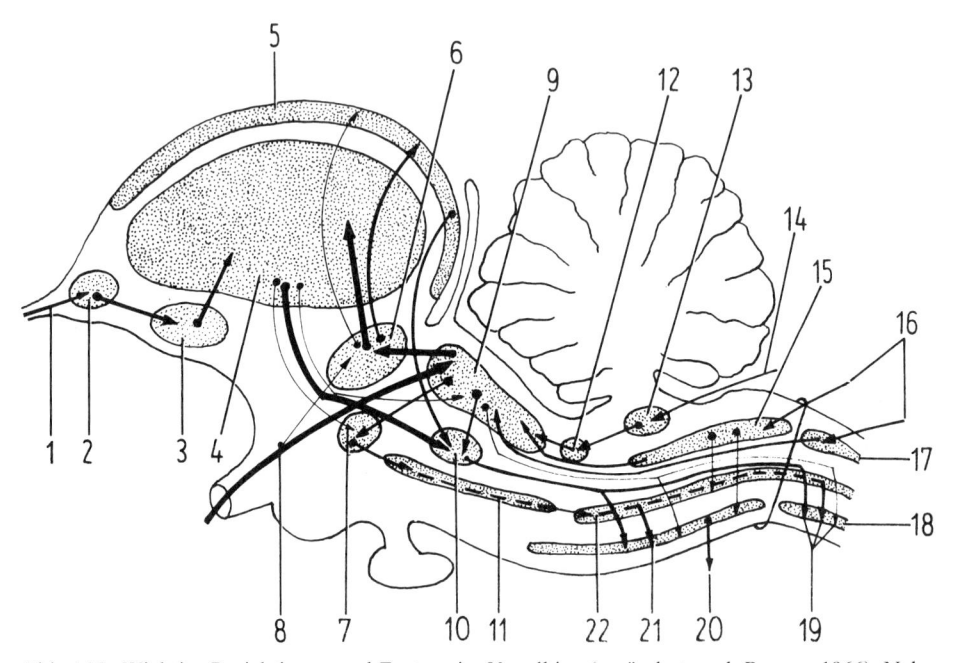

Abb. 147. Wichtige Projektionen und Zentren im Vogelhirn (verändert nach Romer, 1966). Neben dem Tectum opticum sind die Basalganglien wichtige Koordinationszentren. Die Formatio reticularis leitet Impulse zu den Kernen im Hirnstamm und Rückenmark. Das Schema erlaubt nur eine vereinfachte Darstellung der wichtigsten Projektionen. Die Kleinhirnbahnen sowie viszerale Faserverbindungen wurden nicht berücksichtigt.

1 Fila olfactoria
2 Bulbus olfactorius
3 Lobus parolfactorius
4 Basalganglien
5 Neopallium
6 dorsaler Thalamus
7 ventraler Thalamus
8 Tr. opticus
9 Tectum opticum
10 Tegmentum mesencephali
11 Formatio reticularis tegmenti
12 Nuc. mesencephalicus lateralis, Pars dorsalis
13 Ganglion cochleare
14 N. vestibularis, Pars cochlearis
15 sensible Kerne
16 Afferenzen der Haut, der Kopf- und Körpermuskulatur
17 sensible Rückenmarksäule
18 motorische Rückenmarksäule
19 Efferenzen zur Körpermuskulatur
20 Efferenzen zur Kopfmuskulatur
21 motorische Kerne
22 Formatio reticularis

Die sensorische mediale Schleifenbahn endet im *Nuc. intercalatus thalami* und im *Nuc. dorsolateralis caudalis*. Letzterer entläßt Axone zum Neostriatum und Hyperstriatum.

Zum inneren Thalamussegment gehört der *Nuc. dorsomedialis thalami, Pars rostralis*.

Der **ventrale Thalamus** ist bei den mikrosmatischen Vögeln gering entwickelt und wird als *Area ventralis thalami* bezeichnet. Er beherbergt den *Nuc. ectomamillaris*, Neuronen der *Nucc. spiriformis lateralis et medialis ventrolateralis thalami, ovoidalis* u. a. Der **Hypothalamus** bildet die Zwischenhirnbasis. Dorsal der Sehnervenkreuzung verbindet die *Decussatio supraoptica dorsalis* die kontralateralen Streifenhügel und die *Decussatio supraoptica ventralis* den linken und den rechten *Nuc. mesencephalicus lateralis* miteinander. In rostrokaudaler Folge werden die *Regiones preoptica medialis, caudalis et lateralis hypothalamica* unterschieden. Die rostrale und mediale Region wird auch als vegetativer Hypothalamus bezeichnet. Der **Warzenhöcker** ist im kaudalen, markreichen Hypothalamus lokalisiert.

Dorsal der Sehnervenkreuzung und des Tractus opticus finden sich die großen Neuronen des *Nuc. supraopticus*. Bilateral des III. Ventrikels ist im rostralen Hypothalamus der magnozelluläre *Nuc. paraventricularis* lokalisiert. Die Axone der beiden Kerngebiete bilden den *Tractus hypothalamohypophysealis*. Die Abgabe der in ihren Perikaryen gebildeten Sekretionsprodukte in die Neurohypophyse wird als **Neurosekretion** bezeichnet (s. Kap. 13.).

Der **graue Hügel**, *Tuber cinereum*, ist vom Hypophysentrichter, *Infundibulum*, durch den *Sulcus tuberoinfundibularis* getrennt. Im grauen Hügel lassen sich dünne Fasern aus den klein- und mittelzelligen Kerngebieten nachweisen, die im *Tractus infundibularis* zur adenoneurohypophysären Kontaktfläche ziehen. Afferente Leitungsbahnen des Hypothalamus ziehen im medialen Vorderhirnbündel, *Fasciculus medialis prosencephali*, zum basalen Riech- und Endhirn.

Der Hypothalamus steuert in Verbindung mit dem Endhirn Thermoregulation, Respiration, Kreislauf, Sexualfunktionen und Wasser- sowie Mineralstoffhaushalt. Aufgrund seiner engen Verknüpfung mit der Hypophyse fungiert er als Bindeglied zwischen dem nervalen und dem hormonalen Steuerungssystem.

Zum **Zwischenhirndach**, *Epithalamus*, gehören die Zirbeldrüse, die *Nucc. habenulares et subhabenulares*, die *Stria et Commissura habenularis* und der *Tractus habenulointerpeduncularis*.

Die **Zirbeldrüse** ragt dorsokaudal in die Fissura transversa encephali hinein. Zwei Bändchen oder Zügel verbinden sie mit dem Zwischenhirn. Sie entspringen aus einem starken Längsband, *Stria habenularis*, und gehen dorsal in der *Commissura habenularis* ineinander über.

Die Stria habenularis führt Bahnen aus dem basalen Riechhirn, dem Hypothalamus und dem Archistriatum zu den Nucc. habenulares.

14.2.7. Endhirn

Die *Fissura interhemispherica* teilt das Endhirn, *Telencephalon*, median in die beiden **Hemisphären**. Dorsolateral der medianen Längsspalte wölbt sich der Sagittalwulst empor. Ihn begleitet eine laterale Furche, *Vallecula telencephali*. Die *Fissura subhemispherica* trennt jeweils den ventralen Hemisphärenteil von der dorsalen Oberfläche des Mittelhirndaches. Der bei den mikrosmatischen Vögeln kleine, rostral spitz hervorragende Riechkolben geht bei der Gans unmittelbar in die Hemisphäre über. Dagegen ist er bei Huhn, Ente und Taube durch eine Furche deutlich vom rostralen Hemisphärenpol abgesetzt. Basal ist ein paramedianer Höcker, *Tuber ventrale*, ausgebildet. Er gliedert sich in die *Tubera ventrofrontale, ventromediale et ventrolaterale*. Lateral des Höckers sind die an das Zwischenhirn angrenzenden Basalganglien lokalisiert.

Die Differenzierung des Endhirnes der Vögel beruht auf der progressiven Ausbildung der **Basalganglien**. Sie füllen die Seitenventrikel fast vollständig aus. Dagegen ist der Hirnmantel nur sehr gering entwickelt.

An den Endhirnhemisphären werden der dorsolaterale und dorsomediale Hirnmantel, die mediale *Area septalis* sowie die ventrolateral gelegenen Anteile der Basalganglien unterschieden. Der Hirnmantel gliedert sich in archi-, paleo- und neencephale Areale. Der zum limbischen System gehörende *Hippocampus* des **Archipallium** ist weitgehend zurückgebildet und bedeckt die dorsomediale Hemisphärenoberfläche. Zum limbischen System gehören auch ein Drittel des *Archistriatum caudale* und ein bedeutender Anteil des *Archistriatum mediale*.

Die dorsolaterale *Area parahippocampalis* und der dorsale **Sagittalwulst** werden dem **Neopallium** zugerechnet.

Anteile des **Paleopallium** sind das *Archistriatum rostrale*, das sekundäre Riechzentrum des *Cortex prepiriformis* und sein ventrolaterales Integrationszentrum, die *Areae preentorhinalis et entorhinalis*. Ein Derivat des Paleopallium ist die in das Ventrikellumen vorspringende *Area paraentorhinalis*. Ventrolateral an der basalen Riechrinde wölbt sich das kleine *Tuberculum olfactorium* vor. Die Vögel besitzen keinen Rindenanteil, der mit dem Neokortex der Säugetiere vergleichbar ist. Auch die **innere Kapsel** und der **Balken** sind nicht ausgebildet.

Der *Complexus paleostriatus* liegt ventral des Hirnmantels in der Tiefe. Sein medialer Anteil, das *Paleostriatum primitivum*, und der *Nuc. intrapeduncularis* sind dem **Globus pallidus** der Säugetiere homolog. An das größere dorsolateral gelegene *Paleostriatum augmentatum* schließt sich der *Lobus parolfactorius* rostromedial an. Das *Ectostriatum* wird durch die *Fissura neopaleostriatica* gegen das *Paleostriatum* abgegrenzt. Neben dem *Ectostriatum* bilden das *Archistriatum caudale* und der *Nuc. teniae* die laterale Neostriatumregion. Das dorsale *Hyperstriatum* gliedert sich in die *Hyperstriata ventrale, intercalatum supremum, dorsale et accessorium*.

Die Endhirnhemisphären werden durch die Kommissurenplatte, *Lamina terminalis*, miteinander verbunden. Die dorsale *Commissura pallii* verknüpft die beiden Archipallien miteinander. Basal ist die *Commissura rostralis* lokalisiert. Das **Septum** bildet medial eine dünne Scheidewand. Das Adergeflecht des III. Ventrikels stülpt sich durch das *For. interventriculare* als *Plexus choroideus ventriculi lateralis* in den Seitenventrikel ein.

Die afferenten und efferenten Leitungsbahnen des lateralen Vorderhirnbündels, *Fasciculus lateralis prosencephali*, verbinden die Endhirnhemisphären mit den kaudalen Hirnabschnitten.

Zu den aufsteigenden Bahnen gehören der *Tractus thalamostriaticus* und die *Tractus thalamofrontales laterales, medialis et intermedius*. Efferente Projektionen ziehen in den *Tractus striothalamicus dorsolateralis, striomesencephalicus et striohypothalamicus medialis* zum Thalamus, der Mittelhirnhaube, den Augenmuskelkernen und in den Hypothalamus. Das Scheidewandbündel, *Tractus septomesencephalicus*, projiziert über das

Hyperstriatum accessorium zu zahlreichen Kernen des Mittelhirns und endet im Dorsalhorn des Rückenmarks. Der *Tractus fronto-archistriaticus* entspringt im *Nuc. basalis* und zieht in das *Archistriatum* und das *Neostriatum*.

Entwicklungsgeschichtliche und funktionelle Aspekte erlauben es, einen Teil des Endhirns als **Riechhirn**, *Rhinencephalon*, zu bezeichnen. Die Vögel sind mit Ausnahme des Kiwi Mikrosmatiker. Die Axone der Riechrezeptoren sammeln sich als dünne Fäden, *Fila olfactoria* (primäre Neuronen), und ziehen zu den Riechkolben.

Diese weisen folgende Schichtung auf:

— Lamina glomerulosa,
— Lamina granularis externa,
— Lamina molecularis externa,
— Lamina mitralis,
— Lamina molecularis interna,
— Lamina ependymalis.

In der glomerulären Schicht bildet der Riechnerv, *N. olfactorius*, mit den Dendriten der multipolaren Mitralzellen (sekundäre Neuronen) Synapsen aus. Die äußeren Körnerzellen fungieren ebenfalls als Schaltzellen. Die äußere Faserschicht geht in die Mitralzellschicht über. Ihre Axone formieren sich zum *Tractus olfactorius*. Er tritt in das sekundäre Riechzentrum des *Cortex prepiriformis* ein. Dort entspringen Fasern, die zum wichtigsten olfaktorischen Koordinationszentrum der Vögel, dem *Archistriatum*, ziehen.

14.2.8. Gefäßversorgung von Rückenmark und Gehirn

Die *Aa. intersegmentales cervicales, truncales, synsacrales et caudales* (Abb. 118) versorgen mit ihren *Rr. ventrales* die ventral des Rückenmarks gelegene Muskulatur sowie die Haut der entsprechenden Wirbelsäulenabschnitte. Ihre Dorsaläste treten durch die Foramina intervertebralia in den Wirbelkanal ein. Die *Aa. vertebromedullares* vaskularisieren die Wurzeln der Spinalnerven, Spinal- und sympathische Ganglien, die harte Rückenmarkhaut und das Rückenmark.

Anastomosen der auf- und absteigenden Äste der *Aa. radiculares ventrales et dorsales* bilden die *A. spinalis ventralis*. Sie verläuft entlang der Fissura mediana ventralis und anastomosiert mit der *A. basilaris* (Abb. 117) des Gehirns.

Die dorsalen und ventralen Wurzelarterien entlassen die *Rr. marginales* radial in den Markmantel des Rückenmarks. Die A. spinalis ventralis gibt die *Rr. sulci* ab. Ihre *Rr. sulcocommissurales* ziehen in die Ventralhörner. Die *Aa. dorsolaterales* werden zu den *Rr. spinales dorsales*. Diese entlassen die *Rr. marginales* oder treten als *Rr. fissurae* in die weiße Substanz ein.

Die *Vv. intersegmentales cervicales, truncales et caudales* fließen in den Wirbelblutleiter, *Sinus venosus vertebralis internus* (Abb. 123). Er liegt dorsal des Rückenmarks im Epiduralraum. Im Bereich der Lenden- und Kreuzanschwellung ist kein Blutleiter ausgebildet. Die Intersegmentalvenen zeigen im wesentlichen den gleichen Verlauf wie die zuführenden Arterien und werden deshalb auch gleich benannt.

Die meist paarige *A. carotis interna* tritt durch das For. magnum in die Schädelhöhle ein. Sie gabelt sich in die *A. carotis cerebralis* und die *A. ophthalmica externa* (Abb. 115–117).

Die A. carotis cerebralis gibt die *A. sphenoidea* und lateral der Hypophyse die *A. ophthalmica interna* sowie die *Rr. rostralis et caudalis* ab. Der starke R. rostralis entläßt die zwischen Mittel- und Kleinhirn in die Tiefe ziehende *A. tecti mesencephali ventralis* und die nach rostral verlaufende *A. cerebroethmoidalis.* Letztere gabelt sich an der Endhirnbasis in die *A. cerebralis rostralis* und die *A. ethmoidalis*. Die *A. cerebralis media* vaskularisiert die lateralen Hemisphärenabschnitte.

Die Zweige der *A. cerebralis caudalis* versorgen das dorsale Klein-, Mittel- und Zwischenhirn, die ventralen und dorsalen Hemisphärenanteile, das Adergeflecht der Seiten- und des III. Ventrikels sowie die Epiphyse.

Der *R. caudalis* der *A. carotis cerebralis* entläßt die *Aa. trigeminalis, medullares et interpeduncularis* und vereinigt sich mit dem kontralateralen Ast zur *A. basilaris*. Diese zieht an der Basis des Rautenhirns nach kaudal und gibt neben mehreren kleineren Zweigen bilateral die *Aa. cerebellaris ventralis rostralis et caudalis* an das Kleinhirn sowie Seitenäste an das Innenohr ab.

Die venösen Blutleiter, *Sinus durae matris*, sind in die Dura mater encephali eingeschaltete Kanäle. Sie dienen dem intrakranialen Druckausgleich und transportieren das Blut aus dem Gehirn ab. Der dorsorostral gelegene *Sinus olfactorius* kommuniziert mit dem rostroventralen *Sinus sagittalis olfactorius* sowie dem der Fissura interhemispherica folgenden *Sinus sagittalis dorsalis*.

Letzterer gabelt sich in Höhe der Protuberantia occipitalis interna in den paarigen *Sinus transversus*. Dieser spaltet sich in drei Schenkel auf:

Der *Sinus sphenotemporalis* zieht in der Plica tentorialis nach rostroventral. Der zweite Schenkel, der *Sinus petrosus rostralis*, steigt kaudal des Sehlappens zur Gehirnbasis ab und kommuniziert mit dem die Hypophyse umgebenden *Sinus cavernosus*. Der dritte Schenkel, der *Sinus petrosus caudalis*, setzt sich als *V. semicircularis rostralis* in das Innenohr fort.

Der Sinus sagittalis dorsalis geht in den starken *Sinus occipitalis* über. In ihn münden die *Vv. meningeales*, die *Vv. cerebelli dorsales* und die *V. occipitalis dorsomediana* ein. Er steigt zum For. magnum ab und bildet dort den ringförmigen *Sinus foraminis magni*.

Der *Sinus fossae auriculae cerebelli* erhält Zuflüsse aus dem Adergeflecht des IV. Ventrikels, dem lateralen Kleinhirn und der *V. semicircularis horizontalis*.

Die Blutleiter treten durch das For. magnum oder in seiner Nähe aus der Schädelhöhle aus. Sie kommunizieren über die *V. occipitalis communis* bzw. *V. occipitalis ventromediana* mit der *V. jugularis* und dem Wirbelblutleiter.

14.3. Peripheres Nervensystem

14.3.1. Somatischer Anteil, Hirnnerven

Die Vögel besitzen wie die Säugetiere 12 Hirnnerven, *Nervi craniales*, die sich jedoch durch eine beträchtliche interspezifische Variabilität auszeichnen. Die Darstellung des Faserverlaufs der Hirnnerven IX bis XII wird durch zahlreiche Querverbindungen zusätzlich erschwert (Abb. 144 C und 148 A).

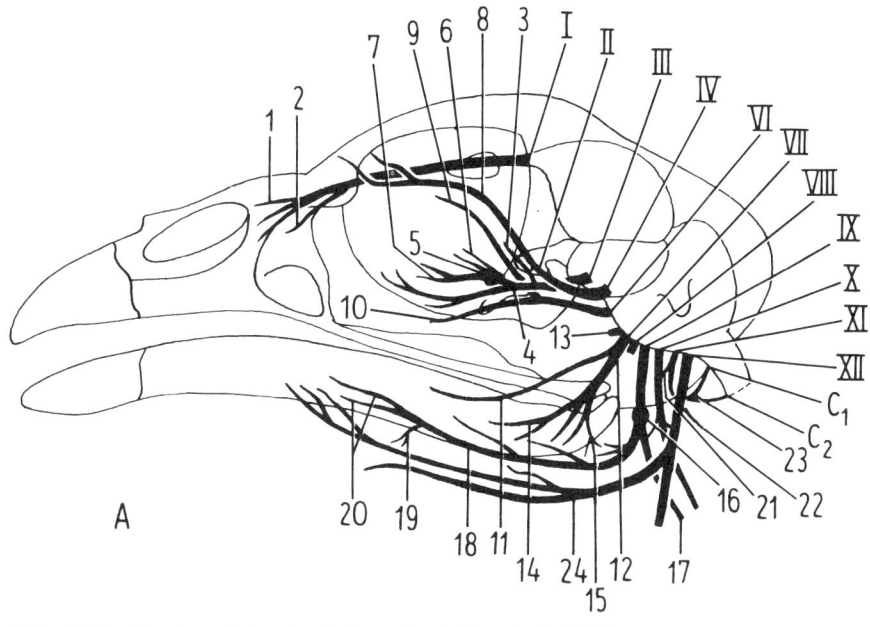

Abb. 148A. Nervi craniales des Huhnes (nach Komárek, 1986).

I	N. olfactorius		14 R. hyoideus
	1 R. dorsalis		15 R. cervicalis
	2 R. ventralis	VIII	N. vestibulocochlearis
II	N. opticus	IX	N. glossopharyngeus
III	N. oculomotorius		16 Ganglion distale
	3 R. dorsalis, Rr. musculares		17 N. pharyngealis
	4 R. ventralis, Rr. musculares		18 N. lingualis
	5 Ganglion ciliare		19 Rr. glandulares
	6 R. ganglionicus ciliaris		20 Rr. gustatorii
	7 Nn. choroidales	X	N. vagus
IV	N. trochlearis	XI	N. accessorius
	8 R. muscularis		21 Connexus cum n. vago
VI	N. abducens		22 R. externus
	9 R. dorsalis		23 Radiculae spinales
	10 R. ventralis	XII	N. hypoglossus
VII	N. facialis		24 R. laryngolingualis et Rr. musculares
	11 Chorda tympani		
	12 N. hyomandibularis (R. caudalis)	C1	N. cervicalis 1
	13 N. palatinus (R. rostralis, s. auch Abb. 148B)	C2	N. cervicalis 2

Der rein sensorische **Riechnerv**, *N. olfactorius* (I), wird durch den Zusammenschluß von 10–30 Riechfäden, die an den Dendriten der Mitralzellen im Riechkolben enden, gebildet. Als dünner Nervenstrang tritt er durch das For. n. olfactorii in die Augenhöhle ein und zieht im Sulcus olfactorius nach rostral. Der N. olfactorius erreicht durch das For. orbitobasale mediale die Nasenhöhle. Dort entläßt er die *Rr. dorsalis et ventralis*. Der dorsale Ast versorgt das Nasenhöhlendach und die Nasenscheidewand. Sein ventraler Ast innerviert die ventrale Oberfläche der kaudalen Nasenmuschel.

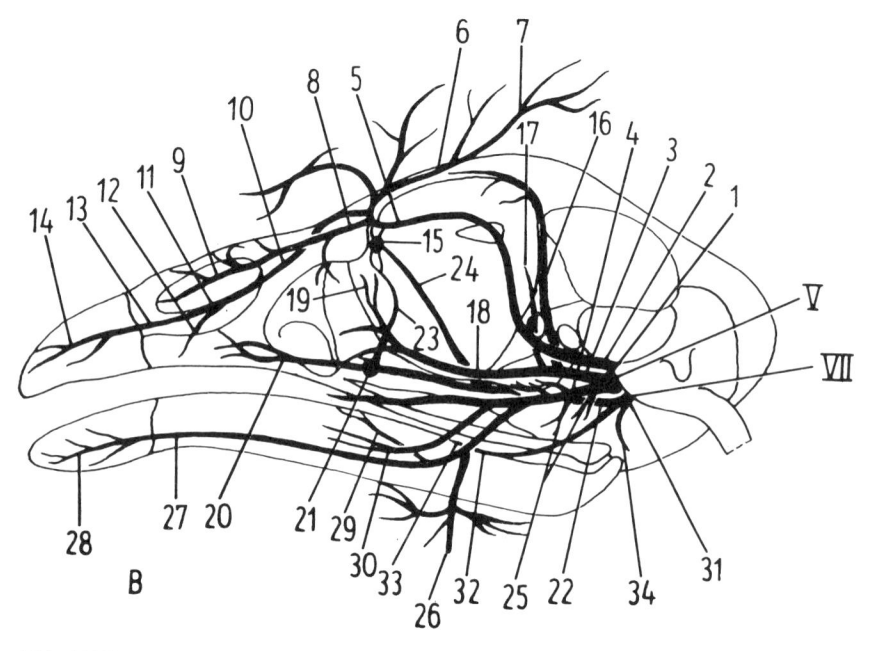

Abb. 148 B.

V N. trigeminus et VII N. facialis
  1 Ganglion trigeminale
  2 N. ophthalmicus
  3 N. maxillaris
  4 N. mandibularis
  5 Rr. glandulae nasalis
  6 Rr. frontales
  7 Rr. cristales
  8 R. lateralis
  9 Rr. nasales interni des R. lateralis
  10 R. medialis
  11 Rr. nasales interni des R. medialis
  12 R. premaxillaris ventralis
  13 R. premaxillaris dorsalis
  14 Rr. rostri maxillaris
  15 Ganglion ethmoidale
  16 N. supraorbitalis
  17 R. palpebralis caudodorsalis
  18 N. infraorbitalis
  19 Rr. palpebrales rostroventrales
  20 N. nasopalatinus
  21 Ganglion sphenopalatinum
  22 N. palatinus
  23 Connexus cum g. sphenopalatino
     (R. ventralis)
  24 Connexus cum g. ethmoidali
     (R. dorsalis)
  25 Rr. musculares, R. pterygoideus et
     Rr. art. quadratomandibularis
  26 N. intermandibularis
  27 N. intramandibularis
  28 Rr. rostri mandibularis
  29 R. anguli oris
  30 R. sublingualis
VII N. facialis
  31 Ganglion geniculatum
  32 Chorda tympani
  33 Connexus cum n. mandibulari
  34 N. hyomandibularis

Der **Sehnerv**, *N. opticus* (II), ist ebenfalls ein somatosensibler Nerv. Die Ganglienzellen der Netzhaut entlassen ihre erst beim Durchtritt durch die Sklera myelinisierten Axone durch das große For. opticum in die Schädelhöhle. Diese ziehen an die Zwischenhirnbasis zur Sehnervenkreuzung und kreuzen vollständig zur Gegenseite. Als *Tractus opticus* projiziert der Sehnerv zum Mittelhirndach und zum dorsalen Thalamus.

Der **N. oculomotorius** (III) entspringt ventromedial an der Basis des Mittelhirns. Er tritt entweder durch das For. opticum oder durch ein separates Foramen, For. n. oculomotorii, in die Orbita ein und teilt sich in den *R. dorsalis* und den stärkeren *R. ventralis*. Der dorsale Ast entläßt die *Rr. musculares* zur Versorgung des M. rectus dorsalis. Die *Rr. musculares* des ventralen Astes innervieren die Mm. rectus ventralis et medialis sowie den M. obliquus ventralis. Der parasympathische *R. ganglionicus ciliaris* s. *Rdx. brevis* gilt als oculomotorische Wurzel des Ganglion ciliare, *Connexus cum g. ciliari*. Die postganglionären *Nn. choroidales* s. *Nn. ciliares breves* enden in der Aderhaut (s. auch vegetatives Nervensystem).

Der **N. trochlearis** (IV) kreuzt den Mittelhirnkanal und tritt dorsal aus dem Mittelhirn aus. Er zieht rostroventral um das Mittelhirndach durch das For. n. trochlearis in die Orbita. Sein *R. muscularis* tauscht mit dem N. ophthalmicus, *Connexus cum n. ophthalmico*, Fasern aus und verzweigt sich an der ventralen Oberfläche des M. obliquus dorsalis.

Der stärkste Hirnnerv, der **N. trigeminus** (V), verläßt bzw. erreicht in Höhe der kaudalen Grenze des Mittelhirndaches den Hirnstamm mit einer starken *Rdx. sensoria* und einer schwächeren *Rdx. motoria*. Die Rdx. sensoria vergrößert sich zum *Ganglion trigeminale*, aus dem der N. ophthalmicus, der N. maxillaris und der sensible Ast des N. mandibularis hervorgehen. Die motorische Wurzel vereinigt sich mit dem sensiblen Ast des N. mandibularis (Abb. 148 B).

Der sensorische **N. ophthalmicus** zieht entweder durch das For. n. ophthalmici oder mit dem N. oculomotorius in die Orbita. Seitenäste verbinden ihn mit dem Ganglion ciliare, *Connexus cum g. ciliari*, dem III. und IV. Hirnnerven, *Connexus cum n. trochleari*, sowie mit dem Ganglion ethmoidale, *Connexus cum g. ethmoidali*. Seine *Rdx. iridociliaris* entläßt den durch postganglionäre Fasern verstärkten *N. iridociliaris* s. *N. ciliaris longus*. Sekretomotorische Fasern der *Rr. glandulae nasales* erreichen die Glandula nasalis und Drüsen der Orbita sowie des Gaumens. Schließlich teilt sich der N. ophthalmicus in den kleinen *R. lateralis* und den starken *R. medialis*. Der laterale Ast versorgt das obere Augenlid, *Rr. palpebrales rostrodorsales*, die rostrale Nasenhöhle, *Rr. nasales interni*, die Haut des Vorderkopfes, *Rr. frontales*, und soweit vorhanden, den Kamm, *Rr. cristales*. Der mediale Ast entläßt die *Rr. nasales interni*, den *R. premaxillaris dorsalis*, die *Rr. rositri maxillaris* sowie den *R. premaxillaris ventralis*. Seine *Rr. palatini, rostri maxillaris et glandularum palati* innervieren den Gaumen und den Tastapparat an der Spitze des Oberschnabels bei Enten und Gänsen.

Der somatosensorische **N. maxillaris** verläßt gemeinsam mit dem N. mandibularis durch das For. n. maxillomandibularis die Schädelhöhle tauscht mit dem N. facialis, *Connexus cum n. faciali*, Fasern aus und teilt sich in drei Hauptäste.

Der *N. supraorbitalis* versorgt die Konjunktiven, *Rr. palpebralis caudodorsalis et caudoventralis*, die Haut des oberen Augenlides, *Rr. frontales*, die Tränendrüsen, *Rr. glandulares lacrimales*, den Kamm, *Rr. cristales*, und die Ohrmuschel, *Rr. auriculares*. Der dünne *N. infraorbitalis* innerviert das untere Augenlid und dessen Konjunktiven, *Rr. palpebrales rostroventrales*.

Der *N. nasopalatinus* ist mit den Ganglia ethmoidale et sphenopalatinum, *Connexi cum g. sphenopalatino et ethmoidali*, verbunden. Er projiziert zum lateralen Schnabelrand und zum Gaumen, *R. palatinus*, sowie zur Nase, *R. nasalis*.

Der **N. mandibularis** führt somatische afferente und viszerale efferente Fasern. Seine *Rr. musculares* versorgen die Kiefermuskulatur, *Rr. pterygoideus et externus*. Der

R. intermandibularis versorgt den M. intermandibularis, *Rr. musculares et cutanei*. Der *R. sublingualis* ist mit der Chorda tympani, *Connexus cum chorda tympani*, verbunden und innerviert die Drüsen, *Rr. glandulares*.

An den Tastapparat des Unterschnabels gibt der *N. intramandibularis* die *Rr. rostri mandibularis* ab. Er innerviert den gleichnamigen Muskel und die Haut zwischen den Unterkieferästen. Der *R. art. quadratomandibularis* versorgt das Gelenk und der *R. anguli oris* den Gaumen , *Rr. palatini*, die Drüsen, *Rr. glandulares*, sowie die Haut des Schnabels, *Rr. cutanei*.

Der somatomotorische **N. abducens** (VI) entspringt paramedian an der Brücke (Abb. 148A). Er verläßt die Schädelhöhle gemeinsam mit dem N. ophthalmicus oder durch das For. n. abducentis. Sein *R. dorsalis* zieht über den Augapfel und innerviert den M. rectus lateralis bzw. den M. quadratus membranae nictitantis. Der *R. ventralis* versorgt den M. pyramidalis der Nickhaut. Ein kleiner Ast tritt in das Ganglion ciliare, *Connexus cum g. ciliari*, ein (Abb. 148A).

Der **N. facialis** (VII) entspringt ventrolateral an der Medulla oblongata. Er tritt gemeinsam mit dem *N. vestibulocochlearis* in den inneren Gehörgang ein und zieht mit diesem dann in den Canalis facialis des Felsenbeins. Sein Hauptast trägt dorsal das kleine *Ganglion geniculatum*. Distal des Ganglion entläßt er den *N. palatinus* s. *R. rostralis* und den *N. hyomandibularis* s. *R. caudalis* (Abb. 148B).

Der N. palatinus führt parasympathische Fasern zu den *Ganglia sphenopalatinum et ethmoidale*. Der *N. hyomandibularis* gibt den *R. auricularis* und den *N. depressoris mandibularis* ab. Er versorgt die Mm. stylohyoideus et serpihyoideus, *R. hyoideus*, sowie den M. constrictor colli, *R. cervicalis*. Mit dem Ganglion cervicale craniale, *Connexus cum g. cervicali craniali*, dem N. glossopharyngeus, *Connexus cum n. glossopharyngeo*, und den Nn. cervicales, *Connexus cum n. cervicali*, tauscht er Fasern aus.

Bei der Taube entläßt der N. hyomandibularis die *Chorda tympani*. Beim Huhn entspringt der Intermediusanteil, die Chorda tympani, direkt am Ganglion geniculatum (s. auch vegetatives Nervensystem).

Der somatosensible **N. vestibulocochlearis** (VIII) erreicht unmittelbar kaudal des N. facialis mit den *Partes vestibularis et cochlearis* den Hirnstamm. Das *Ganglion vestibulare* seiner Pars vestibularis liegt in der Fossa acustica interna. Der *R. rostralis* versorgt die Macula utriculi, *N. utriculus*, und die Cristae ampullaris rostralis et horizontalis, *Nn. ampullaris rostralis et horizontalis*. Der *R. caudalis* innerviert die Macula sacculi, *N. saccularis*, die Papilla neglecta, *N. maculae neglectae*, sowie die Crista ampullaris caudalis, *N. ampullaris caudalis*, des Innenohres. Das *Ganglion cochleare* der Pars cochlearis ist an der Membrana basilaris lokalisiert. Die Axone seiner kleinzelligen Neurone bilden den *N. cochlearis*. Das *Ganglion lagenare* entläßt den zur Macula lagenae ziehenden *N. lagenaris*.

Der **N. glossopharyngeus** (IX) entspringt bzw. erreicht mit mehreren Wurzeln ventrolateral das verlängerte Mark. Sein *Ganglion proximale* vereinigt sich mit dem gleichnamigen Ganglion des N. vagus. Durch das For. n. glossopharyngealis verläßt er die Schädelhöhle und schwillt zum *Ganglion distale* an. Er wird durch Fasern des N. hyomandibularis und des *Ganglion cervicale craniale* verstärkt.

Ventral an der Schädelbasis entläßt er den *N. subcaroticus*. Seine postganglionären Fasern verbinden sich mit dem N. vagus zum kräftigen *Connexus vagoglossopharyngealis* (s. auch vegetatives Nervensystem).

Der **N. vagus** (X) verläßt mit mehreren Wurzeln das verlängerte Mark. Er passiert durch das For. n. vagi die Schädelkapsel. Nach Abgabe des *Connexus cum n. hypoglossocervicali* steigt der N. vagus in unmittelbarer Nähe der V. jugularis ab und verbreitet sich kaudal der Schilddrüse zum *Ganglion distale* s. *Ganglion nodosum* (siehe auch vegetatives Nervensystem).

Der **N. accessorius** (XI) entspringt bzw. erreicht den Hirnstamm mit den *Radiculae craniales* kaudal des N. vagus sowie mit den *Radiculae spinales* aus dem 1. und 2. Halssegment des Rückenmarks. Die Spinalwurzeln treten durch das For. magnum in die Schädelhöhle ein bzw. aus und vereinigen sich mit den kranialen Wurzeln zum XI. Hirnnerven. Der N. accessorius bildet mit dem N. vagus eine gemeinsame Scheide aus, *Connexus cum n. vago*. Vom Hauptstamm spaltet sich dann der *R. externus* ab. Er führt Fasern des N. accessorius.

Der **N. hypoglossus** (XII) entspringt mit der *Rdx. rostralis* und der *Rdx. caudalis* als letzter Hirnnerv ventral am verlängerten Mark. Die kaudale Wurzel wird durch Fasern aus dem Ganglion cervicale craniale, *Connexus cum g. cervicali craniali*, sowie dem 1. Halsnerven, *Connexus cum n. cervicali primo*, verstärkt. Die beiden Faserbündel verlassen die Schädelhöhle und vereinigen sich zu einem gemeinsamen Stamm, dem *N. hypoglossocervicalis*. Dieser verläuft schräg über den IX., *Connexus cum n. glossopharyngeo*, und X. Hirnnerv, *Connexus cum n. vago*, und tauscht mit ihnen und dem 2. Halsnerven, *Connexus cum n. cervicali secundo*, Fasern aus. Der *R. cervicalis descendens* versorgt den M. sternotrachealis.

Am Kehlkopf teilt sich der N. hypoglossocervicalis in die rostralen, die Zungenbeinmuskulatur innervierenden *Rr. musculares* des *R. laryngolingualis* und die kaudalen zur Trachealmuskulatur, *Rr. musculares*, und zur Syrinx, *R. syringealis*, ziehenden *R. trachealis*.

14.3.2. Rückenmarknerven

Die Wurzelfäden, *Fila radicularia*, der Spinalnerven bilden jeweils eine sensible Dorsalwurzel, *Rdx. dorsalis*, sowie eine motorische Ventralwurzel, *Rdx. ventralis*, aus (Abb. 149).

In die Dorsalwurzel sind die Perikaryen des Spinalganglions, *Ganglion radiculare dorsale* s. *Ganglion spinale*, eingelagert. Die Dorsalwurzel führt hauptsächlich afferente aber auch wenige viszeroefferente Fasern. In der Ventralwurzel finden sich vorwiegend efferente somatomotorische und viszerale Fasern, aber auch einige afferente viszerosensible Leitungsbahnen. Beide Wurzeln vereinigen sich zum gemischten Nervenstamm, *Truncus nervi spinalis*. Die Rückenmarknerven verlassen den Wirbelkanal durch die Forr. intervertebralia und geben je einen schwachen *Ramus dorsalis* und einen stärkeren *Ramus ventralis* ab. Von diesen entspringen Haut- und Muskeläste.

Die *Rami communicantes* führen den *Ganglia paravertebralia* des sympathischen Grenzstranges vegetative Fasern zu.

Der *Ramus meningeus* tritt nach Verlassen des *Truncus nervi spinalis* rückläufig wieder in den Wirbelkanal ein. Er versorgt die Rückenmarkhäute und die Gefäße des Wirbelkanals.

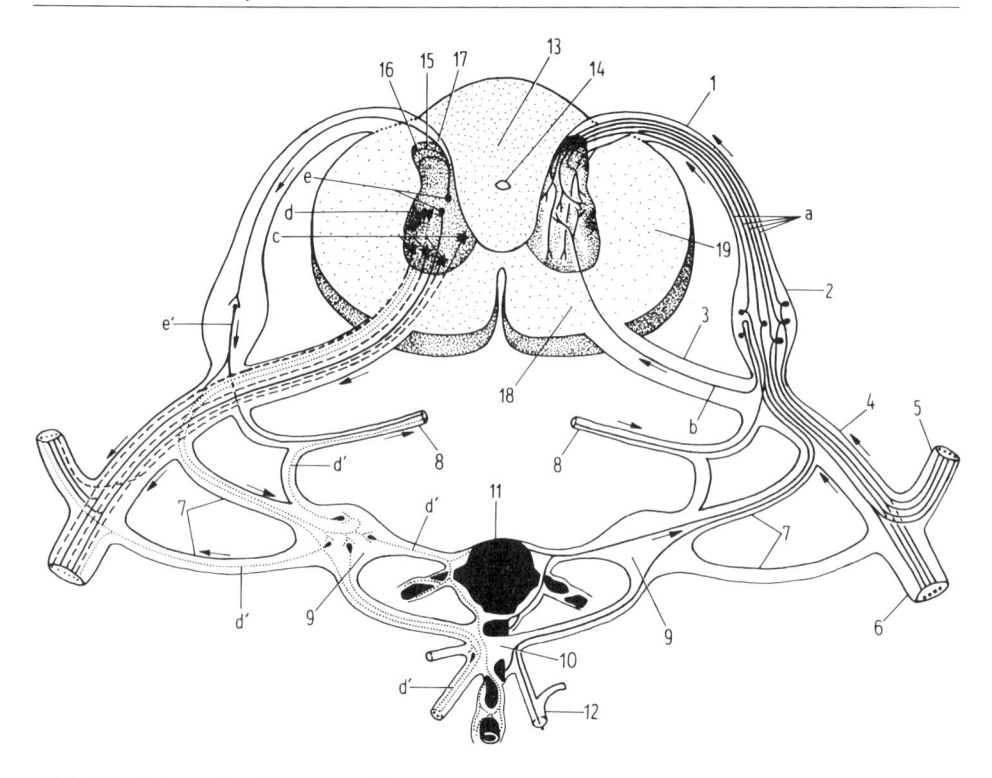

Abb. 149. Schema der afferenten, efferenten und vegetativen Wurzelsysteme des Rückenmarks der Vögel. Transversalschnitt durch die Pars synsacralis und das Corpus gelatinosum (Konturen teilweise nach Seiferle, 1975). Um eine bessere Übersicht zu erhalten, sind links die efferenten und rechts die afferenten Bahnen dargestellt. Die Lobi accessorii wurden nicht berücksichtigt (s. Abb. 143 B).

1 Rdx. dorsalis
2 Ganglion radiculare dorsale s. Ganglion spinale
3 Rdx. ventralis
4 Truncus nervi spinalis
5 Ramus dorsalis
6 Ramus ventralis
7 Rami communicantes
8 Ramus meningeus
9 Ganglion paravertebrale
10 Ganglion subvertebrale
11 Aorta mit Segmentarterien
12 Ramus visceralis
13 Corpus gelatinosum im Sinus rhomboidalis
14 Canalis centralis
15 Nuc. dorsolateralis
16 Nuc. substantiae gelatinosae
17 Funiculus dorsalis
18 Funiculus ventralis
19 Funiculus lateralis
a afferente, somatosensible Fasern
b afferente, viszerosensible Spinalganglienfasern
c efferente, somatomotorische Fasern des Nuc. intermedius medullae spinalis
d efferente, sympathische Fasern des Nuc. intermedius medullae spinalis
d' postganglionäre Fasern sympathischer Wurzelzellen
e efferente, parasympathische Fasern des Nuc. intermedius medullae spinalis
e' efferente, postganglionäre parasympathische Fasern des Nuc. intermedius medullae spinalis

Die Spinalnerven werden in die *Nn. cervicales, thoracici, synsacrales et caudales* gegliedert. Ihre Anzahl entspricht im allgemeinen der der Wirbel der entsprechenden Rückenmarkregion. Beim Hausgeflügel vereinigen sich die Spinalganglien der Brust- und der rostralen Synsakralnerven mit den Ganglia paravertebralia des Grenzstranges. Das Synsacrum besitzt eine getrennte Austrittsöffnung für die Dorsal- bzw. Ventralwurzel jedes Synsakralnerven.

14.3.2.1. Halsnerven

Der erste Halsnerv, *Nervus cervicalis primus*, tritt zwischen Hinterhauptsbein und erstem Halswirbel aus dem Wirbelkanal aus. Er trägt kein und der zweite nur ein schwach ausgebildetes Spinalganglion. Die Spinalganglien liegen bei allen Hals- und Brustnerven in den Forr. intervertebralia.

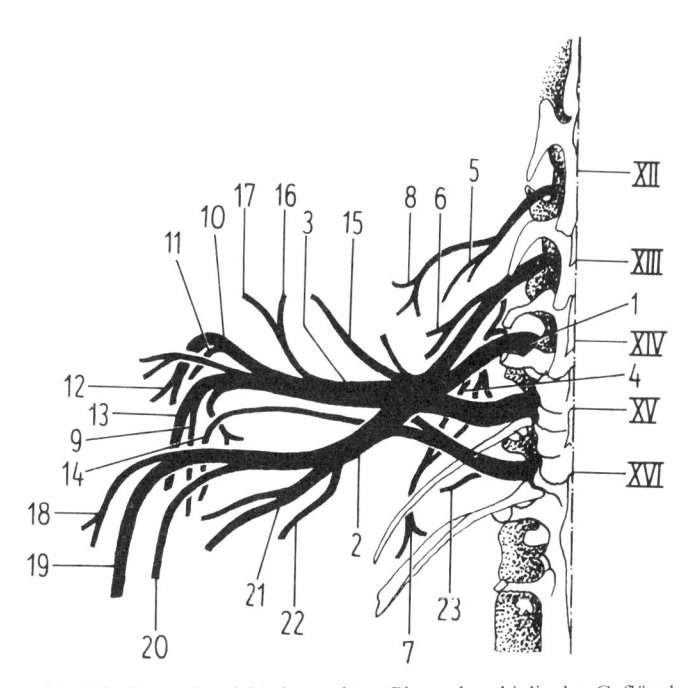

Abb. 150. Ventralansicht des rechten Plexus brachialis des Geflügels (nach Baumel, 1975).

1 Truncus plexus
2 Fasciculus ventralis
3 Fasciculus dorsalis
4 Äste des Plexus brachialis accessorius
5 Nn. m. rhomboidei profundi et superficialis
6 N. m. serrati superficialis
7 N. m. serrati profundi
8 N. cutaneus omalis
9 N. anconealis
10 N. axillaris
11 N. cutaneus axillaris
12 Rr. musculares
13 N. radialis
14 N. cutaneus brachialis dorsalis
15 N. supracoracoideus
16 N. subcoracoscapularis
17 N. subscapularis
18 N. bicipitalis
19 N. medianoulnaris
20 N. cutaneus brachialis ventralis
21 N. pectoralis
22 R. muscularis des N. pectoralis
23 N. intercostalis
XII—XVI Ventraläste der Nn. spinales des Plexus brachialis

362   *14. Nervensystem*

Die *Rr. dorsales* entlassen die *Rr. musculares*, die *Nn. cutanei cervicales dorsales* und den *Plexus cervicalis dorsalis* zur Versorgung der dorsalen Haut bzw. Halsmuskulatur.

Die *Rr. ventrales* der beiden ersten Halsnerven sind mit dem XII. Hirnnerven, *Connexus cum n. hypoglosso*, verbunden. Der dritte Halsnerv tauscht über den *Connexus cum n. faciali* mit dem N. facialis Fasern aus und entläßt den *N. cutaneus colli*.

Die Ventraläste der letzten beiden Hals- und jene der ersten zwei bis drei Brustnerven bilden die Wurzeln des **Armgeflechtes**, *Plexus brachialis*. Beim Huhn sind es die Nerven XII bis einschließlich XVI (Abb. 150).

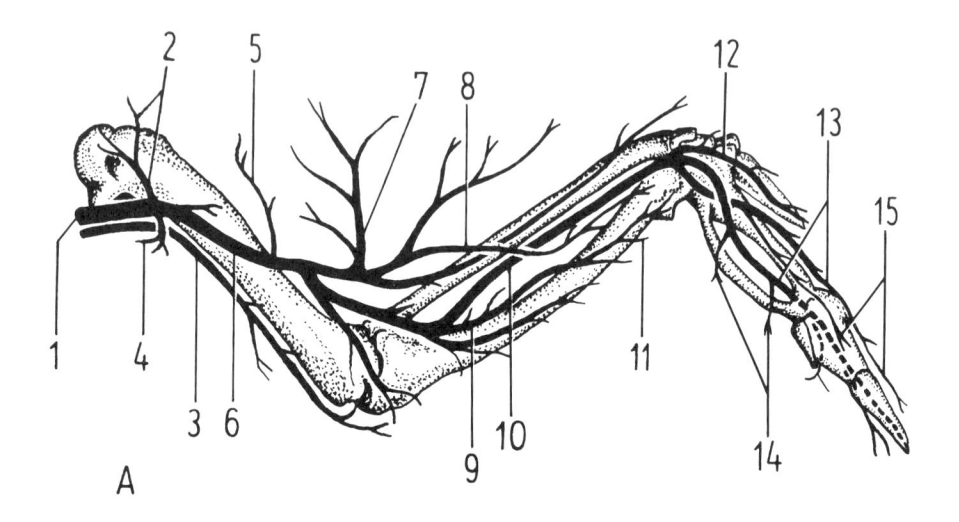

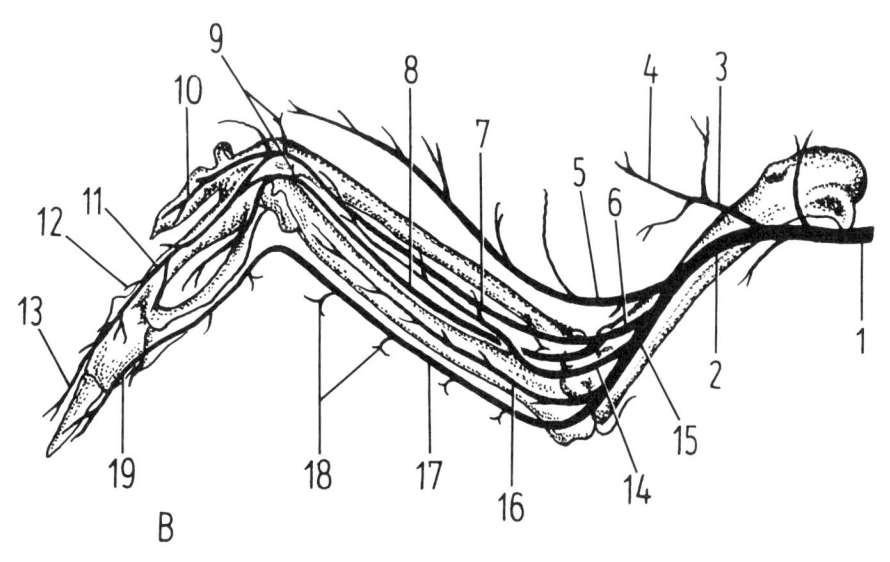

Abb. 151

Bei der Taube entspringt das Armgeflecht weiter kranial aus den Ventralästen des X. bis einschließlich XV. Spinalnerven.

Die Wurzeln des Armgeflechtes, *Rdxx. plexus*, vereinigen sich zu 3 bis 4 kurzen Stämmen, *Trunci plexus*. Diese tauschen miteinander Fasern aus und bilden die *Fasciculi plexus*. Am Armgeflecht lassen sich ein *Fasciculus dorsalis* und *ventralis* unterscheiden, welche die Flügel- und Rumpfgliedmaßenmuskulatur einschließlich der Haut und Blutgefäße versorgen. Vielfach entlassen die kranialen Wurzeln einen Nebenplexus, *Plexus brachialis accessorius*. Er versorgt die Mm. rhomboidei et serrati, *Nn. m. rhomboidei profundi et superficialis* und *Nn. m. serrati superficialis et profundi*, und gibt den *N. cutaneus omalis* ab. Der *N. anconealis* innerviert den M. expansor secundariorum. Der Fasciculus dorsalis versorgt die dorsale Streckseite des Flügels. Sein *N. axillaris* teilt sich in den *N. cutaneus axillaris* zur Versorgung der Haut an der Schulter bzw. der dorsalen Flügelseite und in die *Rr. musculares*. Letztere ziehen zu den Mm. deltoidei et tensor propatagialis.

Der Fasciculus dorsalis geht direkt in den *N. radialis* über (Abb. 151 A). Letzterer kreuzt den Oberarm und gibt den *N. cutaneus brachialis dorsalis* sowie an die Flughaut den *N. propatagialis dorsalis* ab. Anschließend entläßt der N. radialis den zum Karpalgelenk ziehenden *N. cutaneus antebrachialis dorsalis* und teilt sich distal des Ellenbogengelenkes in die *Rr. superficialis et profundus*.

Der oberflächliche Ast kontrolliert den M. extensor metacarpi ulnaris, den M. extensor digitorum communis, den M. ectepicondylo-ulnaris, die Federbälge der Armschwingen und endet in den *Rr. postpatagiales*.

Der tiefe Ast gibt die *Rr. carpales dorsales* und den *R. alularis* zur Versorgung von Streckmuskeln der Handwurzel und des Digitus major sowie der Haut zwischen den Federkielen der Handschwingen ab.

Seine *Nn. metacarpales* ziehen als *Rr. postpatagiales* über den Metakarpus hinweg und entlassen die *Rr. digitales*. Der N. radialis ist an der Oberarmfläche leicht

◀

Abb. 151. Innervation des rechten Flügels der Taube (nach Baumel, 1975).

A Dorsalansicht

1 Fasciculus dorsalis	6 N. radialis	11 Rr. postpatagiales
2 N. axillaris et N. cutaneus axillaris	7 N. propatagialis dorsalis	12 R. alularis
3 N. anconealis	8 N. cutaneus antebrachialis dorsalis	13 Nn. metacarpales dorsales
4 N. m. latissimus dorsi	9 R. superficialis	14 Rr. postpatagiales
5 N. cutaneus brachialis dorsalis	10 R. profundus	15 Rr. digitales

B Ventralansicht

1 Fasciculus ventralis	8 R. superficialis	14 N. cutaneus antebrachialis ventralis
2 N. medianoulnaris	9 Rr. carpales ventrales	15 N. ulnaris
3 N. bicipitalis	10 R. alularis	16 R. cranialis
4 Rr. propatagiales	11 Nn. metacarpales ventrales	17 R. caudalis
5 N. propatagialis ventralis	12 Rr. digitales	18 Rr. postpatagiales
6 N. medianus	13 Rr. digitales	19 Rr. digitales
7 R. profundus		

aufzufinden. Seine **Neurektomie** führt zur **Flugunfähigkeit**. Sie hat aber das Herabhängen des Flügels und die Beeinträchtigung des Schauwertes zur Folge.

Aus dem *Fasciculus ventralis* entspringt in der Schulterregion der mächtige, die Flugmuskulatur mitversorgende *N. pectoralis*. Er spaltet sich in den *N. pectoralis cranialis* und den *N. pectoralis caudalis* und diese wiederum in *Nn. cutanei pectorales, Nn. cutanei abdominales* und *Rr. musculares* auf. Der *N. bicipitalis* verläßt ebenfalls den Fasciculus ventralis. Seine *Rr. propatagiales* innervieren den wichtigsten Beugemuskel des Ellbogengelenkes, den M. biceps brachii.

Der Fasciculus ventralis findet im *N. medianoulnaris* seine Fortsetzung (Abb. 151 B).

Noch in der Leibeshöhle entläßt dieser den *N. cutaneus brachialis ventralis* zur Versorgung der medialen Hautgebiete des Oberarms. Der N. medianoulnaris überquert die mediale Humerusseite, gibt an die ventrale Flughaut den *N. propatagialis ventralis* ab und spaltet sich vor dem Ellbogengelenk in seine beiden Nervenstränge auf. Der *N. medianus* teilt sich in die *Rr. superficialis et profundus* und kreuzt das Ellbogengelenk. Der oberflächliche Ast versorgt die Beugemuskeln der Finger. Der tiefe Ast entläßt die *Rr. carpales ventrales*, den *R. alularis* sowie die *Nn. metacarpales ventrales*. Letztere verzweigen sich in die *Rr. postpatagiales et digitales*. Der *N. ulnaris* gibt die *Rr. musculares* und den *N. cutaneus cubiti* an das Ellbogengelenk ab.

In Gelenkhöhe gibt er auch den *N. cutaneus antebrachialis ventralis* ab. Anschließend teilt sich der N. ulnaris in den *R. caudalis* und den schwächeren *R. cranialis*. Der kaudale Ast begleitet den Karpus, Metakarpus und die Finger bis zur Flügelspitze. Er entläßt *Rr. postpatagiales, metacarpales ventrales et digitales*. Der kraniale Ast innerviert den M. flexor digiti minoris und den M. interosseus ventralis.

14.3.2.2. Brustnerven

Die *Rr. dorsales* der Brustnerven, *Nn. thoracici*, versorgen die schwach entwickelte Stammuskulatur. Ihre *Rr. ventrales* innervieren mit Ausnahme jener der beiden ersten Brustnerven die Mm. intercostales et costoseptalis. Sie ziehen als *Nn. intercostales* jeweils zwischen zwei benachbarte Rippen und geben die *Rr. cutanei et musculares* an die Haut, Bauch- und Rumpfmuskulatur des entsprechenden Gebietes ab.

14.3.2.3. Synsakralnerven

Die kaudalen Brust-, die Lenden-, die Kreuz- und die kranialen Schwanznerven werden zu den Synsakralnerven, *Nn. synsacrales*, zusammengefaßt.

Die Nerven des **Lendenkreuzgeflechtes**, *Plexus lumbosacralis*, versorgen die Beckengegend, die Hintergliedmaßen und den Schwanz der Vögel. Es wird beim Geflügel aus den Ventralästen des XXIII. bis XXX. Spinalnerven gebildet und in die *Plexus lumbaris et sacralis* gegliedert. Bei der Taube entlassen die *Rr. ventrales* des XXI. bis einschließlich XXVII. Spinalnerven die Wurzeln des Geflechtes. Einige Autoren beziehen auch die 4 oder 5 Wurzeln des Schamgeflechtes, *Plexus pudendus*, in das Lendenkreuzgeflecht mit ein (Abb. 152).

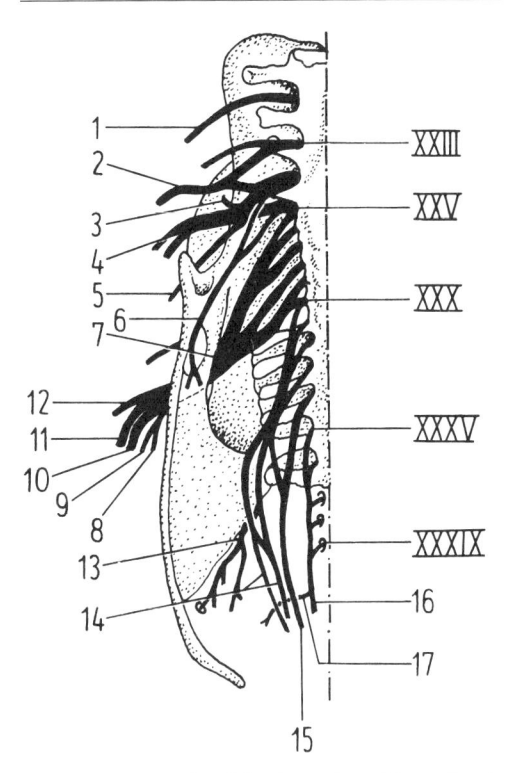

Abb. 152. Ventralansicht der rechten Plexus lumbosacralis et caudalis des Huhnes (nach Baumel, 1975).

XXIII−XXV Spinalnerven des Plexus lumbaris
1 N. synsacralis (XXII)
2 N. cutaneus femoralis lateralis
3 N. coxalis cranialis
4 N. femoralis
5 N. cutaneus femoralis medialis
6 N. obturatorius

XXV−XXX Spinalnerven des Plexus sacralis
7 N. ischiadicus
8 Stamm des N. coxalis caudalis und N. cutaneus femoralis caudalis
9 R. muscularis des N. ischiadicus (M. iliofibularis)
10 N. tibialis
11 N. fibularis
12 R. muscularis des N. ischiadicus

XXX−XXXIV Spinalnerven des Plexus pudendus
13 N. lateralis caudae
14 N. pudendus
15 N. intermedius caudae

XXXV−XXXIX Spinalnerven des Plexus caudalis
16 N. medialis caudae
17 N. bulbi rectricium

Beim Huhn bilden die 3 Wurzeln des Lendengeflechtes, *Rdxx. plexus*, 3 Stämme, *Trunci plexus*. Die beiden ersten sind reine Lendennerven, während die kaudale Wurzel des XXV. Spinalnerven, der *N. furcalis*, die Verbindung zum Kreuzgeflecht herstellt. Das Kreuzgeflecht wird von den 6 ventralen Ästen der Sakralnerven gebildet, die sich zu 2 Stämmen formieren.

Der kaudale Ast des XXX. Spinalnerven, der *N. bigeminus*, verbindet das Kreuz- mit dem Schamgeflecht. Die Spinalganglien der Synsakral- und Schwanznerven liegen distal der Zwischenwirbellöcher.

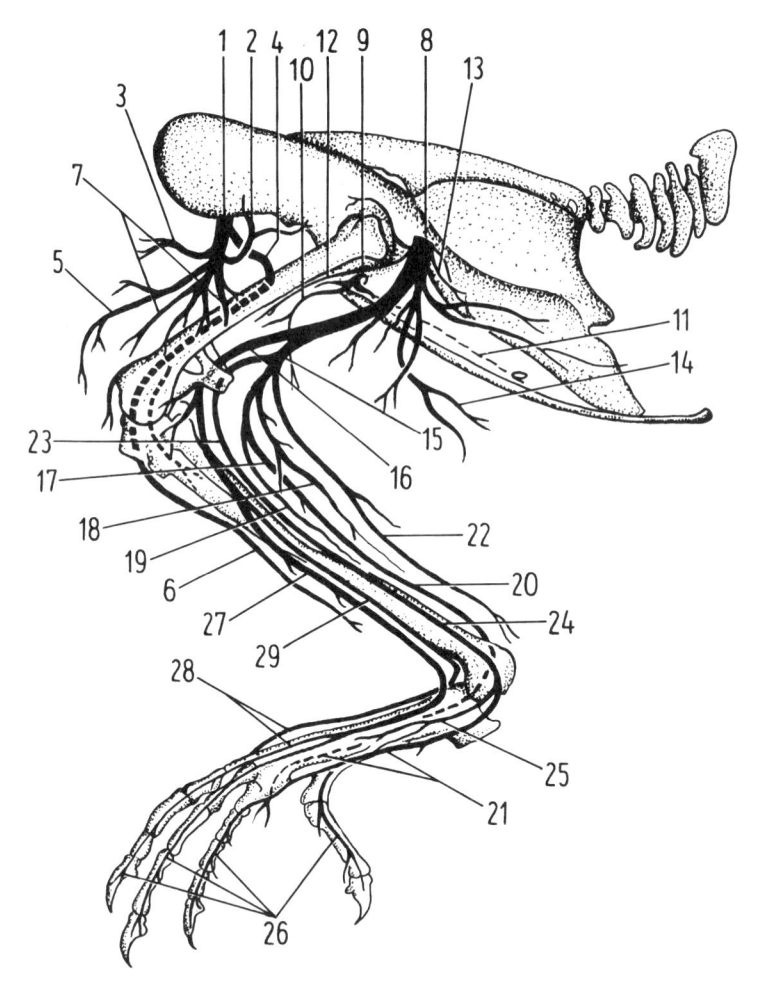

Abb. 153. Innervation der linken Hintergliedmaße der Taube (nach Breazile und Yasuda, 1979).

1 N. femoralis
2 N. coxalis cranialis
3 N. cutaneus femoralis cranialis
4 N. cutaneus femoralis medialis
5 N. cutaneus femoralis lateralis
6 N. cutaneus cruralis cranialis
7 Rr. musculares
8 N. ischiadicus
9 N. obturatorius
10 R. obturatorius lateralis
11 R. obturatorius medialis
12 R. muscularius
13 R. muscularis
14 N. cutaneus femoralis caudalis
15 N. tibialis
16 N. fibularis
17 N. suralis medialis
18 N. suralis lateralis
19 N. interosseus
20 N. plantaris medialis
21 N. metatarsalis plantaris
22 N. cutaneus suralis
23 N. parafibularis
24 N. plantaris lateralis
25 Rr. musculares
26 Rr. digitales
27 N. fibularis superficialis
28 Nn. metatarsales dorsales
29 N. fibularis profundus

Der *N. cutaneus femoralis lateralis* entspringt als starker Nerv kranial aus dem Lendengeflecht und versorgt den M. iliotibialis cranialis s. M. sartorius sowie die Haut kraniolateral am Oberschenkel. *Der N. cutaneus femoralis medialis s. N. saphenus* innerviert den M. iliofemoralis internus, die Haut am Kniegelenk und die Haut der medialen, proximalen Gebiete. Er entläßt den *N. cutaneus cruralis cranialis* zur Versorgung der Innenfläche des Unterschenkels (Abb. 153).

Der *N. ilioinguinalis, N. pubicus* s. enspringt in der Beckenhöhle, verläuft parallel zum Schambein und gibt Fasern an die Bauchmuskulatur ab.

Der *N. femoralis* ist der stärkste Nerv des Lendengeflechtes (Abb. 153). Er entläßt den *N. coxalis cranialis* und den *N. cutaneus femoralis cranialis*. Letzterer versorgt große Hautareale kranial am Oberschenkel. Seine *Rr. musculares* innervieren vorwiegend die Streckmuskeln des Kniegelenkes einschließlich des M. iliotibialis lateralis.

Der *N. obturatorius* verläßt als am weitesten kaudal gelegener Nerv des Lendengeflechtes die Beckenhöhle durch das For. obturatum. Er teilt sich in die *Rr. obturatorius medialis et lateralis* und gibt Fasern an die beiden gleichnamigen Muskeln sowie an den M. puboischiofemoralis ab.

Aus dem **Kreuzgeflecht**, *Plexus sacralis*, entspringen folgende Nerven: Der *N. coxalis caudalis* innerviert die Mm. flexor cruris medialis et lateralis und den M. caudoiliofemoralis. *Der N. cutaneus femoralis caudalis* zieht bis in die Mitte des Oberschenkels und gibt Fasern an die Haut ab. *Rr. musculares* ziehen an die Mm. iliotibialis lateralis et ischiofemoralis. Sein *Connexus caudalis* verbindet einen dieser Äste mit einem Hautast des zum Schamgeflecht gehörenden *N. lateralis caudae*.

Der *N. ischiadicus* ist der stärkste periphere Nerv der Vögel. Er verläßt durch das For. ilioischiadicum die Beckenhöhle und vereinigt in einer Epineuralscheide den N. tibialis und den N. fibularis s. N. peroneus. Der stärkere *N. tibialis* entläßt die *Nn. surales laterales et mediales*. Letzterer gibt den schwachen *N. interosseus* ab und versorgt den M. gastrocnemius und weitere Streckmuskeln sowie die tiefen Beugemuskeln der Zehen am kaudalen Unterschenkel. Der N. suralis medialis findet seine Fortsetzung im *N. plantaris medialis*. Dieser Nerv innerviert die Haut an der medialen Seite des Sprunggelenkes und tritt als N. metatarsalis plantaris in die Haut am Metatarsus ein. *Der N. suralis lateralis* innerviert die M. flexores perforati et perforantes et perforati.

Der *N. cutaneus suralis* zieht unter die Haut plantar am Unterschenkel.

Der *N. parafibularis s. N. paraperoneus*, ein weiterer Ast des N. tibialis tritt mit dem N. fibularis durch die Ansa m. iliofibularis und entläßt den *N. plantaris lateralis*. Dann zieht er als *N. metatarsalis plantaris* nach Abgabe der *Rr. musculares* über den Metatarsus hinweg bis in die Finger, *R. digitalis*.

Der *N. fibularis s. N. peroneus* projiziert auf die laterale Seite des Unterschenkels. Er spaltet sich proximal am Unterschenkel in den *N. fibularis superficialis* und den *N. fibularis profundus*. Ihre *Nn. metatarsales dorsales* und *Rr. digitales* versorgen die Beuger des Intertarsalgelenkes und die Strecker der Zehen.

Das **Schamgeflecht**, *Plexus pudendus*, des Huhnes entspringt aus den *Rr. ventrales* des XXX. bis XXXIV. Spinalnerven. Bei der Taube sind es die Ventralwurzeln des XXVII. bis XXXI. Spinalnerven. Seine drei Hauptäste ziehen schräg nach kaudal (Abb. 152).

Der *N. lateralis caudae* entläßt die *Rr. venti, musculares et cutanei* und innerviert die ventrolateralen Muskeln einschließlich der Haut des Schwanzes und der Bauchregion.

Der *Connexus caudalis* der *Rr. cutanei* tauscht mit dem *R. muscularis* der Beuger des Oberschenkels Fasern aus.

Der *N. intermedius caudae* gibt motorische Fasern an die Schließmuskeln der Kloake ab. Seine Hautäste ziehen zum After und der ventralen Schwanzregion.

Der *N. pudendus* begleitet den Ureter zur Kloake. Dort bilden die *Rr. proctodeales* ein feines Nervengeflecht. Viszerale Äste ziehen zu den Urogenitalgängen, dem Penis und der kaudalen Kloake. Einige Fasern erreichen den *N. intestinalis*.

Die *Rr. musculares et cutanei* des *N. pudendus* innervieren die ventrale Kloaken- und Schwanzmuskulatur sowie die Muskelfasern der Federfollikel.

14.3.2.4. Schwanznerven

Das **Schwanzgeflecht**, *Plexus caudalis*, wird beim Huhn von den *Rr. ventrales* des XXXV. bis einschließlich XXXIX. Schwanznerven, *Nn. caudales*, und bei der Taube vom XXXII. bis einschließlich XXXVI. Spinalnerven gebildet. Es entläßt den *N. medialis caudae* und den *N. bulbi rectricium*. Der letztere versorgt den gleichnamigen Muskel. Weitere Fasern innervieren die dorsalen und ventralen Schwanzmuskeln, *Rr. musculares*, die Haut dorsal des Schwanzes, *Rr. cutanei*, und die Bürzeldrüse, *R. glandulae uropygialis*.

14.3.3. Viszeraler Anteil des peripheren Nervensystems

Zum **viszeralen** oder **vegetativen Nervensystem** gehören alle Neuronen, die die Drüsen, Gefäße, Brust- und Bauchorgane und die inneren Augenmuskeln versorgen. Es besitzt sowohl viszeral efferente als auch afferente Leitungsbahnen. Das vegetative Nervensystem wird aufgrund funktioneller Kriterien in ein **parasympathisches** und ein **sympathisches System** gegliedert. Eine segmentale Kette von Ganglien, die über Rami communicantes mit den Spinalnerven in Verbindung stehen und miteinander durch interganglionäre Äste verknüpft sind, bildet den ventrolateral der Wirbelsäule gelegenen **Grenzstrang des Sympathikus**.

Alle nicht aus dem Grenzstrang entspringenden viszeralen Nerven, die neben dem Sympathikus die vegetativ innervierten Organe versorgen, sind Anteile des **Parasympathikus**.

Zum vegetativen Nervensystem gehören auch die in die Wand der Hohlorgane eingelagerten Ganglien des **Wand-** oder **intramuralen Nervensystems**.

14.3.3.1. Kraniosakraler Abschnitt

Nach dem Ursprung der parasympathischen Bahnen unterscheidet man einen kranialen und einen sakralen Abschnitt. Die Neuronen der kranialen Komponente entspringen im Mittel- und Rautenhirn, jene der sakralen im Synsakralmark. Der III., VII. und X. Hirnnerv führen parasympathische Fasern.

Die präganglionären, parasympathischen Fasern des N. oculomotorius treten in das *Ganglion ciliare* ein. Es ist mit dem N. abducens, *Connexus cum n. abducenti*, und dem N. ophthalmicus, *Connexus cum n. ophthalmico*, verbunden und entläßt den *N. iridociliaris* zur Versorgung der Regenbogenhaut und des Ziliarkörpers. Aus der Wurzel des N. ophthalmicus, *Rdx. ophthalmica*, ziehen sensorische, sympathische und aus jener des Ganglion ciliare, *Rdx. ganglionica*, postganglionäre, parasympathische Fasern zum Augapfel. Die *Rr. iridici* formen den *Plexus annularis iridicus* und die *Rami ciliares* den *Plexus anularis ciliaris.*

Der Intermediusanteil, die *Chorda tympani*, repräsentiert die parasympathischen Fasern des N. facialis. Sie entspringt in der Region des *Ganglion geniculatum*. Die präganglionären, parasympathischen Fasern verbinden sich mit denen des N. mandibularis, *Connexus cum n. mandibulari*, und ziehen in die *Ganglia mandibularia*. Die postganglionären *Rr. glandulares* verlaufen im *N. sublingualis* und versorgen die Drüsen der apikalen Mundhöhlenregion. Mit dem N. maxillaris, *Connexus cum n. maxillari*, tauscht die Chorda tympani auch Fasern aus. Diese ziehen als *Rr. glandulares lacrimales* zu den Tränendrüsen.

Der ventrale Ast, *R. ventralis*, des postganglionären N. palatinus führt parasympathische Fasern zum Ganglion sphenopalatinum, *Connexus cum g. sphenopalatino*. Ihre *Rr. glandulae membranae nictitantis* versorgen die Glandula membranae nictitantis und der *Connexus cum n. nasopalatino* des N. nasopalatinus die Drüsen der Nasenschleimhaut bzw. des Gaumens.

Der dorsale Ast, *R. dorsalis*, des N. palatinus tritt in das Ganglion ethmoidale, *Connexus cum g. ethmoidali*, ein. Dessen postganglionäre Fasern sind mit dem N. ophthalmicus, *Connexus cum n. ophthalmico*, und dem Ganglion sphenopalatinum, *Connexus cum g. sphenopalatino*, verbunden.

Das Ganglion proximale des *N. glossopharyngeus* vereinigt sich mit dem Ganglion des X. Hirnnerven. Nach Verlassen der Schädelhöhle schwillt der N. glossopharyngeus zum *Ganglion distale* an. Letzteres ist eng mit dem N. hyomandibularis, *Connexus cum n. hyomandibulari*, und dem Ganglion cervicale craniale, *Connexus cum g. cervicali craniali*, verbunden.

Die postganglionären Fasern geben den *N. subcaroticus* ab, der die A. carotis interna am Hals begleitet und mit dem *Plexus subvertebralis* kommuniziert. Ein weiterer Ast, der *N. lingualis*, entläßt die *Rr. pharyngeales, mm. hyobronchialium, glandulares et gustatorii* an die Zunge und den Rachen. Mit dem N. vagus bildet der N. glossopharyngeus den kräftigen *Connexus vagoglossopharyngealis*. Dieser entläßt drei Endstränge.

Der *N. laryngopharyngealis* gibt den *N. laryngealis* ab. Seine *Rr. musculares et tracheales* innervieren die Muskulatur und Schleimhaut des Kehlkopfes. Der *N. pharyngealis* entläßt *Rr. glandulares, pharyngeales et esophageales*. Nach Abgabe des *Connexus cum n. hypoglossocervicali* zieht der *N. esophagealis descendens* als direkte Fortsetzung des Hauptstammes in engem Kontakt mit der Vena jugularis zur Speise- und Luftröhre, *Rr. esophageales et tracheales*. In Syrinxnähe verbindet er sich mit dem *N. recurrens* des N. vagus, *Connexus cum n. vago*, und versorgt den Kropf, *Rr. ingluviales*.

Die stärkste parasympathische Leitungsbahn, der *N. vagus*, versorgt die zwischen dem kranialen und dem sakralen Anteil des vegetativen Nervensystems gelegenen Organe. Sein *Ganglion proximale* vereinigt sich mit dem des IX. Hirnnerven. Mit dem N. accessorius verbindet ihn der *Connexus cum n. accessorio*. Vom Hauptstamm spaltet sich der *R. externus* ab. Er führt Fasern des XI. Hirnnerven. Mit dem Ganglion cervicale craniale, *Connexus cum g. cervicali craniali*, und dem IX. Hirnnerven, *Connexus vagoglossopharyngealis*, tauscht der N. vagus ebenfalls Fasern aus. Nach Abgabe des *Connexus cum n. hypoglossocervicali* an den XII. Hirnnerven steigt er in unmittelbarer Nähe der Vena jugularis ab und entläßt die *Rr. laryngeales, pharyngeales, tracheales et thymici*. Kaudal der Schilddrüse verbreitert er sich zum *Ganglion distale*.

Die postganglionären *Rr. glandulares* versorgen Schilddrüse, Nebenschilddrüse und ultimobranchiales Körperchen. Die *Rr. glomi carotici* führen wahrscheinlich auch Fasern des IX. Hirnnerven. Im *N. cardiacus cranialis* verlaufen vorwiegend vagale afferente Fasern aus dem Herzen.

Der N. vagus gibt als weiteren Zweig den *N. recurrens* ab. Dieser entläßt die *Rr. bronchiales et esophageales* sowie den *N. pulmoesophagealis*. Letzterer entläßt die *Rr. pulmonalis et esophagealis*.

Der absteigende Ast, *R. descendens*, des N. recurrens gibt die *Rr. esophageales* an die Speiseröhre ab und tritt mit Fasern des Plexus celiacus, *Connexus cum plexo celiaco*, in Verbindung. Der aufsteigende Ast des N. recurrens, *R. ascendens*, versorgt die Speiseröhre, *Rr. esophageales*, den Kropf, *Rr. ingluviales*, und die Luftröhre, *Rr. tracheales et musculorum tracheae*. Weitere Äste innervieren die Bronchen, *Rr. pulmonales*, und das Herz, *Nn. cardiaci caudales* und *Rr. septi obliqui*. Beide Nn. vagi vereinigen sich im Vormagenbereich zum *Truncus communis n. vagi* und entlassen die *Rr. proventriculares*. Die *Rr. viscerales abdominales* s. *N. gastrici* innervieren Magen, *Rr. proventriculares*, *Rr. ventriculares, Rr. pylorici*, Dünndarm, *Rr. duodenales*, Bauchspeicheldrüse, *Rr. pancreatici*, und Leber, *Rr. hepatici*.

Andere Äste verbinden sich mit den Fasern des *Plexus celiacus*, *Connexi cum plexo celiaco*, und jenen des *N. intestinalis*.

Die präganglionären Fasern des sakralen parasympathischen Systems verlassen das Rückenmark des Hausgeflügels in der Regel mit den Ventralwurzeln des XXX. bis einschließlich XXXIII. Spinalnerven. Sie bilden den *N. pudendus*, der den Harnleiter zur dorsalen Wand der Kloake begleitet. Er versorgt gemeinsam mit den Fasern der *Ganglia cloacalia* und des *Ganglion rectale* Harnröhre, *Rr. ureterales*, Samen- bzw. Eileiter, *Rr. ductus deferentis et oviductales*, und Kloake. Die *Nn. cloacales* entlassen die *Rr. bursae cloacalis et corporis vascularis paracloacalis*.

Sympathische Fasern des *N. intestinalis* beteiligen sich mit dem parasympathischen N. pudendus an der Bildung des Nervengeflechtes der Kloake.

14.3.3.2. Thorakolumbaler Abschnitt

Der **Grenzstrang**, *Truncus paravertebralis*, des Sympathikus wird von den durch die interganglionären Fasern, *Connexi interganglionici*, zu einer Kette verknüpften *Ganglia paravertebralia* gebildet. Im Brust- und rostralen Schwanzbereich des Grenzstranges formen die *Connexi interganglionici* Schlingen, *Ansae connexorum interganglionicorum*. Die segmental angeordneten *Rr. communicantes* verlassen die Ventralwurzeln des Rückenmarks und treten als präganglionäre, markhaltige Fasern in die Ganglia paravertebralia ein. Nach ihrer Umschaltung verbinden sie sich mit den Spinalnerven und ziehen zu ihren Erfolgsorganen.

An die Organe der Bauchhöhle werden präganglionäre Fasern der *Nn. splanchnici* abgegeben. Ihre Umschaltung zu postganglionären Fasern erfolgt in den nahe der Aorta und den Gekrösearterien lokalisierten *Ganglia subvertebralia* des *Plexus subvertebralis* bzw. in den Ganglien des intramuralen Systems.

Der Grenzstrang gliedert sich in einen Kopf-, Hals-, Brust-, Synsakral- und Schwanzabschnitt.

Die postganglionären Äste des *Ganglion cervicale craniale*, die *Nn. caroticus externus et caroticus cerebralis* und der *N. ophthalmicus externus* bilden den Kopfteil. Letzterer gibt den *Connexus cum n. trigemino* an den V. Hirnnerven ab.

Auch mit dem VII., *Connexus cum n. faciali*, IX., *Connexus cum n. glossopharyngeo*, X., *Connexus cum n. vago*, und XII. Hirnnerven, *Connexus cum n. hypoglosso*, tauschen die postganglionären Äste Fasern aus.

Die sympathischen Fasern erreichen über diese Hirn- und Kopfnerven die Drüsen der Orbita, der Nasen- und Mundhöhle, die Regenbogenhaut, den Ziliarkörper und zahlreiche Gefäße des Kopfes. Der *Truncus paravertebralis cervicalis* entspringt als *N. vertebralis* aus dem Ganglion cervicale craniale und zieht durch die Foramina transversaria der Halswirbelsäule.

Der *Truncus subvertebralis* s. *N. caroticus cervicalis* verläßt ebenfalls das Ganglion cervicale craniale und steigt im Sulcus caroticus am Hals ab. Er enthält Fasern des *N. subcaroticus* und bildet ein Nervengeflecht, *Plexus subvertebralis* s. „Common carotid plexus". Die Connexi interganglionici des *Truncus paravertebralis thoracicus* formen häufig Schlingen. Ihr starker dorsaler Anteil verläuft entlang der Rippenköpfchen und Rippenhöckerchen und trägt die Ganglia paravertebralia.

Rr. communicantes sind im Brust- und synsakralen Grenzstrang kaum auffindbar. Der sympathische *N. cardiacus* entläßt die das Herz und die Lunge versorgenden *Rr. pulmonales* bzw. den *Plexus pulmonalis*. Aus den *Nn. splanchnici thoracici* entspringt ein um die Aa. mesenterica cranialis et celiaca lokalisiertes Nervengeflecht, der *Plexus subvertebralis thoracicus*. Er trägt das *Ganglion celiacum* und die *Ganglia mesenterica cranialia*. Ihre postganglionären Äste bilden die *Plexus celiacus et mesentericus cranialis* und versorgen Milz, *Plexus splenicus*, Leber, *Plexus hepaticus*, Bauchspeicheldrüse, Dünndarm, *Plexus pancreaticoduodenalis*, und Magen, *Plexus proventricularis et gastricus*.

Der *Truncus paravertebralis synsacralis* entläßt die *Nn. splanchnici synsacrales*. Zum *Plexus subvertebralis synsacralis* gehört der *Plexus adrenalis*. Letzterer trägt die *Ganglia adrenalia*. Die zahlreichen prä- und postganglionären Fasern der Ganglia adrenalia versorgen Keimdrüsen, Ei- bzw. Samenleiter und Nieren. Sie bilden ventral der Aorta den *Plexus aorticus* und geben den *N. hepaticus* ab.

Der Truncus paravertebralis synsacralis ist stärker als der Brustabschnitt und trägt größere Ganglia paravertebralia mit gut entwickelten Rr. communicantes.

Zum *Plexus subvertebralis synsacralis* gehört auch der kaudal der Nieren in Höhe der kaudalen Gekrösearterie lokalisierte *Plexus mesentericus caudalis* und der *Plexus iliacus internus*. Sie versorgen Blinddarm, Grimmdarm und den Anfangsabschnitt der Kloake. Die *Nn. splanchnici caudales* des *Truncus paravertebralis caudalis* beider Körperseiten vereinigen sich in Höhe der Kloake. Nach kaudal setzt sich der nun unpaare, einige *Ganglia impares* tragende *Truncus paravertebralis caudalis* fort und entläßt den *Plexus pelvici*.

Der *N. intestinalis* des Sympathikus wird von den *Plexus aorticus, mesentericus cranialis et mesentericus caudalis* gebildet. Er zieht vom Duodenum bogenförmig im Mesenterium zur Kloake. Seine den Darm versorgenden Äste tragen zahlreiche sympathische und parasympathische Neuronen enthaltende *Ganglia n. intestinalis*. Der kaudale Abschnitt erhält Fasern des *N. pudendus* und endet in den *Ganglia cloacalia*.

15. Sinnesorgane

Die Sinnesorgane, *Organa sensoria*, besitzen Rezeptorzellen, die auf die Perzeption von Reizen und deren Umsetzung in Erregungsabläufe spezialisiert sind. Es werden exterozeptive und enterozeptive oder propriozeptive Reize unterschieden. In der Regel sind die **Rezeptoren** unimodal und nehmen adäquate Reize wahr. Eine hohe Intensität inadäquater Reize löst jedoch ebenfalls Erregungen aus. Afferente viszero- bzw. somatosensible Nerven leiten die Reize zum Rückenmark oder Gehirn. Nach entsprechender Modifikation der Erregungen erfolgt die Reaktion der **Effektoren**. **Primäre Sinneszellen** liegen vorwiegend in der Epidermis und dem Neuralepithel. Ein efferenter basaler Neurit leitet die Erregungen weiter. Durch Abwanderung der Zellen in die Tiefe und Ausbildung von Dendriten am apikalen Pol entstehen **Neuronen** (Seh- und Riechzellen).

Als **sekundäre Sinneszellen** werden spezialisierte Epithelzellen ohne Neuriten bezeichnet. Zentrale Neuronen bilden über ihre Dendriten mit ihnen **Synapsen** (Geschmacks-, Oktavusrezeptoren und Tastzellen).

Die Vögel besitzen die gleichen Sinnesorgane wie die Säugetiere: Sehorgan, Gleichgewichts- und Gehörorgan, Geruchsorgan, Geschmacksorgan und Organe der Oberflächen- und Tiefensensibilität. Sie können jedoch auch polarisiertes Licht, Magnetfelder, Luftdruck, Ultraschall und Sternkonfigurationen zur Orientierung und Navigation nutzen.

15.1. Auge (Sehorgan)

Der Gesichtssinn der Vögel ist sehr gut entwickelt. Bezogen auf die Größe des Kopfes nehmen die Augen, *Oculi*, ein wesentlich größeres Volumen als bei den Säugetieren ein. Das Auge des Afrikanischen Straußes ist mit einem Durchmesser von etwa 50 mm das absolut größte unter den terrestrischen Vertebraten. Beim Hausgeflügel beträgt das Verhältnis der Augenmassen zur Gehirnmasse etwa 1:1.

374 15. Sinnesorgane

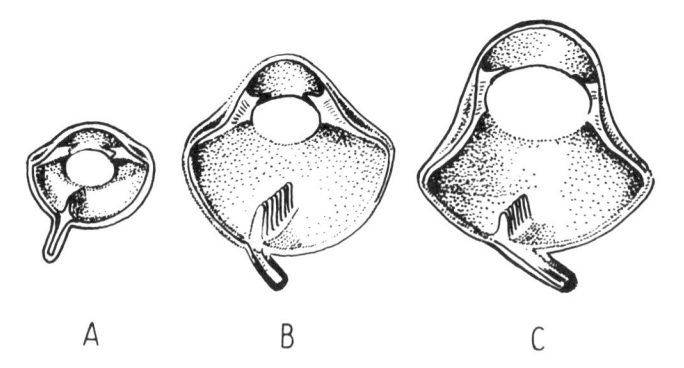

Abb. 154. Schnitt durch die ventrale Hälfte des linken Bulbus oculi der Vögel (nach Walls, 1942). Bei allen Vögeln ist der Augapfel asymmetrisch geformt. Die Axis bulbi ist leicht nach nasal geneigt.

A flacher Augapfel (Geflügel).
B kugelförmiger Augapfel (Raubvögel).
C röhrenförmiger Augapfel (Eulen).

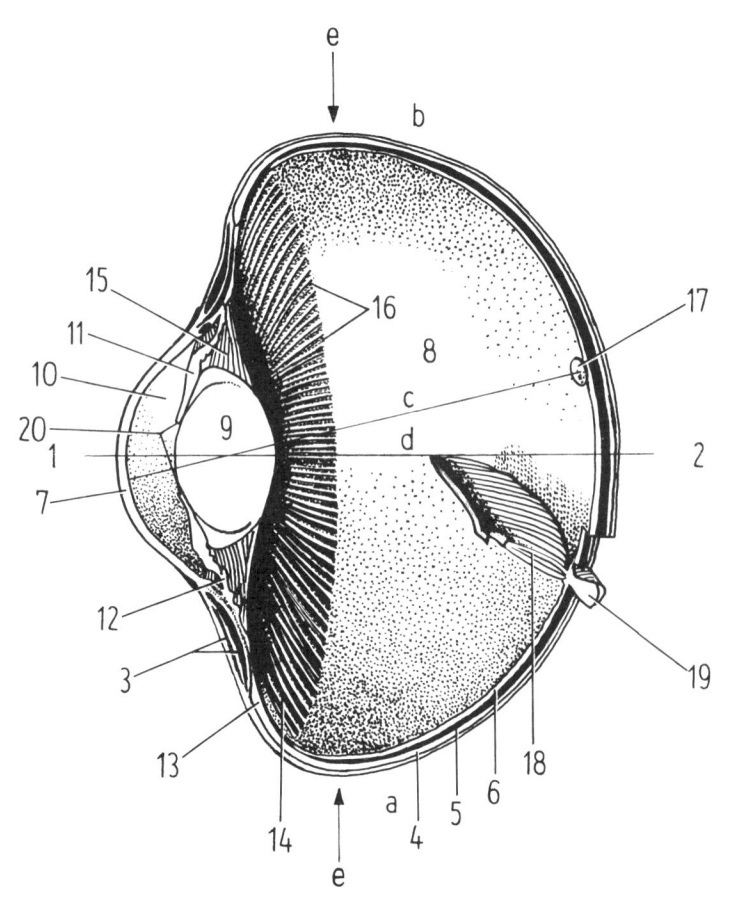

Abb. 155

Durch eine dünne Scheidewand, *Septum interorbitale*, sind beide Augenhöhlen voneinander getrennt. Das Os prefrontale, das Os orbitosphenoidale und das Os frontale bilden die knöcherne Umgrenzung des Augapfels, *Bulbus oculi*. Der Orbitalring findet bei vielen Spezies lateral seinen Abschluß durch das *Ligamentum suborbitale*.

Zum Auge gehören der **Augapfel**, *Bulbus oculi*, und die **Nebenorgane** des Auges, *Organa accessoria oculi*.

Die Augenachse, *Axis bulbi*, kann lateral (Taube), rostral (Eule) oder kaudal (Waldschnepfe) orientiert sein. Die tagaktiven, schmalköpfigen Vögel besitzen meist flache, breitköpfige Greifvögel dagegen kugelförmige und die nachtaktiven Eulen röhrenförmige Augäpfel. Der Augapfel der Hausvögel hat die Form eines Rotationsellipsoids. Bei der Ente ist er stumpfkegelförmig, bei Huhn und Gans distal weit ausgebuchtet und proximal abgeflacht. Seine kurze Augenachse ermöglicht nur eine relativ geringe Sehschärfe. Der Augapfel ist bei allen Vögeln leicht asymmetrisch geformt (Abb. 154).

Das kleine, vordere Segment mit dem *Polus anterior* und das größere, halbkugelförmige, hintere Segment mit dem *Polus posterior* wird durch den Skleralring, *Annulus ossicularis sclerae*, miteinander verbunden. Dieser ist nasal etwas kürzer als temporal. Die Wand des Augapfels besteht aus der äußeren Augenhaut, *Tunica fibrosa bulbi*, der mittleren Augenhaut, *Tunica vasculosa bulbi*, und aus der inneren Augenhaut, *Tunica nervosa bulbi* oder Netzhaut, *Retina*. Sein Innenraum wird vom Glaskörper, *Corpus vitreum*, der Linse, *Lens*, und dem Kammerwasser, *Humor aquosus*, ausgefüllt (Abb. 155).

15.1.1. Äußere Augenhaut

Die derbe, bindegewebige Sklera, *Sclera*, und das nichtverhornte Plattenepithel der Hornhaut, *Cornea*, grenzen den Augapfel gegen seine Umgebung ab. Sie werden zur äußeren Augenhaut, *Tunica fibrosa bulbi*, zusammengefaßt.

Die Hornhaut schließt die vor der Regenbogenhaut, *Iris*, und der Pupille, *Pupilla*, gelegene vordere Augenkammer, *Camera anterior bulbi*, nach außen ab. Bei der Refraktion des Lichtes fungiert sie als Linse. Ausgehend von der *Facies anterior*, werden folgende 5 Hornhautschichten unterschieden (Abb. 156):

◀

Abb. 155. Transversalschnittt durch den Bulbus oculi des Huhnes (nach Evans, 1979).

a temporal	5 Choroidea	13 Lamina cartilaginea sclerae
b nasal	6 Retina	
c Axis visuale	7 Cornea	14 Plicae ciliares
d Axis bulbi	8 Camera vitrea bulbi et Corpus vitreum	15 Fibrae zonulares
e Equator		16 Ora serrata
1 Polus anterior	9 Lens	17 Fovea centralis
2 Polus posterior	10 Camera anterior bulbi	18 Pecten oculi
3 Annulus ossicularis sclerae	11 Iris	19 Nervus opticus
4 Sclera	12 Corpus ciliare	20 Pupilla

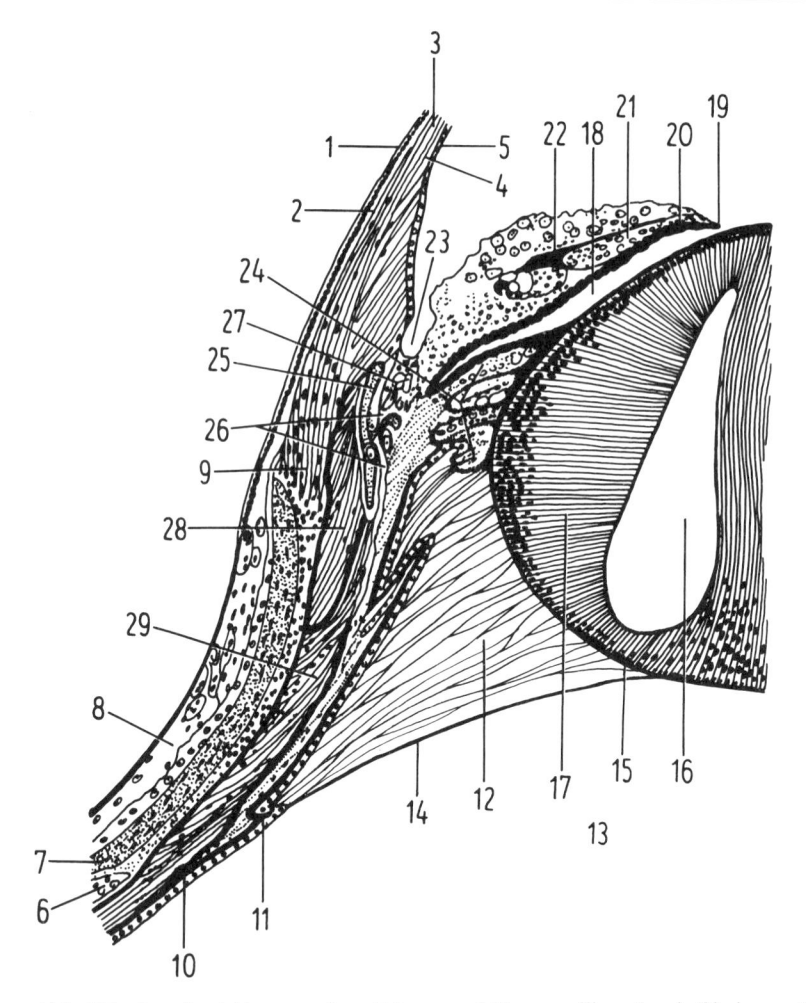

Abb. 156. Angulus iridocornealis mit Lens und Corpus ciliare (nach Chaisson, 1968 und Evans, 1979).

1 Epithelium anterius corneale
2 Lamina limitans anterior, Bowmansche Membran
3 Substantia propria cornealis
4 Lamina limitans posterior, Descemetsche Membran
5 Epithelium posterius cornealis
6 Lamina cartilaginea sclerae
7 Annulus ossicularis sclerae
8 Tunica conjunctiva bulbi et Sclera
9 Limbus cornealis
10 Choroidea
11 Pars ciliaris retinae
12 Fibrae zonulares et Spatia zonularia
13 Corpus vitreum
14 Membrana vitrea
15 Capsula lentis
16 Vesicula lentis
17 Pulvinus annularis lentis
18 Camera posterior bulbi
19 Margo pupullaris
20 Pars iridica retinae
21 Stroma iridicum
22 Corpus iridocytorum
23 Angulus iridocornealis
24 Processus ciliares
25 Sinus venosus sclerae
26 Sinus cilioscleralis
27 Reticulum trabeculare (Lig. pectinatum)
28 M. cornealis anterior
29 M. cornealis posterior

- Epithelium anterius cornealis,
- Lamina limitans anterior (Bowmansche Membran),
- Substantia propria cornealis,
- Lamina limitans posterior (Descemetsche Membran),
- Epithelium posterius cornealis.

Ihre Vorderfläche wird von einem mehrschichtigen, nichtverhornten Plattenepithel bedeckt. Über einer basalen Lage hochprismatischer Zellen finden sich 4–5 Schichten stark abgeflachter Zellen. Die schmale Bowmansche Membran ist nicht bei allen Spezies ausgebildet. Sie geht ohne Demarkation in die mächtige, zahlreiche Blutgefäße und kollagene Faserbündel enthaltende Eigenschicht über. Die Descemetsche Membran gleicht in ihrer Struktur der vorderen Grenzmembran. Ein einschichtiges kubisches Epithel schließt die Hornhaut gegen die vordere Augenkammer ab. Am *Limbus cornealis* geht das Stroma der Hornhaut in die undurchsichtige Sklera über.

Die weiße, blutgefäßarme Sklera begrenzt den hinteren Augenpol und leistet dem intraokulären Druck Widerstand. Die Sehnen der äußeren Augenmuskeln greifen an ihr an.

Dichtgepackte kollagene Faserbündel und vereinzelte elastische Fasern umgeben eine mächtige hyaline Knorpelschale, die *Lamina cartilaginea sclerae*. Bis zum Äquator, *Equator*, sich erstreckende Ossifikationen, *Ossicula posteriora sclerae*, bilden an der Eintrittsstelle des Nervus opticus das *Os nervi optici*. Sie sind jedoch vom Skleralring, *Annulus ossicularis sclerae*, unabhängig. Letzterer erstreckt sich vom Augenäquator bis zum unmittelbar an die Hornhaut angrenzenden Abschnitt der Sklera. Der Skleralring besteht aus 10–18 sich dachziegelartig überlappenden Knochenplättchen. Diese können zu einem ringförmigen Knochen, *Ossiculum sclerale*, verschmelzen.

Im hinteren Abschnitt der vorderen Augenkammer findet sich der in die Sklera eingebettete **Schlemmsche Kanal**, *Sinus venosus sclerae*. Dieser Venenring ist dem *Sinus cioscleralis* unmittelbar benachbart und führt das Kammerwasser in die Blutbahn ab.

15.1.2. Mittlere Augenhaut

Die mittlere Augenhaut, *Tunica vasculosa bulbi*, setzt sich aus der Aderhaut, *Choroidea*, dem Ziliarkörper, *Corpus ciliare*, und der Regenbogenhaut, *Iris*, zusammen.

Die stark vaskularisierte, dunkel pigmentierte Aderhaut ist für die Versorgung der Netzhaut verantwortlich. Sie kleidet den größten Teil des Augapfels aus und besteht von außen nach innen aus folgenden 5 Schichten:

- Lamina suprachoroidea (fusca),
- Spatium perichoroideum,
- Lamina vasculosa,
- Lamina choroidocapillaris,
- Lamina basalis.

Ein **Tapetum lucidum** fehlt dem Hausgeflügel und ist nur bei einigen nachtaktiven Vogelarten (z. B. Ziegenmelker) ausgebildet. Die dünne, pigmentierte *Lamina suprachoroidea* liegt der hyalinen Knorpelschale unmittelbar an. Kollagene Fasern, Fibroblasten und Pigmentzellen dominieren in ihr. Ein von einem Netzwerk kollagener Fasern,

Fibroblasten, Muskelfasern und verzweigten Pigmentzellen durchzogener Gewebsspalt schließt sich an. Die große zentrale Gefäßschicht enthält sinusförmige Kapillaren, Arteriolen, Venolen und adrenerge Nervenfasern.

Aus den größeren Gefäßen geht die Kapillarschicht hervor. Sie ist in feines areoläres Gewebe eingebettet. An die Pigmentepithelschicht der Netzhaut grenzt die dünne Lamina basalis an.

Nasal setzt sich die Aderhaut in der Basis des Ziliarkörpers fort. Sein Strahlenkranz, *Corona ciliaris*, wird von zahlreichen irregulären, dem Binnenraum des Augapfels zugewendeten Ziliarfortsätzen, *Processus ciliares*, gebildet. Letztere produzieren das **Kammerwasser** und verschmelzen am Linsenäquator mit der Linsenkapsel. Die Ziliarfortsätze besitzen kleine, in Meridianrichtung verlaufende Leisten, *Plicae ciliares*.

Ein weitmaschiges, elastisches Fasergeflecht, das *Reticulum trabeculare* s. *Lig. pectinatum*, verbindet die Basalplatte des Ziliarkörpers mit der Sklera. Ihr stark vaskularisiertes Stroma enthält elastische Fasern, Pigmente und den quergestreiften *Musculus ciliaris*. Der Ziliarmuskel besteht aus zwei Anteilen. Der *M. cornealis anterior* s. **Cramptonsche Muskel** entspringt am, den knöchernen Skleralring umgebenden Bindegewebe und inseriert am *Limbus cornealis*. Der *M. cornealis posterior* s. **Brückesche Muskel** entspringt proximal vom Cramptonschen Muskel an der Sklera und strahlt in die Basis des Ziliarkörpers ein. Seine radiär verlaufenden Fasern, *Fibrae radiales*, werden bei einigen Spezies als **Müllerscher Muskel** bezeichnet. Beim Hausgeflügel bilden sie jedoch keinen separaten Muskel.

Der **Akkommodationsmechanismus** des Vogelauges unterscheidet sich grundlegend von jenem der Säugetiere. Der M. cornealis posterior verschiebt den Ziliarkörper gegen den Ringwulst der Linse. Letzterer überträgt den Druck auf das Zentrum der Linse, so daß ihre Krümmung zunimmt und die Brennweite verkürzt wird. Die Kontraktion des M. cornealis anterior verstärkt durch den Zug an der Hornhaut deren Krümmung.

Die Linse wird bei Tauchvögeln durch das koordinierte Zusammenwirken des *M. ciliaris* und des *M. sphincter pupillae* gegen die Iris gedrückt, so daß sich der zentrale Linsenanteil durch die Pupille vorwölbt.

Der dritte, distale Abschnitt der mittleren Augenhaut ist die als Blende um das Sehloch, die Pupille, fungierende **Regenbogenhaut**, *Iris*. Sie teilt den hinter der Hornhaut gelegenen Raum in eine größere vordere Augenkammer und eine kleinere hintere Augenkammer. In den oberen Pupillenrand, *Margo pupillaris*, können als „**Traubenkörner**", *Granula iridica*, bezeichnete Fortsätze hineinragen. Sie sind an der Bildung des Kammerwassers beteiligt. Eine pigmentfreie, fett- und blutgefäßarme Zone, der *Annulus iridicus*, begrenzt die Pupille. Er wird bei der Taube als „**Wertring**" bezeichnet. Dieser hat jedoch auf das Sehvermögen und die Flugleistung keinen Einfluß. Da die Pigmentepithelschicht der Iris durch das dünne Stroma hindurchschimmert, wirkt dieser Ring sehr dunkel.

Der Pupillenrand zeichnet sich durch Falten oder Einschnitte, *Plicae iridicae*, aus. Die Weite der runden bis querovalen Pupille wird durch die *Mm. sphincter et dilator pupillae* reguliert. Ein einschichtiges *Epithelium anterius iridis* bedeckt die der Hornhaut zugewandte *Facies anterior* der Regenbogenhaut.

Der große, parasympathisch innervierte, quergestreifte **M. sphincter pupillae** ist in das *Stroma iridicum* eingelagert. Vorwiegend radiär angeordnete, dem *Stratum pigmentum iridis* eng aufliegende Muskelfasern bilden den sympathisch versorgten **M. dilator pupillae**. Die Fasern beider Muskeln überkreuzen sich scherengitterartig und passen sich dadurch den verschiedenen Kontraktionszuständen gut an.

Das Irisstroma einiger Taubenarten besitzt besondere Brechungszellen, *Iridocyti*. In den unteren Schichten sind sie zum *Corpus iridocytorum* zusammengelagert. Gemeinsam mit den größeren peripheren Iridozyten bilden sie das *Tapetum lucidum iridicum*. Das pigmentierte Epithel der *Pars iridica retinae* bedeckt die *Facies posterior* der Regenbogenhaut.

Die Farbe der Regenbogenhaut ist von Alter, Pigment- und Fettgehalt abhängig. Bei jungen Tauben ist sie kaum gefärbt. Ältere Tiere besitzen eine hellgraue, gelbliche bis bräunliche Iris. Die Regenbogenhaut von Gans und Ente ist meist braun. Beim Huhn variiert ihre Farbe von grau, gelb, orange bis braunrot.

Über die im Winkel zwischen Iris und Hornhaut, *Angulus iridocornealis*, gelegenen **Fontanaschen Räume**, *Spatia anguli iridocornealis*, und den **Schlemmschen Kanal** wird das Kammerwasser in die Blutbahn abgeführt. Das elastische Geflecht des *Reticulum trabeculare* umgibt die Fontanaschen Räume an der Grenze der Regenbogenhaut mit dem Ziliarkörper, dem *Margo ciliaris*.

15.1.3. Innere Augenhaut

Embryonal entsteht durch die Einstülpung der distalen Wand der Augenblase ein zweiblättriger **Augenbecher**. Sein äußeres Blatt entwickelt sich zum einschichtigen Pigmentepithel, *Stratum pigmentosum retinae*. Dieses gliedert sich in eine *Pars optica*, eine *Pars ciliaris* und eine *Pars iridica*.

Das Innenblatt des Augenbechers bildet die *Strata nervosa retinae*. Sie umfassen etwa zwei Drittel der proximalen Netzhaut und gehören zur lichtempfindlichen *Pars optica retinae*. Diese setzt sich am Übergang in den Ziliarkörper, der *Ora serrata*, in ihren blinden Teil, die *Partes ciliaris et iridica retinae* fort.

Das Stratum pigmentosum retinae und die Strata nervosae retinae werden als innere Augenhaut, *Tunica nervosa bulbi* oder **Netzhaut**, *Retina*, bezeichnet.

Der distale, blinde Teil der Netzhaut bedeckt die Rückseite der Regenbogenhaut und des Ziliarkörpers. Er besitzt keine Rezeptoren und besteht aus indifferenten pigmentierten Epithelzellen. Der lichtempfindliche, der Aderhaut anliegende Teil weist von außen nach innen folgende Schichten auf (Abb. 157):

1. Pigmentepithelschicht
2. Schicht der Stäbchen und Zapfen
   a) Außenglieder
   b) Innenglieder
3. Äußere Grenzmembran
4. Äußere Körnerschicht
5. Äußere plexiforme (retikuläre) Schicht
6. Innere Körnerschicht
7. Innere plexiforme (retikuläre) Schicht
8. Ganglienzellschicht
9. Nervenfaserschicht
10. Innere Grenzmembran

Als Assoziationszellen fungieren die **Horizontal-** und **amakrinen Zellen** der inneren Körnerschicht. Daneben sind Oligodendrogliazellen sowie von der inneren Grenzmembran bis zur Schicht der Stäbchen und Zapfen reichende **Müllersche Stützzellen** ausgebildet.

Nach ihrer Funktion lassen sich die Strata nervosa retinae in eine aus drei Gliedern bestehende Neuronenkette einteilen.

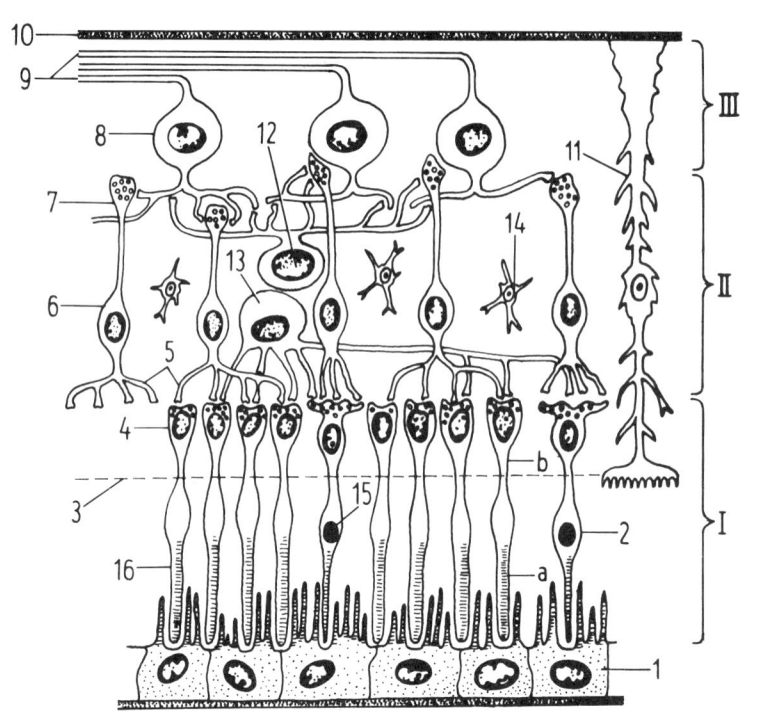

Abb. 157. Schema der Pars optica retinae (verändert nach King und McLelland, 1984). Einige Stäbchen sind mit einer bipolaren Zelle und diese mit einer Ganglienzelle verschaltet. Im Gegensatz dazu konvergiert nur ein Zapfen mit einer bipolaren und einer Ganglienzelle.

1 Pigmentepithelschicht und Lamina basalis der Aderhaut
2 Schicht der Stäbchen und Zapfen
a Außenglieder
b Innenglieder
3 äußere Grenzmembran
4 äußere Körnerschicht
5 äußere plexiforme Schicht (retikuläre) Schicht
6 innere Körnerschicht
7 innere plexiforme (retikuläre) Schicht
8 Ganglienzellschicht
9 Nervenfaserschicht
10 innere Grenzmembran
11 Müllersche Stützzelle
12 Amakrine Zelle
13 Horizontalzelle
14 Gliazelle
15 Zapfen mit Öltröpfchen
16 Stäbchen mit Sehpurpur im Außenglied

I Stratum neuroepitheliale
II Stratum bipolare
III Stratum ganglionicum

In der Neuroepithelschicht, *Stratum neuroepitheliale* (**I. Neuron**), liegen die lichtempfindlichen **Stäbchen** und **Zapfen**. Das *Stratum bipolare* (**II. Neuron**) enthält die Ganglienzellen der inneren Körnerschicht. Die innere Schicht der großen Ganglienzellen, *Stratum ganglionicum* (**III. Neuron**), bildet das letzte Kettenglied. Das etwa 30–50 μm hohe Pigmentepithel trennt die zur Aderhaut gehörende Lamina basalis vom Außenglied der Photorezeptoren.

Stäbchen und Zapfen durchstoßen die äußere Grenzmembran, so daß ihre kernhaltigen Innenglieder die äußere Körnerschicht bilden. Elektronenmikroskopisch konnte nachgewiesen werden, daß keine echte Grenzmembran vorhanden ist. Diese wird durch die in gleicher Höhe liegenden *Zonae adhaerentes* der Rezeptorzellen untereinander und mit den Müllerschen Stützzellen vorgetäuscht.

Die Photorezeptoren nehmen beim Geflügel peripher ein Drittel und zentral etwa ein Viertel der Netzhautstärke ein. Die **Zapfen** dienen dem Tages- bzw. Farbsehen. Ihre Innenglieder enthalten farbige Öltröpfchen. Die Zapfen haben ein hohes Auflösungsvermögen, sind aber weniger lichtempfindlich. Die bei nachtaktiven Vögeln sehr gut entwickelten **Stäbchen** enthalten den **Sehpurpur**, Rhodopsin, in den photosensitiven Schichten der Außenglieder. Die Stäbchen sind außerordentlich lichtempfindlich, liefern aber ein recht unscharfes Bild. Nur Stäbchen und kaum Zapfen werden bei Eulen und primitiven nachtaktiven Säugern gefunden.

Die flaschenförmigen Zapfen besitzen dicke Innen- und dünnere Außenglieder. Neben zwei Zapfenformen (Typ I und II) wird auch ein doppelter Zapfentyp unterschieden. Letzterer besteht aus einem dünnen Haupt- und einem breiten akzessorischen Anteil.

Die Stäbchen unterscheiden sich von den Zapfen durch die Länge und Form der Innen- und Außenglieder sowie die Endaufzweigung ihres Axons. Die Axone der Rezeptorzellen bilden in der äußeren plexiformen Schicht mit den Dendriten der Zellen des II. Neurons knopfförmige Synapsen.

Die Perikaryen der bipolaren Neuronen, der Müllerschen Stützzellen sowie der Horizontal- und amakrinen Zellen sind in der inneren Körnerschicht zu finden. Die Fortsätze der amakrinen Zellen bilden mit den Fortsätzen der multipolaren Ganglienzellen in der inneren plexiformen Schicht Synapsen.

Die säulenförmigen Müllerschen Stützzellen durchsetzen die ganze Netzhaut. Ihre breite Basis bildet die innere Grenzmembran. An die innere plexiforme Schicht schließt sich die Schicht der großen multipolaren Ganglienzellen an.

Ihre Axone und die der großen und kleinen vegetativen Neuronen verlaufen parallel zur Netzhautoberfläche in der Optikusfaserschicht. Sie ziehen zur Austrittsstelle des Sehnerven und durchbohren die Sklera, um als Sehnerv, *Nervus opticus*, das Auge zu verlassen. In diesem Bereich sind in der Retina keine Rezeptoren ausgebildet. Deshalb wird er als **Blinder Fleck** bezeichnet. Ein kleiner runder Hügel auf der Netzhaut, *Area centralis rotunda*, enthält Zapfen und Ganglienzellen im Verhältnis 1:1. Die zentrale Vertiefung der Area centralis rotunda, *Fovea centralis*, repräsentiert bei allen tagaktiven Vögeln die **Stelle des schärfsten monokulären Sehens**. Das einfallende Licht gelangt dort direkt an die Sinneszellen, ohne die anderen Netzhautschichten passieren zu müssen. Bei Vögeln und Primaten liegt die Fovea centralis in der **optischen Achse**, *Axis visuale*. Beim Geflügel ist die Fovea centralis jedoch nur unvollkommen ausgebildet. Die Retina der Taube und des Hühnchens besitzt ein weiteres streifenförmiges Gebiet, daß durch die Öltröpfchen der Zapfen rot oder gelb gefärbt ist, und scharfes Sehen erlaubt. Auch bei Wasser- und Ufervögeln ist die Area centralis rotunda durch ein streifenförmiges Gebiet, die *Area centralis horizontalis*, ersetzt. Es ermöglicht Vögeln, die ihre Nahrung auf dem Boden suchen, ein größeres Gesichtsfeld.

Spezies mit lateral orientierten Augen (Eisvogel, Kolibri) verfügen über eine zusätzliche *Area temporalis*, die binokuläres Sehen erlaubt.

Bei Eulen, deren Beutesuche durch das Gehör wesentlich unterstützt wird, ist nur die *Fovea temporalis* ausgebildet.

Die Sehschärfe ist von der Struktur, der Anordnung und Konzentration der Stäbchen und Zapfen sowie der Verschaltung der Sehzellen mit den Fasern des Sehnerven abhängig. Das große Vogelauge ermöglicht ein relativ großes Abbild auf der Netzhaut. Die beiden Foveae des Mäusebussards besitzen 1 Million Zapfen/mm^2, in denen des Haussperlings sind etwa 400000 Zapfen/mm^2 konzentriert und die Eulen verfügen über etwa

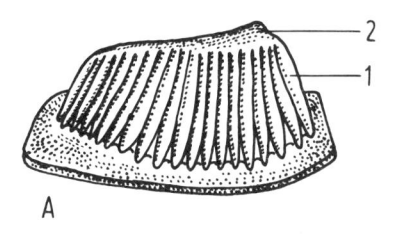

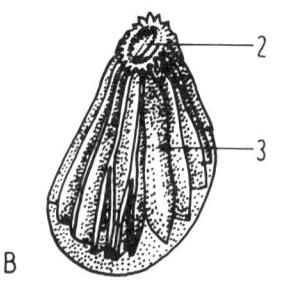

Abb. 158. Zwei Haupttypen des Pecten oculi (nach Walls, 1942).
A Faltentyp (Kielbrustvögel), B Flügeltyp (Flachbrustvögel).
1 Falten 2 Pons pectinis 3 Flügel

56000 Zapfen/mm². Das Auflösungsvermögen des Hühnerauges entspricht dem der großen Haussäugetiere.

Der **Kamm** oder **Fächer**, *Pecten oculi*, erhebt sich über der *Papilla nervi optici*. Er ragt als keilförmiger, wellblechartig gefalteter Körper in den Glaskörper hinein. Seine Form und Größe sind speziesabhängig. Es werden zwei Haupttypen unterschieden (Abb. 158).

Die **Kielbrustvögel** (Carinatae), zu denen auch das Hausgeflügel zählt, repräsentieren den „**Faltentyp**". Die Oberfläche des Fächers ist durch eng aneinanderliegende, vertikale Falten gekennzeichnet. Ihre distalen Enden sind zur Brücke, *Pons pectinis*, verwachsen. Der Kamm des Hausgeflügels besitzt 16 bis 18 Falten. Bei nachtaktiven Spezies ist ein niedriger, nur wenige Falten tragender Kamm ausgebildet.

Strauß, Nandu und andere **Flachbrustvögel** (Ratitae) besitzen dagegen eine mit 25 bis 30 dünnen vertikalen Flügeln besetzte „**Fahne**" **(Flügeltyp)**. Der Kamm des Kiwis macht eine Ausnahme. Er besitzt weder „**Falten**" noch „**Flügel**" und ähnelt dem langen, zapfenförmigen **Conus papillaris** der Eidechsen.

Die *Lamina basalis pectinis* geht unmittelbar aus dem Gerüstwerk des Sehnerven hervor. Die äußere, zweischichtige Grenzmembran bedeckt ein Netzwerk stark pigmentierter Zellen, in das zahlreiche große Gefäße und kleine Kapillargeflechte eingelagert sind.

Im distalen Brückenbereich sind nur noch Pigmentzellen und kollagene Fasern zu finden. Kleine Fortsätze der Pigmentzellen ragen in den angrenzenden Glaskörper hinein.

Zwischen der Ausbildung des Fächers und der Netzhautstärke gibt es funktionelle Beziehungen. Eine hohe Karboanhydraseaktivität und Pinocytosebläschen weisen auf seine Funktion als Hilfsorgan für den Stoffwechsel und die Sauerstoffversorgung der gefäßlosen inneren Netzhautschichten und des Glaskörpers hin. Seine Bedeutung für die Beobachtung sich bewegender Objekte sowie bei der Registrierung von Druckschwankungen im Glaskörper und der Erwärmung des Auges wird diskutiert.

15.1.4. Linse

Die Linse, *Lens*, ist ein durchsichtiger, bikonvexer, zwischen Regenbogenhaut und Glaskörper gelegener Körper. Sie wird von einer homogenen, hyalinen **Kapsel**, *Capsula lentis*, überzogen. Ihre Vorderseite, *Facies anterior*, ist mit einem einschichtigen prismatischen Epithel bedeckt. Diese wölbt sich am *Polus anterior* stärker vor als die glaskörperwärts gelegene *Facies posterior* am *Polus posterior*. Die Zellen der Hinterwand bilden die langen, dünnen, von einer homogenen Kittsubstanz, *Substantia lentis*, umgebenen Linsenfasern, *Fibrae lentis*.

Am **Linsenäquator**, *Equator lentis*, schließen sich sechsseitige, aus dem kubischen Linsenepithel auswachsende Prismen zum Ringwulst, *Pulvinus annularis lentis*, zusammen. Seine den Äquator gürtelförmig umgebenden Fasern besitzen dunkle, runde Zellkerne. In der äquatorialen Übergangszone werden ständig neue Linsenfasern gebildet. Sie wandern unter Degeneration ihrer Kerne zentralwärts. So entsteht ein konzentrisch geschichteter **Linsenkörper**, *Corpus centralis lentis*. Zwischen dem Ringwulst und dem Linsenkörper ist die **Linsenkammer**, *Vesicula lentis*, lokalisiert. Sie ist mit einer wässrigen Flüssigkeit, *Aqua vesiculae lentis*, gefüllt. Die parallel zur Linsenachse, *Axis lentis*, angeordneten Fasern bilden am vorderen bzw. hinteren Pol ein Nahtsystem in Form eines **Linsensternes**. Seine Strahlen, *Radii lentis*, sind bei älteren Vögeln zu einer zentralen Linsennaht reduziert.

Die Zonulafasern, *Fibrae zonulares*, entspringen an der Pars ciliaris retinae und heften sich an der Kapsel des Ringwulstes an. Sie schließen die *Spatia zonularia* ein und bilden das Strahlenbändchen, *Zonula ciliaris*. Gemeinsam mit den Ziliarfortsätzen fungieren sie als Aufhängeapparat der Linse und sind für die Akkommodation des Auges bedeutsam.

15.1.5. Glaskörper

Der Glaskörper, *Corpus vitreum*, ist ein im Binnenraum des Augapfels, der *Camera vitrea bulbi*, zwischen der Rückseite der Linse, dem Ziliarkörper und der inneren Grenzmembran der Netzhaut gelegener gallertartiger, durchsichtiger Körper. Sein *Stroma vitreum* wird durch ein feines Gitterwerk von Proteinfibrillen und einzelnen Zellen, eingebettet in den *Humor vitreus*, gebildet. Die Fibrillen sind an der Oberfläche zur *Membrana vitrea* verflochten. Seine Konsistenz ist im vorderen, hinter der Linse gelegenen Abschnitt gelartig, während er am Augengrund, *Fundus oculi*, mehr Solcharakter besitzt. Eine feine polymorphe Hyalozyten enthaltende Gelschicht trennt den Glaskörper von Kamm und Netzhaut.

Der Glaskörper gewährleistet die Aufrechterhaltung des intraokulären Druckes und damit das Haften des optischen Anteils der Netzhaut am Pigmentepithel.

15.1.6. Nebenorgane des Auges

Zu den Nebenorganen des Auges, *Organa accessoria oculi*, gehören die **Augenlider**, *Palpebrae*, die **Bindehaut**, *Conjunctiva*, der **Tränenapparat**, *Apparatus lacrimalis*, sowie die Augenmuskulatur, *Musculi bulbi*.

Die Hornhaut wird durch das kleinere, **obere Augenlid**, *Palpebra dorsalis*, das größere, beweglichere **untere Augenlid**, *Palpebra ventralis*, und das dritte, fast durchsichtige Lid oder **Nickhaut**, *Membrana nictitans (Palpebra tertia)*, geschützt.

Die Augenlider sind basal am Orbitalring befestigt und bilden mit ihren freien Rändern die Lidspalte, *Rima palpebrarum*.

Die *Commissura nasalis palpebrarum* und die *Commissura temporalis palpebrarum* verbinden im *Angulus oculi nasalis* und im *Angulus oculi temporalis* beide Augenlider miteinander.

Das mehrschichtige Plattenepithel der äußeren Haut überzieht die von kleinen zarten Federn bedeckte *Facies cutanea*. An den Lidrändern geht es in die Lidbindehaut, *Tunica conjunctiva palpebrarum*, über und bedeckt die *Facies conjunctivalis*. In den Lidrand sind Falten eingelagert, die den Lidschluß begünstigen. Dieser wird vorwiegend durch das untere Augenlid bewirkt, das durch eine kleine tarsusähnliche Bindegewebsplatte verstärkt ist. Analog zu den Wimperhaaren der Säugetiere können am Lidrand fahnenlose Federschäfte borstenartige Wimpern bilden.

Die bindegewebige Kapsel des Augapfels, *Vagina bulbi*, ist durch das *Spatium episclerale* locker mit der Sklera und nach außen mit der Wand der Orbita verbunden.

Die **Bindehaut** überzieht den Augapfel vom Bindehautsack, *Saccus conjunctivalis*, bis zum *Limbus cornealis*. Ihr verhorntes Plattenepithel enthält beim Huhn viele Becherzellen und ist einer *Lamina propria* aufgelagert. Das Bindehautgewölbe, *Fornices conjunctivae dorsalis et ventralis*, enthält in seiner Propria viele Lymphozyten. Der *M. levator palpebrae dorsalis*, der *M. depressor palpebrae ventralis* und der *M. orbicularis palpebrarum* bilden die mittlere Schicht der Lidbindehaut. Beim Hausgeflügel ist im dorsalen mobilen Augenlid eine tiefe Grube ausgebildet in der häufig Läuse und Flöhe gefunden werden.

Das dritte Augenlid, die **Nickhaut**, ist eine im nasalen Augenwinkel gelegene Duplikatur der Bindehaut. Sie wird durch die Kontraktion des *M. quadratus membranae nictitantis* und des *M. pyramidalis membranae nictitantis* über die Hornhaut gezogen.

Während der M. pyramidalis membranae nictitantis direkt auf die Nickhaut einwirkt, führt die Kontraktion des M. quadratus membranae nictitantis über die Sehne des M. pyramidalis membranae nictitantis, *Tendo m. pyramidalis*, zur Verschiebung der Nickhaut. Der M. quadratus membranae nictitantis bildet eine Sehnenscheide, *Vagina fibrosa tendinis* **(Trochlea)**, aus. Die Sehne des M. pyramidalis membranae nictitantis tritt durch sie hindurch und inseriert am freien ventralen Nickhautrand. Ihr dorsaler Rand ist am Augapfel fixiert. Das dritte Augenlid schützt die Hornhaut während des Fluges vor Austrocknung. Ihre pendelartigen Bewegungen beseitigen Verunreinigungen und verteilen das mukoide Sekret der Nickhautdrüse.

Bei Eulen und Tauchvögeln ist sie weiß und besitzt ein zentrales Fenster. Die Plica marginalis der Nickhaut leitet Flüssigkeit und Detritus aus dem Konjunktivalraum über die in der nasalen Kommissur gelegenen Öffnungen der Tränenkanäle, *Ostia caniculum lacrimales*, ab. Die *Tunica conjunctiva membranae nictitantis* der Eulen und Tauben besitzt an ihrer bulbusseitigen Fläche ein feines „gefiedertes" Epithel.

Die **Nickhautdrüse** oder **Hardersche Drüse**, *Gl. membranae nictitantis*, ist eine große, zungenförmige, tubuläre bzw. tubuloalveoläre Drüse. Sie liegt im nasalen Augenwinkel an der ventralen und kaudomedialen Oberfläche des Augapfels. Ihr mukoides Sekret wird über den *Ductus gl. membranae nictitantis* abgegeben. In das Drüsengewebe sind aus der Bursa Fabricii stammende Plasmazellen eingelagert, die das Auge vor lokalen Infektionen schützen.

Die Tränendrüse, *Gl. lacrimalis*, liegt im temporalen Augenwinkel und ist fest mit dem kaudolateralen Orbitalrand verbunden. Es ist meist ein Ausführungsgang, *Ductus gl. lacrimalis*, ausgebildet, der sich trichterförmig in den Bindehautsack öffnet. Die Tränenflüssigkeit wird durch die Öffnungen der Tränenröhrchen, *Ostia canaliculum lacrimales*, abgeführt. Nach wenigen Millimetern vereinigen sich die beiden **Tränenröhrchen**, *Canaliculi lacrimales*, zum **Tränennasengang**, *Ductus nasolacrimalis*. Letzterer mündet in die Nasenhöhle ein.

Die limitierten Augenbewegungen der Vögel werden durch die starke Mobilität von Kopf und Hals kompensiert. Es sind vier *Mm. recti bulbi* und zwei kürzere *Mm. obliqui bulbi* ausgebildet. Sie werden, wie bereits beschrieben, durch die beiden Nickhautmuskeln, M. quadratus membranae nictitantis und M. pyramidalis membranae nictitantis ergänzt (s. Kap. 3.2.2.1.).

15.2. Gleichgewichts- und Gehörorgan

Das **Ohr**, *Auris*, beherbergt das Gleichgewichts- und Gehörorgan, *Organum vestibulocochleare*. Es ist in einem Gangsystem, dem **häutigen Labyrinth**, *Labyrinthus membranaceus*, lokalisiert. Die Ossa otica der Vögel umgeben den proximalen Abschnitt des äußeren Gehörganges, *Meatus acusticus externus*, das luftgefüllte Mittelohr, *Auris media*, und das komplizierte Gangsystem des Innenohrs, *Auris interna*.

Das äußere Ohr wird durch das Trommelfell, *Membrana tympanica*, vom Mittelohr getrennt und besteht aus dem kurzen äußeren Gehörgang. Die Paukenhöhle, *Cavitas tympanica*, das einzige Gehörknöchelchen, *Columella*, und die mit der Schlundkopfhöhle in Verbindung stehende Hörtrompete, *Tuba auditiva*, charakterisieren das Mittelohr.

Das knöcherne Labyrinth, *Labyrinthus osseus*, beherbergt das Innenohr und wird durch einen die Perilymphe enthaltenden Spalt vom häutigen Labyrinth getrennt. Zu dem mit Endolymphe gefüllten häutigen Labyrinth gehören eine *Pars superior*, der *Utriculus* und eine *Pars inferior*, der *Sacculus*. Der Utriculus bildet drei Bogengänge, *Canales semicirculares ossei*, mit ampullenartigen Erweiterungen, *Ampullae membranaceae*, aus.

In ihnen befindet sich das Gleichgewichtsorgan, *Organum vestibulare*.

15.2.1. Äußeres Ohr

Das äußere Ohr, *Auris externa*, des Hausgeflügels besteht aus dem 12–14 mm langen äußeren Gehörgang, der sich bis zum Trommelfell erstreckt. Sein runder Eingang, *Porus acusticus externus*, wird von einer weißen oder roten Ohrscheibe umgeben. Diese begrenzt eine mit kleinen Federn besetzte Ringfalte. Spezifisch gestaltete Konturfedern, *Pennae auriculares*, schützen den äußeren Gehörgang vieler Spezies (Abb. 2).

Die rostralen, bartlosen Deckfedern, *Tectrices auriculares rostrales*, verhindern, daß das Gehör während des Fluges durch Turbulenzen beeinträchtigt wird. Die *Tectrices auriculares caudales* sind sehr dicht angeordnet und bilden einen engen Trichter. Beim Kondor und Strauß liegt der äußere Gehörgang frei. Bei Tauchvögeln kann er durch die sich überlappenden Konturfedern vollständig geschlossen werden. Die Eulen zeichnen sich durch einige Strukturbesonderheiten des äußeren Ohres aus. Eine postaurikuläre Ohrmuschel, *Operculum auris*, mit Federbesatz, ein präaurikulärer Federschleier und die Verbreiterung des Schädels in der Ohrregion wirken wie ein Schalltrichter. Die Ohrmuschel kann durch Kontraktion von Muskelfasern aufgerichtet werden und so die Lokalisation von Geräuschen unterstützen. Beim Rauhfußkauz liegt die rechte Ohröffnung etwas höher als die linke. Die Asymmetrie ermöglicht eine präzise Ortung der Schallwellen. Der äußere Gehörgang ist mit haarloser, dünner Haut ausgekleidet. In seinem kaudalen Bereich sind die besonders bei Hühnern und Tauben entwickelten Gehörgangsdrüsen, *Glandulae meatus acustici externi*, lokalisiert. Unmittelbar vor dem Trommelfell erhebt sich eine Falte, *Plica cavernosa*.

Das sehr dünne, leicht konvex nach außen gewölbte **Trommelfell**, *Membrana tympanica*, bildet den Boden des äußeren Gehörganges und trennt dieses vom Mittelohr. Beim Huhn ist es länglich oval, bei der Gans oval und bei der Ente fast dreieckig geformt. Der durch elastische Fasern verstärkte Trommelfellrand, *Margo fibroelasticus*, schließt an seinem rostroventralen Abschnitt einen kleinen, mit Luft gefüllten Raum, *Sinus pneumaticus marginalis*, ein. Als Spannmuskel des Trommelfells fungiert der vom N. facialis versorgte *Musculus columellae*. Er ist dem **Musculus stapedius** der Säugetiere homolog, entspringt neben dem Condylus occipitalis und tritt durch das Foramen m. columellae in die Paukenhöhle ein. Zwischen dem kaudalen und dem ventralen Knorpelfortsatz des Gehörknöchelchens inseriert er sehnig am Trommelfellrand. Seine Kontraktion bewirkt eine Stellungsänderung des Gehörknöchelchens und strafft das Trommelfell. So werden Schädigungen des schalleitenden Apparates bei starken Frequenzschwankungen vermieden. Das **Platnersche Band**, *Lig. columellosquamosum*, entspringt am rostralen Knorpelfortsatz der Columella, zieht durch das Mittelohr zum Trommelfell und inseriert an der ventrokaudalen Fläche des Os quadratum.

Das Trommelfell besteht aus der äußeren, dünnen Epidermis, einer zentralen Bindegewebsschicht und der zarten Paukenhöhlenschleimhaut.

15.2.2. Mittelohr

Die trichterförmige **Paukenhöhle**, *Cavitas tympanica*, des Mittelohrs, *Auris media*, kommuniziert mit den pneumatischen Räumen der Schädelknochen und ist durch die ventronasal gelegene Hörtrompete, *Tuba auditiva* oder **Eustachische Röhre**, über das *Ostium tympanicum tubae pharyngotympanicae* mit der Schlundkopfhöhle verbunden.

Die Öffnungen der beiden Hörtrompeten kommunizieren über eine gemeinsame Kammer, *Tuba pharyngotympanica communis*, miteinander. Die Hörtrompete dient dem Druckausgleich zwischen der Paukenhöhle und der Atmosphäre. Sie ist mit einem mehrstufigen Flimmerepithel ausgekleidet. Lateral der Öffnung der Hörtrompete in die Paukenhöhle ist das kleine paratympanische Organ, *Organum paratympanicum* (**Vitalisches Organ**), lokalisiert. Die Paukenhöhle steht mit dem knöchernen Labyrinth des Innenohrs durch das **Vorhoffenster**, *Fenestra vestibularis*, und das **Schneckenfenster**, *Fenestra cochlearis*, in Verbindung. Ein Faserring, *Lig. annulare columellae*, befestigt die Fußplatte des Gehörknöchelchens, *Basis columellae*, am Rand des runden Vorhoffensters. Das bei den Vögeln ovale Schneckenfenster wird durch die *Membrana tympanica secundaria* verschlossen (Abb. 159).

Das stäbchenförmige **Gehörknöchelchen**, *Columella*, erstreckt sich quer durch die Paukenhöhle. Es ist dem **Steigbügel** der Säugetiere homolog und überträgt die Schallwellen vom Trommelfell auf die Perilymphe des Innenohres. Dabei wird das Vorhoffenster leicht nach medial gedrückt. Die Kompression der Perilymphe bewirkt eine Auswärtsbewegung der Schneckenfenstermembran.

Die Columella gliedert sich in zwei Segmente. Das proximale Ende des medialen ossifizierten Schaftes, *Scapus columellae*, verbreitert sich zur runden, das Vorhoffenster verschließenden *Basis columellae*. Das distale Segment wird durch drei knorpelige, miteinander beweglich verbundene Fortsätze, *Cartilago extracolumellaris*, gebildet. In ihrer räumlichen Anordnung ähneln sie einem Dreifuß und werden als *Processus caudalis, ventralis et rostralis* bezeichnet. Sie verankern das Gehörknöchelchen fest mit der Basis und dem Rand des Trommelfells. Die Paukenhöhle ist mit einem einschichtigen, teilweise kubischen Plattenepithel ausgekleidet. Es ist von einer Blut- und Lymphkapillaren enthaltenden Bindegewebsschicht unterlagert.

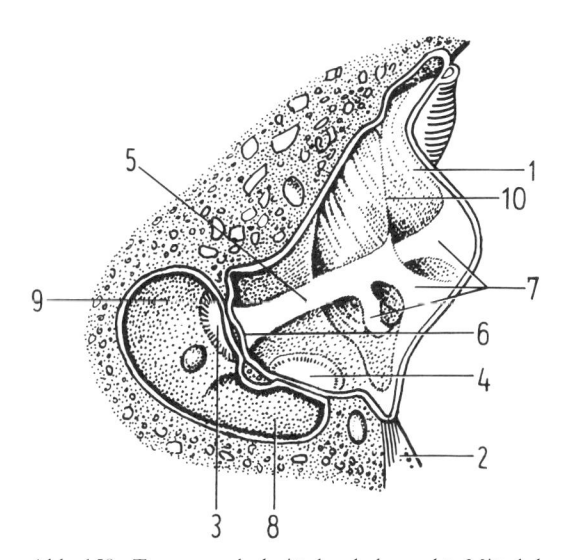

Abb. 159. Transversalschnitt durch das rechte Mittelohr des Hühnchens (nach Pohlmann, 1921).

1 Membrana tympanica
2 Musculus columellae
3 Fenestra vestibularis
4 Fenestra cochlearis et Membrana tympanica secundaria
5 Scapus columellae
6 Basis columellae
7 Cartilago extracolumellaris
8 Scala tympani
9 Vestibulum
10 Lig. columellosquamosum

15.2.3. Innenohr

Das Innenohr, *Auris interna*, setzt sich aus dem dünnwandigen, äußeren, **knöchernen Labyrinth**, *Labyrinthus osseus*, mit dem **Vorhof**, *Vestibulum*, und seiner im *Spatium perilymphaticum* eingelagerten Nachbildung, dem **häutigen Labyrinth**, *Labyrinthus membranaceus*, zusammen. Das mit Endothel ausgekleidete Spatium perilymphaticum enthält die Perilymphe, *Perilympha*. Das häutige Labyrinth ist mit der leicht viskösen Endolymphe, *Endolympha*, ausgefüllt. Beide Lymphräume bleiben durch die Wand des häutigen Labyrinths stets getrennt. Der zentrale Teil des häutigen Labyrinths enthält die größere *Pars superior*, den schlauchförmigen *Utriculus* sowie die kleinere, runde *Pars inferior*, den *Sacculus*. Sie kommunizieren durch den *Ductus utriculosacculus* miteinander, von dem sich ein enger Kanal, *Ductus endolymphaticus*, abzweigt. Letzterer erweitert sich in der Schädelhöhle zwischen den Hirnhäuten zum *Saccus endolymphaticus*.

Funktionell wird der Saccus endolymphaticus als Druckausgleichsventil für den Endolymphraum angesehen.

15.2.3.1. Häutige und knöcherne Bogengänge

Aus taschenartigen Auswüchsen des Utriculus entstehen die drei halbkreisförmigen häutigen Bogengänge, *Ductus semicirculares*, die wiederum von den knöchernen Bogengängen, *Canales semicirculares ossei*, umschlossen werden (Abb. 160). Ihre Ebenen stehen

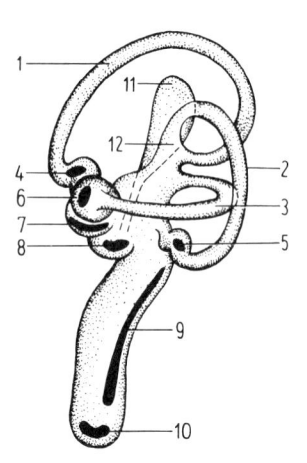

Abb. 160. Lateralansicht des linken Labyrinthus membranaceus (Konturen nach Hodges, 1974).

1 Ductus semicircularis rostralis
2 Ductus semicircularis caudalis
3 Ductus semicircularis horizontalis
4 Ampulla membranacea rostralis et Crista ampullaris
5 Ampulla membranacea caudalis et Crista ampullaris
6 Ampulla membranacea lateralis et Crista ampullaris
7 Utriculus et Macula utriculi
8 Sacculus et Macula sacculi
9 Cochlea et Papilla basilaris
10 Lagena et Macula lagenae
11 Saccus endolymphaticus
12 Crus membranaceum commune

senkrecht aufeinander. Der vertikale Bogengang, *Ductus semicircularis rostralis*, verläuft von rostrolateral nach kaudomedial. Der *Ductus semicircularis caudalis* erstreckt sich von rostromedial nach kaudolateral. Der laterale Bogengang, *Ductus semicircularis horizontalis*, biegt flach nach lateral um. Die lateralen Gänge beider Körperseiten liegen in einer Ebene, während der rostrale der einen Seite die gleiche Raumebene wie der kaudale der Gegenseite einnimmt. Der mediale Schenkel des kaudalen und der kaudale Schenkel des rostralen Bogenganges vereinigen sich zum *Crus membranaceum commune* bzw. *Crus osseum commune*. Die Bogengänge besitzen an einem Ende jeweils eine Ampulle, die entsprechend ihrer Form und Lage als *Ampullae membranaceae rostralis, caudalis et horizontalis* bzw. *Ampullae osseae rostralis, caudalis et horizontalis* bezeichnet werden. Die Ampullen des häutigen Labyrinths springen jeweils als *Crista ampullaris* gegen das Lumen vor und tragen das Neuroepithel, *Neuroepithelium*.

Die Bogengänge des häutigen Labyrinths zeichnen sich durch einen wesentlich geringeren Durchmesser als die knöchernen Kanäle aus und liegen etwas exzentrisch in ihnen. Ihre starke äußere Bindegewebshülle gibt feine Fasern ab. Sie durchziehen die Perilymphräume und heften sich an das Periost der knöchernen Kanäle an.

Das zwischen den Rezeptoren liegende flache kubische Epithel, *Epithelium ductus semicircularis*, liegt einer Basalmembran auf und sezerniert die Endolymphe.

15.2.3.2. Schnecke

Aus dem Sacculus buchtet sich nach ventral die enge, röhrenförmige Schnecke, *Cochlea*, vor. Im Gegensatz zum spiralig gewundenen Hörorgan der Säugetiere ist sie mit 6 mm Länge beim Hausgeflügel relativ kurz und nur leicht gewunden (Abb. 161). Der mit Endolymphe gefüllte Schneckengang, *Ductus cochlearis* s. *Scala media*, ist durch den *Ductus sacculocochlearis* mit dem ventralen Sacculus verbunden. Seine bläschenförmige Erweiterung, *Lagena*, endet blind in der Schneckenspitze, *Apex cochleae*. Der zentrale Schneckengang wird in einem von der knöchernen Schnecke gebildeten rostralen und kaudalen Knorpelschenkel wie in einem Rahmen eingespannt. So entstehen zwei mit Perilymphe gefüllte Räume, die Treppen, *Scalae*. Die Vorhoftreppe, *Scala vestibuli*, wird durch das gefaltete Epithel des Schneckenganges, *Tegmentum vasculosum*, zu einem engen Raum komprimiert. Ihre Perilymphe steht über das Vorhoffenster mit dem Gehörknöchelchen in Verbindung. Am distalen Ende der Vorhoftreppe vergrößert sich der perilymphatische Raum zur *Fossa scalae vestibuli*. Ein schmaler Spalt dorsal des Vorhoffensters wird als *Cisterna scalae vestibuli* bezeichnet. Die gut ausgebildete, große Paukentreppe, *Scala tympani*, grenzt medial an die *Membrana basilaris* des Schneckenganges an. Ihre Perilymphe wölbt die Membran des Schneckenfensters paukenhöhlenwärts. Das Schneckenfenster buchtet die knöcherne Wand der Paukentreppe lateral zum *Recessus scalae tympani* aus. Die Wände der beiden Treppen werden von Periost bzw. einschichtigem Plattenepithel ausgekleidet.

Der *Canalicus perilymphaticus* s. *Aqueductus cochleae* verbindet die Paukentreppe mit dem Subarachnoidalraum der Schädelhöhle. Die beiden Treppen kommunizieren an der Schneckenbasis, *Basis cochleae*, über den *Canalis interscalaris basalis* bzw. den *Canalis interscalaris apicalis* im Bereich der Schneckenspitze miteinander. Letzterer ist dem Schneckenloch, *Helicotrema*, der Säuger homolog.

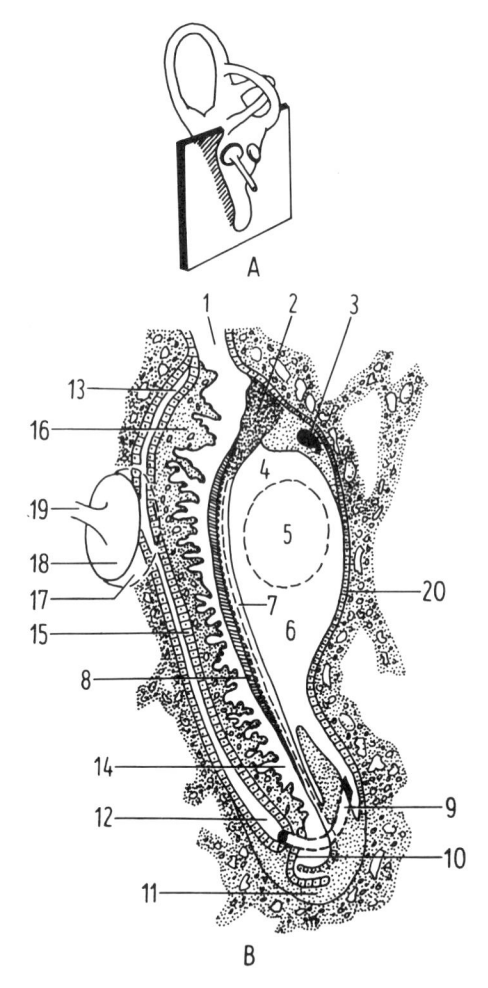

Abb. 161. Schnitt durch die Cochlea der Vögel (nach Evans, 1979). Die Schnittebene ist aus der oberen Abbildung A ersichtlich. Im Vergleich mit der Scala tympani ist die Scala vestibuli der Vögel sehr klein.

1 Ductus sacculocochlearis (reuniens)
2 N. vestibulocochlearis, Pars cochlearis
3 Canalis interscalaris basalis (Ductus brevis)
4 Recessus scalae tympani
5 Fenestra cochlearis
6 Scala tympani
7 Membrana basilaris
8 Neurocpithelium et Membrana tectoria
9 Canalis interscalaris apicalis (Helicotrema)
10 Lagena et Macula lagenae
11 Apex cochleae
12 Scala vestibuli et Fossa scalae vestibuli
13 Cisterna scalae vestibuli
14 Ductus cochlearis s. Scala media
15 Einschichtiges Plattenepithel
16 Tegmentum vasculosum
17 Fenestra vestibularis
18 Basis columellae
19 Columella
20 Periost

15.2.3.3. Gehörgang

Der häutige Schneckengang beherbergt das Gehörorgan, *Organum cochleare*. Seine Wandung besteht aus dem der Vorhoftreppe zugewandten *Tegmentum vasculosum* und der an die Paukentreppe grenzenden *Papilla basilaris* mit der *Membrana basilaris*. Das Tegmentum vasculosum entspringt am rostralen Schenkel des Knorpelrahmens und inseriert unweit der Membrana basilaris am kaudalen Knorpelschenkel. Es ist der **Reissnerschen Membran** der Säugetiere homolog. Ihre dünne Bindegewebsbasis enthält ein dichtes Kapillarnetzwerk, das von einem stark gefalteten Epithel bedeckt wird.

Die Membrana basilaris trägt das spezifisch differenzierte Neuroepithel, *Neuroepithelium*, der Vögel. Ihre kollagenen Fasern sind in eine homogene Grundsubstanz eingebettet. Die kolbenförmigen Hörzellen verteilen sich gleichmäßig zwischen fadenförmigen Stützzellen über die gesamte Membran. Jeder Rezeptor trägt ein **Kinozilium** und bis zu 100 **Stereozilien**, die fest in der *Membrana tectoria* verankert sind. Diese gallertartige Deckbildung überzieht das gesamte Neuroepithel. Rostral geht das Sinnesepithel in die hochprismatischen Hyalin- und Homogenzellen über. Kaudal grenzt es an die hier abgeflachten Hyalinzellen und das Epithel des Tegmentum vasculosum an. Die Hörzellen bilden Synapsen mit den Fasern des *N. cochlearis*. Letztere gehen aus den bipolaren Neuronen des *Ganglion cochleare* hervor und bilden an der Basis der Hörzellen ein feines Nervenfasernetz aus.

Drucksteigerungen in der Vorhoftreppe bewirken ein Ausweichen des Tegmentum vasculosum in den Endolymphraum des Schneckenganges. Als adäquater Reiz der Hörzellen werden Endolymphbewegungen auf die Membrana tectoria sowie die Membrana basilaris angesehen. Die Hörsensibilität der Vögel umfaßt den Frequenzbereich zwischen 1000 und 6000 Hz.

15.2.3.4. Gleichgewichtsorgan

Integrierte Bestandteile des Gleichgewichtsorganes, *Organum vestibulare*, sind der Utriculus mit den Ampullen der Bogengänge, der Sacculus und der distale Abschnitt der häutigen Schnecke, die Lagena.

Am Boden des Utriculus findet sich beim Vogel ein kleines sensorisches Gebiet, *Crista* oder *Papilla neglecta*. Die in Gruppen angeordneten Rezeptoren liegen als Sinnesstellen in den Gängen des häutigen Labyrinths und werden als *Cristae ampullares* bzw. *Maculae utriculi, sacculi et lagenae* bezeichnet.

Die Maculae bestehen aus einem Sinnes- und Stützzellen tragenden Neuroepithel. Sie werden von mineralisierten Gebilden bedeckt. Diese sind als **Statolithen**, *Statoconia*, bzw. Statolithenmembran ausgebildet. Jede Sinnes- oder **Haarzelle** trägt ein Kinozilium und einen Büschel von 50 Stereozilien. Ihre Haarschöpfe senken sich in eine aufgelockerte Gallertschicht, *Membrana statoconiorum*, ein. Efferente Fasern des *N. vestibularis* versorgen die Sinneszellen basal. Sie gehen von den bipolaren Neuronen des *Ganglion vestibulare* aus und ziehen zu den Nuclei nervi vestibuli im verlängerten Mark. Die Statolithen unterliegen der Schwerkraft und reizen über die Sinneshaare die Haarzellen. Da die Kalziumkristalle eine größere Dichte als die Endolymphe haben, kann die Statolithenmembran über die Sinneshaare der Maculae hinweggleiten.

Das zilientragende Neuroepithel der Cristae ampullares ist in eine Gallertmasse, *Cupula*, eingebettet. Sie wird von den apikalen Abschnitten der Stützzellen sezerniert. Die Stereozilien der Haarzellen dringen durch feine Kanälchen in die Gallertschicht ein. Eine Statolithenmembran ist nicht ausgebildet. Die Haarzellen werden von feinen Fasern des im Ganglion vestibulare umgeschalteten N. vestibularis umsponnen. Drehbewegungen des Kopfes bewirken eine Verlagerung der Gallertmasse und Reizung der Haarzellen. Die Endolymphe bleibt, bedingt durch ihre Trägheit in dem in der Bewegungsebene gelegenen Bogengang, hinter der Bewegung zurück. Die Statokonien sind für die Schwerkraftorientierung verantwortlich. Der adäquate Reiz sind Scherkräfte, die ihre Verlagerung bedingen. Die *Ampullae membranaceae rostralis et caudalis* besitzen Cristae ampullares, deren Kamm eine horizontale Sekundärfalte, *Septum cruciatum*, trägt. Sie zeichnen sich durch ein nichtsensorisches aus kubischen Zellen gebildetes Epithel aus. Die Cristae ampullares der Taube umgibt eine halbmondförmige Zone, *Planum semilunatum*. Der *Ductus semicircularis horizontalis* besitzt kein Septum cruciatum und nur ein Planum semilunatum.

15.3. Geruchsorgan

Das Geruchsorgan, *Organum olfactorium*, des Hausgeflügels ist im Vergleich zu dem der makrosmatischen Säugetiere gering entwickelt. Die Riechrezeptoren sind in einem kleinen Gebiet der Nasenschleimhaut, *Tunica mucosa nasi*, lokalisiert. Es wird als Riechregion, *Regio olfactoria*, bezeichnet. Sie umfaßt den in der kaudalen Nasenmuschel, *Concha nasalis caudalis*, gelegenen **Riechhügel**, sowie den kaudalen Abschnitt der Nasenscheidewand. Tauben fehlt die kaudale Nasenmuschel. Ihre Oberfläche ist bei makrosmatischen Geierarten und dem Kiwi durch Einrollungen und transversale Falten stark vergrößert. Das embryonal angelegte **Jacobsonsche Organ** ist bei adulten Vögeln nicht mehr auffindbar.

Das Riechepithel besteht aus den hochprismatischen Riechzellen und ihren Stützzellen. Sie sitzen auf einer einschichtigen Basalzellschicht. In der Propria liegen tubulöse Drüsen, die ihr seröses Sekret an die Oberfläche abgeben. Es dient dem Wegspülen und der Lösung der Geruchsstoffe. Modifizierte bipolare Neuronen bilden das Neuroepithel, *Neuroepithelium*. Ihr apikaler Fortsatz, der **Riechkegel**, trägt 6 bis 10 feine der Reizaufnahme dienende **Riechhärchen**. Sie sind in einem Flüssigkeitsfilm eingeschlossen und bilden mit den Mikrovilli der Stützzellen den **olfaktorischen Saum**. Die marklosen Axone der Riechzellen lagern sich distal der Basalzellen zum *N. olfactorius* zusammen.

Das olfaktorische System ist bei Sperlingsvögeln und Papageien kaum entwickelt. Hühner, Gänse und Watvögel verfügen über ein mittelgradig, Kiwi, Albatros und Sturmvogel dagegen über ein sehr gut ausgebildetes Geruchsorgan. Vielfach wird den Geiern ein gutes Geruchsvermögen nachgesagt. Das trifft jedoch nur für die Neuweltgeier zu.

15.4. Geschmacksorgan

In der Vergangenheit wurde angenommen, daß das Geschmacksorgan, *Organum gustatorium*, der Vögel sehr gering entwickelt ist. Zahlreiche neuere Arbeiten zeigten jedoch, daß die Anzahl der Geschmacksknospen, *Gemma gustatoria*, für die Geschmackswahrnehmung nicht allein ausschlaggebend ist. Auch taktile, thermische und teilweise olfaktorische Reize sind an ihr beteiligt. Das Huhn besitzt 25, die Ente etwa 500 und der Mensch bis zu 1000 Geschmacksknospen. Sie liegen beim Hausgeflügel an der Zungenbasis.

Bei der Hausente befinden sie sich in der verhornten, drüsenreichen Schleimhaut der Schnabelhöhle und des Rachens.

In der Nähe der Chemorezeptoren sind häufig die Mündungen seröser Drüsen lokalisiert, die die Geschmacksstoffe rasch wegspülen können. Die Sinneszellen tragen an ihrer freien Oberfläche **Geschmacksstiftchen**, die elektronenoptisch in Büschel von Mikrovilli auflösbar sind. Zwischen den Rezeptoren sind bis an die Oberfläche reichende Stützzellen eingelagert.

Durch die zwiebelschalenartige Anordnung der Sinnes- und Stützzellen entsteht an der Oberfläche der ovoiden Geschmacksknospen eine grubenartige Vertiefung, *Porus gustatorius*. Äste des N. glossopharyngeus, N. facialis und auch des N. vagus versorgen die Geschmacksknospen.

15.5. Akzessorische Sinnesorgane

Bei den Vögeln finden sich Dendriten sensibler Neuronen auch ohne Kontakt zu spezifisch ausgebildeten Zellen als freie Nervenendigungen in der Epidermis oder eingekapselte Sinneskörperchen im Gewebe.

Sie werden als akzessorische Sinnesorgane, *Organa sensoria accessoria*, bezeichnet. Zu ihnen gehören Schmerz-, Temperatur- und Tastrezeptoren sowie Organe der Tiefensensibilität.

15.5.1. Organe der Oberflächensensibilität

Marklose sensible Nervenfasern in der Epidermis, im Interstitium der Organe, im Periost, der Serosa, der Pia mater, in Federbälgen und Federpapillen werden als freie Nervenendigungen, *Terminationes nervosae liberae*, bezeichnet. Sie enden in Form von Endbäumchen oder -knäueln.

Corpuscula nervosa capsulata sind abgekapselte, sensible Endkörperchen, die aus einem Neurofibrillengeflecht gebildet werden.

Kolbenförmige Endigungen einzelner Nervenfasern in der Epidermis werden als Kälterezeptoren angesehen. Übergangsformen zwischen Mechano- und Thermorezeptoren kommen vor.

Sensible Nervenfasern können in den basalen Epidermislagen mit Endorganen ausgestattet sein. Die einfachste Form sind die **Merkelschen Tastkörperchen**, *Meniscus tactus*. Sie gehören zu den kapselfreien Nervenendkörperchen, *Corpuscula nervosa acapsulata*. Ihre Tastzellen bilden scheiben- oder becherförmige Synapsen mit den Nervenfasern. Sie finden sich in den tieferen Schichten der Epidermis oder in den oberen Lagen des Coriums.

Zu den komplizierter gebauten, kapseltragenden Nervenendapparaten zählt das Lamellenkörperchen oder **Herbstsches Körperchen**, *Corpusculum lamellosum avium*. Sein Innenraum wird von konzentrisch geschichteten Bindegewebslamellen ausgefüllt. Im Zentrum liegt der Achsenzylinder des zuführenden Nervs.

Gemeinsam mit den sehr dicht gelagerten zentralen Bindegewebslamellen bildet er den Innenkolben. Der Außenkolben setzt sich aus mit dem Endoneurium der Nervenfaser verbundenen Bindegewebslamellen zusammen. Die interlamellären Spalträume sind mit einer eiweißhaltigen Flüssigkeit gefüllt.

Die Herbstschen Körperchen finden sich an den Schnabelrändern bei Ente und Gans. An den Bälgen der Konturfedern kontrollieren sie die Anordnung des Gefieders. Zwischen den Unterarmmuskeln können sie die Vibration der Flügel und damit das Vorbeiströmen der Luft perzipieren.

In der Nachbarschaft der Herbstschen Körperchen sind die nur bei den Vögeln auftretenden **Grandryschen Körperchen**, *Corpuscula bicellulares*, lokalisiert. Zwei bis zwölf Spezialzellen schließen eine scheibenförmige Nervenendigung ein. Schwannsche Zellen bilden um sie eine gliöse Kapsel.

Bei den Gänseartigen sind Herbst- und Grandrysche Körperchen an der Spitze von Ober- und Unterschnabel zum **Schnabelspitzenorgan** zusammengelagert.

15.5.2. Organe der Tiefensensibilität

Eine Sonderform der eingekapselten Sinnesorgane sind die **Muskel- und Sehnenspindeln** der quergestreiften Muskulatur. Sie gehören zum **Eigenreflexapparat** und vermitteln propriozeptive Reize. Die Muskelspindeln bestehen aus 3 bis 6 modifizierten Muskelfasern mit stark reduzierter zentraler Querstreifung.

Ein schmaler Lymphspalt trennt die intrafusalen Muskelfasern von der bindegewebigen äußeren Kapsel. Der nichtkontraktile zentrale Muskelspindelbereich wird von einer starken sensiblen Nervenfaser umsponnen. Daneben sind meist 1 bis 2 schwächere sensorische Faserendigungen vorhanden. Dünne motorische Axone innervieren die quergestreiften Endabschnitte.

Die Muskelspindeln perzipieren die Längenänderung des Muskels. Die einfach gebauten Sehnenspindeln liegen am Übergang des Muskels in seine Sehne. Ihre kollagenen Fasern schließen eine Bindegewebskapsel ein, die von einem feinen Nerverfasernetz bedeckt ist. Die Sehnenspindeln werden erst bei extremer Dehnung der Sehne aktiviert. Sie hemmen die motorischen Neuronen im Rückenmark und schützen die Sehnen vor Abriß.

16. Äußere Haut und ihre Anhangsgebilde

16.1. Äußere Haut

Die äußere Haut, *Integumentum proprium*, ist bei den Vögeln im allgemeinen wesentlich dünner als bei den Säugern. Sie ist nur relativ locker an der Muskulatur, aber sehr intensiv an verschiedenen Skelettabschnitten, besonders an denen der Hand und des Fußes befestigt. Die Haut gliedert sich in zwei Hauptschichten, die **Oberhaut**, *Epidermis*, und die **Lederhaut**, *Dermis* s. *Corium* (Abb. 162).

Die **Epidermis** setzt sich aus einer tiefen Lage lebender und einer oberflächlichen Lage verhornter, toter Zellen zusammen. Die lebenden Zellen bilden das *Stratum germinativum* und sind in drei Schichten angeordnet. Von diesen liegt das *Stratum basale* der Dermis auf und produziert ständig neue Zellen, die in Richtung Hautoberfläche geschoben werden, wo sie die abgeschilferten Zellen ersetzen.

Das folgende *Stratum intermedium* besteht aus großen polygonalen Zellen und ist dem Stratum spinosum der Säuger homolog. Dem Verbund der Zellen untereinander dienen **Desmosomen**.

In der dritten Schicht, dem *Stratum transitivum*, sind die abgeflachten Zellen schon weitgehend verhornt.

Auf die drei lebenden Zellschichten der Epidermis folgt die **Hornzellschicht**, *Stratum corneum*. Sie übernimmt die Barrierefunktionen zwischen Körper und Umwelt zum Schutz vor physikalischen und chemischen Reizen sowie Infektionserregern. An Stellen starker mechanischer Belastung, wie den Zehenballen und dem Schnabel, ist die Hornzellschicht besonders dick. An befiederten Körperpartien hingegen ist die gesamte Epidermis nur etwa zehn Zellschichten stark.

Zwischen Oberhaut und Lederhaut ist eine *Membrana basalis* gelegen. Diese besteht nach elektronenmikroskopischen Befunden aus mindestens zwei Schichten und einem Spaltraum. Zur Abgrenzung gegen die klassische histologische Basalmembran wird sie auch als **dermo-epidermale Grenze** oder **Dermalmembran** bezeichnet.

Die **Lederhaut** der Vögel ist im Vergleich mit der Säugetierlederhaut dünn und weist einen von dieser abweichenden Bau auf. Das an die Membrana basalis grenzende *Stratum superficiale* ist eine lockere Bindegewebslage von regional unterschiedlicher Dicke. Wenn diese Schicht reich an Kapillarsinus ist, zeichnet sich die Haut durch eine kräftig rote Farbe aus. Dies ist z. B. am Kamm, an den Kehl- und den Ohrlappen der Fall.

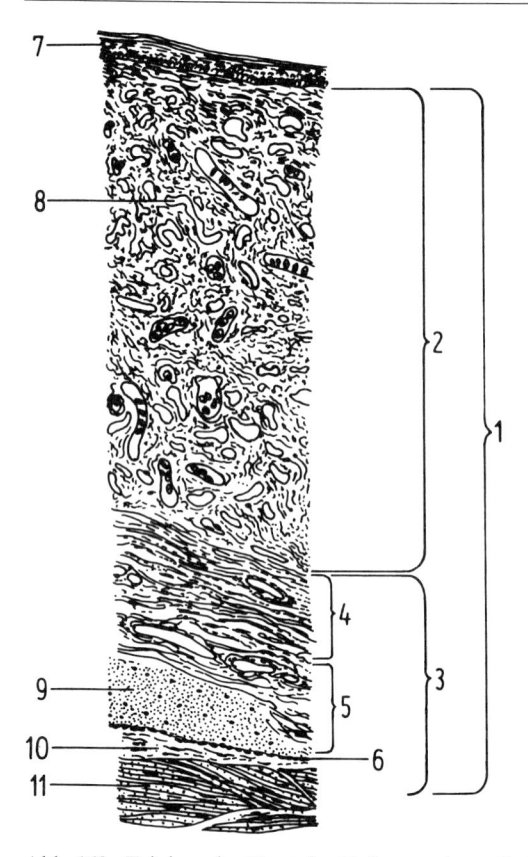

Abb. 162. Feinbau der Haut des Huhnes, schematisch (nach Lucas, 1979).

1 Dermis	5 Stratum laxum	9 M. apterialis
2 Stratum superficiale	6 Lamina elastica	10 Tela subcutanea
3 Stratum profundum	7 Epidermis	11 M. striatus
4 Stratum compactum	8 Sinus capillaris	

Das *Stratum profundum* gliedert sich in ein *Stratum compactum* und ein *Stratum laxum*. Das Stratum compactum ist eine dichte Bindegewebslage. Das Stratum laxum enthält glatte Muskulatur in Gestalt der *Mm. apteriales et pennales*. Die apterialen und die Federmuskeln sind miteinander durch elastische Faserbündel verknüpft.

Sowohl in der Epidermis als auch in der Dermis sind freie und spezialisierte afferente Nervenendigungen gelegen. Die **Unterhaut**, *Tela subcutanea*, besteht aus zwei Schichten. Die *Fascia superficialis* wird vorwiegend aus lockerem Bindegewebe gebildet. Sie enthält Fett, welches sowohl in Schichten als auch in Gestalt von regionalen **Fettkörpern**, *Corpora adiposa*, angeordnet sein kann. Die Fettkörper sind durch Faszien an der darunter liegenden Muskulatur befestigt. Bei Wasservögeln und bei verschiedenen Sperlingsvogelarten zur Zeit der Wanderung enthält die Unterhaut besonders reichlich Fett.

In der als *Fascia profunda* bezeichneten dichten Bindegewebsschicht der Unterhaut liegen quergestreifte *Mm. subcutanei*. Diese sind am Skelett oder an der Muskulatur befestigt und regulieren die Hautspannung.

Beim Huhn und beim Truthuhn entwickelt sich ab vierter Lebenswoche in der Haut am Kranialende der Carina sterni ein Schleimbeutel, die *Bursa sternalis*. Eine Vergrößerung des Schleimbeutels wird als „Brustblase" bezeichnet, die sich sekundär infizieren kann. Eine Käfighaltung der Tiere begünstigt die Entstehung solcher Blasen.

Als **Brutfleck**, *Area incubationis*, wird eine Hautregion an der Unterbrust bezeichnet, die sich bei den meisten Vogelarten in der Brutperiode entwickelt. An dieser Stelle verdickt sich die Lederhaut, wird stark vaskularisiert und verliert die Federn.

Diese Modifikationen begünstigen den Übergang der Körperwärme auf das Gelege. Bei der Taube und den meisten Sperlingsvögeln wird ein medianer Brutfleck ausgebildet. Bei den Möwen sind ein medianer und zwei laterale Brutflecken vorhanden. Bei einigen Arten, z. B. bei der Taube, treten Brutflecken bei beiden Geschlechtern auf. Bei anderen, z. B. den Kranichvögeln und den Steißhühnern, sind sie auf die männlichen Tiere beschränkt. Ausschließlich bei weiblichen Tieren treten Brutflecken bei den meisten Hühnervögeln, den Greifvögeln und einigen Sperlingsvögeln auf. Enten und Gänse bilden keine Brutflecken aus. Sie wärmen ihr Gelege, indem sie es im Nest mit aus der Brust gezupften Dunenfedern bedecken.

16.2. Anhangsgebilde der Haut

Der **Kamm**, *Crista carnosa*, ist eine beim erwachsenen Huhn in beiden Geschlechtern auftretende vertikale Hautduplikatur über dem Stirnbein. Er ist stark vaskularisiert und von leuchtend roter Farbe. Beim adulten Hahn bleibt er lebenslang präsent, während er sich bei weiblichen Individuen nach Einstellen der Legetätigkeit zurückbildet. Seine Gestalt ist sehr variabel. Am sog. **einfachen Kamm** des Weißen Leghorns erhebt sich über der Kammbasis ein Körper, der gewöhnlich fünf konisch geformte Spitzen trägt. Nach kaudal ist der Körper durch ein steuerruderförmiges Blatt verlängert (Abb. 2). Die Epidermis des Kammes ist dünn. Das Stratum superficiale der Dermis enthält reichlich Kapillarsinus, welche die Farbe des Kammes bestimmen. Das Stratum profundum wird durch eine Lage sogenannten **reifen Gallertgewebes** dargestellt, das dem Kamm seinen Turgor verleiht. Median weist der Kamm eine dichte Bindegewebslage auf, in die sich von der Kammbasis her subkutanes Bindegewebe und Fett einschieben können. Die mediane Bindegewebslage ist reich an verhältnismäßig großen Blutgefäßen (Abb. 163).

Die **Kehllappen**, *Paleae* (Abb. 2), sind Hautduplikaturen, die ventral an den Unterkieferästen der Hühner befestigt sind. Mit zunehmendem Alter vergrößern sich die Kehllappen. Ihre histologische Struktur ähnelt der des Kammes.

Als **Rictus** wird ein dreieckiges Hautfeld in der Umgebung der Mundwinkel bezeichnet. Er besteht beim Huhn aus einer Pars maxillaris und einer Pars mandibularis, die rostral an die maxillare und mandibulare Rhamphotheca grenzen (Abb. 2). Bei einigen Spezies ist er leuchtend rot gefärbt. Die Ricti sind ein Analogon der Lippen der Säugetiere. Im histologischen Aufbau ähneln sie dem Kamm und den Kehllappen.

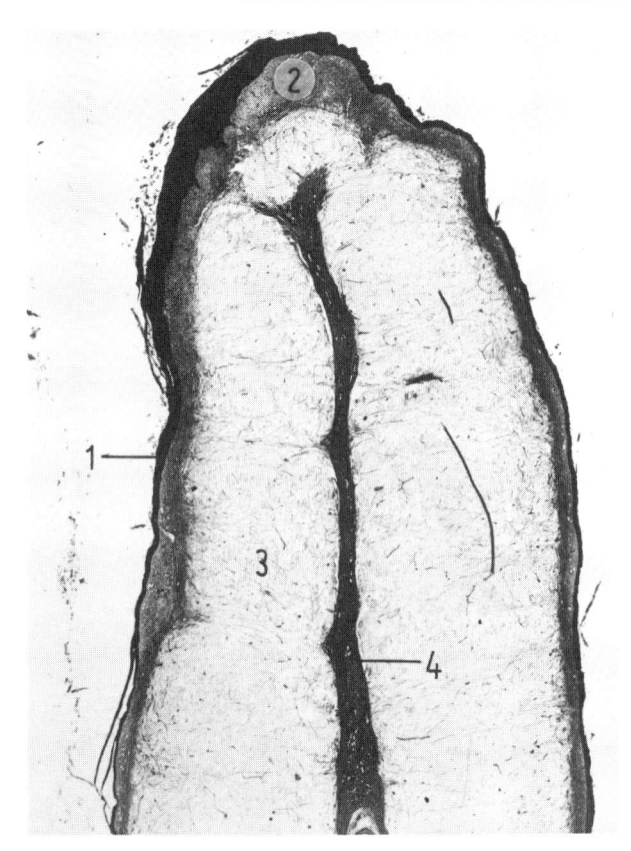

Abb. 163. Schnitt durch den Kamm des Huhnes, H.-E.-Färbung, ca. 12fache Vergr. (Foto: Prof. Dr. G. Michel, Leipzig).

1 Epidermis
2 Stratum superficiale der Dermis
3 Stratum profundum der Dermis (Gallertgewebe)
4 mediane Bindegewebslage

Die **Ohrlappen** oder **Wangenlappen**, *Lobi auriculares*, sind Hautfelder ventral der äußeren Ohröffnungen des Huhnes. Sie haben eine weiße bis rote Färbung (Abb. 2 und 48).

Ein **Stirnzapfen**, *Processus frontalis*, tritt beim Truthuhn auf. Er ist eine dorsal zwischen Nasenlöchern und Augen gelegene, warzenartige Bildung, die auch glatte Muskelfaserzüge enthält. Farbe und Turgor des Stirnzapfens sowie seine Länge sind abhängig vom Erregungszustand des Tieres. Erektiles Gewebe ist nicht nachweisbar. Seine Verlängerung bis zu 10 cm wird durch die zirkulär und längs orientierte Muskulatur bewirkt. Bei der Verlängerung verdickt sich der Stirnzapfen nicht sondern wird eher etwas dünner.

Beim Truthuhn treten am Kopf und im kranialen Halsbereich warzenähnliche Gebilde, *Carunculae cutaneae*, auf, die eine dem Stirnzapfen ähnliche Struktur haben. Ihre Fähigkeit zu Größenveränderungen ist allerdings geringer.

16.3. Horngebilde der Haut

Der **Hornschnabel** ist eine durch starke Verhornung entstandene Bildung der Epidermis. Die Hornscheiden der Ober- und Unterkieferknochen sind die *Rhamphothecae*. Die maxillare Rhamphotheca wird auch als *Rhinotheca*, die mandibuläre als *Gnathotheca* bezeichnet (Abb. 48).

Die dorsale Kontur des Oberschnabels trägt die Bezeichnung **Firste** oder *Culmen*. Die Biegung des Culmen variiert spezesabhängig in erheblichem Maße. Das ventromediane Profil der mandibulären Rhamphotheca wird als **Dille** oder *Gonys* bezeichnet. Die schneidenden Ränder der Hornscheiden sind das *Tomium maxillare* und das *Tomium mandibulare*. Der Bogen des mandibulären Tomium ist enger als der des maxillaren und liegt bei geschlossenem Schnabel innerhalb des letzteren. Bei Ente und Gans weisen die Schnabelränder senkrecht zur Schnabelkante stehende Hornlamellen auf, welche bei geschlossenem Schnabel die beim Gründeln mit dem Wasser aufgenommenen Nahrungsteile zurückhalten. Die Form des Schnabels ist im übrigen abhängig von der Art der Nahrung und der Nahrungsaufnahme. Beim Huhn ist der Oberschnabel gebogen und zugespitzt. Er überragt den Unterschnabel. Die Taube hat einen etwas keilförmigen Schnabel, dessen Länge rasseabhängig variiert. Bei Ente und Gans ist die Schnabelspitze löffelförmig verbreitert und weist eine harte Hornplatte, den „Nagel", auf. Die Firste ist je nach Rasse gerade oder leicht durchgebogen. Die Farbe der Schnäbel ist beim Hausgeflügel sehr verschieden. Neben gelben gibt es rotgelbe, rosa, blaue, graue, braune oder schwarze Schnäbel mit vielfältigen Nuancierungen. Der Schnabel des schlupfreifen Kükens weist in der Nähe seiner Spitze eine kegelförmige Bildung aus hartem Horn, den sogenannten **„Eizahn"** auf, der das Zerbrechen der Eischale erleichtert. Kurz nach dem Schlüpfen geht diese Bildung verloren.

Im Hornschnabel finden sich an den okklusialen Rändern zahlreiche sensible **Nervenendigungen** der *Nn. ophthalmicus et maxillaris* (Herbstsche und Grandrysche Körperchen). Die Rami rostri des N. ophthalmicus erreichen die Spitze des Oberschnabels, was beim **Schnabelkürzen** zur Vorbeugung des Federpickens zu beachten ist.

Die **Krallen**, *Ungues*, umschließen die Endphalangen der Zehen (Abb. 164). Die obere Fläche der Kralle, *Scutum dorsale*, besteht aus stärker keratinisiertem Horn als die Krallensohle, *Scutum plantare*. Durch das schnellere Wachstum der Dorsalfläche entsteht die Biegung der Kralle, die beim **Scharrfuß** der Hühner weniger stark ausgeprägt ist als etwa bei Greifvögeln, kletternden Arten und auf Ästen sitzenden Vögeln. An den Fingern der Vordergliedmaßen fehlen die Krallen bei den meisten Vogelarten. Kasuare, Kiwis und Emus weisen eine Kralle am zweiten Finger auf. Nandus tragen Krallen am zweiten, bisweilen auch am dritten, Strauße an allen drei Fingern. Beim *Archaeopteryx* trugen alle drei Finger große Krallen.

Die **Schuppen**, *Scuta*, sind epidermale Verdickungen an der als *Podotheca* bezeichneten, nicht befiederten Haut des Vogelfußes (Abb. 164). Sie sind gegeneinander durch weniger stark verhornte Epidermisfalten abgegrenzt. An der Dorsal- und der Plantarfläche des Tarsometatarsus sowie dorsal an den Zehen sind die Schuppen größer als an den Seitenflächen. Die kleineren Schuppen werden als *Scutella* bezeichnet. Von den Schuppen der Reptilien und Fische unterscheiden sie sich dadurch, daß sie weder in einer Hauttasche versenkt sind noch sich gegenseitig überlappen.

Der **Metatarsalsporn**, *Calcar metatarsale*, ist ein bei den meisten Phasianidae, einschließlich des Haushuhnes und des Truthuhnes, vorhandener, kaudomedial gerich-

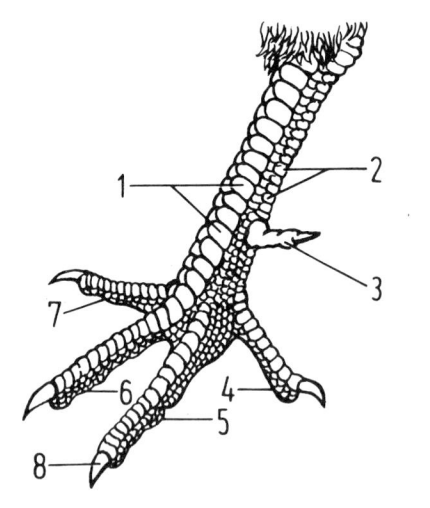

Abb. 164. Rechter Fuß des Hahnes, Schuppen auf der Podotheca.

1 Scuta	3 Calcar metatarsale	8 Unguis
2 Scutella	4–7 Digiti pedis I–IV	

teter Fortsatz am distalen Tarsometatarsusdrittel. Er besteht aus einem knöchernen Zapfen, der von einer Hornscheide umschlossen wird (Abb. 4, 5 und 164). Die knöcherne Basis des Sporns entwickelt sich ab sechstem Lebensmonat als zunächst isolierter Knochen, der erst später mit dem Tarsometatarsus verschmilzt. Bei männlichen Tieren ist er stark, bei weiblichen nur schwach entwickelt. Der Sporn des Hahnes wächst pro Jahr etwa 1 cm und erreicht eine Maximallänge von etwa 6 cm. Die Länge des Sporns kann somit zur **Altersbestimmung** genutzt werden.

16.4. Hautdrüsen

Echte Hautdrüsen sind bei den Vögeln nur in Gestalt der **Bürzeldrüse**, *Glandula uropygialis*, der Drüsen im äußeren Gehörgang, *Glandulae auriculares*, und der **Afterdrüsen**, *Glandulae venti*, ausgebildet.

Die **Bürzeldrüse** ist bei den meisten Vogelarten vorhanden und beim Wassergeflügel von besonderer Größe. Sie fehlt u. a. beim Strauß, beim Emu sowie bei vielen Tauben- und Papageienarten. Die Drüse besteht aus zwei symmetrisch in der Nähe der Schwanzspitze (Abb. 31 und 41) liegenden Lappen, *Lobi glandulae uropygialis*, die durch ein *Septum interlobare* getrennt und von einer Bindegewebskapsel eingehüllt werden (Abb. 165). Jeder, beim Huhn erbsengroße, Lappen hat einen Ausführungsgang. Beide Gänge enden gemeinsam auf einer median gelegenen Papille, der sogenannten **Bürzelzitze**, *Papilla uropygialis*. Diese ist von einem Kranz kleiner Federn, dem „Bürzeldocht", gesäumt, die mit dem Drüsensekret durchtränkt werden. Die Bürzeldrüse sondert

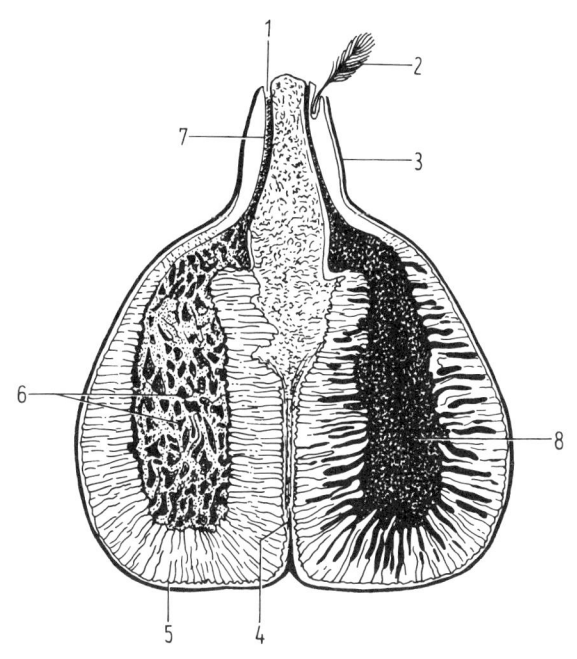

Abb. 165. Schnitt duch die Bürzeldrüse des Huhnes (nach Lucas, 1979).

1 Porus ductus uropygialis
2 Feder des Bürzeldochtes
3 Papilla uropygialis
4 Septum interlobare
5 Capsula glandulae uropygialis
6 Trabekel
7 Ductus glandulae uropygialis
8 Hohlraum des Lobus glandulae uropygialis

ein holokrin gebildetes, öliges Sekret ab. Dieses wird vom Vogel mit dem Schnabel an der Bürzelzitze aufgenommen und über das Gefieder verteilt. Es dient dazu, die Federn sowie den Schnabel und die Schuppen wasserabweisend und geschmeidig zu halten. Überdies soll die Drüse auch Speicherorgan für Vitamin D sein, welches beim Putzen des Gefieders oral aufgenommen würde.

Die Drüsen im äußeren Gehörgang geben ein wachsartiges Sekret ab, das reich an abgestoßenen Zellen ist. Das Sekret der Afterdrüsen ist mukös.

Im übrigen konnte gezeigt werden, daß die Epidermiszellen in ihrer Gesamtheit wie eine große Hautdrüse funktionieren, indem sie, wie die Bürzeldrüse, lipoide Substanzen freisetzen.

16.5. Federn

Die Federn, *Pennae*, stellen das kennzeichnende Merkmal der Vögel dar. Sie sind epidermalen Ursprungs und wahrscheinlich den Schuppen der Reptilien homolog. Die Federn ermöglichen den Vögeln das Fliegen und fungieren als wirksame Isolationshülle des Körpers. Nach Bau, Anordnung und Funktion lassen sie sich einteilen in:

— Konturfedern, Pennae conturae,
— echte Dunen, Plumae,
— Halbdunen, Semiplumae,
— Fadenfedern, Filoplumae,
— Borstenfedern, Setae,
— Nebenfedern, Hypopennae,
— Puderfedern, Pulviplumae.

Die **Konturfedern** bilden als auffälligste Federart das die Körperoberfläche bedeckende und den typischen Körperumriß formende **Federkleid**. Sie sind in kraniokaudaler Richtung angeordnet und dachziegelartig übereinandergeschoben. Als **Körperfedern**, *Pennae conturae generales*, sind sie der Hauptbestandteil des Federkleides, während die **Schwungfedern** des Hand- und des Armfittichs, *Remiges*, die **Steuerfedern** des Schwanzes, *Rectrices*, und die **Deckfedern**, *Tectrices*, über der Basis der Schwung- und Steuerfedern gemeinsam die **Flugfedern** darstellen (Abb. 166, 174 und 175).

An der Feder sind der **Federkiel**, *Scapus*, bestehend aus der im Federfollikel eingebetteten **Spule**, *Calamus*, und dem **Federschaft**, *Rachis*, sowie den **Federfahnen**, *Vexilla*, zu unterscheiden (Abb. 167).

Die Spule ist eine kurze Röhre mit bei den Konturfedern ovalem Querschnitt. An der Spulenspitze befindet sich eine Öffnung, der **untere Nabel**, *Umbilicus inferior* s. *proximalis*, durch den sich die Lederhautpapille in die Spule wölbt. Von den epidermalen Zellen auf der Lederhautpapille ausgehend, erfolgt nach der **Mauser** die Bildung einer neuen Feder. Die Spule der noch wachsenden Feder ist mit **Federmark**, einem lockeren mesodermalen Netzwerk mit axial verlaufender Arterie und Vene, ausgefüllt. Im Verlaufe der Federreifung degenerieren die Blutgefäße und das Mark wird in distoproximaler Richtung resorbiert. Nach Abschluß der Resorption verbleiben in der ansonsten hohlen

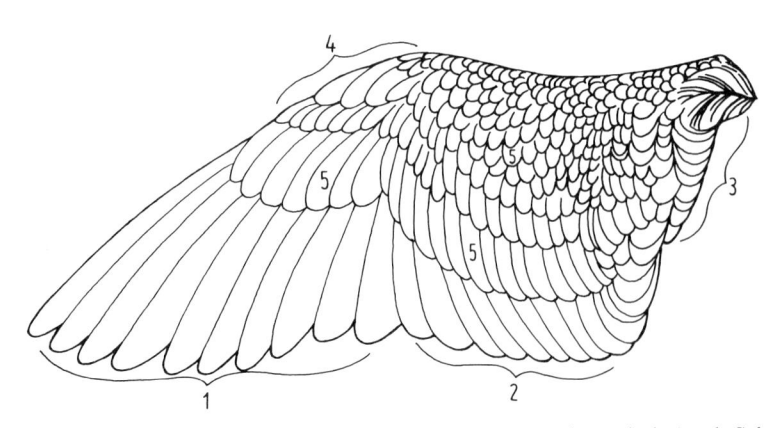

Abb. 166. Ausgebreiteter linker Flügel, Dorsalansicht, schematisch (nach Schummer, 1973).
1 Handfittich mit Handschwingen
2 Armfittich mit Armschwingen
3 Schulterfittich
4 Eckfittich
5 Deckfedern

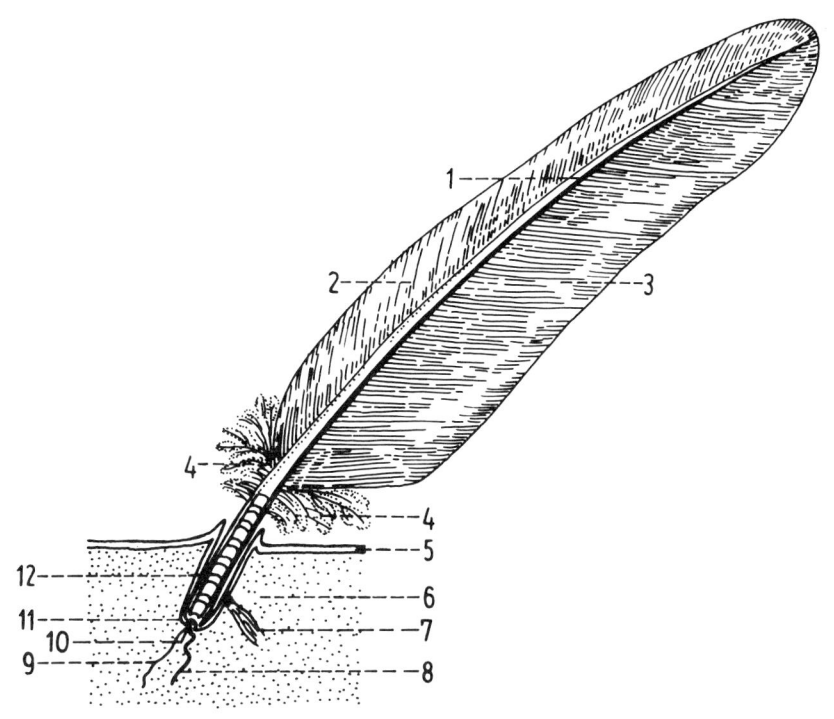

Abb. 167. Deckfeder im Federfollikel (geändert nach Schwarze und Schröder, 1985).

1 Federschaft
2 Außenfahne, Vexillum externum
3 Innenfahne, Vexillum internum
4 Dunenstrahlen, Pars plumacea der Federfahne
5 Epidermis
6 Lederhaut
7 Federmuskel
8 Blutgefäß
9 Nerv
10 Lederhautpapille
11 Epidermalkragen
12 Spule, Calamus

Spule eine Anzahl von kappenartigen epidermalen Scheidewänden, die **Markkappen**, *Galeri pulposi*, welche den Hohlraum in Kammern gliedern. Der gekammerte Hohlraum der Spule wird als **Federseele** bezeichnet.

Der **Federschaft** ist die distale Fortsetzung der Spule. An der Unterseite des Schaftes verläuft eine flache Rinne, *Sulcus ventralis*, die am Übergang zur Spule endet und dort eine kleine Öffnung, den **oberen Nabel**, *Umbilicus superior* s. *distalis*, aufweist. Oberhalb dieses Nabels entspringt oft eine kleine **Nebenfeder**, *Hypopenna*.

Vom Federschaft entspringen in zwei Reihen angeordnete dünne **Federäste**, *Barbae* s. *Rami*, die im Winkel von 45° zum Schaft nach distal gerichtet sind. Diese entlassen jeweils wiederum zwei Reihen von **Federstrahlen**, *Barbulae* s. *Radii*, welche im Winkel von 45° zum Federast stehen. Aus dieser Stellung resultiert die rechtwinklige Kreuzung der Federstrahlen zweier benachbarter Federäste. Die nach distal weisenden Barbulae sind die **Hakenstrahlen**, *Barbulae distales*. Diese besitzen an ihren Enden ebenfalls zwei Reihen von wimperartigen Fortsätzen, die als *Cilia dorsales et ventrales* bezeichnet werden. Die ventralen Zilien enden mit einem kleinen Haken, *Hamulus*. Die rechtwinklig zum Federschaft stehenden Barbulae sind die **Bogenstrahlen**, *Barbulae proximales*. Die kleinen Häkchen an den Ventralzilien der Hakenstrahlen fixieren die Bogenstrahlen

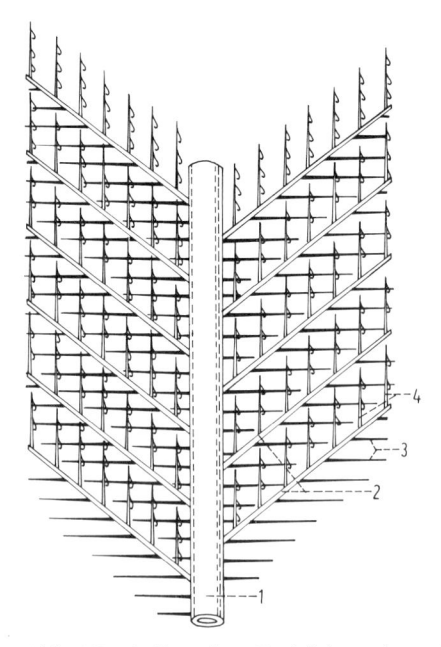

Abb. 168. Aufbau einer Deckfeder, schematisch (nach Schwarze und Schröder, 1985).

1 Federschaft, Rachis
2 Federäste, Barbae s. Rami
3 Bogenstrahlen, Barbulae proximales
4 Hakenstrahlen, Barbulae distales

nach Art eines Reißverschlusses. Nach mechanischer Trennung der Federstrahlen kommt es sehr rasch zu deren Wiedereinhaken (Abb. 168 und 169).

Die Gesamtheit der Federäste und Federstrahlen formt die **Federfahne**. Sie wird in eine **Außenfahne**, *Vexillum externum*, und eine **Innenfahne**, *Vexillum internum* (Abb. 167), gegliedert, die durch den Federschaft getrennt sind. Diese Bezeichnungen betreffen die

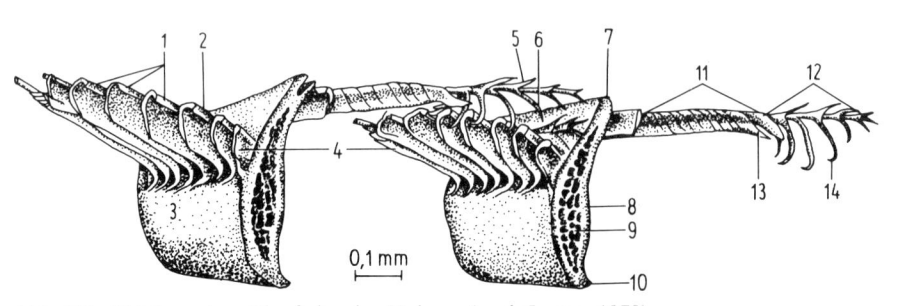

Abb. 169. Feinbau einer Flugfeder des Huhnes (nach Lucas, 1978).

1 Barbulae proximales
2 Arcus dorsalis
3 Barba
4 Rugae proximales
5 Cilium dorsale
6 Cilium ventrale
7 Crista dorsalis
8 Cortex
9 Medulla
10 Crista ventralis
11 Basis barbulae distalis
12 Pennula barbulae distalis
13 Dens ventralis
14 Hamulus

Überlappung benachbarter Federn. Die Außenfahne bedeckt einen Teil einer Nachbarfeder, während die Innenfahne von einer solchen bedeckt wird. An jeder Fahne ist eine am spulenseitigen Ende gelegene *Pars plumacea* von einer sich spitzenwärts anschließenden *Pars pennacea* zu unterscheiden. Die Federstrahlen in der Pars plumacea besitzen keine Häkchen, woraus sich die büschelartige Anordnung der Federäste in diesem Bereich, die auch **Dunenstrahlen** oder **Dunenäste** genannt werden, erklärt.

Als *Vexilla barbae* wird die Gesamtheit aller Federstrahlen eines Federastes bezeichnet. Die Ciliae dorsales et ventrales eines Hakenstrahles geben diesem an seiner Spitze ebenfalls ein federartiges Aussehen, woraus sich die Bezeichnung *Pennula* für die Hakenstrahlspitze ableitet.

Das Huhn und andere Spezies führen gelegentlich ein Staubbad durch, welches offenbar dazu dient, die abgenutzten Spitzen der Konturfedern zu beseitigen. In Batteriehaltung, die eine derartige Prozedur ausschließt, haben die Tiere daher ein weniger ansehnliches Gefieder als unter Freilandbedingungen.

Der **Federfollikel** dient der Verankerung der Feder in der Haut. In seinem Aufbau gleicht er etwa dem Haarfollikel der Säuger. An der Bildung der Follikelwand sind die Epidermis und die Dermis beteiligt. Am proximalen Ende des Follikels bildet die Dermis die **Lederhautpapille** (Abb. 167 und 171), über der eine Kappe lebender Epidermiszellen liegt. An dieser in den unteren Nabel der Spule ragenden Papille erfolgt der Übergang von den lebenden Epidermiszellen des Follikels in die toten Epidermiszellen der Spule.

Die innere Follikelwand wird aus einer die Follikelhöhle begrenzenden Schicht toter, verhornter und einer äußeren Schicht lebender Epidermiszellen gebildet (Abb. 171). Die Lederhaut bildet die äußere Follikelwand. An der Follikellederhaut finden die **Federmuskeln** (Abb. 167 und 170) ihren Ansatz, die das Aufrichten und Anlegen der Feder besorgen. Sie bestehen aus glatter Muskulatur.

Die nach dem Ausrupfen von Federn zu beobachtenden Blutungen entstehen durch das Zerreißen der stark durchbluteten Lederhautpapille. Beim Ausreißen von jungen Federn wird mitunter der gesamte epidermale Anteil des Follikels herausgezogen.

Die **Federentwicklung** unterscheidet sich von der Haarentwicklung grundlegend dadurch, daß die Feder in ihrer Entstehungsphase einen zentralen Lederhautanteil aufweist, während das Haar nur als epidermale Zellsäule entsteht. Die Federbildung wird durch eine kleine Epidermisverdickung mit darunter liegender lokaler Dermisverdickung eingeleitet. Die Dermisverdickung wird zur Lederhautpapille, über der sich die **Federanlage** (Abb. 170) mit ihrem epidermalen Überzug erhebt. Durch Einsenkung der Federanlage in die Haut entsteht im weiteren der Federfollikel.

Die Epidermis im Bereich der Follikelbasis stellt den sog. **Epidermalkragen**, auch **Ringwulst** oder **Matrix** (Abb. 171) genannt, dar. Durch Proliferationsvorgänge in diesem Gebiet entsteht der epidermale Federanteil. Der verhornte Anteil der proliferierenden Epidermis wird zur Federscheide, welche die Spule und die wachsende Federanlage umschließt.

Die Entwicklung der definitiven Federstruktur wird durch Gruppierung der Epidermiszellen in zwei Leisten eingeleitet, durch deren Verhornung später die Federäste entstehen. Die Kämme dieser Leisten weisen beide in Richtung Unterseite der Federanlage, wo sie entlang der Federlängsachse einen Saum bilden. Von diesem Saum ausgehend, weichen später die Federäste auseinander. Dies geschieht durch Aufbrechen der Federscheide von der Federspitze beginnend, wodurch die Federäste in distoproximaler Richtung freigelegt werden. Das infolge des Aufbrechens der Federanlage

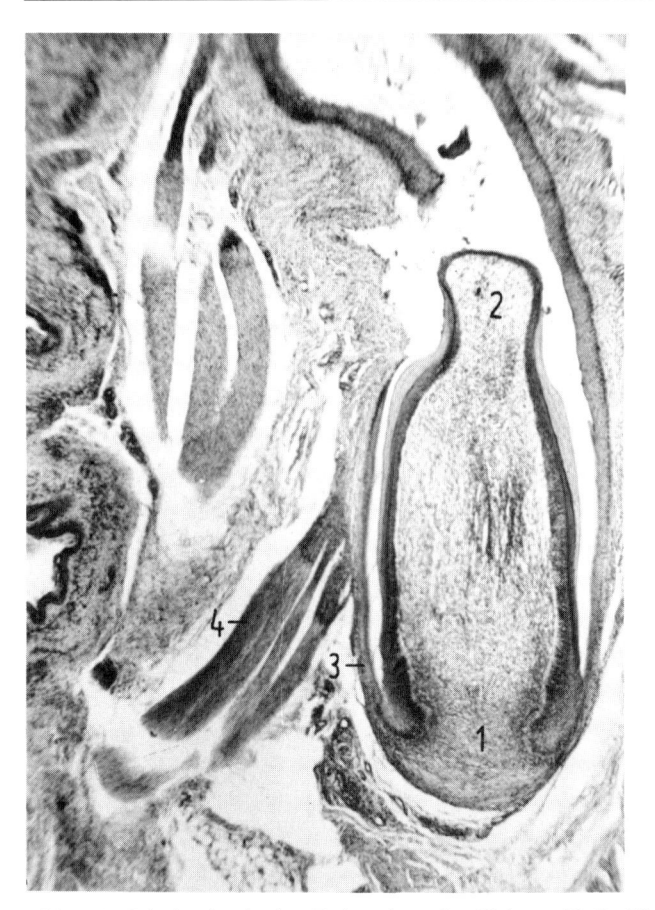

Abb. 170. Schnitt durch eine Federanlage des Huhnes, H.-E.-Färbung, ca. 90fache Vergr. (aus Schwarze und Schröder, 1985).

1 Federpapille   2 Federanlage   3 Federbalg   4 Federmuskel

freiwerdende Mark wird allmählich abgerieben. Die Entfaltung der Federäste erfolgt bis zur Grenze zwischen Federschaft und Spule. An dieser Stelle entsteht somit eine kleine Öffnung im Federkiel, der **obere Nabel**, *Umbilicus distalis*.

Das Federkleid der Vögel wird, wie das Haarkleid der Säuger, periodisch gewechselt. Das geschieht bei den meisten Arten mindestens einmal pro Jahr während der **Mauser**. Diese erfolgt in der Regel nach Ende der Fortpflanzungsperiode im Spätsommer oder im Herbst. Das Huhn mausert in den ersten sechs Lebensmonaten dreimal, wobei der dritte Federwechsel unvollständig ist.

Der Wechsel der Feder wird durch eine Proliferation der Epidermiszellen über der Lederhautpapille und im Bereich des Epidermiskragens eingeleitet. Dadurch wird die Feder gleichsam herausgeschoben. Beim Abwerfen der Feder kommt es zur Trennung des Verbandes der toten epidermalen Zellen an der Spulenbasis von den lebenden Zellen des Epidermiskragens und auf der Lederhautpapille. Gewöhnlich wird dabei auch die Papille verletzt, was zur Blutung in den leeren Follikel führt. Der Ersatz der abgewor-

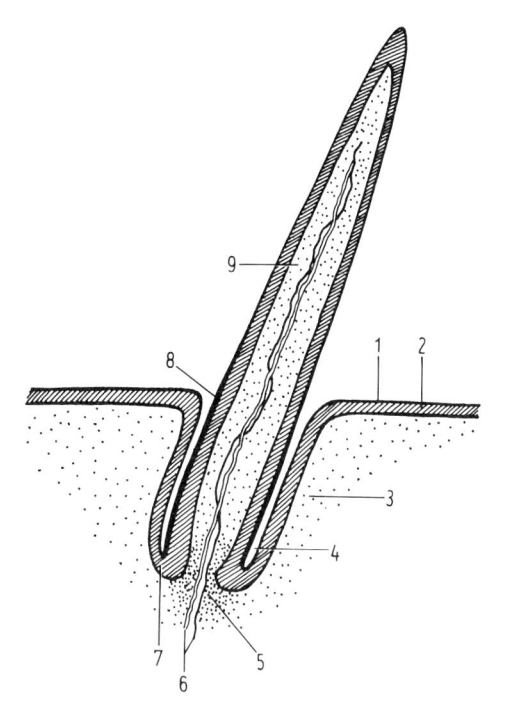

Abb. 171. Längsschnitt durch eine Feder im frühen Entwicklungsstadium (in Anlehnung an King und McLelland, 1978).

1 verhornte Epidermiszellen	4 Follikelhöhle	7 Epidermalkragen
2 lebende Epidermiszellen	5 Lederhautpapille	8 Federscheide
3 Lederhaut	6 zentrale Arterie und Vene	9 Federmark

fenen Feder erfolgt über die Proliferation der auf der Papille verbliebenen Epidermiszellen sowie der Zellen des Epidermalkragens.

Die Mauser stellt eine erhebliche vegetative Leistung des Vogelorganismus dar. Die Bereitstellung der Baustoffe zur Entwicklung eines neuen Federkleides ist eine starke Belastung, die zur Minderung der Abwehrkräfte und damit zu erhöhter Anfälligkeit für Erkrankungen in dieser Zeit führt.

Unter den weiteren Federarten liegen die **echten Dunen** oder **Daunen**, *Plumae*, der Körperoberfläche direkt auf und werden von den Konturfedern verdeckt. Ihr Schaft ist kürzer als ihr längster Federast. Dunen können entweder gleichmäßig über die gesamte Körperoberfläche verteilt sein, z. B. bei Enten, Pinguinen und Papageien, oder sich auf bestimmte Regionen beschränken. Bei den meisten Hühnervögeln kommen sie nur in den **Federrainen** vor. Die Dunen der Tauben und Sperlingsvögel sind spärlich entwickelt und auf die Federraine beschränkt, oder sie fehlen völlig. Zu den echten Dunen zählen auch die **Erstlingsdunen** der frisch geschlüpften Küken. Die Strahlen der Dunen besitzen keine Häkchen, so daß ihre Fahne die Gestalt eines lockeren Wedels hat. Sofern die Dunen nicht über die gesamte Körperfläche verteilt sind, werden nach der Region ihres Auftretens folgende Vorkommen benannt: Als *Circulus venti* bezeichnet man die um die Kloakenöffnung plazierten Dunen. An der Dorsal- und an der Ventralfläche des Schwanzes sitzen die *Plumae caudales*. Einige von diesen beteiligen sich bei Huhn und

Truthuhn an der Bildung eines *Circulus uropygialis*, der die Bürzelzitze umgibt. Die Flügeldunen, *Plumae alae*, gliedern sich in die *Plumae antebrachii, manus et alulae*.

Als **Halbdunen**, *Semiplumae*, werden Federn bezeichnet, die eine Mittelstellung zwischen Konturfedern und echten Dunen einnehmen. Ihr Schaft ist länger als ihr längster Federast. Die Fahne hat eine wedelförmige Gestalt. Halbdunen sind im wesentlichen entlang der Federrainränder angeordnet. Sie wirken als Wärmeisolatoren und erhöhen bei Wasservögeln deren Schwimmfähigkeit.

Die **Fadenfedern**, *Filoplumae*, sind zarte Gebilde mit einem langen Schaft, an dessen Ende ein Büschel kurzer Federäste sitzt. Sie treten einzeln und jeweils in unmittelbarer Nähe des Follikels jeder Konturfeder auf. In den Follikeln der Fadenfedern finden sich zahlreiche freie Nervenendigungen, die, gemeinsam mit den in der Follikelumgebung gelegenen Herbstschen Körperchen, für die Entstehung propriozeptiver Impulse zur Regulation der Stellung der Konturfedern verantwortlich sind. Fadenfedern fehlen bei Straußen und Kasuaren.

Die **Borstenfedern**, *Setae*, kommen nur am Kopf vor. Sie bestehen aus einem steifen Schaft, der nur am proximalen Ende einige Federäste trägt. Bei den meisten Vogelarten treten sie als „Augenwimpern", *Cilia palpebrarum*, und bei einigen in der Umgebung der Nasenlöcher als *Setae nariales* auf. Borstenfedern mit einem den größten Teil des Schaftes einnehmenden Besatz an Federästen werden als *Semisetae* bezeichnet.

Als **Neben-** oder **Afterfedern**, *Hypopennae*, werden die am Rand des oberen Nabels von Konturfedern entspringenden, im allgemeinen kleinen Federn bezeichnet. Ihr Schaft wird *Hyporachis*, ihre Fahne *Hypovexillum* genannt. Steuerfedern und größere Schwungfedern sind generell nicht mit Nebenfedern versehen. Bei Emus und Kasuaren haben die Nebenfedern die gleiche Länge wie die Hauptfedern.

Die **Puderfedern** produzieren feine Keratingranula von etwa 1 µm Durchmesser. Sie treten bei Tauben, Reihern und verschiedenen Wasservögeln auf. Hühnervögel besitzen keine Puderfedern. Der Puder wird wie das Sekret der Bürzeldrüse auf die Federn verteilt und wirkt wasserabweisend. Die Puderfedern haben meist die Gestalt von Dunen und werden dann als *Pulviplumae* bezeichnet. Auch Halbdunen und Konturfedern können als Puderfedern fungieren.

Die **Federfarben** werden durch Reflexion von Komponenten des einfallenden weißen Lichtes erzeugt. Es sind Pigmentfarben und Strukturfarben zu unterscheiden. Die **Pigmentfarben** werden durch den Gehalt der Federn an Melaninen, Carotinoiden und Porphyrinen verursacht. Die Melaningranula in der Haut und in den Federn sind verantwortlich für die mattgelben, rotbraunen, braunen und schwarzen Färbungen. Die Carotinoide werden großenteils mit dem Futter aufgenommen und erzeugen die kräftig gelben, orangen und roten Farben. Die vom Vogel synthetisierten Porphyrine können eine grüne oder rote Färbung verursachen.

Die **Strukturfarben** ergeben sich aus den physikalischen Eigenschaften der Federoberfläche. Sie sind entweder eine Folge der Interferenz, die schillernde, sich mit dem Einfallwinkel des Lichtes ändernde Farben produziert, oder durch Lichtstreuung verursacht. Letztere erzeugt nichtschillernde Färbungen, z. B. die meisten Blautöne. Im übrigen entstehen viele Federfarben durch Kombinationen von Pigment- und Strukturwirkungen.

Die **Anordnung der Konturfedern** erfolgt in definierten Hautfeldern, den sog. **Federfluren**, *Pterylae*. Zwischen den Federfluren liegen federlose Gebiete, die **Federraine**, *Apteria* (Abb. 172–175). Nur bei wenigen Arten, wie z. B. dem Kiwi, dem Kasuar, dem

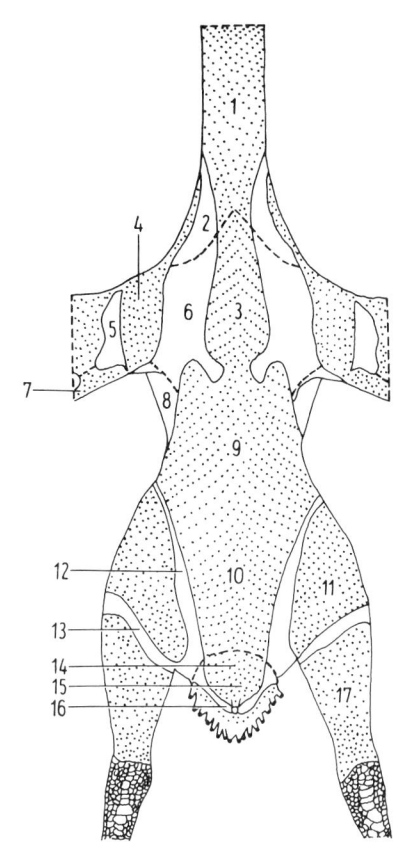

Abb. 172. Federfluren und Federraine an Hals, Rumpf, Schwanz, Schulter und Beckengliedmaße des Huhnes, Dorsalansicht (nach Lucas, 1979).

1 Pteryla cervicalis dorsalis	7 Pteryla caudohumeralis	13 Apterium crurale
2 Apterium cervicale laterale	8 Apterium truncale laterale	14 Pteryla dorsalis caudae
3 Pteryla interscapularis	9 Pteryla dorsalis	15 Eminentia uropygialis
4 Pteryla humeralis	10 Pteryla pelvica	16 Apterium dorsale caudae
5 Apterium humerale	11 Pteryla femoralis	17 Pteryla cruralis
6 Apterium scapulare	12 Apterium pelvicum laterale	

Emu und dem Strauß erstreckt sich das Federkleid gleichmäßig über den ganzen Körper. Zwischen den Konturfedern können, wie bei den Anseriformes, Dunen angeordnet sein, doch wird ein Gebiet, das ausschließlich Dunen trägt, den Federrainen zugerechnet. Die Anzahl der Federfluren schwankt speziesabhängig und beträgt beim Huhn annähernd siebzig. Diese lassen sich in sieben Hauptgruppen am Kopf, am Rücken, seitlich am Rumpf, an der ventralen Körperwand, am Schwanz, an den Flügeln und an den Beckengliedmaßen zusammenfassen.

Zu den Federfluren des Kopfes, *Pterylae capitales*, gehören etwa 12 Gebiete, die bei einigen Arten, z. B. der Ente, nicht durch Federraine getrennt sind.

Die Federfluren vom Rücken, *Pterylae spinales*, erstrecken sich vom Nacken bis zum Schwanzansatz und umfassen vier ineinander übergehende Gebiete.

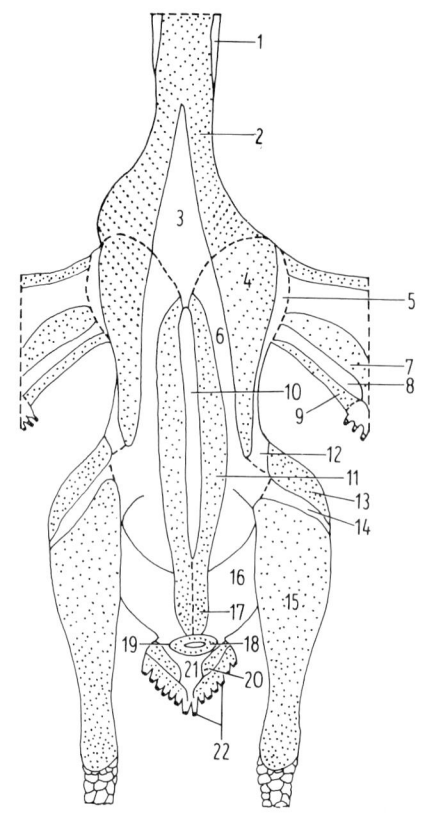

Abb. 173. Federfluren und Federraine an Hals, Rumpf, Schwanz, Flügelbasis und Beckengliedmaße des Huhnes, Ventralansicht (nach Lucas, 1979).

1 Apterium cervicale laterale
2 Pteryla cervicalis ventralis
3 Apterium cervicale ventrale
4 Pteryla pectoralis
5 Apterium trunculae laterale
6 Apterium pectorale
7 Pteryla subhumeralis
8 Apterium subhumerale
9 Pteryla caudohumeralis
10 Apterium sternale
11 Pteryla sternalis
12 Apterium truncale laterale
13 Pteryla femoralis
14 Apterium crurale
15 Pteryla cruralis
16 Apterium abdominale laterale
17 Pteryla abdominalis
18 Apterium abdominale venti
19 Circulus venti
20 Pteryla ventralis caudae
21 Apterium ventrale caudae
22 Rectrices

Seitlich vom Rumpf liegt die *Pteryla trunci lateralis*, die vom *Apterium truncale laterale* umgeben ist.

Zu den ventralen Federfluren, *Pterylae ventrales*, gehören fünf Gebiete zwischen Regio interramalis und Schwanzansatz. Am Schwanz werden die *Pteryla dorsalis caudae* und die *Pteryla ventralis caudae* unterschieden. Beide Fluren sind mit Deckfedern verschiedener Größe, *Tectrices majores, intermediae et minores*, besetzt, welche die Ansätze der Steuerfedern des Schwanzes bedecken. Die oberen Deckfedern des Schwanzes können, wie z. B. beim Pfau, zu **Schmuckfedern** umgewandelt sein.

Zu den Federfluren des Flügels gehören die *Pterylae brachiales, antebrachiales, carpales et manuales*. In den Pterylae antebrachiales sitzen entlang des Kaudalrandes des

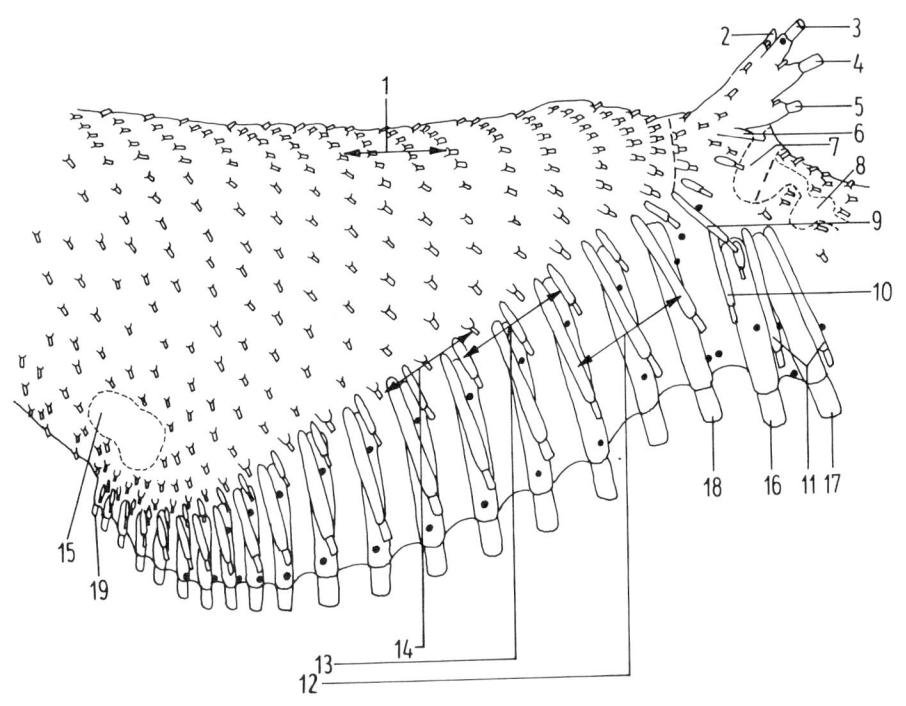

Abb. 174. Federfluren und Federraine am rechten Flügel des Huhnes, Dorsalansicht. Schwarze Punkte bezeichnen echte Dunen (nach Lucas, 1979).

1	Tectrices marginales dorsales propatagii	
2	Unguis digiti alularis	
3–6	Remiges alulares	
7	Apterium alulare	
8	Apterium manuale	
9	Tectrix carpalis	
10	Remex carpalis	
11	Tectrices primariae dorsales	
12	Tectrices secundariae dorsales majores	
13	Tectrices secundariae dorsales medianae	
14	Tectrices secundariae dorsales minores, Ordo primus	
15	Apterium cubitale	
16, 17	Remiges primarii	
18, 19	Remiges secundarii	

Unterarmes die **Armschwingen** oder **Schwungfedern 2. Ordnung**, *Remiges secundarii*. Diese beim Huhn 18 Federn sind etwa 16 cm lang und bilden den **Armfittich** (Abb. 174). Bei zusammengeklapptem Flügel schieben sich die Armschwingen wie Teile eines Fächers übereinander. An ihrer Basis sind die Armschwingen sowohl dorsal als auch ventral von Deckfedern, *Tectrices secundariae dorsales et ventrales*, bedeckt. Diese werden nach ihrer Größe und Lage als *Tectrices majores, medianae et minores* bezeichnet. Die Tectrices minores können in zwei hintereinander liegenden Reihen angeordnet sein.

Das Propatagium ist dorsal und ventral mit Deckfedern, *Tectrices propatagii*, besetzt.

Die Pterylae carpales weisen dorsal und ventral je eine Schwungfeder, *Remex carpalis*, auf, die an ihrer Basis von zwei Deckfedern, *Tectrices carpalis dorsalis et ventralis*, überlagert wird (Abb. 175).

Zu den Pterylae manuales gehören die Handschwingen oder **Schwungfedern 1. Ordnung**, *Remiges primarii*, sowie die *Remiges alulares*. Die 10 Handschwingen sind beim

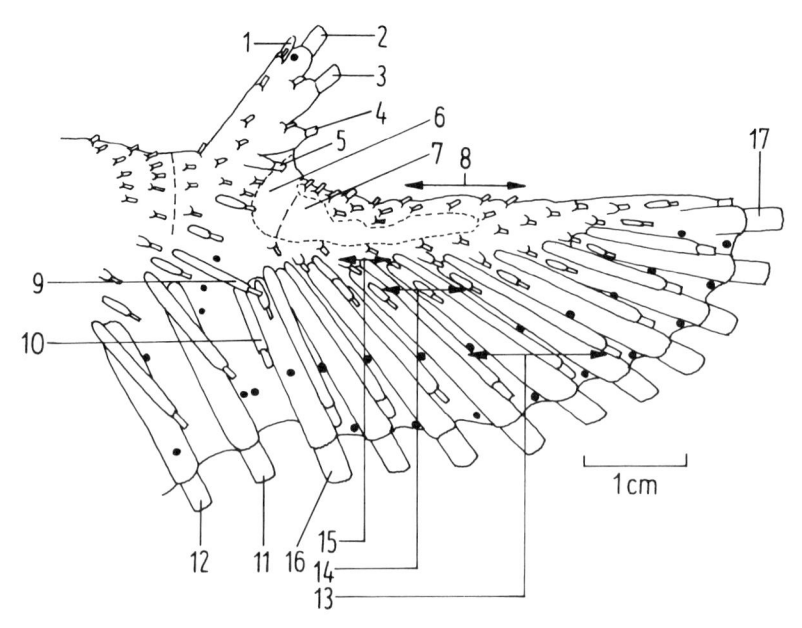

Abb. 175. Federfluren und Federraine der Hand des Huhnes, Dorsalansicht (nach Lucas, 1979).

1	Unguis digiti alularis	9	Tectrix carpalis dorsalis	14	Tectrices primariae dorsales medianae
2–5	Remiges alulares	10	Remex carpalis	15	Tectrices primariae dorsales minores
6	Apterium alulare	11, 12	Remiges secundarii	16, 17	Remiges primarii
7	Apterium manuale	13	Tectrices primariae dorsales majores		
8	Tectrices marginales manuales				

Huhn etwa 18 cm lang und bilden den **Handfittich** (Abb. 166). Die etwa vier Schwungfedern des ersten Fingers formen den **Eckfittich**. Die Schwungfedern 1. Ordnung sind, wie die Armschwingen, an ihrer Basis von Deckfedern, *Tectrices majores, medianae et minores*, bedeckt. Dem Huhn fehlt die mittlere Reihe der Deckfedern an der ventralen Handfläche. Der Kranialrand der Hand ist mit *Tectrices marginales manuales* besetzt.

Die Federfluren der Beckengliedmaßen sind die *Pteryla femoralis* und die *Pteryla cruralis*. Die Unterschenkelflur erstreckt sich nach distal bis zum Intertarsalgelenk.

17. Wachstum

Die Gestalt und die Größe eines Individuums unterliegen altersabhängigen Veränderungen. Diese betreffen sowohl den makroskopischen als auch den mikroskopischen Aufbau. Per definitionem sind solche Größenveränderungen **Wachstum**. Damit ist das biologische Phänomen Wachstum in seiner morphologischen Dimension Gegenstand der Anatomie.

Der Vorgang des Wachstums als Größen- und/oder Massenzunahme umfaßt Teilprozesse unterschiedlicher Wertigkeit:

— Zellvergrößerung (Hypertrophie),
— Zellvermehrung (Hyperplasie),
— Bildung von Interzellularsubstanz,
— Ablagerung von Reservestoffen,
— Wasseraufnahme.

Ablagerung von Reservestoffen und Wasseraufnahme werden nicht dem organischen Wachstum im engeren Sinne zugerechnet.

Wachstum zählt zu den quantitativen Veränderungen des Gesamtorganismus, zu denen auch Gestaltungsbewegungen, d. h. Zellwanderungen und Zellverschiebungen, Segregation, d. h. die Sonderung von Organanlagen, und Differenzierung der Zellen gehören.

In der terminologischen Hierarchie ist dem Wachstum der Begriff **Entwicklung** übergeordnet, unter dem alle Vorgänge innerhalb eines lebenden Organismus subsummiert werden können, die sich zwischen Befruchtung und Tod vollziehen. Dazu zählen Wachstum, Differenzierung, Reifung und Altern.

Im Gegensatz zum quantitativ definierten Wachstumsbegriff umfaßt Differenzierung vorwiegend qualitative Veränderungen. **Differenzierung** kann definiert werden als Zunahme von Organisation und Heterogenität.

Die morphologische Dimension des Begriffs **Reifung** ist umstritten. Sofern darunter eine fortschreitende Differenzierung von Geweben, Organen und Organsystemen verstanden wird, ist der Begriff Reifung durch den Begriff Differenzierung definiert und damit entbehrlich.

Für den Begriff **Altern** fehlt bislang eine allgemein anerkannte Definition, zumal seine Ursachen weitgehend ungeklärt sind. Die verschiedenen Definitionsversuche gehen von markanten Phänomenen oder auch Annahmen aus, zu denen beispielsweise

- die Artspezifität der Lebensdauer,
- die Zunahme der Todeswahrscheinlichkeit mit dem kalendarischen Alter,
- das Auftreten irreversibler Veränderungen und
- die Verminderung der Anpassungsfähigkeit und der Leistungsfähigkeit

gehören. Der Zusammenhang zwischen diesen Phänomenen ist ungeklärt. Allgemein könnte nach dem gegenwärtigen Kenntnisstand Altern als die Summe derjenigen Veränderungen definiert werden, welche die Lebensdauer artspezifisch begrenzen.

Die im Rahmen der Entwicklung eines Individuums ablaufenden Vorgänge des Wachstums, der Differenzierung, der Reifung und des Alterns lassen sich anhand von Parameterverläufen beschreiben.

Da es in den seltensten Fällen möglich ist, Wachstumsvorgänge in ihrer Stetigkeit zu erfassen, ist es sinnvoll, gewonnene Meßreihen durch **mathematische Funktionen** zu modellieren und daraus auf nicht beobachtete Abschnitte im Wachstumsverlauf zu

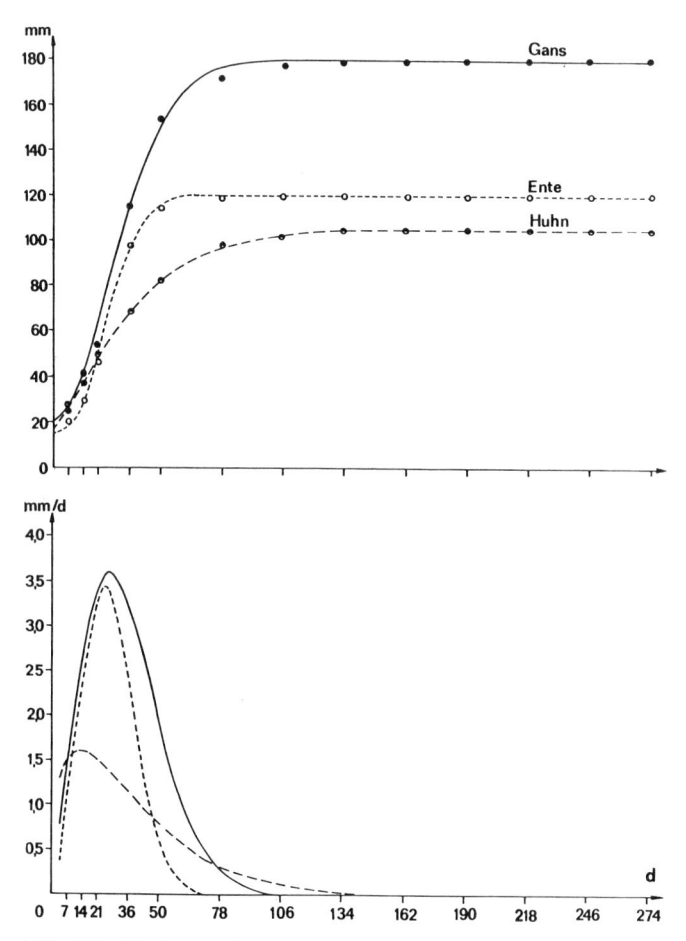

Abb. 176. Wachstumskurven (oben) und Wachstumsgeschwindigkeitskurven der Humeruslänge von Huhn, Ente und Gans. Approximation der Janoschek-Funktion in Modifikation von Sager (1978).

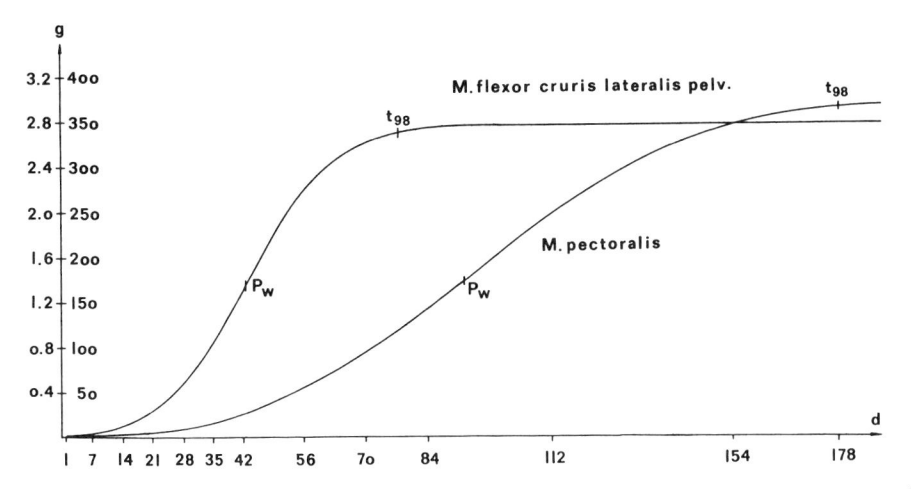

Abb. 177. Wachstumskurven von zwei Muskeln der Moschusente *(Cairina moschata)*. Approximation der Janoschek-Funktion in Modifikation von Sager (1978).
P_w = Wendepunkte, t_{98} = Zeitpunkt des Erreichens von 98% der berechneten Endmasse. Für den M. pectoralis gilt die Ordinate 50–400 g.

interpolieren. Zusätzlich erreicht man eine gewisse Glättung der zumeist mit zufälligen Fehlern behafteten Meßwerte. Des weiteren ergibt sich die Möglichkeit, interessierende Kenngrößen wie **Wachstumsgeschwindigkeit** und **Wendepunkte** zu ermitteln sowie einer Informationskomprimierung auf wenige, den Wachstumsverlauf charakterisierende Parameter. Wachstumsgrößen lassen sich in ihrer Abhängigkeit von der Zeit, vom Futterverzehr oder bei Betrachtung des Wachstums von Organen als Funktion der Körpermasse oder anderer Organe darstellen.

Bei der Beschreibung von Wachstumsvorgängen als Funktion der Zeit lassen sich verschiedene **Wachstumstypen** unterscheiden. Das sogenannte **Sättigungswachstum**, das man häufig beim Schädelskelett oder dem Gehirn (Abb. 179) findet, ist durch eine stetig fallende Wachstumsgeschwindigkeit gekennzeichnet. Die Körpermasse und die meisten Organe folgen dem **sigmoidförmigen Wachstum**, d. h., eine Phase steigender Wachstumsgeschwindigkeit wird von einer fallender gefolgt (Abb. 176–180). Der Wendepunkt der Kurve, an dem der maximale Zuwachs erfolgt, ist bei den verschiedenen Organen unterschiedlich plaziert, was bei der Wahl geeigneter Wachstumsfunktionen berücksichtigt werden muß. Ein Sonderfall dieses Wachstumstyps sind **mehrfach sigmoidale Wachstumsverläufe,** bei denen mehrere Maxima in der Zuwachskurve auftreten. Als dritter Typ ist das **glockenförmige Wachstum** zu nennen, dem einige Organe, die durch eine Involution gekennzeichnet sind (Thymus, Bursa Fabricii), folgen. Hierbei kommt es nach anfänglicher Zunahme zu einer Abnahme der Organgröße, was sich in negativer Wachstumsgeschwindigkeit äußert. Für die genannten Wachstumstypen sind eine Vielzahl von mathematischen Funktionen vorgeschlagen worden, keine dieser Wachstumsfunktionen erfüllt allerdings die Anforderungen an ein biophysikalisches Modell im engeren Sinne, so daß die Approximation dieser Funktionen lediglich eine phänomenologische Interpretation der Wachstumsverläufe ermöglicht.

Für vergleichende Darstellungen von Wachstumsvorgängen einzelner Teile des Organismus mit dem Wachstum der Körpermasse bedient man sich häufig der (ontogeneti-

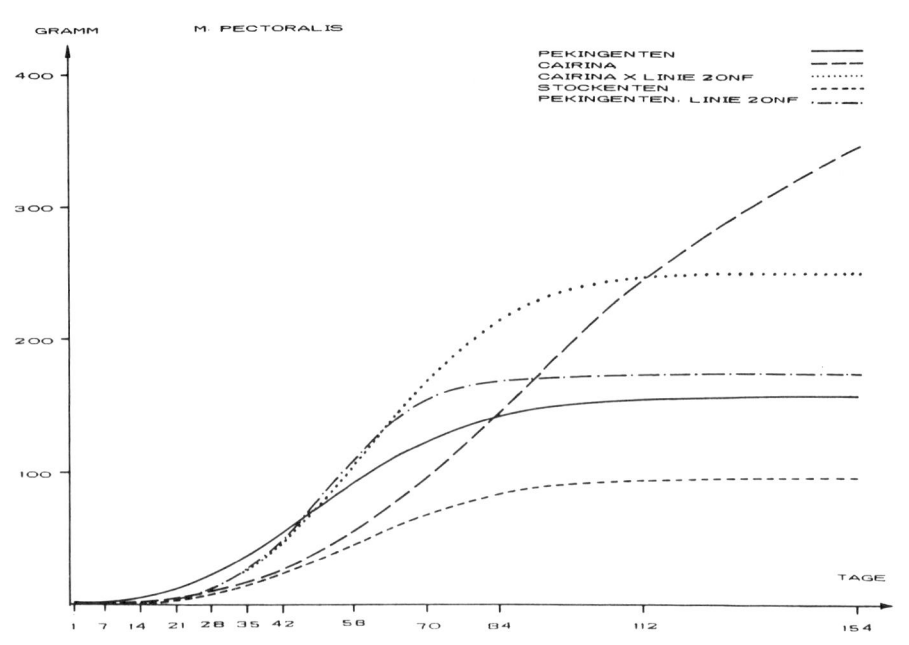

Abb. 178. Wachstumskurven des M. pectoralis von 5 Entenrassen. Approximation der Janoschek-Funktion in Modifikation von Sager (1978).

schen) **Allometrie** (Abb. 180). In der klassischen *Allometrieformel* $y = a \times x^b$, wobei x die Körpermasse, y die jeweilige Organmasse sowie a und b freie Parameter sind. Der Exponent b ist ein Maß für das Verhältnis der relativen Wachstumsgeschwindigkeiten, wie die zugrundeliegende Differentialgleichung $dy/y = b \times dx/x$ zeigt. Ist $b = 1$ spricht man von isometrischem, bei $b < 1$ von negativ- und bei $b > 1$ von positiv-allometrischem Wachstum. Diese Form der Beschreibung ist jedoch nicht unumstritten, u. a. da die Änderung einer Größe sich in der Zeit vollzieht und nicht auf eine ebenfalls zeitabhängige andere Größe projiziert werden sollte. Zudem verwendet man die Potenzfunktion zum Interspezies-Vergleich morphologischer, aber auch physiologischer Größen (Interspezies- und phylogenetische Allometrie), wobei hier keine Wachstumsvorgänge beschrieben werden.

Im Wachstumsverhalten morphologischer Strukturen gibt es erhebliche, die Tierart und das untersuchte Organsystem betreffende Unterschiede. Überdies können auch verschiedene, zu einem Organsystem zählende, Organe, z. B. verschiedene Muskeln des Skelettmuskelsystems, unterschiedliche Wachstumsabläufe aufweisen (Abb. 177). Auch innerhalb eines Organs oder Gewebes können sich die einzelnen Zellen diesbezüglich voneinander unterscheiden.

Prinzipiell vollzieht sich das Wachstum jedes Individuums und seiner hierarchischen Strukturelemente Zelle, Gewebe, Organe, Organsystem innerhalb eines genetischen „Wachstumskanals". Dieser ist durch die doppelte Standardabweichung vom durchschnittlichen Wachstumsverlauf der Art charakterisiert und bezeichnet das „**Normalwachstum**". Abweichungen zwischen doppelter und dreifacher Standardabweichung charakterisieren **Groß-** bzw. **Kleinwüchsigkeit**, die jenseits der dreifachen Standardabweichung werden **Riesen-** bzw. **Zwergwuchs** genannt. Darstellungen von Wachstums-

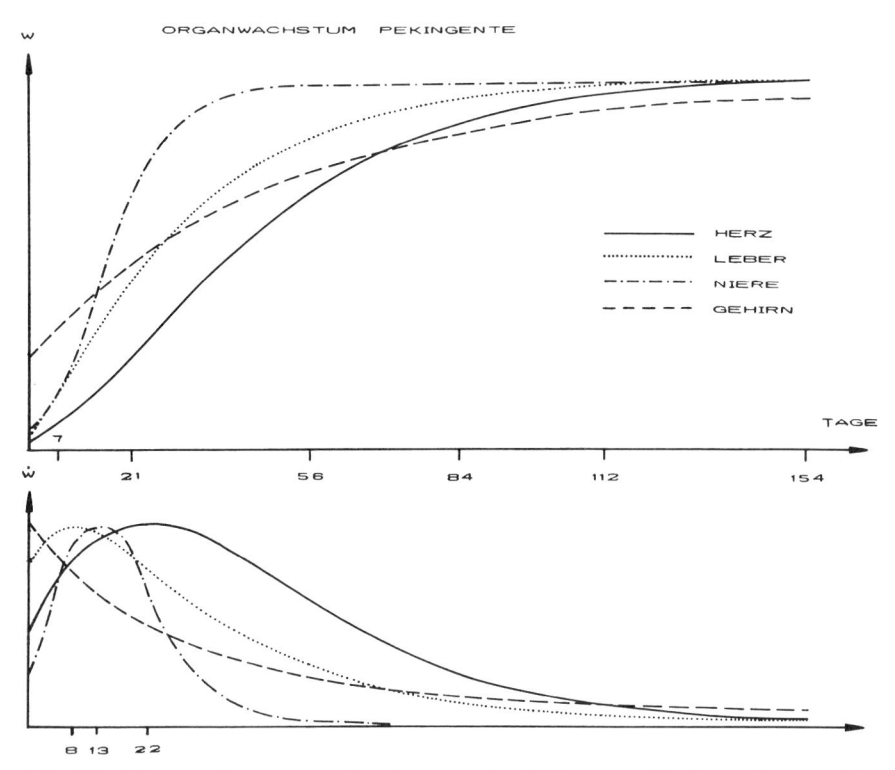

Abb. 179. Massewachstum von vier Organen der Pekingente, Wachstumskurven (oben) und Wachstumsgeschwindigkeitskurven. Approximation der Janoschek-Funktion in Modifikation von Sager (1978).

verläufen mit eingetragenen Standardabweichungen werden **Prozentsummen-** oder **Perzentilendarstellungen** genannt. Anhand dieser Darstellungen sind Rückschlüsse auf das Alter eines Individuums sowie Wachstumsprognosen auf der Basis gemessener Größen möglich.

Von besonderer Bedeutung sind Kenntnisse zum Wachstum der wirtschaftlich relevanten Organsysteme des Geflügels. Dazu zählen das die Körpermaße bestimmende Skelettsystem, das Skelettmuskelsystem als Fleischlieferant sowie das Verdauungssystem.

Das **Skelettsystem** der Hausgeflügelarten wächst nach dem Schlupf im sigmoidalen Modus (Abb. 176), d. h., die Wachstumskurven der meisten Skelettmaße besitzen einen Wendepunkt. Eine Ausnahme bilden einige Schädelbreitenmaße, bei denen das Maximum der Wachstumsgeschwindigkeit und damit der Wendepunkt der Wachstumskurve pränatal plaziert sind. Die Wendepunkte der Skelettlängen liegen beim Huhn zwischen 1. und 15., bei der Ente zwischen 7. und 28. und bei der Gans zwischen 3. und 31. Lebenstag.

Von besonderem Interesse für den Tierartenvergleich sind Messungen, in welchem Lebensalter welcher Anteil am Endwert einer Körperdimension erreicht ist (Tab. 8). Aus dem Vergleich der Wachstumsanteile wird sichtbar, daß im Durchschnitt die Ente am schnellsten, das Huhn am langsamsten wächst. Für das Truthuhn wurde ein dem Huhn ähnliches Abwachsen ermittelt. Ähnlichkeiten von Ente und Gans zeigen sich

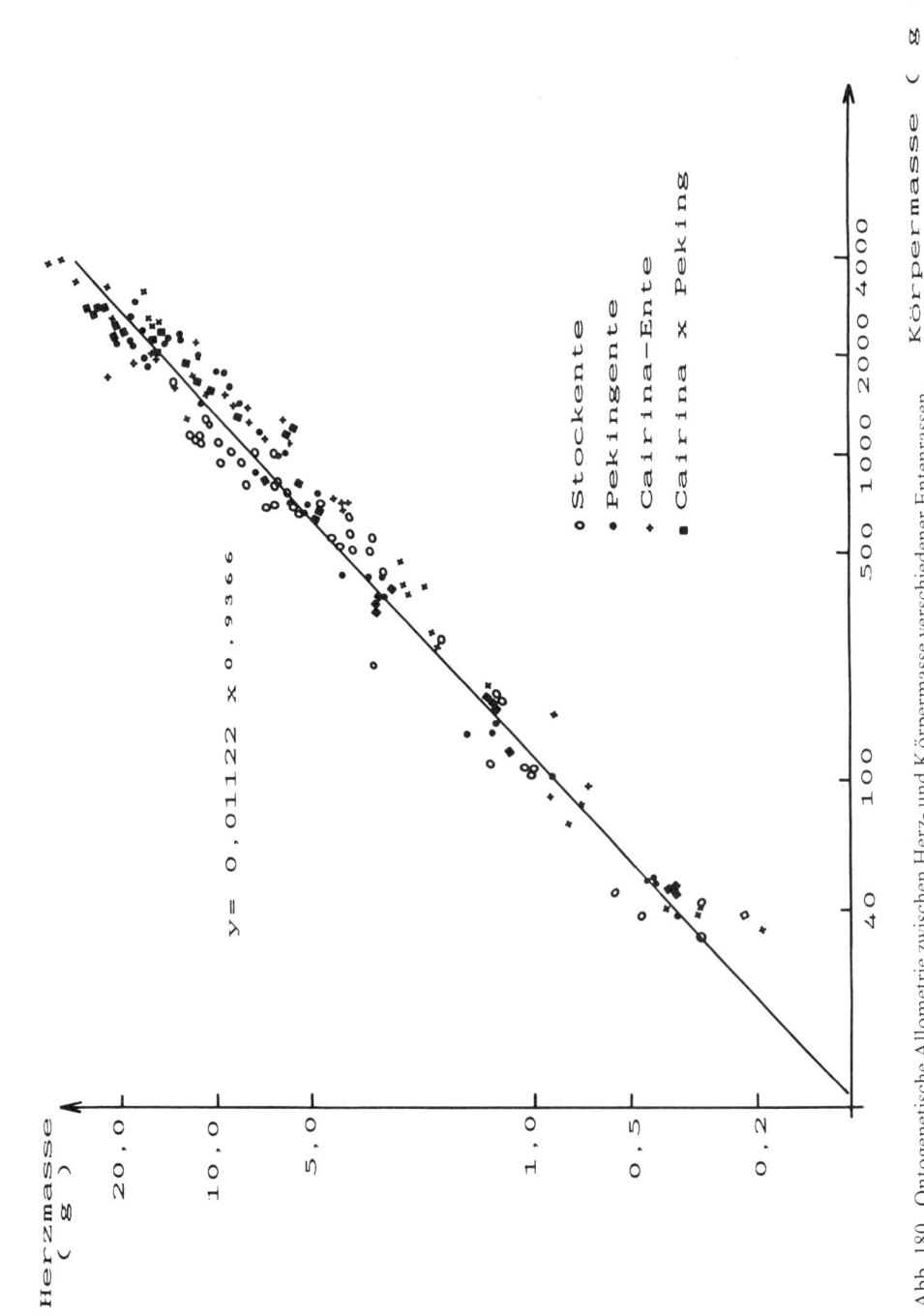

Abb. 180. Ontogenetische Allometrie zwischen Herz- und Körpermasse verschiedener Entenrassen.

Tabelle 8. Vergleich der erreichten Wachstumsanteile in Tagen von 11 Körperdimensionen für Hühner (A), Enten (B) und Gänse (C) bei Approximation der Janoschek-Funktion an die Wachstumsdaten.

Merkmal		Wachstumsanteile					
		50%	60%	70%	80%	90%	95%
Kopflänge	A	9,5	18,4	28,5	41,6	62	81
	B	7,9	13,6	20,2	28,7	41,9	54,2
	C	12,3	22,3	34,4	50,5	76,5	102
Kopfbreite	A	1	13,7	28	46,7	76,8	106
	B	—	3	11,8	20,1	31,3	40,8
	C	—	7,9	25,4	57,1	124	203
Humeruslänge	A	23,9	31,6	40,8	52,7	71,4	88,8
	B	23,9	27,4	31,2	35,6	41,6	46,6
	C	28,5	33,7	39,4	46,2	56	64,3
Ulnalänge	A	24,4	32,2	41,5	54	73,8	92,4
	B	26,2	29,4	32,7	36,4	41,3	45,3
	C	31,6	36,3	41,5	47,5	55,9	62,9
Femurlänge	A	24,1	32,2	42	54,7	74,7	93,2
	B	12,2	16	19,9	24,5	31,1	36,6
	C	12,1	16,3	21	26,8	35,6	43,5
Tibiotarsus-	A	25,4	34,3	44,8	58,5	79,9	99,7
länge	B	9	13,7	19	25,9	36,7	46,5
	C	10,6	16,2	23,2	32,9	48,9	64,9
Tarsometa-	A	19,9	27,7	37	49,2	68,6	87,7
tarsuslänge	B	9	15	21,8	30,3	43,5	55,6
	C	21,1	16,6	21,7	28	37,6	46,1
Femurbreite	A	31,3	46,4	66,5	95,7	147	200
	B	14,1	21,6	30,8	43,2	63,7	83,3
	C	11,4	17,8	25,8	36,7	54,9	72,6
Tibiabreite	A	13,7	21,6	31,9	46,5	71,6	96,8
	B	0	2,7	76,7	13,4	26,7	41,7
	C	3	6,1	10,9	16,7	26	34,9
Beckenbreite	A	25,1	35,9	49,6	68,5	100	132
	B	21,1	33,4	49,2	71,4	109	147
	C	19,5	29,3	40,9	56,2	80,3	103
Körpermasse	A	68,8	80,9	94,8	112	138	161
	B	31,4	36	41,2	47,5	56,5	64,2
	C	38,1	46,1	55,4	67,4	85,6	102

Tabelle 9. Faktor der Vervielfachung von Körperdimensionen und Lebendmasse zwischen Schlupf und Wachstumsabschluß.

Merkmal	Huhn	Ente	Gans
Kopflänge	2,49	2,69	2,71
Kopfbreite	2,03	1,72	1,98
Humeruslänge	5,89	7,80	8,39
Ulnalänge	6,28	6,78	9,25
Femurlänge	5,40	3,47	3,97
Tibiotarsuslänge	4,92	3,19	3,75
Tarsometatarsuslänge	4,44	2,74	3,73
Femurbreite	6,08	3,59	3,54
Tibiotarsusbreite	3,82	2,13	2,41
Beckenbreite	5,46	3,73	3,38
Körpermasse	114,42	58,08	46,2

sowohl im Erreichen bestimmter Wachstumsanteile in gleichen Altersstufen als auch in der, trotz deutlich unterschiedlicher Absolutbeträge der Wachstumsgröße, ähnlichen Gestalt ihrer Wachstums- und Wachstumsgeschwindigkeitskurven (Abb. 176).

Zwischen Schlupf und Wachstumsabschluß vervielfachen sich alle Skelettmaße des Geflügels um das Mehrfache (Tab. 9). Dabei verhalten sich die Entenvögel wiederum ähnlich und deutlich anders als die Hühnervögel.

Im Vergleich zu den Haussäugetieren tritt der **Wachstumsabschluß**, bezogen auf die Gesamtlebensdauer, beim Geflügel wesentlich früher ein. So verhält sich bei Puten mit einer Gesamtlebensdauer von 12–13 Jahren das Alter zum Zeitpunkt des Wachstumsabschlusses zur Lebensdauer etwa wie 1:20 bis 1:40. Etwa die gleichen Relationen gelten für das Huhn, während die Vergleichswerte für Rind und Schwein zwischen 1:3 und 1:7 liegen.

Die **Skelettmuskeln** wachsen mehrheitlich ebenfalls sigmoidal. Allerdings gibt es im Wachstumsverlauf der einzelnen Muskeln einer Tierart erhebliche Unterschiede, die sich in markanten Differenzen der Wendepunktplazierung oder der erreichten Wachstumsanteile zeigen (Abb. 177). Innerhalb einer Art existieren bei verschiedenen Rassen deutliche Unterschiede im Wachstum des gleichen Muskels, die neben den Endmassen auch den Modus des Abwachsens betreffen (Abb. 178). Während die Dicke der einzelnen Muskelfaser ein der Muskelmasse ähnliches Wachstumsverhalten zeigt, eilt das Wachstum der Muskelfaserlänge dem Dickenwachstum voraus. So ist das Faserlängenwachstum im M. flexor cruris lateralis der Ente je nach Rasse zwischen 40. und 70. Lebenstag abgeschlossen, während die Endmasse des Muskels erst etwa am 90.–170. Tag erreicht ist. Der Zuwachs an Muskelmasse jenseits des 40. bis 70. Lebenstages ergibt sich demzufolge aus dem radiären Faserwachstum.

Beim Truthuhn hat der Muskelfaserdurchmesser zum kommerziellen Schlachtzeitpunkt zwischen 16. und 20. Lebenswoche schon 93 bis 98% des Endwerts erreicht. Die Wachstumsteile der Körpermasse liegen in diesem Zeitraum zwischen 67 und 82%. Die weitere Körpermassezunahme jenseits des kommerziellen Schlachtalters ist somit kaum noch durch Muskelwachstum verursacht.

Eine vergleichende Darstellung des Wachstums von Organen, die unterschiedlichen Organsystemen angehören (Abb. 179), zeigt Unterschiede, die mit der Funktion dieser

Tabelle 10. Organwachstum bei der Pekingente (Wachstumsanteile in Tagen).

Wachstumsanteile	Herz	Leber	Niere	Gehirn
10%	9	4	4	pränatal
25%	20	11	9	1
50%	37	24	16	20
75%	60	43	23	57
95%	103	81	34	150

Organe im Zusammenhang stehen. So weist die Wachstumskurve des postnatal nur durch Hypertrophie wachsenden Gehirns keinen Wendepunkt auf. Der hohe Wachstumsanteil zur Geburt und das pränatal plazierte Zuwachsmaximum spiegeln dessen zentrale Bedeutung als Steuerungs- und Regelorgan wider. Die Funktion sensorischer, motorischer und sozialer Fähigkeiten unmittelbar nach dem Schlupf ist insbesondere bei nestflüchtenden Tierarten lebensnotwenig. Die Wachstumskurven von Leber-, Nieren- und Herzmasse haben bei der Ente Wendepunkte zwischen 8. und 22. Lebenstag. Die Niere und die Leber mit ihrer zentralen Bedeutung für die Ausscheidung harnpflichtiger Stoffe sowie den Elektrolyt- und Wasserhaushalt bzw. den Kohlenhydrat-, Fett- und Proteinstoffwechsel wachsen mit hoher Geschwindigkeit in der initialen Wachstumsphase, das Herz wächst geringfügig langsamer (Tab. 10).

Kenntnisse über das Wachstum einer Tierart und ihrer Organsysteme sind neben allgemeinem biologischem Interesse von großer praktischer Bedeutung. So ist das Wissen über das Normalwachstum Voraussetzung für die Erkennung von Wachstumsstörungen als Folge von Krankheit, Mangel- und Fehlernährung oder inadäquaten Haltungsbedingungen. Weiterhin ermöglicht die Kenntnis über die Phasen besonders intensiven Wachstums von Organen eine optimale qualitative und quantitative Gestaltung des Fütterungsregimes. Schließlich lassen sich anhand der **Wachstumsanteile**, die das relevante Organsystem, z. B. die Skelettmuskulatur, im Altersverlauf erreicht, begründete Aussagen zum wirtschaftlich sinnvollen Schlachtzeitpunkt ableiten. Darüber hinaus lassen sich Beziehungen zwischen dem Wachstum eines Organs und seiner Funktion finden. So spiegelt sich die in der Produktion spezifischer lymphoider Abwehrzellen bestehende Funktion des Thymus in positivem Wachstum bis zum Entfaltungsmaximum und in der sich anschließenden, negatives Wachstum darstellenden, Involution des Organs wider.

Literatur

- **Hand- und Lehrbücher, Monographien**

Baumel, J. J., King, A. S., Lucas, A. M., Breazile; J. E., and Evans, H. E. (Eds.) (1979): Nomina anatomica Avium: An Annotated Anatomical Dictionary. Academic Press, New York.

Bell, D. J., and Freeman, B. (1971): Physiology and Biochemistry of the Domestic Fowl. Academic Press, New York – London.

Bradley, O. C., and Graham, T. (1960): The structure of the Fowl. 4th Ed. Oliver and Boyd, Edinburgh – London.

Chamberlain, F. W. (1943): Atlas of Avian Anatomy (Osteology, Arthrology, Myology). Agricult. Exp. Stat. Memoir Bull, Michigan.

Dyce, K. M., Sack, W. O., and Wensing, C. J. G. (1991): Anatomie der Haustiere. Kapitel 39: Die Anatomie der Vögel. Ferdinand Enke, Stuttgart.

Fedde, M. R. (1984): Respiration in birds. In: Swenson, M. J. (Ed.): Duke's Physiology of Domestic Animals, 10th Ed. Cornell University Press., Ithaca, 255 – 261.

Freye, H. A. (1957): Die Anatomie des Haushuhnes. Das Wirtschaftsgeflügel 23 – 74.

Freye, H. A. (1960): Das Tierreich. VII/5, Vögel. Sammlung Göschen, Bd. 869. Verlag de Gruyter & Co., Berlin.

Fürbringer, M. (1888): Untersuchungen zur Morphologie und Systematik der Vögel, Bd. 2. Verlag Fischer, Amsterdam – Jena.

George, J. C., and Berger, A. J. (1965): Avian Myology. Academic Press, New York – London.

Getty, R. (Ed.) (1975): Aves. In: Sisson and Grossman's Anatomy of the Domestic Animals. 5th Ed. Vol. 2. W. B. Saunders, Philadelphia, 1787 – 2095.

Ghetie, V., Chitescu, St., Cotofan, V., und Hillebrand, A. (1976): Atlas De Anatomie A Păsărilor Domestice. Editura Acad. Republicii Socialiste România, Bucharest.

Grassé, P. P. (1959): Traité de Zoologie (Anatomie, Systématique, Biologie). Tome XV, Oiseaux. Masson & Cie., Paris.

Grau, H. (1943): Anatomie der Hausvögel. In: Ellenberger und Baum's Handbuch der vergleichenden Anatomie der Haustiere (O. E. Zietzschmann, E. Ackerknecht und H. Grau, Hrsg.). 18. Aufl. Springer, Berlin.

Groebbels, F. (1932 – 1937): Der Vogel. Bau und Funktion, Lebenserscheinung, Einpassung. Vol. I u. II. Verlag Borntraeger, Berlin.

Gurlt, E. F. (1849): Anatomie der Hausvögel. Berlin.

Harvey, E. B. (1948): Atlas of the Domestic Turkey *(Meleagris gallopavo)*, Myology and Osteology. Unit. Sts. atomic. energy commission. Div. of Biology and Medicine. WASH **1123**, 1 – 237.

Hodges, R. D. (1974): The Histology of the Fowl. Academic Press, London – New York.

Hoffmann, G., und Völker, H. (1966): Anatomie und Physiologie des Nutzgeflügels. Hirzel, Leipzig.

Kaupp, B. F. (1918): Anatomy of the Domestic Fowl. W. B. Saunders & Co., Philadelphia – London.

King, A. S., and Molony, V. (1971): The Anatomy of Respiration In: Bell. D. J., and B. M. Freeman (Eds.): The Physiology and Biochemistry of the Domestic Fowl. Vol. 1. Academic Press, New York, 109.

King, A. S., and McLelland, J. (Eds.) (1979 – 1984): Form und Function in Birds, Vol. 1 – 4. Academic Press, London.

King, A. S., and McLelland (1984): Birds – their Structure and Function. 2nd Ed., Baillière Tindall, London.

Koch, T. (1973): Anatomy of the Chicken and Domestic Birds. The Iowa State University Press, Ames (Iowa).

Kolda, J., und Komárek, V. (1958). Anatomie domaćich ptáku. Prag.

Komárek, V., Malinovský, L., und Lemež, L. (1986): Anatomia avium domesticarum et embryologia galli. Priroda. Bratislava.

Krause, R. (1922): Mikroskopische Anatomie der Wirbeltiere. II. Vögel und Reptilien. W. de Gruyter & Co., Berlin – Leipzig.

Lucas, A. M., and Jamorz, C. (1961): Atlas of Avian Hematology. D. C. Govt. Print. Off., Washington.

Marshall, A. J. (1960/61): Biology and Comparative Physiology of Birds. Academic Press, New York – London.

Marshall, W. (1985): Der Bau der Vögel. Leipzig.

McLelland, J. (1990): A Colour Atlas of Avian Anatomy. Wolfe Publishing Ltd., Aylesbury.

Mehner, A., und Hartfiel, W. (1983): Handbuch der Geflügelphysiologie. Teil 1 und 2. Gustav Fischer Verlag, Jena.

Michel, G. (1986): Kompendium der Embryologie der Haustiere. 4. Aufl. Gustav Fischer, Jena.

Schauder, W. (1923): Anatomie der Hausvögel. In: Martin's Lehrbuch der Anatomie der Haustiere. Schickhardt & Ebner, Stuttgart.

Schnorr, B. (1989): Embryologie der Haustiere. Ferdinand Enke Verlag, Stuttgart.

Schummer, A. (1973): Lehrbuch der Anatomie der Haustiere. Bd. V. Anatomie der Hausvögel. Parey, Berlin – Hamburg.

Schwarze, E., und Schröder, L. (1985): Kompendium der Geflügelanatomie. 4. Aufl., Gustav Fischer Verlag, Jena.

Stresemann, E. (1966): Aves. In: Kükenthal-Krumbacher: Handbuch der Zoologie. Verlag de Gruyter & Co., Berlin.

- **Bewegungsapparat**

Alex, H. (1961): Der aktive Bewegungsapparat des Geflügels und seine Vergleichbarkeit mit dem der Haussäugetiere. Berlin, Diss.

Bannasch, R. (1980): Studie zur Flugmuskulatur der Vögel. Untersuchungen am Musculus pectoralis. Milu **5**, 57 – 68.

Baumel, J. J. (1979a): Osteologia. In: Baumel, J. J., King, A. S., Lucas, A. M., Breazile, J. E., and Evans, H. E. (Eds.): Nomina Anatomica Avium. Academic Press. London – New York.

Baumel, J. J. (1979b): Arthologia. In: Baumel, J. J. King, A. S., Lucas, A. M., Breaziel, J. E., and Evans, H. E. (Eds): Nomina Anatomica Avium. Academic Press, London – New York.

Barnett, C. H. (1954a): A comparison of the human knee and avian ankle. J. Anat. **88**, 59 – 70.

Barnett, C. H. (1954b): The structure and funktion of fibrocartilages within vertebrate joints. J. Anat. **88**, 363 – 368.

Bellairs, A. A., and Jenkin, C. R. (1960): The skeleton of birds. In: Biology and Comparative Physiology of Birds (A. J. Marshall, Ed.). Vol. 1. Academic Press, New York – London.

Berger, A. J. (1956): The expansor secundariorum muscle, with special reference to passerine birds. J. Morph. **99**, 137 – 168.

Berger, A. J. (1960): The musculature. In: Marshahll, A. J. (Ed.): Biology and Comparative Physiology of Birds. Vol. 1. Academic Press, New York – London.

Berger, A. J. (1969): Appendicular myology of passerine birds. Wilson Bull. **81**, 220 – 223. New York – London.

Bock, W. J. (1960): Secondary articulation of the avian mandible. Auk **77**, 19 – 55.

Bock, W. J. (1962): The pneumatic fossa of the humerus in the Passeres. Auk **79**, 425 – 443.

Bock, W. J. (1964): Kinetics of the avian skull. J. Morph. **114**, 1 – 52.

Bock, W. J. (1968): Mechanics of one- and two-joint muscles. Amer. Mus. Novit. **2319**, 1 – 45.

Bock, W. J. (1974): The avian skeletomusculatur system. In: Farner, D. S., and King, J. R. (Eds.): Avian Biology, Vol. IV. Academic Press, London – New York.

Bock, W. J., and Hikida, R. S. (1968): An analysis of twitch and tonus fibers in the hatching muscle. Condor **70**, 211 – 222.

Bock, W. J., and Morioka, H. (1971): Morphology and evolution of the ectethmoid-mandibular articulation in the Melpiphagidae (Aves.): J. Morph. **135**, 13–50.

Bösinger, E. (1950): Vergleichende Untersuchungen über die Brustmuskulatur von Huhn, Wachtel und Star. Act. Anat. **10**, 385–429.

Bühler, P. (1970): Schädelmorphologie und Kiefermechanik der Caprimulgidae (Aves). Z. Morph. Tiere **66**, 337–399.

Burton, P. J. K. (1971): Some observations on the splenius capitis muscle of birds. Ibis **113**, 19–28.

Chamberlain, F. W. (1943): Atlas of Avian Anatomy (Osteology, Arthrology, Myology). Michigan Agricult. Exp. Stat. Memoir Bull.

Cracraft, J. (1979): The functional morpholoy of the hindlimb of the domestic pigeon, *Columba livia*. Bull. Amer. Mus. Nat. Hist. **144**, 171–268.

Edgeworth, F. H. (1935): The Cranial Muscles of Vertebrates. Cambridge University Press, London.

Engels, W. L. (1938): Tongue musculature of passerine birds. Auk. **55**, 642–650.

Fedducia, A. (1975): Aves osteology. In: Sisson and Grossman's Anatomy of the Domestic Animals (Getty, R., Ed.), 5th Ed. Vol. 2. W. B. Saunders, Philadelphia, 1790–1801.

Frewein, J. (1961): Das Sprunggelenk des Haushuhnes. Wien. tierärztl. Wschr. **48**, 631–642.

Frewein, J. (1967): Die Gelenkräume, Schleimbeutel und Sehnenscheiden an den Zehen des Haushuhnes. Zbl. Vet. Med. **14**-A, 129–136.

Fujioka, T. (1955). Time and order of appearance ossification centres in the chicken skeleton. Act. anat. Nipponica **30**, 140–150.

Fujioka, T. (1959): On the origins and insertions of the muscles of the thoracic limb in the fowl. Jap. J. Vet. Sci. **21**, 85–95.

Fujioka, T. (1962): On the origins and insertions of the muscles of the pelvic limb in the fowl. Jap. J. Vet. Sci. **24**, 183–199.

Fujioka, T. (1963): On the origins and insertions of the muscles of the head and neck in fowl. Part. I. Muscles of the head. Jap. J. Vet. Sci. **25**, 207–226.

Fürbringer, M. (1886): Über Deutung und Nomenklatur der Muskulatur des Vogelflügels. Morph. Jb. **11**, 121–125.

Fürbringer, M. (1902): Zur vergleichenden Anatomie des Brustschulterapparates und der Schultermuskeln. V. Teil. Vögel. Jena Z. Naturw. **36** (N. F. 29), 289–736.

Gegenbaur, C. (1871): Beiträge zur Kenntnis des Beckens der Vögel. Jena Z. Naturw. **6**, 157–220.

Georghe, J. C., and Berger; A. J. (1966): Avian Myology. Academic Press, London–New York.

Haege, D. (1985): Systematische Anatomie der Musculi membri pelvici bei Haushuhn, Hausente und Haustaube. München, Diss.

Harvey, E. B., Kaiser, H. E., and Rosenberg, I. E. (1968): An Atlas of the Domestic Turkey *(Meleagris gallopavo)*. Myology and Osteology. U.S. Atomic Energy Commision, Division Biological Medicine. U.S. Government Printing Office, Washington D.C.

Helm, A. F. (1884): Über die Hautmuskeln der Vögel, ihre Beziehungen zu Federfluren und ihre Funktionen. J. Ornith. **32**, 321–379.

Hikida, R. S., and Bock, W. J. (1974): Analysis of fiber types in the pigeon's metapatagialis muscle. I. Histochemistry, end plates and ultrastructure. Tissue and Cell **6**, 411–430.

Hikida, R.S., and Bock, W. J. (1976): Analysis of fiber types in the pigeon's metapatagialis muscle. II. Effects of denervation. Tissue and Cell **8**, 259–276.

Hofer, H. (1950): Zur Morphologie der Kiefermuskulatur der Vögel. Zool. Jb. (Anat.) **70**, 427–600.

Howell, A. B. (1938): Muscles of the avian hip and high. Auk **55**, 71–81.

Hudson, G. E. (1937): Studies on the muscles of the pelvic appendage in birds. Amer. Midl. Nat. **18**, 1–108.

Hudson, G. E., and Lanzillotti, P. J. (1964): Muscles of the pectoral limb in galliform birds. Amer. Midl. Nat. **71**, 1–113.

Hudson, G. E., Lanzillotti, P. J., and Edwards, G. D. (1959): Muscles of the pelvic limb in galliform birds. Amer. Midl. Nat. **61**, 1–67.

Jäger, G. (1857): Das Os humero-scapulare der Vögel. Sitz. Ber. Akad. Wiss. Wien **23**, 387–423.
Jäger, G. (1858): Das Wirbelkörpergelenk der Vögel. Sitz. Ber. Akad. Wiss. Wien **23**, 527–564.
Jollie, M. T. (1957): The head skeleton of the chicken and remarks on the anatomy of this region in other birds. J. Morph. **100**, 389–436.
King, A. S. (1957): The aerated bones of *Gallus domesticus*. Acta Anat. **31**, 220–230.
Kuroda, N. (1960): On the pectoral muscles of birds. Misc. Reports Yamashina Inst. Ornith, Zool. **2**, 50–59.
Kuroda, N. (1961): A note on the pectoral muscles of birds. Auk **78**, 261–263.
Kuroda, N. (1962): On the cervical muscles of birds. Misc. Reports Yamashina Inst. Ornith. Zool. **3**, 189–211.
Lambrecht, K. (1914): Morphologie des Mittelhandknochens, Os metacarpi der Vögel. Aquila, Jb. **1**, **21**, 53–84.
Lebedinsky, N. C. (1921): Zur Syndesmologie der Vögel. Anat. Anz. **54**, 8–15.
Martin, R. (1904): Die vergleichende Osteologie der Columbiformes. Basel, Diss.
McLelland, J. (1968): The hyoid muscles of *Gallus gallus*. Acta Anat. **69**, 81–86.
Palmgren, P. (1949): Zur biologischen Anatomie der Halsmuskulatur der Singvögel. In: Ornithologie als Biologische Wissenschaft (Mayr, E., und Schuz, E., Hrsg.). Carl Winter, Heidelberg.
Portmann, A. (1950): Squelette. In: Traité de Zoologie (Grassé, P. P., Ed.). **15**, Oiseaux, Masson, Paris.
Raikow, R. (1984): Locomotor system. In: King, A. S., and McLelland, J. (Eds.): Form and Function in Birds. Vol. **3**, Academic Press, London–New York.
Romer, A. S. (1927): The development of the thigh musculature of the chick. J. Morph., Physiol. **43**, 347–385.
Sailer, G. (1985): Systematische Anatomie der Musculi subcutanei, mandibulae, apparatus hyobranchialis, colli, trunci et caudae bei Haushuhn, Haustaube, Hausente. München, Diss.
Simić, V., und Andrejević, V. (1963): Morphologie und Topographie der Brustmuskeln bei den Hausphasianiden und der Taube. Morph. Jb. **104**, 546–560.
Simić, V., und Andrejević, V. (1964): Morphologie und Topographie der Brustmuskeln bei den Hausschwimmvögeln. Morph. Jb. **106**, 480–490.
Steiner, H. (1922): Die ontogenetische und phylogenetische Entwicklung des Vogelflügelskeletts. Acta Zool. **3**, 307–359.
Sullivan, G. E. (1962): Anatomy and embryology of the wing musculature of the domectic fowl *(Gallus)*. Austral. J. Zool. **10**, 458–518.
Van den Berge, J. C. (1975): Aves Myology. In: Sisson and Grossman's Anatomy of the Domestic Animals (Ghetty, R., Ed.), 5th Ed. Vol. 2. W. B. Saunders, Philadelphia, 1802–1848.
Van den Berge, J. C. (1979): Myologia In: Baumel, J. J., King, A. S., Lucas, A. M., Breazile, J. E., and Evans, H (Eds.): Nomina Anatomica Avium. Academic Press. London–New York.
van Oort, E. D. (1905): Beitrag zur Osteologie des Vogelschwanzes. Tijdschr. nederl. dierk. Ver. **9**, 1–144.
Wappler, K. (1973): Kapillar-Faserrelation verschiedener Hühnermuskeln, eine methodologische und funktionell-anatomische Studie. Berlin, Diss.
Wicht, D.-I. (1985): Systematische Anatomie der Musculi alae (membri thoracici) bei Haushuhn, Hausente, Haustaube. München, Diss.
Wissdorf, H., und Heidenreich, M. (1979): Anatomische Grundlagen und Operationsbeschreibung zur Beseitigung der Flugfähigkeit bei Schwänen durch Tenektomie, Kleintierpraxis **24**, 145–150.

- **Körperhöhle**

Beddard, F. E. (1896): On the oblique septe ("diaphragm" of Owen) in the passerines and in some other birds. Proc. Zool. Soc. London, 225–231.
Bittner, H. (1925): Beitrag zur topographischen Anatomie der Eingeweide des Huhnes. Z. Morph. Ökol. Tiere **2**, 785–793.

Butler, G. W. (1889): On the subdivision of the body-cavity in lizards, crocodiles and birds. Proc. zool. Soc. London, 452–474.

Duncker, H. R. (1979): Coelomic cavities. In: King, A. S. and McLelland, J. (Eds.): Form and Function in Birds. Vol. **1**. Academic Press, London–New York.

Goodchild, W. M. (1970): Differentiation of the body cavities and air sacs of *Gallus domesticus* post mortem and their location in vivo. Br. Poult. Sci **11**, 209–215.

Kern, D. (1963): Die Topographie der Eingeweide der Körperhöhle des Haushuhnes *(Gallus domesticus)* unter besonderer Berücksichtigung der Serosa- und Gekröseverhältnisse. Gießen, Diss.

McLelland, J. (1978): Pericardium, pleura et peritoneum. In: Baumel, J., King, A. S., Lucas, A. M., Breazile, J. E., and Evans, J. E. (Eds.): Nomina Anatomica Avium. Academic Press, London–New York.

McLelland, J., and King, A. S. (1970): The gross anatomy of the peritoneal coelomic cavities of *Gallus domesticus*. Anat. Anz. **127**, 480–490.

McLelland, J., and King, A. S. (1975): Aves Celomic Cavities and Mesenteries. In: Sisson and Grossman's Anatomy of the Domestic Animals (Getty, R., Ed.), 5th Ed. Vol. 2. W. B. Saunders, Philadelphia, 1849–1856.

Petit, M. (1933): Péritoine et cavité péritoneale chez les oiseaux. Rev. vet. J. Med. vet. **85**, 376–382.

Poole, M. (1909): The development of the subdivisions of the pleuroperitoneal cavity in birds. Proc. Zool. Soc. Lond. **77**, 210–235.

- **Verdauungssystem**

Aitken, R. N. C. (1958): A histochemical study of the stomach and intestine of the chicken. J. Anat. **92**, 453–466.

Aulmann, G. (1909): Mundrachenwand der Vögel und Säuger. Morphol. Jahrbuch **39**, 34–82.

Baumel, J. J. (1979): Nomina Antomica Avium. Academic Press, New York.

Beams, H. W., and Meyer, K. R. (1928): The formation of pigeon milk. Anat. Rec. **41**, 70–83.

Berkhoudt, H. (1977): Taste buds in the bill of the mallard (*Anas platyrhynchos* L.) Neth. J. Zool. **27**, 310–331.

Brüne, E., und Weyrauch, D. (1878): Die Blutgefäßversorgung von Drüsen- und Muskelmagen beim Haushuhn. Anat. Anz. **144**, 128–146.

Buch, H. (1912): Beobachtungen an der Taubenleber. Anat. H. **45**, 128–146.

Calhoun, M. L. (1923): The microscopic anatomy of the digestive tract of *Gallus domesticus*. Iowa State College J. Sci. **7**, 261–283.

Clara, M. (1924): Das Pankreas der Vögel. Anat. Anz. **57**, 257–266.

Couch, J. R., German, H. L., Knight, D. R., Parks, P. S., and Pearson, P. B. (1950): The importance of the caecum in intestinal synthesis in the mature domestic fowl. Poultry Sci. **29**, 52–58.

Davies, W. L. (1939): The composition of the crop milk of pigeons. Biochem. J. **33**, 898–901.

Dyce, K. M., Sack, W. O., and Wensing, C. J. G. (1991): Anatomie der Haustiere. 39. Anatomie der Vögel. Enke Verlag, Stuttgart.

Eglitis, I., and Knouff, R. A. (1962): An histological and histochemical analysis of the inner lining and glandular epithelium of the chicken gizzard. Am. J. Anat. **111**, 49–66.

Elias, H., and Bengelsdorf, H. (1952): The structure of the liver of vertebrates. Acta anat. **14**, 297–337.

Evans, H. E. (1952): Guide to study and dissection of the chicken. Ithaca, New York.

Fedr, H. (1972): Strukturuntersuchungen am Oesophagus verschiedener Vogelarten. Zbl. Vet. Med. C **1**, 201–211.

Fenna, L., and Boag, D. A. (1974): Filling and emptying of the galliform caecum. Can. J. Zool. **52**, 537–540.

Flesch, M. (1888): Über Beziehungen zwischen Lymphfollikeln und sezernierenden Drüsen im Oesophagus. Anat. Anz. **3**, 283–286.

Flesching, G. (1964): Makroskopische und mikroskopische Anatomie der Leber und des Pankreas bei Huhn, Truthuhn, Ente, Gans und Taube. Leipzig, Diss.

Ghetie, V., Chitescu, St., Cotofan, V., und Hillebrand, A. (1976): Atlas de Anatomie a pasarilor domestice. Editura Academiei Republicii Romania.

Grau, H. (1943): Die Anatomie der Hausvögel. In: Ellenberger, W., und Baum, H.: Handbuch der vergleichenden Anatomie der Haustiere, Springer, Berlin.

Grau, H. (1943): Artmerkmale am Darmkanal unserer Hausvögel. Berl. Tierärztl. Wschr. **23/24**, 176–179.

Heupke, W., und Franzen, J. (1957): Ein Vergleich der Verdauungsvorgänge beim Menschen und Vögeln. Arch. Tierern. **7**, 48–53.

Hill, K. J. (1983): The physiology of the digestive tract. In: Freeman, B. M. (Ed.): Physiology and Biochemistry of the Domestic Fowl. Vol. 4. Academic Press, London–New York.

Hodges, R. D. (1972): The ultrastructure of the liver parenchyma of the immature fowl *(Gallus domesticus)*. Z. Zellforsch. mikrosk. Anat. **133**, 35–46.

Hodges, R. D. (1974): The histology of the fowl. Academic Press, London–New York.

Hodges, R. D., and Michael, E. (1975): Structure and histochemistry of the normal intestine of the fowl. III. The fine structure of the duodenal crypt. Cell Tissue Res. **160**, 125–138.

Hölting, H. (1912): Über den mikroskopischen Bau der Speicheldrüsen einiger Vögel. Gießen, Diss.

Huphrea, C. D., and Turk, D. E. (1974): The ultrastructure of normal cock intestinal epithelium. Poultry Sci. **53**, 1990–2000.

Ivey, W. D., and Edgar, S. A. (1952): The histogenesis of the esophagus and crop of the chicken, turkey, guinea fowl and pigeon, with special reference to ciliated epithelium. Anat. Rec. **114**, 189–212.

Joos, Ch. (1952): Untersuchungen über die Histiogenese der Drüsenschicht des Muskelmagens bei Vögeln. Rev. Suisse Zool. **59**, 315–338.

Kaiser, H. (1924): Beiträge zur makro- und mikroskopischen Anatomie des Gänse- und Taubendarms. Hannover, Diss.

Kappelhoff, W. (1959): Zum mikroskopischen Bau der Blinddärme des Huhnes *(Gallus domesticus* L.) unter besonderer Berücksichtigung ihrer postembryonalen Entwicklung. Gießen, Diss.

Kersten, A. (1911): Die Entwicklung der Blinddärme bei *Gallus domesticus* unter Berücksichtigung der Ausbildung des gesamtes Darmkanals. Arch. mikrosk. Anat. **79**, 114–174.

Kern, D. (1963): Die Topograhie der Eingeweide der Körperhöhle des Haushuhnes *(Gallus domesticus)* unter besonderer Berücksichtigung der Serosa- und Gekröseverhältnisse. Gießen, Diss.

King, A. S., und McLelland, J. (1978): Anatomie der Vögel. Eugen Ulmer, Stuttgart.

King, A. S., und McLelland, J. (1984): Birds. Their structure and function. Baillière Tindall, London.

Kolda, J., und Komárek, V. (1958): Anatomie domacich ptaku. SZN. Praha.

Kolda, J. (1986): Anatomia avium domesticarum et embryologia galli. II. dil. Priroda, Bratislava.

Krüger, A. (1923): Beiträge zur makro- und mikroskopischen Anatomie des Darmes von *Gallus domesticus* mit besonderer Berücksichtigung der Darmzotten. Hannover, Diss.

Littwer, G. (1926): Die histologischen Veränderungen der Kropfwandungen bei Tauben, zu der Bebrütung und Ausfütterung ihrer Jungen. Z. Zellforsch. **3**, 695–722.

Malewitz, T. D., and Calhoun, M. L. (1958): The gross and microscopic anatomy of the digestive tract, spleen, kidney, lungs and heart of the turkey. Poultry Sci. **37**, 388–398.

McLelland, J. (1975): Aves digestive system. In: Getty, R. (Ed.): Sisson and Grossman's Anatomy of the Domestic Animals. 5th Ed. Saudners, Philadelphia.

McLelland, J. (1979): Systema digestorum. In: Baumel, J. J., King, A. S., Lucas, A. M., Breazile, J. E., and Evans, H. E. (Eds.): Nomina Anatomica Avium. Academic Press, London–New York.

McLeod, W. M. (1939): Anatomy of the digestive tract of domestic fowl. Vet. Med. **34**, 722–727.

Meyer, W. (1921): Beiträge zur Histologie der Vogelleber. Hannover, Diss.

Michel, G. (1971): Zur Histologie und Histochemie der Schleimhaut des Drüsen- und Muskelmagens von Huhn und Ente. Mh. Vet.-Med. **26**, 907–911.

Michel, G., und Gutte, G. (1971): Zur mikroskopischen Anatomie und Histochemie des Darmkanales von Huhn und Ente. Arch. exper. Vet. med. Med. **25**, 601–613.

Miyaki, T. (1973): The hepatic lobule and its relation to the distribution of blood vessels and bile ducts in the fowl. Jap. J. Vet. Sci. **35**, 403–410.

Miyaki, T. (1978): The affarent venous vessels to the liver and the intrahepatic portal distribution in the fowl. Zbl. Vet. Med. C **7**, 129–139.

Nagy, L. (1933): Vergleichende Untersuchung über die Struktur der Leber, der Gallenblase und der Gallenwege im Geflügel. Budapest, Diss.

Neumann, U. (1972): Lichtmikroskopische Untersuchungen am Ösophagus des SPF-Huhnes unter besonderer Berücksichtigung des lymphatischen Gewebes. Hannover, Diss.

Niethammer, G. (1931). Zur Histologie und Physiologie des Taubenkropfes. Zool. Anz. **97**, 93–103.

Olivo, O. M. (1947): Structure de la membrane keratinoide de l'estomac musculaire de *Gallus gallus*. Acta anat. **4**, 213–217.

Oppel, A. (1895): Über die Muskelschichten im Drüsenmagen der Vögel. Anat. Anz. **11**, 167–192.

Pastea, E., Nicolau, A., Popa, V., May, I., und Rosca, I. (1969): Untersuchungen zur Morpho-Physiologie des Magenkomplexes der Ente. Zbl. Vet. Med. A **16**, 450.

Pernkopf, E. (1930): Beiträge zur vergleichenden Anatomie des Vertebratenmagens-Muskelmagen der Vögel. Z. Anat. Entw. gesch. **91**, 178–387.

Pernkopf, E., und Lehner, J. (1937): Vorderdarm. Vergleichende Beschreibung des Vorderdarmes bei den einzelnen Klassen der Kranioten. In: Bölk, Göppert, Kallius, Lubosch: Handbuch der vergleichenden Anatomie der Wirbeltiere. Urban und Schwarzenberg, Berlin–Wien.

Pilz, H. (1937). Artmerkmale am Darmkanal des Hausgeflügels. Morphol. Jahrb. **79**, 275–304.

Praast, M. (1922): Beiträge zur vergleichenden Anatomie und Histologie des Ösophagus der Vögel. Hannover, Diss.

Preuss, F., Donat, K., und Luckhaus, G. (1969): Funktionelle Studie über die Zunge der Hausvögel. Berl. Münch. Tierärtl. Wschr. **82**, 45–48.

Pourton, M. D. (1969): Structure and ultrastructure of the liver in the domestic fowl, *Gallus gallus*. J. Zool. **159**, 273–282.

Simić, V., und Janković, N. (1959): Ein Beitrag zur Kenntnis der Morphologie und Topographie der Leber beim Hausgeflügel und der Taube. Acta Vet. **9**, 7–34.

Shiveley, M. J. (1982): Xerographic anatomy of the pigeon: *Columba livia domestica*. Southwest Vet. **35**, 101–111.

Schummer, A. (1973): Anatomie der Hausvögel. In: Nickel, R., Schummer, A., und Seiferle, E.: Lehrbuch der Anatomie der Haustiere. Bd. V. Paul Parey, Hamburg und Berlin.

Schwarze, E., und Schröder, L. (1972). Kompendium der Geflügelanatomie. Gustav Fischer Verlag, Jena.

Smollich, A. (1972): Verdauungssystem des Geflügels. In. Sajonski, H., und Smollich, A.: Mikroskopische Anatomie. Hirzel, Leipzig.

Toner, P. G. (1963): The fine structure of resting and active cells in the submucosal glands of the fowl proventriculus. J. Anat. **97**, 575–583.

Toner, P. G. (1964): The fine structure of gizzard gland cells in the domestic fowl. J. Anat. **98**, 77–86.

Vericak, T. (1936): Über die Entwicklung des Muskelmagens des Haushuhnes. Vet. Arch. **6**, 374–409.

Weber, W. (1962): Zur Histologie und Cytologie der Kropfmilchbildung der Taube. Z. Zellforsch. **56**, 247–276.

Wildfeuer, A. (1963): Ein Beitrag zur Morphologie der Leber des Huhnes. Makroskopische und mikroskopische Untersuchungen der Leber in verschiedenen Altersstufen. Gießen, Diss.

Zietzschmann, O. (1908): Über eine eigenartige Grenzzone in der Schleimhaut zwischen Muskelmagen und Duodenum beim Vogel. Anat. Anz. **33**, 456–460.

Zülicke, P. (1966): Beitrag zur Anatomie und Histologie des Mittel- und Enddarmes der Gans. Leipzig, Diss.

Zweers, G. A. (1982): The feeding system of the pigeon (*Columba livia* L.). Adv. Anat. Embryol. Cell. Biol. **73**, 1—108.

- **Atmungssytem**

Abdalla, M. A., Maina, J. N., King, A. S., King, D. Z., and Henry, J. (1982): Morphometrics of the avian lung. 1. The domestic fowl (*Gallus gallus* variant *domesticus*): Respir. Physiol. **47**, 267—278.

Akester, A. R. (1960): The comparative anatomy of the respiratory pathways in the domestic fowl *(Gallus domesticus)*, pigeon *(Columba livia)*, and domestic duck *(Anas platyrhyncha)*. J. Anat. **94**, 487—505.

Akester, A. R., and Mann, S. P. (1969): Ultrastructure and innervation of the tertiary-bronchial unit in the lung of *Gallus domesticus*. J. Anat. **105**, 202—204.

Ames, P. L. (1971): The morphology of the syrinx in passerine birds. Bull. Peabody Mus. Nat. Hist. (Yale Univ.) **37**, 1—194.

Beddard, F. E. (1888): Notes on the visceral anatomy of birds. II: On the respiratory organs in certain diving birds. Proc. Zool. Soc. London 1888, 252—258.

Cover, M. S. (1953): The gross and microscopic anatomy of the respiratory system of the turkey. I. The nasal cacity and infra-orbital sinus. II. The larynx, trachea, syrinx, bronchi and lungs. III. The air sacs. Amer. J. vet. Res. **14**, 113—117, 230—238 u. 239—345.

Duncker, H.-J. (1979): Die funktionelle Anatomie des Lungen-Luftsack-Systems der Vögel mit besonderer Berücksichtigung der Greifvögel. Prakt. Tierarzt **60**, 209—210, 213—220, 223—224, 226.

Duncker, H.-R. (1970): Die Vogellunge — Palaeo- und Neopulmo 64. Verh. Anat. Ges. Homburg/Saar 1969, Ergzg. H. zu Anat. Anz. **126**, 491—496.

Duncker, H.-R. (1971): The lung air sac system of birds. Ergebn. Anat. Entw. Gesch. **45**, 1—171.

Duncker, H.-R. (1972a): Structure of avian lungs. Respir. Physiol. **14**, 44—63.

Duncker, H.-R. (1972b): Die Festlegung des Bauplanes der Vogellunge beim Embryo und das Problem des postnatalen Wachstums. Verh. Anat. Ges. **66**, 273—277.

Duncker, H.-R. (1974a): Die Anordnung des Gefäßsystems in der Vogellunge. Verh. Anat. Ges. **68**, 517—523.

Duncker, H.-R. (1974b): Structure of the avian respiratory tract. Respir. Physiol. **22**, 1—19.

Duncker, H.-R. (1983): Funktionelle Anatomie des Lungen-Luftsack-Systems. In: Mehner, A., und Hartfiel, W. (Hrsg.): Handbuch der Geflügelphysiologie. Teil 1. Gustav Fischer Verlag, Jena.

Fischer, G. (1905): Vergleichend anatomische Untersuchungen über den Bronchialbaum der Vögel. Zoologica **19**, 1—45.

Gaunt, A. S., Gaunt, S. L. L., and Hector, D. H. (1976): Mechanics of the syrinx in *Gallus gallus*. I. A comparison of pressure events in chickens to those in oscines. Condor **78**, 208—223.

Gerisch, D. (1971): Die Bronchi atriales in der Lunge des Haushuhnes (*Gallus gallus domesticus* L.) — Ein Beitrag zur Morphologie und Nomenklatur. Hannover, Diss.

Gerisch, D., und Schwarz, R.(1972): Morphologische Befunde an den Bronchi atriales des Haushuhnes *(Gallus gallus dom.)*. DTW **79**, 585—588.

Greenewalt, C. H. (1969): How birds sing. Sci. Amer. **221**, 126—139.

Gross, W. B. (1964): Voice production in the chicken. Poult. Sci. **43**, 1005—1008.

Haecker, V. (1900): Der Gesang der Vögel, seine anatomischen und biologischen Grundlagen. Gustav Fischer Verlag, Jena.

Henske, B. (1975): Formen und Anordnungen der Trachealringe bei der Ente (*Anas platyrhynchos* L.). Berlin, Diss.

Hill, O. (1964): Syrinx. In: Thompson, A. L. (Ed.): A New Dictionary of Birds. Nelson, London.

Johnsgard, P. A. (1961): Tracheal anatomy of the *Anatidae* and its taxonomic significance. Report Wildfowl Trust, Slimbridge, Glos, U.K.

King, A. S. (1956): The structure and function of the respiratory pathways of *Gallus domesticus*. Vet. Rec. **68**, 544–547.

King, A. S. (1966): Structural and functional aspects of the avian lungs and air sacs. In: Felts, W. J. L., and Harrison, R. J. (Eds.): International Review of General and Experimental Zoology, Vol. II. Academic Press, New York.

King, A. S. (1975): Aves Respiratory System. In: Sisson and Grossman's Anatomy of the Domestic Animals (Getty, R., Ed.), 5th Ed. Vol. 2. W. B. Saunders, Philadelphia, 1883–1918.

King, A. S. (1979): Systema respiratorium. In: Baumel, J. J., King, A. S., Lucas, A. M., Breazile, J. E., and Evans, H. E. (Eds.): Nomina Anatomica Avium. Academic Press, London–New York.

King, A. S., and Atherton, J. D. (1970): The identity of the air sacs of the turkey *(Meleagris gallopavo)*. Acta Anat. **77**, 78–91.

King, A. S., and Molony, V. (1971): The anatomy of respiration. In: Bell, D. J., and Freeman, B. M. (Eds.): Physiology and Biochemistry of the Domestic Fowl, Vol. 1. Academic Press, London.

Lasiewski, R. C. (1972): Respiratory function in birds. In: Farner, D. S., and King, J. R. (Ed.): Avian Biology, Vol. 2. Academic Press, London.

Marples, B. J. (1932): The structure and development of the nasal glands of birds. Proc. Zool. Soc. Lond. **2**, 829–844.

McLelland, J. (1965): The anatomy of the rings and muscles of the trachea of *Gallus domesticus*. J. Anat. **99**, 651–656.

McLelland, J., and Abdulla, A. B. (1972): The gross anatomy of the nerve supply to the lungs of *Gallus dom*. Anat. Anz. **131**, 448–453.

McLelland, J., Moorhouse, P. D. S., and Pickering, E. C. (1968): An anatomical and histochemical study of the nasal gland of *Gallus gallus dom*. Acta Anat. **71**, 122–133.

McLeod, W. M., and Wagers, R. P. (1939): The respiratory system of the chicken. J. Amer. Vet. Med. Assoc. **95**, 59–70.

Miskimen, M. (1951): Sound production in passerine birds. Auk **68**, 493–504.

Morejohn, G. V. (1966): Variations of the syrinx of the fowl. Poult. Sci. **45**, 33–39.

Muller, B. (1907): The air sacs of the pigeon. Smithson. Misc. Coll.. **50**, 365–414.

Myers. J. A. (1917): Studies of the syrinx of *Gallus domesticus*. J. Morph. **29**, 165–215.

Pattle, R. E. (1978): Lung surfactant and lung lining in birds. In: Piiper, J. (Ed.) Respiratory Function in Birds Adult and Embryonic. Springer, Berlin.

Payne, D. C., and King, A. S. (1959): Is there a vestibule in the lung of *Gallus domesticus*? J. Anat. (Lond.) **93**, 577.

Payne, D. C., and King, A. S. (1960): The lung of *G. domesticus*: secondary bronchi. J. Anat. **94**, 292–293.

Portmann, A. (1950): Les organes respiratoires. In: Grassé, P.-P. (Ed.): Traité des Zoologie, Vol. 15. Oiseaux. Masson, Paris.

Quitzow, H. (1970): Die Bronchen der Hühnerlunge. Berlin, Diss.

Salt, G. W., and Zeuthen, E. (1960): The respiratory system. In: Marshall, A. J. (Ed.): Biology and Comparative Physiology of Birds, Vol. I, Chap. 10. Academic Press, New York–London.

Schulze, F. E.. (1910): Über die Luftsäcke der Vögel. Verhandl. 8th Internat. Zool. Kongr. Graz, 446–482.

Technau, G. (1936): Die Nasendrüse der Vögel, zugleich ein Beitrag zur Morphologie der Nasenhöhle. J. Ornith. **84**, 511–617.

Vos, H. J. (1934): Über den Weg der Atemluft in der Entenlunge. Z. Vergl. Physiol. **21**, 552–578.

Warner, R. W. (1971): The structural basis of the organ of voice in the genera *Anas* and *Aythya* (Aves). J. Zool. **164**. 197–207.

Warner, R. W. (1972a): The syrinx in family *Columbidae*. J. Zool. **166**, 385–390.

Warner, R. W. (1972b): The anatomy of the syrinx in passerine birds. J. Zool. **168**, 381–393.

Wetmore, A. (1918): A note on the tracheal air-sac in the Ruddy Duck. Condor **20**, 19–20.

White, S. S. (1970): The larynx of *Gallus domesticus*. Ph. D. Thesis. University of Liverpool, England.
White, S. S. (1975): The Larynx: In: Sisson and Grossman's Anatomy of the Domestic Animals (Getty, R., Ed.), 5th Ed. Vol. 2. W. B. Saunders, Philadelphia.
White, S. S., and Chubb, J. C. (1967): the muscles and movements of the larynx of *G. domesticus*. J. Anat. **102**, 575.

● **Harnorgane**

Akester, A. R. (1964): Radiographic studies of the renal portal system in the domestic fowl. *(Gallus domesticus)*. J. Anat. **98**, 365–376.
Akester, A. R. (1967): Renal portal shunts in the kidney of the domestic fowl. J. Anat. **101**, 569–594.
Akester, A. R., and Mann, S. P. (1969): Adrenergic and cholinergic innervation of the renal portal valve in the domestic fowl. J. Anat. **104**, 241–252.
Benoit, J. (1950): Organes uro-genitaux. In: Grassé, P.-P. (Ed.) Traité de Zoologie Vol. 15, Masson, Paris.
Berger, Ch. (1962): Mikroskopische und histochemische Untersuchungen an der Taubenniere. Berlin. Diss.
Braun, E. J., and Dantzler, W. H. (1972): Function of mammalian-type and reptilian-type nephrons in kidney of desert quail. Amer. J. Physiol. **22**, 617–629.
Feldotto, A. (1929): Die Harnkanälchen des Huhnes. Z. mikros.-anat. Forsch. **17**, 353–370.
Johnson, O. W. (1968): Some morphological features of avian kidneys. Auk **85**, 216–228.
Johnson, O. W. (1974): Relative thickness of the renal medulla in birds. J. Morph. **142**, 277–284.
Johnson, O. W. (1978): Urinary system. In: King, A. S., and McLelland, J. (eds.): Form and Function in Birds. Academic Press, London.
Johnson, O. W. (1979): Urinary organs. In: King, A. S., and McLelland, J. (Eds.): Form and Function in Birds, Vol. 1. Academic Press, London–New York.
Johnson, O. W., and Mugaas, J. N. (1970): Some histological features of avian kidneys. Amer. J. Anat. **127**, 423–436.
Junge, D. (1971): Zur Histochemie der Niere des Haushuhnes (*Gallus domesticus* L.): Acta histochem. **41**, 159–175.
King, A. S. (1975): Aves Urogenital System In: Sisson and Grossman's Anatomy of the Domestic Animals (Getty, R., Ed.), 5th Ed. Vol. 2. W. B. Saunders, Philadelphia, 1919–1964.
King, A. S. (1979): Systema urogenitalia. In: Baumel, J. J., King, A. S., Lucas, A. M., Breazile, J. E., and Evans, J. E. (Eds.): Nomina Anatomica Avium. Academic Press, London–New York.
Kurihara, S., and Yasuda, M. (1975a): Morphological study of the kidney in the fowl. I. Arterial system. Jap. J. vet. Sci. **37**, 29–47.
Kurihara, S., and Yasuda, M. (1975b): Morphological study of the kidney in the fowl. II. Renal portal and venous system. Jap. J. vet. Sci. **37**, 363–377.
Michel, G., und Junge, D. (1972): Zur mikroskopischen Anatomie der Niere bei Huhn und Ente. Anat. Anz. **131**, 124–134.
Ogawa, M., and Sokabe, H. (1971): The macula densa site of avian kidney. Z. Zellforsch. mikrosk. Anat. **120**, 29–36.
Rickert, C. K. (1968): Das Blutgefäßsystem der Niere des Haushuhns *(Gallus domesticus)*. Gießen, Diss.
Schröder, L. (1970): Über histochemisch nachweisbares Eisen in der Niere des Huhnes (*Gallus domesticus* L.). Acta histochem. **35**, 32–37.
Siller, W. G. (1971): Structure of the kindney. In: Bell, D. J. and Freeman, B. M. (Eds.): Physiology and Biochemistry of the Domestic Fowl. Vol. 1. Academic Press, London.
Siller, W. G., and Hindle, R. M. (1969): The arterial blood supply to the kidney of the fowl. J. Anat. **104**, 117–135.

Spanner, R. (1939): Die Drosselklappe der venovenösen Anastomose und ihre Bedeutung für den Abkürzungskreislauf im porto-cavalen System des Vogels. Z. Anat. Entw. **109**, 443–492.

Sperber, I. (1944): Studies of the mammalian kidney. Zool. Bidr. Uppsala **22**, 252–431.

- **Männliches Geschlechtssystem**

Aire, T. A., and Malmquist, M. (1979): Intraepithelial lymphocytes in the excurrent ducts of the testis of the domestic fowl *(Gallus dom.)*. Acat anat. **103**, 142–149.

Barros, S. de, und Pohlenz, J. (1970): Histologische Untersuchungen am Hoden und Nebenhoden des Peking-Erpels. Zuchthyg. **5**, 175–181.

Behrens von Rautenfeld, D. (1973): Zur Form und Funktion des Kopulationsorgans bei Haushuhn *(Gallus domesticus)*. Berlin, Diss.

Behrens von Rautenfeld, D., und Budras, K.-D. (1975): Elektronenoptische Untersuchungen über Transsudationsvorgänge zwischen Blut- und Lymphräumen im Lymphobulbus des Kopulationsorganes bei Haushuhn *(Gallus domesticus)*. Zbl. Vet. Med. C **4**, 274–287.

Behrens von Rautenfeld, D., Preuß, F., und Fricke, W. (1974): Neue Daten zur Erektion und Reposition des Erpelphallus.

Behrens von Rautenfeld, D., Budras, K.-D., and Gassmann, R. (1976): A morphological study of antibody transport in the transparent fluid flowing from the lymphfolds of the copulating organ in the cloacal lumen of the cock *(Gallus domesticus)*. Z. mikrosk.-anat. Forsch. **90**, 986–1008.

Budras, K.-D., und Hildebrandt, B. (1974): Reservezellfelder für steroidhormonproduzierende Zellen in Nebenniere, Hoden und Nebenhoden des Hahnes. Z. mikrosk.-anat. Forsch. **88**, 809–835.

Budras, K.-D., and Sauer, T. (1975): Morphology of the epididymis of the cock *(Gallus domesticus)* and its effect upon the steroid sex hormone synthesis. I. Ontogenesis, morphology and distribution of the epididymis. Anat. Embryol. **148**, 175–196.

Budras, K.-D., und Schmidt, F. G. (1976): Die Frühentwicklung der Gonaden und die Ontogenese von Rete testis und Tubuli seminiferi recti beim Huhn *(Gallus domesticus)*. Zbl. Vet. Med. C **5**, 267–289.

Cooksey, E. J., and Rothwell, B. (1973): The ultrastructure of the Sertoli cell and its differentiation in the domestic fowl *(Gallus domesticus)*. J. Anat. **114**, 329–345.

Disselhorst, R. (1908): Gewicht und Volumenzunahme der männlichen Keimdrüsen bei Vögeln und Säugern in der Paarungszeit. Anat. Anz. **32**, 113–117.

Feder, F. H. (1970): Die äußeren männlichen Geschlechtsorgane des Truthahnes *(Meleagris gallopavo)*. Anat. Anz. **127**, 347–353.

Komárek, V., und Marvan, E. (1969): Beiträge zur mikroskopischen Anatomie des Kopulationsorganes der Entenvögel. Anat. Anz. **124**, 347–353.

Kremer, A., und Budras, K.-D. (1988): Lymphsystem und Lymphdrainage im Hoden des Pekingerpels (*Anas. platyrhynchos* L.). Zbl. Vet. Med. C **17**, 246–257.

Kremer, A., und Budras, K.-D. (1990): Zur Blutgefäßversorgung des Hodens der Pekingente (*Anas platyrhynchos* L.). Makroskopische, lichtmikroskopische und rasterelektronenmikroskopische Untersuchungen. Anat. Anz. **171**, 73–88.

Kugler, P. (1975): Histologische und histochemische Untersuchungen an Hoden, Nebenhoden und Samenleiter des Hahnes *(Gallus domesticus)*. Gegenbaurs Morphol. Jahrb. **121**, 257–288.

Lake, P. E. (1957): The male reproductive tract of the fowl. J. Anat. **91**, 116–133.

Liebe, W. (1914): Das männliche Begattungsorgan der Hausente. Z. Naturwiss. **51**, 627–630.

Marvan, F. (1969): Postnatal development of the male genital tract of the *Gallus domesticus*. Anat. Anz. **124**, 443–462.

Nishida, T. (1964): Comparative and topographical anatomy of the fowl. XLII: Blood vascular system of the male reproductive organs. Jap. J. Vet. Sci. **26**, 211–221.

Remmers, J. (1973): Lichtmikroskopische Untersuchungen am Hoden, Nebenhoden und Samenleiter des Hahnes. Hannover, Diss.

Rothwell, B. (1973): The ultrastructure of Leydig cells in the testis of domestic fowl. J. Anat. **116**, 245—253.

Rothwell, B., and Tingari, M. D. (1974): The ultrastructural differentiation of the boundary tissue of the semiferous tubules in the testis of the domestic fowl. Brit. vet. J. **130**, 587—592.

Sauer, T. A. (1974): Genese und Struktur des Nebenhodens einschließlich Rete testis beim Haushuhn *(Gallus domesticus)*. Berlin, Diss.

Sugimura, M., Kudo, N., and Yamano, S. (1975): Fine structure of corpus paracloacalis vascularis in cocks. Jap. J. vet. Res. **23**, 11—16.

Tingari, M. D. (1971): On the structure of the epididymal region and ductus deferens of the domestic fowl *(Gallus domesticus)*. J. Anat. **109**, 425—435.

Tingari, M. D., and Lake, P. E. (1972): The intrinsic innervation of the reproductive tract of the male fowl *(Gallus domesticus)*. A histochemical and fine structural study. J. Anat. **112**, 257—271.

Tingari, M. D. (1973): Observations on the fine structure of spermatozoa in the testis and excurrent ducts of the male fowl. J. Reprod. Fert. **34**, 255—265.

- **Kloake**

Dahm, H., Schramm, U., und Lange, W. (1980): Scanning and transmission electron microscopic observations of the cloacal epithelia of the domestic fowl. Cell Tissue Res. **211**, 83—93.

Dixon, J. M. (1958): Investigation of urinary water reabsorption in the cloaca and rectum of the hen. Poultry Sci. **37**, 410—414.

Komarek, V. (1969). Die männliche Kloake der Entenvögel. Anat. Anz. **124**, 434—442.

Komarek, V. (1971): The female cloaca of Anseriform and Galliform birds. Acta Vet. Brno **40**, 14—22.

Kudo, N., Sugimura, M., and Yamaro, S. (1975): Anatomical studies of corpus paracloacalis vascularis in cocks. Jap. Vet. Res. **23**, 1—10.

Preuß, F., und Behrens von Rautenfeld, D. (1974): Umstrittenes zur Anatomie der Bursa cloacae, der Papilla vaginalis und des Phallus femininus beim Huhn. BMTW **87**, 456—458.

Sasaki, H., Nishida, T., and Fujimura, H. (1984): Vascular system of paracloacal vasular body in the guinea fowl, *Numida meleagris*. Jap. J. Vet. Sci. **46**, 425—435.

Schrader, Ch., und Weyrauch, K. D. (1976): Lichtmikroskopische, elekronenmikroskopische und histochemische Untersuchungen am Kloakenephitel des Haushuhnes. Anat. Anz. **139**, 369—385.

Schramm. U., Dahm, H. H., and Lange, W. (1980): Motile cells in the mucosa of the cloacal urodaeum and proctodaeum of the hen. An electron microscopic study. Cell Tissue Res. **207**, 499—508.

- **Weibliches Geschlechtsorgan**

Aitken, R. N. C. (1966): Postovulatory development of ovarian follicles in the domestic fowl. Res. Vet. Sci. **7**, 138—142.

Aitken, R. N. C., and Johnston, H. S. (1963): Observation on the fine structure of the infundibulum of the avian oviduct. J Anat. **97**, 17—99.

Bakst, M. R., and Howarth, B. jr. (1977): The fine structure of the hen's ovary at ovulation. Biol. Reprod. **17**, 361—369.

Budras, K.-D., und Preuß, F. (1973): Elektronenmikroskopische Untersuchungen zur embryonalen und postembryonalen Genese der Eierstockzwischenzellen des Haushuhnes. Z. Zellforsch. **136**, 59—84.

Bünger, I., und Schwarz, R. (1972): Eileiter und Ei vom Huhn. Die Wechselbeziehungen von Morphologie und Funktion bei Gegenüberstellung von Sekretionsvorgängen und Sekretionsprodukt. III: Korrelationen zwischen Gewichten von Ei und Eibestandteilen. DTW **79**, 581—585.

Burke, W. H., Ogasawara, F. X., and Fuqua, C. L. (1972): A study of the ultrastructure of the uterovaginal sperm-storage glands of the hen, *Gallus domesticus*, in relation to a mechanism for the release of spermatozoa. J. Reprod. Fert. **29**, 29—36.

Dahl, E. (1970): Studies of the fine structure of ovarian interstitial tissue. 2. The ultrastructure of the thecal gland of the domestic fowl. Z. Zellforsch. **109**, 195–211.

Dahl, E. (1970): Studies of the fine structure of ovarian interstitial tissue. 2. The innervation of the thecal gland of the domestic fowl. Z. Zellforsch. **109**, 212–226.

Dahl, E. (1971): The fine structure of the granulosa cells in the domestic fowl and rat. Z. Zellforsch. **119**, 58–67.

Dahl, E. (1971): Studies of the fine structure of ovarian interstitial tissue. 1. A comparative study of the fine structure of ovarian interstitial tissue of the rat and the domestic fowl. J. Anat. **108**, 275–290.

Davidson, M. F. (1973): Staining properties of the luminal epithelium of the isthmus and shell gland of the oviduct of the hen, *Gallus domesticus*, during the passage of an egg. Br. Poultry Sci. **14**, 631–633.

Draper, M. H. S., Johnston, G. and Wyburn, G. M. (1968): The fine structure of the oviduct of the laying hen. J. Physiol. **196**, 7–8.

Enbergs, H. (1969): Elektronenmikroskopische Untersuchungen am Eileiterepithel des juvenilen Haushuhns. Zbl. Vet. Med. A **16**, 330–340.

Fröböse, H. (1928): Die mikroskopische Anatomie des Legedarmes und Bemerkungen über die Bildung der Eischale beim Huhn. Z. mikrosk.-anat. Forsch. **14**, 447–482.

Fujii, S. (1975): Scanning electron microscopical observation of the mucosal epithelium of hens oviduct with special reference to the transport mechanism of spermatozoa through the oviduct. J. Fac. Fisheries Anim. Husbandry **14**, 1–13.

Guszahl, E. (1966): Histological studies on the mature and postovulation ovarian follicle of the fowl. Acta Vet. **16**, 37–44

Hlonzaková, E., and Zelenka, J. (1978): Right Müllerian duct in the domestic fowl during postnatal ontogenesis. Anat. Anz. **144**, 208–213.

Höftmann, M. (1976): Das rete ovarii der Henne *(Gallus domesticus)* und die Umbildung des Epoophoron zum Nebenhoden nach Androgenapplikation sowie nach Geschlechtsumkehr infolge linksseitiger Kastration. Berlin, Diss.

Komárek, V., and Procházková, E. (1970): Growth and differentiation of the ovarian follicles in the postnatal development of the chicken. Acta Vet. Brno **39**, 11–16.

Masshoff, W., und Stolpmann, H.-J. (1961): Licht- und elektronenmikroskopische Untersuchungen an der Schalenhaut und Kalkschale des Hühnereies. Z. Zellforsch. **55**, 818–832.

Michel, G. (1987): Zur Spermienspeicherung im Eileiter des Hausgeflügels unter besonderer Berücksichtigung der Spermiennester der uterovaginalen Region. Zbl. Vet. Med. C **16**, 254–258.

Nishida, T., Seki, M., Mochizuki, K., and Seti, S. (1978): Scanning electron microscopic observations on the microvascular architecture of the ovarian follicles in domestic fowl. Jap. J. Vet. Sci.. **39**, 347–352.

Okamura, F., and Nishigama, H. (1978): The passage of spermatozoa through the vitteline membrane in the domestic fowl *(Gallus gallus)*. Cell Tissue Res. **188**, 497–508.

Pal, D. (1977): Histochemistry of the utero-vaginal junction with special referene to the sperm-host glands in the oviduct of the domestic duck. Folia Histochem. Cytochem. **15**, 235–242.

Preuß, F., und Budras, K.-D. (1972): Die reifen Eierstockzwischenstellen des Haushuhnes und ihre topographischen und ultrastrukturell-funktionellen Veränderungen. Zbl. Vet. Med. C **1**, 237–262.

Rothwell, B., and Solomon, S. E. (1977): Ultrastructure of the follicle wall of the domestic fowl during the phase of rapid growth. Poultry Sci. **18**, 606–610.

Schwarz, R. (1969): Eileiter und Ei vom Huhn. Die Wechselbeziehungen von Morphologie und Funktion bei Gegenüberstellung von Sekretionsvorgängen und Sekretionsprodukt. I. Morphologie der Eileiterschleimhaut vom Huhn. II. Bildung und Struktur der Hüllen für die Eizelle des Huhnes. Zbl. Vet. Med. A **16**, 97–136.

Schwarz, R. (1969): Funktionelle Anatomie des Eileiters. DTW **76**, 53–56.

Skolek-Winnish, R., Sinowatz, F., und Lipp, W. (1978): Histooptik von Glykosidasen im Eileiter des Haushuhnes *(Gallus domesticus)*. Zbl. Vet. Med. C **7**, 49–57.

Stieve, H. (1918): Über experimentell durch veränderte äußere Bedingungen hervorgerufene Rückbildungsvorgänge am Eierstock des Haushuhnes *(Gallus domesticus)*. Arch. Entw.-mech. **44**, 530–588.

Szymkiewicz, M., und Jarozewska, D. (1977): Budowas histologiczna polacsena uterowaginalnego a zaplodnienie jaj kur RIR. (Histologische Struktur der uterovaginalen Verbindung und Befruchtung der Eier von RIR-Hennen.): Rocz. Nauk. B **98**, 37–45.

Tingari, M. D., and Lake, P. E. (1973): Ultrastructural studies on the uterovaginal sperm-host glands of the domestic hen, *Gallus domesticus*. J. Reprod. Fert. **34**, 423–432.

Venzke, W. G. (1954): The morphogenesis of the indifferent gonad of chicken embryos. Am. J. Vet. Res. **15**, 300–308.

Wyburn, G. M., Johnston, H. S., and Aitken, R. N. C. (1966): Fate of granulosa cells in the hens follicle. Z. Zellforsch. **72**, 53–65.

Wyburn, G. M., Johnston, H. S., and Draper, M. H. (1970): The magnum of the hens oviduct as a protein secreting organ. J. Anat. **106**, 174.

Wyburn, G. M., Johnston, H. S., Draper, M. H., and Davidson, M. F. (1973): The ultrastructure of the shell forming region of the oviduct and the development of the shell of *Gallus domesticus*. Quart. J. Exp. Physiol. **58**, 143–151.

- **Embryologie**

Bacon, W. L., and Koontz, M. (1968): Ovarian follicular growth and maturating in laying hens and the relation to egg quality. Poultry Sci. **47**, 1437–1442.

Bakst, M. R., Howarth, B. jr., and Sexton, T. J. (1979): Fertilizing capacity and ultrastructure of fowl and turkey spermatozoa before and after freezing. Reprod. Fert. **55**, 1–7.

Bobr, L. W., Lorenz, F. W., and Ogasawara, F. X. (1964): Transport of spermatozoa in the fowl oviduct. J. Reprod. Fert. **8**, 49–58.

Erben, H. K. (1970): Ultrastrukturen und Mineralisation rezenter und fossiler Eischalen bei Vögeln und Reptilien. Biomineral. **1**, 1–66

Feher, G. (1984): The structure of the shell membrane, the development and structural change amnion and chorioallantoic membrane during hatching in the goose. Zbl. Vet. Med. C **13**, 285–299.

Feher, G. (1988): Der Vorgang des Schlupfes bei Gans und Ente. Zbl. Vet. Med. C **17**, 107–120.

Grau, C. R., and Wilson, B. W. (1964): Avian oogenesis and yolk deposition. Experentia **20**, 26.

Groebbels, F. (1937): Der Vogel. Borntraeger, Berlin.

Gunawardana, V. K., and Scott, M. G. A. D. (1977): Ultrastructural studies on the differentiation of spermatids in the domestic fowl. J. Anat. 124, 741–755.

Hamburger, V., and Hamilton, H. L. (1951): A series of normal stages in the development of the chick embryo. J. Morphol. **88**, 49–67.

Keibel, K., und Abraham, K. (1990): Normentafel zur Entwicklungsgeschichte des Huhnes *(Gallus domesticus)*. Gustav Fischer Verlag, Jena.

Künzel, E. (1962): Die Entwicklung des Hühnchens im Ei, Paul Parey, Berlin und Hamburg.

Kumaran, J. D. S., and Turner, C. W. (1949): The normal development of the testis of White Plymouth Rocks. Poultry Sci. **28**, 511–520.

Lake, P. E., Smith, W., and Young, D. (1968): The ultrastructure of the ejaculated fowl spermatozoon. Quart. J. Exp. Physiol. **53**, 356–366.

Lorenz, F. W. (1969): Reproduction in domestic fowl. In: Reproduction in domestic animals. Academic Press, New York–London.

Maeda, T., Tereda, T., and Tsutsumi, T. (1984): Morphological observation of frozen and thawed Muscovy spermatozoa. Br. Poultry Sci. **25**, 409–414.

Okamura, F., and Nishiyama, H. (1978): Penetration of spermatozoa into the ovum and transformation of the sperm nucleus into the male pronucleus in the domestic fowl, *Gallus gallus.* Cell Tissue Res. **190**, 89–98.

Olsen, M. W. (1942): Maturation, fertilization and early cleavage in the hen's egg. J. Morphol. **70**, 513–533.

Olsen, M. W., and Fraps, R. M. (1944): Maturation, fertilization and early cleavage in the domestic turkey. J. Morphol. **74**, 287–309.

Pingel, H. (1968): Untersuchungen über quantitative und qualitative Merkmale des Hühner- und Putenspermas. Fortpfl. Haustiere **4**, 368–382.

Pingel, H., und Jeroch, H. (1980): Biologische Grundlagen der industriellen Geflügelproduktion. Gustav Fischer Verlag, Jena.

Romanoff, A. L., and Romanoff, A. J. (1949): The avian egg. John Wiley, New York.

Scheller, W. J. (1989): Untersuchungen zur Beeinflussung der saisonalen Spermaproduktion durch Sexualhormonapplikation sowie zur Spermienbeurteilung bei der Hausgans *(Anser anser dom.)*. Potsdam, Diss.

Schmidt, W. J. (1965): Goldfärbung der Schalenhautfasern des Vogeleis im Schliff. Z. wiss. Mikroskop. **67**, 51–68.

Schramm, G.-P., und Pingel, H. (1991): Künstliche Besamung beim Geflügel. In: Busch, W., Löhle, K., und Peter, W. Hrsg.): Künstliche Besamung bei Nutztieren. 2. Aufl. Gustav Fischer Verlag, Jena.

Simons, P. C. M., and Wiertz, G. (1963): Notes on the structure of shell and membranes of the hen's egg. Z. Zellforsch. **59**, 555–567.

Simons, P. C. M., and Wiertz, G. (1970): Notes on the structure of shell and membranes of the hen's egg. A study with the scanning electron microscope. Ann. Biol. Anim. Biochem. Biophys. **10**, 31–49.

- **Teratologische Untersuchungen an Vögeln**

Ancel, P. (1950): La chimiotératogenèse. Doin, Paris.

Ancel, P., et Wolff, E. (1934): Sur une méthode tératogénique directe. C.r. hebd. Séanc. Acad. Sci., Paris **199**, 1071.

Beaudoin, A. R., and Wilson, J. G., (1958): Teratogenic effect of trypan blue on the developing chick. Proc. Soc. exp. Biol. Med. **97**, 85–89.

Beck, F., and Lloyd, J. B., (1966): The teratogenic effects of azo dyes. Advances in Teratology **1**, 131–193.

Clark, E. B., HU, N., and Dooley, J. B. (1985): The effect of isoproterenol on cardiovascular function in the stage 24 chick embryo. Teratology **31**, 41–47.

Clemedson, C., Schmid, B., and Walum, E. (1889): Effects of carbon tetrachloride on embryonic development studied in the post-implantation rat embryo culture system and in chick embryos in ovo. Toxic. in Vitro **3**, 271–275.

Couillard, C. M., and Leighton, F. A. (1990a): Sequential study of the pathology of Prudhoe Bay crude oil in chicken embryos. Ecotoxicol. appl. Toxicol. **14**, 30–39.

Couillard, C. M., and Leighton, F. A. (1990b): The toxicopathology of Prudhoe Bay crude oil in chicken embryos. Fundam. appl. Toxicol. **14**, 30–39.

van Dongen, R. (1964): Insulin and myeloschisis in the chick embryo. Aust. J. exp. Biol. Med. Sci. **42**, 607–614.

Dostál, M. (1979): Intraamniotic administration of drugs in mammals. In: Evaluation of Embryotoxicity, Mutagenicity and Carcinogenicity Risks in New Drugs (ed. by O. Benešová, Z. Rychter, and R. Jelínek): Univerzita Karlova, Praha, pp. 207–217.

Dunn, B. E., Fitzharris, T. P., and Barnett, B. D. (1981): Effects of varying chamber construction and embryo preincubation age on survival and growth of chick embryos in shell-less culture. Anat. Rec. **199**, 33–43.

Fang, T.-T., Bruyere, H. J., Kargas, S. A., Nishikawa, T., Tagaki, Y., and Gilbert, E. F. (1987): Ethyl alcohol- induced cardiovascular malformations in the chick embryo. Teratology 35, 95–103.

Fisher, M., and Schoenwolf, G. C. (1989): The use of early chick embryos in experimental embryology and teratology: improvements in standard procedures. Teratology 27, 65–72.

Gebhardt, D. O. E. (1968): The teratogenic action of propylene glycol (propanediol-1,2) and propanediol-1,3 in the chick embryo. Teratology 1, 153–162.

Gebhardt, D. O. E. (1972): The use of the chick embryo in applied teratology. In: Advances in Teratology, Vol. V. Logos Press London, pp. 97–111.

Gildersleeve, R. P., Tilson, H. A., and Mitchell, C. L. (1985): Injection of diethylstilbestrol on the first day of incubation affects morphology of sex glands and reproductive behavior of Japanese quail. Teratology 31, 101–109.

Greenberg, V. H., and Schrier, B. K. (1977): Development of choline acetyltransferase activity in chick cranial neural crest cell in culture. Dev. Biol. 61, 86–93.

Griffith, C. M., and Wiley, M. J. (1989): Direct effects of retinoic acid on the development of the tail bud in chick embryos. Teratology 39, 261–275.

Hall, B. K. (1985): Critical periods during development as assessed by thallium-induced inhibition of growth of embryonic chick tibiae in vitro. Teratology 31, 353–361.

Hamburger, V. (1960): A mannual of experimental embryology. The University of Chicago Press, Chicago.

Hamburger, V., and Hamilton, H. L. (1951): A series of normal stages in the development of the chick embryo. J. Morphol. 88, 49–92.

Jacobson, A. M., Hahnenberger, R., and Magnusson, A. (1989): A simple method for shell-less cultivation of chick embryos. Pharmacol. Toxicol. 64, 193–195.

Jelínek, R. (1979): Embryotoxicity assay on morphogenetic systems. In: Evaluation of Embryotoxicity, Mutagenicity and Carcinogenicity Risks in New Drugs (ed. by O. Benešová, Z. Rychter and R. Jelínek). Univerzita Karlova, Praha, pp. 195–205.

Jelínek, R. (1982): Use of chick embryo in screening for embryotoxicity. Teratogen. Carcinogen. Mutagen. 2, 255–261.

Kargas, S. A., Gilbert, E. F., Bruyere, H. J., and Shug, A. L. (1985): The effects of L- and D-carnitine administration on cardivascular development of the chick embryo. Teratology 32, 267–272.

Karnowsky, D. A. (1964): The chick embryo in drug screening; survey of teratological effects observed in the 4-day chick embryo. In: Teratology – Principles and Techniques (ed. by J. G. Wilson and J. Warkany). The University of Chicago Press, Chicago and London, pp. 194–213.

Klein, N. W. (1964): Teratological studies with explanted chick embryos. In: Teratology – Principles and Techniques (ed. by J. G. Wilson and J. Warkany). The University of Chicago Press, Chicago and London 1964, pp. 131–144.

Kolesari, G. L., and Kaplan, S. (1974): The antiteratogenic effects of hypo- and hyperthermia in trypan blue-treated chick embryos. Devel. Biol. 38, 283–289.

Kucera, P., and Burnand, M.-B. (1987): Routine teratogenicity test that uses chick embryos in vitro. Teratogen. Carcinogen. Mutagen. 7, 427–447.

Kucera, P., and Burnand, M.-B. (1988): Teratogenicity screening in standardized chick embryo cultura: Effects of dexamethasone and diphenylhydantoin. Experientia 44, 827–833.

Kuhlmann, R. S., and Kolesari, G. L. (1984): The spontaneous occurrence of aortic arch and cardiac malformations in the White Leghorn chick embryo *(Gallus domesticus)*. Teratology 30, 55–59.

Lee, H., and Nagele, R. G. (1985): Neural tube defects caused by local anaesthetics in early chick embryos. Teratology 31, 119–127.

Lee, H., and Nagele, R. G. (1986): Toxic and teratologic effects of verapamil on early chick embryos: Evidence for the involvement of calcium in neural tube closure. Teratology 33, 203–211.

Lee, H., Bush, K. T., and Nagele, R. G. (1988): Time-lapse photographic study of neural tube closure defects caused by xylocaine in the chick. Teratology **37**, 263–269.

Lutz, H. (1949): Sur la production expérimentale de la polyembryonie et de la monstruosité double chez les oiseaux. Archs. Anat. microsc. Morph. exp. **38**, 79–144.

Martinovitch, P. N. (1959): The transplantation of forebrain region in birds embryos before the establishment of circulation and some of the problems involved. J. exp. Zool. **142**, 571–586.

Meiniel, R. (1981): Neuromuscular blocking agents and axial teratogenesis in the avian embryo. Can axial morphogenetic disorders be explained by pharmacological action upon muscle tissue? Teratology **23**, 259–271.

Miyagawa, S., and Kirby, M. L. (1989): Pathogenesis of persistent truncus arteriosus induced by nimestine hydrochloride in chick embryos. Teratology **39**, 287–294.

Nagele, R. G., Bush, K. T., Hunter, E. T., Kosciuk, M. C. and Lee, H. (1989): Biochemical basis of diazepam-induced neural tube defects in early chick embryos: A morphometric study. Teratology **40**, 29–36.

Nakazawa, M., Ohno, T., Miyagawa, S., and Takao, A. (1989): Haemodynamic effects of acetylcholine in the chick embryo and differencies from those in the rat embryo. Teratology **39**, 555–562.

Narayanan, C. H. (1970): Apparatus and current techniques in the preparation of avian embryos for microsurgery and for observing embryonic behavior. Bioscience **20**, 869–871.

Narbaitz, R., Marino, I., and Sarkar, K. (1985): Lead induced early lesions in the brain of the chick embryo. Teratology **32**, 389–396.

Narbaitz, R., and Marino, I. (1988): Experimental induction of microphthalmia in the chick embryo with a single dose of cisplatin. Teratology **37**, 127–134.

New, D. A. T. (1955): A new technique for the cultivation of the chick embryo in vitro. J. Embryol. exp. Morph. **3**, 320–321.

Nikolaidis, E., Brunström, B., and Dencker, L. (1988): Effects of the TCDD congeners 3,3′, 4,4′-tetrachlorobiphenyl and 3,3′, 4,4′-tetrachloroazoxybezene on lymphoid development in the bursa of Fabricius of the chick embryo. Toxicol. Appl. Pharmacol. **92**, 315–323.

OECD-Guideline for testing of chemicals, Section 4: Health effects, 414 Teratogenicity, 12. 5. 1981.

Persaud, T. V. N. (1979): Teratogenesis – Experimental Aspects and Clinical Implications, Gustav Fischer Verlag, Jena.

Phillips, L. J., and Coggle, J. E. (1988): The radiosensitivity of embryos of domestic chickens and black-headed gulls. Int. J. Radiat. Biol. **53**, 309–317.

Rajala, G. M., Kolesari, G. L., Kuhlmann, R. S., and Schnitzler, H. J. (1988): Ventricular blood pressure and cardiac output changes in epinephrin- and metoprolol-treated chick embryos. Teratology **38**, 291–296.

Robertson, G. G., Debandy, H. O., Williamson, A. P., and Blattner, R. J. (1967): Brain abnormalities in early chick embryos infected with influenza-A virus. Anat. Rec. **158**, 1–10.

Rogers, K. T. (1964): Experimental production of perfect cyclopia by removal of the telencephalon and reversal of bilateralization in somite-stage chicks. Am. J. Anat. **115**, 487–508.

Romanoff, A. L. (1972): Pathogenesis of the avian embryo. Wiley-Interscience, New York 1972.

Salzgeber, B., et Salaun, J. (1965): Action de la thalidomide sur l'embryon de poulet. J. Embryol. exp. Morph. **13**, 159–170.

Schmid, B. (1987): Old and new concepts in teratogenicity testing. TIPS **8**, 133–137.

Schneider, B. F., and Norton, S. (1979): Equivalent ages in rat, mouse and chick embryos. Teratology **19**, 273–278.

Schowing, J. (1964): Modalités d'obtention de monstres cyclopes par microchirurgie chez l'embryon de poulet. C. r. hebd. Séanc. Sci. Paris **259**, 2020–2023.

Schowing, J. (1965): Obstention experimentale de cyclopes parfaits par microchirurgie chez l'embryon de poulet. Etude histologique. J. Embryol. exp. Morph. **14**, 255–263.

Schowing, J. (1968): Influence inductrice de l'encéphale embryonnaire sur le dévelopment du crâne chez le poulet. J. Embryol. exp. Morph. **19**, 9–32.
Schowing, J. (1982a): Réalisation de la symélie antérieure par action directe de l'acétate de cadmium sur l'embryon de poulet. C. r. hebd. Séanc. Sci. Paris **294**, 1061–1066.
Schowing, J. (1982b): Sur l emploi d'une méthode directe en embryologie expérimentale: le dépôt d'une substance tératogéne. Revue. méd. Suisse Romande **102**, 423–427.
Schowing, J. (1985): Chick embryos as experimental material for teratogenic investigations. In: In vitro Embryotoxicity and Teratogenicity Tests (ed. by F. Homburger and A. M. Goldberg). Karger AG, Basel, pp. 58–73.
Schowing, J., et Robadey, M. (1971): Substitution à l'encéphale embryonaire de poulet *(Gallus gallus)* d'une encéphale embryonaire de caille *(Coturnix coturnix japonica)* de méme stade. C. r. hebd. Séanc. Sci. Paris, **272**, 2382–2384.
Wiger, R., Trygg, B., and Holme, J. A. (1989): Toxic effects of cyclophosphamide in differentiating chicken limb bud cell culture using rat liver 9.000 g supernatant or rat liver cells as an activation system: an in vitro short-term test for proteratogens. Teratology **40**, 603–613.
Wilk, A. L., Greenberg, J. H., Horigan, E. A., Pratt, R. M., and Martin, G. R. (1980): Detection of teratogenic compounds using differentiating embryonic cells in culture. In vitro **16**, 269–276.
Williamsen, A. P., Blattner, R. J., and Robertson, G. G. (1967): A study of teratogenic effects of particulate compounds in the amniotic cavity of chick embryos. Proc. Soc. exp. Biol. Med. **124**. 524–532.
Wolff, E. (1936): Les bases de la tératogenèse expérimentale des vertébrés amniotes d'aprés les résultats des méthodes directes. Archs. Anat. Histol. Embryol. **22**. 1-382.
World Health Organisation Technical Report Ser. 1967, No. 364.

- **Kreislaufsystem**

Abdalla, M. A., and King, A. S. (1975): The functional anatomy of the pulmonary circulation of the domestic fowl. Resp. Physiol. **23**, 267–290.
Abdalla, M. A., and King, A. S. (1976): The functional anatomy of the bronchial circulation of the domestic fowl. J. Anat. **121**, 537–550.
Abdalla, M. A., and King, A. S. (1977): The avian bronchial arteries: species variations. J. Anat. **113**, 697–704.
Akester, A. R. (1983): Anatomy of the avian heart. In: Mehner A., und Hartfiel, W. (Hrsg.): Handbuch der Geflügelphysiologie, Teil 1. Gustav Fischer Verlag, Jena.
Assenmacher, I. (1953): Etude anatomique du système artériel cervicocéphalique chez l'oiseau. Arch. Anat. Histol. Embryol. **35**, 181–202.
Baumel, J. J.(1964): Vertebral-dorsal carotid artery interrelationships in the pigeon and other birds. Anat. Anz. **114**, 113–130.
Baumel, J. J. (1967): The characteristic asymmetrical distribution of the posterior cerebral artery of birds. Acta Anat. **67**, 523–549.
Baumel, J. J. (1975): Aves Heart and Blood Vessels. In: Sisson and Grossman's Anatomy of the Domestic Animals (Getty, R., Ed.), 5th Ed. Vol. 2. W. B. Saunders, Philadelphia, 1968–2009.
Baumel, J. J., and Gerchman, L. (1968): The avian intercarotid anastomosis and its homologue in other vertebrates. Amer. J. Anat. **122**, 1–18.
Bhaduri, J. L., and Biswas, B. (1945): The main cervical and thoracic arteries of birds. Series I. Coraciiformes. Part 1. Nat. Inst. Sci. India **11**, 236–245.
Bhaduri, J. L., and Biswas, B. (1953/54): The main cervical and thoracic arteries of birds (Columbiformes, Columbidae): Anat. Anz. **100**, 337–350.
Bhaduri, J. L., Biswas, B., and Das, S. K. (1957). The arterial system of the domestic pigeon (*Columba livia* Gmelin): Anat. Anz. **104**, 1–14.
Bittner, H. (1927): Die Anatomie zur Blutentnahme geeigneter Stellen beim Hausgeflügel. Berl. tierärztl. Wschr. **43**, 568.

Bodrossy, L. (1938): Das Venensystem der Hausvögel. Budapest, Diss.
Bogusch, G. (1974): The innervation of Purkinje fibres in the atrium of avian heart. Cell and Tissue Res. **150**, 57–66.
Brückner, Dorothea (1987): Blutgefäßverlauf im Kopf- und Halsbereich der Taube. Gießen, Diss.
Büssow, H. (1973): Zur Wandstruktur der großen Arterien der Vögel. Eine licht- und elektronenoptische Untersuchung. Z. Zellforsch. **142**, 263–288.
Chiodi, V., and Bortolami, R. (1967). The Conducting System of the Vertebrate Heart. Edizioni Claderini, Bologna.
Fedde, M. R., and Guffy, M. M. (1983): Routes of blood supply to the head of the Pekin duck. Poult. Sci. **62**, 1660-1664.
Freedman, S. L., and Sturkie, P. D. (1963): Blood vessels of the chicken's uterus (shell gland). Amer. J. Anat. **113**, 1–7.
Fukuta, K., Nishida, T., and Yasuda, M. (1969a): Blood vascular system of the spleen in the fowl. Jap. J. vet. Sci. **31**, 179–185.
Fukuta, K., Nishida, T., and Yasuda, M. (1969b): Structure and distribution of the fine blood vascular system in the spleen. Jap. J. vet. Sci. **31**, 303–311.
Gadhoke, J. S., Lindsay, R. T., and Desmond, R. T. (1975a): Comparative study of the blood vascular system of the cervico-thoracic region and thoracic limb of the domestic turkey *(Meleagris gallopavo)*. Anat. Anz. **138**, 39–45.
Gadhoke, J. S., Lindsay, R. T., and Desmond, R. K. (1975b): Comparative study of the blood vascular system of the hind limb of the domestic turkey *(Meleagris gallopavo)*. Anat. Anz. **138**, 99–104.
Ghetie, V., Caloianu-Iordachel, M., und Petrescu-Raianu, A. (1963): Die Arterien der Brust und der Vordergliedmaßen der Gans. Rev. Biol. VII; 419–429.
Glenny, F. H. (1951): A systematic study of the main arteries in the region of the heart. Aves XII: Galliformes, Part 1. Ohio J. Sci. **51**, 47–54.
Grzimek, B. (1933): Arteriensystem des Halses und Kopfes, der Vorder- und Hintergliedmaße von *Gallus domesticus*. Berlin, Diss.
Hammersen, F. (1976): Zum Feinbau der Klappe im renalen Pfortader-Kreislauf der Vögel. Verh. Anat. Ges. **70**, 739–746.
Harms, D. (1967): Über den Verschluß der Ductus arteriosi von *Gallus domesticus*. Z. Zellforsch. mikrosk. Anat. **81**, 433–444.
Janković, Z., Popović, S., und Josić, D. (1969): Arterien des Kopfes des Truthuhnes *(Meleagris gallopavo)*. Act. vet. (Beograd) **19**, 123–137.
Janković, Z., and Popović, D. (1973): Arteries of the head in the goose *(Anser domesticus)*. Acta vet. (Beograd) **23** Suppl. 495–509.
Kaku, K. (1959): On the vascular supply of the brain in the domestic fowl. Fukuoka Act. Medica **50**, 4293–4306.
Kern, A. (1926): Das Vogelherz. Untersuchungen an *Gallus domesticus* Briss. Morph. Jb. **56**, 264–315.
Kitoh, J. (1964): Arterial supply of the spinal cord. Jap. J. Vet. Sci. **26**, 169–175.
Klimeš, B., und Jurjada, V. (1963): Das Blutbild der Puten. Berl. Münch. Tierärztl. Wschr. **76**, 73.
Kremer, A., und Budras, K.-D. (1990): Zur Blutgefäßversorgung des Hodens beim Pekingerpel *(Anas platyrhynchos*, L.). Makroskopische, lichtmikroskopische und rasterelektronenmikroskopische Untersuchungen. Anat. Anz. **171**, 73–87.
Lachmann Dass Dhingra (1968): The comparative and topographic anatomy of the arteries of the Turkey *(Meleagris gallopavo)*, Chicken *(Gallus domesticus)*, Goose *(Anser anser)*, and Duck *(Anas platyrhynchos)*. Ohio State Univ., Diss.
Lindsay, F. E. F. (1967): The cardiac veins of *Gallus domesticus*. J. Anat. **101**, 555–568.
Lindsay, F. E. F., and Smith, H. J. (1965): Coronary arteries of *Gallus domesticus*. Amer. J. Anat. **116**, 301–314.

Lucas, A. M., and Jamorz, C. (1961): Atlas of Avian Hematology.
Malinovsky, L., and Novotná, M. (1977): Branching of the Coeliac Artery in Some Domestic Birds. III. A Comparison of the pattern of the Coeliac Artery in Three Breeds of the Domestic Fowl (*Gallus gallus* f. *domestica*). Anat. Anz. **141**, 136–146.
Malinovsky, L., and Visnanska, M. (1975): Branching of the coeliac artery in some domestic birds. II. The domestic goose. Folia Morph. **23**, 128–135.
Malinovsky, L., Visnanska, M., and Roubal, P. (1973): Branching of A. coeliaca in some domestic birds. I. Domestic duck (*Anas platyrhynchos* f. *domestica*). Scripta Medica (Brno) **46**, 325–336.
Markmann, S. (1968): Das Venensystem der Hausente *(Anas boschas dom.)* Berlin, Diss.
Nishida, T. (1960): On the blood vascular system of the thoracic limb in the fowl. Part. 1. The artery. Jap. J. Vet. Sci. **22**, 223–231.
Nishida, T. (1963): The blood vascular system of the hind limb in the fowl. Part 1. The artery, Jap. J. Vet. Sci. **24**, 93–106.
Nishida, T. (1964): Blood vascular system of the male reproductive organs. Jap. J. Vet. Sci. **26**, 211–221.
Nishida, T., Tsugiyama, I., and Mochizuki, K. (1976): The gastric venous system of the domestic goose. Jap. J. Vet. Sci. 595–610.
Oliveira, A. (1959): Contribuicaoa para o estudo anatomico das afluentes e confluentes do distrito venoso portal no *Gallus gallus domesticus*. Veterinaria **13**, 43–78.
Petren, T. (1926): Die Coronararterien des Vogelherzens. Morph. Jb. **56**, 239–249.
Prakash, R., Bhatnagar, S. P., and Yousuf, N. (1960): The development of the conducting tissue in the heart of chicken embryos. Anat. Rec. **136**, 322.
Richards, S. A. (1967): Anatomy of the arteries of the head in the domestic fowl. J. Zool. **152**, 221–234.
Richards, S. A. (1968): Anatomy of the veins of the head in the domestic fowl. J. Zool. **154**, 223–234.
Rigdon, R. H., and Fröhlich, J. (1970): Das Herz der Ente. Zbl. Vet.-med. A, **17**, 85–94.
Scheppelmann, K. (1990): Erythropoetic bone marrow in the pigeon: development of its distribution and volume during growth and pneumatization of bones. J. Morph. **203**, 21–34.
Schwarz, R., Ali, A. M. A., und Radke, B. (1981): Untersuchungen zur Makro- und Mikromorphologie der Valva portalis renalis bei Huhn, Ente und Schwan. Dtsch. Tierärztl. Wschr. **88**, 498–500.
Schwarz, R., und Ali, A. M. A. (1982): Das Nierenpfortadersystem (Systema portale renale) und seine Stellung im Rahmen der Gefäßversorgung der Nieren des Huhnes. Dtsch. tierärztl. Wschr. **89**, 361–365.
Shina, J., and Miyata, D. (1932): Studies on the cerebral arteries of birds. I. The arterial supply on the brain surface of some kinds of birds. Acta anat. nipp. **5**, 13–38.
Stiller, W. G., and Hindle, R. M. (1969): The arterial blood supply to the kidney of the fowl. J. Anat. **104**, 117–135.
Simons, J. R. (1960): The Blood-Vascular System. In: Marshall, A. J. (Ed.): Biology and Comparative Physiology of Birds. Academic Press, New York–London.
Spanner, R. (1925): Der Pfortaderkreislauf in der Vogelniere. Morph. Jb. **54**, 560–696.
Spanner, R. (1939): Die Drosselklappe und ihre Bedeutung für den Abkürzungskreislauf im porto-cavalen System des Vogels; zugleich ein Beitrag zur Kenntnis der epitheloiden Zellen. Z. Anat. **109**, 443–492.
Vollmerhaus, B., und Hegner, D. (1963): Korrosionsanatomische Untersuchungen am Blutgefäßsystem des Hühnerfußes. Morph. Jb. **105**, 139–184.
Westphal, U. (1961): Das Arteriensystem des Haushuhnes *(Gallus domesticus)*. Wiss. Z. Humboldt-Univ. Berlin, Math.-Nat. R. **10**, 93–124.
Wolf, L. (1967): Das Herz der Vögel. Berlin. Diss.

● **Lymphgefäßsystem**

Baum, H. (1930): Das Lymphgefäßsystem des Huhnes. Berlin.
Behrens von Rautenfeld, D., Wenzel-Horn, B., und Hickel, E. M. (1983): Lymphgefäßsystem und Lymphographie beim Vogel. Tierärztl. Praxis **11**, 469–476.
Budge, A. (1882): Über Lymphherzen bei Hühnerembryonen. Arch. Anat. Physiol. (Abt. Anat.) 350–358.
Dransfield, J. W. (1945): The lymphatic system of domestic fowl. Vet. J. **101**, 171–179.
Fürther, H. (1913): Beiträge zur Kenntnis der Vogellymphknoten. Z. Naturwiss. **50**, 359–410.
King, A. S. (1975): The lymphatic system. In: Getty, R. (Ed.): Anatomy of the domestic animals. 5. Ed., Vol. 2. Saunders, Philadelphia.
Miyaki, T., and Yasuda, M. (1977): On the thoracic duct and the lumbar lymphatic vessel in the fowl. Jap. J. Vet. Sci. **38**, 559–570.
Payne, L. N. (1971): The lymphoid system. In: Bell, D. J., and Freeman, B. M. (Eds.): The Physiology and Biochemistry of the Domestic Fowl. Academic Press, New York.
Varicak, T. (1954): Bemerkungen zum Problem der Lymphknoten bei den Vögeln. Vet. Arch. **24**, 222–225.

● **Abwehrsystem**

Behrens, K. (1933): Beitrag zur Funktion der lymphoretikulären Bildungen des Darmkanals. Hannover, Diss.
Behrens von Rautenfeld, D., und Budras, K.-D. (1980): A comparative study on the bursa Fabricii and tonsilla caecalis in birds. Folia Morphol. **28**, 168–170.
Behrens von Rautenfeld, D., und Budras, K.-D. (1983): Topography, ultrastructure and phagocytic capacity of avian lymph nodes. Cell Tissue Res. **228**, 389–403.
Betti, F. (1989): Development of the cloacal bursa in the domestic fowl. I. An allometric and morphologic study of interfollicular surface epithelium (ISE). Anat. Anz. **168**, 337–346.
Boya, J., and Calvo, J. (1978): Post-hatching evolution of the pineal gland of the chicken. Acta anat. **101**, 1–9.
Cirinca, E., Mammola, C., and Germana, G. (1984): Structural finding on the bursa of Fabricius innervation in pigeons *(Columba livia)* during evolution and involution. Acta anat. **120**, 16–17.
Cirinca, E., Muglin, U., and Germana, G. (1989): An ultrastructural study of pigeon bursa of Fabricius during involution. Anat. Anz. **169**, 67–74.
Dolfi, A., Gianessi, F., Biandi, F. and Lupretti, M. (1990): Ultrastructural and immunocytochemical study on bursal follicle medulla cells in *Gallus domesticus*. Z. mikrosk.-anat. Forsch. **104**, 401–411.
Frazier, J. A. (1974): The ultrastructure of the lymphoid follicle of the chick bursa of Fabricius. Acta anat. **88**, 385–397.
Fukuta, K., Nishida, T., and Mochizuki, K. (1976): Electron microscopy of the splenic circulation in the chicken. Jap. J. Vet. Sci. **38**, 241–254.
Hafez, H. M. (1981): Untersuchungen zur morphologischen Entwicklung und immunologischen Bedeutung der Bursa Fabricii der Puter (*Meleagris gallopavo* var. *domesticus*): Giessen, Diss.
Hashimoto, Y., and Sugimura, M. (1976): Histological and quantitative studies on the postnatal growth of the duck spleen. Jap. J. Vet. Res. **25**, 71–80.
Hashimoto, Y., and Sugimura, M. (1976): Histological and quantitative studies on the postnatal growth of the thymus and the bursa of Fabricius of White Pekin ducks. Jap. J. Vet. Res. **24**, 65–75.
Heinecke, H. (1983): Das Blutgefäßsystem der Bursa Fabricii beim Haushuhn *(Gallus domesticus)*: Korrosionsanatomische, histologische und elektronenmikroskopische Untersuchung. Gießen, Diss.
Hoffmann-Fezer, G. (1973): Histologische Untersuchungen an lymphatischen Organen des Huhnes *(Gallus dom.)* während des ersten Lebensjahres. Z. Zellforsch. **136**, 45–58.

Hoffmann-Fezer, G., und Lade, R. (1972): Postembryonale Entwicklung und Involution der Bursa Fabricii des Haushuhnes *(Gallus domesticus)*. Z. Zellforsch. **124**, 406–418.

Jankovic, B. D. (1968): The development and function of immunologically reactive tissue in the chicken. Wiss. Z. Friedr.-Schiller-Univ. Jena **17**, 406–418.

Kondo, M. (1937): Die lymphatischen Gebilde im Lymphgefäßsystem des Huhnes. Folia anat. Jap. **15**, 309–325.

Lade, R. (1971): Die morphologische Entwicklung der lymphatischen Organe normaler und bursektomierter Hühner nach dem Schlupf. Gießen, Diss.

Leene, W., Dugzings, M. J. M., and Steeg, C. van (1973): Lymphoid stem cell identification in the development thymus and bursa of Fabricius of the chick. Z. Zellforsch. **136**, 521–533.

Lindner, D. (1961): Zur Frage der mikroskopischen und makroskopischen Anatomie der Vogel-lymphknoten (gleichzeitig ein Beitrag zur vergleichenden Morphologie der Lymphknoten der Vögel und der Säugetiere): Wiss. Z. Humboldt-Univ. Berlin.

Lupetti, M., Dolfi, A., and Malatesta; T. (1984): On the role of the lymphoid follicle-associated areas in the organization of the bursal follicle in the cloacal bursa in birds. Anat. Anz. **157**, 291–297.

Marquardt, H. (1976): Untersuchungen zur Ultrastruktur der Milz des Haushuhnes *(Gallus domesticus)*. Gießen, Diss.

Mathis, J. (1938): Zum Feinbau der Bursa Fabricii. Z. mikrosk.-anat. Forsch. **43**, 179–190.

Nagy, Z. A. (1970): Histological study of the topographic separation of thymus-type and bursa-type lymphocytes and plasma cell series in chicken spleen. Zbl. Vet. Med. A 422–428.

Niedorf, H. R., und Wolters, B. (1974): Feinstrukturelle Untersuchungen an den Makrophagen der Bursa Fabricii des Hühnchens. Beitr. Pathol. **151**, 75–86.

Ogata, K., Sugimura, M., and Nudo, N. (1977): Developmental studies on embryonic and posthatching spleens in chickens with special reference to development of white pulpa. Jap. J. Vet. Res. **25**, 83–92.

Scala, G. Corona, C., et Pellagalli, G. V. (1988): Sur l' involution de la bourse de Fabricius chez le canard. Zbl. Vet. Med. C **17**, 97–106.

Scala, G. Caputo, C., Perno, G., and Pellagalli, G. V. (1988): The vascularization of the bursa cloacalis (of Fabricius) in the duck. Zbl. Vet. Med. C **18**, 66–75.

Sinowatz, A. (1951): Der Thymus und seine Entwicklung bei *Gallus domesticus*. Wien, Diss.

Sobiraj, A. (1981): Raster- und transmissionselektronenmikroskopische Untersuchungen zur Bursa Fabricii und zu den Tonsillae caecales des Haushuhnes *(Gallus. dom.)*. Gießen, Diss.

Stuewer, J. (1979): Rasterelektronenmikroskopische Untersuchungen zur Struktur der Milz des Haushuhnes *(Gallus dom.)*. Giessen, Diss.

Sugimura; M., Hashimoto, Y., and Nakanishi, Y. H. (1977): Thymus- and bursa-dependant areas in duck lymph nodes. Jap. J. Vet. Res. **25**, 7–16.

Vogel, K., und Beyer, J. (1975): Die immunologische Bedeutung von Bursa Fabricii und Thymus des Huhnes. Mh. Vet.-Med. **30**, 386–394.

- **Endokrines System**

Abdel-Magied, E. M. (1988): Quantitative morphological studies on the carotid body of the domestic fowl. Z. mikrosk.-anat. Forsch. **102**, 177–183.

Björkmann, N., and Hellmann, B. (1964): Ultrastructure of the islets of Langerhans in the duck. Acta anat. **56**, 348–367.

Boya, J., and Zamorano, L. (1975): Ultrastructural study of the pineal gland of the chicken *(Gallus gallus)*. Acta anat. **92**, 202–226.

Boya, J., and Calvo, J. (1979): Evolution of the pineal gland in the adult chicken. Acta anat. **104**, 104–122.

Cronshaw, J., Holmes, W. N., and Ely, J. A. (1989): Pre-natal development of the adrenal gland in the mallard duck *(Anas platyrhynchos)* Cell Tiss. Res. **258**, 593–601.

Gutte, G., Hanna, I., Seeger, J., und Mehlhorn, G. (1989): Histologische und histometrische Untersuchungen an der Epiphysis cerebri von Mastputen *(Meleagris gallopavo)* nach Anwendung unterschiedlicher Lichtregime. Arch. exper. Vet. med. **43**, 471–480.

Hartmann, F. A., and Brownell, K. A. (1961): Adrenal and thyroid weight in birds. Quart. J. Ornithol. (Auk) **78**, 397–422.

Hodges, R. D. (1970): The structure of the fowl's ultimobranchial gland. Ann. Biol. animale, biochem., biophys. **10**, 255–279.

Hodges, R. D. (1974): The histology of the fowl. Academic Press, London–New York–San Francicso 1974, 418–488.

Kameda, Y., Okamoto, K., Ito, M., and Tagawa, T. (1988): Innervation of the C cells of chicken ultimobranchial glands studies by immunohistochemistry, fluorescence microscopy, and electron microscopy. Amer. J. Anat. **182**, 353–368.

Lièvre, J. A. (1970): Thyroide et corps ultimo-branchial dans la serie animale. Econ. Med. animales **11**, 157–164.

Mikami, S., and Takahashi, H. (1987): Immunocytochemical studies on the cytodifferentiation of the adenohypophysis of the domestic fowl. Jap. J. Vet. Sci., Tokyo **49**, 601–661.

Mikami, S., and Mutoh, K. (1971): Light- and electron-microscopic studies of the pancreatic islet cells in the chicken under normal and experimental conditions, Z. Zellforsch. **116**, 205–227.

Mikami, S., Sudo, S., and Kazuyuki, I. (1986): Immunocytochemical studies on the development of the pancreatic islet cells in the domestic fowl. Jap. J. Vet. sci. (Tokyo) **48**, 769–780.

Pearce, R. S., Cronshaw, J., and Holmes, W. N. (1978): Evidence for the zonation of interrenal tissue in the adrenal gland of the duck *(Anas platyrhynchos)*. Cell Tiss. Res. **192**, 363–379.

Sturkie, P. D. (1976): Avian Physiology. 3. Aufl. Springer-Verlag, Berlin–Heidelberg–New York.

Wight, P. A. L., and MacKenzie, G. M. (1971): The histochemistry of the pineal gland of the domestic fowl. J. Anat. **108**, 261–273.

Wurmbach, H. (1980): Lehrbuch der Zoologie, 3. Aufl. (Hrsg. R. Siewing). Gustav Fischer Verlag, Stuttgart–New York.

- **Nervensystem**

Adamo, N. J. (1967): Connections of efferent fibers from hyperstriatal areas in chicken, raven, and African love-birds J. Comp. Neurol. **131**, 337–356.

Akester, A. R. (1979): The autonomic nervous system. In: Form and function in birds (Eds.: King, A. S., and McLelland, J.). Vol. 1. Academic Press, London–New York.

Akker, L. M. van Den (1970): An anatomical outline of the spinal cord of the pigeon. Van Gorcum, Netherlands.

Ariens Kappers, C. U., Huber, G. C., and Crosby, E. C. (1936): The comparative anatomy of the nervous system of vertebrates including man. Macmillan, New York.

Barnikol, A. (1953): Zur Morphologie des Nervus trigeminus der Vögel unter besonderer Berücksichtigung der Accipitres, Cathartidae, Striges, and Anseriformes. Z. wiss. Zool. **157**, 285–332.

Bartels, M. (1925): Über die Gegend des Deiters- und Bechterewkernes der Vögel. Z. ges. Anat. **77**, 726–784.

Baumel, J. J. (1975): Aves nervous system. In: Sisson and Grossman's Anatomy of the Domestic Animals (R. Getty, Ed.). Vol. 2, 5th Ed. Saunders, Philadelphia.

Bennet, T., and Malmfors, T. (1970): The adrenergic nervous system of the domestic fowl (*Gallus domesticus* L.). Z. Zellforsch. **106**, 22.

Bennet, T. (1974): Peripheral and autonomic nervous system. In: Avian biology (Eds.: Farner, D. S., and King, J. R.). Vol. 4. Academic Press, New York–London.

Bolton, T. (1971a): The structure of the nervous system. In: Physiology and Biochemistry of the Domestic Fowl (Eds.: Bell, D. J., and Freeman, B. M.). Academic Press, London.

Bolton, T. (1971b): The physiology of the nervous system. In: Physiology and Biochemistry of the domestic fowl (Eds.: Bell, D. J., and Freeman, B. M.). Academic Press, London.

Boord, R. L. (1968): Ascending projections of the primary cochlear nuclei and nucleus laminaris in the pigeon. J. Comp. Neurol. **133**, 523—542.

Boord, R. L. (1969): The anatomy of the avian auditory system. Ann. N. Y. Acad. Sci. **167**, 186—198.

Boord, R. L., and Rasmussen, G. L. (1963): Projection of the cochlear and lagenar nerves on the cochlear nuclei of the pigeon. J. Comp. Neurol. **120**, 463—475.

Breazile, J. E. (1979): Systema nervosum centrale. In: Avian biology (Eds.: Baumel, J. J., King, A. S., Lucas, A. M., Breazile, J. E., and Evans, H. E.). Academic Press, London—New York.

Breazile, J. E., and Yasuda, M. (1979): Systema nervosum peripheriale. In: Nomina anatomica avium (Eds.: Baumel, J. J., King, A. S., Lucas, A. M., Breazile, J. E., and Evans, H. E.). Academic Press, London—New York.

Brinkman, R., and Martin, A. H. (1973): A cytoarchitectonic study of the spinal cord of the domestic fowl *Gallus gallus domesticus*. 1. Branchial region. Brain Res. **56**, 43—62.

Brown, J. L. (1969): The control of avian vocalisation by the central nervous system. In: Bird vocalisations (Ed.: Hinde, R. A.). University Press, Cambridge.

Bubien-Waluszewska, A. (1981): The cranial nerves. In: Form and function in birds. (Eds.: King, A. S., and McLelland, J.). Vol. 3. Academic Press London—New York.

Bubien-Waluszewska, A. (1984): Somatic peripheral nerves in birds. In: Form and function in birds (Eds.: King, A. S., and McLelland J.). Vol. 4. Academic Press, London—New York.

Buchholz, V. (1959—60): Beitrag zur makroskopischen Anatomie des Armgeflechtes und der Beckennerven beim Haushuhn *(Gallus domesticus)*. Wiss. Z. Humboldt-Univ. Berlin, Math.-Nat. R. **9**, 515—594.

Clara, M. (1959): Das Nervensystem des Menschen. 3. Aufl. Barth, Leipzig.

Cohen, D. H., and Karten, H. J. (1974): The structural organization of avian brain: An overview. In: Birds brain and behavior (Eds.: Goodman, I. J., and Schein, M. W.). Academic Press, New York.

Cords, E. (1904): Beiträge zur Lehre vom Kopfnervensystem der Vögel. Anat. Hefte **26**, 49—100.

Craigie, E. H. (1928): Observations on the brain of the hummingbird (*Chrysolampis mosquitus* Linn. and *Chlorostibon caribaeus* Lawr.). J. Comp. Neurol. **45**, 377—481.

Bütschli, O. (1921): Vorlesungen über vergleichende Anatomie. (Hrsg.: Blochmann, F., und Hamburger, C.). Springer, Heidelberg.

Craigie, E. H. (1930): The brain of the kiwi *(Apteryx australis)*. J. Comp. Neurol. **49**, 223—357.

DeBurlet, H. M. (1934): Vergleichende Anatomie des statoakustischen Organs. a) Die innere Ohrsphäre. Bd. 2, Teil 2, 1293—1380. b) Die mittlere Ohrsphäre. Bd. 2, 1381—1432. In: Handbuch der vergleichenden Anatomie der Wirbeltiere (Hrsg.: Bolk, L., Göppert, E., Kallius, E., und Lubosch, W.). Urban und Schwarzenberg, Berlin und Wien.

Delius, J. D., and Bennetto, K. (1972): Cutaneous sensory projections to the avian forebrain. Brain Res. **37**, 205—221.

Dingler, E. C. (1965): Einbau des Rückenmarks im Wirbelkanal bei Vögeln. Anat. Anz. **115** (Suppl.), 71—84.

Doyle, W. L., and Watterson, R. L. (1949): The accumulation of glycogen in the Glycogen Body of the nerve cord of the developing chick. J. Morph. **85**, 391—403.

Edinger, L., und Wallenberg, A. (1899): Untersuchungen über das Gehirn der Tauben. Anat. Anz. **15**, 245—271.

Erulkar, S. D. (1955): Tactile and auditory areas in the brain of the pigeon. J. Comp. Neurol. **103**, 421—458.

Giersberg, H., und Rietschel, P. (1979): Vergleichende Anatomie der Wirbeltiere. Bd. 1. 2. Aufl. Gustav Fischer Verlag, Jena.

Hansen-Prus, O. C. (1923): Meninges of birds, with a consideration of the sinus rhomboidalis. J. Comp. Neurol. **36**, 193—217.

Harrison, J. M., and Irving, R. (1965): The anterior ventral cochlear nucleus. J. Comp. Neurol. **124**, 15—42.

Hodges, R. D. (1974): The Histology of the domestic fowl. Academic Press, London – New York.
Hsieh, T. M. (1951): The sympathetic and parasympathetic nervous systems of the fowl. Ph. D. Thesis, Edinburgh.
Huber, G. C., and Crosby, E. C. (1926): On thalamic and tectal nuclei and fiber paths in the brain of the American alligator. J. Comp. Neurol. **40**, 97–227.
Huber, G. C., and Crosby, E. C. (1929): The nuclei and fiber paths of the avian diencephalon, with consideration of telencephalic and certain mesencephalic centres and connections. J. Comp. Neurol. **48**, 1–225.
Huber, J. F. (1936): Nerve roots and nuclear groups in the spinal cord of the pigeon. J. Comp. Neurol. **65**, 43–91.
Imhof, G. (1905): Anatomie und Entwicklungsgeschichte des Lumbalmarkes bei den Vögeln. Archiv. Mikroskop. Anat. Entw. Mech. **65**, 98.
Jones, A. W., and Levi-Montalcini, R. (1958): Patterns of differentiation of the nerve centers and fiber tracts of the avian cerebral hemispheres. Arch. Ital. Biol. **96**, 231.
Jungherr, E. (1945): Certain nuclear groups of the avian mesencephalon. J. Comp. Neurol. **82**, 55–75.
Jungherr, E. (1969): The neuroanatomy of the domestic fowl *(Gallus domesticus)*. Avian Dis., Special issue.
Kappers, C. U. A., Huber, G. C., and Crosby, E. C. (1936): The comparative anatomy of the nervous system of vertebrates, including man. Hafner Publ. Co., New York (reprinted 1967).
Karten, H. J. (1963): Ascending pathways from spinal cord of the pigeon. Proc. XVI internatl. Congr. Zool. (Wash.) 2, 23 (Abstract).
Karten, H. J. (1965): Projections of the optic tectum of the pigeon *(Columba livia)*. I. Diencephalic projections of the inferior colliculus (nucleus mesencephali lateralis, pars dorsalis): Brain Res. **6**, 409–427.
Karten, H. J. (1971): Efferent projections of the Wulst of the owl. Anat. Rec. **169** (Abstract).
Karten, H. J., and Hodos, W. (1967): A stereotaxic atlas of the brain of the pigeon. John Hopkins Press, Baltimore.
Karten, H. J., and Hodos, W. (1970): Telencephalic projections of the nucleus rotundus in the pigeon *(Columba livia)*. J. Comp. Neurol. **140**, 35–52.
Karten, H. J., Hodos, W., Nauta, W. J. H., and Revzin, A. M. (1973): Neural connections of the "visual wulst" of the avian telencephalon. Experimental studies in the pigeon *(Columba livia)* and owl *(Speotyto cunicularia)*. J. Comp. Neurol. **150**, 253–278.
Karten, H. J., and Revzin, M. (1966): The afferent connections of the nucleus rotundus in the pigeon. Brain Res. **2**, 368–377.
Komárek, V., Malinovsky, L., i Lemež, L. (1986): Anatomia ptaków domowych i embriologia kury. Priroda, Bratislava.
Kuhlenbeck, H. (1937): The ontogenetic development of the diencephalic centres in a bird's brain (chick) and comparison with reptilian and mammalian diencephalon. J. Comp. Neurol. **66**, 23–75.
Kuhlenbeck, H. (1975): The central nervous system of vertebrates. Vol. 4, Spinal cord and Deuterencephalon. Karger, New York.
Kuhlenbeck, H. (1977): The central nervous system of vertebrates. Vol. 5, Pt. 1. Derivatives of the prosencephalon, Diencephalon and Telencephalon. Karger, Basel.
Larsell, O. (1948): The development and subdivisions of the cerebellum of birds. J. Comp. Neurol. **89**, 123–189.
Larsell, O. (1967): The comparative anatomy and histology of the cerebellum from myxinoids through birds (Ed.: Jansen, J.). University of Minnesota Press, Minneapolis.
Lyser, K. M. (1973): The fine structure of the glycogen body of the chicken. Acta Anat. **85**, 533–549.
Meier, R. E. (1973): Autoradiographic evidence for a direct retinohypothalamic projection in the avian brain. Brain Res. **53**, 417.

O'Flaherty, J. J. (1971): The optic nerve of the mallard duck: Fiber diameter, frequency, distribution and physiological properties. J. Comp.Neurol. **143**, 17—24.

Paul, E. (1971): Neurohistologische und fluoreszenzmikroskopische Untersuchungen über die Innervation des Glykogenkörpers der Vögel. Z. Zellforsch. **112**, 516—525.

Pearson, R. (1972): The avian brain. Academic Press, London—New York.

Revzin, A. M. (1967): Unit responses to visual stimuli in the nucleus rotundus of the pigeon *(Columba livia)*. Fed. Proc. **26**, 656 (Abstract).

Revzin, A. M. (1969): A special visual projection area in the hyperstriatum of the pigeon *(Columba livia)* Brain Res. **15**, 246—249.

Revzin, A. M., and Karten, H. J. (1966): Rostral projections of the optic tectum and the nucleus rotundus in the pigeon. Brain Res. **3**, 264—276.

Romer, A. (1966): Vergleichende Anatomie der Wirbeltiere (Übersetzt von Frick, H.). Parey, Hamburg und Berlin.

Sanders, E. B. (1929): A consideration of certain bulbar, midbrain and cerebellar centres and fiber tracts in birds. J. Comp. Neurol. **49**, 155—222.

Sarnat, H. B., and Netsky, M. G. (1974): Evolution of the nervous system. Oxford University Press, London.

Schrader, E. (1970): Die Topographie der Kopfnerven vom Huhn. Berlin, Diss.

Seiferle, E. (1975): Nervensystem, Sinnesorgane, Endokrine Drüsen. In: Anatomie der Haussäugetiere (Hrsg.: Nickel, A., Schummer, F., und Seiferle' E.), Bd. IV. Parey, Hamburg und Berlin.

Senglaub, K. (1961): Das Kopfhirn, insbesondere das Kleinhirn der Vögel in Beziehung zur phylogenetischen Stellung, Lebensweise und Körpergröße nebst Beiträgen zum Domestikationsproblem. Habil.-Schrift, Leipzig.

Senglaub, K. (1963): Das Kleinhirn der Vögel in Beziehung zu phylogenetischer Stellung, Lebensweise und Körpergröße. Z. Wiss. Zool. **169**, 1.

Starck, D., and Barnikol, A. (1954): Beiträge zur Morphologie der Trigeminusmuskulatur der Vögel. Morph. Jb. **94**, 1—64.

Stingelin, W. (1961): Größenunterschiede des sensiblen Trigeminuskerns bei verschiedenen Vögeln. Rev. Suisse Zool. **68**, 247—251.

Sturkie, P. D. (1976): Avian Physiology. 3rd Ed. Springer, New York—Berlin.

Terni, T. (1923): Richerche anatomiche sul sistema nervosa autonomia degli uccelli. Arch. Ital. Anat. Embriol. **20**, 433—510.

Van Tienhoven, A., and Juhász, L. P. (1962): The chicken telencephalon and mesencephalon in stereotaxic coordinates. J. Comp. Neurol. **118**, 185—197.

Völker, H., and Graef, W. (1969): Topographische Untersuchungen am Zentralnervensystem vom Haushuhn *(Gallus domesticus* L.) unter besonderer Berücksichtigung des Zwischen- und Mittelhirnes. J. f. Hirnforsch. **11**, 123—132.

Watanabe, T. (1960): Comparative and topographical anatomy of the fowl. VII. On the peripheral courses of the vagus nerve in the fowl (in Japanese). Jap. J. Vet. Sci. **22**, 145—154.

Watanabe, T. (1961): Comparative and topographical anatomy of the fowl. VIII. On the distribution of the nerves in the neck of the fowl (in Japanese). Jap. J. Vet. Sci. **23**, 85—94.

Watanabe, T. (1964): Comparative and topographical anatomy of the fowl. XVII. Peripheral course of the hypoglossal, accessory and glossopharyngeal nerves (in Japanese). Jap. J. Vet. Sci. **26**, 249—258.

Watanabe, T. (1968): A study of retrograde degeneration in the vagal nuclei of the fowl. Jap. J. Vet. Sci. **30**, 331—340.

Watanabe, T. (1972): Comparative and topographical anatomy of the fowl. LXIV. Sympathetic nervous system of the fowl. Part 2. Nervus intestinalis (in Japanese). Jap. J. Vet. Sci. **34**, 303—313.

Watanabe, T., and Yasuda, M. (1968): Comparative and topographical anatomy of the fowl. LI. Peripheral course of the olfactory nerve in the fowl (in Japanese). Jap. J. Vet. Sci. **30**, 275—279.

Watanabe, T., and Yasuda, M. (1970): Comparative and topographical anatomy of the fowl. XXVI. Peripheral course of the trigeminal nerve (in Japanese). Jap. J. Vet. Sci. **32**, 43—57.

Wakley, G. K., and Bower, A. J: (1981): The distal vagal ganglion of the hen *(Gallus domesticus)*, a histological and physiological study. J. Anat. **132**, 95—105.

Whitlock, D. G. (1952): A neurohistological and neurophysiological study of afferent fiber tracts and receptive areas of the avian cerebellum. J. Comp. Neurol. **97**, 567—635.

Whitkovsky, P., Zeigler, H. P., and Silver, R. (1973): A single unit analysis of the nucleus basalis in the pigeon. J. Comp. Neurol. **147**, 119—128.

Yasuda, M. (1960): On the nervous supply of the thoracic limb in the fowl. Jap. J. Vet. Sci. **22**, 89—101.

Yasuda, M. (1961): On the nervous supply of the hind limb in the fowl. Jap. J. Vet. Sci. **23**, 145—155.

Yasuda, M. (1964): Distribution of cutaneous nerves in the fowl. Jap. J. Vet. Sci. **26**, 241—254.

Zecha, A. (1962): The "pyramidal tract" and other telencephalic efferents in birds. Acta morph. neerlando-scandinavica **5**, 194—195.

Zeier, H., and Karten, H. J. (1971): The archistriatum of the pigeon: Organization of afferent and efferent connections. Brain Res. **31**, 313—326.

Zeier, H., and Karten, H. J. (1973): Connections of the anterior commissure in the pigeon *(Columba livia)*. J. Comp. Neurol. **150**, 201—216.

Zeigler, H. P., and Karten, H. J. (1973): Brain mechanism and feeding in the pigeon *(Columba livia)*. I. Quinto-frontal structures. J. Comp. Neurol. **152**, 59—82.

Zweers, G. A. (1971): A stereotaxic atlas of the brainstem of the mallard *Anas platyrhynchos* L. Assen Gorkum, Leiden, Diss.

- **Sinnesorgane**

Abraham, A., und Stammer, A. (1966): Über die Struktur und die Innervierung der Augenmuskeln der Vögel unter Berücksichtigung des Ganglion ciliare. Acta Biol. **12**, 87—118.

Bowmaker, J. K. (1980): Colour vision in birds and the role of oil droplets. Trends Neurosci. 196—199.

Brach, V. (1975): The effect of intraocular ablation of the pecten oculi of the chicken. Invest. Ophth. **14**, 166—168.

Brach, V. (1977): The functional significance of the avian pecten: a review. Condor **79**, 321—327.

Chiasson, R. B., and Ferris, W. R. (1968): The iris and associated structures of the Inca Dove *(Scardafella inca)*. Amer. Zool. **8**, 818.

Cowan, W. M., and Wenger, E. (1968): The development of the nucleus of origin of centrifugal fibers to retina in the chick. J. Comp. Neurol. **133**, 207—240.

Evans, H. E. (1979): Organa sensoria. In Nomina anatomica avium (Eds.: Baumel, J. J., King, A. S., Lucas, A. M., Breazile, J. E., and Evans, H. E.). Academic Press, London—New York.

Federici, F. (1927): Über die Innervation des von Vitali entdeckten Sinnesorganes im Mittelohr der Vögel — paratympanisches Organ. Anat. Anz. **62**, 241—254.

Fischlweiger, W., and O'Rahilly, R. (1968): The ultrastructure of the pecten oculi in the chick. II. Observations on the brigde and its relation to the vitreous body. Z. Zellforsch. **92**, 313—324.

Frank, G. H., and Smit, A. L. (1976): The morphogenesis of the avian columella auris with special reference to *Struthio camelus*. Zool. Africana **11**, 159—182.

Franz, V. (1934): Höhere Sinnesorgane. In: Handbuch der vergleichenden Anatomie der Wirbeltiere (Hrsg.: Bolk, L., Göppert, G., Kalius, E., und Lubosch, W.). Urban und Schwarzenberg, München.

Fry, G. A. (1959): The image forming mechanism of the eye. In: Handbook of physiology. Sec. 1 (Ed.: Magoun, H. W.). Williams and Wilkins, Baltimore.

Holden, A. L. (1966): An investigation of the centrifugal pathway to the pigeon retina. J. Physiol. **186**, 133.

Jorgensen, J. M. (1970): On the structure of the macula lagenae in birds with some notes on the avian maculae utriculi and sacculi. Vidensk. Medd. Dan. Naturh. Foren. **133**, 121—147.

Kare, M. R., and Ficken, M. S. (1963): Comparative studies on the sense of taste. In: Olfaction and taste (Ed.: Zotterman, Y.). Pergamon Press, New York.

King-Smith, P. E. (1971): Special senses. In: Physiology and Biochemistry of the Domestic Fowl (Eds.: Bell, D. J., and Freeman, B. M.). Vol. 2. Academic Press, London.

King, A. S., and McLelland, J. (1984): Birds. Their structure and functions. Baillière Tindall, London.

Lindenmaier, P., and Kare, M. R. (1959): The taste end organs of the chicken. Poultry Sci. **38**, 545–550.

Malinovsky, L. (1967): Die Nervenendkörperchen in der Haut von Vögeln und ihre Variabilität. Z. mikr.-Anat. Forsch. **77**, 279–303.

Malinovsky, L., and Zemánek, R. (1969): Sensory corpuscles in the beak skin of the domestic pigeon. Folia Morph. **17**, 241–250.

McLelland, J. (1975): Sense organs, Aves. In: Sisson and Grossman's Anatomy of the Domestic Animals (Ed.: Getty, R.). Vol. 2. 5th Ed. Saunders, Philadelphia.

O'Rahilly, R., and Meyer, D. B. (1961): The development and histochemistry of the pecten oculi. In: The structure of the eye (Ed.: Smelser, G. K.). Academic Press, New York.

Pohlman, A. G. (1921): The position and functional interpretation of the elastic ligaments in the middle-ear region of *Gallus*. J. Morph. **35**, 229–262.

Portmann, A. (1961): Sensory organs: Part I. Skin, taste and olfaction. Part II. Equilibrum. In: Biology and comparative physiology of birds (Ed.: Marshall, A. J.). Vol. 2. Academic Press, New York–London.

Pumphrey, A. J. (1961): Sensory organs: vision, hearing. In: Biology and comparative physiology of birds (Ed.: Marshall, A. J.). Vol. 2. Academic Press, London–New York.

Schwartzkopff, J. (1968): Structure and function of the ear and of the auditory brain areas in birds. In: Hearing mechanisms in vertebrates. (Eds.: DeReuck, A. V. S. and Knight, J.). Churchill, London.

Schwartzkopff, J. (1973): Mechanoreception. In: Avian Biology (Eds: Farner, D. S., and King, J. R.). Vol. 3. Academic Press, New York–London.

Schwartzkopff, J., and Winter, P. (1960): Zur Anatomie der Vogel-Cochlea unter natürlichen Bedingungen. Biol. Zbl. **79**, 607–625.

Sillman, A. J. (1973): Avian vision. In: Avian Biology. Vol. 3. (Eds.: Farner, D. S., and King, J. R.). Academic Press, New York–London.

Sivak, J. G. (1980): Avian mechanisms for vision in air and water. Trends Neurosci. 314–317.

Sivak, J. G., Bouier, W. R., and Levy, B. (1978): The refractive significance of the nictitating membrane of the bird eye. J. Comp. Physiol. **125**, 335–339.

Slonaker, J. R. (1918): A physiological study of the anatomy of the eye and its accessory parts of the English Sparrow *(Passer domesticus)*. J. Morph. **31**, 351–459.

Smith, G. (1904–05): The middle ear and columella of birds. Quart. J. Micros. Sci. **48**, 11–22.

Stager, K. E. (1967): Avian olfaction. Am. Zool. **7**, 415.

Tucker, R. (1975): The surface of the pecten oculi in the pigeon. Cell Tiss. Res. **157**, 457–465.

Walls, G. L. (1942): The vertebrate eye and its adaptive radiation. Cranbook Institute of Science, Bloomfield, Hills, Michigan.

Walter, W. G. (1943): Some experiments on the sense of smell in birds studied by the method of conditioned reflexes. Arch. Neerl. Physiol. Homme et Animaux, **27**, 1.

Wenzel, B. M. (1968): The olfaction process of the Kiwi. Nature **220**, 1133.

Wenzel, B. M. (1973): Chemoreception. In: Avian biology. Vol. 3 (Eds.: Farner, D. S., and King, J. R.). Academic Press, New York–London.

Wingstrand, K. G., and Munk, O. (1965): The pecten oculi of the pigeon with particular regard to its function. Biol. Skr. Danske Vid. Selsk. **14**, 1–64.

Yank, R. S. H., and Kare, M. R. (1968): Taste response of a bird to constituents of arthropod defense secretions. Ann. Entomol. Soc. Am. **61**, 781.

Zahn, W. (1933): Über den Geruchssinn einiger Vögel. Z. Vergl. Physiol. **19**, 785.

- **Äußere Haut**

Ahmed, S. S., Das, L. N., and Biswal, G. (1968): Comparative histological study of the skin of fowl and duck. Indian veterin. J. **45**, 725—732.

Auber, L. (1957a): The structures producing 'non-iridescent' blue colour in bird-feathers. Proc. zool. Soc. Lond. **129**, 455—486.

Auber, L. (1957b): The distribution of structural colours and unusual pigments in the class Aves. Ibis. **99**, 463—476.

Broman, I. (1941): Über die Entstehung und Bedeutung der Embryonaldunen. Morphol. Jb. **86**, 141—217.

Broman, I. (1943): Über verschiedenartige Entstehung der Bürzeldrüsen bei verschiedenen Vogelgattungen. Morph. Jb. **89**, 1—72.

Brush, A. H. (1981): Carotenoids in wild and captive birds. In: Bauernfiend, J. C. (Ed.): Carotenoids as Colorants and Vitamin A Precursors. Academic Press, New York—London.

Cane, A. F., and Spearman, R. I. C. (1967): A histochemical study of keratinization in the domestic fowl *(Gallus gallus)*. J. Zool. **153**, 337—352.

Chandler, A. C. (1916): A study of the structure of feathers, with reference to their taxonomic significance. Univ. Calif. Pub. Zool. **13**, 243—446.

Das, D., and Ghosh, A. (1959): Some histological and histochemical observations on the uropygial gland of pigeon. Anat. Anz. **107**, 75—84.

Dyck, J. (1969): Determination of plumage colours feather pigments and structures by means of reflection spectrophotometry. Danek Ornith. For. Tidsskr. **60**, 49—76.

Elder, W. H. (1969): The oil gland of birds. Wilson Bull. **66**, 6—31.

Fabricius, E. (1959): What makes plumage waterproof? Rep. of the Wildfowl Trust **10**, 105—113.

Fisher, H. I. (1940): The occurrence of vestigial claws on the wings of birds. Amer. Midl. Nat. **23**, 234—243.

Flemmig, H. (1952): Identifizierung des Haushuhnes durch Ballenabdruck. Leipzig, Diss.

Grafe, W. (1948): Vergleichende Untersuchungen am Lauf der Haushühner (Perlhuhn, Truthuhn, Haushuhn). Anat. Anz. **96**, 352—371.

Gragert, R. (1925): Die Eigentümlichkeiten des Federkleides bei dem Haushuhn, Truthuhn, Rebhuhn, Fasan und der Taube. Berlin, Diss.

Greenewalt, C. H., Brandt, W., and Friel, D. D. (1960): Iridescent colors of hummingbird feathers. J. opt. Soc. Am. **50**, 1005—1016.

Hager, G. (1961): Die Differenzierungsmöglichkeiten am Gefieder des Hausgeflügels. Wien. tierärztl. Wschr. **48**, 690—697.

Horváth, L. (1927): Über die Hautanhänge (Kamm, Kehllappen, Stirnzapfen) der Vögel. Budapest, Diss.

Jaap, R. G., and Grimes, J. F. (1956): Growth rate and plumage volor in chickens. Poultry Sci. **35**, 1264—1269.

Joosten, A. (1921): Über den histologischen Bau des Kammes und der Anhangslappen am Kopf des Haushahnes. Hannover, Diss.

Kösters, J., und Korbel, R. (1988): Zur Frage des Schnabelkürzens beim Geflügel. Tierärztl. Umschau **43**, 689—694.

Kretschmer, O. (1961): Zur Morphologie der Tertiärstrahlen der Vogelfelder. Wien, Diss.

Kuhn, O., und Hesse, R. (1957): Die postembryonale Pterylose bei Taubenrassen verschiedener Größe. Z. Morph. Ökol. d. Tiere **45**, 616—655.

Lucas, A. M. (1975): Common integument. In: Sisson and Grossman's Anatomy of the Domestic Animals (R. Getty, Ed.). 5th Ed. Vol. 2. W. B. Saunders, Philadelphia.

Lucas, A. M. (1979): Integumentum commune. In: Baumel, J. J., King, A. S., Lucas, A. M., Breazile, J. E., and Evans, A. E. (Eds.): Nomina Anatomica. Academic Press, London—New York.

Lucas, A. M., and Stettenheim, P. R. (1972): Avian Anatomy. Integument. Agriculture Handbook 362. U.S. Dept. Agric., U.S. Government Printing Office, Washington D.C.
Lühmann, M. (1983): Haut und Hautderivate. In: Mehner, A., und Hartfiel, W. (Hrsg.): Handbuch der Geflügelphysiologie, Teil 1. Gustav Fischer Verlag, Jena.
Lüttschwager, J. (1955): Lamellenzahl an Entenschnäbeln. Bonn zool. Beitr. **6**, 90–94.
Malinovsky, L., and Zemánek, R. (1969): Sensory corpuscles in the beak skin of the domestic pigeon. Folia morph. (Praha) **17**, 241–250.
Malinovsky, L., and Zemánek, R. (1971): Sensory innervation of the skin and mucosa of some parts of the head in the domestic fowl. Folia morph. (Praha) **19**, 18–23.
Matoltsy, A. G. (1969): Keratinisation of the avian epidermis. An ultrastructural study of the newborn chick skin. J. Ultrastruct. Res. **29**, 438–458.
McLelland (1975): Aves Sense Organs and Comon Integument. In: Sisson and Grossman's Anatomy of the Domestic Animals (Getty, R., Ed.). 5th Ed. Vol. 2. W. B. Saunders, Philadelphia, 2063–2095.
Portmann, A. (1963): Die Vogelfeder als morphologisches Problem. Verh. naturf. Ges. Basel **74**, 106–132.
Rawles, M. E. (1960): The integumentary system: In: Marshall, A. J. (Ed.): Biology and Comparative Physiology of Birds. Vol. 1. Academic Press, New York, London.
Rutschke, E. (1960): Untersuchungen über Wasserfestigkeit und Struktur des Gefieders von Schwimmvögeln. Zool. Jb. Syst. **87**, 441–506.
Schmidt, R. (1910): Anatomische und histologische Untersuchungen über den Bau und die Ursachen des Hornes beim Perlhuhn *(Numida meleagris)*. Bern, Diss.
Schmidt, R. (1924): Vergleichend-anatomische und histologische Untersuchungen über die Bürzeldrüse der Vögel. Jena, Z. Naturw. **60**.
Schumacher, S. (1919): Der Bürzeldocht. Anat. Anz. **52**, 291–301.
Schütz, E. (1927): Beitrag zur Kenntnis der Puderbildung bei den Vögeln. J. Ornith. **75**, 86–223.
Selby, C. C. (1955): An electron microscope study of the epidermis of mammalian skin in thin sections. I. Dermoepidermal junction and basal cell layer. J. Biophys. Biochem. Cytol. **1**, 429–444.
Sick, H. (1937): Morphologische-funktionelle Untersuchungen über die Feinstruktur der Vogelfeder. J. Ornith. **85**, 206–372.
Spearman, R. I. C. (1966): The keratinization of epidermal scales, feathers and hairs. Biol. Rev. **41**, 59–96.
Stammer, A. (1961): Nervenendorgane in der Vogelhaut. Acta Biol. **7**, 115–131.
Stephan, B. (1970): Eutaxie, Diastataxie und andere Probleme der Befiederung des Vogelflügels. Mitt. Zool. Mus. Berlin **46**, 339–437.
Stettenheim, P. (1972): The integument of birds. In: Farner, D. S., and King, J. R. (Eds.): Avian Biology. Vol. II. Academic Press, London.
Stresemann, E. (1963): The nomenclature of plumages and molts. Auk **80**, 1–8.
Voitkevich, A. A. (1966): The Feathers and Plumage of Birds. Sidgwick and Jackson, London.

- **Wachstum**

Aberle, E. D., and Stewart, T. S. (1983): Growth of fiber types and apparent fiber number in skeletal muscle of broiler- and layertype chickens. Growth **47**, 135–144.
Björnhag, G. (1979): Growth in newly hatched birds. Swedish J. Agric. Res. **9**, 121–125.
Church, L. E., and Johnson, L. C. (1964): Growth of long bones in the chicken. Rates of growth in length and diameter of the humerus, tibia and metatarsus. Am. J. Anat. **114**, 521–538.
Dror, Y., Nir, I., and Nitsan, Z. (1977): The relative growth of internal organs in light and heavy breeds. Br. Poultry Sci. **18**, 493–496.
Gille, U. (1989): Vergleichende Betrachtungen zum postnatalen Wachstum der Körpermasse und ausgewählter Extremitätenmaße verschiedener Haus- und Labortierspezies. Leipzig, Diss.

Hartmann, A., Kolb, E., und Vallentin, G. (1990a): Untersuchungen über den Gehalt an Frischmasse, DNA und RNA in verschiedenen Geweben von Puten während des Wachtums. 1. Mitt.: Analysen des M. pectoralis superficialis, des M. quadriceps femoris, des Groß- und Kleinhirns sowie des Rückenmarks. Arch. exper. Vet. med. **44**, 401–413.

Hartmann, A., Kolb, E., und Vallentin, G. (1990b): Untersuchungen über den Gehalt an Frischmasse, DNA und RNA in verschiedenen Geweben von Puten während des Wachtums. 2. Mitt.: Analysen des Herzmuskels, der Leber, der Lunge, der Nieren, des Pankreas, der Milz und des Duodenums. Arch. exper. Vet. med. **44**, 414–428.

Helmi, C., and Cracraft, J. (1977): The growth patterns of three hindlimb muscles in the chicken. J. Anat. **123**, 615–635.

Iwamoto, H., and Takahara, H. (1971): Fundamental studies on the meat production of the domestic fowl. V. Comparison of postnatal growth of individual muscle and its sexual differences. Sci. Bull. Fac. Agric., Kyushu Univ. **25**, 191–199.

Kirkwood, J. K., Spratt, D. M. J., Duignan, P. J., and Kember, N. F. (1989): Patterns of cell proliferation and growth rate in limb bones of domestic fowl *(Gallus domesticus)*. Res. Vet. Sci. **47**, 139–147.

Knižetová, H., Kniže, B., and Pham Duc Tien (1974): Growth of main skeletal complexes in poultry. Živočisna Vyroba **19**, 615–620.

Kröner, E. (1983): Wachstumsanalyse der Hirngewichts- und Körpergewichtsentwicklung zweier Vogelarten mit Nestflüchter- und Nesthockerontogenese (*Gallus gallus* und *Columba livia*). Hannover, Diss.

Laird, A. K. (1966): Postnatal growth of birds and mammals. Growth **30**, 349–363.

Laitnerová, N. (1969): Relative Wachstumsintensität der Kükenniere und ihre Beziehung zum Gewicht des Herzens bis zum 57. Lebenstag der Küken. Acta Univ. Agric. (Brno) **17**, 391–394.

Latimer, H. B. (1924): Postnatal growth of the body systems and organs of the single-comb White Leghorn chicken. J. Agr. Res. **29**, 363–397.

Latimer, H. B. (1927): Postnatal growth of the chicken skeleton. Am. J. Anat. **40**, 1–57.

Lilja, C. (1981): Postnatal growth and development in the goose *(Anser anser)*. Growth **45**, 329–341.

Lilja, C. (1982): Postnatal growth and development in the quail *(Coturnix coturnix japonica)*. Growth **46**, 88–99.

Lilja, C. (1983): A comparative study of postnatal growth and organ development in some species of birds. Growth **47**, 317–339.

Löhmer, R., und Ebinger, P. (1980): Beziehungen zwischen Organgewicht und Körpergewicht bei Felsen-, Stadt- und Haustauben. Zool. Anz. **205**, 376–390.

Matsuzawa, T. (1981). Changes in blood components and organ weights in growing White Leghorn chicks. Growth **45**, 188–197.

Moss, F. P. (1968): The relationship between the dimensions of the fibers and the number of nuclei during normal growth of skeletal muscle in the domestic fowl. Am. J. Anat. **122**, 555–565.

Muller, K., and Swatland, H. J. (1979): Linear skeletal growth in male and female turkeys. Growth **43**, 151–159.

Phelps, P. V., Edens, F. W., and Christensen, V. L. (1987): The posthatch physiology of the turkey poult. I. Growth and development. Comp. Biochem. Physiol. **86**, 739–743.

Ricklefs, R. E. (1968): Patterns of growth in birds. Ibis **110**, 419–451.

Robinson, D. W., Vohra, P., Peterson, D. W., and Hazelwood, K. (1971): Response to nutritional deprivation in the Japanese quail. Br. Vet. J. **127**, 384–393.

Sager, G. (1984): Zur Problematik der mathematischen Darstellung des Massewachstums beim Haushuhn. Gegenbaurs Morphol. Jahrb. **130**, 801–811.

Sager, G. (1985): Mathematische Behandlung von Wachstumsreihen der Körpermasse bei Puten. Anat. Anz. **160**, 203–213.

Salomon, F.-V., Sager, G., Al-Hallak, M., und Pingel, H. (1986): Wachstumsspezifische Approximationen von 11 Körperdimensionen bei Geflügel. 1. Mitt.: Analyse der Wachstumsreihen bei Hühnern. Arch. Geflügelk. **50**, 246–252.

Salomon, F.-V., Sager, G., Al-Hallak, M., und Pingel, H. (1987a): Wachstumsspezifische Approximationen von 11 Körperdimensionen bei Geflügel. 2. Mitt.: Analyse der Wachstumsreihen bei Enten. Arch. Geflügelk. **51**, 136–141.

Salomon, F.-V., Sager, G., Al-Hallak, M., und Pingel, H. (1987b): Wachstumsspezifische Approximationen von 11 Körperdimensionen bei Geflügel. 3. Mitt.: Analyse der Wachstumsreihen bei Gänsen. Arch. Geflügelk. **51**, 205–209.

Salomon, F.-V., Anger, T., Krug, H., Gille, U., und Pingel, H. (1990): Zum Wachstum von Skelett, Körpermasse und Muskelfaserdurchmesser der Pute *(Meleagris gallopavo)* vom Schlupf bis zum 224. Lebenstag. Anat. Histol. Embryol. **19**, 314–325.

Scharf, J.-H. (1974a): Was ist Wachstum? Nova Acta Leopold. NF **40**, Nr. 214, 9–75.

Scharf, J.-H. (1974b): Über Wachstumsmechanik. Biometr. Z. **16**, 383–399.

Scharf, J.-H. (1977): Wachstum. Verh. Anat. Gesell. **71**, 29–58.

Senglaub, K. (1960): Vergleichende metrische und morphologische Untersuchungen an Organen und am Kleinhirn von Wild-, Gefangenschafts- und Hausenten. Gegenbaurs Morphol. Jahrb. **100**, 11–62.

Sreemannarayana, O., Frohlich, A. A., Marquardt, R. R., and Guenter, W. (1989): The relative growth of internal organs of single comb White Leghorn birds. Indian Vet. J. **66**, 636–639.

Stevenson, M. H. (1989): Nutrition of the goose. Proc. Nutr. Soc. **48**, 103–111.

Swatland, H. J. (1980): Volumetric growth of muscle fibers in ducks. Growth **44**, 355–362.

Sachregister

A-Pinealozyten 324
Abschlucken 142
Abwehrzellen 307
Acervulus 324
Acetabulum 56
Achillessehne 115, 119
Acromion 50
Adenohypophyse 316, 318, 321
Adrenalorgan 331
Afterdrüsen 400
Akkommodation 378
Akrosom 229
Ala 23
– cricoidea 177
– ischii 57
– postacetabularis ilii 57
– preacetabularis ilii 57
– tympanica 30, 33
Albumen 234
Allantochorion 245
Allantois 241, 243, 248
Allantoiskreislauf 243, 245
Allometrie 416
Altern 413
Alula 54
Amnion 241, 245
Amnionfalte 241
Amphimixis 238
Ampullae membranaceae 385, 389
Ampullae osseae 389
Anastomosis cum v. femoralis 300
– intercarotica 277
– interiliaca 290, 297, 299, 300
– interjugularis 290
Angulus costae 46

– cristae 51
– iridocornealis 379
– mandibulae 36
– oculi nasalis 384
– oculi temporalis 384
– oris 20, 133
Annuli fibrosi 268
Annulus atrioventricularis dexter 270, 271
Annulus iridicus 378
Annulus ossicularis sclerae 375, 376
Ansa axialis 154
Ansa duodenalis 149
Ansa m. iliofibularis 77
Ansa supraduodenalis 154
Ansae tracheales 178
Antitrochanter 56, 57
Aorta 272
Aorta ascendens 272
Aorta descendens 272, 284
Apertura oris 20
Apex cochleae 389
Apex cordis 265
Apex pubis 57
Apex pygostyli 46
Aponeurosis ulnocarporemigialis 71
Apophysis furculae 51
Apparatus hyobranchialis 40
Apparatus hyoideus 40
Appendix epididymidis 204
Apteria 408
Apterium trunci lateralis 410
Aqueductus mesencephali 343, 348
Arachnoidea encephali 342
Arachnoidea spinalis 335
Arbor vitae 346

Archipallium 352
Archistriatum 353
Arcus aortae 272
– jugalis 39
– longitudinalis 268
– plantaris 288
– tendineus nervi optici 81
– transversus dexter 268
– transversus sinister 268
– vertebrae 42
– zygomaticus 39
Area centralis horizontalis 381
– centralis rotunda 381
– incubationis 397
– intercondylaris 61, 62
– opaca 241
– pellucida 241
– septalis 352
– temporalis 381
– vitellina 241
Areae interpulvinares 24
Armfittich 411
Armschwinge 411
Arteria, Arteriae
A. auricularis caudalis 275
– auricularis rostralis 275, 276
– axillaris 273, 279
– basilaris 277, 353, 354
– bicipitalis 283
– brachialis 281, 283
– carotis cerebralis 275, 277, 353
– carotis communis 272, 273
– carotis externa 275
– carotis interna 273, 275, 353
– caudae lateralis 289, 290
– caudae mediana 290
– celiaca 149, 154, 155, 284
– cerebralis caudalis 277, 279
– cerebralis dorsalis 279
– cerebralis media 277, 278, 324
– cerebralis rostralis 277
– ciliaris posterior longa temporalis 277
– circumflexa humeri dorsalis 281
– circumflexa humeri ventralis 283
– collateralis radialis 283
– collateralis ulnaris 281
– comes nervi vagi 275
– coxae caudalis 288
– coxae cranialis 286
– cruralis medialis 288
– cutanea abdominalis 279, 290

– cutanea cervicalis ascendens 275
– duodenojejunalis 285
– esophagealis 284
– esophagealis ascendens 275
– esophagotrachealis 273, 276
– esophagotracheobronchialis 273
– ethmoidalis 278
– facialis 276
– femoralis 286
– femoralis cranialis 286
– femoralis distocaudalis 288
– femoralis medialis 286
– femoralis proximocaudalis 288
– fibularis 288
– gastrica dextra 285
– gastrica dorsalis 284
– gastrica sinistra 284
– gastrica ventralis 284
– hepatica 162, 165
– hepatica dextra 284
– hepatica sinistra 284
– iliaca externa 286
– iliaca interna 289
– infraorbitalis 276
– interhemispherica 279
– interlobularis 162
– intralobularis 192
– intramandibularis 276
– ischiadica 286
– laryngea propria 276
– lingualis 276
– lingualis propria 276
– mandibularis 275
– marginalis intestini tenuis 285
– maxillaris 275, 276
– mesenterica caudalis 289
– mesenterica cranialis 154, 155, 284, 285
– metacarpalis interossea 283
– metatarsea dorsalis communis 288
– obturatoria 286
– occipitalis 275
– occipitalis profunda 275
– occipitalis superficialis 275
– ophthalmica externa 275, 276, 353
– ophthalmica interna 277
– ophthalmotemporalis 276
– ovarica 285
– oviductalis caudalis 285
– oviductalis cranialis 285
– oviductalis marginalis dorsalis 285
– oviductalis marginalis ventralis 285

- oviductalis media 285, 286
- palatina 276
- palatina mediana 276
- pancreaticoduodenalis 157, 285
- pectinis oculi 277
- pectoralis caudalis 273, 279
- pectoralis cranialis 273, 279
- poplitea 288
- profunda brachii 281
- proventricularis dorsalis 284
- proventricularis ventralis 284
- pterygopharyngealis 276
- pubica 286
- pudenda 289
- pulmonalis 186
- pulmonalis dextra 272
- pulmonalis sinistra 272
- radialis 283
- radialis profunda 283
- radialis superficialis 283
- recurrens radialis 283
- recurrens ulnaris 283
- renalis caudalis 286
- renalis cranialis 285, 332
- renalis media 286
- sacralis mediana 289
- sphenoidea 277
- spinalis ventralis 353
- sternoclavicularis 273
- subclavia 272
- sublingualis 276
- submandibularis 276
- subscapularis 281
- supracoracoidea 279
- supraorbitalis 276
- suprascapularis 275
- suralis 288
- suralis lateralis 288
- suralis medialis 288
- tecti mesencephali ventralis 277
- temporalis 276
- testicularis 285
- thoracica interna 273
- tibialis caudalis 288
- tibialis cranialis 288
- tibialis medialis 288
- trachealis descendens 276
- trochanterica 288
- ulnaris 283
- ulnaris profunda 283
- ulnaris superficialis 283
- umbilicalis 286
- vaginalis 289
- vertebralis ascendens 275
- vesicae felleae 284
- vitellina caudalis 248
- vitellina cranialis dextra 248

Aa. adrenales 285
- ciliares posteriores breves 277
- coronariae 272
- digitales 288
- hyobranchiales 276
- ileae 285
- ileocecales 285
- intercostales dorsales 275, 284
- interparabronchiales 186, 272
- intersegmentales 284, 353
- jejunales 285
- metatarsales dorsales 288
- metatarsales plantares 288
- omphalomesentericae 243
- radiculares 353
- renales 195
- tarsales plantares 288
- thyroideae 273, 328, 330
- umbilicales 245, 249
- vertebromedullares 353
- vitellinae laterales 248

Arteriola glomerularis afferens 195
Arteriolae intraparabronchiales 186, 272
Articulatio, Articulationes
Art. atlantooccipitalis 68
- cartilago-tibiotarsalis 74
- ceratobasibranchialis 67
- composita 64
- condylaris 64
- costotransversaria 68, 69
- coxae 72
- ectethmomandibularis 66
- ellipsoidea 64
- entoglosso-basibranchialis 67, 140
- femorofibularis 73
- femoropatellaris 73
- femorotibialis 73
- humeralis 70
- humeroradialis 70
- humeroulnaris 70
- intercoracoidea 69
- intercorporea 67
- interphalangealis digiti majoris 72
- intertarsalis 74
- jugoprefrontalis 65

- mandibulosphenoidalis 65
- metacarpophalangealis alulae 71
- metacarpophalangealis digiti majoris 71
- metacarpophalangealis digiti minoris 72
- plana 64
- pterygopalatina 65
- pterygorostralis 65
- quadrato-quadratojugalis 65
- quadrato-squamosa 65
- quadrato-squamoso-otica 65
- quadratomandibularis 65
- quadratootica 65
- quadratopterygoidea 65
- radiocarpalis 71
- radioulnaris proximalis 70
- rostropalatina 65
- rostrovomeralis 65
- sellaris 64
- simplex 64
- spheroidea 64
- sternocoracoidea 69
- tibiofibularis 73
- trochoidea 64
- vertebropygostyloidea 68
- zygapophysalis 67, 68

Articulationes 64
- atlantoaxiales 68
- carpi et manus 71
- carpo-carpometacarpales 71
- interphalangeales 76
- intervertebrales 67
- mandibulares 64, 65
- maxillares 64, 65
- metatarsophalangeales 76
- notarii 68
- sternocostales 69
- synsacri 68

Atlas 42
Atria 184
Atrioventrikularbündel 270
Atrioventrikularklappe 269
Atrioventrikularknoten 270
Atrium 266
Atrium dextrum 267
Atrium sinistrum 268
Augenanlagen 248
Augenblasen, primäre 247
Augenmuskeln, gerade 81
Augenmuskeln, schiefe 81
Auricula dextra 268
Auricula sinistra 268

Auris 385
Auris externa 385
Auris interna 385, 388
Auris media 385, 386
Axis 42
Axis bulbi 375
Axis visuale 381

B-Lymphozyten 302, 307, 309
B-Pinealozyten 323
Bandhaft 63
Barba cervicalis 21
Barbae 403
Barbulae 403
Basalganglien 352
Basihyoideum 40
Basis cochleae 389
Basis columellae 387
Basis cordis 265
Bauchluftsäcke 187, 188
Bauchspeicheldrüse 156
Becherzellen 156, 175
Becken 55
Beckengürtel 55
Beckensymphyse 55
Befruchtung 237
Befruchtungspersistenz 237
Begattung 237
Begattungsorgan 205
Beugungslinie des Oberschnabels 38, 40
Blastogenese 227, 238
Blastula 239
Blattnaht 63
Blinddarm 132, 149, 155, 156
Blinddarmtonsille 309, 312
Blindsack 147, 148
Blut 300
Blut-Gas-Schranke 185
Blutentnahme 293, 295
Blutgefäßanlagen 247
Blutinseln 241, 247
Blutmastzellen 301
Bogenstrahl 403
Borstenfedern 402, 408
Bowmansche Kapsel 194
Bowmansche Membran 377
Brachium colliculi mesencephali 348
Branchiogene Organe 328
Bronchi laterodorsales 181
Bronchi lateroventrales 181
Bronchi mediodorsales 181

Bronchi medioventrales 181
Bronchi secundarii 181
Bronchus primarius 181
Brückescher Muskel 378
Brustbein 40, 46
Brustluftsäcke 143, 187, 188
Brustwirbel 44
Brutdauer 237
Brutflecken 279, 290, 397
Bulbus aortae 272
Bulbus oculi 375
Bulbus olfactorius 341
Bulbus syringealis 180
Bulbus trachealis 178
Bursa acrocoracoidea 70
Bursa Fabricii 209, 309, 415
Bursa sternalis 397
Bürzeldrüse 400

Calamus 402
Calcaneus 62
Calcar metatarsale 24, 399
Calix 216
Calvaria 35
Camera anterior bulbi 375
Camera pulmonalis 268
Camera vitrea bulbi 383
Canales hypotarsi 62
Canales n. hypoglossi 30
Canales semicirculares ossei 385, 388
Canaliculi lacrimales 385
Canaliculus perilymphaticus 389
Canalis alimentarius 131
– caroticus 30, 33
– centralis 338
– extensorius 61, 117
– flexorius plantaris 76
– iliosynsacralis 56
– interosseus tendineus 62
– interscalaris apicalis 389
– interscalaris basalis 389
– mandibulae 36
– maxillomandibularis 32
– n. abducentis 33
– neurovascularis 38
– pygostyli 46
– synsacri 45
– triosseus 51
– vertebralis 44
Capitulum costae 46
Capsula articularis 64

Capsula glomerularis 194
Carina 46
Carina sterni 48
Carpometacarpus 51, 54
Cartilagines bronchiales syringis 179
Cartilagines syringeales 179
Cartilagines tracheales 178, 179
Cartilago articularis 64
– arytenoidea 177
– cricoidea 177
– extracolumellaris 387
– procricoidea 177
– tibialis 61, 74
Carunculae cutaneae 398
Catapophysis 44
Cauda 23
Cavitas glenoidalis 50
– oralis 131
– peritonealis 128, 129
– pharyngealis 141
– pleuralis 127
– tympanica 33, 385, 386
Cavitates nasales 173
Cavum articulare 64
Cecum 155
Cellulae interstitiales 200
Cellulae juxtaglomerulares 195
Cellulae sustentaculares 201
Centrum tendineum 147
Cera 135
Cerebellum 341, 344
Chalazae 234
Chemoteratogenese 259
Chiasma opticum 35, 342, 349
Chick Embryotoxicity Test 255
Choane 137, 142, 175
Choanenspalt 38
Chorda dorsalis 239, 240
Chordae tendineae 269
Chordaplatte 240
Chorion 241, 245
Chorion-Amnion-Verbindung 245
Choroidea 377
Cilia dorsales 403
Cilia palpebrarum 408
Cilia ventrales 403
Circulus arteriosus ciliaris 277
– arteriosus iridicus 277
– uropygialis 408
– venosus portalis 300
– venti 407

Cisterna scalae vestibuli 389
Cisternae subarachnoideae 342
Clavicula 49, 51
Coccyx 46
Cochlea 389
Colliculus phalli 206
Colloidium thyroideum 326
Columella 385, 387
Columna vertebralis 40
Columnae verticales 148
Commissura alba 338
– caudalis 348
– grisea 338
– habenularis 351
– rostralis 349
Complexus isthmi 349
Complexus olivaris caudalis 343
Concavitas infracristalis 56, 57
Concha nasalis caudalis 175, 392
– – media 175
– – rostralis 175
Condylus occipitalis 30
Condylus quadraticus 39
Conus arteriosus 269
Coprodeum 132, 155, 207
Coracoideum 49, 50
Corium 395
Cornea 375
Cornu dorsale 338
Cornu ventrale 338
Corona ciliaris 378
Corpora phallica lateralia 206
Corpus adiposum plantare profundum 76
– ciliare 377
– fibrolymphaticum 206
– gelatinosum 336
– geniculatum laterale 350
– geniculatum mediale 349
– mamillare 349
– medullare 346
– phallicum medianum 206
– quadrati 39
– sterni 46
– trapezoideum 343
– vasculare paracloacale 209
– vitreum 383
Corpuscula bicellulares 394
Corpuscula nervosa acapsulata 394
Corpuscula nervosa capsulata 393
Corpusculum lamellosum avium 394
Corpusculum renale 194

Cortex cerebelli 346
Cortex renalis 193
Costa sternalis 46
Costa vertebralis 46
Costae 40, 46
Coxa 23
Cramptonscher Muskel 378
Cranium 30
Crista ampullaris 389
– carnosa 397
– hypotarsi 62
– sterni 46
Cristae ampullares 391, 392
Cristae iliacae dorsales 56
Crus membranaceum commune 389
Crus osseum commune 389
Culmen 20, 133, 399
Cupula 392
Curvatura minor 147
Cuspis dextra 269
Cuspis dorsalis 269
Cuspis sinistra 269
Cuticula 235
Cuticula cornea lingualis 140
Cuticula gastrica 131, 148
Cyclopia 259
Cytolemma ovocyti 214, 215

Darmbein 55, 57
Darmbucht, hintere 248
Darmbucht, vordere 247
Darmrinne 241
Darmtonsillen 312
Deckfedern 24, 402
Deitersscher Kern 343, 344, 347, 349
Delamination 239
Dens 42
Dense bodies 324
Dense-cored granular vesicles 332
Depressio frontalis 35
Dermis 395
Descemetsche Membran 377
Diaphragma sellae 342
Diapophysis 44
Dickdarm 132, 149, 155
Diencephalon 341, 349
Differenzierung 413
Digitus alularis 54
Digitus major 54
Digitus minor 54
Dille 133, 399

Discus germinalis 234
Discus intervertebralis 67
Dissésscher Raum 165
Diverticula extrathoracica 187
– femoralia 188
– intrathoracica 187
– perirenalia 188
– vertebralia 187
Diverticulum medianum ingluviale 144
Diverticulum vitellinum 154
Divisio renalis caudalis 191
– – cranialis 191
– – media 191
Dotterhaut 214, 215
Dotterkugel 214
Dottermembran 234
Dottersack 154, 239, 241
Dottersackkreislauf 241, 243
Dotterzellen 238
Drüsenmagen 145
Ductuli aberrantes 204
– biliferi 172
– efferentes 204
– interlobulares 172
– semicirculares 388
Ductus arteriosus 250
– cochlearis 389
– colligens 194
– cysticoentericus 172
– deferens 204
– endolymphaticus 388
– epididymalis 204
– gl. lacrimalis 385
– hepaticus dexter 172
– hepaticus sinister 172
– hepatocysticus 172
– hepatoentericus accessorius 172
– hepatoentericus communis 172
– nasolacrimalis 35, 385
– pancreaticus accessorius 157
– pancreaticus dorsalis 157
– pancreaticus ventralis 157
– sacculocochlearis 389
– utriculosacculus 388
Dunen 402, 407
Dünndarm 132, 149
Duodenum 149
Dura mater encephali 342
Dura mater spinalis 335

Eckfittich 54, 412
Ectepicondylus 52

Ectostriatum 350, 352
Ei 233
Eiablage 231
Eibildung 231
Eierstock 210, 213, 217
Eihälter 217
Eileiter 210, 217, 222, 226
Einkeilung 63
Einschlußei 236
Eipotenz 231
Eisosphärite 235
Eiweißhülle 234
Eiweißkanal 245
Eiweißteil 217
Eizahn 246, 399
Eizellen 211, 231, 233
Ektoblast 239, 240
Ellbogengelenk 70
Elle 53
Ellipsoidgelenk 64
Embryogenese 227, 238
Embryokulturen 261
Eminentia mediana 319
Eminentia sagittalis 341
Enddarm 155
Endocardium 265
Endolympha 388
Endraum 207, 209
Entepicondylus 52
Entoblast 239, 241
Entwicklung 413
Entwicklungsstadien 256
Ependym 319
Epicardium 265
Epicleideum 51
Epidermalkragen 404
Epidermis 395
Epiphyse 315, 316
Epithalamus 351
Epithelium ductus semicirculatis 389
Epithelium spermatogeneticum 201
Epithelkörperchen 317, 318, 327
Epoophoron 217
Erythrozyten 301
Esophagus 143
Eustachische Röhre 386
Exocoel 245
Exspiration 189
Externa 272
Extremitätenhöcker 248
Extremitätenstummel 248

Fadenfedern 402, 408
Fasciculi proprii 338
Fasciculus atrioventricularis 270, 271
– cuneatus 338, 343
– dorsolateralis 338
– gracilis 338, 343
– lateralis prosencephali 352
– longitudinalis medialis 338, 344
– medialis prosencephali 351
– uncinatus 347
Federanlagen 249
Federast 403
Federentwicklung 404
Federfahne 402, 404
Federflur 408
Federfollikel 404
Federkiel 402
Federmark 402
Federrain 407, 408
Federschaft 402, 403
Federseele 403
Federstrahl 403
Femur 58
Fenestra centralis 67
– cochlearis 33, 387
– ischiopubica 56, 57
– mandibulae rostralis 36
– medialis 47
– vestibularis 33, 387
Fetogenese 227, 243
Fibrae zonulares 383
Fibrocartilago humerocapsularis 70
Fibula 58, 61
Fila olfactoria 353
Fila radicularia 359
Filoplumae 402, 408
Fingerknochen 54
Firste 20, 133, 399
Fissura interhemispherica 341, 351
– mediana ventralis 336, 338
– subhemispherica 341
– transversa encephali 342, 351
Flexura duodenojejunalis 149
Flügel 23
Flughaut 24
Folliculi thyroidei 326
Follikel 211, 214, 231
Follikel, atretische 216
Follikelepithel 214, 215
Follikelepithelzellen 231
Follikelstiel 216

Fontanascher Raum 379
Fontanelle 30
Fonticuli orbitales 35
Fonticulus occipitalis 31
Foramen, Foramina
For. acetabuli 56
– caudale venae cavae caudalis 161
– craniale venae cavae caudalis 161
– ethmoidale 35
– ilioischiadicum 56
– interventriculare 349, 352
– intervertebrale 42
– magnum 30
– n. abducentis 33
– n. glossopharyngealis 30
– n. maxillomandibularis 32
– n. oculomotorii 32
– n. ophthalmici 32
– n. optici 32
– n. supracoracoidei 51
– n. trochlearis 32
– n. vagi 30
– obturatum 56, 57
– ophthalmicum internum 33
– opticum 35
– orbitonasale laterale 35
– orbitonasale mediale 35
– rostri 48
– transversarium 42, 44, 187
– vertebrale 44
Forr. intertransversaria 45
– intervertebralia 44, 45
– obturata orbitalia 35
– pneumatica 29
– venarum minimarum 268, 269
– neurovascularia 38
Formatio reticularis 343, 344
Formatio reticularis tegmenti 349
Fossa acetabuli 56
– aditus canalis mandibulae 36
– articularis quadratica 36
– bulbi olfactorii 35
– condyloidea 42
– cranii caudalis 35
– cranii media 35
– cranii rostralis 35
– ganglii trigemini 32, 35
– hypophysialis 33
– iliaca dorsalis 57
– iliocaudalis 57
– infratrochlearis 54

– jugularis 30
– olecrani 53
– parabasalis 30
– parahypotarsalis lateralis 62
– parahypotarsalis medialis 62
– pneumotricipitalis 52
– poplitea 59
– rhomboidea 343
– scalae vestibuli 389
– subcondylaris 30
– supratrochlearis 54
– supratrochlearis plantaris 63
– tecti mesencephali 35
– temporalis 33
– trochanteris 59
– vesicae felleae 161, 172
Fossae renales 56
Fovea centralis 381
– lig. capitis 58
– limbica 341
– m. poplitei 61
– temporalis 381
– tendinis m. tibialis cranialis 59
Foveae corpusculorum nervosorum 36, 38
Frenulum linguae 140
Fuge 63
Fundus ingluvialis 144
Fundus oculi 383
Funiculi dorsales 336, 343
Funiculi medullae spinalis 338
Funiculi ventrales 336, 343
Funiculus lateralis 336
Furchung 238
Furcula 51
Fußplatte 248
Fußwurzelknochen 61

Gabelbein 51
Galeri pulposi 403
Galerum acrosomae 229
Gallenblase 161, 172
Gallengang 172
Ganglia adrenalia 371
– cloacalia 370, 371
– impares 371
– mesenterica cranialia 371
– n. intestinalis 371
– paravertebralia 359, 360, 370
Ganglion celiacum 371
– cervicale craniale 324, 369, 371
– cochleare 358

– distale 358, 359, 369
– ethmoidale 357, 358, 369
– geniculatum 358, 369
– lagenare 358
– proximale 358, 369
– radiculare dorsale 359
– rectale 370
– sphenopalatinum 357, 358, 369
– trigeminale 35, 357
– vestibulare 358
Gastro-Entero-Pancreatic System 318
Gastrulation 238, 239
Gaumen 38, 137
Gaumendrüsen 139
Gedächtniszellen 307
Gehirn 420
Gehirnbläschen 247
Gehörknöchelchen 33, 387
Gelege 231
Gelenk 64
Gelenkschmiere 64
Gelenktypen 64
Gemmae gustatoriae 141, 393
Geruchssinn 176
Geschlechtshöcker 249
Geschmacksknospen 141
Gesichtsschädel 30, 36
Glandula, Glandulae
Gl. adrenalis 317, 318, 330
– anguli oris 139
– lacrimalis 385
– maxillaris 139
– membranae nictitantis 384
– nasalis 35, 176
– parathyroidea 317, 318, 327
– pinealis 315, 316, 322, 341, 349
– pituitaria 315, 316, 318
– proctodealis dorsalis 209
– thyroidea 315, 317, 324
– ultimobranchialis 317, 318, 329
– uropygialis 400
Gll. adrenales accessoriae 330
– auriculares 400
– cricoarytenoideae 142
– endocrinae 315
– esophageales 144
– intestinales 156
– linguales 140
– mandibulares caudales 139
– mandibulares rostrales 139
– meatus acustici externi 386

– oris 139
– palatinae 139
– pharyngis 142
– proctodeales laterales 209
– proventriculares 146
– sphenopterygoideae 142
– venti 400
– ventriculares 148
Glissonsche Trias 162
Glomera aortica 272
Glomera pulmonia 272
Glomerulum corpusculi renalis 194
Glottis 142
Gnathotheca 19, 399
Gomphosis 63
Gonys 20, 133, 399
Grandrysche Körperchen 135, 394, 399
Granula iridica 378
Granulozyten 301
Greiffüße 25
Grenzstrang 370
Grit 132, 148

Hagelschnüre 234
Hahnentritt 234
Hakenstrahl 403
Halbdunen 402, 408
Hallux 24
Halsluftsack 143, 186, 187
Halslymphknoten 304
Halswirbel 42
Halszellen 146
Hämatokritwert 300
Hamulus 403
Handfittich 412
Handwurzelknochen 51, 54
Hardersche Drüse 384
Harnleiter 195
Harnorgane 191
Harnraum 207, 209
Hassallsche Körperchen 312
Haut-Muskel-Platte 241
Hemispherium telencephali 341
Henlesche Schleife 193, 195
Hepar 159
Herbstsche Körperchen 135, 142, 394, 399
Herring-Körper 321
Herz 420
Herzbasis 265
Herzbeutel 265
Herzkammer 266, 269

Herzknorpel 268
Herzkranzarterien 272
Herzohr 268
Herzskelett 268
Herzvorkammer 266, 267, 268
Herzwulst 249
Hilus pulmonalis 181
Hirnrohr 240
Hirnsand 324
Hirnschädel 30
Hissches Bündel 271
Histogenese 243
Hoden 197
Hodenkanälchen 200
Hoffmann-Köllikerscher Kern 337
Horn des Perlhuhns 21, 35
Hüftbein 55, 56
Hüftdarm 154
Hüftgelenk 72
Humerus 51
Hyobranchialapparat 140
Hypapophysis 42, 45
Hyperplasie 413
Hyperstriatum 352
Hypertrophie 413
Hypocleideum 51
Hypopennae 402, 403, 408
Hypophyse 315, 316, 318, 342, 349
Hypophysenhinterlappen 316, 319
Hypophysenstiel 320
Hypophysenvorderlappen 316, 319
Hyporachis 408
Hypotarsus 62
Hypothalamus 351
Hypovexillum 408

i. v. Injektionen 294
Ileum 154
Ilium 55, 57
Immunoblasten 302
Immunsystem 307
Imprägnation, polysperme 237
Incisura caudalis pelvis 56
– interlobaris caudalis 159
– interlobaris cranialis 159
– intertrochlearis lateralis 62
– intertrochlearis medialis 62
Infundibulum 141, 217, 222
Infundibulum pharyngotympanicum 141
Ingluvies 143, 144
Inguen 23

Inkubation 254
Inselorgan 157
Inspiration 189
Insula juxtavascularis 195
Insulae pancreaticae 317, 318
Integumentum proprium 395
Interrenalorgan 331
Intertarsalgelenk 24
Intestinum crassum 149, 155
Intestinum tenue 149
Intima 271
Intumescentia 52
Intumescentia cervicalis 336
Intumescentia lumbosacralis 336
Involution 415, 420
Iris 375, 377, 378
Ischium 55, 57
Isthmus 217, 224
Isthmus gastris 146, 147

Jacobsonsches Organ 392
Jejunum 152
Junctura cubiti 70
Junctura genus 73
Juncturae apparatus hyobranchialis 66
– cartilagineae 63
– fibrosae 63
– ossium 63
– synoviales 64
Juxtaglomerulärer Apparat 195

Kalkschale 235
Kamm 397
Kaudales morphogenetisches System 256
Kaudalwulst 239
Kehlkopf 177
Kehlkopfmuskeln 88
Kehlkopfspalt 142
Kehllappen 21, 397
Keimbläschen 234
Keimdrüsen 197
Keimdrüsenepithel 214, 216
Keimzentren 312, 314
Kiemenanlagen 247
Kiemenbogenarterien 250
Killerzellen 302
Kloake 132, 156, 207
Kloakenöffnung 23
Kniegelenk 73
Kniescheibe 59
Kniescheibenband 108

Kniescheibengelenk 73
Knochennaht 30, 63
Knochentypen 29
Knorpelhaft 63
Koilin-Schicht 148
Konturfedern 402
Kopf-Hals-Rumpfflexur 248
Kopfanomalien 259
Kopfdorn 229
Kopffalte 247
Kopffortsatz 247
Kotraum 207
Kralle 399
Kranzfurche 266
Kreuzwirbel 44
Kropf 132, 143, 144
Kugelgelenk 64
Kupffersche Sternzellen 172
Kutikula 132, 148

Labyrinthus membranaceus 385, 388
Labyrinthus osseus 33, 385, 388
Lagena 389, 391
Lamellirostres 133, 141
Lamina basiparasphenoidalis 33
– cartilaginea sclerae 377
– continua 234
– extravitellina 234
– perivitellina 214, 215, 234
– terminalis 352
Laminae tecti 348
Langerhanssche Inseln 157, 317
Larynx 177
Latebra 234
Lauf 24
Laufbein 24, 62
Lauffüße 25
Leber 159, 420
Leberpfortadern 290, 297
Lederhaut 395
Leerdarm 152
Legedarm 217
Leibeshöhle 127
Lemniscus lateralis 348
Lemniscus medialis 349
Lendenlymphknoten 304
Lendenwirbel 44
Lens 383
Leukozyten 301
Leydigsche Zwischenzellen 197, 318
Lieberkühnsche Drüsen 156

Ligamentum, Ligamenta
Lig. acrocoracoclaviculare 69
- acrocoracohumerale 70
- acromioclaviculare 70
- albumen 234
- annulare columellae 387
- aortae 284
- apicis dentis 68
- arteriosum 284
- capitis femoris 72
- cartilago-metatarsale 74
- cartilago-sesamoideum 74
- collaterale atlantoaxiale 68
- columellosquamosum 386
- coracohumerale 70
- cruciatum caudale 74
- cruciatum craniale 74
- cubiti craniale 70
- elasticum interlaminare 67
- elasticum metatarsi I 76
- elasticum obliquum 67
- elasticum transversum 68
- falciforme hepatis 128, 148
- hepaticum 129
- hepatopericardiacum 265
- humerocarpale 107
- ileocecale 152, 154, 155
- iliofemorale 72
- inguinale 76
- intercondylare tibiometatarsale 62, 76
- intercondylare transversum 76
- interosseum coracoscapulare 69
- interosseum radioulnare 71
- interosseum tibiofibulare 74
- interosseum ulno-radiocarpale 71
- interspinosum 67
  intramandibulare 65
- ischiofemorale 72
- ischiopubicum 72
- jugomandibulare laterale 66
- jugomandibulare mediale 66
- jugoprefrontale 65
- mandibulosphenoidale 65
- medianum atlantoaxiale 68
- meniscocollaterale 74
- meniscofemorale 74
- meniscofibulare caudale 74
- meniscosesamoideum 75
- meniscotibiale 75
- meniscotibiale caudale 74
- meniscotibiale craniale 74

- mesethmopalatinum 65
- mesethmovomerale 65
- metatarso-sesamoideum 74
- obliquum alulae 71
- obliquum hallucis 76
- obliquum tibiofibulare 74
- occipitomandibulare 66
- orbitale 65
- patellae 74
- postorbitale 66
- prefrontomandibulare 66
- pubofemorale 72
- quadratomandibulare 66
- radio-radiocarpale craniale 71
- radio-radiocarpale dorsale 71
- radio-radiocarpale ventrale 71
- radiocarpo-metacarpale craniale 71
- radiocarpo-metacarpale dorsale 71
- radiocarpo-metacarpale ventrale 71
- rectum hallucis 76
- scapuloclaviculare dorsale 70
- sternocoracoideum laterale 69
- suborbitale 65, 375
- tibiofibulare caudale 74
- tibiofibulare craniale 74
- transversum genus 74
- transversum metatarsale 76
- transversum radioulnare 70
- triangulare 69
- tricipitale 70
- ulno-metacarpale ventrale 71
- ulno-radiocarpale ventrale 71
- ulno-ulnocarpale distale 71
- ulno-ulnocarpale proximale 71
- ulnocarpo-metacarpale dorsale 71
- ulnocarpo-metacarpale ventrale 71
- ventromedianum 336
Ligg. articularia 64
- collateralia sternocoracoidea 69
- iliosynsacralia 68
- scapulohumeralia 70
- suspensoria transversa 336
Limbisches System 349
Limbus cornealis 377, 384
Linea anastomotica 183
Linea nuchalis sagittalis 31
Linea nuchalis transversa 32
Lingua 140
Liquor cerebrospinalis 336, 342
Liquor pericardii 265
Lobi accessorii 337

Lobi auriculares 398
Lobulus renalis 192
Lobus auricularis 21
– hepaticus dexter 159
– hepaticus sinister 159
– nervosus 319
– pancreaticus dorsalis 157
– pancreaticus splenalis 157
– pancreaticus ventralis 157
– parolfactorius 352
– renalis 194
Lorum 21
Luftkammer 234
Luftkapillaren 185
Luftröhre 178
Luftsäcke 186
Luftsacksystem 188, 190
Lunge 181
Lungenknospen, primäre 248
Lungenpfeifen 183, 272
Lymphfollikel 312
Lymphgefäße 302, 303
Lymphherzen 302, 305
Lymphknoten 302, 304, 309, 312
Lymphknötchen 309, 312
Lymphobulbus phalli 206
Lymphonoduli esophageales 144
Lymphonoduli pharyngeales 142
Lymphonodus cervicothoracicus 304
Lymphonodus lumbaris 304
Lymphozyten 301, 307
Lymphozytenherde 312

Macula densa 195
Magen 132, 145
Magnum 217, 224
Makrophagen 302, 313
Mamillenschicht 235
Mandibula 36
Manubrium sterni 48
Margo ciliaris 379
Margo epididymalis 19
Margo fibroelasticus 386
Markkappen 403
Mastzellen 318
Mauser 216, 402, 406
Maxilla 38
Meatus acusticus externus 33, 385
Meckelsches Divertikel 154, 243
Media 271
Medulla oblongata 341, 342, 343

Medulla renalis 193
Medulla spinalis 335
Medullarrohr 240
Membrana acetabuli 72
– atlantoaxialis 68
– atlantooccipitalis dorsalis 68
– atlantooccipitalis ventralis 68
– basilaris 389, 391
– circumorbitalis 65
– cristoclavicularis 69
– iliocaudalis 76
– interlaminaris 68
– interossea cruris 74
– ischiopubica 72
– nictitans 384
– statoconiorum 391
– sternocoracoclavicularis 69
– tectoria 391
– temporalis 65
– tympanica 385, 386
– tympanica secundaria 387
– tympaniformis lateralis 179, 180
– tympaniformis medialis 179, 180
Membranae incisurarum sterni 47
Membranae testae 234
Membrum pelvicum 24
Membrum thoracicum 23
Meninges 335, 342
Meniscus articularis 65
– intercarpalis 71
– intervertebralis 67
– lateralis 74
– medialis 74
– radioulnaris 70
– tactus 394
Menisken 59
Mentum 21
Merkelsche Tastzelle 142, 394
Mesencephalon 341, 348
Mesenchym 241
Mesoblast 239, 241
Mesoderm 392
Mesoderma intermedium 241
Mesovarium 211
Metakarpalbinde 107
Metapatagium 24
Metatarsalsporn 399
Metencephalon 341, 348
Mikromeren 238
Mikrophagen 301
Mikrophthalmie 260

Milz 309, 313
Milzkörperchen 314
Milzpulpa 314
Mißbildungen 249–262
Mittelfußknochen 61
Monozyten 302
Mons laryngealis 142
Morphogenese 243
Müllerscher Gang 249
Müllerscher Muskel 378
Mundhöhle 133
Mundwinkeldrüse 139
Musculus, Musculi
M. abductor alulae 107
– abductor digiti II 125
– abductor digiti IV 126
– abductor digiti majoris 108
– adductor alulae 108
– – digiti II 125
– – mandibulae caudalis 84
– – mandibulae externus 82
– – rectricium 96, 98
– ambiens 109
– basiannularis 268
– biceps brachii 80, 104
– biceps femoris 109
– biventer cervicis 88
– brachialis 105
– branchiomandibularis 85, 87
– bulbi rectricium 96, 98
– bulbospiralis 269, 270
– caudofemoralis 98
– caudoiliofemoralis 115
– ceratoglossus 85
– cervicalis ascendens 90
– ciliaris 378
– cleidohyoideus 87
– columellae 386
– complexus 88
– constrictor colli 79
– constrictor glottidis 88, 178
– coracobrachialis caudalis 101
– coracobrachialis cranialis 101
– costoseptalis 92
– costosternalis 92, 189
– crassus caudodorsalis 148
– crassus cranioventralis 148
– cricohyoideus 88
– cucullaris capitis 80, 143
– cucullaris cervicis 80
– deltoideus major 101

– deltoideus minor 99
– depressor caudae 96
– – mandibulae 84
– – palpebrae ventralis 81, 384
– dilator cloacae 96, 98
– dilator glottidis 88, 178
– dilator pupillae 378
– ectepicondylo-ulnaris 105
– entepicondylo-ulnaris 105
– expansor secundariorum 80
– extensor brevis alulae 108
– – brevis digiti III 125
– – brevis digiti IV 125
– – digitorum communis 106
– – digitorum longus 60, 77, 117
– – hallucis longus 125
– – longus alulae 106
– – longus digiti majoris 106
– – metacarpi radialis 106
– – metacarpi ulnaris 54, 106
– femorotibialis externus 114
– femorotibialis internus 115
– femorotibialis medius 114
– fibularis brevis 61, 77, 119
– fibularis longus 117
– flexor alulae 107
– flexor carpi ulnaris 52, 53, 70, 107
– – colli lateralis 91
– – colli medialis 91
– – cruris medialis 115, 420
– – cruris medialis 115
– – digiti minoris 108
– – digitorum longus 60, 124
– – digitorum profundus 107
– – digitorum superficialis 107
– – hallucis brevis 125
– – hallucis longus 124
– – perforans et perforatus digiti II 121
– – perforans et perforatus digiti III 121
– – perforatus digiti II 124
– – perforatus digiti III 123
– – perforatus digiti IV 123
– gastrocnemius 60, 119
– genioglossus 85, 87
– gluteus profundus 109
– humerotriceps 104
– hypoglossus obliquus 85
– hypoglossus rostralis 85
– iliacus 109
– iliofemoralis externus 112
– iliofemoralis internus 113

- iliofibularis 77, 109
- iliotibialis cranialis 108
- iliotibialis lateralis 109
- iliotrochantericus caudalis 109, 110
- iliotrochantericus cranialis 109, 110
- iliotrochantericus medius 109, 111
- interceratobranchialis 85
- intermandibularis dorsalis 85, 86
- intermandibularis ventralis 85
- interosseus dorsalis 108
- interosseus ventralis 108
- ischiofemoralis 116
- lateralis caudae 96, 97
- latissimus dorsi 80, 103
- levator caudae 96, 97
- levator cloacae 96, 98
- levator palpebrae dorsalis 81, 384
- longitudinalis ventriculi dextri 270
- longus colli dorsalis 90
- longus colli ventralis 91
- lumbricalis 126
- obliquus dorsalis 81
- obliquus externus abdominis 96, 189
- obliquus internus abdominis 96, 189
- obliquus ventralis 81
- obturatorius lateralis 116
- obturatorius medialis 56, 116
- orbicularis palpebrarum 82, 384
- pectineus 109
- pectoralis 80, 103
- plantaris 119
- popliteus 119
- pronator profundus 105
- pronator superficialis 105
- protractor pterygoidei et quadratus 84
- pseudotemporalis profundus 83
- pseudotemporalis superficialis 83
- pterygoideus 84, 142
- pubocaudalis externus 96, 97
- pubocaudalis internus 96, 97
- puboischiofemoralis 116
- pyramidalis 81
- pyramidalis membranae nictitantis 81, 384
- quadratus membranae nictitantis 81, 384
- rectus abdominis 95, 189
- rectus capitis dorsalis 89
- rectus capitis lateralis 89
- rectus capitis ventralis 89
- rhomboideus profundus 99
- rhomboideus superficialis 99
- sartorius 108
- scalenus 92
- scapulohumeralis caudalis 101
- scapulohumeralis cranialis 101
- scapulotriceps 104
- semimembranosus 115
- semitendinosus 115
- septi obliqui 127
- serpihyoideus 85, 86
- serratus profundus 99, 189
- serratus superficialis 80, 99, 189
- sinuspiralis 269
- sphincter cecale 155
- sphincter cloacae 96, 98
- sphincter ilealis 155
- sphincter pupillae 378
- splenius capitis 89
- sternocoracoideus 95
- sternohyoideus 87
- sternotrachealis 87
- stylohyoideus 85, 86
- subcoracoideus 103
- subscapularis 103
- supinator 105
- supracoracoideus 51, 101
- tensor periorbitae 81
- tensor propatagialis 105
- tenuis caudoventralis 148
- tenuis craniodorsalis 148
- thoracicus ascendens 90
- tibialis cranialis 59, 77, 117
- trachealis lateralis 87
- transversus abdominis 96, 189
- transversus cloacae 96, 98
- triceps brachii 104
- ulnometacarpalis dorsalis 107
- ulnometacarpalis ventralis 107
- valvae atrioventricularis dextrae 269

Mm. apteriales 396
- atriales 268
- caudae 96
- costoseptales 127
- femorotibiales 114
- iliocostalis et longissimus dorsi 89
- iliotrochanterici 109
- inclusi 91
- intercostales externi 92, 189
- intercostales interni 92, 189
- intercristales 91
- intertransversarii 91
- laryngeales 88
- levatores costarum 92

- obliqui bulbi 385
- papillares 269
- pectinati 267, 268
- pectinati valvae 268
- pennales 396
- pterygoidei dorsales 84
- pterygoidei ventrales 84
- recti bulbi 385
- subcutanei 79
- tracheales 87
- trunci 92
- ventriculares 269
Muskelfasern 77
Muskelfasertypen 77
Muskelmagen 145, 147
Muskelspindeln 394
Myelencephalon 341
Myocardium 265

Nagel 399
Nahtformen 63
Nares 20, 133, 173
Nasendrüse 176
Nasenhöhlen 173
Nasenlöcher 20
Nasenmuschel 175
Nebenfedern 402, 403, 408
Nebenhoden 204
Nebenniere 317, 318, 330
Nebenschilddrüse 318, 327
Neopallium 352
Neopulmo 182, 184
Neostriatum 353
Nephron 194
Nephronum corticale 194
Nephronum medullare 194
Nervus, Nervi
N. abducens 358, 369
– accessorius 359, 369
– anconealis 363
– axillaris 363
– bicipitalis 364
– bulbi rectricium 368
– cochlearis 391
– coxalis caudalis 367
– coxalis cranialis 367
– cutaneus antebrachialis dorsalis 363
– – antebrachialis ventralis 364
– – axillaris 363
– – brachialis dorsalis 363
– – brachialis ventralis 364

– – cruralis cranialis 367
– – cubiti 364
– – femoralis caudalis 367
– – – cranialis 367
– – – lateralis 367
– – – medialis 367
– – omalis 363
– – suralis 367
– facialis 358, 369
– femoralis 367
– fibularis 367
– glossopharyngeus 358, 369
– hypoglossus 359
– ilioinguinalis 367
– intermedius caudae 368
– interosseus 367
– intestinalis 370, 371
– ischiadicus 56, 367
– lateralis caudae 367
– mandibularis 36, 357, 369
– maxillaris 357, 369, 399
– medialis caudae 368
– medianoulnaris 364
– medianus 364
– metatarsalis plantaris 367
– obturatorius 367
– oculomotorius 357, 369
– olfactorius 35, 355, 392
– ophthalmicus 35, 38, 357, 369, 399
– opticus 356, 381
– parafibularis 367
– pectoralis 364
– plantaris lateralis 367
– plantaris medialis 367
– propatagialis dorsalis 363
– propatagialis ventralis 364
– pudendus 368, 370
– radialis 363
– tibialis 367
– trigeminus 135, 357
– trochlearis 357
– ulnaris 364
– vagus 156, 324, 330, 333, 359, 369
– vestibularis 391
– vestibulocochlearis 344, 358
Nn. caudales 361, 368
– cervicales 361
– craniales 35, 354
– fibularis superficialis et profundus 367
– intercostales 364
– metacarpales 363

– metacarpales ventrales 364
– metatarsales dorsales 367
– optici 342, 349
– spinales 335
– splachnici synsacrales 156
– splachnici thoracici 156
– splanchnici 370
– suralis lateralis et medialis 367
– synsacrales 361, 364
– thoracici 361, 364
Nestflüchter 237
Nesthocker 237
Neuralfalten 247
Neuralleiste 240
Neuralplatte 240
Neuralrohr 240, 247
Neuralwülste 240
Neurektomie 364
Neurocranium 30
Neuroepithelium 389, 391
Neurohypophyse 316, 318
Niere 191, 420
Nierenknospen 248
Nierenkörperchen 194
Nierenläppchen 192
Nierenlappen 194
Nierenpfortadersystem 290
Nodus atrioventricularis 270, 271
Nodus sinuatrialis 270, 271
Notarium 44
Nuc. paraventricularis 320, 351
Nuc. ruber 349
Nuc. supraopticus 320, 351

Oberarmbein 51
Oberkiefer 38
Oberkieferdrüse 139
Oberschenkelbein 58
Oculi 373
Ohrgrübchen 247
Ohrkapsel 33
Ohrlappen 21, 398
Ohrtrompete 141
Okzipitalpunktion 342
Olecranon 53
Ontogenese 256
Oogonien 211
Oozyten 211
Operculum auris 386
Operculum nasale 173
Organa accessoria oculi 383

Organa sensoria 373
Organa sensoria accessoria 393
Organa urinaria 191
Organogenese 227, 238, 243
Organum cochleare 391
– gustatorium 393
– olfactorium 392
– paratympanicum 387
– vestibulare 385, 391
– vestibulocochleare 385
– vomeronasale 176
Oropharynx 133, 141
Os angulare 36
– antepterygoideum 65
– articulare 36
– basibranchiale caudale 40
– basibranchiale rostrale 40
– basioccipitale 30
– basisphenoidale 30, 32, 33
– carpi radiale 54
– carpi ulnare 54
– ceratobranchiale 40
– coxae 55
– cuneiforme 54
– dentale 36
– dorsale 44
– ectethmoidale 30, 35
– entoglossum 40, 140
– epibranchiale 40
– epioticum 33
– exoccipitale 30
– frontale 30, 35
– humeroscapulare 70
– jugale 38, 39, 40
– lacrimale 35
– lateroethmoidale 35
– maxillare 38
– mesethmoidale 30, 35
– metacarpale alulare 54
– metacarpale majus 54
– metacarpale minus 54
– metatarsale I 58, 61
– nasale 38
– nervi optici 377
– opisthoticum 33
– orbitosphenoidale 30, 32, 33
– palatinum 38, 40
– paraglossum 40
– parasphenoidale 30, 32, 33
– parietale 30, 33
– pelvicum 44

- postpterygoideum 65
- prearticulare 36
- prefrontale 30, 35
- premaxillare 38
- prooticum 33
- pterygoideum 38, 39, 40
- pterygopalatinum 38
- quadratojugale 38, 39, 40
- scaphoulnare 54
- sesamoideum intertarsale 74
- spleniale 36
- squamosum 30, 33
- supraangulare 36
- supraoccipitale 30
- tarsi fibulare 61
- tarsi intermedium 61
- tarsi tritibiale 61
- temporale 33
Ossa alae 51
- antebrachii 51
- carpi 51, 54
- carpi centralia 54
- carpi distalia 54
- carpi proximalia 54
- cinguli membri pelvici 55
- cinguli membri thoracici 49
- digitorum manus 51, 54
- digitorum pedis 58, 63
- mandibulae 36
- manus 51
- maxillae et palatini 36, 38
- membri pelvici 58
- membri thoracici 51
- metatarsalia 61
- otica 30, 33
- pedis 58
- tarsi 61
- tarsi centralia 61
- tarsi distalia 61
Ossicula posteriora sclerae 377
Ossiculum sclerale 377
Ostia canaliculi lacrimalis 384, 385
Ostia venarum cardiacarum 268
Ostium aortae 269
- atrioventriculare dextrum 268, 269
- atrioventriculare sinistrum 269
- canalis carotici 30
- canalis ophthalmici externi 30
- cloacale 196
- ductus nasolacrimalis 176
- ingluviale 144

- trunci pulmonalis 269
- tympanicum tubae pharyngotympanicae 386
- v. cavae caudalis 267
- v. cavae cranialis dextrae 268
- v. cavae cranialis sinistrae 268
- v. proventricularis cranialis 268
- v. pulmonalis 268
- ventriculopyloricum 147
Ovarium 211, 318
Oviductus sinister 217
Ovogenese 231
Ovogonien 231
Ovozyten 231
Ovum 233
Oxytocin 321

Palatum 137
Paleae 21, 397
Palear 21
Paleopallium 352
Paleopulmo 183, 184
Palisadenschicht 235
Palpebra dorsalis 21, 384
Palpebra ventralis 21, 384
Pankreas 149, 156
Papilla basilaris 391
- ductus deferentis 209
- ductus vitellini 154
- neglecta 391
- nervi optici 382
- uropygialis 400
Papillae linguales 140
- palatinae 137
- pharyngeales 142
- proventriculares 146
- remigiales caudales 53
Parabronchen 183, 184
Paraganglien, intravagale 333
Paraganglien, sympathische 333
Paraganglion caroticum 317, 318, 332
Parasympathikus 368
Parathyroidea 318
Parietalauge 322
Patagium 24
Patagium alulare 24
Patagium cervicale 21
Patella 58, 59
Paukenblase 180
Pecten oculi 382
Pectus 23

Pedunculus cerebellaris caudalis 343
Pedunculus cerebellaris rostralis 343
Pedunculus cerebelli intermedius 345
Pelvis 55
Pennae 401
Pennae auriculares 386
Pennae conturae 402
Pennula 404
Perforationes interatriales 267
Pericardium 265
Perilympha 388
Peritonealhöhle 128
Peritoneum 128
Pessulus 179, 180
Peyersche Platten 156, 312
Pfortaderkreislauf der Nebenniere 297, 332
Pfortaderkreislauf des Hypophysenvorderlappens 321
Pfortadersystem der Leber 297
Pfortadersystem der Niere 299
Phalanges intermediae 63
Phalanx digiti alulae 54
– digiti minoris 54
– distalis 63
– distalis digiti majoris 54
– proximalis 63
– proximalis digiti majoris 54
– ungularis 63
Phallus nonprotrudens 206
Phallus protrudens 206
Pharynx 131, 141
Pia mater encephali 342
Pia mater spinalis 335
Pinealorgan 315, 316
Pinealozyten 316
Pituizyten 316, 320
Planum anastomoticum 183
Planum semilunatum 392
Plasmalemma 234
Plasmazellen 307, 312
Pleura 127
Plexus brachialis 336, 362
– caudalis 368
– celiacus 370
– choroidei 342
– choroideus ventriculi III 349
– choroideus ventriculi IV 343
– choroideus ventriculi lateralis 352
– lumbosacralis 336, 364
– pudendus 156, 364, 367
– sacralis 367

– subvertebralis 369, 370, 371
Plica cavernosa 386
– coprourodealis 209
– infundibularis 141
– inguinalis 23
– metatarsalis 24
– rectocoprodealis 209
– tentorialis 342
– uroproctodealis 209
Plicae ciliares 378
– esophageales 144
– iridicae 378
– pharyngeales 142
– proventriculares 146
– ventriculares 148
Plumae 402, 407, 408
Plumae caudales
Pneumatizität 27
Pneumocapillares 185
Podotheca 399
Pons 341, 344
Pons supratendineus 61
Pori pneumatici 48
Porus gustatorius 393
Postpatagium 24
Prächordalplatte 239
Primitivdarm 241
Primitivgrube 247
Primitivknoten 239, 247
Primitivrinne 239, 247
Primitivstreifen 239, 247
Primordialfollikel 211, 214, 231
Processus
Proc. antitrochantericus 57
– basipterygoideus 33
– calcaris 62
– caroticus 44
– coronoideus 36
– costalis 42
– frontalis 21, 38, 398
– hemalis 44
– infundibularis 318
– intermedius dexter 159
– intermedius sinister 159
– jugalis 38
– mandibulae lateralis 36
– mandibulae medialis 36
– mandibularis quadrati 40
– maxillaris 38
– nasalis 38
– obturatorius 57

- orbitalis 35
- orbitalis quadrati 40
- oticus quadrati 40
- palatinus 38
- papillaris 159
- pisiformis 54
- postorbitalis 33
- preacetabularis 57
- premaxillaris 38
- procoracoideus 50
- pterygoideus 38
- quadraticus 39
- quadratus 33
- retroarticularis 36
- spinosus 44
- suprameaticus 33
- supraorbitalis 35
- terminalis ischii 57
- transversus 44
- zygomaticus 33

Procc. ciliares 378
- conicales 148
- costales 48
- transversi 45
- uncinati 46

Proctodeum 207, 209
Progenese 227
Prominentia cerebellaris 31
Propatagium 24
Proventriculus 145
Pseudoarthrosen 66
Pteryla cruralis 412
- dorsalis caudae 410
- femoralis 412
- trunci lateralis 410
- ventralis caudae 410

Pterylae 408
- antebrachiales 410
- brachiales 410
- capitales 409
- carpales 410
- manuales 410
- spinales 409
- ventrales 410

Pubis 55, 57
Puderfedern 402, 408
Pulmo 181
Pulvini digitales 24
Pulvinus annularis lentis 383
Pulviplumae 402, 408
Pupilla 375

Purkinje-Fasern 271
Purkinje-Zellen 271
Pyga 23
Pygostylus 23, 46

Quadratum 38, 39

Rabenbein 49, 50
Rachis 402
Radgelenk 64
Radices renales efferentes 299, 300
Radius 53
Radix aortae 284
Radices
Rdxx. dorsales n. spinales 338
Rdxx. ventrales n. spinales 339
Ramus
R. mandibulae 36
R. meningeus 359
R. uretericus secundarius 194
R. uretericus tertius 194
Receptaculum ductus deferentis 205
Recessus antevestibularis 33
- conicalis 36
- iliacus 56
- neurohypophysialis 319
- scalae tympani 389
- sinister atrii dextri 268
Rectrices 402, 411
Rectum 155
Regio interramalis 20
- olfactoria 175, 392
- respiratoria 175
- vestibularis 175
Reifung 413
Reizbildungs- und Erregungsleitungssystem 270
Rektum 132
Remiges 24, 402
Ren 191
Rete capillare peritubulare 195
Rete mirabile ophthalmicum 276
Rete ovarii 217
Rete testis 201, 203
Reticulum trabeculare 378, 379
Retinacula patellae 74
Retinaculum extensorium tarsometatarsi 77, 117
- extensorium tibiotarsi 77, 117
- flexorum 74
- m. fibularis 77, 119

Rhamphotheca 19, 133, 399
Rhinencephalon 353
Rhinotheca 19, 399
Rhombencephalon 341
Rictus 20, 133, 137, 397
Riesenei 236
Rima infundibuli 141
Rima oris 137
Rima palpebrarum 384
Ringknorpel 177
Rippen 40, 46
Röntgenstrahlen 257
Rostrum 19, 133
– mandibulare 133
– maxillare 133
– parasphenoidale 33
– sphenoidale 33
– sterni 48
Rr. renales afferentes 300
Rugae palatinae 137
Rumpfmuskeln 92

Sacci abdominales 187
– pneumatici 186
– thoracici caudales 187
– thoracici craniales 187
Saccobronchen 188
Sacculus 385, 388, 391
Saccus caudalis 147
– cervicalis 186
– clavicularis 186
– conjunctivalis 384
– cranialis 147
– endolymphaticus 388
Salzdrüse 176
Samenleiter 204
Samenrinne 206
Sattelgelenk 64
Sättigungswachstum 415
Saumzellen 156
Scala tympani 389
Scala vestibuli 389
Scapula 49, 50
Scapus 402
Scapus claviculae 51
Scapus pubis 57
Schädelhöhle 35
Schalendrüse 224
Schalenhäute 234
Schambein 55, 57
Scharrfüße 25

Schild 135
Schilddrüse 315, 317, 324
Schlemmscher Kanal 377, 379
Schlundkopf 141
Schlundkopfmandel 142
Schlüsselbein 49, 51
Schlüsselbeinluftsack 143, 186, 187
Schmuckfedern 410
Schnabel 132, 133, 399
Schnabelbewegung 66
Schulterblatt 49, 50
Schultergelenk 70
Schultergürtel 49
Schuppen 399
Schuppennaht 63
Schwanzmuskeln 96
Schwanzwirbel 46
Schwimmfüße 25
Schwimmhäute 25
Schwungfedern 24, 411
Sclera 375
Scuta 399
Scutella 399
Scutum dorsale 399
Scutum plantare 399
Sehnenspiegel 147
Sehnenspindeln 394
Seihapparat 133, 141
Sella turcica 33
Semiplumae 402, 408
Septa interatrialia 185
Septa interparabronchialia 186
Septum 352
– cruciatum 392
– dorsale medianum 336
– horizontale 127
– interatriale 267, 268
– interorbitale 35, 375
– interventriculare 269
– nasale 173
– obliquum 127
– orbitale 65
– posthepaticum 127, 129
– sinus venosi 268
Sertolische Fußzellen 201
Setae 402, 408
Sexualstränge 197
Siebbein 35
Sinuatrialknoten 270
Sinus aortae 272
– ciliosceralis 377

- durae matris 354
- infraorbitalis 175
- pneumaticus marginalis 386
- rhomboidalis 336
- trunci pulmonalis 272
- venosus 267
- venosus sclerae 377
- venosus vertebralis internus 294, 297, 300, 353
Sinusoide 162, 297
Sitzbein 55, 57
Skelettanomalien 257
Skelettmißbildungen 263
Skelettmuskelsystem 27, 77, 420
Skelettsystem 27, 417
Somatopleura 241
Somite 241
Spannhäute 25
Spatia anguli iridocornealis 379
Spatia zonularia 383
Spatium episclerale 384
Spatium intermetacarpale 54
Spatium perilymphaticum 388
Speiche 53
Speichel 139
Speicheldrüsen 139, 140
Speiseröhre 132, 143
Speiseröhrenmandel 144
Sperma 229
Spermatiden 203
Spermatogonien 201, 203
Spermatozyten 201, 203
Spermien 201, 203
Spermiennester 237
Spermiogenese 227
Spermium 227
Spina acrosomae 229
Spindelzellen 301
Splanchnocranium 30
Splanchnopleura 241
Spongiozyten 331
Spontanmißbildungsrate 254
Sporn 24, 62
Spule 402
Spulei 236
Statoconia 391
Steg 179
Stellknorpel 177
Sternum 40, 46
Steuerfedern 23
Stigma 216, 231

Stimmbildung 180
Stimmkopf 179
Stirnzapfen 21, 398
Strata nervosa retinae 379
Stratum chalaziferum 234
- corneum 395
- mamillarium 235
- pigmentosum retinae 379
- spongiosum 235
Stria habenularis 351
Subgerminalhöhle 239
Substantia alba 337
Substantia grisea 337
Sulci costales 181
- hypotarsi 62
- palatinae 137
- proventriculares 146
- ventriculares 148
Sulcus articularis coracoideus 48
- cartilaginis tibialis 61
- coronarius 266
- iliosynsacralis 56
- infundibularis lateralis 141
- infundibularis medianus 141
- interventricularis paraconalis 266
- interventricularis subsinuosus 267
- lingualis 140
- medianus sterni 48
- olfactorius 35
- patellaris 59
- ventralis synsacri 45
Supraduodenalschleife 154
Sustentaculum 74
Sutura 63
- costouncinata 69
- foliata 63
- iliosynsacralis 68
- interentoglossalis 67
- intermandibularis 36
- ischiopubica 72
- plana 63
- serrata 63
- squamosa 63
Symphysis 63
Symphysis mandibularis 36
Synchondrosis 63
- capitis costae 69
- ilioischiadica 72
- iliopubica 72
- intercostalis 69
- intrabasibranchialis 67

– intracornualis 67
Syndesmosis 63
– acrocoracoclavicularis 69
– acromioclavicularis 70
– intermetatarsalis hallucis 76
– procoracoclavicularis 69
– radioulnaris distalis 71
– sternoclavicularis 69
– tibiofibularis 74
Synophthalmie 259
Synostosis 64
– costotransversaria 68
– interclavicularis 69
– intermetacarpalis distalis 71
– intermetacarpalis proximalis 71
– intermetatarsalis 76
– metacarpalis distalis 54
– tarsometatarsalis 76
Synovia 64
Synsacrum 23, 40, 44, 56
Syrinx 173, 179
Systema cardiovasculare 265
– conducens cardiacum 270
– digestorum 131
– nervosum 335
– portale hepaticum 297
– respiratorium 173

T-Lymphozyten 302, 307, 309
Tabula sterni 46
Tapetum lucidum 377
Tapetum lucidum iridicum 379
Tarsometatarsus 24, 58, 61, 62, 400
Tectrices 24, 402, 410, 411
Tectrices auriculares rostrales et caudales 386
Tectum opticum 348
Tegmentum mesencephali 348
Tegmentum vasculosum 389, 391
Tela interdigitalis intermedia 24
Tela interdigitalis lateralis 24
Telencephalon 341, 351
Temperaturregulation 275
Teratologie 253
Terminationes nervosae liberae 393
Testes 197
Thalamus 349
Theca folliculi 214, 215
Thekaldrüse 216
Thrombozyten 301
Thymus 309, 311, 415, 420
Thyroidea 315, 317

Tibiotarsus 24, 58, 59
Tiefensensibilität 394
Tomium mandibulare 20, 133, 137, 399
Tomium maxillare 20, 133, 137, 399
Tonsilla cecalis 156
Tonsilla esophagealis 144
Tonsilla pharyngea 142
Tori pulmonales 181
Torus linguae 140
Torus semicircularis 348
Trabeculae carneae 269
Trachea 178
Tractus bulbotectalis 349
– cerebellobulbaris 347
– cerebellovestibularis 347
– dentato-rubro-thalamicus 347
– fronto-archistriaticus 353
– geniculotectalis 348
– habenulointerpeduncularis 349, 351
– hypothalamohypophysialis 321, 351
– infundibularis 351
– isthmo-opticus 349
– laminocerebellaris 347
– olfactorius 353
– olivocerebellaris 343, 347
– opticus 350, 351
– paraventriculohypophysialis 321
– pontocerebellaris 347
– quintofrontalis 344
– reticulospinalis lateralis 338
– rubrospinalis 338, 349
– septomesencephalicus 349, 352
– solitarius 343
– spinalis n. trigemini 338
– spinocerebellaris dorsalis 338, 343, 347
– spinocerebellaris ventralis 338
– spinoreticularis 338
– spinotectalis 338
– spinothalamicus 338, 339
– striocerebellaris 347
– striohypothalamicus medialis 352
– striomesencephalicus 352
– striothalamicus dorsolateralis 352
– supraopticohypophysialis 321
– tectobulbaris 348
– tectospinalis 348
– thalamofrontales 352
– thalamostriaticus 352
– vestibulocerebellaris 344, 347
– vestibulomesencephalicus 344
– vestibulospinalis lateralis 338

Tränennasenkanal 176
Traubenkorn 378
Trichterhöhle 141
Trichterlappen 319
Tridactylie 24
Trigona fibrosi 268
Trinken 143
Trochanter femoris 59
Trochlea carpalis 53, 54
– cartilaginis tibialis 61
– fibularis 59
– humeroulnaris 70
– metatarsi II – IV 62
Trommel 179
Trommelfell 33, 386
Truncus
– brachiocephalicus dexter 272
– brachiocephalicus sinister 272
– nervi spinalis 359
– paravertebralis 370
– pectoralis 273, 279, 297
– pulmonalis 272
– thoracoabdominalis 303
– vertebralis 273
Tuba auditiva 385, 386
Tuba pharyngotympanica communis 141, 386
Tubae auditivae 33
Tubae pharyngotympanicae 33
Tuber cinereum 351
Tuber ventrale 352
Tuberculum basilare 33
– bicipitale 53
– carpale 53
– coracoideum 50
– costae 46
– m. gastrocnemialis lateralis 59
– m. gastrocnemialis medialis 59
– m. iliofibularis 61
– majus 51
– minus 51
– olfactorium 352
– preacetabulare 57
Tubuli colligentes medullares 193
– colligentes perilobulares 192, 193
– paradidymales 204
– seminiferi 200
Tubulus convolutus distalis 194
Tubulus convolutus proximalis 194
Tubulus renalis 194, 195
Tunica conjunctiva palpebrarum 384
– externa 272

– fibrosa bulbi 375
– intima 271
– media 271
– mucosa nasi 392
– nervosa bulbi 379
– vasculosa bulbi 377
Tympanum 179

Ulna 53
Ultimobranchialer Körper 317, 318, 329
Umbilicus inferior 402
Umbilicus superior 403, 406
Unguis 399
– digiti pedis 24
– mandibularis 135
– maxillaris 133
Unterhaut 396
Unterkiefer 36
Unterkieferdrüsen 139
Ureter 195
Urgeschlechtszellen 211
Urniere 248
Urodeum 207, 209, 218
Urogenitalplatte 241
Urohyoideum 40
Urostylus 46
Ursegmentstiel 241
Urwirbel 241
Uterus 224
Utriculus 385, 388, 391

Vagina 218, 226
Vagina bulbi 384
Vagina fibrosa tendinis 384
Vallis intercondylica 52
Valva aortae 269
– atrioventricularis dextra 269
– atrioventricularis sinistra 269
– ileorectalis 155
– portalis renalis 299, 300
– trunci pulmonalis 269, 272
– v. pulmonalis 268
Valvula nasalis 173
Valvula sinuatrialis 268
Valvulae semilunares 269, 272
Vasa lymphatica 303, 304
Vasopressin 321
Velum medullare caudale 343
Vena, Venae
V. adrenalis 297, 332
– axillaris 297

– cardiaca circumflexa sinistra 290
– cardiaca dorsalis 268
– cardiaca sinistra 268
– caudae lateralis 299
– cava caudalis 297
– cava cranialis 161, 295, 297
– cephalica caudalis 295
– cephalica rostralis 295
– coccygomesenterica 155, 290, 297, 300
– femoralis 299, 300
– hepatica dextra 297
– hepatica sinistra 297
– iliaca communis 297, 299, 300
– iliaca externa 299
– iliaca interna 299, 300
– interlobularis 162
– intralobularis 192
– ischiadica 300
– jugularis 290, 294, 354
– mesenterica caudalis 297
– occipitalis communis 354
– occipitalis ventromediana 354
– oviductalis cranialis 299
– oviductalis media 299
– portalis 162, 165
– portalis hepatica 297
– portalis renalis caudalis 299, 300
– portalis renalis cranialis 299, 300
– proventricularis cranialis 268
– pudenda 299
– pulmonalis 186
– renalis caudalis 299
– subclavia 295, 297
Vv. atriales 186
– cardiacae 290
– cardiacae minimae 268, 269
– cavae craniales 290
– hepaticae 297
– hepaticae mediae 297
– interlobulares 192
– interparabronchiales 186
– intersegmentales 353
– ovaricae 297
– pulmonales 290
– renales 300
– renales craniales 299
– testiculares 297
– umbilicales 245, 249
Ventriculus 145, 147, 266
– cerebelli 345
– dexter 269

– lateralis 341
– olfactorius 341
– sinister 269
– tertius 343, 349
Ventrum linguae 140
Ventrum trunci 23
Ventus 23, 207, 209
Venulae intraparabronchiales 186
Venulae septales 186
Verknöcherung 27
Vertebrae caudales 46
– cervicales 42
– cervicodorsales 44
– thoracicae 44
Vesica fellea 161, 172
Vestibulum 388
Vestibulum aortae 269
Vexillum 402
– barbae 404
– externum 404
– internum 404
Villi intestinales 155
Vinculum tendinum flexorum 121, 123, 124
Viszeralbögen 248
Vomer 38

Wachshaut 135
Wachstum, glockenförmiges 415
Wachstum, sigmoidförmiges 415
Wachstumsabschluß 420
Wachstumsgeschwindigkeit 415
Wachstumstypen 415
Wadenbein 58, 61
Walzengelenk 64
Watfüße 25
Wechselgelenk 64
Weichei 236
Wirbelsäule 40
Wolffscher Gang 247

Zahnnaht 63
Zapfengelenk 64
Zehen 24
Zehenballen 24
Zehenknochen 63
Zirbeldrüse 315, 316
Zirkumventrikuläre Organe 322
Zona elastica arcus jugalis 66
– – craniofacialis 66
– – intramandibularis proximalis 36
– – nasalis dorsalis 66

– – nasalis ventralis 66
– – palatina 66
– – premaxillomaxillaris 66
– – premaxillonasalis distalis 66
– – premaxillonasalis proximalis 66
Zona intermedia gastris 145, 147
Zona radiata 214, 215
Zonae elasticae mandibulares 66
– – maxillares 66
– – ossium faciei 66
Zonula ciliaris 383
Zunge 140
Zungenbändchen 140
Zungenbein 40
Zungendrüsen 140
Zungenpapillen 140
Zwölffingerdarm 149
Zygapophysis caudalis 42, 44

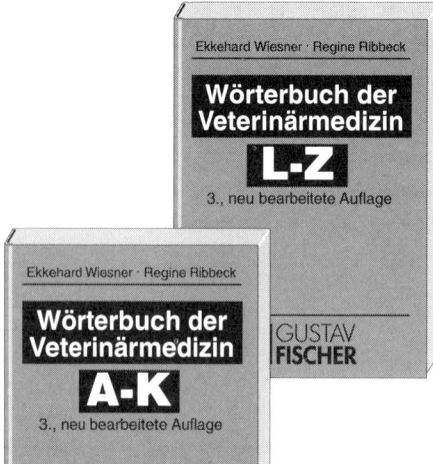

Wörterbuch der Veterinärmedizin

Herausgegeben von
Prof. Dr. Ekkehard WIESNER, Berlin,
und Prof. Dr. Regine RIBBECK,
Leipzig

Bearbeitet von
73 Fachwissenschaftlern.
3., neu bearbeitete
Auflage.
1991. **In 2 Teilen.**
1662 Seiten,
gebunden, DM 232,-
ISBN 3-334-00388-4

Interessenten:
*Tierärzte, Agrar-,
Forst- und
Jagdwissenschaftler,
tierexperimentell
arbeitende Mediziner
und Biowissenschaftler*

Nach 1978 (1. Auflage) und 1983 (2. Auflage) liegt nunmehr die 3., neu bearbeitete und ergänzte Auflage des „Wörterbuchs der Veterinärmedizin" vor.
Dem großen Erkenntniszuwachs auf vielen Gebieten der Veterinärmedizin sowie der interessierenden Grenzgebiete seit dem Erscheinen der 2. Auflage Rechnung tragend, wurden die Stichwörter von den Autoren ergänzt und aktualisiert. Das „Wörterbuch der Veterinärmedizin" enthält in der 3. Auflage mehr als 50 000 Stichwörter und hat damit eine Erweiterung seines Umfanges, bezogen auf die Anzahl der bearbeiteten Stichwörter, um etwa 6% im Vergleich mit der 2. Auflage erfahren. Als neues Sachgebiet sind die Spontanerkrankungen der Laboratoriumstiere aufgenommen worden. Die Wiedergabe einschlägiger Rechtsnormen der Bundesrepublik Deutschland, der Republik Österreich und der Schweizer Eidgenossenschaft wurde wesentlich erweitert. Neue Autoren konnten für die Sachgebiete Fischkrankheiten, Pharmakologie und Pharmazie, Radiologie sowie Tierhygiene und deren Teilgebiete gewonnen werden.

Preisänderungen vorbehalten.

GUSTAV FISCHER
SEMPER BONIS ARTIBUS